MÉMOIRES

PRÉSENTÉS PAR DIVERS SAVANTS

À L'ACADÉMIE DES SCIENCES DE L'INSTITUT DE FRANCE.

EXTRAIT DU TOME XXX.

MISSION D'ANDALOUSIE.

ÉTUDES

RELATIVES

AU

TREMBLEMENT DE TERRE DU 25 DÉCEMBRE 1884

ET À LA CONSTITUTION GÉOLOGIQUE

DU SOL ÉBRANLÉ PAR LES SECOUSSES.

PARIS.

IMPRIMERIE NATIONALE.

M DCCC LXXXIX.

MISSION D'ANDALOUSIE.

ÉTUDES

RELATIVES

AU

TREMBLEMENT DE TERRE DU 25 DÉCEMBRE 1884

ET À LA CONSTITUTION GÉOLOGIQUE

DU SOL ÉBRANLÉ PAR LES SECOUSSES.

MISSION D'ANDALOUSIE.

ÉTUDES

RELATIVES

AU

TREMBLEMENT DE TERRE DU 25 DÉCEMBRE 1884

ET À LA CONSTITUTION GÉOLOGIQUE

DU SOL ÉBRANLÉ PAR LES SECOUSSES.

PARIS.

IMPRIMERIE NATIONALE.

M DCCC LXXXIX.

MÉMOIRES

PRÉSENTÉS PAR DIVERS SAVANTS

À L'ACADÉMIE DES SCIENCES

DE L'INSTITUT NATIONAL DE FRANCE.

TOME XXX. — N° 2.

MISSION D'ANDALOUSIE.

ÉTUDES

RELATIVES

AU

TREMBLEMENT DE TERRE DU 25 DÉCEMBRE 1884

ET À LA CONSTITUTION GÉOLOGIQUE

DU SOL ÉBRANLÉ PAR LES SECOUSSES.

Directeur de la Mission : M. F. FOUQUÉ,

MEMBRE DE L'INSTITUT;

Collaborateurs : MM. MICHEL LÉVY, MARCEL BERTRAND, BARROIS, OFFRET, KILIAN, BERGERON et BRÉON.

MISSION D'ANDALOUSIE.

ÉTUDES

RELATIVES

AU

TREMBLEMENT DE TERRE DU 25 DÉCEMBRE 1884

ET À LA CONSTITUTION GÉOLOGIQUE

DU SOL ÉBRANLÉ PAR LES SECOUSSES.

INTRODUCTION.

Dans le domaine de l'histoire naturelle on ne rencontre aucune question dont l'étude offre autant de difficultés et d'incertitudes que celle des tremblements de terre. La science moderne conserve dans ses archives les descriptions souvent très détaillées et très fidèles des anciens naturalistes et médite encore volontiers sur les hypothèses variées auxquelles s'est complu leur imagination; mais, au lieu de demeurer exclusivement attachée aux considérations théoriques, elle s'efforce d'aborder le problème par les côtés qui donnent prise aux investigations pratiques. Pour ces recherches, elle a proposé des moyens d'étude nouveaux et créé d'ingénieuses méthodes d'observation. Cependant, malgré la puissance des efforts opérés, le travail tenté peut être considéré comme étant encore à l'état d'ébauche. Les instruments dont l'emploi sert de base aux recherches ne sont pas encore définitivement fixés, et surtout la coordination des travaux, indispensable au succès, n'est encore établie que localement et imparfaitement.

Lorsque l'Académie des sciences eut pris la résolution d'envoyer en Andalousie une Mission chargée d'explorer le théâtre de la catastrophe et m'eut accordé l'honneur de diriger l'expédition, je ne me fis, pas plus que mes collaborateurs, aucune illusion sur la valeur des données sismiques que nous allions recueillir. Nous n'avions entre les mains aucun des instruments de précision qu'implique l'étude d'un tremblement de terre; le temps nous manquait pour en faire construire et pour en contrôler le fonctionnement. La période aiguë du tremblement de terre était passée; nous ne pouvions même songer dans ces conditions à rapporter des renseignements exacts sur la production et sur les caractères des secousses postérieures, beaucoup moins intenses que celles du début. Nous espérions, à la vérité, recueillir sur place des données horaires, dont les indications, quand elles sont sûres, conduisent à de précieuses déductions; mais, sur ce point aussi, nous devions être promptement désabusés, car, dans le district ébranlé par les secousses, nous n'avons pu obtenir, sur l'instant précis de la secousse principale, aucun renseignement véritablement satisfaisant, le réglage des horloges y faisant tout à fait défaut. Plus tard, après de sérieuses réflexions, nous n'avons qu'à moitié regretté ces fâcheuses conditions, car, pour l'étude d'un tremblement de terre, il ne suffit pas d'avoir, sur l'étendue du district ébranlé, une série de postes horaires munies de montres bien réglées, il faut encore qu'à chacun d'eux soit attaché un observateur consciencieux et dévoué, muni d'appareils enregistreurs précis et sensibles. Si ces dernières conditions ne sont pas remplies, on est exposé aux conclusions erronées les plus graves; la précision du réglage des montres ne fait que masquer les défauts inhérents au reste de l'observation.

En ce qui regarde la détermination des phénomènes fondamentaux du cataclysme sismique de l'Andalousie, nous avons donc dû nous résigner au rôle ingrat d'observateurs superficiels. Les données que nous avons rapportées et qui sont consignées ci-après ne peuvent sûrement conduire à aucune conséquence importante; nous les transmettons néanmoins aussi fidèlement que possible, pensant qu'un jour elles pourront servir de moyen de contrôle aux lois acquises par une science plus avancée. Cependant il est un côté de la question qu'il nous a été permis d'aborder plus efficacement, c'est la comparaison de l'étendue de la région ébranlée et de sa constitution géologique. Le premier terme de cette comparaison nous a été approximativement fourni par les nombreux renseignements que nous avons pu nous procurer sur place, et quant au second, en nous appuyant sur les travaux antérieurs des géologues français et espagnols qui se sont occupés de l'Andalousie, nous avons conscience d'avoir contribué efficacement à le fixer avec un degré nouveau d'exactitude. Ce point spécial offrait un intérêt d'actualité remarquable, car il est la base d'une théorie des phénomènes sismiques qui jouit aujourd'hui dans le monde savant d'une vogue extraordinaire. La théorie dite géotechnique admet, en effet, que tous les tremblements de terre sont causés par des dislocations de quelques-unes des assises qui entrent dans la composition terrestre. D'après cela, il y aurait donc la relation la plus intime entre les manifestations sismiques et la constitution du sol qui en est le siège. Les observations géologiques justifient-elles cette manière de voir? Tel est le problème pour la solution duquel nous avons eu le désir d'apporter des documents nouveaux.

Enfin, parmi les questions secondaires que soulève l'étude des tremblements, il en est une susceptible d'une détermination expérimentale, c'est celle de la vitesse de propagation des secousses dans les terrains de nature diverse. Bien que des travaux considérables aient été déjà publiés sur ce sujet, nous avons cru devoir l'aborder à notre tour à l'aide d'un procédé d'une précision inusitée. Les résultats obtenus dans ces expériences sont appelés à figurer au nombre des données positives dont tiendront compte désormais tous ceux qui s'occupent de l'appréciation des phénomènes sismiques.

La Mission française envoyée en Andalousie pour l'étude du tremblement de terre de décembre 1884 se composait de :

MM. Fouqué, membre de l'Institut, professeur au Collège de France, chef de la Mission;
Michel Lévy, ingénieur en chef des mines;
Marcel Bertrand, ingénieur des mines;
Charles Barrois, maître de conférences à la Faculté des sciences de Lille;
Offret, préparateur au Collège de France;
Kilian, préparateur à la Faculté des sciences de Paris;
Bergeron, préparateur à la Faculté des sciences de Paris;
Bréon, ingénieur civil.

Partie de Paris au commencement du mois de février 1885, la Mission s'est rendue aussi rapidement que possible à Malaga, où elle a fait un court séjour. Puissamment aidée par le concours des autorités espagnoles, elle a été promptement pourvue de moyens matériels nécessaires pour parcourir la région dévastée.

Les localités visitées d'abord par la Mission sont celles qui sont situées sur le versant sud de la sierra Tejeda; ce sont : Torre del Mar, Velez Malaga, Canillas de Acetuno, Alcaucin, Periana. Franchissant la crête à l'ouest du col de Zafarraya, la Mission a passé ensuite par Zafarraya, Ventas de Zafarraya, Alhama. Puis elle s'est divisée en deux groupes, qui se sont réunis à Grenade après avoir suivi des chemins différents, le premier ayant cheminé par Agron et le second ayant exploré Arenas del Rey, Jatar et Jayena. Après une excursion faite à Guevejar et une autre le long des bords du Genil, la Mission s'est rendue à Lanjaron. De là, une partie de ses membres a fait l'ascension de la sierra Nevada jusqu'à la limite des neiges, tandis que les autres se rendaient à Albunuelas. Réunie de nouveau à Lanjaron, elle a pris la route de Motril. A partir de là, les membres de la Mission se sont divisés en quatre groupes ayant chacun pour but l'exploration géologique d'une portion déterminée de la région. MM. Michel Lévy et Bergeron se sont consacrés à l'étude de la sierra de Ronda; MM. Marcel Bertrand et Kilian à celle des terrains secondaire et tertiaire de la contrée; MM. Barrois et Offret à celle du district métamorphique compris entre la sierra Nevada, la sierra Tejeda, la sierra d'Almijara et la mer; enfin MM. Fouqué et Bréon, traversant de nouveau la sierra Tejeda, de Sedella à Jatar, et poursuivant ensuite leur route par Alhama et Santa Cruz jusqu'à Antequerra, ont achevé de visiter les points les plus maltraités par le tremblement de terre.

Les chapitres qui suivent contiennent: le premier, les observations communes à tous les membres de la Mission; les autres, les travaux particuliers à chacun des groupes dans lesquels elle s'est divisée. Une partie des documents consignés dans ces chapitres est extraite des communications antérieures faites à l'Académie des sciences; une autre portion provient des publications dues aux savants espagnols et italiens; enfin la majeure partie des détails fournis sont inédits et tirés comme les premiers des cahiers de notes des membres de la Mission.

Nous renouvelons ici nos remerciements à l'Académie des sciences, qui a organisé et soutenu la Mission. Nous remercions aussi les autorités et les savants espagnols, qui nous ont procuré le concours le plus dévoué et le plus efficace, et en particulier

M. Romero Robledo, ministre de l'intérieur, MM. de Castro, le général Ibanez, de Botella, Gonzalo y Tarin, Mallada, Cortazar, Orueta, Mac Pherson, MM. les gouverneurs civils de Malaga et de Grenade, M. l'alcade de Velez Malaga, MM. les directeurs et administrateurs des chemins de fer du Nord de l'Espagne, de Madrid à Saragosse et de l'Andalousie.

Le Chef de la Mission,

F. FOUQUÉ.

EXPOSÉ ET DISCUSSION DES PHÉNOMÈNES

QUI ONT SIGNALÉ

LE TREMBLEMENT DE TERRE DU 25 DÉCEMBRE 1884.

RÉGION SUPERFICIELLE ÉBRANLÉE.

On doit d'abord distinguer une zone centrale comprenant les localités ayant présenté le maximum des désastres. Ce district est signalé non seulement par la ruine des édifices et par la mortalité qui en a été la conséquence, mais encore par le caractère des secousses qui y ont été ressenties. Celles-ci ont été essentiellement dirigées dans le sens vertical, trépidatoires; elles ont lézardé les murs de fentes symétriques par rapport à la verticale, brisé les tuiles sur les toitures et fait sauter le carrelage des planchers. La surface déterminée par ces phénomènes forme une ellipse allongée de l'est à l'ouest, comprenant: Periana, Canillas de Acetuno, Zafarraya, Ventas de Zafarraya, Alhama, Santa Cruz, Arenas del Rey, Jatar, Jayena, Albunuelas et Murchas.

L'étendue de cette ellipse est d'environ 320 kilomètres carrés; elle a à peu près 40 kilomètres de long sur 10 kilomètres de large. Elle est traversée dans le sens de sa longueur par le massif montagneux de la sierra Tejeda, dont les crêtes la coupent un peu obliquement de l'O. N. O. à l'E. S. E., de telle sorte que parmi les localités précitées la plupart se trouvent au nord de la chaîne.

Une seconde zone, moins éprouvée, comprend les localités qui ont eu surtout à souffrir de mouvements oscillatoires issus de la partie centrale de la précédente; c'est ainsi, par exemple, que les

IMPRIMERIE NATIONALE.

secousses ont été senties venant du nord-est à Malaga, du nord à Velez Malaga, à Sedella, à Alcaucin; du nord-nord-ouest à Frigilliana, du sud-ouest à La Mala. Cette zone, beaucoup plus vaste que la zone centrale, est remarquable surtout par son allongement au sud-ouest. Elle a la forme d'une ellipse à peu près régulière découpée par la mer de Malaga à Nerja. Son plus grand diamètre, compris de Malaga à La Mala, est d'environ 80 kilomètres. Une troisième zone, dans laquelle les secousses, bien que très fortes, ont causé seulement des dommages peu importants, s'étend sur une surface bien plus considérable. La courbe qui la limite est découpée par la mer d'Estepona à La Habita. Assez régulière au nord, elle s'incurve à l'ouest en contournant la serrania de Ronda et plus profondément encore à l'est en contournant la sierra Nevada. La plus grande longueur, mesurée de Guadix à Estepona, est d'environ 200 kilomètres; sa plus grande largeur, comptée de Albunol à Montefrio, est de 100 kilomètres; sa surface, d'environ 15,000 à 20,000 kilomètres carrés. La direction de son allongement du nord-est au sud-ouest est, comme pour la précédente, différente de celle du grand axe de la zone centrale (pl. I)[1].

En dehors de ces deux zones, en des localités spéciales, on a ressenti des secousses, alors qu'en des points intermédiaires le tremblement de terre avait passé inaperçu. La troisième zone peut être considérée comme s'étendant jusqu'à Madrid et Ségovie au nord, Caceres et Huelva à l'ouest, Valence et Murcie à l'est, et vers la Méditerranée au sud, sans qu'on puisse exactement déterminer ses limites de ce côté. La surface ainsi délimitée est d'au moins 400,000 kilomètres carrés.

Des appareils sismographiques sensibles ont accusé la propagation des mouvements du sol à des distances beaucoup plus considérables encore. C'est ainsi qu'elle a été signalée par les observatoires de physique terrestre de Rome, de Velletri et de Moncalieri. Un

[1] Sur la carte (pl. I) les directions d'ébranlement sont tracées en grande partie d'après nos propres observations, quelques-unes d'après les renseignements fournis par les notices des savants espagnols et italiens.

trouble dans les observations astronomiques, constaté à l'observatoire de Bruxelles dans la nuit du 25 décembre 1884, a été également considéré comme un effet de ces phénomènes. Enfin, il est à noter que les appareils magnétiques des observatoires de Lisbonne, de Greenwich et de Wilhemshafen ont éprouvé dans la même nuit des perturbations qui doivent être attribuées à l'influence du tremblement de terre de l'Andalousie.

A Lisbonne particulièrement, les perturbations enregistrées ont été extrêmement nettes. Les courbes de la composante horizontale, de la composante verticale et de la déclinaison, qui nous ont été communiquées par M. João Capello, sont toutes les trois brusquement interrompues à 9^h19^m. La plus forte perturbation est celle de la courbe de la déclinaison, la plus faible celle de la courbe de la composante verticale. Ces perturbations ont duré environ 12 minutes; elles sont parfaitement distinctes de celles qui se produisent sous l'influence des courants terrestres et ressemblent à l'interruption qu'engendre un faible courant déterminé subitement à une petite distance des appareils magnétiques.

A Greenwich et à Wilhemshafen, les perturbations ont été moins marquées, mais cependant encore très nettement indiquées. A Greenwich, elles ont commencé à $9^h24^m21^s$; à Wilhemshafen, elles se sont manifestées à $9^h28^m47^s$.

Dans les deux observatoires météorologiques de Paris, à Saint-Maur et à Montsouris, elles avaient d'abord passé inaperçues; cependant, dernièrement, M. Moureaux, à Saint-Maur, en a constaté une légère indication qui donnerait 9^h24^m pour l'heure du commencement de la perturbation.

Le 22 décembre 1884, trois jours avant le tremblement de terre de l'Andalousie, une forte secousse, sentie à Lisbonne et à Funchal, avait également agi sur les trois appareils magnétiques de l'observatoire de Lisbonne. Les courbes portent l'indication d'une perturbation ayant débuté à 4^h15^m du matin. La perturbation la plus forte est accusée par la courbe de la composante horizontale. Elle s'est prolongée pendant une demi-heure environ, en présentant une série très évidente de quatre recrudescences de moins en moins fortes.

Fig. 1.

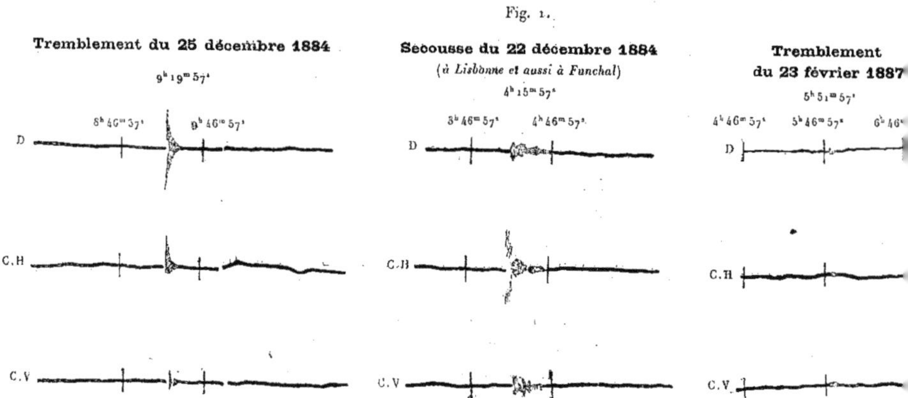

Dans le même observatoire, les instruments magnétiques ont présenté également la trace du tremblement de terre qui, le 23 février 1887, vient de causer tant de désastres dans le midi de la France et le nord-ouest de l'Italie. En même temps, les observatoires de Perpignan, de Lyon, de Paris, de Greenwich, de Wilhemshafen, de Vienne, de Pola, de Bruxelles, de Nantes recueillaient sur les courbes de leurs instruments magnétiques des marques plus ou moins évidentes du phénomène de 1887, analogues à celles qui avaient été signalées à propos du tremblement de terre de l'Andalousie en 1884.

La production des troubles dans le tracé des courbes magnétiques, coïncidant avec le développement des tremblements de terre, doit donc être considérée comme un fait aujourd'hui démontré.

Il semble également prouvé que la perturbation en question ne se manifeste pas exactement au même instant dans les différents observatoires.

Nous venons déjà de rappeler ci-dessus qu'elle avait été observée le 25 février 1884, à 9^h20^m à Lisbonne, à 9^h24 à Paris et à Greenwich, à 9^h29^m à Wilhemshafen. Entre l'enregistrement de Lisbonne et celui de Wilhemshafen, il se serait ainsi écoulé un intervalle de 9 minutes, lequel dépasse certainement les limites d'erreur possible. En effet, les différents enregistreurs magnétiques en usage sont réglés de telle sorte que le tracé des courbes s'allonge suivant les instruments de 10 à 15 millimètres à l'heure. Un millimètre de longueur y correspond donc à un laps de temps de 4 à 8 minutes, et comme on peut aisément apprécier le tiers de millimètre, il s'ensuit que l'erreur possible est au plus de 2 à 3 minutes, et encore doit-on considérer une telle limite d'erreur comme exagérée. Cependant, même en l'admettant telle, on voit que les observations du même phénomène à Lisbonne et à Wilhemshafen permettent d'affirmer qu'il n'y a pas eu simultanéité dans les enregistrements des deux observatoires; la perturbation a eu lieu à Wilhemshafen plusieurs minutes après qu'elle s'était manifestée à Lisbonne.

Les renseignements recueillis à propos du tremblement de terre du 23 février 1887 viennent confirmer la généralité du fait, car la perturbation des courbes magnétiques s'est produite en France à environ 5^h45^m du matin, tandis qu'elle avait lieu à 5^h50^m à Lisbonne et à Wilhemshafen.

Par conséquent, on ne peut considérer les perturbations constatées comme dues au développement subit d'un courant terrestre manifestant au loin son action et se propageant avec la vitesse habituelle des fluides électriques.

On doit se demander cependant si l'effet observé est la conséquence directe d'une transmission de mouvement dans le sol ou s'il n'est pas dû au développement de courants électriques locaux produits par la propagation lointaine des secousses du tremblement de terre

La première opinion est celle qui se présente à l'esprit tout d'abord. Rien ne s'oppose, en effet, à ce qu'un choc puissant communiqué au sol transmette au loin son mouvement et agisse sur un barreau métallique suspendu à la façon des barreaux aimantés. Un mouvement ondulatoire simple, qui semble ne devoir agir que sur des instruments mobiles dans un plan vertical, se modifie bien vite en se propageant, par suite des inégalités de constitution du sol. Il se décompose dans des directions diverses et, par suite, peut influencer les divers instruments employés pour l'étude du magnétisme terrestre. La preuve qu'il en est effectivement ainsi, c'est que dans les régions fréquemment agitées par les tremblements de terre, des masses d'un métal tel que le cuivre, suspendues à la façon habituelle des barreaux aimantés, accusent avec une grande sensibilité les moindres mouvements souterrains. On les observe tous les jours avec attention, et fréquemment on les voit frémir sous l'action des forces qui font palpiter les profondeurs de l'écorce terrestre. Ces instruments, connus sous le nom générique de microsismographes ou de tromomètres, sont en usage dans la plupart des observatoires italiens. Ils sont extrêmement délicats, sujets à de nombreuses causes d'erreur, mais les reproches qu'on pourrait leur faire peuvent être également adressés aux appareils magnétiques. En définitive, on doit leur attribuer une valeur expérimentale réelle, et de ce fait qu'ils sont sensibles aux plus petits mouvements du sol, il faut conclure qu'il peut en être de même pour les appareils magnétiques.

Cependant l'examen du fonctionnement des appareils magnétiques des deux observatoires météorologiques de Paris suscite quelques objections graves.

En premier lieu, on doit se demander pourquoi ces observatoires, plus rapprochés de l'Andalousie que ceux de Greenwich et de Wilhemshafen, ont été bien moins influencés par le tremblement du 25 décembre 1884 que ces deux derniers. A cela nous répondrons que l'absence de perturbations à Montsouris et la faiblesse de celles qui ont été constatées à Saint-Maur tiennent au défaut de construction des appareils, suspendus par des fils trop courts et munis d'un enregistrement à marche trop lente. C'est un défaut commun à tous les appareils magnétiques enregistreurs français, et il semble que précisément, à Paris au moins, on ait donné à dessein cette inertie aux appareils magnétiques enregistreurs pour annuler l'influence des mouvements du sol sur l'inscription magnétique. A Saint-Maur, un chemin de fer passe à 200 mètres de l'observatoire sans produire de perturbations sensibles dans le tracé des courbes. A Montsouris, le chemin de fer de Sceaux passe à 150 mètres de l'observatoire et le chemin de fer de ceinture passe sous l'établissement même : à chaque passage des trains, le sol y est profondément ébranlé, on sent que tout vibre dans l'édifice, et néanmoins les courbes magnétiques ne manifestent dans leur tracé aucune indication de ces mouvements répétés, qui durent chaque fois plusieurs minutes.

On doit donc admettre que les enregistreurs magnétiques actuellement en usage en France et probablement aussi à l'étranger sont de mauvais microsismographes : mais alors comment admettre que dans certains cas ils puissent fournir des indications aussi nettes, par exemple, que celles qu'ils viennent de fournir le 23 février 1887? Quelle qu'ait été la violence du tremblement de terre produit à cette date, il est difficile de comprendre qu'il ait pu agir mécaniquement sur les appareils magnétiques des observatoires de Paris avec plus d'énergie que les trains de chemin de fer qui circulent dans le voisinage. Et si l'on rejette l'idée de la transmission d'un mouvement par le sol, il ne reste plus pour expliquer les faits que l'hypothèse passablement arbitraire de courants électriques locaux développés par l'action lointaine du tremblement de terre.

L'observation des appareils magnétiques enregistreurs, d'une part, et celle des microsismographes, d'autre part, devraient trancher la question, ces derniers n'étant pas sensibles à l'influence des courants.

Malheureusement, ces deux sortes d'appareils ont été jusqu'à présent disposés dans des établissements différents, et il est à peu près impossible de contrôler et de comparer entre elles leurs indications horaires. Ajoutons encore que, dans les établissements pourvus de microsismographes, on s'est peu préoccupé jusqu'à présent de recueillir des données de ce genre, et même les enregistrements ont été le plus souvent négligés.

Néanmoins, les conclusions à tirer de cette discussion sont évidentes : *Les appareils magnétiques et les microsismographes devront désormais être installés côte à côte dans les mêmes observatoires, être également enregistreurs et fournir des tracés assez allongés pour permettre d'obtenir des données horaires exactes au moins à une demi-minute près. Dans une localité donnée, les uns et les autres indiquent l'heure de l'arrivée de la secousse.*

HEURE DE LA SECOUSSE.

La secousse principale, celle qui a déterminé la presque totalité des désastres, a été sentie le soir du 25 décembre à $9^h 18^m$ (heure de Paris) à l'observatoire de San Fernando près Cadix (l'heure marquée par l'horloge de cet établissement était $8^h 43^m 55^s$). C'est la seule indication rigoureusement exacte que l'on possède sur l'heure du phénomène. On ne peut attacher qu'une médiocre confiance aux heures données soit par les horloges des particuliers, soit par celles des établissements publics, soit par celles des stations de chemins de fer. Les indications de ces horloges varient de $9^h 9^m$ à $9^h 34^m$. En moyenne, dans les localités de la première zone que nous avons distinguée, elles donnent $9^h 28^m$, ce qui est évidemment un chiffre trop fort eu égard à celui de l'observatoire de San Fernando. Dans une même localité on a constaté que des horloges s'étaient arrêtées à des heures diverses, ou bien encore les indications fournies par des observateurs compétents se sont montrées différentes les unes des autres. Dans tous ces cas, le défaut de réglage des horloges constitue certainement la cause d'erreur la plus grave, mais il faut y joindre encore d'autres motifs d'erreur qui ont dû exercer également une grande influence sur la production des résultats disparates obtenus.

Pour les observations faites directement, il faut tenir compte de l'inégalité des impressions reçues et surtout du trouble inspiré par la surprise ou la terreur. Quant à l'arrêt des pendules, il n'a pas été instantané; il a eu lieu après un laps de temps variable à partir du moment de la secousse. Cet arrêt dépend du sens dans lequel est arrivé le choc, et l'on comprend, par suite, qu'une horloge puisse s'arrêter au moment d'une secousse consécutive, alors que sa marche n'a pas été suspendue par une première secousse plus violente et de direction différente. L'incohérence des résultats obtenus ressortira pleinement des chiffres suivants, que nous empruntons au travail de la Commission espagnole et que confirment d'ailleurs les renseignements que nous avons nous-mêmes puisés sur place.

A Grenade, l'horloge de l'hôpital Saint-Jean-de-Dieu s'est arrêtée à $9^h 23^m$, celle de l'hôpital des Lazaristes à $9^h 27^m$. A Almendral, Cacin, Colmenar, La Vinuela, Melegis, Murchas, Periana, Rio Gordo, Santa Cruz, Ventas de Zafarraya, on donne comme heure de la première secousse environ $9^h 25^m$. A Loja et à Malaga, l'heure constatée varie de $9^h 20^m$ à $9^h 22$. La même heure est à peu près indiquée pour Jatar et Zafarraya. A Fornes, Arenas del Rey, Santa Fé, Padul et Grenade, un certain nombre d'observations donnent $9^h 33^m$. A Albunuelas, la première secousse a été notée par l'un à $9^h 8^m$ et par un autre à $9^h 23$. A Alhama, nous trouvons des indications de $9^h 23^m$ et de $9^h 26^m$. A Grenade, les heures signalées varient de $9^h 23^m$ à $9^h 33^m$.

La diversité de ces données horaires ne peut être expliquée par la différence des longitudes; elle tient évidemment à l'imperfection des observations, de telle sorte que non seulement il est impossible de s'en servir pour déterminer la vitesse de propagation du mouvement, mais même il serait impossible de fixer la position et la forme de l'épicentre d'après ces données seules. Pour montrer l'insuffisance des chiffres ci-dessus consignés, il suffit de remarquer qu'en les acceptant comme rigoureusement vrais, on devrait en conclure que l'apparition des troubles sismiques s'est faite plus tôt à

IMPRIMERIE NATIONALE

Malaga et à Loja qu'à Jatar et à Zafarraya, ce qui est évidemment contredit par l'examen du degré d'intensité des phénomènes desquels on peut conclure sûrement que les deux premières localités sont en dehors de la zone centrale, tandis que les deux autres sont comprises dans son intérieur.

DURÉE ET NOMBRE DES SECOUSSES.

La secousse à laquelle sont dus presque tous les désastres de la soirée du 25 décembre 1884 a sans doute été précédée de quelques autres de très faible intensité. Mais ces secousses, qui semblent en quelques endroits avoir été senties par les animaux domestiques, ont passé inaperçues pour l'homme. A Zafarraya seulement, on assure que deux secousses légères ont été signalées dans la journée du 24 décembre. En somme, le tremblement de terre peut être considéré comme ayant débuté brusquement à environ $9^h 15^m$ dans la soirée. Après la première secousse, on en a ressenti plusieurs autres à intervalles inégaux, d'abord assez rapprochés, mais aucune de ces secousses consécutives n'a présenté la violence de celle qui a marqué le commencement de la catastrophe.

Le désaccord le plus complet règne entre les appréciations de la durée du premier ébranlement. En l'absence d'instruments enregistreurs, on n'a d'autres renseignements que ceux qui ont été fournis par des observateurs inexpérimentés, en proie à la surprise et à l'effroi, forcés de songer avant tout à leur sûreté personnelle. De plus, quand les secousses se succèdent à très court intervalle, elles peuvent chevaucher l'une sur l'autre, et il est bien difficile de distinguer la part du phénomène qui revient à chacune d'elles. En outre, nous savons, par des expériences dont il sera question plus loin, qu'un choc unique peut, suivant les conditions du terrain dans lequel il se produit, donner naissance à un effet simple, ou au contraire donner lieu à des phénomènes semblables à ceux qu'engendrerait une série de chocs. Tous ces faits expliquent la variation des données recueillies; mais la cause la plus importante de cette diversité des résultats provient sans contredit de l'inégalité des impressions ressenties par les observateurs.

Dans le mémoire de la Commission espagnole, nous trouvons consignés les chiffres suivants : à Grenade, d'après le rapport officiel du gouverneur de la province, la durée de la secousse initiale aurait été de 10 secondes; d'après les journaux de la ville, de 14 à 15 secondes. D'après des récits divers, la durée a été de 2 secondes à Durcal, de 3 à 4 secondes à Madrid, de 4 secondes à Ferreirola et à Jaën, de 4 à 6 secondes à Ciudad Real, de 7 à 8 secondes à Cazorla, de 8 secondes à Huelva, de 10 à 12 secondes à Albunol et à Montefrio, de 12 secondes à Almunecar, de 14 secondes à Cacin, de 15 secondes à Alhama et à Cadix, de 15 à 16 secondes à Lanjaron, de 15 à 18 secondes à Montepicar, de 16 à 20 secondes à Motril, de 18 à 20 secondes à Baza, de 20 secondes à Séville et à Laroles, de 30 secondes à Antequerra, de 35 secondes à Medicina Bombaron, de 40 secondes à Niguelas et de 60 secondes à Cadiar.

Après la désastreuse secousse dont il vient d'être question, le sol de l'Andalousie a été fréquemment ébranlé pendant plusieurs mois. Dans la nuit du 25 au 26 décembre 1884, de 9 heures du soir à 2^h30^m du matin, les secousses ont été particulièrement nombreuses. Cependant, bien que l'attention fût appelée sur ces phénomènes, on comprend que le nombre des secousses ressenties ait été très différent suivant l'éloignement des localités à partir du milieu de la zone centrale, le mouvement s'affaiblissant et s'éteignant à des distances variables de son point de départ suivant son degré initial d'intensité. Les conditions géologiques et topographiques exercent d'ailleurs une grande influence sur la manière dont l'intensité varie avec la distance et amènent dans les effets produits des différences autrement inexplicables. Mais toute tentative de démêler l'influence complexe de telles causes serait évidemment impraticable dans l'état actuel de la science. Comme exemple de ces inégalités dans le nombre des secousses ressenties en diverses localités dans le même laps de temps, rappelons les faits suivants consignés dans le mémoire de la Commission espagnole. Durant la nuit du 25 au 26 décembre, dans l'intervalle de temps qui vient d'être indiqué, on a perçu 1 seule secousse à Madrid, Caceres, Ségovie, Moguer et Jerez; 2 à Ciudad Real, Cabra, Colmenar et Baza; 3 à Cordoue, San Fernando (Cadix), Séville, Berchules, Gajar et Atarfe; 5 à Loja, Montefrio et Quentar; 7 à Santa Fé, Melegis, Murchas, Ventas de Zafarraya, Chimenas, Niguelas, Bayacar, Cajar et Motril; de 8 à 10 à la station du chemin de fer à Grenade, à Pinos del Valle, Armillo, Carantenas et Saportujar; de 10 à 15 dans l'intérieur de la ville de Grenade, à Almendral, Cacin, Turro, Fornes, Cañar, Cijuela, Chauchina, Gania et Salobreña; de 15 à 20 à Arenas del Rey, Ventas de Huelma, Chite et Talara; 21 à Santa Cruz. Dans les localités qui ont le plus souffert du tremblement de terre, telles que Alhama, Albunuelas, Periana, Guaro, bains de Vilo, Velez Malaga, on sait seulement que les secousses ont été très multipliées. D'après les renseignements fournis par M. Jona, ingénieur civil à Malaga, par les Jésuites de Pablo et par un professeur de l'institut provincial de Malaga, on aurait ressenti dans cette ville 22 secousses du 25 décembre 1884 au 1er janvier 1885, 25 dans le courant du mois de janvier, 22 en février, 8 du 1er au 9 mars. Parmi les plus violentes, il faut citer celle du 26 décembre à 2 heures du matin, celles du 30 décembre, du 5 janvier, du 13 et du 27 février, du 25 et du 26 mars, du 11 avril. Cette dernière s'est fait sentir dans toute l'étendue de l'Andalousie. Elle a été précédée de bruits intenses et a duré plusieurs secondes. Des maisons se sont écroulées en plusieurs localités, notamment à Velez Malaga et à Antequerra.

Les secousses se sont reproduites, à intervalles inégaux et en diminuant peu à peu de fréquence et d'intensité, pendant toute l'année 1885 et pendant les premiers mois de 1886, quelques-unes accompagnées de bruits souterrains. Le savant mémoire de MM. Taramelli et Mercalli contient le tableau détaillé des observations faites à Malaga par M. l'ingénieur Jona.

CARACTÈRES DES SECOUSSES.

Dans presque toutes les localités de la zone centrale, on a senti des secousses verticales suivies de mouvements ondulatoires. En dehors de cette zone, on n'a guère observé que des mouvements d'ondulation. Il y a cependant quelques exceptions à la règle ainsi formulée. En effet, en quelques points très éprouvés par le tremblement de terre, tels que Alhama et Arenas del Rey, et appartenant certainement à la zone centrale, la verticalité des secousses paraît n'avoir pas été constatée, mais cette anomalie peut être expliquée par les conditions orographiques compliquées du terrain sur lequel sont établis ces deux centres de population. En revanche, à Malaga et à Colmenar, des mouvements de trépidation ont été signalés, quoique ces villes soient en dehors de la zone centrale; mais ici le fait peut être attribué à la situation de ces deux localités sur le prolongement d'une ligne suivant laquelle les phénomènes sismiques se sont pour ainsi dire étalés et dont les relations géologiques ont été l'objet d'une étude spéciale de la part de tous ceux qui se sont occupés du tremblement de terre de l'Andalousie.

En outre des trépidations dans le sens vertical et des mouvements ondulatoires, on a signalé en beaucoup de points des mouvements giratoires. Nous fournissons ci-après, dans nos observations détaillées, plusieurs exemples de ce fait.

Des objets lourds ont tourné sur eux-mêmes, changeant leur orientation sans subir le plus souvent de mouvement de translation notable. Ces phénomènes complexes n'impliquent nullement l'existence de forces comme celles qui d'ordinaire produisent les mouvements de rotation. Il s'agit ici simplement de forces horizontales agissant sur des corps fixés par un point autre que celui qui correspond à leur centre de gravité, et par conséquent se déplaçant autour de ce point de fixation.

Dans chacune des localités où les secousses ont été ressenties, la direction de la composante horizontale du mouvement paraît avoir été à peu près constante; les lampes suspendues, par exemple, ont oscillé en chaque lieu dans un plan sensiblement invariable. Dans la plupart des cas, le léger déplacement du plan d'oscillation qui a été constaté peut être attribué aux irrégularités du mode d'attache. Nous ne connaissons qu'un seul fait permettant d'admettre un véritable changement d'orientation du plan des oscillations sismiques, c'est celui qui a été observé par M. Guillemin Tarayre à la mine de la Lonja, près de Grenade. A plusieurs reprises, pendant les mois de décembre 1884, janvier et février 1885, cet ingénieur distingué a vu le plan d'oscillation des lampes de son appartement se déplacer d'un angle notable et constamment dans le même sens, de l'est à l'ouest en passant vers le sud, comme si le centre d'ébranlement à chaque cataclysme nouveau se déplaçait de l'est vers l'ouest.

VITESSE DE PROPAGATION DES SECOUSSES.

Nous n'avons sur la question que des données imparfaites et contestables. Le défaut de réglage des horloges ôte toute précision aux renseignements recueillis. La seule donnée de ce genre offrant une apparence d'exactitude que l'on possède est la suivante : au moment de la première et principale secousse, deux employés de l'administration des télégraphes, l'un à Malaga, l'autre à Velez Malaga, étaient en train de correspondre. Ce dernier, surpris par la secousse, cesse brusquement la correspondance. Son collègue s'étonne de cet arrêt subit, lorsque, 6 secondes environ après l'interruption de la dépêche, il sent à son tour la secousse. Or la distance de Velez Malaga à Malaga est d'environ 30 kilomètres, et si l'on tient compte de la distance de ces deux localités au point médian de la zone centrale, d'où l'on peut supposer que partait à peu près le mouvement, il en résulte que l'ébranlement se serait propagé avec une vitesse d'au moins 1,500 mètres par seconde. La vitesse ainsi déterminée est un minimum, car le chiffre de 6 secondes constaté entre l'arrivée du mouvement ondulatoire à Velez Malaga et à Malaga est un maximum. En réalité, la durée de la transmission du mouvement sismique a été de 4 à 6 secondes, et, par suite, la vitesse observée a été comprise entre 1,500 et 2,200 mètres; mais si l'on tient compte de ce que la position de la partie médiane de la zone centrale n'est pas exactement connue, il faut en conclure que la vitesse de propagation en question a pu dépasser ces nombres.

Restent les observations de San Fernando (Cadix), Lisbonne, Greenwich et Wilhemshafen, en admettant, ce qui n'est pas rigoureusement démontré, que les perturbations des appareils magnétiques de ces trois derniers observatoires soient dues à la transmission du mouvement sismique par l'intermédiaire du sol.

La secousse a été sentie à $9^h 18^m$ à Cadix, à $9^h 19^m$ à Lisbonne, à $9^h 25^m$ à Greenwich et à $9^h 29^m$ à Wilhemshafen. La différence des distances de Lisbonne et de Cadix à Alhama, point milieu approximativement de l'épicentre, étant de 220 kilomètres environ, il en résulte que la vitesse de propagation des secousses dans cette direction a été d'environ 3,600 mètres par seconde. En appliquant un calcul analogue pour Greenwich et Wilhemshafen, distants d'Alhama l'un de 1,650 kilomètres, l'autre de 2,040 kilomètres, on trouve dans cette seconde direction une vitesse d'environ 1,600 mètres par seconde loin de l'épicentre, dans l'intervalle de Greenwich à Wilhemshafen. D'Alhama à Greenwich, d'après les mêmes données, la vitesse aurait été de 4,500 mètres, et d'Alhama à Wilhemshafen de 3,100 mètres. Avec les données actuelles, il est impossible d'apporter plus de précision dans les calculs de ce genre et, par suite, d'en tirer aucune conséquence sérieuse.

BRUIT SISMIQUE.

En général, les secousses de tremblement de terre sont précédées d'un bruit comparé tantôt à celui d'un tonnerre lointain, tantôt à celui d'un train de chemin de fer ou d'une voiture lourdement chargée circulant sur une chaussée pavée. Ce phénomène n'a pas manqué dans la secousse initiale du 25 décembre 1884 et s'est manifesté avec plusieurs de celles qui ont eu lieu consécutivement en Andalousie. Le 25 décembre 1884, lors de la secousse initiale, il a duré assez longtemps pour que beaucoup de personnes aient eu le temps de sortir de leurs maisons avant la secousse et même de descendre un escalier de deux étages. Le bruit a été en général séparé de la secousse par un très court intervalle, estimé à une seconde. La durée du bruit ainsi que celle de la secousse ont été très diversement évaluées dans les différentes localités et souvent même dans une même localité par différentes personnes. Dans les points principaux de la zone centrale, on peut conjecturer, d'après les renseignements fournis, que la durée du premier de ces deux phénomènes n'a guère dépassé 10 secondes et qu'elle a été en moyenne de 5 à 6 secondes. Dans certaines localités de cette même zone, il semble que le bruit persistait encore au commencement de la secousse, mais *en aucun point, quel que fût son éloignement de l'épicentre, on n'a constaté l'arrivée des secousses avant celle du bruit.*

Relativement à la question des bruits d'origine sismique, nous trouvons les renseignements suivants dans le mémoire de la Commission espagnole. En dehors des provinces de Grenade et de Malaga, bien qu'un certain nombre de localités aient ressenti la secousse du 25 décembre 1884, c'est seulement à Cordoue que l'on a entendu un bruit précurseur qui a été assez fort. Dans tous les points des deux premières zones, des bruits plus ou moins intenses ont préludé au tremblement de terre. Ils ont été signalés seulement en quelques points de la troisième zone, à Albunol, Castillejar, Castril, Cullar, Baza, Cullar Vega, Gor, Gorafe, Huelago, Huescar, Strabo et Labra, dans la province de Grenade; Algatocin, Benahavis, Benarraba, Ronda et Tolox, dans celle de Malaga.

Parmi les personnes interrogées, quelques-unes ont pu donner des indications sur le timbre et l'intensité du bruit, dire par exemple s'il était fort ou faible, éclatant ou sourd. A Albunuelas,

Capileira, Jatar, Fuente de Piedra, on l'a rapproché du roulement d'un tonnerre lointain; à Armilla, Doja, Pinos del Valle et Malaga, on l'a comparé au bruit d'une décharge d'artillerie; à Antequerra, Lacahorra, Grenade, Loja, Santa Fé, Campillos et Colmenar, aux bains de Vilo, à Aguadera et à la Vinuela, il a été décrit comme semblable à celui que produit un train de chemin de fer. A Ambros, Arenas del Rey, Cacin et Ventas de Zafarraya, on a entendu un roulement prolongé suivi de deux coups secs, nettement distincts, et dans l'intervalle desquels on a vu commencer la chute des édifices. Dans la dernière de ces localités, on a ajouté que, lors des secousses des journées qui ont suivi le 25 décembre, le son était sourd quand il paraissait provenir de la sierra Tejada et qu'il était plus clair quand il semblait venir de la sierra de Marchamonas.

Les membres de la Commission française ont eux-mêmes, dans le courant du mois de mars, senti trois secousses de tremblement de terre. L'une d'elles a été perçue par eux à Alhama au milieu de la nuit du 13 au 14 février, la seconde sur le chemin d'Alhama à Arenas del Rey le 14 février à quatre heures de l'après-midi; la troisième à Arenas del Rey et à Agron le même jour à 8 heures du soir. Dans ces trois cas, ils ont entendu distinctement le bruit précurseur des secousses comme celui d'un tonnerre éloigné. Ce bruit a nettement précédé la secousse et a duré chaque fois cinq à six secondes.

DÉSASTRES.

D'après les renseignements officiels, on compte 690 morts et 1,426 blessés dans la province de Grenade, 55 morts et 57 blessés dans celle de Malaga. A Arenas del Rey, village d'environ 1,500 habitants, il y a eu 135 morts et 253 blessés. Les dommages matériels ont été énormes; des villages entiers ont été détruits; on compte environ 12,000 maisons ruinées et 6,000 plus ou moins endommagées. La mauvaise construction des habitations, l'étroitesse des rues dans les bourgades ont contribué beaucoup au dés-

IMPRIMERIE NATIONALE.

astre. Les maisons bâties régulièrement et en bons matériaux ont en général été seulement lézardées. La pente trop considérable du terrain, la mauvaise qualité du sol des fondations ont été aussi une cause de ruine. Enfin la nature géologique du sol a eu une influence manifeste. Les bâtiments élevés sur terrain d'alluvion ont particulièrement souffert; ceux qui étaient édifiés sur des roches sédimentaires peu résistantes, calcaires friables, argiles, etc., ont été aussi très maltraités. Au contraire, ceux qui se trouvaient sur des roches solides, telles que des calcaires compacts, ou même sur des schistes anciens, ont été beaucoup plus épargnés, surtout en dehors de la région centrale. Les constructions élevées dans le voisinage immédiat de deux sols de nature très différente, tels qu'un schiste feuilleté et un calcaire cristallin, ou bien encore une argile et un calcaire compact, ont beaucoup souffert.

Le journal de Grenade *El Defensor de Granada,* qui s'est vivement intéressé à tout ce qui regarde le tremblement de terre et qui a publié de nombreux documents sur la question, donne dans son numéro du 1er mars 1885 les chiffres suivants pour le nombre des morts et des blessés dans la province de Grenade : 838 morts et 1,164 blessés. Le tableau ci-après, emprunté au rapport de la Commission espagnole publié à la date du 30 mars, donne un chiffre de morts plus petit et un nombre de blessés plus grand, ce qui tient sans doute à ce que les renseignements qui servent de base au tableau officiel ont été recueillis avant ceux qui sont consignés dans le journal de Grenade. Nous plaçons d'abord le tableau officiel et ensuite le tableau correspondant extrait d'un document plus détaillé publié dans le journal de Grenade. La comparaison de ces deux tableaux, assez différents l'un de l'autre sur plus d'un point de détail, montre combien il est difficile de se procurer des renseignements statistiques exacts.

Province de Grenade.

TABLEAU OFFICIEL.

	Morts.	Blessés.
Alhama	307	502
Arenas del Rey	135	253
Albunuelas	102	500
Ventas de Zafarraya	73	7
Zafarraya	25	86
Jayena	17	5
Santa Cruz	13	8
Murchas	9	13
Localités diverses	9	52
TOTAUX	690	1,426

TABLEAU DU JOURNAL DE GRENADE *El Defensor.*

	Morts.	Blessés.
Alhama	463	473
Arenas del Rey	118	146
Albunuelas	102	253
Ventas de Zafarraya	73	14
Zafarraya	27	86
Jayena	17	21
Santa Cruz	13	19
Murchas	8	7
Localités diverses	7	145
TOTAUX	828	1,164

Province de Malaga.

TABLEAU OFFICIEL.

	Morts.	Blessés.
Periana	40	18
Canillas de Acetuno	5	5
Alcaucin	4	»
Velez Malaga	6	16
Localités diverses	»	20
TOTAUX	55	59

Il est à remarquer que l'importance des dégâts matériels dans les diverses localités n'a nullement été en rapport avec le nombre des morts et des blessés. Pour s'en convaincre, il suffit d'observer que, tandis que le nombre des morts et des blessés a été bien plus grand dans la province de Grenade que dans celle de Malaga, il y a eu à peu près le même nombre de maisons ruinées dans les deux provinces. Cependant les trois localités où il y a eu le plus de victimes, Alhama, Arenas del Rey et Albunuelas, sont aussi celles où la destruction des édifices a été la plus complète. Nous pouvons citer aussi, comme particulièrement maltraités, les villes et villages suivants : Zafarraya, Ventas de Zafarraya, Murchas et Santa Cruz de Alhama, dans la province de Grenade; Periana, Velez Malaga, Canillas de Acetuno, Alcaucin, Malaga, Competa, Cutar, Arenas, Antequerra, Sedella, Frigilliana, Algarrobo, Alfarnatejo, Almunecar, dans celle de Malaga.

Quand nous sommes, à deux reprises, passés à Alhama dans le courant du mois de mars 1885, nous avons trouvé la rue principale de la ville encore remplie de décombres et une autre rue, voisine de celle-ci et de direction à peu près parallèle, comblée jusqu'à la hauteur du premier étage par les débris écroulés des maisons en bordure. Les cadavres des victimes de la secousse du 25 décembre 1884 y gisaient encore sous les matériaux entassés. A Albunuelas, la circulation était difficile au milieu des décombres et des ruines. A Arenas del Rey, il ne restait debout que quelques pans de murs; l'emplacement des rues se distinguait à peine; la bourgade entière n'était plus qu'un vaste amoncellement de pierres et de pièces de charpente brisées.

EFFETS GÉOLOGIQUES DU TREMBLEMENT DE TERRE.

Dans plusieurs parties du district ébranlé, les secousses ont amené la production de crevasses profondes.

A Guaro, non loin de Periana, le sol argileux appliqué sur les flancs du calcaire voisin et détrempé profondément par les eaux pluviales s'est détaché du sous-sol et a glissé en masse, laissant sur ses bords une sorte de fossé large de deux à trois mètres. De plus, la partie crevassée s'est déplacée de manière à présenter l'aspect d'un champ labouré par une charrue gigantesque.

A Guevejar, une cause analogue a produit une fente semi-circulaire longue de plus d'un kilomètre. Au milieu du terrain circonscrit par cette déchirure, le village de Guevejar est demeuré debout tout en subissant un transport commun. A la partie inférieure de l'un des bords de la fente, on pouvait voir ce phénomène curieux d'un olivier déchiré en deux par la fissure, l'une des moitiés de l'arbre demeurée en place, tandis que l'autre moitié avait pris part au mouvement du terrain déplacé.

A Ventas de Zafarraya, même phénomène de glissement, fente plus étroite mais plus allongée.

En plusieurs points de la sierra Tejeda, des blocs volumineux se sont détachés et ont roulé en bas de la montagne.

Un grand nombre de sources ont émis des eaux troubles, ou leur débit a subitement varié. Quelques sources nouvelles ont apparu, d'autres au contraire ont cessé de couler. A Guaro, notamment, la source qui débouchait au-dessous de la métairie est devenue trouble, plus abondante, et elle s'est montrée à un niveau plus bas. A Alcaucin, à Periana, à Sedella, les eaux des fontaines sont devenues tellement abondantes que les conduites se sont rompues. A Alhama, le volume de la source minérale a augmenté, sa température s'est élevée; elle était seulement alcaline, elle est devenue sulfureuse. En même temps, une nouvelle source aussi abondante, aussi chaude et aussi minéralisée que celle-ci, traversée par un important dégagement de gaz, s'est montrée à un kilomètre en amont du ruisseau passant près de l'établissement de bains.

Tous les phénomènes qui viennent d'être indiqués sont superficiels; en somme, le tremblement de terre n'a produit aucune modification profonde du sol se manifestant d'une façon quelconque à la surface. Tout ce que l'on observe est le résultat des secousses au même titre que la destruction des édifices et n'a pas plus d'importance au point de vue des déductions théoriques à en tirer.

DÉTAILS PARTICULIERS RECUEILLIS PAR LES MEMBRES DE LA MISSION.

A Madrid, d'après M. de Botella et M. Mac Pherson, le tremblement de terre se serait fait sentir le 25 décembre 1884 de $9^h 22^m$ à $9^h 23^m$ du soir. La direction des secousses n'a pu être nettement établie.

A Malaga, M. F. Garret nous a donné $9^h 18^m$ comme l'heure de la première secousse. Les oscillations ont duré de 12 à 14 secondes. Dans une salle à manger où se trouvait l'observateur, la table s'est déplacée du nord vers le sud; les verres à pied se sont en partie vidés et n'ont pas été renversés. M. Garret croit avoir remarqué qu'à chaque secousse nouvelle le ciel devenait nuageux.

L'observation des lézardes des constructions dans la ville de Malaga a particulièrement attiré l'attention de la Commission française à cause de l'édification des murs, meilleurs que dans les autres localités de l'Andalousie.

Calle Nueva. — Rue orientée N.-E. Les maisons en bordure ont été très éprouvées, surtout celles du côté N.O.

Ruelle aboutissant place de la Constitution, dans la calle Especerias et dirigée N.-N.-E. — Les façades menacent ruine et sont étayées.

Place de la Constitution. — Grandes fissures verticales dans les façades des maisons alignées sur le prolongement de la calle Espicerias.

Calle de Siate Rebueltas, au coin de la calle del Toril. — Les balcons de deux maisons situées en face l'une de l'autre se sont rapprochés presqu'au contact, par suite de l'inclinaison en sens inverse des deux façades.

Calle del Toril, n° 7. — Magasin d'étoffes de M. Gomez y Diez. Dans l'arrière-boutique, fissure dans un gros mur orienté N. 13° E.; cette fissure a une inclinaison vers l'ouest de 22 degrés par rapport à la verticale. La maison est neuve, repose sur un soubassement en béton de 7 mètres d'épaisseur, il n'y a pas de cave. A la base, les gros murs ont une épaisseur de 2 mètres. Ils ont 80 centimètres dans la partie traversée par la grande fente dont il vient d'être question.

Dans le péristyle du rez-de-chaussée, autre fente dans un mur épais de 35 centimètres. La direction du mur est N. 62° O.; la fissure perpendiculaire au mur a un prolongement nord de 36 degrés par rapport à la verticale. Autre fente inclinée de 20 degrés vers le N. 30° E. dans un mur dirigé N. 68° O.

Dans l'escalier, au deuxième étage, on voit une fente verticale qui part du rez-de-chaussée et traverse le mur méridional de la cage de l'escalier.

Au même étage, dans le vestibule, deux candélabres à pied de 2 mètres de haut ont été renversés vers le sud.

Dans une petite pièce faisant suite au vestibule, il y a deux fissures ayant une direction N.-N.E. avec une inclinaison de 48 degrés, pente vers l'ouest.

Dans le salon, on ignore comment le lustre a oscillé lors de la secousse du 25 décembre, mais depuis lors à chacune des secousses consécutives on l'a vu osciller. La direction des oscillations a, dit-on, été constante N. 37°E.

Dans la nuit du 25 décembre 1884, après la secousse initiale, le balancement du lustre a été continuel jusqu'à $2^h 30^m$ du matin.

Dans une chambre à coucher, l'arc de décharge d'une fenêtre est fissuré suivant une direction N. 12°E.

Dans un couloir, les arcs correspondant à deux fenêtres sont fissurés dans une direction N. 55° O.

Le mur d'une chambre de débarras dirigé N. 37° E. est traversé d'une lézarde inclinée de 20 degrés vers l'ouest.

Dans l'antichambre qui précède la salle à manger, les flacons contenus dans le dressoir du buffet ont été presque tous jetés par terre. Le mur contre lequel est adossé le buffet est dirigé N. 60° O.

Cercle du Lyceo. — Une des façades de la cour, orientée N. 87° E., est toute crevassée. Dans la salle de la coupole, le mur du fond, dirigé N.-E., présente une fissure inclinée de 26 degrés vers le sud.

Piazza San Silvao. — Plusieurs façades orientées N. 70° O. sont renversées vers l'est.

Calle de Granada. — Les deux maisons situées à l'extrémité ouest de la rue ont leurs arêtes d'angle à demi ruinées.

Place de la calle de Granada. — Des maisons dont la façade est orientée N. 80° O. sont jetées par terre.

Piazza de la Merced. — Sur cette place s'élève une pyramide commémorative haute d'environ 15 mètres. La partie supérieure de la pyramide, sur une hauteur de 4 à 5 mètres, a subi un mouvement de rotation d'environ 5 centimètres. Le mouvement s'est effectué du nord vers le sud en passant par l'ouest.

Sur cette place, la maison portant le n° 23, dont la façade est orientée N. 45° E., est toute fissurée dans des directions variées. La lézarde principale établie dans le mur, orientée N.-E., plonge de 30 degrés vers le sud. La façade perpendiculaire à la précédente, donnant sur la calle de la Madre de Dios, est étayée.

Au coin de la calle de Alamos et de la calle de Mariblanga, les deux façades sont étayées. La première est orientée N. 42° E. La façade de la calle de Mariblanga est plus particulièrement traversée de fissures verticales.

Calle de Dos Haceras. — La maison qui forme l'angle de cette rue avec la calle de Torrijos est renversée, les deux façades sont jetées par terre. La calle de Torrijos est orientée N. 75° E., l'autre rue lui est perpendiculaire.

Dans la même rue, vis-à-vis l'une de l'autre, il y a deux maisons dont l'une est étayée et dont l'autre a son étage supérieur renversé. Les façades de ces maisons sont orientées N. 20° E.

Maison située sur le quai, occupée par M. de Orueta. — Les murs ne paraissent pas avoir souffert. Dans l'appartement de M. de Orueta, situé au second étage, des statuettes ont été jetées par terre vers le nord-est. Des lampes ont oscillé dans le même azimut[1].

Torre del Mar. — Le mouvement ondulatoire senti lors de la secousse initiale du 25 décembre 1884 était dirigée du nord au sud et paraissait provenir du côté nord. La cheminée de l'usine a été détruite à sa partie supérieure, ses débris jonchent le sol à une distance de 4 à 5 mètres tout alentour. Les réservoirs d'eau situés au second étage de l'usine ont débordé au nord et au sud; les lampes ont oscillé dans la direction N.-S. La direction et l'inclinaison des nombreuses lézardes des murs de l'usine sont extrêmement variables. Du 25 décembre 1884 au 21 janvier 1885, on a senti en moyenne une assez forte secousse tous les deux jours. Chacune d'elles a été précédée d'un bruit comparable à celui du passage d'un train de chemin de fer.

Velez Malaga. — La partie de la ville bâtie sur le tertiaire a beaucoup plus souffert que les quartiers situés sur les terrains anciens.

Dans la rue principale dirigée N.-N. O., les maisons sont traversées de nombreuses lézardes plus ou moins rapprochées de la direction verticale. Dans une grande rue à peu près parallèle à la côte, les façades de plusieurs maisons sont jetées par terre. Il y a 20 maisons renversées, 500 endommagées. Le dégât est évalué à 2 millions de francs.

Dans les maisons, les lampes ont oscillé dans la direction N.-S. Cependant, d'après ce qui nous a été affirmé par plusieurs personnes, la seconde secousse a paru dirigée E.-O. L'impression produite par la secousse initiale a été celle d'une oscillation violente, les personnes ont perdu l'équilibre. Les oscillations ont été assez prolongées pour qu'une personne se tenant au pre-

[1] M. Garret estime qu'à Malaga il y a environ 300 maisons très endommagées; il évalue le dommage à 15 millions de francs. Une seule personne a été tuée.

mier étage ait pu descendre l'escalier et sortir de la maison avant la fin du phénomène. Dans un champ, à 1 kilomètre au sud de Velez Malaga, le tassement du sol argileux détrempé par l'eau a amené le jaillissement au dehors d'une nappe d'eau située à 8 mètres de profondeur; l'eau est sortie par des fentes superficielles, amenant du sable et des débris schisteux du sous-sol. On a constaté de nombreux phénomènes de giration sur les poteaux composés de pierres superposées placés à l'entrée des propriétés.

La fabrique de Juan Ramo, à 2 kilomètres de Velez Malaga sur le chemin de Canillas de Aceituno, dont la façade est orientée N.-S., est traversée normalement de nombreuses crevasses, plongeant au sud de 18 degrés par rapport à la verticale. Cet établissement est bâti sur le micaschiste.

Alcaucin. — Il y a 25 maisons en ruines. Lors de la secousse du 25 décembre 1884, une lampe suspendue dans une salle à manger a oscillé dans la direction N.-S. Les sources sont devenues troubles, leur débit a varié; quelques-unes se sont déplacées. On n'a pas entendu de bruit précurseur (ce qui est bien extraordinaire). Alcaucin est bâti sur une bande de calcaire métamorphique.

Canillas de Aceituno. — Le village est, comme le précédent, élevé sur le cipolin au contact du micaschiste. Le clocher de l'église présente des fentes verticales sur ses quatre murs; la clef de voûte d'une des fenêtres du clocher est tombée.

Dans les maisons, les lampes ont oscillé dans la direction N.-S.; elles se sont écartées de 25 degrés de la verticale.

Caga Oro. — On voit dans ce hameau une maison bâtie sur le grès nummulitique qui a été entièrement démolie. Trois de ses habitants ont été tués.

Periana[1]. — Il y a eu dans cette bourgade 45 personnes tuées sur 1,300 habitants. Le nombre des maisons démolies est de 30 et celui des maisons endommagées s'élève à 600. Les façades sont lézardées dans toutes les directions; la plupart des fentes sont verticales. L'église est en grande partie effondrée; le clocher est encore debout, mais à moitié ruiné; la cloche est tombée sur un des murs du clocher et y est demeurée comme en suspens. La façade de l'église, orientée N.-N. E., s'est éventrée vers l'est.

Les oscillations des lampes se sont surtout produites dans un plan N.-S. Le tremblement de terre a commencé par des trépidations précédées et accompagnées d'un grand bruit. On donne $9^h 23^m$ pour l'heure de la secousse initiale.

[1] Mémoire d'ensemble, pl. V.

IMPRIMERIE NATIONALE.

Au moment où les trépidations ont été ressenties, le ciel, qui était pur auparavant, s'est, dit-on, couvert d'un nuage blanc.

Periana repose sur des roches quaternaires traversées par un ravin. La partie haute du bourg a été plus éprouvée que la partie basse.

Sur le chemin de Periana aux bains de Vilo, des cavernes creusées dans des travertins calcaires se sont effondrées.

Cortijo de Guaro. — Il s'est produit en ce lieu des mouvements superficiels du sol qui ont vivement excité l'attention publique. Sur le flanc de la sierra jurassique de Zafarraya, au pied de laquelle est situé le hameau de Guaro, remonte un manteau de roches nummulitiques qui pénètre dans un col de la chaîne. Sur ce substratum marneux existait un amas de déjections composé de limons, de graviers et de blocs de calcaire jurassique. Par suite du tremblement de terre du 25 décembre, tout ce système a glissé sur son substratum, et il s'en est suivi un éboulement considérable. Plusieurs maisons ont été renversées et il y a eu 3 victimes. Actuellement, on peut voir encore, au milieu des masses qui sont ainsi descendues du col, les restes des habitations démolies; l'éboulement se termine par une espèce d'amas volumineux d'argile dont la surface est très fissurée, par suite du glissement inégal et du tassement des matériaux qui le composent. La direction du mouvement de descente est à peu près E.-O.; elle représente la diagonale d'un réseau à angle droit formé par les crevasses. Celles-ci sont larges de 4 à 5 mètres; leur profondeur au mois de mars était de 6 à 7 mètres. Le fond était rempli par des éboulis. Au milieu de l'amas se voit une butte calcaire.

Zaffanero. — Ce cortijo est situé au contact du jurassique et des terrains triasiques et anciens de la sierra Tejeda. On y sentait encore journellement des secousses à la fin du mois de mars 1885.

Zafarraya. — Il y a eu dans cette ville 160 maisons détruites et 289 fortement endommagées; l'église est presque entièrement renversée; l'un des murs latéraux de la nef a été en totalité jeté par terre. La ville est située sur un promontoire jurassique qui s'élève au milieu d'un bassin quaternaire, lequel n'a pas d'écoulement apparent pour ses eaux. Un petit cours d'eau qui le traverse disparaît dans des cavités du terrain connues sous le nom de *sumideros.*

Ventas de Zafarraya. — Dans cette bourgade, il y a eu 73 morts sur 935 habitants; toutes les maisons sans exception ont été fortement atteintes; il y en a eu 152 de détruites sur 235. Les murs sont craquelés en mosaïque; plusieurs des lézardes sont horizontales, un grand nombre sont verticales, d'autres groupées de manière à former un réseau à angle droit, incliné de 45 degrés. Dans les maisons, les carreaux de terre cuite des planchers ont été soulevés et déplacés. Sur les quelques toits qui restent, les tuiles ont été mises en pièces. Les mouvements de trépidation ont été extrêmement accentués. Il y a eu cependant des oscillations dirigées dans un plan E.-O. La secousse initiale du 25 décembre a été précédée d'un bruit intense qui, contrairement à ce qui a lieu d'ordinaire, a paru d'intensité à peu près uniforme pendant toute sa durée, qui a été de 4 à 5 secondes. Il a été suivi de deux secousses qui ont duré chacune de 5 à 6 secondes, séparées par un intervalle de temps de 2 secondes. A chaque secousse, en même temps que des trépidations, il s'est produit un mouvement ondulatoire paraissant dirigé de l'est vers l'ouest. Toutes les secousses consécutives ont présenté les mêmes caractères. Dans le village même, il s'est produit quelques crevasses du sol, une entre autres au milieu de la place publique : elle est dirigée E.-O. Elle n'a pas plus de 30 à 40 centimètres de large et paraît peu profonde. La partie du village la plus rapprochée du col de Zafarraya est la moins maltraitée. Tandis que les maisons de l'extrémité sud de la rue principale sont seulement étayées, celles de l'extrémité nord, la plus éloignée du col, sont complètement démolies. Dans cette partie de la rue, toutes les façades exposées à l'est ont été jetées par terre en avant; les façades exposées à l'ouest ont été moins maltraitées. Près de là, sur une petite place, ce sont les façades exposées au nord qui sont renversées. Dans une rue parallèle à la rue principale, les façades jetées par terre sont celles qui sont exposées à l'ouest.

Le village est bâti en partie sur les alluvions quaternaires et en partie sur le calcaire jurassique.

Cacin. — Dans ce village, il y a eu 10 blessés et pas de mort. La première secousse a été caractérisée par des trépidations suivies d'un mouvement ondulatoire. La plupart des crevasses des murs sont verticales; les secousses, très nombreuses jusqu'à 7 heures du matin le 26 décembre, ont duré chacune en moyenne 10 secondes. A 4 heures du matin, le 26 décembre, il y a eu une forte secousse, à la suite de laquelle l'église est tombée. Cacin est bâti sur des alluvions. Les villages de Tomo et de Loga, voisins de Cacin, ont été moins éprouvés.

Arenas del Rey[1]. — Cette petite ville n'est qu'un amoncellement de ruines, il n'y reste plus une seule maison habitable. Les quelques pans de murs demeurés debout s'écroulent peu à peu. Le clocher se dresse encore au milieu des ruines, mais chaque jour il en tombe quelques fragments. La

[1] Mémoire d'ensemble, pl. VI.

secousse du 25 décembre a été extrêmement violente, trépidatoire. Le mouvement, autant qu'on en peut juger d'après la disposition des ruines, paraît s'être effectué dans une direction E.-O. Les membres de la Mission française ont ressenti une secousse à 8 heures du soir, le 24 février 1885, dans cette localité. La secousse a été précédée d'un bruit comparable à celui d'un tonnerre lointain, qui a duré environ 6 secondes; puis on a senti un mouvement ondulatoire lent à peu près de même durée, chaque ondulation durant une demi-seconde. On ressentait la même impression que si on recevait une série de chocs dirigés du sud vers le nord; les objets placés sur une table ont été déplacés dans cette direction sans être jetés par terre.

Arenas del Rey est bâti sur la molasse helvétienne. A quelque distance au sud-ouest, cette molasse s'appuie sur le calcaire jurassique; au sud et au sud-est, elle repose sur le calcaire ancien.

Jatar[1]. — Dans cette bourgade, il y a 73 maisons ruinées et 193 plus ou moins endommagées. Il y a eu 2 morts et beaucoup de blessés. La première secousse du 25 décembre a d'abord été trépidatoire, puis elle s'est transformée en un mouvement ondulatoire dirigé E.-O. Divers objets meubles sont tombés vers O. N. O. Jatar est bâti, au pied de la chaîne dolomitique de la sierra Tejeda, sur un travertin qui recouvre des assises marneuses miocènes. La cohésion très forte du travertin et son adhérence au calcaire cristallin adjacent expliquent pourquoi les désastres ont été bien moindres à Jatar qu'à Arenas del Rey, malgré le voisinage de ces deux centres de population.

Jayena. — Toutes les maisons de ce village sont fortement endommagées; 191 sont en ruines, 138 très lézardées.

Alhama. — Dans cette ville contenant 1,900 maisons, il y en a 1,247 en ruines et 146 fortement endommagées. La secousse du 25 décembre a été précédée d'un bruit sourd; on a d'abord senti des trépidations, puis un mouvement ondulatoire. Les lampes ont oscillé dans un plan dirigé N. 36° E. Dans une pharmacie, tous les bocaux placés sur des rayons adossés à la paroi est de la boutique ont été jetés par terre; les flacons des rayons adossés aux autres parois sont restés en place. Les secousses consécutives ont été extrêmement nombreuses et quelques-unes violentes; on en a compté par exemple 17 dans la journée du 29 février, dont une survenue à 1 heure de l'après-midi a été presque aussi forte que celle du 25 décembre.

Grenade. — Le tremblement de terre du 25 décembre s'est fait assez fortement sentir à Grenade. Beaucoup de maisons ont été lézardées. Des vases

[1] Mémoire d'ensemble, pl. VII et VIII.

en pierre situés sur la corniche d'une maison de deux étages ont été projetés vers le sud-ouest, obliquement par rapport à la façade de la maison et à une distance de 6 mètres de celle-ci. L'Alhambra a peu souffert, cependant il s'est fait quelques lézardes dans les murs de la salle des Ambassadeurs. A la mine de la Lonja, les secousses se sont manifestées sous la forme d'un mouvement ondulatoire qui paraissait provenir de la sierra Nevada. Les lampes ont oscillé dans une direction qui n'est pas demeurée constante. A chaque secousse, le plan d'oscillation, d'abord au nord-est, se déplaçait vers le sud en passant par l'est. Les bâtiments de la mine ont peu souffert. Il n'en a pas été de même des villages de Quentar et de Dubar, situés en amont sur le cours du Genil. Ces villages sont établis sur une faille tertiaire, à flanc de coteau, près de la séparation du miocène et du terrain cristallin.

Atarfé. — Les murs des maisons sont lézardés, mais il n'y a pas eu de désordres graves. Le village est bâti sur les alluvions de la Vega.

Albunuelas [1]. — Bourgade importante composée de trois centres de population. Elle est bâtie sur les tufs qui recouvrent l'helvétien et sur la marne helvétienne. Cette molasse est adossée à des calcaires anciens qui l'environnent de tous côtés. Toutes les maisons sont en ruines ou fortement endommagées. Il y a eu 102 morts. Dans une maison, une famille de 10 personnes a péri tout entière. Le désastre a été singulièrement aggravé par la pente considérable du terrain sur lequel s'élevaient les habitations. On n'a aucun détail précis sur le caractère des secousses du 25 décembre. Les murs qui restent debout sont fissurés dans toutes les directions; des fragments volumineux de rochers se sont détachés des crêtes et, sur la partie argileuse, des épanchements de boue sont sortis des crevasses au milieu des plantations d'oliviers. Les habitants échappés à la catastrophe ont passé la nuit du 25 au 26 décembre sur le plateau qui surmonte les escarpements et qui était alors couvert de neige.

Pinos del Rey. — Le village est bâti sur terrain ancien; les maisons sont assez fortement endommagées.

Saleres. — Village bâti sur la molasse miocène non loin de l'affleurement des terrains anciens. La moitié des maisons menacent ruine. Pendant les trois mois qui ont suivi le 25 décembre 1884, on a senti des secousses presque tous les jours.

Santa Cruz de Alhama. — Village construit sur éboulis provenant des

[1] Mémoire d'ensemble, pl. IX et X.

roches jurassiques. La partie haute du village a été plus maltraitée que celle qui est voisine du bas de la pente. Toutes les maisons sont en ruines ou très fortement endommagées. Les secousses du 25 décembre ont affecté le caractère d'un mouvement trépidatoire suivi d'ondulations se propageant dans la direction N.-S. Une ferme située entre Alhama et Santa Cruz a été détruite de fond en comble.

Ifo. — Le tremblement de terre du 25 décembre s'y est fait sentir sous la forme d'un mouvement ondulatoire venant du nord au sud. Une fente s'est produite au milieu du village. Les maisons détruites sont dans la partie nord du village. De gros quartiers de roche se sont détachés des escarpements qui s'élèvent à l'ouest. Ifo est construit sur des éboulis calcaires; en face se trouvent en place des argiles schisteuses sur lesquelles passe la route de Motril. Au fond du golfe calcaire se trouve un ravin profondément encaissé, et orienté S.-S.O. Les bords et le fond de ce ravin sont formés par des calcaires cristallins. Tout à fait au fond sort une source froide. Sur le flanc S.E., de nombreuses sources sortent des fissures du calcaire et fournissent un volume important d'eau tiède. Ces sources ont apparu le 25 décembre à la suite de la première secousse; elles avaient alors une température de près de 40 degrés. Le 22 mars suivant leur température était descendue à 25 degrés. L'eau n'était ni sulfureuse, ni ferrugineuse, ni gazeuse. Au moment de leur apparition, ces eaux exhalaient au contraire une forte odeur d'hydrogène sulfuré.

Antequerra. — Le 25 décembre, le tremblement de terre a détruit 4 ou 5 maisons. La secousse a été précédée d'un bruit sourd. On a senti des trépidations suivies d'un mouvement ondulatoire. Les lampes ont oscillé dans la direction E.-N.E. La ville est bâtie sur la molasse helvétienne et sur les marnes irisées.

Salar. — Village situé sur le bord du bassin tertiaire. Presque toutes les maisons ont été fortement endommagées. Entre Salar, Alhama et Zafarraya, un grand nombre de fermes ont été détruites par le tremblement de terre.

Murchas. — Village bâti sur les cailloutis tertiaires. A quelques centaines de mètres, on observe des îlots de calcaire ancien au milieu du miocène. La plupart des maisons sont en ruines, mais elles étaient en général fort mal construites, et celles qui étaient bien bâties ont résisté. Le clocher présente des fentes au-dessus des arceaux des quatre fenêtres.

Bezoar. — Village établi sur le cailloutis miocène. Il a été fortement endommagé. Plusieurs maisons sont en ruines.

Guevejar[1]. — On y observe des fissures dans le sol argilo-terreux qui forme le penchant d'une colline couronnée par des calcaires d'eau douce qui ont recouvert les pentes par leurs éboulis. La fissure semi-circulaire produite par le tremblement de terre entoure le village, formant autour de lui une sorte de fer à cheval. Les fentes ont de 1 à 4 mètres de largeur et une profondeur de 15 à 20 mètres.

Le village de Guevejar est descendu sans dommages graves avec le terrain qui le portait.

Le village de Visnar, situé près de là, n'a subi aucun dommage sensible.

Montefrio. — On y a ressenti le tremblement de terre du 25 décembre 1884 et quelques-unes des secousses consécutives. Il n'y a pas eu de dégâts sérieux.

Motril. — Beaucoup de maisons ont été lézardées; quelques-unes menacent ruine. La ville est bâtie sur les alluvions.

Nerja. — Maisons lézardées. Quelques cheminées renversées dans une direction N.-N. O.

Salinas (près Loja). — Le tremblement de terre du 25 décembre et quelques-unes des secousses consécutives s'y sont fait sentir sous forme d'ondulations. Les lampes ont oscillé dans un plan E.-O. Les murs et le plafond de la gare sont lézardés. Le village est bâti sur les marnes irisées.

Velez (près Motril). — Village bâti sur des travertins tertiaires, sur des calcaires et schistes triasiques. Il y a peu de dégât, bien que les secousses aient été assez fortes; on a ressenti un mouvement ondulatoire se propageant du nord au sud.

Vinta de Alfarnaté. — Village bâti sur le terrain nummulitique. La secousse du 25 décembre y a débuté par des trépidations qui se sont transformées ensuite en un mouvement ondulatoire. Les lampes ont oscillé dans un plan N.-O. Les secousses ont été précédées d'un bruit souterrain; dans les environs, 8 personnes ont été tuées.

Le 26 février 1885, deux des membres de la Mission française y ont éprouvé une secousse précédée d'un bruit dans le courant de la matinée. Même phénomène le 27 à $11^h 20^m$ du matin. Les habitations du village sont très endommagées.

Des dégâts analogues peuvent être constatés au cortijo de la Magdalena, entre Colmenar et Alfarnaté.

[1] Mémoire d'ensemble, pl. XI.

Tablaté. — Le village est bâti sur la formation détritique tertiaire, au voisinage des terrains anciens. Il a été assez éprouvé par le tremblement de terre; le clocher est lézardé.

Talara. — Le 25 décembre, les lampes ont oscillé dans un plan N. 25°O. Dans une boutique que cette direction traverse en diagonale, les objets placés sur les rayons supérieurs sont tombés de toutes les quatre parois; 5 personnes ont été écrasées par la chute d'un mur. Le village est bâti sur les cailloutis tertiaires au voisinage d'affleurements anciens. Une chapelle isolée sur un mamelon miocène, au nord-ouest du village, a été complètement ruinée.

Vinta de las Brajas (au nord d'Islanoz). — Le tremblement de terre du 25 décembre n'a été senti que très faiblement; il n'a inspiré aucune panique aux habitants. Ce hameau est bâti sur les bancs du lias supérieur marneux traversés par des filons d'ophite.

Vinta de las Angustias (près Talara). — La route a été crevassée et défoncée par le tremblement de terre; elle est taillée dans les assises de la formation de cailloutis tertiaires (*blockformation*).

Villanueva del Rosario (au S. O. de Loja). — La secousse du 25 décembre a été assez fortement ressentie. Des murs ont été crevassés, d'autres jetés par terre; les lampes ont oscillé dans un plan E.-O. Des secousses assez fortes ont été ressenties également le 29 décembre 1884 et le 27 février 1885. Le village est bâti sur le nummulitique.

Villanueva del Trabuco (au S. E. d'Archidona). — Le village est bâti sur le trias et le nummulitique et dominé du côté de l'est par la chaîne de calcaire jurassique. Au moment de la secousse du 25 décembre, des blocs volumineux se sont détachés de la montagne et ont roulé au bas des pentes. Dans le village, plusieurs maisons sont lézardées.

Priego (province de Cordoue). — Le 25 décembre, les secousses ont été tellement fortes que la population a passé la nuit hors des maisons. Beaucoup de constructions ont été fortement endommagées. Le village est bâti sur le trias au nord d'une chaîne jurassique.

Cabra (province de Cordoue). — Le 25 décembre on a senti le tremblement de terre, mais assez faiblement. On n'a observé que des mouvements ondulatoires. Les lampes ont oscillé dans un plan orienté N.55°E. Depuis le 28 décembre, on n'a ressenti aucune secousse.

EXPOSÉ DES MÉTHODES PROPOSÉES POUR ARRIVER À LA CONNAISSANCE DES FAITS EN RELATION DIRECTE AVEC LA CAUSE DES TREMBLEMENTS DE TERRE.

Les méthodes dont il s'agit sont connues depuis un nombre d'années relativement peu considérable.

La plus ancienne, en effet, n'a pas plus de 40 ans de date et les autres ont moins de 15 ans.

Au point de vue théorique, elles sont extrêmement intéressantes et à ce titre méritent que nous en fassions mention ici. Quant à leurs applications, elles ont été jusqu'à présent très bornées, et, malgré la confiance qu'elles ont paru inspirer quelquefois à ceux qui les ont faites, elles ne nous semblent pas être à l'abri des critiques diverses qui leur ont été adressées. Bien que nous n'ayons pu mettre ces méthodes en usage comme nous l'aurions voulu, lors du tremblement de terre de 1884-1885 en Andalousie, nous devons, après les avoir présentées au lecteur, indiquer les causes de notre insuccès et préparer ainsi des résultats meilleurs pour ceux qui plus tard seront appelés à remplir des missions analogues à celle dont nous avons été chargés.

Lorsqu'un tremblement de terre se produit, on comprend qu'il soit possible au moyen d'instruments appropriés, en un point quelconque de la région ébranlée, de déterminer l'heure exacte de l'arrivée des secousses et celle du bruit qui les accompagne, le caractère des secousses, leur intensité, leur nombre et leur durée. Ce sont là les données immédiates que l'observation est susceptible de fournir; mais, en partant de ces faits supposés connus avec une précision convenable, on peut en déduire d'autres données d'ordre médiat, en rapport plus intime avec la cause du tremblement de terre. Celles-ci, plus importantes que les premières, sont au nombre de trois, ce sont:

1° La situation du centre d'ébranlement, situation qui sera établie si l'on a déterminé la profondeur de ce point dans le sol et la position de l'épicentre, c'est-à-dire du lieu qui lui correspond verticalement à la surface ;

2° L'instant précis du départ de chaque ébranlement ;

3° La vitesse de propagation des secousses dans le sol.

Enfin, pour compléter l'étude d'un tremblement de terre, il reste à comparer les résultats de cet ordre avec les renseignements fournis par la géologie sur la nature et la constitution du terrain.

Les méthodes dont nous avons parlé ci-dessus ont pour but d'amener à déduire théoriquement les données d'ordre médiat de la connaissance des données d'ordre immédiat. Nous allons successivement les passer en revue.

De toutes les données d'ordre médiat, celle que l'on établit le plus aisément est la position de l'épicentre. On peut en effet, pour la déterminer, avoir recours à des considérations variées. On peut la fixer en considérant les azimuts des oscillations sismiques en des localités différentes.

Si le centre d'ébranlement était rigoureusement unique et le sol homogène, l'épicentre se trouverait au point de la surface du sol qui correspond au croisement de ces azimuts. Hâtons-nous de dire qu'il n'en est jamais ainsi. Dans tous les cas étudiés jusqu'à ce jour, les points de croisement se sont toujours trouvés groupés dans un espace plus ou moins nettement circonscrit et de forme à peu près elliptique.

Pour déterminer les azimuts en question, il est facile d'imaginer des appareils pendulaires ou autres atteignant le but cherché. La plupart des sismographes qui ont été imaginés jusqu'à ce jour ont été surtout établis en vue de répondre à cette question, à laquelle ils satisfont plus ou moins fidèlement. Ces instruments, perfectionnés, multipliés et disposés à l'avance dans des postes convenables, donneraient certainement à cette méthode une précision qu'il est très possible d'atteindre.

Pendant le cours de notre mission en Espagne, malgré le manque total d'instruments spéciaux, nous avons pu appliquer cette méthode à la détermination de l'épicentre en nous servant des indications fournies par les oscillations des lampes au moment des secousses. Les observations de ce genre qui nous ont été communiquées sont nombreuses et faites dans les localités distribuées dans des azimuts divers autour du point médian de la zone centrale, zone déterminée, comme nous l'avons dit par la considération des désastres. Nous avons reconnu ainsi que l'épicentre ne pouvait être représenté par un point de la surface du sol, mais par un espace elliptique assez étendu correspondant sensiblement à ce que nous avons appelé la région centrale du tremblement de terre.

On peut ainsi établir la position de l'épicentre en partant de la connaissance des courbes homoséistes, c'est-à-dire des lignes concentriques représentant chacune la série des points où un tremblement de terre s'est fait sentir au même instant. En joignant deux à deux trois points d'une de ces courbes par des cordes et menant des normales au milieu de celles-ci, le point de croisement de ces normales représente l'épicentre. L'application de cette méthode, toutes les fois qu'elle a pu se faire, a conduit pratiquement à des résultats qui diffèrent peu de ceux qu'on atteint par la précédente. L'épicentre ainsi déterminé se présente, non comme un point, mais comme une surface d'aire plus ou moins étendue.

La méthode des courbes homoséistes a été imaginée par Seebach. Comme nous le verrons ci-après, c'est la plus fertile en résultats, c'est elle qui dans l'avenir est appelée véritablement à rendre le plus de services à la science des tremblements de terre. Lorsque les observations sismiques se seront multipliées et auront acquis tous les moyens d'observation nécessaires à leur complet développement, elle sera probablement appliquée de préférence à toutes les autres. Jusqu'à présent, son emploi n'a donné lieu qu'à des observations isolées, dépourvues de contrôle sérieux, sur la valeur desquelles il était facile de se faire illusion.

Le caractère des secousses peut encore servir à établir la position de l'épicentre. Si l'on détermine en chaque point les intensités relatives de la composante verticale et de la composante horizontale du mouvement, on peut tracer une série de courbes concentriques représentant les points où ce rapport possède telle ou telle valeur, et obtenir ainsi le lieu des points où la composante horizontale est sensiblement nulle. L'épicentre correspond à la portion de la surface du sol où les secousses ont eu un caractère essentiellement trépidatoire. L'application de cette méthode exige, plus encore que celle des précédentes, l'emploi de sismographes d'une grande précision.

Enfin la considération de l'intensité absolue des secousses ressenties sert encore à la détermination de l'épicentre.

Avec des instruments convenables, on peut espérer pouvoir donner de la rigueur à cette méthode, quoique pratiquement il soit assez difficile d'imaginer un appareil fournissant exactement la mesure de l'intensité des chocs transmis par le sol. Actuellement l'appréciation de cette intensité se fait par l'observation des effets matériels produits, par l'examen des désastres résultant des tremblements de terre. Le moyen est évidemment grossier, et d'ailleurs il n'est pas prouvé que le maximum des désastres corresponde véritablement à l'épicentre. Les savants qui se sont occupés de l'étude des tremblements de terre sont en désaccord sur ce point.

Pour Falb, par exemple, le lieu de ce maximum correspond non pas au point où les secousses sont exclusivement trépidatoires, mais à ceux où la composante horizontale et la composante verticale du mouvement sont d'égale intensité. Cependant, dans la pratique, c'est certainement la considération des désastres qui guide le plus souvent les observateurs dans la détermination de l'épicentre. Dans l'état actuel de la science, avec l'imperfection des appareils d'étude employés et l'absence de toute précision dans les informations que l'on recueille çà et là, il est clair que ce moyen, tout grossier qu'il est, est encore celui qui offre le plus de sécurité.

Étant connue la position de l'épicentre, la donnée la plus intéressante à acquérir est la notion de la profondeur du centre d'ébranlement. Pour atteindre ce but, R. Mallet a proposé une méthode qu'il a appliquée à l'étude du tremblement de terre des

Calabres en 1846. Cette méthode repose sur la relation simple qui existe théoriquement entre la direction suivant laquelle les secousses atteignent un lieu donné et la disposition des crevasses qui s'y produisent, soit dans le sol, soit dans les murs des constructions.

Le principe de la relation en question est le suivant : quand un mouvement vibratoire se propage dans un corps solide, si la limite d'élasticité de la matière en vibration se trouve dépassée, la rupture s'opère transversalement à la direction de propagation du mouvement ; elle est la conséquence du changement de sens du mouvement qui s'opère à chaque vibration. Les règles qui s'en déduisent ont été résumées, il y a quelques années, comme il suit, par Falb :

1° L'angle α des fentes avec l'horizontale est égal au complément de l'angle i d'émersion du rayon mené du centre d'ébranlement au point considéré.

Fig. 2.

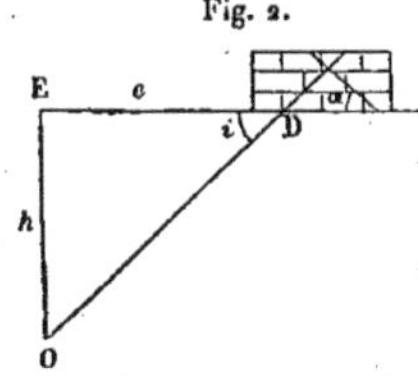

2° Les distances e d'un point D à l'axe du tremblement de terre croissent comme les tangentes de l'angle des fentes avec l'horizontale :

$$e = h \tang \alpha.$$

Ces deux règles sont surtout susceptibles d'être vérifiées sur les murs orientés dans l'azimut sismique du lieu, c'est-à-dire dans le plan comprenant le lieu d'observation D, l'épicentre E et le centre d'ébranlement O.

3° Un mur normal à l'azimut sismique d'un lieu est jeté par terre du côté d'où vient le choc, et la déchirure offre sur les faces du mur une trace horizontale.

4° Quand une construction à section horizontale rectangulaire reçoit le choc suivant un de ses plans diagonaux, il s'y détache deux encoignures opposées limitées chacune par une fente en forme de V. L'encoignure antérieure, celle qui reçoit le choc la première, est située à la base du bâtiment; l'encoignure postérieure, placée à l'extrémité de la diagonale opposée au haut de la construction, est fréquemment jetée en bas par la secousse.

Un mur est d'autant plus exposé à être renversé qu'il est plus élevé, plus allongé et plus dépourvu de contreforts.

Ces règles sont souvent contredites en apparence par l'observation en raison de la complexité des causes qui déterminent le mode de fissuration des constructions; car la nature des matériaux employés à leur édification, le genre de maçonnerie adopté, la disposition des fondations, la constitution du sol sur lequel elles reposent, ont une influence prépondérante sur la façon dont les fentes se produisent. La distribution des ouvertures de l'édifice, la position des cloisons, la nature des ciments, l'agencement des pierres équarries le long des arêtes du bâtiment ou sur le bord des ouvertures, le mode d'établissement de la charpente, ont une action également très grande, telle qu'elle masque le plus souvent celle qui se manifesterait dans une construction homogène.

Il faut d'autant plus se défier de l'emploi de la méthode de Mallet qu'involontairement, en l'appliquant, on est porté à négliger tous les faits qui ne concordent pas immédiatement avec la théorie, ou, ce qui est plus grave, ceux qui sont en désaccord avec les résultats auxquels on a été conduit par l'examen de quelques faits mis à part. Il est presque impossible qu'elle amène à des conclusions certaines. Cependant on comprend que très exceptionnellement elle puisse être appliquée avec succès. Alors, l'angle α étant déterminé au point d'observation, comme la distance e de ce point à l'épicentre a pu être établie par une des méthodes précédemment indiquées, l'équation $e = h \tang \alpha$ donne la profondeur h du centre d'ébranlement, et le résultat sera d'autant plus sûr que l'on aura pu opérer en un plus grand nombre de points et obtenir ainsi plusieurs valeurs correspondantes de e et de α.

La méthode de Seebach conduit encore à la solution de la question, en partant de ce fait qu'il existe une relation simple entre les divers éléments du problème sismique, tel que nous l'avons précédemment posé.

En effet, soit h la profondeur du centre d'ébranlement, x la distance d'un point D quelconque de la région ébranlée à ce centre et y la distance du même point à l'épicentre.

Fig. 3.

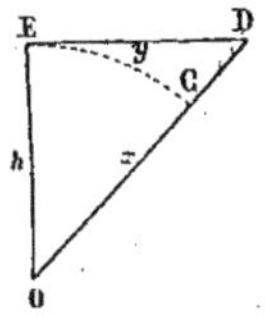

On a

$$(1) \qquad x^2 - y^2 = h^2,$$

équation d'une hyperbole équilatère dont le demi-axe est égal à h.

Soient T le moment de la secousse initiale en O, t le moment où elle arrive en D. La distance x est parcourue dans le temps $t - \mathrm{T}$. Soit v la vitesse de propagation de l'ébranlement dans le sol; on a

$$x = (t - \mathrm{T})v,$$

et en substituant à x cette valeur dans l'équation (1), il vient

$$(2) \qquad t = \mathrm{T} + \frac{\sqrt{y^2 + h^2}}{v}.$$

Si l'on possède trois points D d'observation pour lesquels on connaisse la distance y à l'épicentre et le temps t d'arrivée de la secousse, l'équation (2) fournit le moyen d'obtenir les valeurs de h, de v et de T. On a donc ainsi un procédé très simple pour déterminer les éléments sismiques cherchés, savoir : la profondeur du centre d'ébranlement, l'instant du choc initial et la vitesse de propagation des secousses.

Cependant, comme une petite erreur dans la détermination du temps t exerce une influence considérable sur les valeurs que l'on obtient pour les éléments cherchés, il est bon, comme l'ont proposé J. Schmidt et Kortum, d'employer ici la méthode des moindres carrés. On atténue ainsi les chances d'erreur, mais il est évident que, malgré l'emploi de ce moyen, on n'arrive qu'à des résultats fautifs lorsque les valeurs de t sont déterminées avec un degré insuffisant d'approximation. C'est donc de ce côté que doivent porter les efforts de ceux qui s'occupent de cette question de physique terrestre, les artifices du calcul ne pouvant compenser le défaut des observations.

La relation entre les éléments du problème sismique a été encore présentée par Seebach sous une autre forme.

Si du point O comme centre avec la distance OE comme rayon on décrit un arc de cercle, la droite OD se trouve coupée en un point C dont la distance x' au point D est égale à $x-h$.

Si dans l'équation (1) on remplace x par $x'+h$, il vient

$$y^2=(h+x')^2-h^2,$$

ou bien

$$y^2-x'^2-2hx'=0, \tag{3}$$

équation d'un hyperbole rapportée à deux axes qui se croisent à l'un de ses sommets.

D'après cette équation, on voit que l'on a $x'<y$ pour toutes les valeurs finies de y, et que ces deux quantités ne deviennent égales que pour $y=\infty$. Appelons t_0 le moment où la secousse arrive à l'épicentre; alors la distance x' est parcourue dans le temps $t-t_0$, d'où il suit que

$$x'=v(t-t_0).$$

Si l'on appelle v' la vitesse avec laquelle le tremblement de terre se propage à la surface du sol, on a aussi

$$y=v'(t-t_0),$$

d'où l'on déduit

$$v'=v\frac{y}{x'},$$

et comme $y>x'$, on en conclut $x'>v$, c'est-à-dire que la vitesse de propagation des secousses à la surface du sol est plus grande que leur vitesse de propagation dans le sol. On sait, d'ailleurs, que les valeurs de y et de x' sont d'autant plus rapprochées l'une de l'autre que le mouvement transmis est considéré en un point plus éloigné de l'épicentre. En supposant le sol homogène, v est constant, v' est variable et se rapproche d'autant plus de v que la secousse se transporte plus loin.

Seebach a tiré de l'équation précédente une construction graphique qui peut offrir un certain intérêt pratique.

On a en effet

$$y'^2 - v^2(t-t_0)^2 - 2hv(t-t_0) = 0.$$

La valeur de y étant donnée par l'observation directe ainsi que celle de $t-t_0$, l'hyperbole représentée par cette équation peut être aisément construite. Le demi-axe est égal à $\frac{h}{v}$, et la tangente de l'angle formé par l'asymptote avec l'axe des x représente la vitesse v de propagation des secousses dans le sol.

On doit à Falb une méthode qui certainement prête le flanc à des objections nombreuses et graves, mais qui se recommande par la facilité de son emploi et n'est pas en réalité beaucoup plus attaquable que les précédentes. C'est à l'observation conduite régulièrement et prolongée qu'il est réservé de déterminer sa véritable valeur. Dans les tremblements de terre qui se produisent de nos jours, alors que les moyens d'investigation précis font défaut, cette méthode peut être utilisée; elle fournit des documents sérieux dans tels cas où toutes les autres sont absolument inapplicables.

Elle a pour base l'observation d'un phénomène important qui manque rarement dans les cataclysmes sismiques, nous voulons parler du bruit qui d'ordinaire précède les secousses de tremblement de terre.

Tous les auteurs sont d'accord pour attribuer à ce bruit la même cause qu'aux secousses. On le considère comme partant du même point que celles-ci et comme engendré au même moment. Falb admet, en outre, que les vibrations qui produisent le son ont une vitesse de propagation constante, de même que les mouvements

IMPRIMERIE NATIONALE.

d'ébranlement qui sont la conséquence du choc initial, ou au moins qu'il existe entre ces deux vitesses un rapport constant.

Soient V la vitesse du son dans le sol ébranlé, v celle des secousses. Soient T l'instant de l'arrivée du bruit en un certain lieu, t celui de l'arrivée des secousses au même point. Appelons i l'angle que fait avec l'horizontale la droite menée du point considéré au centre d'ébranlement; on a, en conservant les notations précédemment adoptées,

$$x = \mathrm{VT} = vt,$$

d'où

$$\frac{\mathrm{V}-v}{t-\mathrm{T}} = \frac{v}{\mathrm{T}},$$

$$x = \frac{\mathrm{V}v(t-\mathrm{T})}{\mathrm{V}-v},$$

$$h = x\sin i, \qquad y = x\cos i,$$

$$h = \frac{\mathrm{V}v(t-\mathrm{T})\sin i}{\mathrm{V}-v}$$

et

$$\cos i = \frac{y(\mathrm{V}-v)}{\mathrm{V}v(t-\mathrm{T})}.$$

Les valeurs de y et de $t - \mathrm{T}$ sont déterminées par l'observation; on voit donc que l'on peut déduire des deux équations précédentes la valeur de l'angle d'émergence en un lieu donné et celle de la profondeur du centre d'ébranlement.

Quand le point D considéré est très rapproché de l'épicentre, l'angle i est sensiblement égal à 90 degrés et la valeur de h est exprimée seulement en fonction des deux vitesses V et v, et de l'intervalle de temps écoulé entre l'arrivée du bruit et celui de l'arrivée de la secousse.

La méthode de Falb se simplifierait encore dans son application si l'on connaissait *a priori* le rapport $\frac{\mathrm{V}}{v}$.

Or c'est ce qui doit avoir lieu si la différence entre les vibrations qui engendrent le bruit et celles qui causent les désastres matériels tient simplement à ce qu'une même cause donne naissance à la fois à des vibrations longitudinales et à des vibrations transversales. Les premières, à propagation rapide, amènent peu d'effets destructeurs, sont la cause du bruit connu. Les secondes sont lentes, de grande amplitude, ne produisent pas de bruit appréciable à l'oreille, mais causent la plupart des dégâts matériels. Dans l'hypothèse que nous proposons, entre les deux vitesses de propagation il existerait un rapport constant.

Si cette explication hypothétique était vérifiée par l'observation, on comprend aisément le parti qui pourrait en être tiré. En attendant que l'observation ou l'expérimentation permettent d'opérer cette vérification, nous demandons instamment aux naturalistes de bien vouloir réserver leur jugement sur la question. Nous espérons que des faits nouveaux viendront bientôt apporter les documents positifs indispensables à la solution du problème.

Cependant, dès maintenant, il nous est impossible de passer sous silence les objections fondamentales qui ont été opposées à l'idée de Falb.

S'il existe un rapport constant entre la vitesse de propagation du son et celle des secousses sismiques, l'arrivée du bruit doit toujours précéder l'arrivée de la secousse correspondante, et l'intervalle entre les deux phénomènes doit devenir d'autant plus sensible que l'on s'écarte davantage de l'épicentre. Or ces deux conséquences ne ressortent pas nettement des observations faites jusqu'à ce jour. Des savants très compétents et consciencieux croient même en avoir constaté l'inexactitude. Ainsi von Lasaulx, dans le mémoire qu'il a publié sur le tremblement de terre de Herzogenrath en 1878, croit pouvoir déduire des observations recueillies par lui que le rapport entre les deux vitesses en question diminue graduellement à mesure que l'on s'éloigne de l'épicentre, qu'à une certaine distance il devient égal à 1 et que plus loin il devient plus petit que 1.

En d'autres termes, d'après ce savant regretté, le bruit précéderait généralement la secousse dans les points voisins de l'épicentre ; il l'accompagnerait dans certaines localités situées plus loin et la suivrait dans les points encore plus éloignés. Le retard dans la propagation du son s'opérerait d'une façon à peu près régulière, de telle sorte que l'on pourrait, en partant de la connaissance de son coefficient, tirer encore quelque parti de la méthode de Falb.

Hâtons-nous de dire que les faits sur lesquels se base l'argumentation de von Lasaulx sont peu nombreux et insuffisamment établis, quoi qu'en ait pensé l'auteur.

Nous ferons une remarque analogue relativement à l'appui en sens inverse que Falb a cru trouver dans certaines observations de von Lasaulx lui-même. Dans tout cela, la rigueur et la précision font défaut, *adhuc sub judice lis est.*

La méthode de Falb n'est pas d'ailleurs la seule qui soit sujette à de graves objections. On peut reprocher à toutes ces méthodes de considérer chaque ébranlement sismique comme partant d'un centre unique, de le supposer simple, produit par un choc instantané, et enfin d'étudier son mode de propagation comme s'il se passait dans un milieu homogène. Il est évident que de telles hypothèses sont toutes plus ou moins éloignées de la réalité. Les considérations et les calculs basés sur elles ne peuvent donc fournir que des résultats approximatifs [1].

L'influence des causes extra-terrestres sur le développement du tremblement de terre de l'Andalousie nous paraît avoir été tout à fait insensible. Celle de la variation de la pression barométrique, en particulier, est négligeable. La dépression qui a passé à ce moment sur l'Andalousie n'a pas coïncidé exactement avec la première secousse, elle a suivi sa marche normale et n'a d'ailleurs été que de quelques millimètres.

Il ne faut pas davantage considérer le tremblement de terre comme ayant été la cause du climat exceptionnellement rigoureux dont l'Andalousie a eu à souffrir dans le courant des mois de dé-

[1] Si nous avons exposé avec détail les méthodes de Mallet, de Seebach et de Falb, c'est pour manifester hautement la direction dans laquelle nous aurions voulu pouvoir diriger nos recherches et le but que nous nous étions proposé en acceptant la mission de l'Académie.

cembre 1884 et janvier 1885, car la baisse barométrique considérable qui a amené les pluies et les neiges du mois de janvier s'est manifestée tout d'abord dans l'Atlantique à une grande distance de l'Espagne et a suivi les lois ordinaires qui président à la marche des phénomènes de ce genre. Cette baisse barométrique n'est ni la cause ni l'effet du cataclysme sismique.

Au point de vue de la relation des tremblements de terre avec les influences astronomiques ou météorologiques diverses, nous reconnaissons que notre scepticisme est complet.

RELATIONS ENTRE LES PHÉNOMÈNES PRÉSENTÉS PAR LE TREMBLEMENT DE TERRE DE L'ANDALOUSIE DE 1884-1885 ET LA CONSTITUTION GÉOLOGIQUE DE LA RÉGION QUI EN A ÉTÉ LE SIÈGE.

Nous ne pouvons que répéter ici ce que nous avons déja publié dans les Comptes rendus de l'Académie.

La position de l'épicentre du tremblement de terre coïncide d'une façon très remarquable avec une crête montagneuse dont le versant méridional, abrupt et faillé, est principalement composé de terrains cristallins, tandis que le versant septentrional, plus adouci, est surtout formé par des plis de refoulement du jurassique et du néocomien. Cette crête s'infléchit brusquement en deux points, de manière que sa partie moyenne offre une direction très différente de celle de ses deux parties terminales.

La bande occidentale s'étend du sud-ouest au nord-est, de Burgo à Chorro; la bande médiane est allongée de l'est à l'ouest, de Chorro à Zafarraya; enfin cette séparation géologique perd de son caractère montagneux et constitue une bande orientale qui reprend la direction nord-est en allant rejoindre le pied septentrional de la sierra Nevada.

Le terrain, sur ce long espace, est donc plissé suivant une ligne brisée en forme de baïonnette. Du point de cassure situé près de Zafarraya part la sierra Tejeda, qui, prenant une direction très différente des précédentes, s'allonge au sud-est en se prolongeant vers la mer. Or le milieu de l'épicentre, le nœud, pour ainsi dire, du tremblement de terre, siège précisément en ce lieu. L'épicentre est à cheval sur la bande médiane de Chorro à Zafarraya, sur le rameau oriental et sur la sierra Tejeda. Il correspond donc à un étoilement de fractures profondes, et de plus il est dirigé comme l'un des faisceaux principaux de ces fentes, c'est-à-dire est-ouest.

Cette relation si frappante ressort particulièrement des faits consignés dans la notice de MM. Barrois et Offret. Elle constitue un fait indéniable et qui mérite au plus haut degré d'appeler l'attention.

Le rôle de la constitution du terrain dans le mode de propagation de l'ébranlement, indépendamment de celui qu'il a pu remplir relativement à sa cause, se dégage encore plus nettement des travaux géologiques des membres de la Mission (pl. I).

Les grands massifs montagneux situés en dehors de l'épicentre, la sierra Nevada et la sierra de Ronda, ont arrêté presque brusquement les mouvements ondulatoires ou les ont déviés. C'est ainsi que les ondes vibratoires, arrivant obliquement à la sierra de Ronda, ont glissé à son pied le long de la côte, sans presque se faire sentir dans l'intérieur de la chaîne. La sierra Nevada, recevant les secousses plus normalement, semble même les avoir refoulées à son pied occidental avec aggravation locale des effets destructeurs. À une plus grande distance vers le nord, la sierra Morena a produit un effet analogue, quoique moins accentué. Mais, ainsi que le fait très bien remarquer M. Marcel Bertrand, ces amas montagneux ont agi surtout par leur masse, au moins autant comme accidents topographiques que comme agents géologiques. Dans les terrains régulièrement stratifiés, les ébranlements ont manifesté une tendance marquée à suivre la direction des strates en conservant leur intensité, alors qu'ils s'affaiblissaient rapidement dans la direction perpendiculaire à celle-ci. Enfin les failles ont agi également comme causes d'affaiblissement ou de déviation des mouvements; mais, la plupart d'entre elles étant parallèles à la direction des couches, leur action s'est confondue avec celle de la schistosité.

CONCLUSIONS.

Des considérations présentées ci-dessus il suit que les données sismiques observées sont insuffisantes pour conduire à des résultats certains en ce qui regarde la vitesse de propagation des secousses et la profondeur du centre d'ébranlement. C'est donc avec doute que nous avons donné pour la vitesse le chiffre de 1,600 mètres et celui de 11 kilomètres pour la profondeur du centre d'ébranlement déduit du nombre de secondes compris entre l'arrivée du bruit et celui de la secousse.

Ce qui ressort le plus clairement de notre étude, c'est la relation qui existe entre la distribution des phénomènes sismiques et la constitution géologique de la région qui en a été le siège. C'est pourquoi nous avons attaché une importance capitale à la partie géologique de notre travail.

Cette manière de voir justifie l'étendue que nous avons cru devoir donner à l'une des portions de notre tâche.

Quant aux considérations théoriques sur la cause du tremblement de terre, à peine si nous les avons effleurées, ne croyant pas avoir entre les mains des observations suffisantes pour appuyer ou contredire efficacement les hypothèses qui ont été proposées.

EXPÉRIENCES

SUR

LA VITESSE DE PROPAGATION DES SECOUSSES

DANS DES SOLS DIVERS,

PAR MM. F. FOUQUÉ ET MICHEL LÉVY.

Notre but immédiat a été la détermination des vitesses de propagation des vibrations dans différents terrains géologiques. En cela, nous avons été les continuateurs de divers savants étrangers, parmi lesquels nous citerons particulièrement Pfaff, Mallet, Abbot et Milne.

Les expériences d'Abbot sont de beaucoup les plus importantes. Cet habile expérimentateur a eu en son pouvoir des moyens d'action dont on dispose rarement dans le monde savant. Pour en donner une idée, il nous suffira de dire que dans une de ses expériences il a utilisé l'explosion de 35,000 kilogrammes de dynamite.

Les observations de Pfaff conduisent aux nombres suivants pour la vitesse de propagation des vibrations par seconde :

Dans le granite	539^{m}
Dans le calcaire	547
Dans les schistes	737

D'après Mallet, on aurait pour cette vitesse :

Dans le sable	250^{m}
Dans le granite compact	507
Dans le granite fendillé	398
Dans le schiste plissé	331

IMPRIMERIE NATIONALE.

Milne, dans des expériences faites au Japon, a montré que les diverses composantes du mouvement se propageaient avec des vitesses inégales, variant :

Dans le tuf, de	800 à 1,100^{m}
Dans le calcaire compact, de	900 à 1,260
Dans le schiste, de	1,000 à 1,600
Dans le marbre, de	800 à 1,300
Dans le granite, de	800 à 1,400

Abbot, en produisant l'explosion de 35,000 kilogrammes de dynamite et plaçant l'appareil enregistreur à 13 milles et demi du lieu de la détonation, a trouvé dans le granite une vitesse moyenne de 2,400 mètres.

En faisant détoner 100 kilogrammes de dynamite et recevant les secousses à travers la même roche à des distances variables, il a obtenu les chiffres suivants :

A 1 mille	2,910^{m}
A 5 milles	2,750

d'où il conclut que la vitesse de propagation allait en diminuant à mesure que le mouvement s'étendait plus loin du centre d'ébranlement.

Enfin il a fait varier la charge explosive, et, à une même distance de 1 mille dans la même roche, il a trouvé, avec une charge de :

200 kilogrammes, une vitesse de	2,940^{m}
100 kilogrammes, une vitesse de	2,910
35 kilogrammes, une vitesse de	2,800

D'après cela, la vitesse de propagation augmenterait avec l'intensité du choc.

Les expériences sur la vitesse de propagation des vibrations servent de base nécessaire aux méthodes qui ont été imaginées par Seebach et Falb pour arriver à fixer la profondeur du centre d'ébranlement et le moment précis de la secousse primitive.

Elles peuvent également servir à expliquer la distribution de certaines zones de démolitions intenses, dues aux brusques variations de vitesse dans le passage de l'onde sismique d'un milieu à un autre.

Nos expériences diffèrent de celles qui les ont précédées en ce que celles-ci ont porté exclusivement sur le cheminement des vibrations à travers les parties superficielles du sol, tandis que quelques-unes de nos expériences ont eu lieu en profondeur dans des galeries de mines. Elles sont d'ailleurs justifiées par la diversité des nombres obtenus pour le même milieu par les expérimentateurs précédemment cités.

Nos premiers essais ont été opérés à l'aide de l'appareil nadiral combiné avec l'emploi du téléphone et de l'enregistreur à plume électrique de M. Marey. Un faisceau lumineux projette l'image d'un réticule sur un bain de mercure qui la renvoie à l'œil de l'observateur. On sait que les moindres rides de la surface du mercure amènent le déplacement de l'image du réticule. L'objectif de notre appareil avait une distance focale de $1^{m},20$. On était averti du moment du choc à l'aide d'un téléphone et les enregistrements se faisaient à la main au moyen d'un commutateur électrique.

Nous avons opéré au Creusot, en utilisant le choc du marteau-pilon de cent tonnes; les vibrations se propageaient dans les grès permiens et ont pu être observées jusqu'à 1,050 mètres de distance. Des expériences analogues ont été faites sur la terrasse de Meudon, avec un marteau-mouton de 6 kilogrammes tombant de 8 mètres et installé au bas de l'Orangerie; les vibrations se transmettaient dans les sables appartenant à l'étage de Fontainebleau et ont été observées jusqu'à une distance de 500 mètres.

Les résultats acquis sont les suivants : l'appareil est très sensible; non seulement on est averti de l'arrivée des vibrations, mais on en constate les caractères. On voit notamment les très petites vibrations qui précèdent l'arrivée du premier choc important. Dans la propagation à la surface du sol, le premier maximum n'est pas unique et est suivi de plusieurs autres qui vont en décroissant. On constate ainsi qu'un seul choc initial produit à distance une série de vibrations qui durent pendant plusieurs secondes.

La vitesse moyenne constatée dans les grès permiens du Creusot a été d'environ 1,200 mètres; dans les sables supérieurs du bassin tertiaire de Paris, elle est tout au plus égale à celle du son dans l'air (340 mètres).

Mais ces premières expériences étaient affectées d'une cause d'erreur personnelle considérable : quelque effort que l'on fasse, l'œil et l'oreille sont surpris par l'arrivée du mouvement et du son; la main est infidèle et enregistre irrégulièrement. Nous avons dès lors senti la nécessité d'une inscription automatique du phénomène, qui puisse en donner une image exacte et éliminer les diverses causes d'erreur.

La photographie seule pouvait nous en fournir le moyen. Il s'agissait donc de mettre à la place de l'œil une plaque sensible entraînée dans un mouvement régulier; nous avons confié à la maison Bréguet la construction d'un appareil basé sur ce principe (pl. XV et fig. 4).

La lumière est fournie par une petite lampe à incandescence S, modèle Trouvé. Le filament de charbon est rectiligne, vertical et très rapproché d'un diaphragme placé en avant du globe de la lampe. Cette disposition a pour but d'éviter autant que possible la production de pénombres. Le faisceau lumineux, dont l'axe fait environ 25 degrés avec l'horizontale, tombe sur une lentille L (diamètre, 12 centimètres; distance focale, $0^m,60$). Le centre de cette lentille est situé à $1^m,20$ du filament lumineux et en concentre les rayons sur un bain de mercure M, contenu dans un vase cylindrique en fer (diamètre, 16 centimètres; hauteur, 35 millimètres; poids du mercure, 8 kilogrammes). La distance du centre de la lentille au centre du bain est de 15 centimètres. L'image réfléchie vient se former sur une plaque sensible P, à $1^m,5$ du centre du bain de mercure.

Pour la mise au point, la lampe est portée sur une pièce articulée qui glisse le long d'un support vertical en fer. On peut donner exactement à cette pièce articulée l'inclinaison convenable, puis, à l'aide d'une vis de rappel, faire avancer ou reculer la lampe. C'est

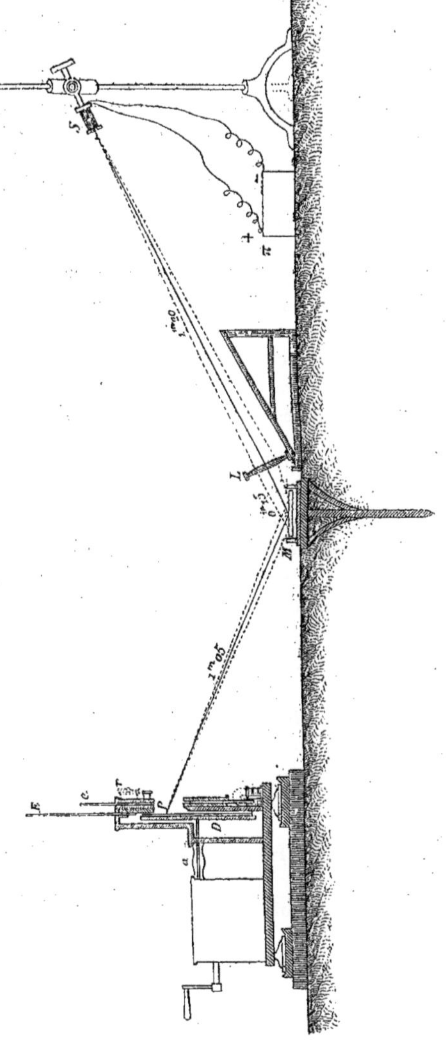

Fig. 1.

donc en agissant sur la position du point lumineux, sans modifier celle de la plaque sensible, que l'on assure la mise au point définitive.

La plaque sensible est contenue dans une chambre noire et portée par un disque circulaire *D*, animé d'un mouvement de rotation uniforme autour d'un axe horizontal *a*. La chambre noire est très aplatie d'avant en arrière, de telle sorte que la plaque sensible est à fleur d'un petit orifice circulaire, excentré sur la verticale passant par le centre du disque.

De cette disposition résulte que, lorsque le faisceau lumineux vient former son image sur la plaque sensible à travers cet orifice, cette image trace un cercle sur la plaque en mouvement. Ce cercle a une épaisseur et une intensité constantes aussi longtemps que le bain de mercure est immobile; il s'élargit et la lumière s'étale dans le cas contraire; en même temps, la partie centrale, fortement impressionnée, se rétrécit et se garnit d'une large pénombre.

L'orifice de la chambre noire est fermé par deux volets juxtaposés l'un au-dessus de l'autre dans un même plan vertical.

Un électro-aimant (système Hughes) déclanche le volet inférieur, qui démasque l'orifice; en même temps, un petit mouvement d'horlogerie, muni d'un régulateur *r* à ailettes, entre en jeu et fait tomber le volet supérieur, qui masque de nouveau l'orifice au bout d'un temps déterminé.

Ainsi le jeu successif des deux volets ne permet à l'image lumineuse d'impressionner la plaque sensible que pendant un temps donné, inférieur à la durée d'une rotation totale.

L'axe de rotation du disque traverse le fond de la chambre noire, et il est actionné par un puissant mouvement d'horlogerie permettant d'obtenir à volonté un tour en 5 secondes ou en 10 secondes.

Un embrayage avec frein fait fonctionner à volonté l'appareil d'horlogerie ou l'arrête.

La marche a été contrôlée au moyen de contacts électriques

combinés avec un enregistreur Marey vérifié au diapason. L'erreur maximum, pour la rotation de 5 secondes, est de 83 cent-millièmes par seconde; pour la rotation de 10 secondes, de 13 cent-millièmes.

L'introduction et la sortie de la plaque sensible présentaient de graves difficultés, eu égard à la mobilité du disque et à la nécessité de ne découvrir la plaque, très sensible, qu'après son insertion dans la chambre noire. Le châssis est métallique, et le volet E, qui le ferme, se retire complètement au moment de l'expérience.

Pour introduire le châssis dans les guides portées par le disque tournant, on commence par amener celui-ci dans une position fixe, déterminée par un cran d'arrêt. Puis on ouvre la paroi supérieure de la chambre noire; on introduit le châssis, qui se fixe spontanément à l'aide d'un ressort. On rabat la partie supérieure de la chambre noire; elle est munie d'une fente étroite garnie de drap, par laquelle on relève à frottement le volet du châssis, qui reste suspendu au moyen d'un taquet.

Une fois l'opération terminée et le disque fixé de nouveau au cran d'arrêt, on abaisse le volet du châssis, qui se trouve exactement en face de ses rainures. Une vis, dont la tête dépasse la chambre noire, fixe le volet sur le châssis et permet d'enlever le tout, après ouverture de la chambre noire.

Pour juger de la position de l'image et la mettre au point, on introduit un châssis spécial, muni d'un verre dépoli et percé à sa partie postérieure d'un trou circulaire correspondant à l'orifice de la chambre noire. Celle-ci présente également à sa partie postérieure un trou correspondant fermé par un volet mobile. On a soin de faire tomber l'image sur un trait vertical gravé sur le verre dépoli passant par le centre du disque.

La chambre noire porte sur sa face antérieure, à gauche, un petit pertuis latéral, dans lequel s'engage un petit tube en ébonite fermé à une extrémité et ouvert du côté de la plaque sensible. Ce tube est traversé par deux conducteurs en aluminium et contient une petite lentille à court foyer, qui projette sur la plaque sensible l'image de l'étincelle électrique jaillissant entre les deux conducteurs.

Nous avons fait deux séries d'expériences, l'une en utilisant le marteau-pilon de cent tonnes du Creusot, l'autre en nous servant d'explosifs.

Dans la seconde série d'expériences seulement, notre appareil était muni du tube en ébonite que nous avons précédemment décrit.

PREMIÈRE SÉRIE D'EXPÉRIENCES AVEC EMPLOI DES MARTEAUX-PILONS ET SANS ÉTINCELLE.

Dans les essais faits au Creusot avec le marteau-pilon, le déclanchement du volet de l'appareil était déterminé par un courant électrique, dont le circuit se fermait au moment du choc. Un sismographe à pendule, de l'invention de M. Gautard, chef électricien au Creusot, était fixé sur l'un des montants du marteau-pilon et entrait en oscillation sous l'action du choc; c'est le début de cette oscillation qui provoquait l'établissement du courant.

Le faisceau lumineux ne tombait pas, au moment même du choc, sur la plaque sensible. Diverses causes d'erreur contribuaient à ce fait : d'abord le pendule n'entre pas instantanément en mouvement; il met un temps appréciable à lancer le courant; le déclanchement du volet et sa chute, jusqu'au moment où il découvre le faisceau lumineux, durent également un temps appréciable.

Ces diverses causes de retard dans le point d'origine du tracé lumineux sont en partie compensées par l'inertie du mercure, qui met un certain temps à se rider et retarde par conséquent le moment où le phénomène du mouvement vient imprimer sa trace.

Nous avons cherché à évaluer en fractions de seconde la différence de ces causes d'erreur, qui agissent en sens opposé sur l'arc de cercle à mesurer.

Déclanchement du pendule [1]	0s,243
Mouvement du pendule avant l'établissement du courant	0,043
Déclanchement du volet	0,020
Demi-chute du volet	0,034
Somme	0,340
Inertie du mercure	0,039
Retard total (différence)	0s,301

Le chiffre élevé de ce total nous a induits à n'utiliser nos expériences du Creusot que par différence. Dans ces conditions, il nous a suffi de supposer que les erreurs restent constantes, hypothèse qui s'est trouvée justifiée par l'accord des nombreuses observations faites en une même station.

EXPÉRIENCES FAITES AU CREUSOT.

1° Hangar (*maison Pittavy*) à 225 mètres du marteau-pilon de cent tonnes (A, pl. XVI).

Aucune mesure de vitesse n'est possible, les causes de retard dépassant légèrement le temps que les premières vibrations mettent à parcourir 225 mètres.

La durée totale des vibrations atteint cinq secondes. Le maximum d'effet paraît très voisin de l'origine des vibrations, comme le montre la photographie (pl. XVI).

2° *Maison Barba,* à 490 mètres.

Six expériences ont été faites dans cette station. Le temps compris entre le moment où le faisceau lumineux tombe sur la plaque

[1] Cette cause d'erreur, de beaucoup la plus importante, ressort de nos expériences à la maison Pittavy. Elle est mise en évidence par le seul fait que les photographies obtenues dans cette station montrent le mouvement commencé avant la chute du volet. Les autres causes d'erreur ont été déterminées directement au moyen de l'enregistreur Marey.

IMPRIMERIE NATIONALE.

sensible et celui où s'y impriment les premières vibrations sensibles a été trouvé :

Dans la première expérience, égal à........	0s,10
Dans la deuxième expérience, égal à........	0,11
Dans la troisième expérience, égal à........	0,12
Dans la quatrième expérience, égal à.......	0,10
Dans la cinquième expérience, égal à.......	0,10
Dans la sixième expérience, égal à.........	0,10
Moyenne..............................	0s,105

C'est cette valeur qui, comparée à la valeur analogue provenant des expériences faites au polygone plus éloigné, nous a conduits à une valeur numérique de la vitesse de propagation des premières vibrations.

Des plaques, impressionnées à la maison Barba, montrent le détail des maxima successifs.

	A PARTIR DU COMMENCEMENT			
	DU CERCLE TRACÉ PAR LA LUMIÈRE (chute du volet).		DES VIBRATIONS SENSIBLES.	
	Expérience n° 5.	Expérience n° 6.	Expérience n° 5.	Expérience n° 6.
Premières vibrations sensibles..	0s,10	0s,10	//	//
1er maximum..............	0,25	0,25	0s,15	0s,15
2e maximum..............	0,70	0,80	0,60	0,70
3e maximum..............	1,00	1,05	0,90	0,95
4e maximum..............	1,90	//	1,80	//

Les observations à l'œil dans l'appareil nadiral confirment les données précédentes et montrent le passage très net de quatre à cinq maxima, dont le premier est le plus marqué.

3° *Polygone*, à 1,050 mètres.

Ici le phénomène se marque plus faiblement, et l'ébranlement

Fig. 5.

Pts St Paul
Pts St Pierre
Houiller
Faille séparative du terrain houiller et du grès rouge permien
Puits St Laurent
Maison Barba
Grande forge
Pilon de 100 tonnes
Grès rouge permien
N
Hangar Pittavy
Station du polygone (Téléphone)

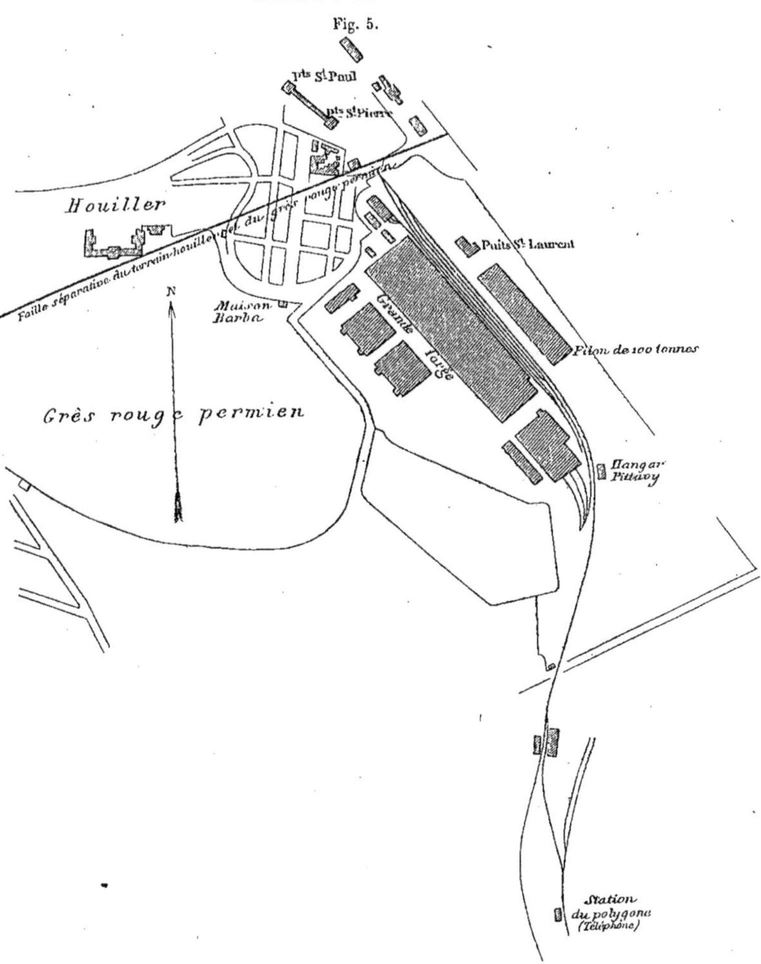

général du sol fait que les petites vibrations du début sont moins sûrement déterminées. C'est donc à une valeur minimum de la vitesse que l'on est conduit. A partir du commencement du cercle tracé par la lumière (chute du volet) :

1re expérience	0s,55
2e expérience	0 ,60
3e expérience	0 ,55
4e expérience	0 ,60
5e expérience	0 ,60
Moyenne	0s,58

Entre le polygone et la maison Barba, il existe une différence de distance de 1,050 − 490 = 560 mètres. Les premières vibrations parcourent donc cet espace en 0s,580 − 0s,105 = 0s,475. D'où résulte une vitesse moyenne de 1,180 mètres dans les grès permiens.

Les plaques, sensibilisées au polygone, indiquent que les vibrations durent au moins 10 secondes; les maxima successifs s'atténuent et s'égalisent en une série de vibrations générales du sol.

DEUXIÈME SÉRIE D'EXPÉRIENCES, AVEC EMPLOI D'EXPLOSIFS ET D'ÉTINCELLE.

Dans les expériences suivantes, l'ébranlement a été produit par les explosifs, dynamite ou poudre de mine. Les moyens restreints dont nous disposions ne nous ont pas permis d'employer plus de 15 kilogrammes de dynamite par expérience, et nous avons constaté que, dans ces conditions, les vibrations ne s'enregistrent pas dans notre appareil au delà de 400 mètres.

Encore est-il nécessaire que l'explosif soit disposé dans un trou percé dans la roche vive. Pour la poudre, nous avons employé le bourrage ordinaire, et, pour la dynamite, il suffisait de la couvrir d'eau.

Le défaut de sensibilité a été racheté par l'extrême précision du dispositif nouveau que nous avons adopté : nous ne nous préoccupons plus du moment précis de la chute du volet, que nous faisons tomber quelques dixièmes de seconde avant l'explosion.

Celle-ci est déterminée par la décharge d'une bouteille de Leyde faisant partie de l'appareil électrique Bornhard, et cette décharge est envoyée dans un circuit unique, interrompu pour le passage de l'étincelle et pour l'inflammation des amorces.

Le bouton qui détermine la décharge de l'appareil Bornhard s'enfonce en deux temps. Il appuie d'abord sur un contact établissant le courant qui fait déclancher le volet. Puis, poussé à fond, il fait partir le coup explosif, en même temps que l'étincelle, qui s'imprime sur la plaque sensible.

Dans chaque station, une fois les différents appareils disposés dans une situation déterminée, nous avons procédé à une explosion de quelques étoupilles à très petite distance. La comparaison de la plaque ainsi obtenue avec les plaques correspondant aux autres expériences permet d'éliminer par différence toutes les causes d'erreur, surtout quand les intensités des diverses vibrations recueillies sont comparables.

EXPÉRIENCES FAITES À MONTVICQ, PRÈS COMMENTRY.

Le bain de mercure a été installé dans la cave d'une maison[1] des environs de Montvicq, située en plein granite à grands cristaux, dit porphyroïde. La cuve à mercure était posée sur un plateau en fer surmontant un pieu de même métal d'environ 1 mètre enfoncé dans le granite. Pour assurer l'union intime du sol avec ces différents éléments, on avait coulé du ciment à prise rapide.

Nous avons fait deux expériences en faisant éclater deux cartouches de cent grammes de dynamite dans un puits en fonçage distant de 21 mètres de l'appareil. Ces expériences ont eu pour but de mesurer non la vitesse de propagation des vibrations, mais leurs allures à petite distance (pl. XVII).

[1] Maison de la veuve Lafanchère (voir le plan ci-joint, fig. 6).

Elles auraient pu être utilisées comme point de départ pour les différences ; mais on a préféré se servir à ce point de vue de l'ébranlement produit par trois étoupilles éclatant à $4^m,50$ du milieu du bain de mercure.

Fig. 6.

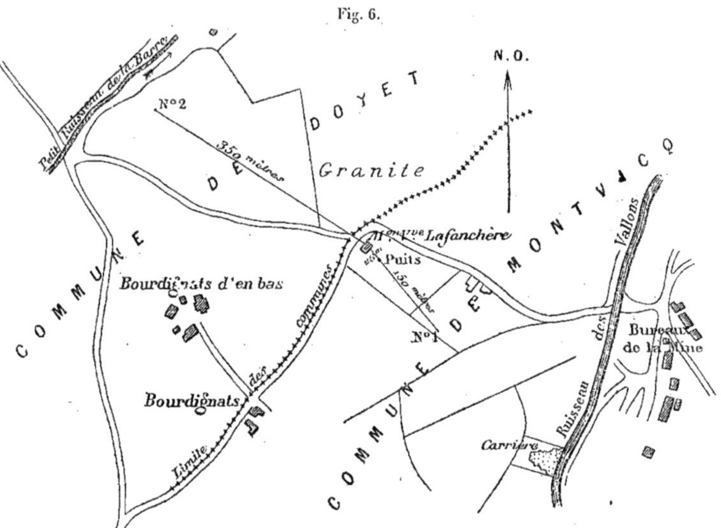

1er essai. — Explosion de 200 grammes de dynamite à 21 mètres.

Commencement des vibrations............	$0^s,01$
Maximum............................	$0,05$
Fin du phénomène.....................	$0,59$

2e essai. — Trois étoupilles à $4^m,50$.

Durée totale du phénomène qui commence par les vibrations maximum..................	$0^s,35$

3e essai. — 4 kilogrammes de dynamite n° 2 à 150 mètres.

		Vitesses.
Commencement des vibrations...	0s,06	2,450m
Milieu du 1er maximum (confondu avec le commencement du 2e).		
Milieu du 2e maximum........	0,285	526
Commencement du 3e maximum.	0,555	270
Milieu du 3e maximum........	0,645	232
Commencement du 4e maximum.	0,765	196
Fin du 4e maximum..........	1,385	108

4e essai. — 10 kilogrammes de dynamite n° 2 à 350 mètres (pl. XVIII).

		Vitesses.
Commencement des vibrations..	0s,111	3,141m
1er maximum..............	0,311	1,125
Commencement du 2e maximum.	0,641	543
Milieu du 2e maximum........	0,761	459
Commencement du 3e maximum.	1,201	291
Fin du phénomène...........	1,601	219

Ainsi, comme dans les grès permiens du Creuzot, un seul ébranlement produit un cheminement superficiel de plusieurs ondes distinctes à partir d'une distance comprise entre 21 et 150 mètres.

On remarquera que les résultats du quatrième essai indiquent une vitesse plus considérable que ceux du troisième, comme si la vitesse des premières vibrations sensibles allait en augmentant avec la charge, conformément aux observations d'Abbot. Mais, si sensible que soit l'appareil, les données n'atteignent pas plus d'un centième de seconde de précision, et dès lors l'essai n° 3 n'est pas suffisant pour permettre de poser cette conclusion. L'essai n° 4 est plus satisfaisant à tous les points de vue.

EXPÉRIENCES FAITES À COMMENTRY DANS LES GRÈS HOUILLERS COMPACTS.

A Commentry, nous avons utilisé les galeries de mine pour étudier la propagation des vibrations en dehors de l'influence immédiate de la surface.

Nous avons fait deux séries d'expériences. Dans l'une, l'appareil enregistreur était installé à la surface du sol, à 15 mètres environ de l'orifice du puits; les explosions étaient produites dans l'intérieur de la mine à des distances directes variant de 145 à 383 mètres. Dans l'autre série, l'appareil était installé lui-même dans une galerie de la mine et l'explosion se faisait dans une autre galerie.

Les grès houillers sont des arkoses composées de grains de quartz et de feldspath assez grossiers, fortement cimentés par un ciment siliceux, avec intercalations très rares de quelques bancs schisteux.

PREMIÈRE SÉRIE.

1er essai. — Appareil en dehors du puits; explosion dans la mine avec 3 kilogrammes de dynamite à 158 mètres de distance directe.

		Vitesses.
Commencement des vibrations . .	0s,07	2,200m
1er maximum	0 ,15	1,026
Fin des vibrations sensibles	0 ,30	513
Coup par l'air sortant du puits. .	0 ,74	"

Le chemin complexe suivi par l'air est d'environ 221 mètres, correspondant à une vitesse de 300 mètres.

2e essai. — A même distance, 158 mètres, avec 4 kilogrammes de poudre de mine et 100 grammes de dynamite.

		Vitesses.
Commencement des vibrations. .	0s,07	2,200m
1er maximum	0 ,15	1,026
Fin des vibrations sensibles.	0 ,33	466
Coup par l'air	0 ,75	294

Fig. 7.

Projection horizontale.

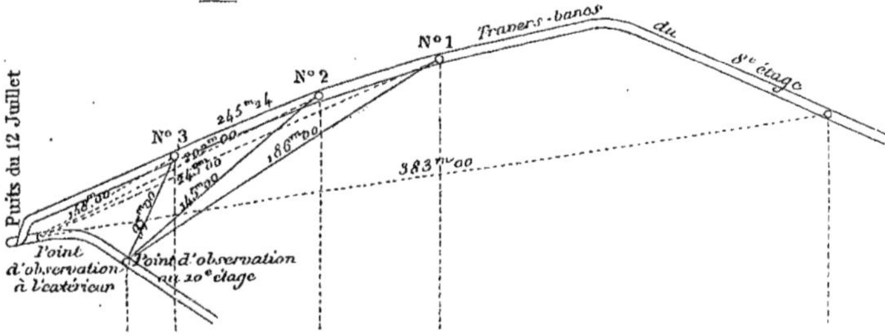

Projection verticale.

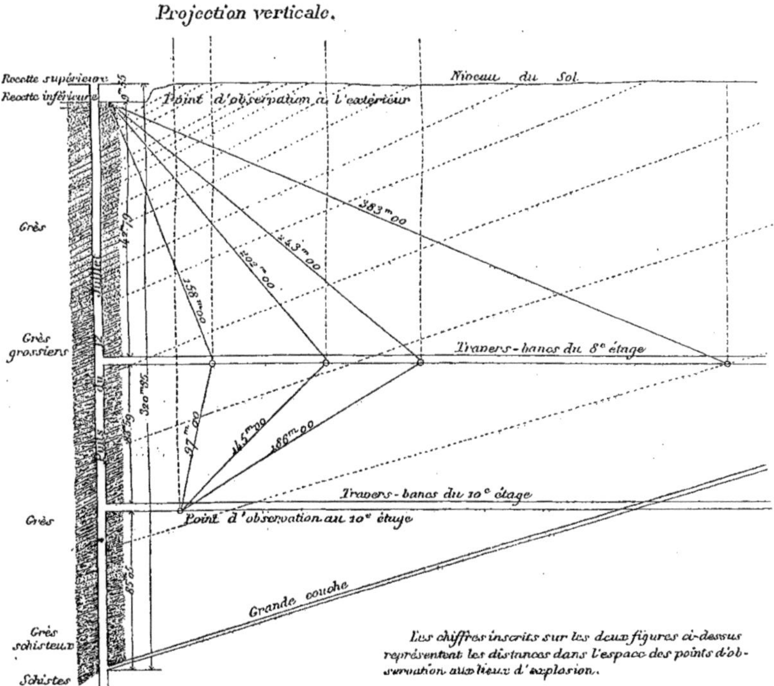

Les chiffres inscrits sur les deux figures ci-dessus représentent les distances dans l'espace des points d'observation aux lieux d'explosion.

Échelle $\frac{1}{5000}$.

IMPRIMERIE NATIONALE.

3ᵉ essai. — 202 mètres; 4 kilogrammes de dynamite.

		Vitesses.
Commencement des vibrations . .	$0^s,09$	$2,200^m$
1ᵉʳ maximum	0 ,17	1,164
Fin des vibrations sensibles	0 ,45	440
Coup par l'air	0 ,97	"

La longueur du chemin parcouru par l'air est d'environ 292 mètres, la vitesse de 301 mètres.

4ᵉ essai. — 243 mètres; 4 kilogrammes de dynamite.

		Vitesses.
Commencement des vibrations . .	$0^s,11$	$2,173^m$
Coup par l'air	0 ,14	"

Chemin parcouru par l'air, 344 mètres; vitesse approximative, 302 mètres dans l'air.

5ᵉ essai. — 383 mètres; 8 kilogrammes de dynamite.

		Vitesses.
Commencement des vibrations . . .	$0^s,15$	$2,526^m$
1ᵉʳ maximum	0 ,21	1,805
Fin du phénomène	0 ,31	1,222

Si l'on compare ces résultats avec ceux qui ont été obtenus à la surface du sol dans le granite, à des distances peu différentes, on est frappé de la dissemblance des phénomènes.

Les vibrations ne se prolongent pas lorsqu'elles ne cheminent pas à la surface du sol, et l'on observe un seul maximum.

Les explosions préliminaires d'étoupilles ont eu lieu à 4 mètres et la durée des vibrations enregistrées a varié de $0^s,38$ (3 étoupilles) à $0^s,41$ (4 étoupilles).

SECONDE SÉRIE.

L'appareil était installé dans une galerie à 226^{m},38 de profondeur; l'explosion a été produite dans une autre galerie à 145 mètres de distance directe et à une profondeur de 142^{m},79. On a employé 4 kilogrammes de poudre de mine (pl. XIX.)

		Vitesses.
Commencement des vibrations...	0^{s},07	2,000^{m}
1er maximum.	0 ,15	933
Fin des vibrations.	0 ,30	466
Coup par l'air.	0 ,94	295

Distance approximative parcourue dans l'air, 277 mètres; vitesse, 295 mètres.

Quatre étoupilles, enflammées à 5 mètres, ont produit des vibrations ayant duré 0^{s},50.

EXPÉRIENCES FAITES À SALIGNY, DANS LA MINE DE MANGANÈSE DES GOUTTES-PAULMIER (ALLIER).

Contrairement à nos prévisions, nous avons constaté que les vibrations se transmettent très difficilement dans le marbre cambrien compact des environs de Saint-Léon.

Au voisinage de la mine de manganèse des Gouttes-Paulmier, une galerie d'écoulement coupe transversalement la bande de marbre sur plus de 100 mètres de longueur. Notre appareil a été installé au fond de cette galerie; les explosions ont été produites à la surface du sol à des distances variées.

Nos premières expériences, faites au delà de 200 mètres, même avec 15 kilogrammes de dynamite, ont été infructueuses. D'ailleurs le défaut de transmission des mouvements du sol était accusé par ce fait que ni les coups de masse ni les étoupilles éclatant à quelques mètres du bain de mercure ne l'agitaient sensiblement. Il n'y a donc pas lieu d'être étonné de la faible vitesse observée, bien qu'elle ne cadre pas avec les expériences connues de laboratoire sur l'élasticité du marbre.

En l'absence d'une expérience réussie avec des étoupilles, nous avons dû nous contenter de comparer deux essais faits l'un à 55 mètres et l'autre à 115 mètres. Eu égard à la sensibilité de notre appareil, les vitesses sont exactes à environ un dixième près.

1er essai, à 55 mètres, avec 8 kilogrammes de dynamite n° 1. Cheminement à peu près parallèle aux strates redressées (pl. XX).

		Vitesses.
Commencement des vibrations..	0s,087	632m
Milieu du 1er maximum.......	0,252	218
Commencement du 2e maximum.	0,492	112
Milieu du 2e maximum........	0,692	91
Fin des vibrations sensibles.....	1,312	42

2e essai, à 115 mètres, avec 6 kilogrammes de dynamite n° 1. Cheminement à peu près parallèle aux strates redressées.

		Vitesses.
Commencement des vibrations..	0s,182	632m
Milieu du 1er maximum.......	0,392	294
Commencement du 2e maximum.	0,642	179
Milieu du 2e maximum........	0,792	145
Fin des vibrations sensibles.....	1,812	63

Des expériences relatées ci-dessus il résulte qu'une distance de $115-55=60$ mètres a été parcourue en 0s,095, ce qui donne une vitesse de 632 mètres par seconde pour les premières vibrations sensibles.

En résumé, ces expériences semblent indiquer que la propagation des vibrations ne se fait pas de la même façon à la surface du sol que lorsqu'on évite le cheminement superficiel. Dans le premier cas, il y a, pour un ébranlement unique, une série de maxima successifs, et le phénomène se prolonge longtemps. Dans le second cas, il n'y a qu'un maximum observable, et les vibrations s'éteignent rapidement.

En un mot, les photographies obtenues à distance dans une mine ressemblent à celles que donnent à la surface du sol les ébranlements voisins de la cuve à mercure.

Les différentes formations géologiques donnent des vitesses très variables : à ce point de vue, il peut être intéressant de rapprocher les principales vitesses que nous avons déterminées.

	Vitesses.
Dans le granite	2,450^m à 3,141^m
Dans les grès houillers compacts	2,000 à 2,526
Dans les grès permiens moins agglutinés	1,190^m
Dans le marbre cambrien	632
Dans les sables de Fontainebleau, environ.	300

Les nombres qui résultent ainsi de nos expériences se rapprochent beaucoup de ceux qui ont été fournis par Abbot; ils s'éloignent au contraire considérablement de ceux qui sont dus aux autres observateurs. Les résultats auxquels conduit l'analyse du phénomène donnent en partie l'explication de ces différences, car ils en montrent la complexité et font voir qu'un choc unique engendre des vibrations d'inégale intensité qui se propagent dans le sol avec des vitesses différentes.

Nous prions les personnes qui nous ont aidés dans ces expériences et, en particulier, MM. Janssen, Schneider, Fayolle, Chamussy, d'agréer l'expression de notre gratitude.

MÉMOIRE

SUR

LA CONSTITUTION GÉOLOGIQUE DU SUD DE L'ANDALOUSIE,

DE LA SIERRA TEJEDA À LA SIERRA NEVADA,

PAR

MM. CHARLES BARROIS ET ALBERT OFFRET.

INTRODUCTION.

Les vallées qui ont valu à l'Andalousie sa réputation enchantée et son ancien nom de « Jardin des Hespérides » doivent leur existence même à tout un réseau de montagnes qui les abritent des vents froids du nord et leur assurent en même temps une humidité suffisante. Elles constituent la serre chaude de l'Europe, exposée aux seuls courants atmosphériques venus du continent africain.

Ces montagnes portent un grand nombre de noms différents : la chaîne la plus occidentale est la serrania de Ronda; elle se continue à l'est, par les massifs des sierras Tejeda, de Alhama, Almijara, vers la haute sierra Nevada, et enfin la sierra de Baza, la plus orientale dont nous ayons abordé l'étude. Dans leur ensemble, elles forment la chaîne bétique, qui sépare le bassin du Guadalquivir du bassin méditerranéen.

Les découpures profondes qui partagent ces montagnes en un certain nombre de segments, que nous venons d'énumérer, ne sont pas de simples divisions superficielles, *barrancos* ou bassins dus à l'action des agents atmosphériques, aux eaux superficielles; la chaîne bétique a été ployée de force, elle a été brisée, postérieurement à l'époque triasique, en divers tronçons qui ont joué les uns sur les autres et dont les dénudations tertiaires et post-tertiaires n'ont fait qu'accentuer les limites.

Pour la description, nous avons cru préférable de grouper ces chaînes en deux massifs distincts, formant l'objet de deux chapitres spéciaux : le massif de Velez Malaga, comprenant les sierras Tejeda, de Alhama, Almijara, et le massif de la sierra Nevada, avec les Alpujarras, qui en forment les contreforts naturels vers le sud.

Nous avons été puissamment aidés dans cette étude par les cartes géologiques de M. de Botella, ainsi que par les cartes géologiques inédites des provinces de Malaga et de Grenade, au 1/400,000, dressées par M. Gonzalo y Tarin et libéralement communiquées à la Mission par le directeur de la carte géologique d'Espagne, M. Manuel Fernandez de Castro.

PREMIÈRE PARTIE.

STRATIGRAPHIE.

CHAPITRE PREMIER.

DESCRIPTION GÉOLOGIQUE DES MONTS DE VELEZ MALAGA.

C'est entre les deux grands massifs montagneux de la sierra Nevada et de la serrania de Ronda, points d'arrêt à l'est et à l'ouest des mouvements ondulatoires du tremblement de terre, que nous limitons les chaînes de Velez Malaga. Cette région est essentiellement constituée par une crête montagneuse dirigée N.O. à S.E., qui s'étend de Zafarraya à la mer, par les sierras Tejeda, de Alhama et Almijara, correspondant ainsi à la limite des provinces de Malaga et de Grenade. Au nord-est de cette crête se trouvent les terrains secondaires et tertiaires décrits par MM. Bertrand et Kilian; au sud-ouest on descend jusqu'à la côte dans la fertile région de Velez Malaga.

Cette partie de la côte andalouse est essentiellement formée de micaschistes et de schistes micacés, chargés de divers silicates alumineux anhydres rappelant exactement ceux de la sierra Nevada. Les sierras qui l'abritent contre les vents du nord sont formées de crêtes escarpées, généralement calcaires, de rochers nus ou couverts de pins (sierra Almijara)[1], à contours abrupts, heurtés, et découpées par des ravins immenses, des gorges profondes. Elles constituent un massif sauvage, dont les cimes s'élèvent jusqu'à 1,832 mètres à la Nava Chica; on peut y monter une journée entière sans fouler d'autres roches que des dolomies blanches, plus ou moins pulvérulentes ou compactes.

[1] Voir la planche XII.

La Commission de la carte géologique d'Espagne, dirigée par M. de Castro, a rapporté au terrain laurentien les dolomies qui forment l'axe des sierras Tejeda et Almijara, et indiqué leur gisement en dessous des micaschistes de la côte andalouse. Ces roches primitives seraient recouvertes, au nord de Torrox, par des schistes micacés cambriens, où elle signale : *Palæophycus*, *Eophyton Linneanum* [1].

La région des Alpujarras montrera d'une manière constante, au-dessus des schistes cristallins, la succession de quatre étages que nous désignons par les noms suivants :

D Étage des dolomies blanches de Lentegi;
C Étage des calcaires bleus de Gador;
B Étage des schistes, gypses, calcaires jaunes, quartzites d'Albuñol;
A Étage des schistes satinés de Motril.

Nous décrirons successivement de l'est à l'ouest les différentes coupes relevées dans le massif de Velez Malaga.

Les Guajaras. — La route de Velez de Benandalla à Almuñecar montre dans les gorges des Guajaras des schistes satinés et des calcaires diversement plissés que nous considérons comme la continuation de ceux des Alpujarras. Ces calcaires dolomitiques gris-blanchâtre ressemblent beaucoup, suivant la remarque de M. Gonzalo y Tarin [2], aux calcaires primitifs de la sierra Almijara, dont il devient ainsi difficile de les séparer sur le terrain.

Vers Molvizar, schistes satinés avec lits minces de quartzite, de calcaire (des étages de Motril et d'Albuñol), inclinés S. O. A Molvizar, on arrive sur les micaschistes et les schistes cristallins à andalousite; la vallée de Molvizar correspond à une grande faille, située sur le prolongement de celle qui est tracée sur nos coupes des environs de Motril. De Molvizar à Salobreña et Almuñecar, micaschistes à mica blanc, biotite, grenat, andalousite; MM. Michel

(1) *Terremotos de Andalucia* (*Informe de la Comision*, Madrid, mars 1885, p. 23-26).

(2) Gonzalo y Tarin, *Descripc. de la prov. de Granada* (*Bol. Com. mapa geol. de Espana*, t. VIII, 1881, p. 23).

Lévy et Bergeron y signalent en outre le disthène; les inclinaisons, très variables, sont en général N. E. et S.O.

Au delà, on passe sur des lits de dolomie et de quartzite épidotifère, alternant avec des micaschistes; puis on arrive à Almuñecar sur une masse puissante de marbres et de dolomies gris-bleu ou noirâtres, à inclinaison dominante N.E., comme l'avait reconnu M. Gonzalo y Tarin[1]. Cette dolomie forme la grande masse connue sous le nom de Vueltas de Almuñecar, où la route escarpée décrit tant de lacets jusqu'au delà de la Herradura.

Coupe de la sierra Almijara, de Motril à Jayena. — Cette coupe montre, dans presque toute son étendue, des schistes satinés et des calcaires dolomitiques, que nous assimilons à ceux que l'on retrouve beaucoup mieux développés à l'est dans les Alpujarras. Des schistes satinés de Molvizar, on passe vers Itrabo sur des calcaires gris-bleu compacts, dolomitiques (étage de Gador), inclinés S.O. Ils forment un pli synclinal, et Itrabo est construit sur les schistes satinés et schistes quartziteux des étages d'Albuñol et de Motril, à inclinaisons très variables. Ces schistes satinés violacés ou verts, à bancs jaunâtres, sont bien développés au nord d'Itrabo, jusqu'à la région pittoresque de la Ermita, où l'on monte sur l'épaisse masse des calcaires dolomitiques des étages de Gador et de Lentegi, en bancs inclinés N.O. à O., et qui recouvrent les schistes satinés d'Itrabo.

Fig. 1.

Coupe d'Itrabo à Lentegi.

D Calcaire dolomitique gris-bleu en lits;
Calcaire dolomitique blanc, compact, en rochers massifs;
C Calcaire bleu foncé, en lits stratifiés;
B Schistes violets et vert clair, avec lits minces de quartzite calcareuse jaune;
A Schistes satinés de Motril.

[1] *Loc. cit.*, p. 43.

Ce massif calcaire est recouvert de tufs et de travertins; on y remarque des grottes et des cascades avec stalactites[1]; il affecte une disposition synclinale, et ce n'est qu'après une route assez longue qu'on descend, près Lentegi, sur les couches plus anciennes, inclinaison S. 15° E. = 70°.

Au nord de Lentegi, la sierra Almijara montre nombre de petits plis entrecoupés de failles, dans cette même série de schistes satinés et calcaires dolomitiques, au Molinillo, au cortijo Guadalhama et au delà, en suivant le sentier de Jayena; les inclinaisons, très variables, sont le plus souvent au N. O. La montée devient bientôt plus raide, on quitte les alternances de schistes et de calcaires, et le chemin décrit de nombreux lacets dans une masse uniforme de dolomies gris-bleuâtre, blanchissant à la surface, que l'on suit sans interruption jusqu'au col de la sierra Almijara (puerto Almuñecar).

Nous estimons à plus de 500 mètres l'épaisseur de cette masse de calcaire dolomitique grisâtre de la sierra Almijara (étage de Lentegi); elle forme quelques petits plis, mais son inclinaison dominante nous paraît du N. au N. O.

Ce calcaire dolomitique de la sierra Almijara a une grande ressemblance lithologique avec celui qui est si développé aussi dans la sierra Tejeda, et que nous rapportons au terrain primitif : nous hésiterions encore à les distinguer si nous n'avions constaté que cette dolomie de l'Almijara était parfois remplie de débris fossiles. Ainsi un ravin ouvert dans la roche vive, un peu au sud du point de rencontre du chemin d'Almuñecar à Grenade, et qui nous a été désigné sous le nom de barranco Arroba, présente des bancs de calcaire dolomitique remplis de coquilles régulièrement empilées par strates. Malgré le grand nombre des fossiles en ce point, il nous a été impossible de les isoler de la roche; la coupe du test tranche nettement en blanc sur le fond gris-bleuâtre de la roche : ce sont des fossiles bivalves de 2 à 4 centimètres de longueur, à

[1] Planche XII.

test très épais, à structure lamelleuse, foliacée, très marquée. Ils rappellent d'une façon si frappante, par leur forme, leur aspect, leur disposition, les bivalves « en cœur », en « pied de bouc », qui remplissent par milliers certains bancs dolomitiques compacts du trias supérieur, de Watzmann, de Dachstein, etc., dans les Alpes de Salzbourg, que nous croyons devoir les leur assimiler et les rapporter au genre *Megalodon*. Leur forme générale les rapproche notamment de *Neomegalodon pumilus* Benecke et *Neomegalodon gryphoïdes* Gümbel; ils sont en trop mauvais état pour permettre une détermination précise.

Fig. 2.
Megalodon des dolomies du barranco Arroba (gr. nat.).

Au nord du puerto Almuñecar, on descend sur ces calcaires dolomitiques triasiques jusqu'à l'embranchement des chemins de Jayena et de Grenade. Le chemin de Jayena montre bientôt des alternances de calcaires dolomitiques et de schistes gris-violacé, que nous n'osons rapporter avec certitude à l'étage de Motril. Au cortijo de la Prao tout doute a cessé, on a quitté les terrains triasiques, et les eaux du Cacin coulent dans une vallée formée par des roches primitives schisto-cristallines, schistes micacés, dolomies cristallines, quartzites épidotifères, calcaires à trémolite, en lits alternants, relativement minces : ces couches sont très dérangées et plissées en divers sens. Elles sont recouvertes, dans la vallée du Cacin, par une épaisse formation de poudingue à galets de dolomie, qui dépend du bassin tertiaire de Jayena.

Coupe de Nerja à la Nava Chica. — Nerja s'élève sur des schistes micacés, cristallins, très plissés S. à S.O., mais à inclinaisons peu élevées, surtout du côté de Torrox. A l'est, vers Almuñecar, ils passent à des micaschistes grenatifères, plus inclinés N. E., qui reposent vers Herradura sur les calcaires dolomitiques; près de ce contact on observe une grande faille dirigée à 165° et correspondant au centre du grand pli anticlinal qui a coudé toutes les couches de cette région.

Au nord de Nerja, micaschistes et schistes micacés à andalousite et feldspath, S. 15° O., plissés, passant au N. O. en approchant de Frigilliana, puis de nouveau S. 15° O. à Frigilliana, où ils reposent sur des calcaires dolomitiques blancs à parties bleuâtres plus foncées. Ces calcaires dolomitiques sont massifs, fendillés en tous sens, à stratification obscure; ils paraissent cependant ici passer sous les schistes. A l'est de Frigilliana s'ouvre une profonde gorge des plus pittoresques, où l'on peut juger en un coup d'œil de l'énorme importance et de l'uniformité de caractères des dolomies de ces sierras. Leur inclinaison est au N. E.; le grain de la roche est uniforme, saccharoïde, compact ou pulvérulent, et formé presque uniquement de rhomboèdres de dolomie; sa couleur varie du blanc au bleu clair, elle ne présente aucune modification, aucune variété, sur des centaines de mètres d'épaisseur, jusqu'à la vallée du rio Chillar.

Cette rivière coule dans une gorge profonde, entre deux hautes murailles de calcaire dolomitique blanchâtre de l'effet le plus sauvage et le plus grandiose, mais identiques minéralogiquement à celles de Frigilliana. Leur inclinaison est S.; elles présentent donc des ondulations dans ce massif. En remontant cette gorge du rio Chillar, nous avons suivi la dolomie pendant des kilomètres, sans y observer de changement, jusque près du cortijo de Liman, au cœur de la montagne. Le temps nous empêcha d'avancer plus loin dans ce massif de la Nava Chica, et nous dûmes regagner Frigilliana par le même chemin.

De Frigilliana à Competa, on suit la limite des schistes micacés et des calcaires dolomitiques; ceux-ci forment une haute crête, que longe le chemin en serpentant sur les schistes. Les schistes, généralement inclinés S. O., sont noirâtres, très micacés et chargés d'andalousite; ils sont traversés dans le ravin du rio Patamalara par de nombreux filonnets, souvent disposés en amandes interstratifiées, de quartz avec mica blanc et andalousite rose. En approchant de Competa, on observe en outre des couches interstratifiées de leptynite, de gneiss à mica blanc, et les schistes micacés contiennent souvent des glandules de feldspath.

Coupe de Torrox à Jatar. — Dans la région littorale de Torrox, nous n'avons observé que des schistes micacés à andalousite, staurotide, grenat, avec rares lits de quartzites épidotifères interstratifiés; l'inclinaison N. O. des couches est très peu élevée dans la région de Torrox, où elles sont aussi cependant plissées et ondulées; c'est la seule partie du pays où nous ayons observé des filons de diorite. Ces filons, assez nombreux à l'ouest de Torrox, ne dépassent pas $0^{m},50$ d'épaisseur, sont dirigés N. E. et contiennent sphène, amphibole, feldspath oligoclase, quartz et chlorite.

La vallée du rio Patamalara montre un beau développement des micaschistes et schistes micacés à minéraux, andalousite, staurotide, grenat, jusqu'à Competa, où l'on arrive sur le grand massif des dolomies. De Competa à Canillas de Albaida, micaschistes feldspathiques S. 45° O., avec lits intercalés de gneiss à deux micas; ces micaschistes se trouvent à Canillas au contact des dolomies blanches sur lesquelles est bâti le village.

Les calcaires dolomitiques blancs ou gris-bleuâtre, compacts, identiques à ceux de Frigilliana et inclinés N. E. à N., forment à eux seuls la profonde vallée que l'on suit au nord de Canillas, mais qu'un chemin vertigineux quitte bientôt pour monter la sierra. Le calcaire dolomitique conserve longtemps ses caractères uniformes ordinaires; nous y avons reconnu, au delà de la première côte, un filon de granulite gneissique à mica blanc et tourmaline, au contact duquel la dolomie était chargée de cristaux de trémolite; bientôt après, elle reprend son homogénéité et sa structure saccharoïde habituelle.

On quitte enfin cette épaisse masse de dolomies pour passer au nord sur un important faisceau de gneiss, micaschistes à andalousite et mica noir, grès micacés, calcaires, amphibolites, quartzites épidotifères, incliné N.E. = 45 à 60° : on monte longtemps au milieu des chênes-lièges et des chênes verts, sur cet étage des micaschistes et amphibolites en lits alternants, jusqu'au col de Jatar.

Ce faisceau de micaschistes et amphibolites paraît reposer sur les calcaires dolomitiques de Canillas, mais il leur est en réalité inférieur et forme le centre d'un pli anticlinal, couché en masse au N. un peu E., car la descente du col vers Jatar se fait dans une gorge où reparaît, avec son uniformité ordinaire, l'épaisse masse des dolomies blanc-grisâtre de Frigilliana, en couches immenses, à décomposition irrégulière, en blocs fétides sous le marteau. L'inclinaison varie de N. 10°E. à N. 40°E. = 25°.

Ces micaschistes et amphibolites de l'étage des dolomies correspondent aux roches similaires décrites par MM. Michel Lévy et Bergeron à la base de la série de la serrania de Ronda. Ce n'est même que dans la Ronda que l'on a pu constater les superpositions sur lesquelles nous établissons nos coupes; la sierra Tejeda nous fournit la même succession de roches primitives que la serrania de Ronda, moins l'étage inférieur des gneiss à cordiérite; mais les superpositions, obscurcies par des failles et des renversements, y laissent, pour nous, place au doute.

Fig. 3. — Coupe du col de Jatar.

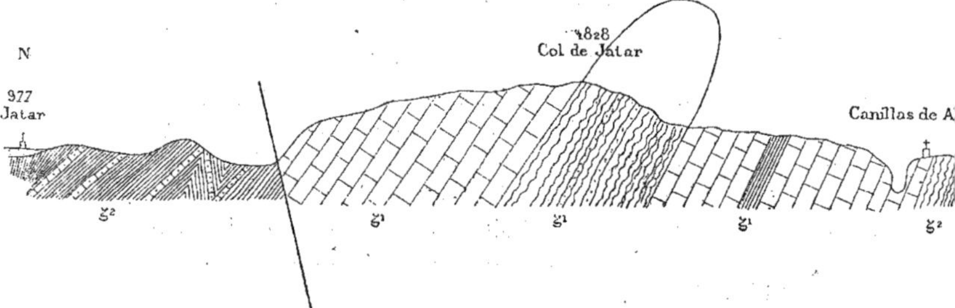

ζ^2 Micaschistes et schistes micacés à minéraux. ζ^1 Dolomies, micaschistes et amphibolites.

Descendant sur Jatar, on quitte brusquement les calcaires dolomitiques au sortir de la gorge, près la venta de Parma, où ils sont limités par la grande faille de la Tejeda, et l'on passe sur des couches de micaschistes alternant avec lits de gneiss à deux micas, de leptynite à tourmaline, épais de $0^m,30$ à 1 mètre, de calcaire cristallin avec diallage (pl. XXXIX, fig. 2) et de micaschistes à staurotide, très plissés, verticaux, à inclinaisons variables du N. E. au S. O., au cortijo Competilla.

Au cortijo de los Nacimientos, micaschistes à andalousite (N.E.) alternant avec lits de schistes compacts, cornés, calcaires bleus avec silicates cristallins et calcaires bleus micacés, jusqu'à Jatar, où ils sont recouverts par le terrain tertiaire.

Cette coupe du col de Jatar, que nous venons de décrire, a été relevée également par MM. Fouqué et Bréon, qui ont bien voulu nous communiquer leurs notes : ils ont suivi la route de Jatar à Sedella, différente de la nôtre dans une partie de son parcours; la route de Sedella rejoint celle de Canillas au col de Jatar, la partie commune s'étendant du col jusqu'à Jatar.

De Sedella au col, on ne rencontre pas la grande masse des dolomies de Canillas, sans doute enlevées par une faille oblique; on reste d'une façon continue sur des alternances de micaschistes à deux micas, avec andalousite et disthène, alternant avec gneiss, micaschistes grenatifères, amphibolites, cipolins, quartzites épidotifères.

Coupe de Velez Malaga à la sierra Tejeda. — Cette coupe a déjà été relevée par divers géologues; elle a été décrite successivement par Haussmann[1] et par Scharenberg[2]. Ce dernier montre les micaschistes inclinés S., formant toute la riche plaine de Velez Malaga, et le calcaire de la sierra, qu'il rapporte au calcaire de transition, incliné N. Haussmann décrit les schistes micacés et

[1] Haussmann, *Abhandl. K. Soc. der Wissensch. zu Göttingen*, 1841, p. 282-283.

[2] Scharenberg, *Geolog. der Sudküste von Andalusien* (*Zeitschr. der deutschen geol. Gesell.*, 1854, Bd. VI, p. 578).

IMPRIMERIE NATIONALE.

chloritoschistes de Velez Malaga à Malaga, sur lesquels Antonio Linera[1], Schimper[2] et de Collegno[3] ont donné également quelques indications.

Torre del Mar est sur des schistes noirs inclinés N. O., peut-être supérieurs aux micaschistes cristallins de la sierra Nevada, et qui prennent un plus grand développement vers Malaga. Velez Malaga est construit sur des schistes semblables, inclinés N., comme on peut le reconnaître près des sources de Velez, à la base de l'escarpement calcaire sur lequel est construit le vieux château maure. On passe au nord, vers la maison de Juan Ramon, sur des micaschistes et schistes micacés à glandules quartzeux, avec tourmaline et andalousite rose; le schiste est rempli d'andalousite et de sillimanite (incl. N. 20°E.). On reste sur ces mêmes schistes jusqu'à Rubite; ils forment des plis assez nombreux et contiennent parfois, en outre des minéraux précédents, grenat, staurotide. Ces schistes micacés paraissent identiques à ceux de la sierra Nevada et de la sierra de Mijas.

En approchant du col qui mène vers Canillas de Aceituno, de nouvelles roches paraissent interstratifiées dans les schistes micacés que l'on suivait depuis Velez Malaga; ce sont des bancs de schistes bréchoïdes conglomérés, des psammites, des quartzites épidotifères, des calcaires chargés d'épidote, de pyroxène et de fer magnétique (incl. S.O.). Des bancs de psammites paraissent couronner cette masse; ils rappellent assez les grès siluriens à scolithes des Pyrénées.

En approchant de Canillas de Aceituno, des granulites gneissiques (N. 45°E.) prennent un beau développement; elles forment des masses feuilletées interstratifiées dans des micaschistes riches en mica blanc, avec glandules de quartz et feldspath, alternant avec de minces lits de cipolins. On arrive à Canillas de Aceituno sur la masse des calcaires dolomitiques blanc-grisâtre qui constituent la

(1) Antonio Linera, *Geologia de Malaga* (*Revista minera*, vol. II, p. 161-193).

(2) Schimper, *L'Institut*, 1849, p. 189.

(3) De Collegno, *Bull. Soc. géol. de France*, 2e sér., t. VII, 1850, p. 345.

sierra et dont l'âge reste indéterminé. M. Gonzalo y Tarin[1] a déjà insisté avec raison sur l'impossibilité de distinguer par leurs seuls caractères lithologiques les divers marbres dolomitiques qui ont un si grand développement dans les sierras Almijara et Tejeda.

De Velez Malaga vers Sedella, MM. Fouqué et Bréon ont relevé une coupe parallèle à la précédente; on ne quitte pas les schistes micacés à mica noir, mica blanc, tourmaline, grenat, andalousite, disthène et staurotide; ils alternent avec quelques lits minces plus basiques, chargés d'épidote. A moitié route, on rencontre des blocs de quartzite qui rappellent de même les grès à scolithes. Dans ce parcours, les couches sont très plissées, mais présentent cependant une inclinaison dominante au S.O.

De Sedella à Canillas de Aceituno et Alcaucin, schistes micacés à minéraux, avec minces lits interstratifiés de calcaires cristallins. Dans la vallée du moulin Guaro, à l'ouest de Canillas de Aceituno, schistes micacés, riches en andalousite, inclinés N. 20° E.; en approchant d'Alcaucin, ils se chargent de glandules feldspathiques et passent à des gneiss granulitiques. Alcaucin est construit sur le tertiaire, à la limite du massif calcaire de la sierra Tejeda.

CHAPITRE II.

I. — DESCRIPTION GÉOLOGIQUE DE LA SIERRA NEVADA.

La sierra Nevada (pl. XIII) est un énorme monolithe de schiste, bien remarquable par sa forme. Sa base ne dépasse pas 80 kilomètres de longueur de l'E. à l'O., du monte Negro au cerro Caballo, sur 40 kilomètres de largeur du N. au S; de là elle se redresse comme d'un seul jet jusqu'à une hauteur de plus de 3,000 mètres (Mulhacen 3,481 mètres, Veleta 3,470 mètres). Ce massif, plus haut que les Pyrénées, n'a que la moitié de leur lon-

[1] Gonzalo y Tariñ, *Descripc. geol. de Granada* (*Boletin de la Comision de la mapa geológica de España*, t. IX, 1882, p. 43).

gueur et les deux tiers de leur largeur; ses flancs présentent par suite une pente considérable, bien plus forte en moyenne que celle des Pyrénées ou des Alpes. La relation de la hauteur à la base de ces massifs est de 1 à 18 pour la sierra Nevada et de 1 à 28 pour les Pyrénées.

La sierra Nevada se distingue plus encore des Pyrénées et des Alpes par sa structure géologique: il n'y a rien dans sa masse qui rappelle la structure en éventail des chaînes classiques, ce n'est pas un faisceau de couches anciennes redressées jusqu'à la verticale et contre lequel s'adossent des couches plus récentes. A première vue, la constitution géologique de ce massif paraît très simple, car il est essentiellement composé de schistes plus ou moins micacés, très peu inclinés et formant une grande voûte plate, les couches inclinant du S. au S.E., au sud de la sierra, et du N. au N.O., au nord. On peut se représenter la sierra Nevada comme une grande voûte, un pli anticlinal soulevé, ayant percé à un certain moment le manteau de calcaires et de schistes qui le recouvrait.

Les coupes que nous avons pu faire dans la sierra Nevada, d'accord avec les observations de MM. de Botella[1], Gonzalo y Tarin[2] et von Drasche[3], montrent que ce massif est entièrement formé de schistes cristallins.

Au nord de la sierra, les coupes parallèles de la vallée du Genil et du chemin des Neveros montrent à l'est de Huejar une immense série de micaschistes, en couches généralement peu inclinées, de 10° à 45° du N. au N.N.O., alternant en lits plus ou moins grossiers et micacés avec des schistes quartzeux et des micaschistes grenatifères. Dans cette épaisse masse schisteuse, on trouve interstratifiées en concordance des roches schisto-cristallines très intéressantes, amphibolites, dolomies, éclogites et ser-

(1) F. de Botella, *Los terremotos de Malaga y Granada* (*Boletin de la Soc. geogr. de Madrid*, t. XVII, 1885).

(2) Gonzalo y Tarin, *Descripc. geol. de la provinc. de Granada* (*Bol. Com. mapa geol. de España*, t. VIII, 1881, p. 1).

(3) R. von Drasche, *Geol. Skizze des Hochgebirgstheiles der Sierra Nevada* (*Jahrbuch der K. K. geol. Reichsanstalt*, 1879, Bd. XXIX, Heft 1, p. 93).

pentines. On les observe à l'est du Peñon de San Francisco, ainsi qu'à l'est de Huejar; M. de Botella[1] les a signalées dans le barranco de los Azulecos, entre les pics de Mulhacen et de la Veleta, où ils inclinent au N. 58° O. On peut ramasser facilement toutes les variétés de ces roches, à l'état de galets, dans la vallée du Genil; nous ne connaissons pas ailleurs la serpentine, indiquée à diverses reprises[2] dans le barranco de San Juan.

Ces diverses roches se montrent toujours associées et au voisinage les unes des autres sur le terrain; elles ont encore été signalées par M. Gonzalo y Tarin, au N.E., entre Quentar, la Peza et Lugros[3].

Le barranco de los Azulecos a fourni à M. de Botella la coupe suivante de couches concordantes :

Roche verte;
Gneiss;
Schistes micacés grenatifères;
Gneiss;
Roche verte;
Schistes micacés grenatifères;
Quartzite à pyroxène, grünstein et grenat;
Quartzite à tourmaline.

Ce faisceau des Azulecos paraît parallèle au précédent et se prolonge probablement au N.E. vers Calahorra et Charches, où M. de Botella[4] signale ces mêmes roches, encore interstratifiées dans l'étage des micaschistes à minéraux.

Un troisième faisceau, parallèle aux deux précédents, a été signalé au S.E. par M. de Botella, dans la province d'Almeria, près Bayarcal. Il nous a échappé sur le flanc sud de la Nevada, soit que nos recherches aient été trop superficielles, soit à cause de l'état

(1) F. de Botella, *Descripcion geológica de Almeria* (*Boletin de la Comision de la mapa geológica de España*, t. XI, 1882, p. 261).

(2) D. Guillermo Bowles, *Introduccion á la historia natural y á la geografia fisica de España*, 1775, p. 424.

(3) S. E. Cook, *Sketches in Spain*, vol. II, p. 306.

(4) F. de Botella, *loc. cit.*, p. 262.

nodulaire des bancs calcaires et amphiboliques. Il est toutefois certain qu'on le retrouvera également au S. O., comme le prouvent les nombreux galets de cipolins et d'amphibolites que nous avons trouvés dans les ramblas d'Orgiva, ainsi que les affleurements des environs de Lanjaron.

Ce faisceau de roches amphiboliques forme un terme net dans la série stratigraphique de la sierra Nevada; il ne joue toutefois dans la masse qu'un rôle infime, la montagne étant essentiellement schisteuse. L'épaisseur de 1,000 à 1,500 mètres, qu'attribue aux schistes M. de Botella, ne nous paraît pas exagérée. Toutes les coupes à travers la sierra Nevada montrent un égal développement de ces couches schisteuses.

Le chemin qui conduit dans la montagne au nord de Lanjaron quitte bientôt les amphibolites, assez mal exposées, pour s'élever sur des schistes écailleux micacés alternant avec des schistes chloriteux et des micaschistes grenatifères S. 50°. Au delà, jusqu'au niveau des sources et des chalets, schistes écailleux et micacés, parfois grenatifères; l'inclinaison varie du S. O. au S. E. = 30°. Un banc de granulite gneissique à mica blanc (leptynite), épais d'environ 1 mètre, est interstratifié dans ces schistes; on le suit longtemps au flanc du ravin. Au-dessus, on passe sur des micaschistes feuilletés, écailleux, micacés, séricitiques, que l'on suit très longtemps par suite de leur faible inclinaison, qui coïncide à peu près avec la pente de la montagne. Au delà, à la hauteur des neiges (février), on arrive sur des schistes moins cristallins, noir-violacé, feuilletés, tachetés, séricitiques, uniformes, alternant comme les précédents avec de nombreux rubans de quartz; ils inclinent de l'O. au N. O.

Le chemin plus facile qui traverse la sierra Nevada d'Ugijar à Calahorra, en passant par le col de la Ragua, montre de même un énorme développement de schistes. De Mairena à Jubar, on voit les schistes cristallins assez inclinés et à directions variables; des schistes écailleux dominants alternent avec des bancs compacts plus quartzeux et des micaschistes. A Mairena, nombreux filonnets

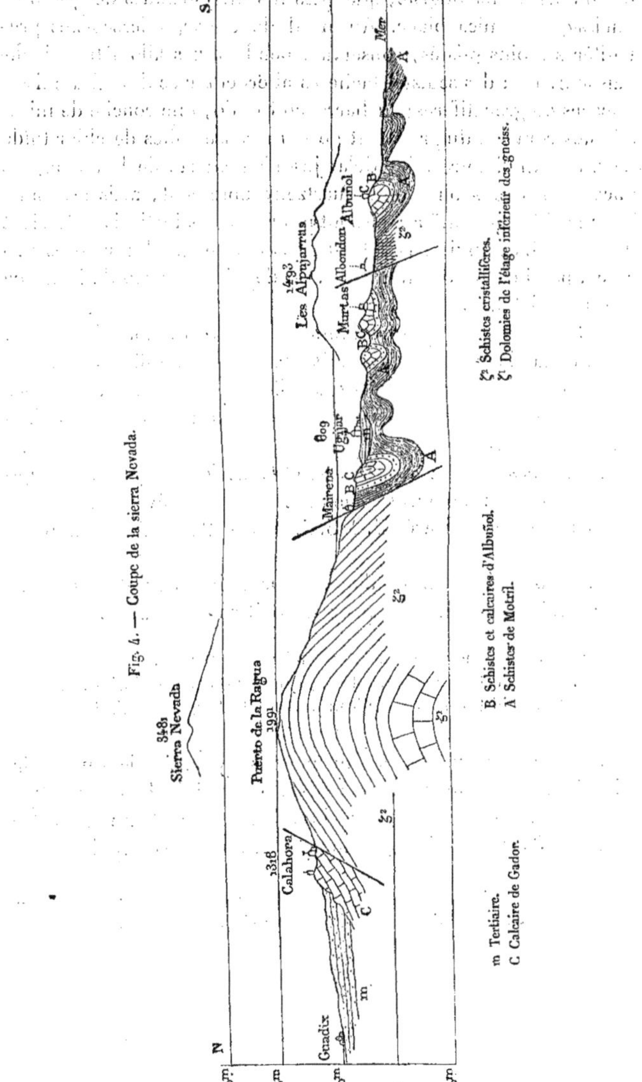

Fig. 4. — Coupe de la sierra Nevada.

m Tertiaire.
C Calcaire de Gador.
B Schistes et calcaires d'Albuñol.
A' Schistes de Motril.
ζ^2 Schistes cristallifères.
ζ^1 Dolomies de l'étage inférieur des gneiss.

et enduits de fer oligiste; quelques lits interstratifiés de granulite gneissique à mica blanc. Au nord de Jubar, micaschistes grenatifères moins plissés, conservant pendant des kilomètres l'inclinaison S. 15°; des schistes tachetés alternent avec des micaschistes micacés ou grenatifères; au barranco Hondo, une couche de micaschistes contient du grenat et de nombreuses piles de chloritoïde de 2 à 3 millimètres. Au delà, jusqu'au puerto de la Ragua, les micaschistes plus ou moins quartzeux dominent, mais les bancs interstratifiés grenatifères ne sont pas rares : les inclinaisons varient du S. au S.O., puis passent au N. On reste sur des schistes micacés, peu inclinés du N. au N.N.E., depuis le puerto de la Ragua jusqu'à Calahorra.

Entre les deux coupes transversales que nous venons de décrire, le sol de la sierra Nevada ne présente pas de modification importante : on en a la preuve dans la vallée du rio Grande, que nous avons suivie dans tout son parcours sans y trouver de débris d'aucune nouvelle roche.

Les coupes de MM. von Drasche et Gonzalo y Tarin[1] vers Capileira et Trevelez montrent également un grand développement de schistes écailleux micacés S. à S.E. dans cette partie méridionale de la sierra.

M. Gonzalo y Tarin[2] indique la succession suivante, qui nous paraît vraisemblable, bien qu'on n'en ait pas de preuves :

1. Phyllades noirs, micacés, maclifères (cambrien).
2. Micaschistes argileux, satinés, parfois grenatifères (primitif).
3. Micaschistes, schistes siliceux, avec lits de gneiss (primitif).

La distinction précise des formations rapportées ici au terrain primitif et au terrain cambrien nous est impossible dans l'état actuel de nos connaissances sur la région. On doit peut-être rapporter aussi au niveau supérieur les schistes et quartzites amphiboliques

[1] Gonzalo y Tarin, *Bol. Com. mapa geol. de España*, t. VIII, 1881, p. 20. — [2] Gonzalo y Tarin, *Bol. Com. mapa geol. de España*, t. IX, 1882, p. 98.

du ravin d'Agron signalés par M. Gonzalo y Tarin; on y voit du sud au nord :

Schistes micacés noirs à andalousite;
Calcaire dolomitique blanc;
Quartzite épidotifère;
Gneiss séricitique;
Quartzite dolomitique blanc-rosé ou bleuâtre;
Schiste à actinote et épidote;
Schistes micacés noirs à andalousite;
Schistes verts à épidote, à variétés serpentineuses.
Schistes micacés noirs charbonneux, à séricite;
Quartzite épidotifère;
Schistes micacés noirs, à mica noir en rosettes;
Quartzite épidotifère;
Schistes micacés, butant par faille contre le miocène.

Cette masse est épaisse d'environ 100 à 150 mètres; elle est composée de termes concordants entre eux; aucun des bancs de quartzite ou de calcaire ne dépasse l'épaisseur d'une vingtaine de mètres.

Les données que nous possédons sur le massif central de la sierra Nevada sont encore insuffisantes pour permettre d'expliquer sa structure géologique. Haussman[1], Cook[2], von Drasche[3], le considèrent comme formé par une grande voûte anticlinale terminée en demi-dôme à l'ouest, dans la province de Grenade; M. Gonzalo y Tarin y voit une structure plus complexe et une série de plis parallèles à axes dirigés du N. E. au S. O. La triple répétition du faisceau de roches amphiboliques suffit à montrer que l'hypothèse de MM. Haussman et von Drasche est trop simple; celle de M. Gonzalo y Tarin n'est pas conciliable avec le peu d'in-

[1] Haussmann, *Ueber das Gebirgssystem der Sierra Nevada* (*Abh. K. Soc. der Wissensch. zu Göttingen*, 1841, p. 279).

[2] S. E. Cook, *Sketches in Spain* (*Proceedings of the Geological Society of London*, 1829, p. 216, et 1883, p. 465).

[3] R. von Drasche, *Geol. Skizze des Hochgebirgstheiles der Sierra Nevada* (*Jahrb. der K. K. geol. Reichsanstalt*, 1879, Bd. XXIX, Heft 1, p. 93).

IMPRIMERIE NATIONALE.

clinaison des couches, presque horizontales sur d'immenses étendues. La prédominance des schistes cristallins, avec lesquels n'alternent pas de masses, inégalement plastiques, de grès ou de calcaires, a imprimé à ce massif une grande homogénéité, une grande résistance aux déplacements de détail, plis et glissements : dans ses traits généraux, nous considérons la sierra Nevada comme due à un bombement anticlinal unique, mais compliqué, notamment sur ses bords, au N. O. et au S. E., par de petits plis et des failles subordonnées.

Au point de vue théorique, la composition minéralogique des roches qui constituent la sierra Nevada nous paraît plus difficile encore à expliquer que leur disposition stratigraphique. Les éléments allothigènes, clastiques, font défaut; le quartz, les micas, la tourmaline, le grenat, présentent tous des éléments authigènes : les schistes cristallins de la sierra Nevada rappellent ainsi, d'une part, certaines roches métamorphisées au contact des granites (Bretagne), et, d'autre part, des roches de régions très accidentées (Alpes, Ardennes), dont le métamorphisme est rapporté à des actions mécaniques (métamorphisme régional). On ne trouve pas cependant dans la sierra Nevada de grand massif, de nucleus de granite éruptif, ni les plissements multiples, les renversements de couches qui témoignent habituellement des puissantes actions mécaniques.

Ces schistes cristallins remontent réellement à une époque indéterminé, mais semblent présenter dans leurs éléments constituants, d'origine énigmatique, des caractères d'ancienneté. En admettant la classification de Cordier [1] pour les divisions du sol primitif en quatre étages :

Étage des talcites phylladiformes;
Étage des talcites cristallifères;
Étage des micacites;
Étage des gneiss,

[1] Cordier, *Description des roches*, Paris, 1868, p. 386.

nous rattacherions la masse des micaschistes et schistes cristallins de la sierra Nevada à l'étage de ses *schistes cristallifères*, recouverts par des lambeaux de l'étage des *schistes phylladiformes*. Cet étage des *schistes cristallifères* est désigné par MM. Michel Lévy et Bergeron, dans leur rapport, sous le nom de *schistes cristallophylliens à minéraux*, et celui des *schistes phylladiformes* sous le nom de *schistes archéens*.

Ces *schistes cristallifères* se distinguent de ceux de la plupart des régions qui nous sont connues en ce que leurs feuillets alternent à l'infini avec des rubans interstratifiés de quartz. Le quartz a suivi toutes les sinuosités, les plis, les inflexions du schiste, au point que M. de Botella[1] en a conclu que ces rubans glandulaires de quartz avaient été plissés en même temps que les schistes, et que le plissement avait dû se produire quand les roches étaient encore molles.

Des plis aigus, des rides complexes sont fréquents dans les bancs superposés parallèlement de cette région; des lits très plissés,

Fig. 5.

Ridement des schistes cristallifères, observés suivant leurs tranches.

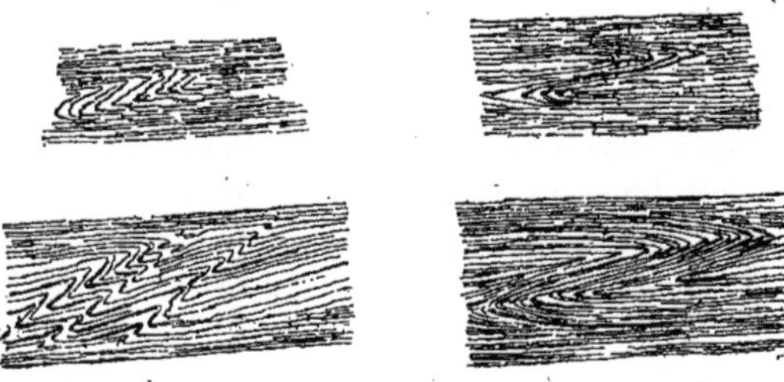

froncés, s'observent souvent entre des feuillets restés plans, montrant des apparences de fausse stratification indiquées sur les croquis ci-joints.

[1] De Botella, *Descripc. geol. de Almeria* (*Bol. Com. mapa geol. de España*, t. XI, 1882, p. 265).

Ces apparences nous fournissent la preuve des puissantes pressions supportées par les strates de la sierra Nevada à l'époque de la cristallisation de leurs éléments : le ridement de l'écorce terrestre qui a déterminé le soulèvement de la sierra Nevada n'a pas plissé et fracturé cet ensemble, parce que la cohésion des diverses parties constituantes a cédé la première : les divers minéraux se sont déplacés et ont traîné dans la roche, tandis que les feuillets glissaient de leur côté les uns sur les autres, donnant ainsi naissance aux roches les plus irrégulièrement froissées.

II. — DESCRIPTION GÉOLOGIQUE DES ALPUJARRAS.

On désigne sous le nom, célèbre dans l'histoire des Maures, d'Alpujarras, l'ensemble des contreforts méridionaux de la sierra Nevada; ils constituent une région de schistes et de marbres où de sauvages défilés livrent passage à la fois aux eaux et aux voyageurs, qui ne trouvent guère d'autre route que ces ramblas, encombrées de cailloux roulés.

Les montagnes qui séparent le versant sud des Alpujarras de la Méditerranée portent le nom de sierra Contraviesa et de sierra de Lucar; elles se continuent à l'est dans la sierra de Gador et à l'ouest dans la sierra de Almijara : leur ensemble ne constitue pour le géologue qu'un même ensemble diversement découpé, un même rempart, tantôt simple, tantôt multiple, percé de brèches profondes par les agents orogéniques, aidés par les agents atmosphériques.

Les Alpujarras sont formées par une puissante série de schistes et de calcaires, successivement rapportée à tous les terrains par les auteurs qui s'en sont occupés. Amar de la Torre, Naranjo, Haussmann[1], Pernollet[2], les rapportent au terrain de transition, sans préciser. En 1857, Ansted[3] donna les premières coupes du

[1] Haussmann, *loc. cit.*, p. 273.

[2] Pernollet, *Sur les mines et fonderies du midi de l'Espagne* (*Annales des mines*, 4e sér., t. X, 1846).

[3] Ansted, *On the geology of Malaga* (*Quarterly Journal of the Geolog. Society of London.* Vol. XV, Suppl., n° 60, 1860, p. 585).

flanc sud de la sierra Nevada, à travers les Alpujarras, et indiqua la superposition concordante des couches suivantes :

> Micaschistes de la sierra Nevada ;
> Schistes grisâtres avec gypse au sommet ;
> Calcaires de la sierra de Gador ;

tous ces termes étant recouverts en discordance par le tertiaire.

Amalio Maestre[1] rapporte à la période carbonifère inférieure les schistes et calcaires précédents.

Casiano de Prado émet l'idée que les schistes argileux foncés pourraient bien représenter le dévonien. Willkomm rattache au silurien toutes ces chaînes calcaires.

MM. de Botella[2] et Vilanova rattachent au permien les calcaires et schistes supérieurs, et rangent dans le système taconique les schistes satinés connus dans le pays sous le nom de *launas*. M. de Botella[3] y signale, aux environs de Grenade et d'Almeria, des traces d'*Arenicola didyma*.

De Verneuil[4] les rapporte avec doute au trias, reconnaissant dans cette région des Alpujarras la succession suivante, qui est la même qu'avait indiquée Ansted :

> Terrain métamorphique ;
> Trias incertain.

Cette détermination était basée sur les caractères lithologiques des schistes argileux bariolés à feuillets lustrés et des calcaires versicolores avec gypse, si différents de ceux que présentent les terrains paléozoïques dans tout le reste de l'Espagne. Le coup d'œil de notre savant compatriote l'avait bien servi, au moins en partie, car de récentes découvertes de fossiles, dues à M. Gonzalo

[1] Amalio Maestre, *Bosquejo geológico de España*, 1841.

[2] F. de Botella, *Descripc. geol. de Almeria* (*Bol. Com. mapa geol. de España*, t. IX, 1882, p. 281).

[3] Id., *ibid.*, p. 38.

[4] De Verneuil, *Bull. Soc. géol. de France*, 2e sér., t. XIII, 1856, p. 710; *Comptes rendus de l'Acad. des sciences*, t. LIX, août 1864.

y Tarin, sont venues confirmer l'existence du terrain triasique dans les calcaires de cette chaîne, comme l'avait pressenti de Verneuil.

M. von Drasche [1] laisse également dans le terrain de transition les schistes cristallins de la sierra Nevada et range dans le trias (*métamorphisé*) les schistes satinés et calcaires des Alpujarras.

On doit à M. Gonzalo y Tarin [2] le plus grand progrès accompli : il reconnut au-dessus des *schistes cristallifères* deux étages distincts, l'un formé de phyllades argilo-talqueux bariolés, l'autre formé de calcaires et de dolomies. Ce dernier étage, le plus élevé des deux, lui a fourni des fossiles qui ont été reconnus triasiques par M. Mallada. L'âge de cet étage se trouve ainsi fixé, mais il n'en est pas de même de l'étage inférieur des phyllades talqueux, que M. Gonzalo rapporte au cambrien.

Nous avons pu reconnaître aussi un ordre constant de succession dans cette série de schistes et de calcaires; mais, faute de fossile déterminable, nous n'apportons aucun document nouveau en faveur de la fixation de leur âge.

Sur le versant sud de la sierra Nevada, on peut voir en de nombreux points, de Lanjaron à Ugijar, la superposition des schistes satinés des Alpujarras sur les micaschistes cristallifères qui forment la sierra Nevada. On hésite d'abord à séparer aussi nettement ces deux séries de schistes, injectés les uns comme les autres de nombreux filonnets rubanés, interstratifiés de quartz; mais la division devient bientôt facile et se suit d'une façon constante.

En procédant dans les Alpujarras de l'est à l'ouest, on voit les schistes satinés reposer sur les schistes cristallins à Mairena; ils présentent la coupe suivante de Mairena à Ugijar :

A Schistes satinés violacés ou verdâtres, formant par altération des argiles fines, incl. N. (étage de Motril);

B Schistes violets, avec lits minces de quartzite, de calcaire, de dolomie jaune avec sidérose (étage d'Albuñol);

[1] R. von Drasche, *Jahrb. d. K. K. geol. Reichsanstalt*, Bd. XXIX, 1879, p. 110.

[2] Gonzalo y Tarin, *Edad geológica de las calizas metalíferas de la Sierra de Gador* (Almeria) (*Bol. Com. mapa geol. de España*, t. IX, 1882, p. 97).

C Bancs et blocs de calcaire bleu éboulés (étage de Gador);
B Schistes satinés verts et violets, à lits minces de calcaire dolomitique jaune (étage d'Albuñol);
A Schistes satinés verts et violets (étage de Motril).

Contrairement aux couches de la sierra Nevada, celles-ci sont généralement verticales, très inclinées et plissées, comme on le voit dans cette première coupe, où elles forment un pli synclinal.

Au centre du pli se trouvent des bancs de grès rouge calcareux à galets de quartz, de schiste, de calcaire; il est facile de se convaincre de leur position superficielle, malgré leur ressemblance avec certaines roches du trias normal : nous les considérons comme des tufs quaternaires. A Carchalejo, près de Mairena, on exploite une masse de gypse au sommet de l'étage d'Albuñol.

Ugijar s'élève sur l'emplacement d'un vaste et ancien lac miocène, dont les sédiments sont ravinés par des alluvions torrentielles qui datent sans doute de l'époque quaternaire.

D'Ugijar à Adra, à la côte, on reste sur les roches précitées, d'après l'avis unanime de MM. von Drasche, de Botella, Gonzalo y Tarin; on reconnaît les mêmes divisions qu'à Ugijar :

A Schistes satinés (Alcolea, Alboloduy, Nerja à Adra) (étage de Motril);
B Schistes satinés avec lits minces de grès, quartzite, calcaire jaune, où M. Gonzalo signale des *Rissoa* (Alcolea à Berja), masse de gypse près Alboloduy;
C Calcaire argileux gris-bleu, bien stratifié, en lits de quelques centimètres à plusieurs décimètres (étage de Gador);
D Calcaire dolomitique massif, en gros bancs, à stratification obscure, gris-bleu, grenu, caverneux (étage de Lentegi).

Le calcaire bleu en lits C est le niveau qui a fourni à M. Gonzalo y Tarin des fossiles triasiques : *Myophoria, Monotis, Avicula;* quant au calcaire dolomitique qui le recouvre, c'est le gisement des célèbres minerais de plomb et de zinc de la sierra de Gador.

D'Ugijar à Albondon, on recoupe la même série : on monte sur les schistes satinés violacés A, au S. O. de la plaine tertiaire d'Ugijar, incl. S. 15° O.; on passe ensuite sur des schistes lustrés, violacés et verts B, alternant avec des lits minces de grès quartzeux gris ou jaunes, incl. N., plissés, bientôt recouverts par les schistes violacés avec lits de calcaire jaune dolomitique, puis par le calcaire bleu C. Ces hauteurs sont couronnées par des grès rouges et des poudingues à galets variés où le quartz domine, qui rappellent le *grès rouge* des régions classiques; on ne peut rapporter ici cette formation au trias, elle est discordante sur les précédentes et sa pâte calcaire comme sa position statigraphique doivent la faire considérer comme un facies spécial, propre au flanc sud de la Nevada, des tufs et brèches quaternaires si développés dans ces régions.

Continuant cette coupe d'Ugijar à Albondon, on redescend la série précédente jusqu'à la venta qui se trouve dans la grande rambla; la pente de la Contraviesa, que l'on monte ensuite vers Murtas, montre de nouveau les schistes violacés et verts A, les schistes avec lits minces de grès et de dolomie brune avec sidérose B, les calcaires bleus dolomitiques C et les calcaires gris dolomitiques D. Cette partie de la coupe est remarquable par le développement des bancs de grès blanc micacé dans l'étage d'Albuñol et par la difficulté de trouver une limite entre les calcaires de Gador et de Lentegi. Il est toujours difficile dans les Alpujarras d'observer le contact des calcaires avec les couches voisines, par suite de l'épais bourrelet superficiel de brèche tufacée qui recouvre les calcaires près de leurs limites.

Près Murtas, les calcaires, d'abord inclinés S. 20° O., font quelques plis, au centre desquels apparaissent les schistes avec lits de quartzites et de dolomies brunes sur lesquels est bâti Murtas. Au delà de Murtas, on suit longtemps la bande des calcaires de Gador et de Lentegi, qui forment la crête de la sierra Contraviesa; on abandonne enfin les schistes et calcaires d'Albuñol, toujours très plissés, pour passer sur les schistes satinés de Motril, formant une épaisse série, régulière, inclinée en masse vers le sud, jusqu'à la venta de Mediodia. Avant d'arriver à Albondon, près la Fuente

Sarza, ils reposent sur les micaschistes cristallins, plus grossiers, à bancs quartzeux alternant avec lits chargés d'andalousite ou de grenat (incl. N. à N. O.).

La coupe d'Ugijar à Torbiscon, suivant la grande rambla, montre la même superposition des divers étages des schistes satinés et des calcaires; le calcaire affleure à la Huerta de las Naranjas. Au delà de Cadiar, une faille met les schistes satinés au contact des schistes cristallins à tourmaline, inclinés S. puis N. Le ravin latéral qui va de Torbiscon au rio Grande donne sur sa rive droite une très bonne coupe des couches triasiques (incl. S. E.); il correspond à une faille dirigée N.-S., et les micaschistes cristallins grenatifères, inclinés O., affleurent sur la rive gauche.

La rive droite montre, en remontant le ravin, la série suivante :

A Schistes satinés violacés et vert clair (étage de Motril);
B Schistes satinés violacés, lits de quartzite et de dolomie brune;
Schistes gris-bleu grossier (étage d'Albuñol);
C Calcaire bleu et schiste (étage de Gador);
B Schistes et lits minces de dolomie brune;
Schistes verts et lentilles de gypse blanc (étage d'Albuñol);
A Schistes satinés, violacés et vert clair (étage de Motril).

De Torbiscon à Orgiva, les schistes satinés sont recouverts, au puerto, par des calcaires dolomitiques bleuâtres (étage de Gador), inclinés S. O., au-dessus desquels on s'élève sur une masse importante de dolomies gris-jaunâtre, massive (étage de Lentegi), inclinée S. O. à N. O., et qui présente ici, comme dans la sierra de Gador, un grand développement. Il constitue, d'après M. Gonzalo y Tarin, toute la sierra de Lujar, que nous longeons à Orgiva.

A Albuñol, même série qu'à Ugijar. Les schistes cristallins micacés, ou quartzeux, ou grenatifères, signalés à Albondon (incl. S.E. à N. O.), butent au sud de Galbez contre les schistes satinés (N. 10° O.) de l'étage d'Albuñol. Ils sont bientôt recouverts par les bancs nettement stratifiés du calcaire bleu foncé, compact, épais d'environ 30 mètres. Un petit pli ramène ensuite vers Albuñol les schistes satinés violacés et vert clair, à lits bruns calcareux, puis on

IMPRIMERIE NATIONALE.

remonte sur les calcaires stratifiés de l'étage de Gador, où les bancs bleus alternent avec des bancs jaunes, modifiés, chargés de sidérose, et sont en relation avec des masses de 5 à 6 mètres d'épaisseur de gypse blanc. Comme partout dans la région, au contact des gypses, les couches sont ici très dérangées et cassées. En descendant à Albuñol, on passe sur les schistes lustrés à lits bruns calcareux B, puis sur les schistes satinés, fins, violacés et vert clair de Motril, dont les masses, éboulées les unes sur les autres, donnent dans certains ravins de trompeuses discordances de stratification.

D'Albuñol vers la Mamola, on quitte bientôt les schistes satinés, pour passer sur des micaschistes incl. S., alternant en lits minces avec des bancs plus grossiers, gris-verdâtre, passant à la quartzite, avec des schistes grenatifères et des schistes feldspathiques. A 1 kilomètre environ de la Mamola, ces schistes cristallins (S. 80°) butent par faille contre les schistes satinés avec gypse de l'étage d'Albuñol. Les gypses et schistes gypseux, épais de 30 mètres et inclinés N. 15° E., sont exploités au contact de la faille; ils reposent normalement sur les schistes satinés verts, avec chloritoïde et veinules de quartz, qu'on suit dans les falaises jusqu'à la Mamola, où leur inclinaison est de nouveau Sud.

L'étage de Motril est particulièrement remarquable dans ces falaises de la Mamola par l'abondance extrême du quartz en rubans moniliformes parallèles, qui alternent centimètre par centimètre avec les lits schisteux. A ce quartz se trouvent associés du chloritoïde, du feldspath, de l'épidote; la roche dans son ensemble rappelle les chloritoschistes de Cherbourg, du terrain primitif.

A l'ouest de la Mamola, on observe de nouveaux affleurements de schistes. Au Castillo de Ferro se trouve un lambeau de calcaire marbre, isolé, en lits bien stratifiés (incl. S. E.), qui représente peut-être le lambeau nummulitique signalé par de Verneuil près de Gualchos, et que nous n'avons pu reconnaître.

Environs de Motril. — De Gualchos à Motril, on a de belles

Fig. 6. — Coupe de Motril à la Mamola.

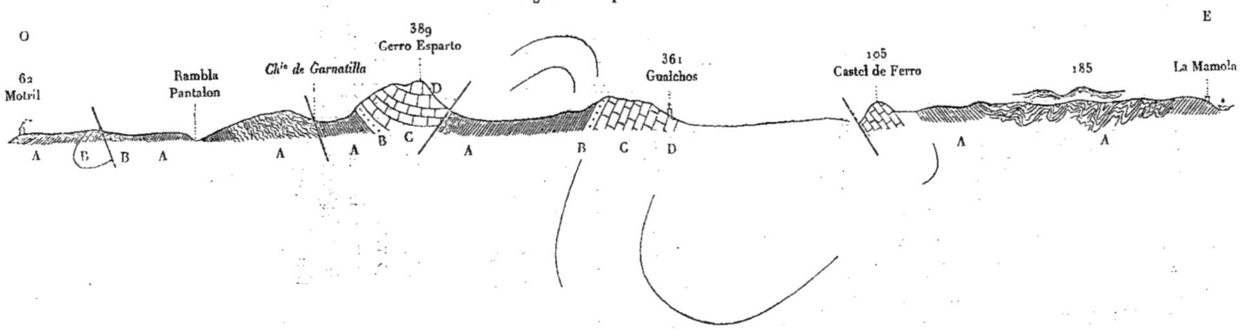

A Schistes satinés et schistes à chloritoïde de Motril.

B Schistes, gypses, grès et calcaires dolomitiques jaunes d'Albuñol.

C Calcaires bleus de Gador.

D Calcaires dolomitiques blanchâtres de Lentegi.

coupes dans le trias. Gualchos est bâti sur les dolomies massives, jaunes, caverneuses, à gros grains, qui appartiennent sans doute à l'étage de Lentegi. A la base sont quelques bancs schisteux, qui reposent sur des calcaires bleus, en lits S. 50° O., présentant les caractères ordinaires de l'étage de Gador. Ils reposent en concordance sur des schistes satinés violacés, à minces lits jaunes gréseux ou dolomitiques, de l'étage d'Albuñol. Leur épaisseur atteint ici au moins 100 mètres; on suit toutefois longtemps la tranche des mêmes couches, pour repasser vers la Fuente Moral sur les calcaires bleus stratifiés de l'assise de Gador (incl. N. E.). De la Fuente Moral à la rambla Pantalon, on descend successivement sur les schistes satinés chloritiques, vert clair ou violacés, à minces lits jaunes calcareux, de l'étage d'Albuñol, puis sur les schistes satinés violacés, fins, argileux, avec bancs psammitiques, de l'étage de Lanjaron.

Dans la rambla, ces schistes inclinent S.; on les suit jusqu'à Motril; ils sont recouverts sur cette route par des argiles rouges à cailloux roulés. Il est préférable de les étudier au N. E. de Motril, dans la direction des fours à plâtre, où M. le professeur Cazorla, de Motril, a eu l'obligeance de nous guider. Ce sentier se détache de la route de Motril à la rambla del Piojo et passe bientôt sur les schistes satinés violacés et les schistes chloriteux de l'étage d'Albuñol, incl. S. 25° O.; des lits minces, bruns, calcareux ou gréseux, alternent avec ces schistes, ainsi que des filonnets glandulaires de quartz avec chlorite et feldspath. Au delà, les lits calcaires jaunâtres sont remplacés par des bancs de gypse, qui occupent ainsi le sommet de l'étage. Ils forment ici le sommet d'un pli faillé, et l'inclinaison passe du S. au S. 60° E. L'amas le plus important de gypse de la région a 10 mètres d'épaisseur; il est blanc assez pur, remarquable par les taches vertes de chlorite, le mica blanc et le quartz cristallisé qu'on y trouve. Des fours à plâtre vers Granatilla, on reste sur les schistes violets et verts, à bancs jaunes gréseux et calcareux, de l'étage d'Albuñol (S. 65° E).

Au nord de Motril, en suivant la grande route de Grenade, on marche sur des schistes cristallins primitifs (incl. S. O.) avec tourmaline, andalousite et grenat. A la borne kilométrique 3, ils butent brusquement contre le calcaire de Gador, qui forme le cerro Gordo; la faille est dirigée 100°. On voit ainsi la coupe suivante :

Fig. 7. — Coupe du cerro Gordo.

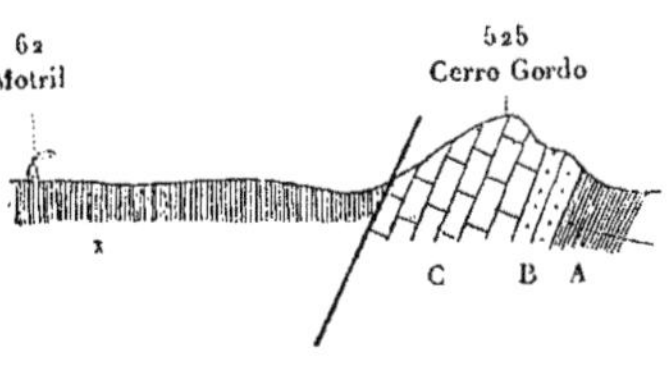

x Schistes micacés.

C Calcaire bleu stratifié (encrines, gastropodes) passant à la base à un calcaire bleu à flammes blanches, gypseuses ou spathiques (Frailesca) .... 50 mètres.

B Schistes satinés, fins, violets et vert clair, nœuds de quartz à chlorite, feldspath, malachite S. 30°O.=50° (étage d'Albuñol) 50

Cargneules caverneuses jaunes 10

Schistes vert clair dominants, avec lits de grès feuilleté, blanc-jaunâtre ou verdâtre, et lits calcareux minces, jaunes 20

A Schistes satinés (étage de Motril).

Une nouvelle cassure déplace les calcaires de Gador C, ici obscurcis par des tufs superficiels, et les lacets de la route montrent un beau développement des schistes satinés violacés et vert-clair d'Albuñol, alternant avec lits d'environ 50 centimètres de cargneule, de dolomie, de calcaire, de quartzite, à teintes brun-jaunâtre ou verdâtre, dues à l'abondance des paillettes de chlorite et de chloritoïde, très répandues dans ces schistes. Les lits calcaires sont couverts de dendrites manganésifères; on trouve dans les schistes, en relation avec les nombreux rubans quartzeux : pyrite cubique, orthose, pennine, ripidolithe, fer oligiste lamelleux, sidérose, blende, calamine, quartz en prismes terminés. Le quartz n'est pas ici aussi régulièrement interstratifié que dans la plupart des coupes précédentes, il forme d'abondants filonnets transverses; à leur contact, nombre des minéraux précités se sont développés dans les schistes, notamment la chlorite, le chloritoïde, et c'est là qu'on trouve des schistes à chloritoïde en grandes paillettes.

Si, évitant les lacets de la route, on se rend des affleurements calcaires du cerro Gordo au sommet du cerro di Toro (1,238 mètres), en marchant normalement aux couches à travers les rochers, on reconnaît que la montagne du nord de Motril appartient à un pli anticlinal renversé en masse au S. O. En effet, le calcaire

Fig. 8. — Coupe du cerro di Toro.

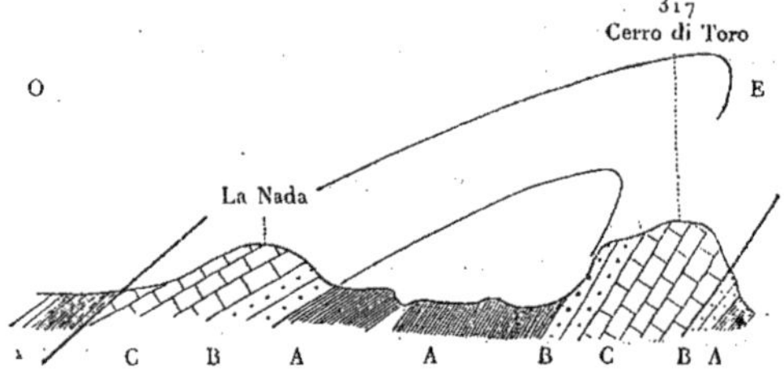

C Calcaire de Gador.
B Schistes, grès et calcaires dolomitiques d'Albuñol.
A Schistes satinés de Motril.
x Schistes micacés.

bleu du cerro Gordo C est exploité près la grande route de Motril à la ferme de la Nada; on passe au N. E. sur les schistes satinés, à bancs jaunes dolomitiques, d'Albuñol, puis sur les schistes satinés vert-violacé (incl. S. 40° O.), qui forment le centre de la voûte; on passe au delà sur des schistes lustrés B avec lits minces de quartzite séricitique jaune, lits bruns de 10 centimètres de calcaire riche en sidérose, et nombreux lits calcareux bruns noduleux, passant à la cargneule (incl. S. 30° O.). Montant enfin au cerro di Toro, on marche sur de grandes dalles de calcaire bleu foncé, encrinitique, où l'on ne reconnaît, en outre des nombreuses tiges d'encrines, que des sections indéterminables de gastropodes. C'est le niveau du calcaire fossilifère de Gador, de M. Gonzalo y Tarin; il a ici une épaisseur de 40 mètres et incline, comme le reste de la série, S. 50° O.; au delà, en stratification concordante, mais en couches toujours renversées à notre sens, se trouvent plus de 80 mètres d'épaisseur de dolomie grenue, gris-bleu, caverneuse, qui forment le sommet du cerro di Toro et où sont ouvertes des mines de calamine. Ces dolomies appartiennent à l'étage de Lentegi; elles butent par une petite faille, au nord, contre les schistes de l'étage d'Albuñol.

Environs de Velez de Benandalla. — Au nord de la région de Motril, que nous venons de parcourir, s'étend une vaste région de schistes satinés, inclinés S. O., appartenant pour la plus grande partie à l'étage de Lanjaron; ce n'est qu'en approchant de Velez qu'on arrive sur les couches plus élevées du triasique, très obscurcies toutefois par les tufs superficiels, si habituels dans cette région au contact des schistes et des calcaires. Au nord des calcaires de Velez, on revient sur les schistes satinés d'Albuñol et de Motril, dont l'inclinaison dominante reste au S. O.; ils sont plissés et repliés sur eux-mêmes; car, près du tunnel d'Ifo, on quitte les schistes violacés de l'étage de Motril pour passer sur les schistes satinés, alternant avec lits de cargneules, de calcaire et de grès jaunâtres, de l'étage d'Albuñol (incl. S. O.), puis sur les calcaires bleus de l'étage de Gador, difficiles à distinguer des calcaires dolomitiques de Lentegi (incl. S. 30° O.), qui forment le versant dans lequel est ouvert le tunnel et où ont apparu de nouvelles sources thermales lors du tremblement de terre.

Environs de Lanjaron. — Nous avons étudié cette contrée de Lanjaron sous la direction de M. Michel Lévy; on peut y observer en nombre de points le contact par failles des couches triasiques et des schistes cristallins. Aux travaux souvent cités de MM. von

Drasche et Gonzalo y Tarin sur les environs de Lanjaron, il convient d'ajouter une note de M. J. Arevalo [1]. La stratigraphie de cette pittoresque vallée est d'ailleurs des plus complexes et ne pourra être abordée avec succès qu'à l'aide d'une bonne carte topographique.

Dans le ravin des sources, au nord de l'établissement, on peut voir, malgré de nombreux éboulements, la superposition des schistes noir-violacé et verts de l'étage de Motril, inclinés N. O., et des schistes satinés de l'étage d'Albuñol, alternant avec des schistes pyriteux noirs, des dolomies sableuses gris-jaune, des cargneules bréchoïdes brunes et des gypses blancs. Une faille dirigée N.-S. amène au contact de cette couche les schistes cristallins grenatifères S. 50° O. = 80°, alternant avec schistes chloriteux à épidote et lits interstratifiés de 10 centimètres de gneiss à mica blanc.

A l'ouest de ce ravin, sur la route, on voit la superposition des calcaires dolomitiques sur les schistes de l'étage d'Albuñol; la distinction des calcaires (C, D) ne nous a pas été possible en ce point. Les calcaires triasiques présentent un beau développement sur cette route; ils sont très brisés, disloqués, et butent bientôt contre un massif de schistes écailleux anciens, avec lits de quartzite micacée, contenant une masse de marbre blanc à mica blanc et trémolite épaisse de 50 mètres environ, et incliné N. 80° O.

Revenant à l'est de Lanjaron sur la route d'Orgiva, un profond et pittoresque ravin mon re les schistes verts et violacés de l'étage de Motril, recouverts par des schistes avec cargneules brunes et grès jaunâtres en plaquettes (étage d'Albuñol), obscurcis par des éboulements; ils sont recouverts par des calcaires bleu foncé à lentilles de gypse blanc exploité et filonnets de calcite (étage de Gador); au sommet de la côte, la route d'Orgiva est dans des calcaires dolomitiques compacts, grisâtres (étage de Lentegi), où il n'y a plus de gypse ni de stratification nette.

Dans le ravin au N. E. de Lanjaron, où l'on exploite les gypses

[1] J. Arevalo, *Datos geológicos del valle de Lanjaron* (*Bol. Com. mapa geol. de España*, t. III, p. 251).

que nous venons de citer, et sous le Peñon del Cobre, se trouve une nouvelle petite faille qui met au contact des schistes satinés les micaschistes grenatifères. Au sud de Lanjaron, le calcaire de Lentegi, brusquement limité par une faille E.-O. indiquée sur notre coupe, bute directement contre des schistes micacés à andalousite dirigés S. 30°E. et très plissés. Au sud, ils sont de nouveau brusquement arrêtés par une autre faille, et l'on passe directement, vers

Fig. 9. — Coupe de Lanjaron à Muriana.

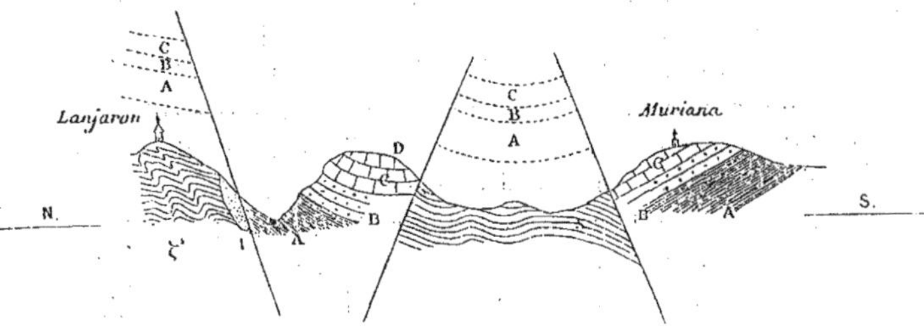

t Tufs superficiels.
C Calcaire de Gador.
B Schistes, gypses, grès et calcaires d'Albuñol.
A Schistes satinés de Motril.
x Schistes micacés.
ζ^2 Micaschistes grenatifères et amphibolites.

Muriana, des schistes micacés sur le calcaire de l'étage de Gador, inclin. N.; il repose sur des bancs de calcaire dolomitique jaune et de cargneules (étage d'Albuñol) recouvrant des schistes violacés très fins.

Au delà, à l'est, jusqu'à Orgiva, on reste sur ces schistes satinés, violacés et vert clair (S. 30°E.), contenant des lentilles de quartz avec chloritoïde.

De Lanjaron au pont d'Ifo il y a deux routes : l'une, sur la rive droite de la rivière, suit la crête de marbre blanc à trémolite déjà citée, incl. N. 80°O.; elle montre des lits de marbre, des calcaires épidotifères, des quartzites micacées et des micaschistes quartzeux grenatifères dominants; ce n'est qu'en descendant vers le pont qu'on passe par faille sur les calcaires du trias. L'autre route de

IMPRIMERIE NATIONALE.

Lanjaron, presque impraticable, longe la rive gauche et suit d'une façon continue les escarpements des calcaires triasiques (C, D) gris-bleuâtre, à inclinaison dominante S. O.; elle traverse la rivière à l'est du pont d'Ifo et passe immédiatement par faille sur les schistes cristallins suivis par la route précédente; elle traverse peu après une seconde faille, avant les calcaires bleus (C, D) du pont d'Ifo.

En résumé, les Alpujarras sont formées dans leur ensemble de couches alternantes de schistes et de calcaires, inclinées principalement du S. au S. O. Ces couches sont repliées un grand nombre de fois sur elles-mêmes en plis synclinaux et anticlinaux parallèles, dirigés à environ 70° à l'est des Alpujarras et à environ 110° à l'ouest de la chaîne. En général, ces plis sont cassés suivant leur axe, et des témoins de micaschistes cristallifères, identiques à ceux de la sierra Nevada, sont ainsi ramenés au jour.

L'âge de l'étage du calcaire de Gador est seul déterminé par la découverte de fossiles du muschelkalk faite par M. Gonzalo y Tarin dans la sierra de Gador. Il nous a fourni également des fossiles dans les Alpujarras, mais tous trop mauvais pour être déterminés. Les calcaires supérieurs (étage de Lentegi) peuvent être rattachés au trias ou à l'infra-lias. L'âge des schistes satinés et des schistes à chloritoïde (étages de Motril et d'Albuñol) reste complètement indéterminé. L'opinion de Haussmann, qui les rapporte au cambrien, a l'avantage d'être la première en date; elle est admise par M. Gonzalo y Tarin, et il n'y a pas de preuves suffisantes pour l'abandonner. La concordance apparente de ces schistes avec les calcaires triasiques et les ressemblances de ces schistes satinés avec les roches triasiques des Alpes occidentales ne contre-balancent pas à nos yeux l'objection tirée de l'antériorité de ces schistes à l'injection des filons quartzeux granulitiques qui les traversent, et que nous devons considérer, jusqu'à preuve du contraire, comme antérieurs au terrain houiller.

Nous classons donc, en terminant, comme suit la série des terrains qui constituent la partie de l'Andalousie située au sud de la sierra Nevada :

TRIAS.

D Calcaires dolomitiques blanchâtres de Lentegi.
C Calcaires bleus de Gador.

CAMBRIEN.

B Schistes, gypses, grès, calcaires dolomitiques jaunes d'Albuñol.
A Schistes satinés et schistes à chloritoïde de Motril.
x Schistes micacés, schistes et quartzites actinolithiques.

PRIMITIF.

ζ^2 Micaschistes grenatifères, amphibolites.

Rappelons enfin que la sierra Tejeda nous a montré un terme de plus, inférieur aux précédents, dans l'étage des gneiss amphiboliques et dolomies (ζ^1).

III. — STRUCTURE STRATIGRAPHIQUE DE LA CHAÎNE BÉTIQUE.

La disposition de ces couches, suivies dans les différents tronçons de la chaîne bétique, montre que cette crête montagneuse n'est pas seulement formée de strates plissées, redressées et faillées parallèlement à leur direction, mais qu'elle a en outre été disloquée et découpée en sierras distinctes par un second système de failles transverses, approximativement normales aux précédentes.

L'étage inférieur des gneiss et dolomies forme dans la serrania de Ronda, comme l'ont montré MM. Michel Lévy et Bergeron, deux plis anticlinaux parallèles, dirigés environ à 60° : celui du nord, passant par Yunquera, celui du sud, par la sierra de Mijas.

Cet étage forme également dans la sierra Tejeda un pli anticlinal, mais dont la direction à environ 135° ne peut se raccorder avec les couches équivalentes de la sierra de Mijas qu'en le supposant rejeté au large de Malaga par une faille. Si l'on tire une ligne de Alora à Malaga, on constate que de chaque côté de cette ligne les terrains schisto-cristallins ne se raccordent pas; cette ligne correspond en outre à la vallée du Guadalhorce et à un alignement de bassins tertiaires. Les couches de la sierra Tejeda ne peuvent se raccorder avec celles de la sierra de Mijas qu'en décrivant en mer un coude brusque en V, par suite duquel la direction des couches passe à 90°, comme on le constate de Torrox à Velez Malaga; elles viennent ainsi buter, au large de Malaga, sur la faille précitée.

Nous n'avons plus reconnu avec certitude, à l'est des monts de Velez Malaga, cet étage inférieur des gneiss et dolomies; la formation la plus ancienne dans ces régions est celle des schistes cristallins à minéraux, de l'étage supérieur, qui recouvre sans doute le précédent, en le cachant, dans la sierra Nevada. Ces schistes à minéraux forment dans la sierra Nevada un faisceau anticlinal principal, dirigé à environ 70°, qui ne se raccorde avec l'anticlinal de la Tejeda qu'en faisant de nouveau un coude brusque en V. Ce pli, très aigu, est nécessairement compliqué d'une faille, comme le prouve l'immense dénivellation qui met au même niveau l'étage inférieur des dolomies, d'un côté, et l'étage supérieur des schistes cristallins, de l'autre; en outre, on relève directement cette faille vers Molvizar et Motril, où les schistes cristallins butent contre les schistes de Motril. Cette faille transverse est sensiblement dirigée de Zafarraya à Motril.

A l'est de la sierra Nevada, nouveau changement brusque dans la direction du faisceau anticlinal de schistes cristallins, qui devient environ 60°; la ligne tirée de Guadix au cap de Gata correspond à un changement de direction; elle coïncide en même temps avec la terminaison de la sierra Nevada et avec l'alignement des dépressions tertiaires de Guadix.

L'allure des faisceaux schisto-cristallins de la chaine bétique montre ainsi à l'observateur qu'en outre des forces qui ont déterminé leur redressement, leur direction dominante, leurs hautes inclinaisons et leurs failles longitudinales, ces couches ont été affectées par une série de grandes cassures transverses, accompa-

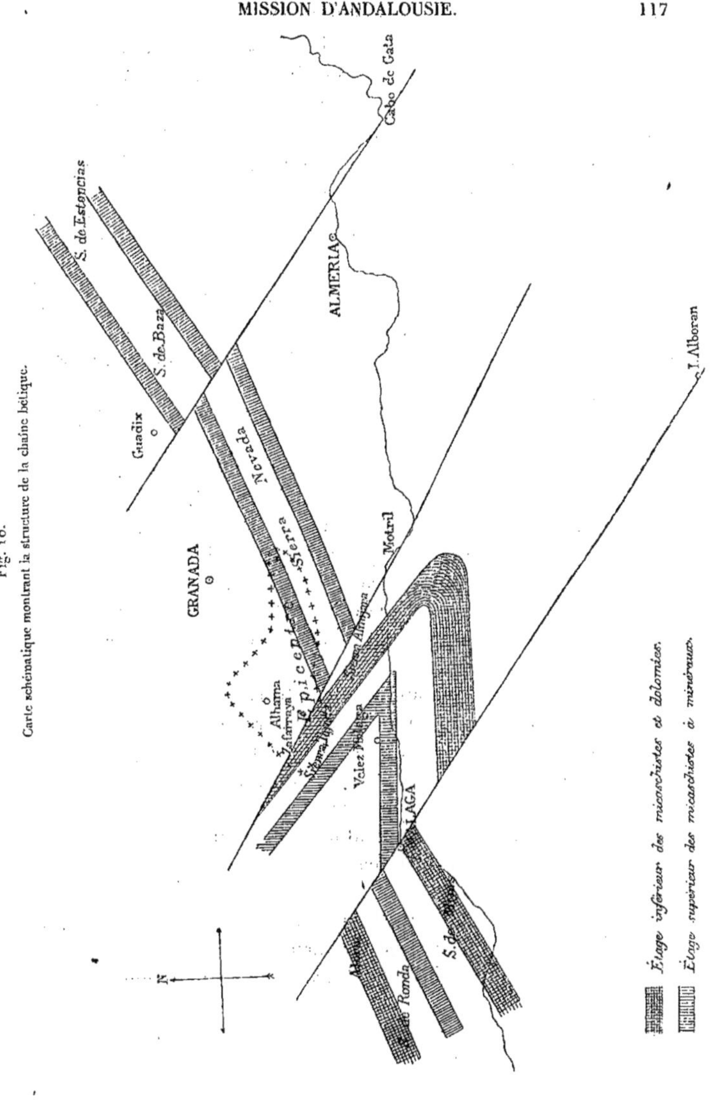

Fig. 10.
Carte schématique montrant la structure de la chaîne bétique.

gnées de rejets horizontaux. Ces failles transverses sont plus importantes pour le géologue que pour le géographe, car elles n'ont pas affecté l'uniformité de caractères de la chaîne qui sépare le bassin du Guadalquivir du bassin méditerranéen.

Les différents noms que les populations andalouses ont donnés à leurs montagnes, de la serrania de Ronda à la sierra de Baza, n'en sont pas moins en relation avec la nature même du sol. Les découpures qui partagent ces montagnes en un certain nombre de segments, à dénominations spéciales, ne sont pas de simples divisions superficielles, *barrancos* ou bassins dus à l'action des agents atmosphériques, des eaux superficielles : c'est de vive force que la chaîne bétique a été ployée; elle a été brisée après l'époque triasique en divers tronçons, qui ont chevauché les uns sur les autres et dont les dénudations tertiaires et post-tertiaires n'ont fait qu'accentuer les limites.

Telle est la raison pour laquelle de grandes vallées actuelles et divers bassins tertiaires se trouvent alignés suivant les grandes lignes de failles transverses que nous venons de décrire. Ces failles sont au nombre de trois principales dans la région étudiée : celle de Malaga, celle de Motril et celle de Guadix.

Si l'on trace sur une carte ces trois failles relevées indépendamment, on constate qu'elles sont parallèles entre elles, étant également dirigées à 120°.

Si l'on prolonge suffisamment ces trois failles transverses de chaque côté de la chaîne bétique, on remarque que la faille de Malaga passe à l'îlot volcanique d'Alboran, celle de Guadix au massif volcanique du cap de Gate, et celle de Motril dans la région de Zafarraya, déterminée comme épicentre du dernier tremblement de terre. Cet épicentre correspond nettement au sommet du coude anticlinal brisé que décrivent les couches de la sierra Tejeda vers la sierra Nevada.

Il semble donc qu'il y ait là un état d'équilibre instable de cet édifice bétique, assez bien représenté dans les monts de Velez Malaga par un arc tendu dont les deux extrémités seraient appuyées sur la Ronda, d'une part, sur la Nevada, d'autre part, et dont l'effort se traduit par une poussée continue sur les deux failles de Malaga et de Motril, qui le limitent de part et d'autre. Les multiples discordances de stratification et les oscillations du sol qui se répètent dans la région, depuis l'époque secondaire, peuvent, dans cette hypothèse, être attribuées à ce que la serrania de Ronda et la sierra Nevada ne contre-balancent pas exactement par leur masse ces poussées exercées sur leurs flancs.

Nous sommes ainsi amenés naturellement à regarder les failles transverses de Malaga, Motril, Guadix comme les lignes prédestinées suivant lesquelles seront surtout appelées à se manifester au dehors, dans la région bétique, les modifications d'équilibre ou les actions des forces souterraines.

DEUXIÈME PARTIE.

PÉTROGRAPHIE.

CHAPITRE PREMIER.

ROCHES FILONIENNES.

La région de l'Andalousie dont nous venons d'esquisser la structure stratigraphique est essentiellement constituée par des roches schisto-cristallines; les roches éruptives, les filons y font défaut ou à peu près.

1. *Filons de roches acides.* — On peut distinguer sous ce nom des nœuds, des glandules et des nappes généralement quartzeux, qui coupent transversalement les roches cristallophylliennes, au dépôt desquelles ils sont ainsi nettement postérieurs. Ces petits filons, larges de $0^{m},01$ à $0^{m},10$, traversent indifféremment les micaschistes à minéraux, les schistes à chloritoïde et les autres roches schisteuses.

Ils constituent le gisement de nombreux minéraux, parfois assez beaux; on y remarque, associés au quartz, feldspath orthose, plagioclase (albite?), andalousite, chloritoïde, pennine, mica blanc, sphène, fer oxydulé, fer titané, tourmaline, rutile, dolomie, sidérose. Ces minéraux toutefois ne se rencontrent pas associés dans les mêmes filons ni dans les mêmes gisements : les filons riches en andalousite rose et en mica blanc traversent les micaschistes à minéraux; les filons chargés de feldspath, de chloritoïde, de chlorite et de carbonates divers se trouvent toujours dans les schistes satinés ou avec chloritoïde. Ces derniers filons, assez abondants aux environs de Motril, rappellent d'une façon spéciale les filons chloriteux qui fournissent les célèbres minéraux de l'Oisans et du Saint-Gothard.

L'identité de ces espèces minérales avec celles qui constituent les roches cristallophylliennes, bien plus répandues, nous dispense ici d'une description détaillée; il suffira de noter leur plus grande pureté dans les filons; les lamelles de chloritoïde y sont pures, dépourvues d'inclusions; les cristaux d'andalousite sont roses, transparents et n'y présentent jamais les inclusions caractéristiques des chiastolithes. La disposition de ces cristaux dans le filon est généralement confuse, mais elle devient parfois régulière, symétrique aux salbandes; ainsi nous avons ramassé près de Motril un schiste à chloritoïde traversé par un filon quartzeux, qui présentait de chaque côté, au contact, de beaux sphérolithes de mica noir et de mica blanc.

La localisation indiquée des diverses espèces dans les divers filons montre qu'il convient de rapporter, au point de vue génétique, à un même phénomène la formation des mêmes minéraux dans le filon et dans la roche encaissante. L'andalousite et son cortège cristallisaient à l'état de pureté dans les géodes et les fissures de la roche, tandis que cette même espèce prenait naissance, au sein de la roche, dans un milieu chargé de nombreuses particules étrangères en suspension; le chloritoïde, d'autre part, présentait des relations de même nature dans les filons et dans le schiste à chloritoïde encaissant.

Ces divers filons de roches acides rentrent dans la catégorie des filons primaires de M. K. Lossen[1]. M. Michel Lévy les considère comme les terminaisons de filons granulitiques; on pourrait encore les comparer aux filons glandulaires décrits par M. Lehmann[2] dans le schiste, au contact du granite, de la région granulitique de la Saxe.

L'association de l'andalousite ou du chloritoïde dans ces filons à

(1) K. Lossen, *Zeitschr. der deutschen geol. Gesell.*, Bd. XXVIII, 1875, p. 967. — (2) J. Lehmann, *Die Entstehung der altkrystall. Schiefergesteine*, Bonn, 1884, p. 67-69.

IMPRIMERIE NATIONALE.

des minéraux fluorés, boratés, titanés, et l'abondance des inclusions liquides des quartz rattachent leur formation à des phénomènes d'émanation; d'autre part, la relation constamment observée entre les espèces constituantes du filon et celles de la roche encaissante prouve que les épontes n'ont pas joué un rôle purement passif. Ces deux faits établissent que les éléments volatils de ces filonnets de la sierra Nevada sont arrivés sous pression dans les couches encaissantes, mettant en jeu les affinités chimiques et favorisant les mouvements moléculaires. Ainsi ont pu cristalliser en même temps, dans la roche imbibée et dans les cheminées, les divers silicates observés, dont la nature se trouve toujours en relation avec la composition chimique initiale de la roche traversée.

2. *Filons de roches basiques.* — Les filons de cette nature sont très rares dans la partie de l'Andalousie que nous avons parcourue.

Nous avons signalé déjà dans la région littorale de Torrox de petits filons de diorite à amphibole, sphène, oligoclase, quartz et chlorite.

C'est ici qu'il conviendrait aussi de décrire les célèbres serpentines du barranco de San Juan, que les neiges ne nous ont pas permis d'aller étudier en place.

3. *Granulites gneissiques.* — On trouve interstratifiées en de nombreux points de la sierra Nevada (Lanjaron) et des monts de Velez Malaga (Canillas de Aceituno, Alcaucin, Competa), en lits de quelques centimètres à plusieurs mètres d'épaisseur, des roches blanches, schisto-cristallines, qui se distinguent surtout de celles que nous décrirons dans le chapitre suivant par l'abondance et l'état du feldspath qu'on y rencontre. A l'œil nu, ces roches sont des gneiss à mica blanc ou leptynites, très riches en tourmaline.

En lames minces, la tourmaline est en grands cristaux souvent terminés, de 3 à 10 millimètres, de couleur foncée et présentant des zones concentriques diversement colorées (Competa); elle est parfois complètement opaque sous le microscope et la plus polychroïque de celles qui nous soient connues, car elle donne des teintes noir-bleuâtre suivant n_g. Certains cristaux de tourmaline de Lanjaron se montrent découpés en une fine dentelle, par l'abondance des grains de quartz qui les pénètrent de toutes parts.

Les lamelles de mica blanc abondent en grands faisceaux incolores, non dichroïques, présentant les caractères ordinaires de la muscovite. Le feldspath triclinique est très irrégulièrement distribué, faisant même parfois défaut (Alcaucin); il est généralement en grains irréguliers, sans contours cristallins, formés de fines lamelles maclées, suivant la loi de l'albite; mais à cette première macle s'en superpose souvent une seconde en croix, suivant p, avec axe de rotation suivant l'orthodiagonale. Nous n'avons pas observé d'extinction supérieure à 15° dans la zone ph^1; de plus, l'extinction simultanée des lamelles dans la zone pg^1 nous fait rapporter ce feldspath à l'oligoclase. Certains feldspaths tricliniques de Lanjaron paraissent se rapporter mieux à l'albite; le microcline est aussi reconnaissable dans certaines préparations de cette localité. L'orthose, très répandu, est en grands cristaux déchiquetés, généralement ternis et altérés, plus abondants que les cristaux de feldspath plagioclase et froissés comme eux; ils sont remarquables par l'irrégularité de leur contour et injectés de plus par du quartz de corrosion en gouttelettes et en palmes, formant souvent autour d'eux une couronne qui les entoure d'une auréole de micropegmatite grossière, à extinctions simultanées. Le quartz en palmes n'est pas limité à l'orthose; il entoure souvent aussi les grains de feldspath triclinique, et l'on peut observer des grains de ce feldspath avec leur couronne de quartz palmé inclus au centre de cristaux d'orthose dont la bordure seule est également dentée par le quartz. Les feldspaths présentent assez souvent un commencement de décomposition; ils sont ternes et recouverts par une poussière à aspect talqueux. Le quartz se présente en outre dans cette roche en grains disséminés, abondants, de formes irrégulières, souvent accolés entre eux suivant des lignes sinueuses et à orientations optiques différentes; ces grains sont entiers, intacts, non fendillés, comme le sont souvent ceux des gneiss.

L'abondance de l'orthose avec ses auréoles de quartz palmé caractérise cette roche et la distingue des micaschistes gneissiques de la région. On y trouve, en outre des minéraux précités, sphène, fer oxydulé, grenat rare, zircon, rutile rare, mica noir, chlorite et calcite. La calcite est limitée aux leptynites de Lanjaron, qui se trouvent au voisinage des cipolins. Le mica noir, peu abondant (Competa, Alcaucin), est en lamelles dichroïques, brun-verdâtre, souvent altéré et épigénisé en mica blanc.

Les minéraux qui constituent la roche ont généralement des contours irréguliers, comme s'ils étaient nés en même temps pour la plupart, en se gênant réciproquement dans leur croissance. La répartition des grains de quartz et de feldspath est irrégulière, rendant la leptynite plus quartzeuse ou plus feldspathique par places, comme celle des environs d'Heidelberg d'après MM. Benecke et Cohen [1]; la grosseur des grains est également très variable.

Les caractères minéralogiques de ces roches les rapprochent beaucoup des gneiss rouges de la Saxe, qui ont déjà été l'objet d'un si grand nombre de travaux: sédimentaires pour MM. Credner, Kalkowsky, Jentzsch, Gümbel, Andrian, ces gneiss acides sont considérés comme éruptifs par MM. H. Müller, von Cotta, Scheerer, Stelzner, Förster, Jökely, Naumann. Pour M. J. Lehmann [2], les lits minces de gneiss rouge, régulièrement interstratifiés en Saxe, comme ceux que nous décrivons ici, résultent de l'injection d'un granite à muscovite dans des strates schisto-cristallines.

Notre course en Andalousie a été trop rapide pour apporter de nouveaux documents à une question si controversée; nous n'avons pu toutefois observer, dans ce massif de la sierra Nevada, aucun filon transverse permettant d'établir l'origine éruptive de cette granulite gneissique.

(1) Benecke et Cohen, *Abriss der Geol. von Elsass*, Strasbourg, 1879, p. 2. — (2) J. Lehmann, *Entstehung der altkrystall. Schiefergesteine*, Bonn, 1884, p. 19.

CHAPITRE II.

I. — ROCHES SÉDIMENTAIRES ET CRISTALLOPHYLLIENNES.

Les roches cristallophylliennes de l'Andalousie décrites dans ce mémoire sont des roches d'origine sédimentaire. L'ordre de solidification des minéraux constituants n'est pas l'ordre de fusibilité, il est au contraire le même que dans les sédiments paléozoïques de Bretagne, où ces silicates se sont développés sous l'influence du métamorphisme de contact. Les roches cristallophylliennes de cette partie de l'Andalousie sont des roches d'origine métamorphique, dont *l'âge primitif*, admis par tous les auteurs, n'est pas suffisamment établi.

Micaschistes. — Les micaschistes de la sierra Nevada et des monts de Velez Malaga sont essentiellement formés de quartz et de mica. Au microscope, le quartz est en granules nettement limités, anguleux, réguliers, subhexagonaux ou elliptiques, cimentés par des feuillets assemblés parallèlement d'un mica noir, de consolidation simultanée. Ce mica se compose de lamelles brunes, très dichroïques, transparentes, à clivage bien marqué, parallèle à la schistosité; elles ne présentent pas de contours polyédriques et sont empilées en feuillets superposés, irréguliers, étendus suivant la stratification (col de la Ragua, Albondon, Motril, Jubar).

Le mica blanc est très répandu dans les micaschistes de cette région, sous forme de grosses piles irrégulières, revêtant tous les caractères de la muscovite type. Les sections normales à la stratification montrent avec une netteté particulière sa disposition dans le schiste. Ses lames n'y sont pas, en effet, disséminées irrégulièrement dans la masse; elles sont concentrées en certains points, avec leurs clivages disposés obliquement ou normalement à la stratification du schiste. Les lames de clivage montrent deux axes ($2V = 40°$) autour d'une bissectrice négative.

Micaschistes grenatifères. — Les micaschistes grenatifères sont les roches les plus répandues de la sierra Nevada; nulle part peut-être il n'existe de semblable accumulation de grenats. Ces micaschistes sont généralement assez grossiers et de couleur sombre; très souvent ils méritent le nom de schistes écailleux, à cause de leur structure schisto-conchoïdale, due à l'agencement des écailles en lames ondulées des micas, qui ne sont pas disposés ici comme dans les phyllades en membranes planes parallèles. Il est difficile de prendre de bons échantillons de ces schistes; un coup de marteau donné sur un bloc le clive généralement en nombreux éclats lenticulaires, à surface micacée, lustrée, nacrée.

Des schistes écailleux analogues forment en Bretagne une grande partie du canton de Scaër.

L'abondance des grenats donne parfois à la roche un aspect grenu, rugueux; mais les débris de la roche altérée présentent encore alors le même aspect lenticulaire, grâce à l'enduit micacé (biotite ou muscovite) qui revêt toujours ces grenats, en les isolant ainsi de la pâte du schiste.

La taille de ces grenats varie beaucoup: le plus souvent microscopiques, ils atteignent exceptionnellement 1 centimètre; il ont en général 4 à 5 millimètres de diamètre; leur couleur est le rouge-brunâtre, leur forme la plus habituelle est celle du rhombo-dodécaèdre.

En lames minces, ils présentent une teinte rouge-jaunâtre, une surface chagrinée caractéristique, et sont isotropes. Ils sont généralement moins riches en inclusions que ceux du Saint-Gothard[1] et d'Auerbach[2]; ces inclusions ne présentent qu'exceptionnellement (à la rambla de Gualchos) la disposition régulière suivant les axes cristallographiques, signalée par M. Renard[3] pour les grenats de

[1] Delesse, *Annales des mines*, 5e sér., t. XII, p. 761. — [2] Knop, *Zeitschr. der deutschen geol. Gesell.*, Bd. XXIV, 1872, p. 421. — [3] A. Renard, *Bull. Mus. royal d'hist. nat. de Bruxelles*, t. I, 1882, p. 18.

Bastogne. Le rutile, le graphite, le mica et le quartz sont les minéraux le plus habituellement inclus dans ces grenats; ce dernier est cependant de formation plus récente que le grenat, il est en très petits grains, irréguliers, arrondis, et remplace peut-être des inclusions anciennes altérées et disparues. Ces grains de quartz sont en effet alignés; ils sont plus abondants dans les cristaux fendillés que dans les autres, et souvent concentrés dans leur partie centrale ou limités à un côté de leur périphérie.

Nombre de préparations nous ont montré ce même fait, que tous les grenats de la plage examinée étaient traversés par des joints rectilignes parallèles entre eux. Ces joints ne sont nullement les clivages du grenat, ce clivage étant incompatible avec le système et ces joints étant de plus parallèles entre eux dans les divers échantillons. Nous croyons, avec M. Renard, qui a le premier signalé un fait analogue dans les roches grenatifères de Bastogne, qu'on doit expliquer ces joints par les actions mécaniques dont on trouve partout les marques puissantes dans ce massif de la Nevada. Les grenats enchâssés dans la roche solide auront subi avec elle l'influence de la pression et se seront fendus suivant des joints parallèles, en relation avec la schistosité. Le quartz forme souvent des glandules suivant ces lignes.

Ces grenats fournissent encore une autre preuve des pressions inégales auxquelles ils ont été soumis dans les roches : ils ont traîné dans la roche postérieurement à sa formation (Jubar), et le sillon qu'ils ont laissé a été rempli postérieurement par des prismes enchevêtrés de quartz, passant au quartz de corrosion déjà signalé dans certains grenats, et identiques aux revêtements quartzeux également signalés par M. Renard[1] autour des cristaux de magnétite qui forment les nœuds des phyllades de Rimogne, et par M. Luedecke autour des cristaux de grenat de Syra.

Ces grenats, généralement bien conservés, montrent quelquefois d'intéressants phénomènes d'altération; ils sont alors entourés d'une

[1] A. Renard, *Bull. Mus. royal d'hist. nat. de Bruxelles*, t. II, 1883, pl. VI.

couronne de limonite, de chlorite ou se transforment plus ou moins complètement en mica noir, suivant le mode décrit par M. Lehmann [1]. Le mica noir est développé en nombreuses petites piles à la périphérie du grenat, ou remplit les fissures qui le traversent; la substance du grenat se trouve réduite à un noyau plus ou moins rongé suivant les cas, tandis que l'ensemble des piles de mica noir formées à ses dépens reproduit le contour extérieur hexagonal du cristal primitif de grenat (Mairena, Motril, Sartaero).

Le grenat se trouve quelquefois entouré par du mica blanc; il a dans ce cas conservé ses angles et ses arêtes vives, et les nombreuses petites piles de mica muscovite forment seulement à sa surface un revêtement serré (nord de Velez Malaga). Des sections normales aux feuillets du schiste montrent bien la postériorité du mica blanc au grenat; des lamelles de mica blanc, formant un lit continu, séparent, dans une préparation de Sartaero, les deux moitiés d'un grenat brisé dans la roche.

En outre des grenats, qui en constituent la masse principale, les micaschistes grenatifères de la sierra Nevada contiennent encore : mica noir, mica blanc, quartz, grains de fer magnétique et de charbon, aiguilles de tourmaline de 0,2 à 0,3 millimètres. Ces éléments sont identiques à ceux que nous avons décrits dans les micaschistes ordinaires. Le zircon nous a paru assez commun dans ces roches, au nord de Jubar, en petits cristaux de $0^{mm},2$ de long, incolores, fort réfringents, donnant la seconde teinte sensible, positifs suivant l'allongement.

La staurotide (Sartaero, Mamola), l'andalousite (Jatar), le rutile et exceptionnellement le feldspath (Jubar) sont des éléments qui s'ajoutent parfois aux précédents; ils présentent les mêmes caractères que dans les micaschistes à andalousite que nous allons décrire. La staurotide, quand elle existe dans les micaschistes grenatifères, est incluse dans le grenat (rambla de la Mamola).

[1] Dr J. Lehmann, *Die Entstehung der altkrystall. Schiefergesteine*, Bonn, 1884, p. 223, pl. C, fig. 3.

Micaschistes à andalousite et à staurotide. — Les micaschistes à andalousite et à staurotide (pl. XXXVIII, fig. 2), très répandus dans le massif de Velez Malaga et vers Lanjaron, conservent en Andalousie un aspect assez constant, qui n'est, à l'œil nu, ni celui des schistes compacts, cornés, du plateau central ou des Vosges, ni celui des schistes à grands cristaux porphyroïdes de Bretagne et des Asturies. Ce sont des micaschistes noirâtres, à grandes lames ondulées, membraneuses, de mica blanc ou noir, qui se divisent très facilement suivant ces plans micacés; suivant leur tranche, ils paraissent glanduleux, remplis de glandules elliptiques aplatis, de $0^m,01$ sur $0^m,001$ à $0^m,002$, appartenant au quartz, à l'andalousite et à la staurotide. On ne peut en général reconnaître à l'œil nu la forme de ces éléments. Parfois on trouve une plaque de schiste clivée suivant un des plans d'alignement des glandules. Les andalousites et les staurotides se montrent alors sous forme de prismes noirâtres, de $0^m,01$ à $0^m,02$ sur $0^m,002$ à $0^m,003$, fasciculés ou rayonnants, et uniformément couchés dans ce même plan. La sillimanite, en très fines aiguilles, forme dans certains cas des délits analogues, remarquables par leur teinte d'un blanc de neige.

Au microscope, ces micaschistes se montrent uniformément composés de quartz, mica noir, mica blanc, comme les micaschistes grenatifères; ils contiennent en outre abondamment andalousite, staurotide, granules de graphite, fer oxydulé, fer titané, ainsi que, sporadiquement, sillimanite, tourmaline, zircon, grenat, disthène.

L'andalousite ne présente pas de contours nets : exceptionnellement, on reconnaît les faces m, p, e^1; elle est souvent incolore, parfois colorée en noir par les inclusions charbonneuses qui la remplissent, ou présente une belle coloration fleur de pêcher (Rubite, rio Patamalara, Agron, Albondon). Leur nombre n'est pas plus grand au microscope qu'à l'œil nu, les dimensions de ces cristaux restant sensiblement constantes en Andalousie, ne descendant jamais à des dimensions microlithiques, ni n'atteignant jamais les proportions qu'on leur connaît dans le nord de l'Espagne.

Ces cristaux rhombiques présentent en lames minces les extinctions caractéristiques du système; leurs clivages m, m se distinguent nettement, en traits rectilignes, discontinus. Les axes optiques situés dans le plan g^1 sont très écartés. La bissectrice n_p est négative, parallèle à l'axe vertical. Les rayons polarisés donnent, en vibrant suivant :

n_p, rouge-chair;
n_m, jaune-verdâtre pâle;
n_g, jaune-verdâtre pâle.

Les couleurs suivant n_m, n_g ne sont pas distinctes dans nos préparations; au contraire ces cristaux, taillés suivant mm, se distinguent tout de suite des cristaux d'orthose, sillimanite, staurotide, notamment dans les lamelles un peu épaisses, par la belle teinte rose qu'ils présentent quand ils sont couchés parallèlement à la plus courte diagonale du nicol. M. Michel Lévy a constaté dans les sections perpendiculaires à la normale optique positive n_g l'existence d'anomalies optiques qui empêchent une seule et même plage de s'éteindre simultanément dans toute son étendue. La biréfringence est de 0,011.

En cristallisant, les andalousites ont englobé des substances charbonneuses en grains fins, qui les remplissent complètement ou font parfois complètement défaut : elles ne présentent qu'exceptionnellement (Agron, Jatar) la distribution symétrique si ordinaire dans les andalousites. Le mica noir et le quartz, qu'on y observe assez souvent inclus en petites lamelles ou en grains arrondis, sont toujours limités à la périphérie où alignés suivant des fentes, et sont de formation postérieure. Ces cristaux d'andalousite sont parfois épigénisés par un minéral micacé, écailleux, palmé, blanc-jaunâtre, ou un peu fibreux et disposé radiairement. Ces palmes présentent au microscope l'aspect des micas blancs; la transformation se fait graduellement de dehors en dedans (rio Patamalara, Jatar). Nous avons ramassé à Agron des échantillons de schiste à andalousite curieusement dépourvus de mica noir.

La staurotide est disposée dans la roche de la même façon que l'andalousite, à laquelle elle est d'ailleurs généralement associée (Lanjaron, Torre del Mar, rambla de Gualchos, Jayena); nous ne connaissons encore aucun exemple de cet assemblage dans les micaschistes primitifs de Bretagne, où ces deux minéraux sont cependant si répandus. Ce n'est que dans les terrains siluriens et dévoniens métamorphisés de l'arrondissement de Morlaix qu'on trouve, en Bretagne, des roches analogues à celles que nous décrivons ici.

La staurotide des micaschistes andalous varie en général de 2 à 4 millimètres de long sur 1 millimètre de large, et nous ne l'avons jamais recueillie à l'état de gros cristaux de plusieurs centimètres, comme dans les terrains cambriens de Bretagne. Elle est cristallisée en prismes allongés suivant *mm*, présentant les faces ordinaires m, g^1, p, un clivage facile suivant g^1 et un autre moins marqué suivant m. Le plan des axes optiques est perpendiculaire au clivage g^1; la bissectrice aiguë positive est parallèle à l'arête d'allongement *mm*. Les teintes de polychroïsme sont très caractéristiques, donnant :

n_g, jaune d'or;
n_m, brun-jaunâtre pâle;
n_p, jaune pâle.

Le plus grand nombre des cristaux de staurotide est simple dans les micaschistes d'Andalousie comme dans ceux de Bretagne; chez les individus maclés, la macle à 60° est plus commune que celle à 90°.

Des micaschistes ramassés dans la rambla de la Mamola (pl. XXXVIII, fig. 2) nous ont fourni des cristaux de staurotide paraissant simples extérieurement, mais montrant au microscope des lamelles larges, peu nombreuses, maclées à 60°.

Les inclusions sont nombreuses dans la staurotide : graphite, pores à gaz, quartz, mica noir; l'abondance du graphite est exceptionnelle, elle donne à certains cristaux de staurotide (Lanjaron) une teinte complètement noire; d'autres cristaux à bords limpides ont leur intérieur rempli de charbon disposé suivant a^1. La postériorité du quartz et du mica noir est établie par le fait que certains cristaux de staurotide en débris, brisés suivant des lignes de division facile, parallèles à p, sont cimentés par la pâte quartzo-micacée. De plus, l'alignement des granules quartzeux et micacés qui constituent le schiste se poursuit parfois à travers la substance de la staurotide sous forme d'inclusions alignées. Le quartz et le mica noir ont cristallisé postérieurement à la staurotide et à l'époque où la roche acquit sa structure feuilletée; la staurotide et le grenat sont souvent en débris dans la roche (Sartaero, Competilla). La staurotide est parfois incluse dans le grenat (rambla de Mamola); par contre, le grenat est antérieur à l'andalousite, où il se trouve en inclusions (rio Patamalara).

Le mica noir est en petites lamelles enlacées, à l'état naissant, ou en grandes lamelles brunâtres, très dichroïques, à clivage facile, à un axe, négatif. Les lamelles en sont pures, remarquablement grandes, à contours irréguliers, non polyédriques, et ne contiennent guère comme inclusions que de petits cristaux de zircon, parfois nombreux, et des granules de quartz sans doute secondaire. La disposition de ces lamelles de biotite est assez irrégulière, elles sont enchevêtrées, forment des traînées peu étendues, qui n'ont pas toutefois été disloquées par la cristallisation du quartz, si abondant dans la roche. Elles sont généralement, au contraire, dérangées au voisinage des cristaux de staurotide et d'andalousite, qu'elles entourent en les moulant irrégulièrement, ou qu'elles pénètrent suivant leurs fissures en compagnie du quartz.

Le mica blanc présente les caractères propres de la muscovite en grandes lames. La tourmaline, très dichroïque, présente parfois (Competilla) la même teinte noir-bleuâtre suivant n_g que dans les granulites gneissiques décrites plus haut.

Le quartz, qui forme presque toute la masse du schiste, est en grains distincts, ellipsoïdaux et parfois dihexaédriques. Les inclusions solides y sont rares; les inclusions liquides, plus nombreuses, montrent des bulles mobiles à la température ordinaire. Le mica noir, parfois inclus, se trouve généralement entre les grains de quartz, et il en est de même des granules charbonneux si abondants dans la roche, et dont la formation est certes bien antérieure à celle du quartz.

Le disthène, en prismes allongés suivant *mt*, cassés à leurs extrémités, clivés et maclés finement suivant leur allongement, et s'éteignant très obliquement, a été recueilli par MM. Michel Lévy et Bergeron près d'Almuñecar, par M. Bréon près de Lanjaron.

La sillimanite en aiguilles rappelle l'aspect connu de l'apatite (Ruite, au nord de Velez Malaga). Les faces les plus développées sont celles du prisme *mm*; elles présentent des cassures transversales et s'éteignent en long sous les nicols croisés; ces prismes sont généralement terminés à leurs extrémités par des fibres et ne nous ont pas présenté de faces terminales. Ces fibres, très répandues dans ces roches, ressemblent beaucoup à certains produits de décomposition de l'andalousite (rio Patamalara).

Le dernier minéral de ces micaschistes, sur lequel nous croyons devoir appeler l'attention, est visible à l'œil nu sous forme de petites lamelles noires, miroitantes, circulaires; au microscope, elles sont opaques, noires, présentant dans les parties bien conservées un reflet métallique gris d'acier (Jatar, Gualchos). Leurs formes sont assez variées dans les sections, par suite de leur semis irrégulier en tous sens dans la roche. Les sections taillées suivant les lamelles sont grossièrement arrondies et à contour subhexagonal irrégulier; elles sont entourées d'une zone incolore ou jaunâtre de substance micacée ou de quartz grenu; leur partie centrale est opaque, mais fissurée irrégulièrement, trouée en nombre de points, suivant lesquels s'observe un enduit grisâtre ou jaunâtre, à bords ombrés, rappelant l'enduit de sphène de certains fers titanés des roches basiques. Les sections transversales sont minces et allongées, leur forme est renflée au centre, atténuée aux extrémités, de manière que la section paraisse en fuseau; ces sections sont donc elliptiques et les lamelles ont une forme discoïde, correspondant à des lamelles hexagonales, en rhomboèdres très aplatis.

Elles paraissent identiques par ces caractères aux paillettes si abondamment répandues dans les schistes métamorphiques de

Paliseul (Ardennes) et signalées par l'un de nous en divers points des Asturies. M. Renard [1] est arrivé à déterminer leur nature minéralogique en les isolant à l'aide du borotungstate de cadmium; elles lui ont donné à l'analyse qualitative du fer, du manganèse, de l'acide titanique. Une recherche quantitative montre que le minéral en question est du fer titané manganésifère se rapportant à l'ilménite.

L'un de nous [2] a déjà fait remarquer l'appauvrissement ordinaire, en microlithes de rutile, des schistes métamorphiques, à mesure que cette ilménite s'y montre avec plus d'abondance.

Micaschistes feldspathiques et gneiss granulitiques. — Les micaschistes feldspathiques ou gneiss granulitiques sont des roches feuilletées, à surfaces ondulées, riches en lamelles de mica noir et de mica blanc, à contours plus ou moins nets et montrant, au moins sur leurs tranches, sinon sur leurs faces, des grains de quartz et des grains plus gros, transparents, clivés, de feldspath. Au point de vue lithologique strict, ce sont des gneiss; leur gisement principal est dans l'étage inférieur des gneiss et micaschistes de la sierra Tejeda, mais on les trouve également dans l'étage des schistes cristallifères, à Canillas de Aceituno, à Mairena, à Competa et en divers points de la sierra Nevada.

Les micas présentent au microscope les mêmes caractères que dans les micaschistes précédents. On reconnaît, en lames minces, que la quantité de feldspath est très variable; parfois réduit à la condition de minéral accidentel, il est parfois plus abondant que le quartz lui-même. Il ne présente pas de formes cristallines nettes, bien terminées, mais se trouve généralement en grains arrondis, irrégulièrement limités. Souvent les contours de ces grains sont accusés par des paillettes de mica blanc groupées autour d'eux ou par un cadre de limonite. Ces grains feldspathiques appartiennent pour le plus grand nombre à l'orthose; ils sont en général très bien

(1) A. Renard, *Bull. Mus. royal d'hist. nat. de Bruxelles*, t. III, 1884, p. 31. — (2) Ch. Barrois, *Annal. Soc. géol. du Nord*, t. XII, 1884, p. 117.

conservés, transparents. Ils sont étroitement associés au quartz, en filonnets, en grains, en gouttelettes, et d'une façon si intime qu'on peut supposer qu'ils ont pris naissance en même temps. Ces cristaux d'orthose sont généralement simples et s'éteignent alors d'un seul coup sous les nicols; parfois ils présentent la macle de Carlsbad. Ils sont allongés suivant pg^1.

Parfois aussi répandues que ce feldspath orthose, se trouvent disséminées dans la roche des lamelles polysynthétiques de plagioclase, qui présentent sous les nicols croisés des extinctions voisines de celles de l'oligoclase. Ces cristaux de feldspath triclinique atteignent de grandes dimensions, sont très frais, à angles vifs, très finement maclés, avec les macles de l'albite et du péricline, à Competa, à Canillas. Le quartz abonde sous forme de gros grains irréguliers, granulitiques, enchevêtrés entre eux et chargés d'inclusions liquides à bulle parfois mobile à la température ordinaire.

Ils présentent la polarisation d'agrégat, chaque grain ne s'éteignant pas d'un seul coup sous les nicols croisés, mais offrant un aspect moiré dû à des extinctions successives qui s'étendent de proche en proche. Ce quartz est de formation plus récente que le feldspath; il est parfois inclus à l'état de petites lamelles dans le mica blanc; il présente les caractères du quartz secondaire. Il est parfois tellement abondant dans certains lits que la roche passe à des quartzites micacées.

Ces micaschistes contiennent en outre diverses espèces minérales, moins abondantes que les précédentes et déjà décrites en détail en traitant des micaschistes à minéraux, tels que grenat, fer oxydulé, graphite, staurotide, andalousite, épidote. On peut les classer en deux séries : les *micaschistes feldspathiques*, riches en minéraux variés, mais ne renfermant qu'accidentellement des grains de feldspath (Jatar, Jubar, Agron, Lanjaron), et les *gneiss granulitiques*, très chargés de feldspath, mais ne renfermant que de rares débris des minéraux précités (Canillas, Competa). Ces débris sont toujours limités dans la roche aux traînées plus ou moins disloquées de mica noir associé à de très fines houppes fibrolithiques.

II. — SCHISTES.

Les schistes dont la description suit appartiennent à la formation cambrienne, telle que nous l'avons définie plus haut, pour cette région. Ils ont été généralement désignés jusqu'ici sous les noms de *talcschistes* et de *schistes chloriteux* : ce sont des *phyllades*.

Schistes satinés. — Les schistes satinés versicolores, fins, doux au toucher, si développés dans les Alpujarras, sont définis par M. de Botella[1] comme des schistes argileux bariolés, à feuillets lustrés; ils se distinguent toujours sur le terrain à leur altération profonde, toujours avancée, et à leurs vives couleurs de décomposition : gris-rose, violacé, passant au vert et au brun (*launas* des Andalous).

Haussmann[2] signala le premier la tendance des schistes des environs d'Adra et des Alpujarras à passer aux talcschistes et aux chloritoschistes; ce sont sans doute ces schistes que Ezquerra del Bayo[3] désignait sous le nom de *weisstein*.

On doit à M. Luis de la Escosura[4] l'analyse suivante des *launas* de Carthagène, décrites également par M. Massart[5] et identiques, d'après M. de Botella[6], à celles des Alpujarras :

Silice	39,88
Alumine	15,22
Oxyde de fer	25,53
Chaux	3,61
Eau	15,47
	99,71

[1] F. de Botella, *Descripc. de la prov. de Almeria* (*Bol. Com. mapa geol. de España*, t. IX, fasc. II, 1882, p. 38).

[2] J. Haussmann, *Abhandl. der könig. Societät der Wissenschaften zu Göttingen*, Bd. I, 1838, p. 273.

[3] Ezquerra del Bayo, *Neues Jahrbuch für Miner., Geol. und Pal.*, 1841, p. 353.

[4] Luis de la Escosura, cité par M. de Botella.

[5] Massart, *Gisements métallifères de Carthagène* (*Annal. Soc. géol. de Belgique*, t. II, 1874, p. 62).

[6] F. de Botella, *loc. cit.*

Cette analyse correspond à peu près à la composition des schistes à séricite; nous ne savons toutefois si elle correspond à la composition de toutes les launas des Alpujarras, caractérisées par leur aspect lustré, satiné et leur poussière si douce au toucher. Deux essais, toutefois, que nous avons faits de la matière micacée des launas, par le procédé Behrens, sur un échantillon recueilli à Motril et un autre recueilli à Murtas, nous ont montré la présence de l'alumine et permis de rapporter ces paillettes blanches à la séricite plutôt qu'au talc.

Nous devons cependant rappeler le fait signalé par M. Luis Natalio Monreal[1], que, dans les launas d'Almeria, on exploite de la stéatite industriellement; M. von Drasche[2] signale également la stéatite en petits feuillets dans les launas des environs de Carataunas et désigne ces roches sous le nom de *talcschistes*.

Ces schistes satinés de l'étage de Motril se séparent assez facilement en feuillets minces, à surfaces planes, satinées; très souvent les feuillets schisteux alternent finement avec de petites nappes de quartz glandulaire.

Au microscope, ces roches sont formées essentiellement de quartz et de séricite. Les grains de quartz sont très petits, à contours vagues, indécis, dans les sections parallèles aux feuillets; on reconnaît dans les sections normales que ces grains sont régulièrement elliptiques, très minces, étirés, gneissiques. Ils n'ont aucun caractère de clasticité. Ils sont entourés, cimentés par de petites paillettes de séricite assemblées entre elles en un tissu continu; elles sont très abondantes, les grains de quartz y sont presque entièrement noyés dans les sections parallèles. En outre de ces deux minéraux essentiels, on reconnaît encore dans ces schistes de la chlorite en houppes vertes, dichroïques, allant du vert pâle au vert brun; du graphite (graphitoïde) en granules irréguliers, chagrinés, quelquefois du mica noir (Murtas); de la pyrite et ses produits de décomposition, et enfin, aux forts grossissements, des microlithes de

(1) S. D. Luis Natalio Monreal, *Bol. Com. mapa geol.*, V, p. 310. — (2) Von Drasche, *Jahrb. der K. K. geol. Reichsanstalt*, Bd. XXIX, 1879, p. 104.

IMPRIMERIE NATIONALE.

tourmaline, de 4 à 6/100 de millimètre, et des baguettes de rutile, de 1 à 2/100 de millimètre.

Ces microlithes se trouvent en grande quantité dans les schistes de cet étage; ils sont allongés, très minces, la plupart droits, simples ou présentant parfois l'apparence ondulée signalée par M. Zirkel; ils présentent souvent encore des macles géniculées simples, doubles ou assemblées en trémies. Ils sont beaucoup plus minces que ceux que nous décrirons dans les amphibolites, mais en bien plus grand nombre. Ces microlithes sont couchés à plat suivant les feuillets, de sorte qu'ils sont invisibles dans les sections transversales; on constate, dans les sections parallèles aux feuillets, qu'ils présentent toutes les orientations possibles dans les plans où ils sont couchés. La forme, la biréfringence considérable (0,28) et les macles de ces microlithes ne laissent aucun doute sur leur identité avec les *Nädelchen* des schistes allemands, rapportés au rutile par MM. van Werveke, Cathrein et Sauer.

Nos préparations de Murtas nous ont, en outre, montré dans ce schiste des débris de feldspath, comme dans certains schistes de la Saxe, où il a été rapporté à l'albite par MM. Siegert[1] et Dalmer[2].

Schistes à chloritoïde. — Les schistes à chloritoïde des Alpujarras (pl. XXXVIII, fig. 1) ont une structure schisteuse franche, à feuillets plans, luisants, et présentent à l'œil l'aspect bien connu des chloritoschistes, auxquels on les a rapportés jusqu'ici[3]. Quelques lits passent au micaschiste dans la sierra Nevada (col de la Ragua), par le développement de grandes lamelles de mica blanc et de piles de mica noir.

L'étude attentive de ces schistes montre qu'ils sont essentiellement formés par des grains irréguliers de quartz, réunis tantôt

(1) Siegert, *Erläut. zu Sect. Burkhardtsdorf der geol. Karte des Königr. Sachsen*, p. 13.

(2) Dalmer, *Erläut. zu Sect. Lössnitz der geol. Karte des Königr. Sachsen*, p. 7.

(3) Gonzalo y Tarin, *Descripcion de la provincia de Granada* (*Bol. Com. mapa geol. de España*, t. VIII, 1881, p. 36).

par des lames entrelacées, tantôt par des membranes plus ou moins étendues et épaisses, ondulées, de mica blanc; ils contiennent en outre comme élément essentiel le minéral vert que nous rapportons au chloritoïde. Ils renferment aussi rutile, zircon, sphène, tourmaline, charbon, fer oligiste, fer oxydulé, biotite, chlorite et parfois calcite, en petits lits (Velez de Benaudella, Mamola, Albuñol). La plupart de ces minéraux présentant les mêmes caractères que dans les autres schistes précédemment décrits, nous nous bornerons ici à la description du chloritoïde, qui constitue l'élément caractéristique de la roche, de Motril à Adra.

Le chloritoïde de Motril (51) est généralement en cristaux tabulaires de grandeur très variable, bleu-verdâtre foncé, brillants, clivables suivant la base; souvent il est distribué irrégulièrement dans le schiste, à la façon des cristaux de chiastolithe des schistes maclifères, et des ottrélites des schistes ottrélitifères des Ardennes. Les lamelles varient en moyenne de $0^{mm},1$ à $0^{mm},2$; une même couche schisteuse contenant des cristaux de diamètre sensiblement constant. La forme de ces lamelles est très difficile à reconnaître exactement : elles sont généralement contournées, ridées, curvilignes, irrégulières; elles ne nous ont pas présenté de contour polygonal régulier. La forme rhombique d'un certain nombre de ces tables, presque parallèles à la base, paraît due à des clivages suivant les faces *m*, *t* du prisme.

Ces tables se divisent beaucoup plus facilement toutefois suivant leur base *p*, donnant ainsi naissance à des lamelles de clivage plus ou moins fines. Ces lamelles ressemblent à celles des micas, mais sont toujours moins fines, plus dures et cassantes au lieu d'être élastiques et flexibles. Elles sont translucides et ont un éclat faiblement nacré; ces lamelles se cassent suivant d'autres clivages déjà mentionnés, suivant lesquels elles ont un éclat résineux. Ces clivages présentent sur le plan du clivage principal une très faible obliquité; leur angle plan, mesuré au microscope sur les lames minces taillées suivant la base et sur un certain nombre de lamelles de clivage suivant *p*, nous a donné près de 120°.

Le clivage suivant p, moins facile que dans les micas, est plus facile toutefois que dans l'ottrélite des Ardennes; il est du reste facilité ou plutôt exagéré par sa coïncidence avec une macle très commune dans l'espèce. Ces cristaux tabulaires sont formés de lames hémitropes, accolées suivant les faces m, t d'après M. Lacroix[1], et empilées parallèlement au clivage principal, mais avec pénétration et rotation de 120° autour d'un axe perpendiculaire à p, autant qu'on en peut juger. Cette macle est donc analogue à celle des micas.

Les sections minces taillées parallèlement à la base p, ou les lamelles obtenues par le clivage assez facile dans cette direction, s'éteignent suivant les diagonales des clivages plus difficiles, prismatiques. Bissectrice positive, un peu oblique sur p. Dispersion considérable, $\rho > v$ avec dispersion horizontale. Le plan des axes optiques est sensiblement parallèle au plan bissecteur de l'angle obtus des clivages difficiles.

Les sections taillées suivant p sont toujours maclées, elles présentent parfois des extinctions symétriques à 30° de chaque côté de la ligne de macle m, et plus souvent des extinctions moins nettes, roulant d'un côté de la plage à l'autre, accusant des pénétrations irrégulières.

Dans les préparations microscopiques, le plus grand nombre des sections est oblique à p; elles ont alors la forme de parallélogrammes très allongés, passant du jaune-verdâtre au vert-bleuâtre; les bords allongés de ces parallélogrammes sont des droites remarquablement nettes, mais les deux autres extrémités sont des lignes brisées, déchiquetées, dentelées suivant les clivages. Dans les plaques taillées perpendiculairement au clivage facile, les sections en zones suivant pg^1 et h^1g^1 montrent, en outre des traces parallèles de ce clivage, de longues bandes diversement colorées qui leur sont parallèles : ces bandes hémitropes sont beaucoup moins serrées que les traces des clivages, et généralement au nombre de

[1] A. Lacroix, *Sur le chloritoïde* (*Bull. Soc. de minéralogie*, t. IX, 1886, p. 42).

quatre ou cinq par individu cristallin; elles sont habituellement maclées de telle façon qu'à une face donnant les couleurs jaune et verte s'associe une face donnant les couleurs jaune et bleue.

Un des caractères les plus saillants du chloritoïde réside dans son pléochroïsme, qui est des plus intenses. Les couleurs sont les mêmes que celles que l'un de nous [1] a indiquées dans le chloritoïde de l'île de Groix :

n_g, jaune-verdâtre pâle,
n_m, bleu-indigo,
n_p, vert-olive.

Ce minéral est doué d'une double réfraction assez faible. Dans la lumière naturelle, il présente l'aspect rugueux des minéraux durs.

Tous ces caractères démontrent l'identité de ce minéral avec le chloritoïde de l'île de Groix, auquel M. Lacroix [2] a réuni récemment la masonite, la sismondine, l'ottrélite, la vénasquite et la phyllite. Cette espèce, ainsi très répandue, appartiendrait, d'après M. des Cloizeaux [3], d'accord avec MM. Renard et de la Vallée-Poussin [4], au système triclinique, avec forme limite voisine d'un prisme monoclinique de 60°.

Les lamelles de chloritoïde de nos préparations montrent des divergences assez grandes au point de vue de leur teneur en inclusions; certaines lamelles en sont entièrement dépourvues, d'autres en sont criblées. Le chloritoïde des schistes cristallins de la sierra Nevada est toujours beaucoup plus chargé en inclusions que celui des schistes de Motril. Le rutile, le fer oxydulé et le graphite en sont les éléments reconnus; le quartz n'y a pas été observé en inclusions. Le rutile est à deux états différents, en petites aiguilles

(1) Ch. Barrois, *Sur les schistes métamorphiques de l'île de Groix* (*Annal. Soc. géologique du Nord*, Lille, t. XI, 1883, p. 18).

(2) A. Lacroix, *Sur le chloritoïde* (*Bull. Soc. de minéralogie*, t. IX, 1886, p. 42).

(3) Des Cloizeaux, *Sur la sismondine*, (*Bull. Soc. de minéralogie*, t. VII, 1885, p. 80).

(4) Renard et de la Vallée-Poussin, *Sur l'ottrélite* (*Ann. Soc. géol. de Belgique*, t. IV, p. 51).

très déliées, visibles comme de simples traits aux plus forts grossissements (*Thonschiefernädelchen*) ou en microlithes plus épais, atteignant $0^{mm},02$ à $0^{mm},04$ de diamètre et rappelant ceux des amphibolites.

Le chloritoïde résiste bien aux altérations, ses sections paraissant généralement fraîches et intactes jusqu'au bord. Parfois il y a des infiltrations ou des formations de limonite suivant les clivages. Il est très souvent épigénisé par la chlorite et par le mica noir; celui-ci est bien développé, en petites piles irrégulières disséminées sans ordre et dans tous les sens. Ce mica, taillé suivant la base, a une couleur brunâtre et des contours irréguliers; il montre deux axes optiques si rapprochés que la croix noire se disloque à peine quand on fait tourner la préparation sous les nicols; il est négatif. Les sections normales à la base montrent que chaque cristal est formé de nombreuses lamelles brun-noirâtre, empilées les unes sur les autres et s'éteignant suivant leur plan d'assemblage; elles sont très dichroïques, le maximum d'absorption a lieu quand leur longueur est parallèle à la section principale du polariseur. Ces piles de mica noir contiennent les mêmes inclusions que le chloritoïde : graphite, fer oxydulé et rutile; elles sont de formation plus récente que lui, car, dans les points du schiste où ces lamelles abondent, elles entourent des lambeaux dissymétriques, irréguliers, fragmentés, de chloritoïde, qu'elles épigénisent franchement.

Le chloritoïde se présente sous deux états très différents dans les schistes de Motril, suivant qu'il est en grandes lamelles ou en petites paillettes.

Les grandes lamelles sont celles qui ont fait l'objet de la description précédente; les bancs qui les contiennent alternent sur le terrain avec des schistes satinés, des schistes graphiteux et des schistes chloriteux en couches parallèles.

Les petites paillettes échappent complètement sur le terrain; elles n'ont en effet en moyenne que $0^{mm},1$ à $0^{mm},2$ de diamètre et sont par suite à peu près invisibles à l'œil nu. Assemblées en petites rosettes, elles constituent la partie dominante et essentielle des couches qui alternent avec les schistes à grandes lamelles et que nous venons de désigner sous les noms de schistes graphiteux, schistes chloriteux et phyllades. Dans ces rosettes à éléments radiés, chaque fibre est un cristal tabulaire, très allongé, offrant dans la lumière naturelle une teinte vert clair, presque incolore, présentant des cassures transversales qui rappellent celles des cristaux d'épidote et qui correspondent aux clivages prismatiques des chloritoïdes. Leur dichroïsme paraît nul dans les lames minces, ou au moins reste toujours dans les tons vert très clair; ils sont incolores quand leur allongement coïncide avec la section principale du nicol, ils prennent une teinte jaune-verdâtre clair à angle droit. Le minéral est négatif suivant sa longueur. La biréfringence est très faible. Sous les nicols croisés, les extinctions sont légèrement obliques; ces aiguilles, d'ailleurs, ne s'éteignent pas d'un seul coup, on reconnaît qu'elles sont formées par l'assemblage de plusieurs macles. Le plan de macle est suivant l'allongement du minéral, correspondant à la face tabulaire de base, et coïncide ainsi avec le clivage facile, basique.

Les dimensions très petites de ce minéral, ses macles, son gisement dans la pâte séricitique du schiste, rendent très obscurs ses caractères optiques. Toutefois, d'après les caractères indiqués et notamment le mode d'assemblage des macles tricliniques, identiques à celles du chloritoïde, on peut le rapprocher de cette espèce. Son dichroïsme faible, presque nul, ne suffit pas pour le distinguer de la variété en grandes lames, puisque l'on observe celle-ci sous une plus grande épaisseur.

Ces petites rosettes de chloritoïde sont identiques à celles que l'un de nous [1] a décrit sans les déterminer, dans les schistes dévoniens de Bretagne. Il faut aussi leur rapporter les petits groupes cristallins décrits et figurés par M. Gotz [2] dans les schistes ottré-

[1] Ch. Barrois, *Sur le granite de Rostrenen* (*Annal. Soc. géol. du Nord*, t. XII, 1885, p. 48).

[2] Joseph Götz, *Neues Jahrbuch für Miner.*, IV, Beil. Bd., p. 146, pl. V, fig. 5, 1885.

litifères du Transvaal, et qu'il rapporte à des tourmalines non dichroïques.

On peut, d'après ce qui précède, classer comme suit les divers schistes à chloritoïde de cette région :

1° Schistes à chloritoïde en grandes lames (étage de Motril);
2° Schistes verts, luisants, à chloritoïde en rosettes microscopiques (étage de Motril);
3° Micaschistes à chloritoïde en lames remplies d'inclusions, et riches en biotite en grandes piles anciennes (étage des schistes cristallins);
4° Schistes micacés à chloritoïde, avec biotite secondaire (étage de Motril).

Le chloritoïde se trouve par suite très répandu, sous divers états et à divers étages, dans le sud de l'Andalousie. D'ailleurs, depuis le travail fondamental de MM. Tschermak et Sipöcz [1] sur le groupe, cette espèce a été reconnue en un grand nombre de régions et de terrains différents : Fiedler [2] et G. Rose [3] l'avaient signalée dans l'Oural, et M. Sterry Hunt [4] au Canada; M. von der Marck [5] la reconnaît dans le Taunus, MM. Renard et de la Vallée-Poussin [6], M. van Werveke [7] dans les Ardennes, M. von Foullon [8] dans le carbonifère des Alpes, MM. Liebener et Vorhauser [9] dans le Tyrol,

[1] Tschermak und Sipöcz, *Die Clintonit Gruppe* (*Sitz. der K. Akad. der Wiss.* Wien, Bd. LXXVIII, 1878, p. 23).

[2] Fiedler, *Lagerstätten des Diaspor, Chloritspath, Pyrophyllit und Monazit, aufgefunden im Ural* (*Poggend. Annal.*, Bd. I, 1837, p. 249).

[3] G. Rose, *Reise nach Ural*, Berlin, Bd. I, 1837, p. 322.

[4] T. Sterry Hunt, *Note on chloritoid from Canada* (*Amer. Journ. of Science*, 2nd ser., vol. XXXI, 1861, p. 442).

[5] Von der Marck, *Chem. Untersuch. westf. und rheinisch. Gebirsart. und Mineralien* (*Verhandl. des natur. Ver. der preuss. Rheinl. und Westf.*, Bd. XXXV, 1878, p. 257).

[6] Renard et de la Vallée-Poussin, *Sur l'ottrélite* (*Ann. Soc. géol. de Belgique*, t. IV, p. 51).

[7] L. van Werveke, *Ueber Ottrelithgesteine* (*Neues Jahrb. für Miner.*, I, 1885, p. 231).

[8] H. Baron von Foullon, *Ueber die petrogr. Beschaff. der kryst. Schiefer der untercarbonischen Schichten* (*Jahrb. der K. K. Reichsanstalt*, Bd. XXXIII, 1883, p. 207).

[9] Liebener und Vorhauser, *Nachtrag zu den Mineralien Tyrols*, 1866, p. 13.

M. Schröder [1] en Saxe, M. Götz [2] au sud de l'Afrique, et l'un de nous [3] dans les terrains primitif, silurien et dévonien de la Bretagne.

Le chloritoïde se trouve disséminé dans des couches sédimentaires d'âge différent, primitives ou paléozoïques, généralement disloquées; il n'est pas en relation avec les phénomènes locaux de contact, mais paraît au contraire s'étendre sur de vastes étendues horizontales, dans les strates où il s'est développé. Le mica noir, qui l'accompagne parfois, est toujours très localisé; il présente alors la même disposition que dans les schistes métamorphisés par contact et se trouve indifféremment dans l'étage des schistes cristallifères (col de la Ragua) et dans l'étage des schistes de Motril (Albuñol, Mamola).

III. — QUARTZITES.

Les quartzites sont assez développées dans la formation cambrienne, où elles forment des bancs de faible épaisseur, interstratifiés parmi les schistes. On les trouve surtout au haut de cette formation, dans l'étage d'Albuñol, ainsi que vers sa partie inférieure, où elles sont associées à des roches amphiboliques.

Ces quartzites supérieures (Motril, Lentegi, Gualchos, Albuñol) sont une mosaïque de quartz grenu, cimentée par des paillettes de chlorite et de séricite, peu abondantes et non alignées comme dans les schistes qui alternent avec ces quartzites. De grandes plages de calcite y forment souvent des lentilles; on y trouve en outre rutile, tourmaline, zircon, charbon, fer magnétique et mica noir.

On rencontre des quartzites assez différentes sur la route de Grenade à Diezma, avec mica noir, mica blanc et orthose.

(1) Schröder, *Erläut. zu Sect. Zwota der geol. Karte des Königr. Sachsen*, p. 3.

(2) Joseph Götz, *Gest. des nördlichen Transvaal* (*Neues Jahrbuch für Mineral., Geol. und Palæont.*, IV, Beil. Bd., 1885, p. 146).

(3) Ch. Barrois, *Annal. Soc. géol. du Nord*, Lille, 1883-1885.

IMPRIMERIE NATIONALE.

Les quartzites inférieures forment des couches de quelques mètres, alternant en concordance avec des schistes micacés, des schistes actinolithiques, des cornes vertes et des dolomies (pont d'Ifo, Agron). Elles sont si riches en épidote qu'on pourrait les désigner sous le nom d'épidotites, créé par Cordier pour des roches identiques, compactes, stratiformes, subordonnées aux talcites chloriteux du Piémont.

Le quartz est en grains irréguliers, allongés, elliptiques, et contient des inclusions liquides à bulles mobiles à la température ordinaire (Agron); nous avons observé dans d'autres préparations de la même localité des inclusions liquides avec une libelle immobile et les trémies caractéristiques du chlorure de sodium.

Après le quartz, l'épidote[1] est l'élément le plus abondant, en prismes de 1/2 à 3 millimètres, gris-jaunâtre à vert-pomme, alignés parallèlement et contribuant à donner à la roche sa structure feuilletée. Au microscope, ces cristaux présentent une forme prismatique, allongée suivant ph^1, nettement limités sur les côtés, mais sans sommets distincts; ils paraissent brisés ou irrégulièrement arrondis à leur extrémité. Les sections transparentes ont une rugosité et un relief caractéristiques de minéraux durs, biréfringents.

Le plus grand nombre des cristaux de nos préparations (ph^1) s'éteignent parallèlement à leur allongement; sous les nicols, ils donnent des couleurs de polarisation très vives, limpides, dans les teintes jaune et orange. Ces sections allongées présentent parfois des stries fines parallèles, qui sont les traces du clivage facile suivant p; mais il y a un autre clivage suivant lequel se fait aussi l'extinction : il est plus général, parallèle à g^1 et représenté par des fentes transverses, fortes, régulières, traversant le cristal de part en part et attirant tout de suite l'œil, qu'il aide ainsi à distinguer cette espèce de toutes les autres dans la préparation. Les sections

[1] L'épidote (thallite) a été d'abord reconnu dans la sierra Nevada par Haussmann, qui le signala en 1838 dans les micaschistes d'Almuñecar, associé à du fer oligiste. (*Abh. der K. Soc. der Wiss. zu Göttingen*, Bd. I, p. 282.)

allongées montrent parfois dans la lumière polarisée deux ou trois lamelles hémitropes colorées différemment, et qui sont des macles autour d'un axe normal à h^1. Les sections suivant g^1 s'éteignent à 26° par rapport à p.

En lumière convergente, on constate que le minéral est à deux axes et que le plan des axes optiques est normal à l'allongement; la lame de mica 1/4 d'onde permet de reconnaître que l'allongement est bien, comme l'indique la théorie, tantôt positif, tantôt négatif. Il est très peu polychroïque, montrant les couleurs suivantes :

n_p, blanc;
n_m, blanc à peine jaune;
n_g, jaune pâle.

Cet épidote contient peu d'inclusions, petites, solides, prismatiques, et des grains charbonneux, souvent agglomérés au centre du cristal.

Les sections normales aux feuillets de la roche montrent que les prismes d'épidote sont assemblés suivant des lames parallèles, alternant avec des lames souvent plus épaisses, formées de grains de quartz, à contours irréguliers, étirés, gneissiques. En outre de ces deux minéraux essentiels, on trouve encore dans ces quartzites épidotifères : tourmaline, rutile, sphène et, accidentellement, calcite, actinote et chlorite, oligoclase, zircon, mica blanc, mica noir, fer oxydulé.

La calcite, abondante dans certains cas, forme des lits qui alternent avec les lits de quartz et d'épidote; l'actinote est aussi répandu très irrégulièrement, il fait parfois complètement défaut, quelquefois il est représenté par de rares aiguilles en paquets, épigénisées par la chlorite; dans d'autres cas, enfin, il est en aussi grande abondance que l'épidote auquel il est associé; la roche passe alors à une quartzite amphibolique. Les grains de feldspath sont toujours rares et exceptionnels dans les quartzites d'Andalousie (pont d'Ifo).

L'actinote et l'épidote sont en délits continus, non dérangés par les feuillets de quartz, et sans doute par conséquent de formation contemporaine. Les quartzites amphiboliques alternent parfois en lits très minces, de moins d'un centimètre, avec les quartzites épidotifères et les quartzites micacées. Des préparations microscopiques d'Agron, de Torrox, normales à la schistosité, ont suffi pour nous montrer ces trois roches juxtaposées dans le champ de la préparation; le fer oxydulé et le sphène même s'isolent parfois aussi en feuillets spéciaux dans ces quartzites. Habituellement, toutefois, les roches riches en épidote, actinote, mica, constituent des couches interstratifiées distinctes, épaisses de plusieurs mètres.

IV. — AMPHIBOLITES.

Les amphibolites forment, dans les divers étages des terrains primitifs et cambriens, des couches régulièrement interstratifiées, d'épaisseur très variable.

Les *schistes actinolithiques* du cambrien, alternant sur le terrain avec les quartzites épidotifères, se montrent, au microscope, formés de fer oxydulé, zircon, sphène, rutile, tourmaline, amphibole, épidote, feldspath plagioclase et quartz. A l'œil nu, ils sont cristallins, verdâtres, cohérents, souvent feuilletés et passant à de véritables chloritoschistes; on y distingue un minéral fibreux ressemblant à l'amphibole, de petits grains de quartz à éclat gras et des lamelles d'un feldspath strié blanc-verdâtre.

Au microscope, leur structure est grenue, feuilletée, sans pâte amorphe. L'amphibole est ici l'élément essentiel, elle appartient à la variété fibreuse et est disposée généralement en traînées parallèles à la schistosité. On le reconnaît principalement à ses extinctions atteignant 15° suivant les sections g^1; ses prismes ne sont jamais terminés, comme c'est le cas ordinaire chez les diorites, mais montrent de nombreuses lamelles parallèles, correspondant aux clivages *m*. On voit ainsi que les cristaux sont composés de fines aiguilles amphiboliques de dimensions très variables; leur longueur inégale donne au contour de la section un aspect frangé. Ces aiguilles amphiboliques ne sont pas toujours droites, mais forment parfois des groupes diversement inclinés; elles sont parfois réunies en masse ou dispersées en séries parallèles au milieu d'un produit de décomposition verdâtre. Ces houppes de substance radiée, verte, dichroïque, doivent dans ce cas être rapportées à la chlorite. Quelquefois on observe autour des cristaux d'amphibole des feuillets de mica noir diversement orientés.

Ces cristaux verts d'amphibole sont polychroïques, montrant, suivant :

n_g, vert-émeraude;
n_m, vert-jaunâtre;
n_p, jaune-verdâtre pâle.

Les caractères indiqués permettent de rapporter cette espèce à l'actinote. Elle est associée à des cristaux d'épidote allongés suivant ph^1 et à clivages transverses très marqués, identiques à ceux qui forment les quartzites épidotifères.

Les feldspaths de ces amphibolites paraissent variés; un échantillon ramassé en aval de Guejar nous a fourni orthose et quartz; des échantillons d'Agron nous ont permis de reconnaître le labrador à l'angle maximum des extinctions de deux lamelles hémitropes suivant la loi de l'albite, dans la zone symétrique de la macle et perpendiculaire à g^1; un échantillon ramassé au sud de Lanjaron nous a montré de l'anorthite peu maclée. Cette même roche contenait en outre de la calcite; le quartz y est à l'état grenu.

Les *amphibolites à amphibole sodifère* (pl. XXXIX, fig. 1) méritent une mention spéciale, étant très distinctes par leur composition minéralogique des schistes actinolithiques précédents, à actinote et plagioclase, qui sont les plus répandus. C'est dans la vallée de Lanjaron seule que nous avons pu les observer en place; on en trouve en outre des galets roulés dans la vallée de Talara (pl. XIII) et dans celle d'Orgiva.

Ces roches sont essentiellement formées d'amphibole sodifère, d'épidote, avec rutile, sphène, fer oxydulé, mica blanc, quartz, chlorite, auxquels viennent se joindre en quantité très faible, variable, feldspath, actinote vert, grenat. Elles passent alors aux éclogites.

Ces minéraux constituants présentent plusieurs particularités dignes de fixer l'attention; nous allons les examiner successivement.

Tous ces minéraux sont allongés et alignés dans une direction unique; ils déterminent par cette disposition la structure schisteuse de la roche.

L'épidote, très abondant, offre absolument les mêmes caractères que dans les quartzites épidotifères de la région, où nous l'avons décrit en détail.

L'amphibole sodifère est l'élément essentiel de ces roches, sous forme de bâtonnets prismatiques, minces, allongés, droits ou courbes, longs de quelques millimètres, hexagonaux par suite de la combinaison des faces m, g^1, et facilement clivables suivant les faces du prisme de 124°. Dans la roche, ces cristaux paraissent d'un bleu foncé noirâtre.

Au microscope, ils présentent des caractères voisins de ceux des cristaux de glaucophane de l'île de Groix, déjà décrits par l'un de nous[(1)]. Dans la lumière convergente, on constate que le plan des axes optiques de ces cristaux est dans g^1, comme l'avaient reconnu MM. Bodewig[(2)], von Lasaulx[(3)], Oebbeke[(4)] pour la glaucophane ordinaire; la bissectrice aigue est négative, comme dans toutes les amphiboles, la bissectrice obtuse fait un angle de 20° avec l'arête d'allongement h^1g^1; elle est dans l'angle aigu de ph^1. L'angle des axes optiques est petit ($2V = 60°$ au plus).

(1) Ch. Barrois, *Sur les schistes métamorphiques de l'île de Groix* (*Ann. Soc. géol. du Nord*, t. XI, 1883, p. 45).

(2) C. Bodewig, *Ueber den Glaucophan von Zermatt* (*Poggend. Annal.*, CLVIII, 1876, p. 224).

(3) Von Lasaulx, *Ueber glaucophangesteine von der Insel Groix* (*Annal. Soc. géol. du Nord*, t. XI, 1884, p. 144).

(4) K. Oebbeke, *Ueber den glaukophan und seine Verbreitung in Gesteinen* (*Zeits. der deutschen geol. Gesell.*, 1886, p. 634).

Ces cristaux sont très polychroïques; ils montrent les couleurs suivantes :

n_p, jaune pâle verdâtre;
n_m, vert-bleuâtre;
n_g, bleu d'azur.

Les couleurs de polychroïsme sont légèrement différentes de celles qu'a indiquées M. Strüver [1] :

n^p, jaune pâle.
n_m, violet-bleuâtre.
n_g, bleu.

Cette amphibole présente des teintes moyennes de polarisation chromatique : $n_g - n_p = 0{,}021$, d'après une mesure prise par M. Michel Lévy, suivant les procédés qu'il a récemment décrits [2].

Nous avons pu l'extraire de la roche réduite en poudre en employant les lavages méthodiques au borotungstate de cadmium, ce qui nous a permis d'en faire une analyse quantitative dont nous donnons les résultats dans la première colonne du tableau ci-dessous.

Cette amphibole sodifère de la sierra Nevada se distingue donc des types de glaucophane de Syra et de Groix par sa teinte vert-bleuâtre suivant n_m, au lieu de violet-bleuâtre, par le grand angle (20° au lieu de 4°) que fait la bissectrice obtuse avec l'arête d'allongement h^1g^1 et par sa moindre teneur en soude (3 p. 100 au lieu de 7 p. 100 en moyenne).

Elle diffère de l'actinote par la présence de la soude dans sa composition et ses teintes de polychroïsme. Nous sommes donc portés à la considérer comme une variété d'amphibole intermédiaire entre l'actinote et la glaucophane.

(1) J. Strüver, *Atti R. Accad. Lincei*, ser. 2ᵉ, t. II, 1875, et *Ueber Gastaldit und Glaukophan* (*Neues Jahrbuch für Mineralogie*, Bd. I, 1887, p. 313).

(2) Michel Lévy, *Mesure du pouvoir réfringent des minéraux en plaque mince* (*Bulletin de la Société de minéralogie*, 1883, p. 143).

	I Lanjaron.	II Groix (von Lasaulx)[1].	III Syra (Schnedermann)[2].	IV Syra (Luedecke)[3].	V Zermatt (Bodewig)[4].	VI Zermatt (Berwerth)[5].	VII Nouvelle-Calédonie (Liversidge)[6].	VIII Aoste (Cosso)[7].
SiO^2..........	47,42	57,13	56,49	55,64	57,81	58,76	52,79	58,55
Al^2O^3.........	8,42	12,68	12,23	15,11	12,03	12,99	14,44	21,40
FeO, Fe^2O^3....	9,68	8,01	10,91	9,93	7,95	5,84	9,82	9,04
MgO.........	15,28	11,12	7,97	7,80	13,07	14,01	11,02	3,92
CaO..........	12,95	3,34	2,25	2,40	2,20	2,10	4,29	2,03
NaO..........	2,97	7,39	9,28	9,34	7,33	6,45	5,26	4,77
MnO.........	"	"	0,50	0,56	"	"	traces.	"
KO..........	"	traces.	traces.	"	"	"	0,88	"
HO..........	"	"	"	"	"	2,54	1,38	"
Perte au rouge..	4,16	"	"	"	"	"	"	"
	100,88	99,67	99,63	100,78	100,39	102,69	99,88	99,71

(1) Von Lasaulx, *Sitzungsber. der Niederrhein. Gesell. für Natur- und Heilkunde*, Bonn, 1883, p. 263.

(2) Schnedermann, *Beiträge zur Oryktographie von Syra* (*Göttingische gelehrte Anzeigen*, 20. Stück, 3. Februar 1845, p. 197).

(3) Luedecke, *Zeitschr. der deutschen geolog. Gesell.*, XXVIII, 1876, p. 248.

(4) Bodewig, *Ueber den Glaukophan von Zermatt* (*Poggend. Annalen*, CLVIII, p. 224, 1876).

(5) F. Berwerth, *Ueber die chemische Zusammensetzung der Amphibole* (*Sitzungsber. der Wiener Akademie*, 1885, p. 153-187).

(6) A. Liversidge, *Notes upon some Minerals from New Caledonia* (*Royal Soc. of N. S. Wales*, 1880).

(7) A. Cosso, *Atti della Reale Accademia dei Lincei*, ser. 2ª, t. II, 1875.

L'amphibole sodifère est disposée dans la roche en gerbes élégantes rappelant celles de l'actinote, auquel elle est souvent visiblement associée en faisceaux stratoïdes, en traînées parallèles ou en réseau stratiforme qui a dû constituer une étoffe continue, déchirée par actions postérieures. Ces traînées, comme les cristaux eux-mêmes, ont été brisées par les pressions subies par la roche, puis ressoudées sur place par des minéraux secondaires.

L'amphibole sodifère de Lanjaron contient de nombreuses inclusions; les mieux caractérisées sont des microlithes jaune-brunâtre très biréfringents, prismatiques, terminés par des faces de pyramide. Ils présentent les macles cordiformes à angle de 54° et les macles géniculées à angle de 114°, parfois réunies en étoilements variés, et qui suffiraient pour les faire rapporter au rutile. Les microlithes de rutile sont d'ailleurs extrêmement répandus dans toutes les roches à glaucophane connues jusqu'à ce jour; M. Cossa[1] a d'ailleurs séparé ces microlithes d'une roche à glaucophane des Alpes et leur a reconnu la composition chimique du rutile.

La glaucophane paraît beaucoup plus répandue dans les roches qu'on ne l'a longtemps supposé. M. Luedecke[2] décrivait en 1876 comme des raretés les roches du gisement de Syra, découvert par MM. Haussmann et Virlet d'Aoust[3]; mais depuis elles ont été retrouvées dans l'Eubée et en diverses parties de l'Archipel, d'après de récentes publications de M. Becke[4]. M. Zeiller a bien voulu nous signaler un mémoire de M. Heurteau[5] indiquant l'existence à la Nouvelle-Calédonie de schistes à glaucophane, dont le gisement a depuis été revu par M. Liversidge[6]. C'est surtout dans les Alpes que s'étendent nos connaissances sur les roches à glaucophane; on en a trouvé de très nombreux gisements depuis que M. Strüver signalait ce minéral en 1876 dans les vallées d'Aoste et de Locano. On doit s'attendre à les trouver d'une façon continue au sud des Alpes, d'après M. Williams[7]; elles y ont en effet été décrites actuellement en nombre de points par MM. Strüver, Bodewig, Williams, Cossa, Bonney[8], Stelzner[9], Sandberger[10],

[1] Alfonso Cossa, *Rutil im Gastaldit-Eklogit von Val Tournanche* (*Neues Jahrbuch für Miner.*, 1880, I, p. 162).

[2] O. Luedecke, *Zeitschrift der deuts. geologischen Gesellschaft*, Bd. XXVIII, 1876, p. 248.

[3] Virlet d'Aoust, *Expédit. scientif. en Morée*, t. II, p. 66, 67.

[4] Becke, *Tschermak's Mittheilungen*, 1879, p. 71.

[5] Heurteau, *Annal. des mines*, 1876, p. 254.

[6] Liversidge, *Royal Society of New South Wales*, 1880, 1 sept.

[7] G. H. Williams, *Glaucophangesteine aus Nord-Italien* (*Neues Jahrb. für Miner.*, Bd. II, 1882, p. 201, 203).

[8] Rev. T. G. Bonney, *On some Ligurian and Toscan serpentines* (*Geological Magazine*, Aug. 1879); id., *On a glaucophane Eklogite from the Val d'Aoste* (*Mineralogical Magazine*, July 1886, VII, n° 32).

[9] Stelzner, *Glaucophane des environs de Berne* (*Neues Jahrbuch für Mineralogie*, 1883).

[10] Sandberger, *Neues Jahrbuch für Mineralogie*, 1867.

IMPRIMERIE NATIONALE.

Michel Lévy[1] et Becke[2]. M. Oebbeke[3] a d'ailleurs écrit récemment l'histoire de cette espèce de la façon la plus complète.

En France, elles sont magnifiquement exposées dans les falaises de l'île de Groix, et en Corse, d'après les travaux de M. L. Busatti[4]. Il y a de plus lieu de les rechercher dans les montagnes du Var, où les roches à disthène et grenat, signalées à la pointe de Callerousse (île du Levant) par M. Falsan[5], nous rappellent bien la description des roches de Syra de M. Virlet d'Aoust. On trouve d'ailleurs à Fenouillet, dans le Var, des roches à chloritoïde, analogues à celles de l'île de Groix.

Le rutile, signalé en inclusions dans l'amphibole sodifère, est abondant dans la roche, en petits cristaux présentant les formes m, h^1, b^1, maclés suivant b^1 à 114°. Ils présentent une teinte jaune-brun suivant n_g, jaune franc suivant n_p. Ils se montrent plus souvent en grains irréguliers, mamelonnés, de couleur brunâtre, relativement de grande taille, atteignant généralement plusieurs millimètres. Nous en possédons de près d'un centimètre; ils présentent les macles microscopiques et tous les caractères signalés par von Lasaulx[6] chez les gros rutiles du Morbihan.

Le fer titané, provenant probablement du rutile avec lequel il est associé, est assez répandu. Le fer oxydulé se présente sous forme d'octaèdres, mais aussi à l'état de paillettes, de grains irréguliers, à contours subanguleux ou arrondis; il est opaque au microscope et a un reflet bleu-noirâtre métallique caractéristique. Des lamelles rouges et transparentes d'oligiste paraissent dériver de sa transformation.

(1) Michel Lévy, *Bloc erratique à glaucophane du Valais* (*Ann. Soc. géol. du Nord*, t. XI, 1883, p. 50).

(2) Becke, *Lehrbuch der Miner. von Tschermak*, Wien, 1884, p. 445.

(3) K. Oebbeke, *Ueber das Vorkommen des Glaukophan* (*Zeitschr. für Krystallographie*, XIII, III, 1886, p. 282).

(4) L. Busatti, *Schisti a glaucofane della Corsica* (*Processi verbali della Soc. Toscana di Scienze naturali*, 28 Giugno 1885).

(5) Falsan, *Carte géol. des environs de Hyères*, Lyon, lith. G. Marmorat, 1863.

(6) Von Lasaulx, *Ueber Mikrostructur, optisches Verhalten und Umwandlung des Rutil in Titaneisen* (*Zeitschr. für Krystallographie*, VIII, I, 1883, p. 54).

Le mica blanc se présente en lamelles tabulaires, plissées, d'un éclat nacré, brillant, passant du blanc pur au vert d'eau, et disposées en petites écailles les unes à côté des autres, en lits parallèles. Il contribue à donner à la roche sa structure schisteuse; comme, de plus, le clivage de cette roche se fait toujours suivant les plans où prédomine le mica, il voile souvent les autres éléments et paraît plus abondant qu'il n'est en réalité.

Au microscope, il se présente surtout en petites lamelles allongées, sans contours réguliers, mais présentant de fines stries de clivage et bien transparentes en lumière naturelle. Ces lamelles rectangulaires sont taillées normalement à la base; elles montrent que les lamelles qui forment la même pile de mica tantôt sont parallèles, tantôt au contraire s'éloignent ou se rapprochent par places; elles sont parfois maclées avec des paillettes vertes, ou plus souvent avec des paillettes rouges d'hématite (pl. XXXIX, fig. 1), hexagonales, isotropes, identiques à celles que décrivait G. Rose[1]. Le mica, aux forts grossissements, paraît formé de petits prismes subparallèles ou fasciculés. Ces sections sont dépourvues de dichroïsme; dans la lumière polarisée, elles se parent de couleurs vives et irisées qui tiennent à sa grande biréfringence, et elles s'éteignent suivant leurs clivages sous les nicols.

Les lamelles de clivage sont transparentes et incolores, à teintes de polarisation peu vives. Elles montrent bien les deux axes optiques très écartés, et $\rho > v$. La forme de ces sections est irrégulière, étirée sans doute par les mouvements de la roche; nous n'avons pas trouvé de lamelle polygonale, rhombique ou hexagonale, permettant de voir les formes dominantes. Ces lamelles, du reste, sont souvent empilées et réunies en membranes continues, ce qui obscurcit encore leur forme cristalline propre.

Le quartz est en gros grains transparents à contours irréguliers, arrondis ou parfois hexagonaux. Ils rappellent par leurs caractères

[1] G. Rose, *Ueber das regel. Verwachsen der verschiedenen Glimmerarten unter ein. und Eisenglanz* (*Poggend. Annal.*, CXXXVIII, 1869, p. 177).

les quartz des micaschistes. Parfois ils contiennent des inclusions solides, poussières très ténues alignées, ou des inclusions liquides à bulle mobile. Ces inclusions liquides, disposées en files, sont nombreuses dans nos préparations de Lanjaron.

Ces grains de quartz sont nettement alignés en traînées parallèles, en filonnets secondaires qui traversent tous les autres éléments, auxquels ils sont par conséquent postérieurs. Ils remplissent les fissures, les cavités, formées dans la roche par les mouvements du sol et les décompositions des éléments anciens.

Les roches à glaucophane de la sierra Nevada appartiennent au groupe de roches décrites, dans l'Europe centrale, sous le nom d'éclogites par la plupart des auteurs. Elles ont même composition minéralogique, même structure, même gisement interstratifié dans les couches du terrain primitif. Si l'on adopte toutefois les conclusions de M. Riess[1], l'auteur du travail le plus complet sur le sujet, il faut séparer ces roches des éclogites pour les rattacher à ses amphibolites grenatifères.

Éclogites. — Les éclogites types de Cordier et de M. Riess, composées de grenat, d'omphazite, de smaragdite, avec épidote, chlorite, sphène, zircon, rutile, quartz, mica blanc, sont très répandues dans la vallée du rio Genil à l'état de galets dans les alluvions et le miocène. Nous n'avons pas retrouvé cette roche en place et n'avons pas lieu d'y insister. La hornblende est en grands cristaux non dichroïques, vert d'herbe, le pyroxène peu abondant en grains sans contours cristallins extérieurs, le grenat incolore en lames minces; il y a parfois en outre quelques grains de feldspath plagioclase.

Le gisement de ces éclogites se trouve vraisemblablement dans le cirque de San Juan, où M. de Botella signale des couches alternantes d'amphibolites, de quartzites épidotifères, de micaschistes,

[1] Dr. E. R. Riess, *Untersuch. über die Zusammensetzung des Eklogits* (*Miner. Mittheil. von Tschermak*, t. I, 1878, p. 165).

de dolomies. C'est dans ces roches de San Juan, entre Veleta et Mulhacen, que l'on trouve l'or de la sierra Nevada, d'après M. Guillemin Tarayre[1]; il n'y a pas là de filon aurifère, mais la masse entière du micaschiste est imprégnée du métal précieux. Les minéraux de ces micaschistes, que l'on recueille dans les sables du rio Genil, sont : fer oligiste, fer oxydulé, fer titané, andalousite, tourmaline, rutile, émeraude, argent, platine, or (environ 0^{gr},5 d'or fin par mètre cube).

Il y a une si curieuse analogie, dans le gisement de ces métaux précieux, dans la sierra Nevada et en France, à l'embouchure de la Vilaine, que nous croyons devoir la signaler en passant. La Vilaine se jette à la mer entre Pénestin et Billiers, dans une région de belles falaises, composées de couches alternantes d'amphibolites, éclogites, pyroxénites, micaschistes, quartzites épidotifères, dolomies cristallifères, d'âge primitif, identiques à celles de la sierra Nevada. A l'embouchure de la Vilaine, le sable de la grève, résultant de la désagrégation des falaises, formées par les roches précitées, fournit à peu près les mêmes minéraux que le sable du rio Genil. Ce sont : fer oxydulé, fer titané, corindon, zircon, grenat, cassitérite, platine, or natif. On n'a pas encore reconnu non plus dans cette région de filon aurifère indépendant.

Les *amphibolites* ou *gneiss amphiboliques* de l'étage inférieur des micaschistes et dolomies, particulièrement bien développés au sud du col de Jatar, sont plus variés que les roches amphiboliques précédentes. Ce sont des gneiss ou des schistes amphiboliques, suivant les proportions toujours irrégulières du feldspath, mais qui admettent dans leur composition de la staurotide et les minéraux habituels des schistes métamorphiques. Elles alternent avec des lits de gneiss, de micaschiste, de quartzite, de dolomie et probablement de pyroxénite.

Le pyroxène, en grands cristaux rongés par le quartz, est un élé-

[1] Guillemin Tarayre, *Sur la constitution minéralogique de la sierra Nevada de Grenade* (*Comptes rendus*, 11 mai 1885).

ment bien caractérisé, sinon fréquent, de ces amphibolites. L'amphibole hornblende, en cristaux vert clair, est beaucoup plus répandue, constituant parfois la majeure partie de la roche, où elle a formé un réseau continu. On trouve en outre : fer oxydulé, fer titané, sphène et rutile en microlithes de $0^{mm},1$ à $0^{mm},2$ de long, ainsi qu'accessoirement mica noir, en petites lamelles, à l'état naissant, et prismes d'épidote. Le feldspath triclinique en grains irréguliers, maclés, nous a présenté des extinctions voisines de celles du labrador. Le quartz est le plus abondant des éléments de la roche, qu'il cimente et pénètre en grains arrondis ou allongés.

La staurotide ne se présente pas dans ces roches avec sa forme caractéristique, c'est-à-dire en prismes orthorhombiques simples ou maclés. On ne la trouve qu'en débris allongés traversés par de grossières cassures transversales. Mais ses propriétés optiques suffisent amplement, malgré l'absence des formes cristallines pour la faire nettement reconnaître.

Dans ces débris allongés, le plan des axes optiques est longitudinal, et de plus la bissectrice, qui est en même temps l'axe n_g, est dirigée suivant l'allongement des débris, ou, ce qui revient au même, le signe de l'allongement est le signe +. Il résulte de cette position des axes d'élasticité que les sections allongées les plus biréfringentes sont parallèles au plan des axes optiques. Or on constate que celles-ci présentent entre les nicols croisés la couleur jaune brillant correspondant à la valeur de la biréfringence de la staurotide $n_g - n_p = 0,012$. La réfringence indiquée par le relief paraît être celle de la staurotide. Un dernier caractère important, et qui d'ailleurs frappe tout de suite la vue, est celui que l'on tire du polychroïsme. Ces sections allongées sont jaune d'or lorsque n_g est parallèle à la section principale du polariseur et jaune pâle dans la direction perpendiculaire. En résumé, ces cinq caractères, la position du plan des axes optiques et celle de la bissectrice n_g, la valeur de la biréfringence et celle de la réfringence, et enfin le polychroïsme, caractérisent nettement la staurotide.

V. — CALCAIRES.

Le calcaire est une des substances les plus abondantes des monts bétiques; on l'y trouve à plusieurs niveaux et avec différents caractères. Il forme des couches interstratifiées, décrites dans la partie stratigraphique, dans le terrain triasique, le cambrien, les schistes primitifs à minéraux, et dans l'étage inférieur des micaschistes et amphibolites.

Ces calcaires présentent entre eux des différences importantes dues aux conditions de leur formation et à des modifications métamorphiques postérieures à leur dépôt.

Les calcaires triasiques seuls laissent parfois reconnaître les fragments de coquilles, de crinoïdes, en divers états de décomposition, aux dépens desquels ils sont formés. D'une manière générale, la plupart d'entre eux sont durs, compacts, gris-bleuâtre, blancs ou brunâtres, et doivent leur couleur à des particules charbonneuses ou ferrugineuses. Cette matière colorante forme avec un peu d'argile une masse fondamentale, dans laquelle sont disséminés sans ordre de petits grains cristallins de calcite, de dolomie, des fragments organiques reconnaissables, et parfois, en petite quantité, des paillettes de mica blanc, de la pyrite ou des grains de quartz.

Le mica blanc est ordinairement en lamelles irrégulières, à contours arrondis, à deux axes optiques ($2E = 50°$), négatif; exceptionnellement (Gualchos), il se présente en piles nettement hexagonales, inscriptibles, mais où deux faces se développent souvent plus que les autres.

La dolomitisation fréquente de ces calcaires triasiques, notamment dans les parties métallifères (galène, blende, calamine, cinabre), a généralement fait disparaître toute trace de débris organiques; cette dolomie est alors, de plus, caverneuse ou celluleuse (Motril, etc.).

Nous avons fait quelques analyses des calcaires triasiques :

	CaO,CO^2.	MgO,CO^2.	SESQUIOXYDES.	RÉSIDUS.
Calcaire blanc, compact; sud de Lentegi.	1,000	traces.	3	traces.
— bleu, cristallin; Gualchos.	1,000	*idem.*	1	*idem.*
— blanc, à grains fins; nord d'Itrabo.	902	98	1,5	*idem.*

En outre des espèces minérales précédemment citées, le résidu de l'attaque par l'acide chlorhydrique du calcaire de Gualchos nous a fourni de petits cristaux bien terminés de zircon.

On devait déjà à M. F. Cramer [1] un certain nombre d'analyses de calcaires dolomitiques de la sierra de Gador, faites dans le laboratoire de Wöhler :

	CaO,CO^2.	MgO,CO^2.	SESQUIOXYDES.	RÉSIDUS.
Dolomie gris sombre, compacte. . .	53,524	45,661	0,641	0,160
— gris cendré, compacte. . .	50,782	38,826	6,347	
— gris clair, à grains fins. . .	55,30	41,10	0,44	3,09
— flambée de blanc et noir (piedra franciscana). . .	55,239	41,597	2,016	0,039

Ces analyses montrent la composition très variable des calcaires et dolomies triasiques de l'Andalousie; la dolomitisation de ces calcaires n'est donc pas ici en relation avec leur âge, mais plus probablement, comme nous l'avons déjà indiqué, avec le voisinage des cheminées métallifères. Si l'on s'en tient à la sierra Nevada, on

[1] F. Cramer, *Abhandl. der königl. Societät der Wissensch. zu Göttingen*, Bd. I, 1841, p. 275.

verra que la dolomitisation est moins grande dans les calcaires triasiques que dans les calcaires paléozoïques que nous allons décrire.

Les calcaires dolomitiques anciens, paléozoïques et primitifs, ont une composition plus variée; ils contiennent des silicates métamorphiques, des titanates, et constituent parfois, comme dans la serrania de Ronda, où ils ont été décrits par MM. Michel Lévy et Bergeron, un tissu serré, où toute trace de carbonate a disparu. Tous ces calcaires ont été traités par l'acide chlorhydrique et les résidus ont été examinés au microscope. Nous y avons observé : pyrite, fer oxydulé, fer titané, rutile, sphène, idocrase, trémolite, actinote, diallage, épidote, mica blanc, mica noir, anorthite, quartz.

Tous ces calcaires dolomitiques anciens sont saccharoïdes, cristallins, grenus et compacts, celluleux ou pulvérulents; leur couleur, comme leur composition, varie beaucoup, passant du blanc au gris, au bleu et au jaune. Les marbres blancs dominent, notamment vers la base de la série, où ils constituent des couches immenses, fétides sous le marteau et pauvres en minéraux métamorphiques.

La modification métamorphique la plus ordinaire de ces marbres a été une complète recristallisation en place, en carbonates de chaux, de magnésie, de fer, qui ont fait entièrement disparaître les contours antérieurs des restes organiques. Le marbre blanc (Jatar, Liman) est formé uniquement de cristaux de calcite et de dolomie, enchevêtrés de la manière la plus complexe et la plus serrée, et où l'on ne trouve plus trace de la structure primitive.

Les grains de calcite qui le constituent ont des contours irréguliers; ils sont sillonnés sur les sections de lignes de clivages et présentent généralement de nombreuses lamelles hémitropes; les grains de dolomie se distinguent difficilement[1] à leurs contours anguleux, rappelant la forme rhomboédrique, et à l'absence de stries hémitropes.

[1] A. Renard, *Sur les caractères distinctifs de la dolomite* (*Bull. Acad. royale de Belgique*, t. XLVII, mai 1879).

IMPRIMERIE NATIONALE.

Certaines dolomies du col de Jatar ne nous ont pas présenté de calcite bien reconnaissable au microscope; dans d'autres cas (Motril), des grains calcaires sont remplacés par de petits cristaux de carbonate de fer, souvent oxydés subséquemment.

Nous avons fait un certain nombre d'analyses des calcaires dolomitiques anciens de la chaîne bétique; nous en donnons les résultats dans le tableau suivant:

	CaO,CO^2.	MgO,CO^2.	SESQUIOXYDES.	RÉSIDUS.
Calcaire dolomitique blanc, saccharoïde, à trémolite; nord de Canillas de Albaida.	848	152	3	traces.
— dolomitique blanc, saccharoïde; gorge de Jatar..	899	101	1,5	*idem.*
— dolomitique blanc, compact, à grains très fins; gorge de Jatar......	680	320	3,5	*idem.*
— dolomitique blanc à grains fins; col de Jatar.....	710	290	4	*idem.*
— dolomitique blanc-jaunâtre, à grains fins, avec trémolite; au sud du précédent..........	571	429	13,8	*idem.*
— dolomitique jaunâtre saccharoïde; sud de Jatar.	1,000	traces.	23,5	*idem.*
— dolomitique saccharoïde, à lits blancs et bleus, avec trémolite; sud de Jatar.............	1,000	*idem.*	4	*idem.*
— dolomitique saccharoïde, blanc; au nord de Frigilliana............	860	140	2	*idem.*
— dolomitique compact, bleuâtre; au nord du précédent...........	865	135	5	*idem.*
— dolomitique compact, blanc; au nord du précédent, en approchant de Liman...........	968	32	2	*idem.*
— dolomitique grenu, jaunâtre; Lanjaron......	815	185	2 4	*idem.*
— dolomitique gris, à grains fins; puerto Almuñecar.	551	449	1,5	*idem.*

La teneur en magnésie des calcaires dolomitiques primitifs d'Andalousie varie dans des limites très étendues : d'une manière générale, elle est plus forte que dans les calcaires dolomitiques triasiques des Alpujarras, mais moins forte que dans les calcaires triasiques de la sierra de Gador. Si on admet, avec les auteurs, que la dolomie est caractérisée par 54 parties de carbonate de chaux et 45 parties de carbonate de magnésie, nos roches d'Andalousie doivent être considérées comme des calcaires magnésiens, plus ou moins chargés de dolomie.

On trouve habituellement de la silice dans ces calcaires dolomitiques; le quartz se montre çà et là dans les préparations, formant sous les nicols des mosaïques de petits grains arrondis, à extinctions vives caractéristiques. Il est mieux caractérisé dans les résidus de la dissolution, en grains irréguliers, aplatis suivant la base du prisme, positifs, à un axe optique.

La plupart de ces marbres dolomitiques sont moins purs que ceux de Frigilliana et du col de Jatar; ils sont souvent chargés de pyrite cristallisée en beaux dodécaèdres pentagonaux ou transformée en limonite, de graphite, de mica blanc. Le mica noir, en petites lamelles à l'état naissant, est rare (Agron, Liman, Jatar); il est négatif, à un axe, est attaqué par HCl et gélatinisé. Le zircon en petits cristaux, parfois très allongés, très beaux, est assez répandu (Jatar, Liman).

L'idocrase, rare, est très bien caractérisée dans un calcaire de Lanjaron, en petits prismes quadratiques, réfringents, surmontés d'un pointement surbaissé, environ à 130°, négatifs suivant l'allongement. Le rutile est plus répandu en petits cristaux (Frigilliana, Jatar), clivés suivant mh^1, très biréfringents, dichroïques, jaune-brun suivant n_g, jaune franc suivant n_p, souvent maclés suivant b^1 à 114°, isolés dans le calcaire ou souvent inclus dans le mica blanc. La trémolite est parfois extrêmement commune, en grands cristaux fibreux, incolores, très biréfringents (Lanjaron, Jatar, Canillas de Albaida), allongés suivant mm, à bissectrice négative presque perpendiculaire à h^1; ces cristaux sont formés de faisceaux d'aiguilles prismatiques, souvent maclées suivant h^1, où les extinctions maxima observées atteignent 15°. Ces faisceaux présentent en outre de grossières cassures transversales.

Le feldspath est peu répandu dans les calcaires dolomitiques de ce massif de Velez Malaga; nous ne l'avons reconnu que dans des échantillons ramassés au nord de Motril; il se trouve dans la roche en grains maclés, peu abondants, présentant les extinctions de l'anorthite. L'orthose, que nous y avons également observé, est toujours associé aux plages quartzeuses, sans doute filoniennes, qui forment des veinules dans la roche.

Un calcaire bleuâtre situé au sud de Jatar, près le cortijo de los Nacimientos, est particulièrement riche en minéraux intéressants : calcite, dolomie, mica blanc, mica noir, actinote, amphibole et diallage.

La calcite, la dolomie, le mica noir et le mica blanc ressemblent complètement à ceux que nous venons de décrire à propos des autres calcaires.

L'actinote se présente sous forme de baguettes disposées en éventails.

L'amphibole est en cristaux de 1 à 2 dixièmes de millimètre et se trouve en petite quantité dans la roche.

Le diallage est au premier abord absolument méconnaissable; on le trouve en effet en gros cristaux informes, ayant jusqu'à 1 centimètre de longueur et tranchant par leur blancheur sur le fond bleuâtre du calcaire.

Nous avons pu le séparer du calcaire et en faire diverses préparations microscopiques qui nous ont permis d'en déterminer les principales propriétés cristallographiques et optiques et de nous rendre compte des causes qui le rendent à première vue méconnaissable. La planche XXXIX (fig. 2) représente les sections les plus intéressantes de ce minéral, intercalées au milieu du calcaire.

On est immédiatement frappé, en examinant cette planche, de l'altération du minéral. Tous les contours en sont usés d'une part, et d'autre part l'échantillon est sillonné de nombreuses fentes remplies de calcite. C'est à la présence de cette calcite que le minéral, examiné à l'œil nu, doit sa coloration blanche.

CARACTÈRES CRISTALLOGRAPHIQUES.

Clivages. — Nous avons pu reconnaître :

1° l'existence d'un clivage extrêmement facile h^1, qui nous a permis d'obtenir des lames de clivage;

2° l'existence de deux clivages difficiles mm à 87° l'un de l'autre, visibles sur la section perpendiculaire à la zone du prisme.

On remarquera sur cette section les traces nombreuses du clivage h^1, bissecteur de l'angle supplémentaire de 87°.

Faces. — Nous avons reconnu sur la section g^1 la trace grossière de la face p faisant avec la trace de h^1 l'angle $ph^1 = 106°$ du diallage.

CARACTÈRES OPTIQUES.

Axes d'élasticité optique. — L'axe moyen n_m[1] est perpendiculaire au plan de symétrie g^1 et les deux axes extrêmes n_p et n_g sont contenus dans le plan g^1, qui se trouve être par suite le plan des axes optiques; n_g fait dans ce plan un angle d'environ 39° avec la trace de h^1.

Biréfringence. — Cette section g^1, d'épaisseur ordinaire $0^{mm},03$, est colorée en vert-jaunâtre entre les nicols croisés. Cette coloration correspond à une valeur de la biréfringence $n_g - n_p = 0{,}029$.

Axes optiques. — Il nous a été impossible, en raison de l'altération du minéral, de mesurer l'angle des axes optiques dans des

[1] Nous appelons n_g, n_m, n_p les trois axes de l'ellipsoïde inverse d'élasticité de Fresnel. On sait que les longueurs de ces trois axes sont les inverses des vitesses et peuvent être appelées les trois indices principaux de la substance. Nous distinguons le grand, le moyen et le petit indice par les lettres g, m et p.

plaques épaisses, mais nous avons pu néanmoins apprécier assez exactement cet angle en employant le procédé de von Lasaulx et en opérant sur une plaque mince perpendiculaire à la bissectrice n_g.

Nous avons pu constater ainsi que la substance est positive et que l'angle 2E de ses axes optiques (vu dans l'air) est d'environ 115°.

Les calcaires qui alternent avec les quartzites épidotifères et les schistes actinolithiques (pont d'Ifo, Agron, Canillas de Aceituno) diffèrent notablement des précédents.

Ils sont essentiellement caractérisés par la présence de l'épidote, qui manque dans les masses dolomitiques de la Tejeda, et présentent une grande ressemblance, signalée par MM. Michel Lévy et Bergeron, avec les cornes vertes du plateau central. L'épidote, moins beau et moins abondant que dans les quartzites, présente absolument les mêmes caractères; le quartz et la calcite, en mélange intime et en proportions relatives variables, forment la roche presque à eux seuls.

On y trouve en outre du sphène, très réfringent, très biréfringent, peu polychroïque et en petits cristaux montrant les faces $e^{1/2}$ et o^2.

L'actinote, la tourmaline sont parfois reconnaissables, ainsi que des lamelles de talc à un axe, des granules charbonneux, de minces lamelles de mica noir, toujours très localisées, de la chlorite, du zircon et du fer titané.

Le fer oxydulé est remarquable, dans certains cas, par son extrême abondance (S.O. de Canillas de Aceituno); il forme alors de beaux octaèdres très nets, simples ou maclés, réunis en grandes trémies à dispositions régulières, élégantes, très variées, et enfin des masses compactes où l'on ne distingue plus de contours cristallins. La roche passe alors à un véritable minerai de fer magnétique.

VI. — GYPSE.

Le gypse se trouve à divers niveaux dans la province de Grenade; nous nous bornerons ici à l'étude de celui des Alpujarras, que nous rapportons sans preuves suffisantes au terrain cambrien, et laisserons complètement de côté les gypses tertiaires du bassin d'Alhama.

Nous avons d'ailleurs très peu insisté sur le gisement du gypse des Alpujarras, n'ayant rien à ajouter aux excellentes descriptions, accompagnées de coupes, qui en ont été données par M. Gonzalo y Tarin[1]. M. de Botella[2], dans la province voisine d'Almeria, est arrivé à un même résultat. Le gypse des Alpujarras ne forme pas un niveau continu: il est disposé en couches lenticulaires vers la partie supérieure du cambrien, où des bancs calcaires alternent avec des lits schisteux, et toujours en dessous de la grande masse des calcaires triasiques.

Ce gypse est compact, d'un blanc-grisâtre sale (Lanjaron, Motril, la Mamola), formé de grains irréguliers, enchevêtrés, sans contours cristallins visibles au microscope[3]. Il est transparent, incolore, en lames minces; le clivage suivant g^1 est très marqué par de profondes stries parallèles, correspondant à l'extinction pour les sections de la zone ph^1.

Le principal intérêt de ce gypse est le grand nombre de minéraux étrangers qu'il renferme et qui rappellent le gisement du Kittelsthal (Thuringe) décrit par M. Senft[4]. Haussmann signala dès 1841, dans le gypse des Alpujarras, des cristaux de soufre, de

[1] Gonzalo y Tarin, *Descripc. geol. de la prov. de Granada* (*Bol. Com. mapa geol. de España*, t. VIII, 1881, p. 41).

[2] F. de Botella, *Descripc. geol. de la prov. de Almeria* (*Bol. Com. mapa geol. de España*, t. IX, 1882, p. 50).

[3] Fr. Hammerschmidt, *Beiträge zur Kenntniss der Gypsgest.* (*Tschermak's min. Mittheil.*, 1882, t. V, p. 245).

[4] Ce gypse du Kittelsthal contient les mêmes minéraux que celui des Alpujarras, à part le soufre et la fluorine; il est par contre plus chargé en oxydes de manganèse. (Senft, *Der Gypsstock bei Kittelsthal*, *Zeitschr. der deutschen geol. Gesell.*, Bd. XIV, 1862, p. 160.)

fluorine, d'oligiste, ainsi que des éclats clastiques des roches schisteuses voisines[1]. Le soufre est parfois assez abondant pour qu'on l'exploite en même temps que le gypse, d'après M. de Botella, dans la province voisine d'Almeria.

En outre des minéraux signalés par MM. Haussmann et de Botella, nous en avons reconnu un certain nombre d'autres en dissolvant le gypse dans de l'acide chlorhydrique ou dans des dissolutions saturées et chaudes d'hyposulfite de soude.

Un des plus répandus est le quartz en gros grains cassés, avec bulles mobiles, ou plus souvent encore en prismes hexagonaux terminés à leurs deux extrémités par des pyramides; ils ont généralement une teinte grisâtre et ne dépassent pas 3/10 de millimètre. Ils rappellent par leur forme les hyacinthes de Compostelle des couches gypseuses des Pyrénées espagnoles, voisines des ophites, ainsi que les beaux cristaux prismatiques des argiles fines, qui accompagnent les minerais de zinc dans la province de Santander[2].

Le mica blanc en paillettes irrégulières est également assez abondant dans le gypse; nous y avons reconnu en inclusions des granules de fer oxydulé et des microlithes de rutile maclés, présentant les mêmes caractères que dans les schistes de la région. Signalons enfin des cristaux de pyrite, de petits rhomboèdres très nets de dolomie et des fragments d'un minéral dichroïque vert qui est très probablement le chloritoïde.

Les minéraux inclus dans le gypse des Alpujarras se classent donc naturellement en deux séries distinctes : les uns sont identiques aux minéraux qui constituent les roches encaissantes, schistes et calcaires (dolomie, fer oxydulé, pyrite, mica blanc, chloritoïde, rutile, éclats de schiste); les autres sont inconnus dans les roches encaissantes (soufre, fluorine, quartz en prismes hexagonaux terminés).

L'analogie de ces derniers avec les produits habituellement dé-

[1] Haussmann, *Ueber das Gebirgssystem der Sierra Nevada*, Göttingen, 1841, p. 279.

[2] O'Reilly and Sullivan, *Geology of the province of Santander*, London, 1863, p. 129.

rivés de l'activité éruptive est frappante. M. de Botella[1] décrit du reste dans cette région une source (Fuente de la Familia) qui contient encore actuellement $12^{gr},702$ d'acide sulfurique libre par litre.

Des émanations sulfureuses ont nécessairement dû se faire sentir sur le calcaire, qui a été ainsi par places épigénisé en gypse, conservant en inclusions, sans les modifier, les divers silicates que nous connaissions en place dans les roches encaissantes et que nous avons retrouvés dans le résidu de la dissolution des gypses. Le gonflement, dû à la transformation du calcaire en gypse, explique la présence des éclats anguleux de schiste qu'on y observe, ainsi que les dislocations et les dérangements de couches que l'on constate toujours sur le terrain au contact de ces gypses. L'étude lithologique du gypse des Alpujarras vient donc confirmer pleinement l'opinion que MM. Gonzalo y Tarin et de Botella avaient émise sur son mode de formation, en se basant seulement sur sa disposition stratigraphique.

(1) F. de Botella, *Descripc. geol. de Almeria* (*Bol. Com. mapa geol. de España*, t. IX, 1882, p. 88).

IMPRIMERIE NATIONALE.

ÉTUDE GÉOLOGIQUE
DE LA SERRANIA DE RONDA,

PAR

MM. MICHEL LÉVY ET BERGERON.

DESCRIPTION GÉNÉRALE.

La serrania de Ronda se relie intimement avec l'axe montagneux qui, longeant la côte de l'Andalousie, se termine vers l'est par le massif de la sierra Nevada.

La région accidentée qui s'étend entre Marbella et Ronda présente d'abord une série de reliefs très abrupts le long de la Méditerranée, constitués par la série des terrains cristallophylliens et archéens; puis à cette première chaîne de montagnes sont adossés des faîtes jurassiques et crétacés. Cette disposition remarquable est tout à fait analogue à celle que l'on trouve au droit de la sierra Tejeda et de la sierra Nevada, à l'est.

La chaîne des terrains anciens prend le nom de sierra Bermeja au nord d'Estepona, celui de sierra de Mijas au nord de Marbella; plus à l'est, de l'autre côté de la plaine de Malaga, elle correspond à la sierra Almijara. Les montagnes jurassiques et crétacées qui s'étendent au sud de Ronda forment la serrania de Ronda et vont rejoindre à Chorro la sierra de Abdalajis.

Nous allons d'abord énumérer sommairement les différents terrains que nous avons eu occasion d'étudier, ainsi que les traits principaux de leur agencement stratigraphique; nous reviendrons ensuite en détail sur chacun d'eux.

I. A la base apparaît une formation gneissique en relation avec de nombreux filons de granulite tourmalinifère, dans laquelle le type acide alterne avec des amphibolites et des intercalations de dolomies blanches très cristallines à minéraux métamorphiques; ces dolomies nous ont paru affecter la forme lenticulaire, et leur développement, parfois énorme, donne à la région un de ses aspects caractéristiques. Nous croyons avoir retrouvé là un représentant de l'étage du monte Leone dans la coupe classique du Simplon, étage qui se développe au sommet des gneiss et micaschistes de la Suisse.

II. Puis viennent des schistes chloriteux et sériciteux, encore très cristallins, dans lesquels les filons de granulite pénètrent, en se dépouillant de leurs feldspaths et en s'enrichissant en andalousite. Ces schistes se chargent parfois de nombreux minéraux accessoires, tels que grenat, tourmaline, andalousite, disthène, sillimanite, staurotide, etc.

III. Ils passent par gradations insensibles à des schistes argileux moins cristallins, toujours sériciteux et chloriteux, dans lesquels nous avons rencontré des conglomérats et, en plusieurs endroits, des intercalations de dolomie noirâtre. Cet étage nous paraît représenter, tout au moins en partie, les schistes de Saint-Lô. Tout récemment, les membres de la Commission de la carte géologique espagnole y ont signalé, près de Chorro, des empreintes de *Nereites cambriensis.*

Tout cet ensemble de terrain cristallophyllien est percé par des filons N. E. de diorite et par des filons et des dykes, parfois énormes, de norite et de lherzolite, passant à la serpentine. La granulite en filons minces traverse tout cet ensemble.

IV. On passe brusquement ensuite à divers termes souvent épars, représentant le permien moyen et le trias. Ce sont, de bas en haut, des conglomérats, des grès, puis des marnes irisées accompagnées d'un cortège de gypse et de diabases à structure ophitique.

V. Le jurassique inférieur, peu développé paraît représenté de bas en haut :

a. Par des marnes grises avec intercalation de bancs calcaires et dolomitiques;

b. Par des calcaires blancs à fines oolithes.

Le jurassique supérieur présente des marbres gris et roses, esquilleux.

VI. Au-dessus du tithonique se développe un puissant étage de marnes plissées et refoulées par les pressions latérales, que, dès 1876, M. de Orueta a rapporté au néocomien.

VII. Dans le terrain nummulitique, on distingue une partie inférieure composée d'alternances de marnes et de calcaires, et une partie supérieure constituée par de puissants grès jaunes.

VIII. Le miocène marin commence par des molasses fossilifères et se termine par des conglomérats très puissants.

IX. Enfin des marnes argileuses et sableuses, très coquillières, représentent le pliocène inférieur (bizcornil de San Pedro de Alcantara) et moyen.

L'agencement de ces différents terrains présente un contraste marqué, si l'on compare entre eux les deux versants de la serrania de Ronda. La crête principale est sensiblement dirigée N. E. Sur le versant S. E., les terrains cristallins dominent et présentent au moins deux plis anticlinaux principaux, entre Marbella et la sierra Gialda. L'un de ces plis anticlinaux, celui de la sierra de Mijas, est de beaucoup le plus important et se propage au loin vers la sierra Nevada. Le régime de ce versant comporte de grandes failles, dans lesquelles sont versés des lambeaux de trias et parfois de jurassique.

Il existe une première discordance entre le permien et les terrains anciens.

Tout au contraire, le versant N. O. est couvert par les plis de refoulement du jurassique et du crétacé. Sur cet ensemble, les bords du bassin nummulitique empiètent irrégulièrement : ce terrain est souvent très plissé et redressé verticalement; mais on le trouve en discordance complète avec le jurassique et même avec le néocomien; aussi pénètre-t-il dans les cols les plus élevés. On le voit reposer indistinctement sur toutes les formations précédentes et constituer des îlots étagés, même sur les schistes anciens du versant méridional.

Une troisième grande discordance se manifeste entre le nummulitique et le miocène marin de Ronda. Ce dernier terrain, qui se montre à des altitudes de 1,200 mètres, est parfois faillé et même versé de 30° sur l'horizon; mais on n'y rencontre plus les plis de refoulement des terrains précédents. Il présente aussi des lambeaux étagés par gradins sur le versant méridional (Alora); mais ses grands bassins s'étendent au pied septentrional des sierras jurassiques.

La bande de pliocène longe le rivage de la Méditerranée; elle a subi, elle aussi, des mouvements d'exhaussement. Ainsi le bizcornil, aux environs de San Pedro de Alcantara, atteint des altitudes de 76 mètres et le pliocène des environs de Malaga monte jusqu'à 105 mètres.

En résumé, la serrania de Ronda a subi des mouvements énergiques, avec refoulements et pressions latérales, jusqu'après le dépôt du nummulitique; puis la mer miocène a dû la recouvrir en majeure partie, et des soulèvements à allure plus lente ont ensuite commencé, qui paraissent s'être continués jusqu'à la période quaternaire exclusivement[1].

La région qui sépare le versant méridional du septentrional est

[1] Nous ne parlons que de la partie de la côte par nous explorée jusqu'à Estepona. Les travaux de Ramsay et Geikie, Maw et Busk, ont prouvé que les oscillations ont continué durant l'époque quaternaire aux abords de Gibraltar.

constituée par un ensemble de plis presque verticaux, accompagnés de grandes failles.

Le nummulitique y apparaît en contact, au sud, avec les schistes cambriens, au nord, avec les marnes néocomiennes. Ce grand accident court N.-E. du col du Farro à Chorro et se trouve ainsi parallèle aux principaux plis et aux dykes de lherzolithe de la serrania. Mais, à partir de Chorro vers l'est, cette zone de failles et de refoulement maximum s'infléchit dans la direction E.-O. et rejoint ainsi la sierra Tejeda.

PREMIÈRE PARTIE.

ROCHES CRISTALLOPHYLLIENNES, ARCHÉENNES ET CAMBRIENNES.

CHAPITRE PREMIER.

GNEISS ET MICASCHISTES.

ÉTUDE STRATIGRAPHIQUE.

Les plus anciennes assises de cette série sont rares en Andalousie et n'apparaissent que dans la serrania de Ronda. Elles débutent par des gneiss riches en cordiérite et se terminent à leur partie supérieure par une alternance de gneiss et de micaschistes à mica noir, dans lesquels s'intercalent des amphibolites et des bancs de dolomie souvent extrêmement puissante. L'abondance extraordinaire de la dolomie et des calcaires cristallins constitue le trait caractéristique de la série cristallophyllienne de l'Andalousie. Les cipolins de Saint-Béat dans les Pyrénées, de la route du Simplon dans les Alpes, appartiennent au même niveau, mais sont incomparablement moins développés.

Les gneiss à cordiérite constituent une bande ininterrompue E. N. E. de Benalmadena à Marbella. On les retrouve aux environs d'Istan sur le chemin de la Casa de la Sepultura.

La majeure partie des sierras d'Ojen et Blanca est composée par de grandes masses de dolomie cristalline, alternant avec la partie supérieure des gneiss et avec des traînées d'amphibolite. L'âge de ces dolomies a été l'objet de nombreuses discussions; certains auteurs en ont fait des calcaires jurassiques métamorphisés. Il était donc important de trancher définitivement la question; à ce point de vue, les coupes que nous avons relevées entre Benalmadena et Fuengirola, et entre Marbella et Ojen, ne laissent aucun doute; et nous nous rangeons absolument à l'opinion exprimée par M. Mac Pherson et adoptée par M. Gonzalo y Tarin.

La route de Torremolinos à Benalmadena suit longtemps le pliocène plus ou moins argileux, recouvert par un limon superficiel et par des brèches calcaires quaternaires; puis elle rejoint, sous ce manteau de terrain récent, des gneiss granulitiques dont la schistosité a une direction N. 105° E. Dans ces gneiss apparaissent des masses et aussi des couches minces de dolomie. Le coup de marteau y développe une odeur fétide; le plongement moyen paraît être de 80° vers le sud.

C'est surtout à la descente de Carbajal que l'on peut observer des blocs de dolomie contenant des délits interstratifiés de gneiss.

De Marbella à Ojen, le long de la route à voitures, on peut relever une belle coupe de ces diverses formations. Jusqu'à une altitude d'environ 60 mètres, on trouve le pliocène inférieur qui a reçu le nom de bizcornil. Il repose sur des schistes plongeant de 35° vers le sud, puis qui deviennent horizontaux et qui plongent enfin de 30° vers le nord. Ces schistes micacés alternent avec des

Fig. 1. — Coupe de Marbella à Ojen.

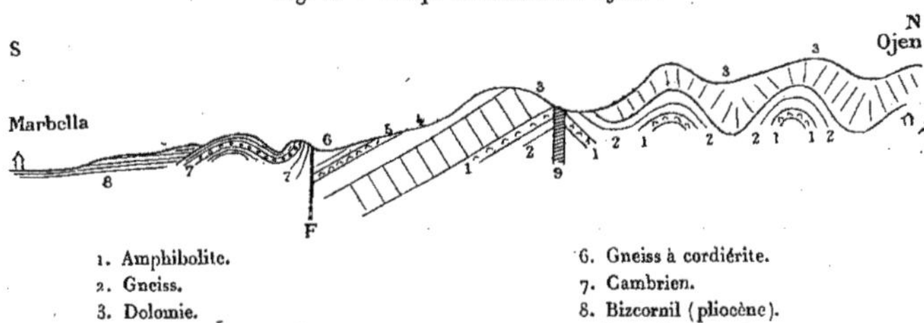

1. Amphibolite.
2. Gneiss.
3. Dolomie.
4. Gneiss avec amphibolite.
5. Amphibolite.
6. Gneiss à cordiérite.
7. Cambrien.
8. Bizcornil (pliocène).
9. Dyke de serpentine.
F. Faille.

quartzites et même quelques bancs de conglomérats. Nous les rapportons avec doute au cambrien. On les voit se redresser brus-

IMPRIMERIE NATIONALE.

quement, devenir verticaux, et buter par faille contre les gneiss à cordiérite qui ont pour direction N. 40° E. [1] et qui plongent vers l'est. Ces derniers contiennent, au voisinage de la mine de fer de Marbella, de nombreuses intercalations d'amphibolites très minces et de dolomies très puissantes.

Entre la mine de fer de Marbella et Ojen, la route croise, au moins trois fois, le contact entre les gneiss, les amphibolites et les bancs puissants de dolomie dont les assises constituent à l'ouest les crêtes de la sierra d'Ojen. Ces dolomies ne forment pas des masses ininterrompues, et l'on en voit des intercalations dans les gneiss, le long de la coupe que présente la route.

Un troisième exemple, tout aussi concluant, nous a été fourni par la coupe qu'on peut relever au lieu dit los Peñones, sur la rive droite du rio Alfraguara, près Tolox. La dolomie cristalline y alterne avec des gneiss granulitiques.

Entre Tolox et Yunquera, la dolomie affleure sous les schistes à minéraux; mais elle n'est plus accompagnée de gneiss, et nous la citons seulement pour mémoire.

ÉTUDE PÉTROGRAPHIQUE.

Gneiss à cordiérite. — A la jonction des chemins d'Istan à Monda et à Tolox, nous avons recueilli des échantillons de gneiss qui alternent avec des leptynites et qui présentent un bon type de gneiss à cordiérite encore intacte. On y voit l'association caractéristique des gneiss : mica noir (très chargé ici d'aiguilles et de cristaux de rutile), orthose, oligoclase et quartz. (Voir pl. XL, fig. 2.)

Le mica noir, en lamelles déchiquetées et orientées, a ses membranes disloquées par les autres minéraux, dont la structure est essentiellement grenue. C'est au milieu de ces derniers que se trou-

[1] Nous comptons ici les directions, rapportées au méridien vrai, en donnant l'angle qu'elles font avec le méridien, compté dans les deux premiers cadrans, du nord vers l'est. Par exemple, N. 45° E. correspond à la direction N. E. – S. O. et N. 135° E. à la direction N. O. – S. E.

vent les grains à peu près intacts de cordiérite; elle forme des sections rectangulaires, allongées suivant l'arête *mm* et d'autres sections hexagonales, ou tout au moins ovales, dans le sens transversal. On peut donc affirmer l'existence des faces m, g^1 et p, et probablement celle des faces g^2, qui explique l'arrondissement des sections transversales. Il n'y a pas de clivage net, mais bien des cassures très irrégulières et comme chevelues, qui n'apparaissent qu'entre les nicols croisés et sont remplies d'une matière jaunâtre isotrope. Les propriétés optiques concordent bien avec celles de la cordiérite. La zone d'allongement *mm* est toujours négative et s'éteint constamment à 0°. La bissectrice aiguë, négative, des deux axes optiques très écartés se montre perpendiculaire aux sections transversales. La réfringence est celle du baume de Canada (1,53); toutes les cassures, tous les accidents des sections disparaissent en lumière naturelle, et les sections du minéral semblent avoir subi un polissage parfait. La biréfringence maximum est un peu inférieure à celle du quartz; elle atteint 0,008.

Tous ces caractères concordent parfaitement avec ceux de la cordiérite, et la comparaison avec la cordiérite de Mittweida confirme l'analogie frappante des deux roches. Mais il faut bien remarquer que la plupart des propriétés optiques de l'orthose, dans la zone ph^1 et dans les sections transversales, pourraient s'appliquer à la précédente description. Nous basons la différence de diagnostic sur l'absence des clivages et de la macle de Carlsbad, sur l'apparence des cassures, et enfin sur un certain nombre de caractères plus précis dont il nous reste à parler.

La cordiérite d'Istan est fréquemment épigénisée en sillimanite à cristaux aiguillés, très allongés, présentant leurs cassures transversales habituelles et la biréfringence 0,022. Elle contient de jolies inclusions de fer oxydulé et d'un spinelle vert en octaèdres (pléonaste); quelquefois, mais plus rarement, il y a encore un spinelle brun (fer chromé ou picotite).

On y trouve en outre de nombreux petits cristaux de zircon, qui d'ailleurs parsèment tous les éléments du gneiss d'Istan. Dans les plages de cordiérite, le zircon se montre parfois entouré d'une auréole polychroïque dans les teintes jaune-citron. Lorsque le plan principal du seul nicol conservé coïncide avec la direction de l'axe de plus grande élasticité (laquelle correspond à la direction du plus petit indice de réfraction n_p [1] de la cordiérite), l'auréole atteint son maximum de coloration jaune vif; elle est jaune pâle suivant n_m et n_g. Ce fait est d'autant plus intéressant à constater qu'il est extrêmement rare que la cordiérite conserve, en plaques minces, même une trace de son polychroïsme.

Lorsque, de la croisée des chemins d'Istan à Monda et Tolox, on se dirige vers la casa de la Sepultura, on traverse une région de gneiss montrant à l'œil nu des traces vertes cireuses qui rappellent la pinite. Le microscope y décèle l'existence de la cordiérite, plus ou moins altérée et transformée en un magma colloïde, dans lequel se développent la séricite, le talc et la limonite. C'est la séricite qui est la plus abondante et l'on peut en induire que l'analyse de ces produits de décomposition donnerait une teneur en potasse qui serait appréciable; ils appartiennent donc vraisemblablement au groupe de la pinite et de la gigantolite. Il est à remarquer que ces produits d'altération laissent subsister intactes les inclusions de la cordiérite et notamment la sillimanite.

Les gneiss à cordiérite sont très développés dans la région qui s'étend entre Benalmadena, Marbella et Istan. Nous en avons étudié en plaques minces des échantillons provenant d'un grand nombre de localités. La cordiérite se montre indistinctement dans les gneiss, dans les leptynites et dans les micaschistes à mica noir de l'étage cristallophyllien inférieur. Nous avons trouvé de la cordiérite encore intacte dans les gneiss et micaschistes de Marbella, au-dessous de la dolomie d'Ojen (nos 3 et 5 de la coupe de la page 177). La sillimanite y est particulièrement abondante. Dans les micaschistes de la même coupe on constate l'existence de la tourmaline,

[1] n_g, n_m, n_p sont les trois indices principaux de réfraction, en commençant par le plus grand. Nous les faisons correspondre en direction avec les trois axes principaux d'élasticité optique (en commençant par le plus petit).

et quand la cordiérite est transformée en pinite, généralement le mica noir est partiellement épigénisé en chlorite.

Sur le chemin d'Istan à la casa de la Sepultura, on monte très longtemps dans des gneiss granulitiques constamment chargés de sillimanite et de pinite. Ces gneiss deviennent grenatifères à la Sepultura même, au contact des masses de lherzolite.

Mais on retrouve encore, beaucoup plus au nord, la même série. Lorsque de Tolox on remonte vers l'ouest le rio Alfraguara, on quitte à la sortie de la ville les schistes micacés cambriens, et l'on rencontre d'abord des blocs d'un véritable granite gneissique, empâtant des fragments schisteux. C'est d'ailleurs le seul point de la région où le granite à mica noir semble affleurer, et nous en donnons ici la description à cause de son passage au gneiss, plutôt que d'en faire un chapitre spécial. Les plaques minces montrent les éléments habituels du granite : mica noir en débris, oligoclase, orthose, quartz ; mais il s'y ajoute les éléments disloqués des gneiss voisins : petits débris de quartz et de feldspath et traînées membraneuses de mica noir. L'association des éléments en grands cristaux du granite avec les petits éléments des minéraux du gneiss s'y fait par superposition : les cristaux du granite sont intacts et contiennent les débris disloqués et irrégulièrement répartis du gneiss ; c'est un type de mélange analogue à celui que l'un de nous a décrit, dans le granite des environs de Saint-Léon (Allier), au contact des schistes micacés.

Puis on arrive, près du lieu dit los Peñones, à des gneiss à cordiérite francs alternant avec des dolomies cristallines. Ces gneiss contiennent de petits grenats ; il convient de remarquer qu'ils sont ici, comme à la Sepultura, au voisinage des grandes masses de lherzolite. La cordiérite, aussi caractérisée qu'à Istan, contient des inclusions de zircon, de pléonaste et de picotite. Elle est en partie épigénisée en sillimanite et en mica blanc.

Amphibolites. — La seule région où nous ayons touché les intercalations d'amphibolite dans les gneiss et micaschistes s'étend entre Marbella et Istan, en passant par Ojen. L'amphibolite s'y présente en bancs nombreux, de faible puissance, alternant tantôt avec des roches silicatées, tantôt avec des dolomies. Le développement de minéraux métamorphiques qui se produisent dans cette dernière roche, et que nous aurons occasion d'étudier plus loin, nous a démontré que les bancs de dolomie métamorphisée, chargés de silicates, passent latéralement à des amphibolites proprement dites.

Amphibolites des gneiss et micaschistes. — Le type pétrographique le plus fréquent consiste dans une association de fer oxydulé, de sphène, de hornblende, de labrador et de quartz. Le fer oxydulé, le fer titané et une partie du sphène sont en débris, et jouent le rôle de cristaux anciens ou de première consolidation. L'amphibole a visiblement formé un réseau continu de cristaux plus ou moins orientés, jouant, au point de vue de la structure de la roche, le rôle que les membranes de mica noir jouent dans les gneiss. Le labrador et le quartz sont à l'état grenu et leurs cristaux sont également développés dans tous les sens. Leur consolidation est postérieure à celle de tous les autres minéraux, qu'ils empâtent ou qu'ils disloquent. Enfin une partie du sphène s'est disposée à l'état d'enduit (leucoxène) autour des cristaux de fer titané. Les types de pareilles amphibolites abondent aux abords de la mine de fer de Marbella.

Les cristaux brisés de sphène y sont d'un brun très pâle, dépourvus de polychroïsme et de clivages apparents; ils affectent parfois la forme en fuseau avec faces o^2 et $e^{\frac{1}{2}}$ développées; mais le plus souvent leurs plages sont à contours irréguliers.

L'amphibole allongée suivant l'arête *mm* est sensiblement polychroïque; ses couleurs sont: suivant n_g vert-émeraude, suivant n_m vert-jaunâtre, suivant n_p jaune-verdâtre pâle. On peut distinguer facilement que le polychroïsme est très variable dans une même plage. Dans les faces g^1, l'axe n_g fait un angle d'environ 15° avec l'arête *mm*.

Le labrador et le quartz s'associent entre eux. Le labrador a été déterminé par l'angle maximum des extinctions de deux lamelles hémitropes suivant la loi de l'albite, dans la zone symétrique de la macle et perpendiculaire à g^1. Cet angle atteint 65°.

Les amphibolites sont susceptibles de passer à un deuxième type, plus basique que le précédent, dont nous avons également recueilli des échantillons aux abords de la mine de fer de Marbella. A l'amphibole s'associe un peu de pyroxène, au sphène un peu de rutile. Le labrador y est remplacé par de l'anorthite et le quartz disparaît. La structure est d'ailleurs la même. Les teintes de polychroïsme de l'amphibole sont les mêmes; cependant suivant n_g la couleur est le vert-bleuâtre. Les petits grains de sphène empâtés dans l'amphibole changent cette couleur autour d'eux et la font virer vers le jaune. L'anorthite est nettement reconnaissable à sa biréfringence (0,013) et à l'angle d'extinction maximum de la même zone que précédemment; cet angle atteint 90°. Le pyroxène, assez rare, est d'un brun pâle, dépourvu de polychroïsme; l'axe n_g fait, dans le plan de symétrie g^1, un angle de 38° avec l'arête *mm*.

Un troisième type d'amphibolite, qui sert, à proprement parler, de gangue au fer oxydulé de la mine de Marbella, consiste dans l'association simple d'amphibole et de fer oxydulé. Chose remarquable, l'amphibole s'y montre décolorée et peu polychroïque; elle est cependant plus biréfringente que l'amphibole verte des roches précédentes; sa biréfringence atteint 0,029 à 0,03. Son extinction dans le plan de symétrie g^1 se fait parallèlement à l'arête h^1g^1. Elle est très fibreuse suivant les clivages faciles *mm*. La bissectrice aiguë est négative, perpendiculaire à h^1, et l'angle 2V des axes optiques est toujours très grand.

Amphibolites dans la dolomie. — Le long de la montée d'Ojen au Juanar, on découvre dans les masses puissantes de dolomie des intercalations d'amphibolite identique à celle que l'on rencontre dans les gneiss et micaschistes ou tout au moins à leur type le plus basique. Les unes sont presque exclusivement composées de hornblende vert pâle; les autres contiennent de l'amphibole, du rutile, de l'anorthite, du sphène. L'anorthite est maclée suivant les lois de l'albite et du péricline. Le sphène se présente sous un aspect spécial; il constitue des cristaux en débris dans les autres éléments, mais il forme aussi des filonnets qui remplissent les fissures de la roche.

Silicates métamorphiques développés dans les dolomies. — Près du point le plus élevé de la montée qui, entre Ojen et Istan, traverse la dolomie cristalline (dolomie qui par places se délite en sable composé de rhomboèdres primitifs), on trouve un petit plateau nommé los Llanos de Juanar, où nous avons recueilli des dolomies métamorphiques remarquables, rappelant à plus d'un titre l'association minéralogique de Pargas. Les silicates, les titanates et les aluminates développés se trouvent parfois en grains isolés dans un excès de dolomie; mais le plus souvent ils constituent un tissu serré, à la façon des amphibolites, où toute trace de carbonate a disparu.

L'association la plus complète comporte de la pyrite, du fer titané, du rutile, du sphène, de la pargasite, deux variétés de chondrodite (humite et clino-humite), du spinelle vert (pléonaste), de l'anorthite et du talc. (Voir pl. XLII, fig. 1 et 2.)

Nous avons énuméré ces divers minéraux dans l'ordre habituel de leur consolidation, en commençant par les plus anciens. Ces derniers (pyrite, fer titané, rutile, sphène) sont les seuls qui comportent des contours cristallins nettement définis dans tous les sens et des cristaux parfois brisés; les autres sont en plages enchevêtrées.

La *pyrite de fer* (très finement grenue et en cristaux indéterminables) et le *fer titané* sont en grains irréguliers, souvent entourés, la première de limonite, le second de sphène.

Le *sphène* présente parfois les faces $e^{\frac{1}{2}}$ et o^2; il n'est pas maclé; sa biréfringence et sa réfringence sont, comme toujours, très grandes[1]. Il est très légèrement polychroïque; suivant n_g il montre une teinte brun-rosâtre, suivant n_p une teinte brun-verdâtre. Le plus souvent il se présente en débris dont les cassures sont irrégulières; il n'y a pas trace de clivage facile. Il renferme des inclusions liquides à bulles mobiles et des pores à gaz.

Le *rutile* se présente en débris assez volumineux et en très petits cristaux à faces nettes; dans les débris volumineux, les clivages de la zone du prisme mh^1 sont bien marqués, ainsi que le polychroïsme; suivant n_g (indice extraordinaire) la couleur est jaune-brun, suivant n_p (indice ordinaire) elle est jaune franc. Les petits cristaux sont environ trois fois plus longs que larges; ils présentent les formes m, h^1, b^1 et fréquemment la macle suivant b^1 en genou à 114°.

La *pargasite* forme des cristaux allongés suivant la zone du prisme, sans pointement déterminé. Les clivages faciles mm peuvent être mesurés au goniomètre à quelques minutes près; ils donnent l'angle de 124° 11′ de l'amphibole. Le minéral présente à la loupe une couleur variant du gris-brun au gris-rosé. Au microscope, les clivages faciles sont très marqués, très rectilignes, très régulièrement espacés. Il y a, en outre, des cassures transversales irrégulières. Les prismes sont parfois très allongés; quelques-uns ont quinze à vingt fois leur largeur. Les sections transversales décèlent les faces mm et des indices de la face g^1. Tantôt les baguettes de pargasite sont accolées entre elles, tantôt elles se groupent en macles multiples suivant h^1.

Les propriétés optiques sont très nettes et confirment la détermination de la pargasite. Le plan des axes optiques est situé dans le plan de symétrie g^1, bissecteur de l'angle obtus des clivages mm. La bissectrice aiguë positive n_g fait un angle de 18° à 21° avec l'arête h^1g^1. L'angle 2V des axes optiques est de 58° à 60°.

[1] La biréfringence maximum $n_g - n_p$ est supérieure à 0,12 dans le sphène, et l'absence habituelle de couleurs doit être rapportée à l'ordre élevé de celles qui se produisent en plaque même très mince; de là provient l'erreur accréditée que le sphène est faiblement biréfringent.

La biréfringence maximum $n_g - n_p$ de la face g^1 atteint 0,023. Dans les sections perpendiculaires à la bissectrice n_g, la biréfringence $n_m - n_p$ ne dépasse pas 0,006. Cette notion confirme que la bissectrice est positive et que l'angle des axes ne dépasse pas 60.

Le polychroïsme est sensible, mais très faible; on peut constater suivant n_g une couleur rosée, suivant n_p et n_m des teintes grises.

La réfringence moyenne, appréciée par le relief, paraît considérable; elle est très inférieure à celle du pléonaste et légèrement inférieure à celle de la chondrodite voisine. On peut en inférer qu'elle est voisine de 1,65.

Les inclusions affectent assez fréquemment la forme de cristaux négatifs allongés suivant les arêtes du prisme; mais elles sont presque toutes oblitérées par des produits secondaires.

Chondrodite. — Les deux variétés de chondrodite que présentent les roches du Juanar se rapportent à la humite et à la clino-humite de M. des Cloizeaux.

La humite est formée d'un agrégat de grains verdâtres à cassure saccharoïde. La clino-humite présente le même état, mais elle est colorée en jaune-roux.

Au microscope, la humite se montre entièrement incolore, en grains irréguliers, moulant nettement les minéraux précédents. Son apparence chagrinée, sa biréfringence maximum très forte ($n_g - n_p = 0{,}038$ à $0{,}041$), ses cassures irrégulières en forme d'alvéoles pénétrées de produits serpentineux, rappellent entièrement les propriétés du péridot.

En lumière convergente, la bissectrice aiguë est positive, et en supposant au minéral un indice de réfraction moyen $n_m = 1{,}70$, l'angle des axes optiques est $2V = 72°$.

Le trait caractéristique de ce minéral est de contenir fréquemment des facules irrégulières d'une couleur jaune d'or, qui, vues entre les nicols croisés, se montrent composées de lamelles hémitropes. Quand on rencontre une de ces plages complexes, telles que le minéral incolore ait sa bissectrice positive n_g perpendiculaire à la section, cette dernière est également perpendiculaire à la bissectrice aiguë positive des cristaux jaunes; seulement le plan des axes optiques du minéral incolore est exactement parallèle à la face d'association des lamelles hémitropes du minéral jaune, tandis que, dans ce dernier, le plan des axes optiques fait un angle de 9° à 12° avec la même trace. Dès lors, et puisque les autres propriétés ne permettent d'hésiter qu'entre le péridot et les chondrodites, on peut affirmer que le minéral jaune appartient à la clino-humite, telle que M. des Cloizeaux l'a définie, et augurer avec certitude que le minéral incolore qui lui est associé doit être rapporté à la humite. La face d'association des macles de la clino-humite devra donc être considérée comme étant la face p commune à tous les cristaux associés; les sections perpendiculaires aux bissectrices aiguës n_g sont parallèles à g^1 dans la clino-humite, à h^1 dans la humite. Le plan des axes optiques est donc p pour la humite, qui est orthorhombique; il se trouve oblique de 9° à 12° sur la face p pour la clino-humite, qui est monoclinique.

Fig. 2.

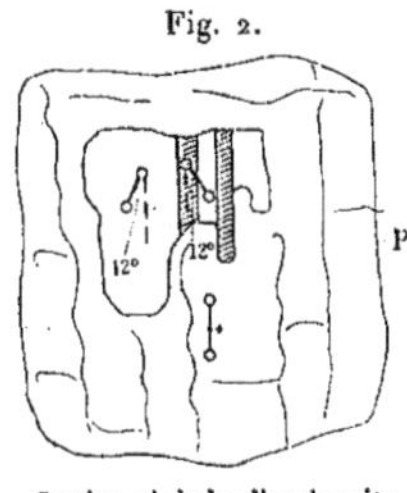

Section g^1 de la clino-humite, h^1 de la humite.

On sait que dans la troisième variété de chondrodite ou chondrodite proprement dite, qui est également monoclinique, le plan des axes optiques, d'après MM. des Cloizeaux et Sjögren, fait un angle de 29° avec la même face p.

La clino-humite du Juanar est fortement polychroïque. Suivant n_p on constate une belle coloration jaune d'or foncé, suivant n_m et n_g une coloration jaune-brunâtre très pâle. Ces résultats sont conformes à ceux que M. Sjögren a annoncés pour la chondrodite de Kafveltorp. La biréfringence de la clino-humite paraît légèrement inférieure à celle de la humite.

Maintenant que nous pouvons avoir une notion sur l'orientation des sections, il est aisé de constater que les cassures les moins irrégulières ont une tendance nette à s'orienter suivant les traces du plan p. Elles respectent en général les plages de clino-humite, qui sont beaucoup moins fendillées que celles de la humite.

Les inclusions de la humite sont surtout composées de pores à gaz, en partie oblitérés; quelques-unes sont en forme de cristaux négatifs à contours rectangulaires (voir pl. XLII, fig. 1 et 2).

Le *spinelle* forme des grains vert-émeraude foncé, visibles à la loupe et parfois très abondants. En plaques minces, ce pléonaste se montre d'un vert-émeraude clair; il est cubique et ne présente aucune anomalie optique. Son principal intérêt consiste en la façon dont ses plages, le plus souvent dénuées de contours cristallins, moulent les baguettes de pargasite et les grains irréguliers de chondrodite. Il est certainement, en partie, de consolidation postérieure aux minéraux précédemment énumérés, et il forme même de petits filonnets qui les traversent. Mais, d'autre part, on trouve quelques grains de pléonaste isolés, en inclusions dans la chondrodite et la pargasite. Les clivages a^1 sont assez nettement marqués et isolent des parallélogrammes assez réguliers.

La réfringence est un peu supérieure à celle de la chondrodite et de la pargasite, mais le relief de ce minéral est bien inférieur à celui du sphène. Les inclusions sont assez rares; quelques-unes d'entre elles sont liquides avec bulles mobiles.

L'*anorthite* ne se présente qu'assez rarement dans les échantillons recueillis au Juanar; elle est en cristaux d'un blanc nacré, surchargés d'inclusions des minéraux précédents. Au microscope, on constate qu'elle présente la macle de l'albite et parfois celle du péricline. Le clivage g^1 se décèle par des traces fines et nettes. Dans la zone de symétrie des macles, les sections perpendiculaires à g^1 permettent de constater, entre les séries de lamelles hémitropes, un angle d'extinction maximum de 90°; suivant les faces p, l'angle double d'extinction est de 72°; en lumière convergente, on aperçoit la trace d'un axe optique avec la barre noire, disposée comme l'a indiqué M. Max Schuster. La biréfringence maximum atteint 0,013.

Le *talc* constitue de nombreuses lamelles nacrées qui moulent tous les autres minéraux. Sa réfringence est faible et il se distingue, ainsi que l'anorthite, par l'absence de relief au milieu des minéraux très réfringents qui l'entourent. Sa biréfringence est assez variable et sensiblement plus faible que celle du talc de Sibérie. Il présente deux axes très peu écartés autour d'une bissectrice négative, sensiblement perpendiculaire au clivage facile *p*. Nous avons pu constater par le procédé microchimique Behrens (alun de cæsium) qu'il ne contient pas d'alumine. Ce n'est donc pas du mica blanc uniaxe ni de l'hydrotalcite; ce ne peut être non plus de la brucite, car elle est positive. Tous ces minéraux, difficiles à distinguer entre eux, ont été signalés dans les calcaires cristallins.

Il nous reste à mentionner, avec doute, quelques minéraux accessoires, d'une détermination difficile à cause de leur rareté, qui apparaissent çà et là dans les roches du Juanar : ce sont la wollastonite et l'idocrase.

La wollastonite paraît former quelques prismes allongés suivant ph^1, au contact de grains de dolomie encore conservés.

L'idocrase serait en inclusions, principalement dans la pargasite; elle y constituerait de petits prismes quadratiques trois fois plus longs que larges. Ce minéral se montre très réfringent et très peu biréfringent; il ne présente aucune cassure ni aucune inclusion.

En résumé, les bancs métamorphiques intercalés dans la dolomie du Juanar rappellent en bien des points le gisement de Pargas; ils offrent un exemple de la diffusion de la chondrodite, qui apparaît dans un grand nombre de calcaires cristallins, et dont nos études micrographiques ont décélé récemment la présence dans plusieurs localités où elle n'était pas soupçonnée (le Chipal dans les Vosges, etc.).

Au Juanar, les minéraux dominants sont le pléonaste, la pargasite et la chondrodite. La humite incolore y est plus abondante que la clino-humite jaune. Cependant quelques-uns de nos échantillons montrent une association exclusive de cette dernière espèce avec la pargasite, alors en prismes très allongés. Il est inutile d'insister sur la nécessité de corroborer par de nouvelles études la présence du péridot dans les roches stratiformes associées au gneiss. Il peut être facilement confondu avec la chondrodite, et l'exemple du Juanar prouve que cette dernière espèce n'est pas toujours en grains isolés dans les cipolins, mais qu'elle peut faire partie d'associations minérales dans lesquelles la calcite ou la dolomie ont entièrement disparu.

Dolomie minéralisée à l'entrée d'Ojen. — Sur la route de Marbella à Ojen, immédiatement avant le pont de cette dernière localité, la dolomie se charge de minéraux; mais, à l'inverse de la venue du Juanar, ils sont clairsemés en grains arrondis dans la dolomie en excès. Nous y avons constaté des prismes assez rares de trémolite à bissectrice négative, allongés suivant *mm*; de la humite, incolore, en cristaux arrondis; du pléonaste vert pâle, en petits octaèdres, et des lamelles abondantes de talc.

La dolomie de Benalmadena contient des octaèdres de picotite brun pâle; celle que l'on rencontre au sud de Yunquera est talcifère.

CHAPITRE II.

MICASCHISTES À MINÉRAUX.

ÉTUDE STRATIGRAPHIQUE.

Au-dessus des gneiss à cordiérite, on trouve dans la serrania de Ronda un système de schistes à mica noir et à mica blanc dans lesquels des filonnets de granulite injectent une grande abondance d'andalousite. M. Mac Pherson les a décrits avec grand soin dans son travail sur cette région.

Il existe une traînée de micaschistes à minéraux à mi-côte, entre Marbella et Benalmadena, dont la coupe suivante, relevée à la descente de Benalmadena vers Fuengirola, donne une idée suffisamment exacte.

Fig. 3. — Coupe entre Benalmadena et Torre Blanca.

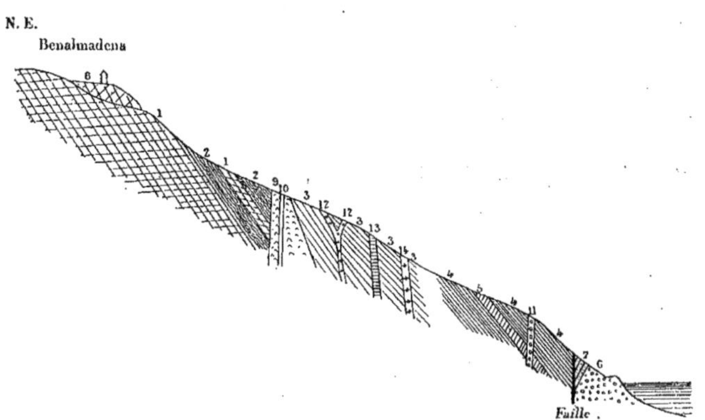

1. Dolomie.
2. Gneiss à cordiérite.
3. Micaschistes à minéraux.
4. Cambrien.
5. Phtanite.
6. Grès et conglomérats rouges du permien moyen.
7. Marnes et grès triasiques.
8. Brèche calcaire quaternaire.
9. Serpentine à bronzite.
10. Quartz en filonnets dans la serpentine.
11. Filon de dolomie ferrifère.
12. Filon de granulite.
13. Diorite en filons N. E.
14. Quartz à andalousite.

Lorsque de Benalmadena on se dirige par la descente de Carbajal vers Torre Blanca, on quitte rapidement la brèche calcaire quaternaire sur laquelle est assis le village, pour entrer dans des alternances de dolomie et de gneiss. Puis on croise un dyke de serpentine riche en bronzite, coupé lui-même par des filonnets de quartz; au-dessous de ce dyke se développent des schistes à minéraux. Ceux-ci ont une direction N. 65° E., un plongement sud variable mais très marqué. Ces schistes sont percés par des filons de granulite. On y rencontre également de nombreux filons minces de diorite, ayant une direction N.E., ainsi que des veines de quartz chargé d'andalousite. C'est un type absolument analogue à celui des schistes qui se développent aux abords d'Almunecar, le long de la côte entre Motril et Velez Malaga. A environ 110 mètres d'altitude, ces schistes prennent une direction N. 85° E. Puis on voit reposer sur eux les schistes archéens qui descendent jusqu'au bord de la mer et contre lesquels vient buter par faille un lambeau de permien et de trias.

Les mêmes micaschistes paraissent entre Istan et Monda, où ils constituent également la transition entre les gneiss à cordiérite et

Fig. 4.

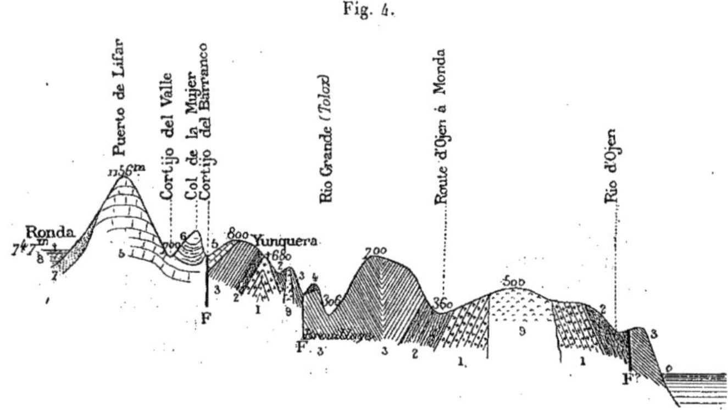

1. Gneiss et dolomies.
2. Micaschistes.
3. Schistes cambriens.
4. Permien moyen.
5. Terrain jurassique.
6. Crétacé (marnes néocomiennes).
7. Terrain nummulitique.
8. Miocène moyen (helvétien).
9. Dykes de serpentine.
F. Failles.

les schistes micacés archéens; seulement leur plongement moyen se fait vers le nord, et ils forment le flanc septentrional du grand pli anticlinal dont la sierra d'Ojen et le col du Juanar occupent l'axe. Ce pli avait été déjà observé par M. de Orueta et M. Mac Pherson. Il s'adosse au nord à un pli synclinal de moindre dimension qui fait reparaître les mêmes schistes à minéraux entre Tolox et Yunquera.

Ainsi l'on peut se représenter les terrains anciens de la sierra de Ronda comme formant deux plis anticlinaux, séparés par un pli synclinal.

Le pli anticlinal du sud, qui longe le rivage, est de beaucoup le plus important, et nous pensons que son axe se prolonge sous la Méditerranée, jusqu'aux environs d'Almunecar. Mais le plus ancien des terrains cristallophylliens, constitué ici par les gneiss à cordiérite, n'apparaît que dans la sierra de Ronda ; à Almunecar, l'axe du grand pli anticlinal serait précisément occupé par les schistes à minéraux.

Quant au second pli anticlinal, dont l'axe passerait par Yunquera, il disparaît rapidement vers le N. E. et sa prolongation paraît cachée sous le bassin nummulitique qui s'étend au nord de Colmenar.

ÉTUDE PÉTROGRAPHIQUE.

Les schistes à minéraux, recueillis dans la sierra de Ronda, sont essentiellement composés de quartz grenu, de mica noir, de mica blanc et d'andalousite. On y rencontre accessoirement le zircon, la tourmaline et un peu de sillimanite. C'est aux environs d'Almunecar et de Nerja que nous avons recueilli les plus beaux échantillons de cette série.

On peut y distinguer deux types principaux : l'un acide, l'autre basique.

1° *Type acide.* — A environ deux lieues à l'est d'Almunecar, sur la route neuve, les schistes à minéraux contiennent du rutile, de la staurotide, du disthène, du quartz, de l'andalousite, du mica noir et du mica blanc. Tous ces minéraux sont énumérés dans l'ordre

IMPRIMERIE NATIONALE.

de leur consolidation la plus habituelle. Accessoirement, on y rencontre de l'apatite, du grenat, de la tourmaline, de la chlorite et du graphite.

Ces schistes sont percés, en outre, par des filonnets de quartz accompagnés d'andalousite et de talc.

Le *rutile* est en petits prismes allongés, généralement inclus dans l'andalousite.

La *staurotide* est visiblement disloquée et moulée par du quartz. Parfois elle concentre des impuretés charbonneuses (graphite); parfois aussi elle se montre relativement très pure. Celle qui apparaît à l'est d'Almunecar se montre en prismes très allongés suivant l'arête *mm*. Les sections longitudinales sont le plus souvent rectangulaires et ne montrent que le profil des faces *m* ou g^1 et *p*. Les sections transversales montrent les faces *m* et g^1. Le clivage g^1 n'est marqué que par quelques fines cassures, surtout visibles dans les sections transversales. Il y a de nombreuses cassures irrégulières, parallèles à *p*, qui divisent les cristaux en tronçons souvent rejetés les uns par rapport aux autres. La réfringence est considérable et bien supérieure à celle de l'andalousie, de sorte que le relief de la staurotide est voisin de celui du disthène. Le plan des axes optiques est perpendiculaire au clivage g^1; la bissectrice aiguë, positive, est parallèle à l'arête d'allongement *mm*. Si l'on suppose un indice de réfraction moyen de 1,75, l'angle d'écartement vrai des axes optiques ne dépasse pas 70°. La biréfringence maximum n'est pas considérable; elle atteint seulement 0,012. Nous avons d'ailleurs vérifié que, dans des staurotides d'autres provenances, elle ne dépassait pas 0,015.

Le polychroïsme donne suivant n_g une teinte jaune doré, tout à fait analogue à celle de la clino-humite; suivant n_p la couleur est jaune pâle, suivant n_m elle est brun-jaunâtre pâle.

La staurotide d'Almunecar n'est pas maclée.

Le *disthène*, déjà signalé par Scharenberg, est plus rare que les autres minéraux. Il se présente en prismes très allongés suivant l'arête *mt* et généralement cassés à leurs extrémités. Les clivages suivant *m* et *t* sont aussi marqués que ceux des micas; il existe en outre des cassures interrompues, très fines, rectilignes et très multipliées suivant *p*. Il est très rare que ces cassures traversent tout un cristal. A l'œil, le disthène est d'un beau bleu tacheté de blanc-bleuâtre; en plaques minces, il est complètement incolore.

Les macles suivant la face *m* sont nombreuses. Au point de vue optique, il est impossible de distinguer, en plaques minces, la macle par rotation autour de l'arête *mt* de celle qui équivaut à une rotation autour de l'arête *mp*. Dans les deux cas, les cristaux juxtaposés s'éteignent, dans la zone de symétrie de la macle, à 0°; au contraire, dans la zone d'allongement *mt*, l'extinction oscille entre un minimum de 0° et un maximum de 30°. Quant à la macle suivant *m*, avec axe de rotation perpendiculaire à cette face, comme ce dernier coïncide avec l'axe d'élasticité n_p, elle ne change pas l'orientation de l'ellipsoïde optique.

Les sections suivant les faces *m* du disthène d'Almunecar présentent souvent une disposition zonaire des plus marquées et l'axe n_g fait avec l'arête *mt* des angles variant de 28° à 22°, dans un même cristal. Les zones se succèdent sans grand ordre, de l'extérieur à l'intérieur du cristal. Cependant l'angle d'extinction est plus grand au centre qu'à la périphérie.

La bissectrice aiguë, négative, est perpendiculaire à la face *m*. D'après M. des Cloizeaux, l'indice de réfraction moyen est 1,72; il coïncide bien avec le relief considérable que présente le disthène. L'écartement réel des axes optiques est grand et voisin de 80° dans le disthène d'Almunecar. La biréfringence atteint 0,021; elle est beaucoup plus forte que celle de la staurotide et de l'andalousite.

Les inclusions liquides à bulles mobiles y sont nombreuses et de grande taille, tandis que la staurotide ne contient que quelques pores à gaz.

Le *quartz* présente une structure grenue; il est assez riche en inclusions à bulles mobiles de petite taille.

L'*andalousite* est extrêmement abondante dans les schistes de la serrania de Ronda et d'Almunecar. Elle y constitue des prismes allongés suivant l'arête *mm* et ne présente en général que les faces *m* et *p*. Les clivages *m* sont marqués par des stries très fines, très rectilignes et en réseau très serré.

La faible réfringence moyenne de l'andalousite (1,64) lui donne un relief intermédiaire entre celui des feldspaths et celui de l'amphibole. La biréfringence maximum (0,011) est à peine supérieure à celle du quartz. Dans les sections transversales, le plan des axes optiques bissecte l'angle des clivages faciles. La bissectrice aiguë est négative et perpendiculaire à la face *p*, dans laquelle les clivages sont à angle droit. L'écartement réel des axes optiques atteint ici 80°. Le polychroïsme est très variable dans une seule et même plage. Le plus souvent il est à peine sensible, mais par places on constate suivant n_p une belle couleur rose-chair, suivant n_m et n_g une couleur blanc-verdâtre.

Dans les sections h^1 perpendiculaires à la normale optique positive (n_g), on constate souvent l'existence d'anomalies optiques qui empêchent une seule et même plage de s'éteindre simultanément dans toute son étendue, et qui rappellent certaines extinctions de quartz calcédonieux. L'angle compris entre les extinctions extrêmes ne dépasse pas quelques degrés, et les divers individus cristallins sont allongés et juxtaposés suivant l'arête h^1g^1. Les macles suivant *m*, signalées par M. Jeremeieff, ne peuvent expliquer ces apparences, car les faces h^1 des différents individus juxtaposés restent sensiblement parallèles entre elles.

L'andalousite des schistes que nous étudions est criblée d'inclusions en général oblitérées par des produits secondaires opaques.

Le *mica noir*, à un axe négatif, est, au moins en partie, de consolidation récente; il s'accole à la staurotide, dont il moule certains cristaux, et il pénètre dans les fissures de l'andalousite; il moule même certains grains de quartz. Son allure rappelle beaucoup celle des micas noirs dans les schistes micacés. Il contient de très petits cristaux de zircon, autour desquels se développent des auréoles polychroïques de grandes dimensions.

Le *mica blanc* est de la muscovite authentique, car il présente $2V = 40^\circ$ autour d'une bissectrice négative; ses propriétés optiques permettent donc de le distinguer des lamelles de talc que l'on rencontre dans les filonnets de quartz avec andalousite, dont il nous reste encore à parler.

Nous considérons ces filonnets de quartz comme une modification fréquente des filons de granulite, dans leur traversée des schistes à minéraux. Nous en avons rencontré près d'Almunecar, ainsi qu'à la descente de Carbajal.

Ils contiennent des quartz bipyramidés limpides ressemblant au quartz goutte d'eau, des rosettes de pennine, d'autres rosettes de talc et du fer oxydulé. La pennine est à un axe négatif; sa biréfringence est très faible (0,002). Le talc présente une biréfringence considérable (0,036), analogue à celle du mica blanc. Ses deux axes optiques sont assez rapprochés autour d'une bissectrice aiguë négative. Sa biréfringence et l'écartement relatif de ses axes optiques ne permettent pas de l'identifier au talc des dolomies.

2° *Type basique.* — Les micaschistes à minéraux contiennent des niveaux basiques riches en grenats et en amphibole et passant aux éclogites. Ces schistes sont surtout développés dans la sierra Nevada, mais ils se présentent aussi entre Almunecar et Nerja.

Les schistes basiques de Nerja contiennent du fer oxydulé, du zircon, de la tourmaline, du sphène, de l'épidote, de l'amphibole, du grenat, du mica noir, du quartz et du mica blanc. Ces minéraux sont énoncés dans leur ordre de consolidation en commençant par les plus anciens. (Voir pl. XLI, fig. 2.)

L'*épidote* se présente en cristaux isolés très allongés suivant ph^1; le clivage transversal est très marqué. Ses cristaux sont souvent cassés, et l'on ne peut les considérer comme secondaires dans l'acception ordinaire du mot; ces minéraux, en effet, sont tous métamorphiques.

L'*amphibole* constitue des traînées parallèles à la schistosité, et ses cristaux sont très allongés suivant l'arête *mm*. Les sections transversales, à contours peu distincts, ne montrent pas le profil de la face g^1. Les sections suivant la zone d'allongement se terminent par un épanouissement de fibres longitudinales.

Le plan des axes optiques est dans g^1 et la normale optique n_g fait un angle de 13° avec l'arête h^1g^1. L'écartement réel des axes autour de n_p est d'environ 70°, en supposant à l'amphibole un indice moyen de 1,64. Le polychroïsme très marqué donne suivant n_g une couleur bleu marin; suivant n_m une couleur vert-bouteille; suivant n_p une couleur jaune-verdâtre pâle. La couleur constatée suivant n_g fait immédiatement penser que l'on a affaire à un mélange de hornblende ordinaire et de glaucophane. Cette hypothèse est confirmée par l'existence d'un clivage transversal très marqué et très régulier qui s'ajoute au clivage ordinaire *mm*. La présence de ce clivage transversal n'a été signalée que dans les actinotes et dans les glaucophanes.

Les sections d'amphibole sont entourées d'une couronne de petits feuillets de mica noir, orienté dans tous les sens. Elles contiennent, en inclusions, des traînées de fer oxydulé et des prismes d'épidote alignés suivant l'arête *mm* de l'amphibole.

CHAPITRE III.

SCHISTES ARCHÉENS ET CAMBRIENS.

ÉTUDE STRATIGRAPHIQUE.

Il est extrêmement difficile, en Andalousie, de constater s'il existe une différence de stratification notable entre les schistes à minéraux que nous avons décrits précédemment et les schistes archéens et cambriens dans lesquels apparaissent les premières roches clastiques nettes, parfois composées des débris des roches préexistantes.

Nous avons touché le contact de ces deux systèmes en quatre

points : à la descente de Carbajal, entre Marbella et Ojen, sur le chemin d'Istan à Monda, et enfin au nord de Yunquera.

1° A la descente de Carbajal, le contact est masqué par les éboulis. Les schistes à minéraux présentent une direction moyenne N. 85° E., avec un pendage variable vers le sud. (Voir figure 4, p. 192.)

Les schistes cambriens ont une direction moyenne N. 120° E., avec un plongement de 80° vers le S. O. Ils se composent de schistes argileux, parfois chloriteux, avec intercalations de bancs peu épais de phtanite noire; des filons de dolomie ferrifère, ayant une direction N. O., les traversent dans leur ensemble.

A la sortie de Fuengirola vers l'ouest, on retrouve ces mêmes schistes plus micacés et traversés par des filons de quartz de pegmatite. Leur direction oscille entre N. 120° E. et N. 75° E.

2° A la sortie de Marbella vers Ojen, on trouve sous le bizcornil un lambeau étroit de quartzite et de schistes micacés, contenant par places des bancs bréchiformes. Les schistes contiennent quelques empreintes indéterminables qui sont peut-être d'origine organique. Leur contact avec les gneiss à cordiérite se fait brusquement et par suite d'une faille ayant une direction E.-O. La figure 1, page 177, rend compte de cette disposition.

3° Sur le chemin d'Istan à Monda, les schistes micacés, d'ailleurs beaucoup plus métamorphiques que ceux des coupes précédentes, paraissent reposer sans discordance sur les schistes à minéraux et remplir le pli synclinal dont on traverse successivement les deux pendages entre Monda et Istan.

4° Au nord de Yunquera, on voit succéder brusquement à la dolomie métamorphique que nous avons rapportée à l'étage des gneiss, de nombreuses alternances de schistes micacés et de calcaire noirâtre, très différent des dolomies, et marbré de veines blanches de calcite. Le contact paraît avoir lieu par faille : la dolomie a une direction N. 85° E. et un plongement vers le nord. On trouve, au contraire, avant le puerto de las Abejas que les schistes et les calcaires noirs ont fréquemment une direction N. N. O. avec un plongement variable. Puis, lorsqu'on s'approche de l'arroyo del Jobera, la direction E.-O. reparaît avec un plongement nord.

La coupe théorique ci-jointe relie ces diveres observations entre elles; on y voit que les schistes archéens et cambriens de la serrania de Ronda forment un manteau sur la partie sud du grand pli anticlinal de la côte, qu'ils pénètrent dans le golfe formé par le pli synclinal qui sépare Ojen de Tolox et qu'ils reposent de nouveau sur le flanc nord du petit pli anticlinal de Yunquera. (Voir fig. 4, p. 192.)

Ces diverses zones de schistes anciens se suivent vers l'est et nous en avons étudié le développement au nord, contre la faille de la station d'El Chorro; dans la partie médiane, entre Malaga, Alora et Colmenar; dans la zone méridionale, entre Motril et Salobreña.

1° Sur le flanc sud de la sierra de Abdalajis, le contact entre les schistes anciens et le jurassique se trouve le plus souvent masqué par des lambeaux de terrain nummulitique et de miocène marin. Cependant, à la station d'El Chorro, le contact par faille nous paraît évident. Il se produit un peu au nord de la station, à la sortie du tunnel n° 12 (tunnel del Viadutto). Puis les tunnels n°s 13 et 14 sont tout entiers dans les schistes. Plus loin les schistes disparaissent sous des lambeaux des terrains nummulitique et permien. C'est près de cette localité d'El Chorro que les ingénieurs espagnols attachés au service de la carte géologique nous ont dit avoir trouvé le *Nereites cambriensis*, dans ces mêmes schistes.

A la station même d'El Chorro, les schistes très feuilletés, noirs, ont une direction N.-S. et un plongement de 70° vers l'ouest. Puis ils s'infléchissent, et à la sortie du tunnel n° 14 (tunnel de la Pintada) on les voit plonger de 50° vers le sud. Ils contiennent en ce point des calcaires noirs veinés de blanc et des bancs d'une leptynite gréseuse, très chargée de mica noir.

Ce plongement général vers le sud du lambeau de schistes d'El Chorro nous induit à penser que l'axe du lambeau anticlinal de Yunquera vient se heurter contre la grande faille qui va de Burgo à El Chorro, un peu avant cette dernière localité. On serait donc déjà dans l'épanouissement de la partie médiane des schistes de la serrania de Ronda et sur le bord septentrional du pli synclinal que nous y avons signalé.

2° La coupe de la route de Malaga à Colmenar confirme cette hypothèse; car, aux abords de Malaga, les schistes plongent en moyenne vers le nord, tandis que, près de Colmenar, le plongement moyen s'établit vers le sud. Près d'Alora, le plongement est également celui qui convient au pli synclinal que nous étudions; il est dirigé vers le S. O.

Le type dominant de ces roches de la région de Malaga est détritique et se compose d'arkoses anciennes ou même de brèches provenant du remaniement de schistes argileux. On y trouve intercalés des bancs de calcaire noir veiné de blanc, comme ceux d'El Chorro et du nord de Yunquera.

Le facies métamorphique se traduit par la présence de schistes micacés et même par des injections de roches feldspathiques. On en trouve une région assez étendue à 10 kilomètres à l'est d'Alora.

3° Nous avons déjà signalé, au chapitre précédent, l'extension vers l'est de l'axe du grand pli anticlinal de la côte et rapporté au bombement produit par cet axe l'apparition des schistes à minéraux, entre Almuñecar et Malaga. Si cette hypothèse se vérifie, les schistes archéens des environs de Fuengirola ont pour prolongement naturel, vers l'est, ceux de Motril et de Salobreña.

A Salobreña la direction générale des schistes est N. N. E. et leur pendage se fait vers l'est. Ces schistes se composent de variétés un peu basiques, contenant des grenats et de l'amphibole; ils sont percés de filons de quartz avec mica blanc (granulite éventée). Ils paraissent accompagnés de calcaires cristallins noirs et blancs, souvent recouverts par une brèche quaternaire.

ÉTUDE PÉTROGRAPHIQUE.

Le type pétrographique dominant des schistes archéens et peut-être cambriens, que nous avons étudiés, rentre dans la catégorie

IMPRIMERIE NATIONALE

des schistes quartzeux à ciment séricileux et chloriteux. On y trouve intercalés des bancs conglomératiques (grauwacke) et même des grès feldspathiques (arkoses anciennes). En un point (montée de Carbajal) nous avons trouvé quelques bancs de phtanite noire compacte intercalés dans les schistes.

Le développement des phénomènes métamorphiques y produit fréquemment la transformation de ces roches clastiques en schistes micacés dans lesquels la biotite joue le rôle de ciment. Nous avons déjà signalé que ces schistes micacés peuvent passer à de véritables leptynites, par injection d'une roche feldspathique (environs d'Alora).

L'intercalation de bancs calcaires se traduit par la production de schistes amphiboliques rappelant entièrement les cornes vertes du plateau Central.

1° *Schistes quartzeux à ciment chloriteux et séricileux.* — Ils se composent de débris nettement clastiques de quartz, cimentés par de la chlorite et de la séricite. Les petits cristaux de tourmaline y sont rares, mais on trouve en abondance des aiguilles de rutile. On y voit fréquemment des grains d'un pigment charbonneux, accompagnés de fer oxydulé et surtout de fer oligiste.

2° Les bancs d'arkose ancienne sont plus intéressants et plus rares. Ils comprennent des débris de quartz, d'orthose, d'oligoclase, de mica noir, de zircon et de schistes plus anciens. Le ciment est chloriteux et séricileux; il s'y développe par places de larges lamelles de muscovite. Nous en avons trouvé des lambeaux près d'El Chorro entre le quatorzième et le quinzième tunnel sur la ligne de Bobadilla à Malaga, près la venta de Santa Clara (route de Malaga à Colmenar), et à la descente de Carbajal, près de Benalmadena.

3° Dans cette dernière localité on trouve également des phtanites, composée presque exclusivement de silice compacte. A la lumière naturelle, on voit apparaître des formes ovales plus transparentes que le fond de la roche; le tout est imprégné de calcédoine très fine et d'opale, et percé de nombreux filonnets de calcédoine en plus gros grains.

4° Le premier stade de métamorphisme développe dans les schistes, aux dépens du ciment séricitenx et chloriteux, du mica noir secondaire. C'est un mode de métamorphisme trop étudié et trop connu pour que nous décrivions plus longuement ces schistes micacés. M. Mac Pherson y a signalé la chiastolite, dans la serrania de Ronda.

5° L'étude des roches de contact des schistes quartzeux avec les bancs de calcaire intercalés a été jusqu'à présent moins approfondie. Tantôt on constate un mélange intime de grains de quartz et de calcite (route de Colmenar, avant la venta de la Erradura); tantôt on observe des alternances de bancs de quartz grenu et de calcite. Au contact se développe l'épidote en prismes allongés suivant l'arête ph^1, ainsi que de petits prismes raccourcis de tourmaline (Almuñecar).

6° Ces mêmes roches de contact sont susceptibles de présenter un type plus profondément métamorphique (Salobreña, pont d'Almunecar). Il consiste en bandes alternantes de schistes micacés, à ciment de mica noir, et de schistes amphiboliques. Les schistes micacés présentent des grains de quartz bipyramidés, moulés par de la biotite. Comme minéraux accessoires, on y voit des cristaux de tourmaline, des aiguilles de rutile, du fer oxydulé, des cristaux de staurotide entourés en couronnes par des grains d'épidote.

Les bandes basiques contiennent du sphène, de l'amphibole, et parfois du pyroxène, beaucoup d'épidote. Elles rappellent tout à fait certaines cornes vertes du plateau Central de la France.

7° L'injection des roches granitiques dans les schistes micacés paraît assez rare, et ce fait est en relation avec la rareté relative des filons de granulite et l'absence presque complète d'éruptions de granite. Cependant nous pouvons signaler l'existence de leptynite feldspathique intercalée dans les schistes à 10 kilomètres à l'est d'Alora. Elles contiennent du quartz, de l'oligoclase, de l'orthose, du mica noir et quelques grenats criblés de pores à gaz. D'autres variétés passent aux leptynites amphiboliques et admettent le sphène, l'amphibole, le labrador et le quartz.

8° Lorsqu'on descend de la Sepultura à Tolox, on franchit, en vue de cette ville, le contact entre l'énorme dyke de lherzolite serpentineuse de la sierra Bermeja, et les schistes archéens séricitenx sur lesquels sont bâties les premières maisons de Tolox. A première vue, les schistes semblent reposer sur la serpentine; mais on ne tarde pas à se convaincre que la roche éruptive en a empâté des blocs de toutes les dimensions, en y développant des agrégats de mica noir, des filonnets de chrysotile et du talc.

En résumé, il n'a pas échappé au lecteur de ce chapitre qu'il ne paraît pas possible, dans l'état actuel des études sur l'Andalousie, de séparer l'ensemble que nous avons désigné sous le nom d'archéen et de cambrien. L'existence de roches détritiques (conglomérats, arkoses, grès) sépare nettement cette série de la précédente, qui présente un cachet franchement et uniquement métamorphique. Si la présence de quelques fossiles nettement cambriens se confirme, il n'en restera pas moins la difficulté de constater une discordance nette entre les schistes à minéraux et certains schistes micacés. Nous ne croyons donc pas devoir insister ici sur la question de la limite à établir entre les schistes archéens et cambriens, non plus que sur celle de savoir si le silurien ou le dévonien n'ont pas de représentant dans la grande région schisteuse qui s'étend entre Malaga et Colmenar.

DEUXIÈME PARTIE.

ROCHES ÉRUPTIVES.

CHAPITRE PREMIER.

NORITES, LHERZOLITES ET SERPENTINES.

ÉTUDE STRATIGRAPHIQUE.

La serrania de Ronda est certainement une des régions où les roches anciennes, riches en péridot, se présentent en très grandes masses. M. Mac Pherson a rendu un service signalé à la science en donnant des descriptions approfondies de quelques-uns des intéressants gisements de la serrania de Ronda. Nous renvoyons, à ce point de vue, au résumé bibliographique qui donne un extrait succinct des travaux de M. Mac Pherson.

On trouvera plus loin l'étude pétrographique d'un certain nombre de ces roches. Elles constituent dans leur ensemble une grande venue de norites souvent riches en anorthite et toujours en péridot. La lherzolite n'en est qu'un cas particulier et la serpentine un produit de décomposition de la norite.

Au point de vue stratigraphique, deux faits principaux nous paraissent fixer, d'une façon relative, l'âge de ces éruptions.

La norite perce en filons minces tous les schistes anciens, y compris les schistes cambriens détritiques. Sur les bords de ses grands dykes, elle en empâte des fragments anguleux. Elle est au contraire percée par quelques filons de quartz et de pegmatite graphique qui nous paraissent être les représentants de la granulite. Aucun des faits que nous avons constatés ne permet d'appuyer l'idée plusieurs fois émise que la serpentine de la serrania de Ronda constituerait des enclaves stratiformes dans les terrains cristallophylliens; aucun fait, non plus, ne corrobore l'idée opposée que cette roche éruptive serait d'un âge relativement très jeune et aurait influencé et percé les terrains jurassique et crétacé de la serrania de Ronda.

D'une manière générale, la norite constitue trois grands dykes elliptiques dont les axes seraient allongés dans la direction E.N.E. (sierras Bermeja, de Mijas et de Caratraca). La sierra Bermeja a son grand axe grossièrement dirigé suivant l'axe du pli synclinal de Tolox; les sierras de Mijas et de Caratraca semblent coïncider avec les deux axes anticlinaux de la région.

Nous avons croisé de nombreux filons minces de norite, passant à la lherzolite et à la serpentine.

1° Au-dessous de Benalmadena (voir coupe p. 191), un dyke de serpentine à grands cristaux de bronzite traverse les gneiss à leur contact avec les schistes à andalousite. La serpentine s'y montre percée de filonnets de quartz.

2° A la mine de fer de Marbella, un dyke de serpentine traverse les gneiss, les amphibolites et les dolomies de l'étage cristallophyllien inférieur (voir coupe p. 177).

Sur le chemin d'Istan à Monda, de nombreux filons de norite et de serpentine se montrent dans les gneiss à cordiérite.

A la sortie de Tolox, le long du rio Alfraguara, plusieurs filons de lherzolite traversent les schistes archéens. A leur contact jaillissent des sources riches en sels de magnésie.

Enfin nous avons croisé un assez gros dyke de serpentine entre Tolox et Yunquera. Il englobe un massif de dolomie cristalline.

Par décomposition, la serpentine prend des teintes rousses qui colorent de nuances chaudes les chaînes de montagnes qu'elle compose (sierra Bermeja). Le contraste que celles-ci présentent avec les montagnes d'un blanc éclatant, composées par les dolomies (sierra Blanca), n'est pas un des moindres attraits de cette région si admirablement pittoresque.

ÉTUDE PÉTROGRAPHIQUE.

Le type le plus complet des norites de la serrania de Ronda, dont on peut recueillir de beaux échantillons, notamment au lieu dit los Peñones, sur la rive droite du ruisseau Alfraguara près Tolox, comprend les minéraux suivants : pléonaste et plus souvent picotite, péridot, anorthite, diallage vert dit pyroxène chromifère, enstatite maclée avec le diallage, bronzite, mica noir. Ces minéraux ont été énumérés dans l'ordre habituel de leur consolidation. (Voir pl. XL, fig. 1, et pl. XLI, fig. 1.)

1° *Spinelles.* — La picotite prédomine de beaucoup sur le pléonaste, dans les roches de cette série; elle est en plages irrégulières d'un brun foncé, parfois associée au fer chromé. Les clivages de l'octaèdre y sont marqués d'une façon assez irrégulière et le relief est plus considérable que celui du pléonaste. On sait en effet que l'indice de réfraction des spinelles varie de 1,71 (pléonaste) à 2,09 (fer chromé). Le plus souvent, la picotite est bien transparente dans nos plaques minces, et on peut constater avec précision l'absence de toute anomalie optique. La picotite est extrêmement pauvre en inclusions; tout au plus y découvre-t-on parfois quelques grains de péridot.

Le pléonaste se présente également en plages irrégulières, d'un vert-bouteille foncé par transparence, beaucoup moins translucide que celui des dolomies métamorphiques. Ses grains sont trop petits et trop rares pour que nous ayons pu constater s'il y a ou non mélange avec la hercynite; mais sa couleur et son opacité font penser à ce dernier spinelle. Il contient quelques pores à gaz de forme octaédrique, qui laissent à peine passer la lumière en leur centre. Les cassures correspondant aux clivages de l'octaèdre sont parfois remplies d'une matière noire opaque.

Il y a parfois association, dans la même roche, du fer chromé et de la picotite, d'une part, et du pléonaste ou de la hercynite, d'autre part.

2° Le *péridot* est en grains d'un vert jaunâtre, visibles à l'œil nu. Il se montre complètement incolore au microscope; il constitue des mosaïques sans forme extérieure cristalline. Ses cassures sont très irrégulières; quelques-unes, plus rectilignes, semblent jalonner les faces p et g^1. La direction de la face p est cependant nettement indiquée, car elle sert de face d'association à des groupements par pénétration qui rappellent ceux des substances à anomalies optiques.

En effet, dans les sections de biréfringence maximum, par conséquent parallèles à $n_g n_p$ (sections h^1), on voit que les grains de péridot se groupent en bandes à peu près parallèles les unes aux autres, juxtaposées suivant une face perpendiculaire à la section; ces bandes sont rectilignes et donnent, de part et d'autre de la ligne de jonction, des extinctions dont les angles atteignent jusqu'à 3°. La face d'association a sa trace toujours dirigée suivant la direction négative (n_p) des sections h^1.

Fig. 5.

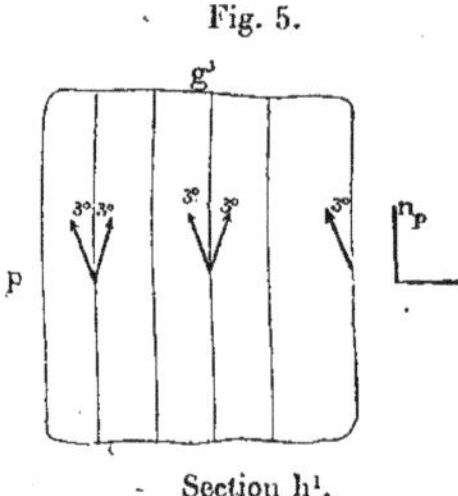

Section h¹.

Ce fait est très général dans toutes les roches à péridot de la serrania de Ronda et constitue un caractère distinctif avec les péridots des roches volcaniques. On peut vérifier que la face d'association est bien p : dans les sections g^1 perpendiculaires à la normale optique négative n_p, les anomalies optiques et les ombres moirées qui en résultent sont encore bien visibles. La trace des faces d'association est perpendiculaire au plan des axes optiques g^1 et coïncide avec la direction négative de la section (n_m).

Fig. 6.

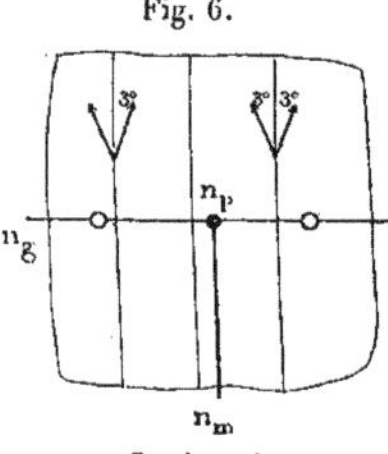

Section g¹.

Au contraire, dans les sections perpendiculaires à la bissectrice positive (sections p), les anomalies optiques s'effacent et ne sont plus jalonnées que par de très larges bandes à extinctions roulantes.

La biréfringence maximum est très élevée; elle atteint 0,0399. Le plan des axes optiques est parallèle à h^1 et la bissectrice aiguë, positive, est perpendiculaire à p. L'angle des axes optiques est très grand; il atteint au moins 86°.

La biréfringence $n_g - n_m$, c'est-à-dire la biréfringence d'une section parallèle à g^1, a été trouvée égale à 0,0211; par différence, on trouve donc que la biréfringence $n_m - n_p$ est égale à 0,0188. En supposant à l'indice moyen une valeur $n_m = 1,678$ (des Cloizeaux), on aura

$$n_g = 1,699, \qquad n_m = 1,678, \qquad n_p = 1,660.$$

La grosseur des grains de péridot et leur abondance relative sont très variables; cependant, le plus souvent, le péridot joue, avec l'anorthite, le rôle de magma grenu, remplissant les intervalles entre les grands cristaux de pyroxène et de bronzite, bien que le péridot et l'anorthite soient nettement antérieurs à la consolidation de ces derniers minéraux.

Les inclusions du péridot sont rares; cependant on peut affirmer qu'il contient quelques inclusions liquides à bulle mobile. Nous parlerons plus loin de sa transformation en serpentine.

3° L'*anorthite* se présente également en grains à terminaisons indistinctes, intimement associés aux grains de péridot. Elle offre fréquemment les deux macles de l'albite et du péricline. Dans la zone de symétrie perpendiculaire à g^1, les extinctions, comprises entre les deux séries de lamelles hémitropes, atteignent un angle de 90°.

Assez souvent une des séries de lamelles hémitropes suivant la loi de l'albite porte seule la trace de la macle du péricline; c'est un fait déjà signalé dans les gabbros de Norvège.

On distingue facilement l'anorthite à sa faible réfringence, qui fait ressortir sur elle tous les autres minéraux. La biréfringence atteint un maximum de 0,012. Une attaque de quelques heures dans l'acide chlorhydrique à 60° transforme cette anorthite en silice gélatineuse.

4° Le *diallage* présente un haut intérêt. Il est du type des pyroxènes dits chromifères et se montre à la loupe d'un joli vert-émeraude. Au microscope, ces grains simulent de grands cristaux dont le trait dominant est d'être régulièrement maclés avec des lamelles d'enstatite. Dans plusieurs cristaux, on compte plus de vingt lamelles hémitropes d'enstatite. La face d'association est h^1 pour le diallage et g^1 pour l'enstatite. On peut dire qu'en moyenne les lamelles de diallage sont cinq fois plus épaisses que celles d'enstatite.

La détermination et la distinction des deux minéraux peuvent être basées sur toutes leurs propriétés optiques, qui se confirment mutuellement.

Caractères du diallage. — Le diallage est d'une couleur brun-rosé très pâle, par transparence; le polychroïsme n'est pas sensible. Les clivages *m* sont très marqués, et du type habituel à ceux du pyroxène, c'est-à-dire en traits interrompus. Il existe des cassures très rectilignes suivant h^1, mais ces cassures se confondent avec les plans de macle. Enfin, dans certaines plages, on constate suivant g^1 un fin striage très rectiligne.

Le plan des axes optiques est parallèle à g^1. La bissectrice aiguë n_g, positive, fait dans l'angle obtus ph^1 un angle de 40° avec l'arête h^1g^1. L'angle des axes est petit et ne paraît guère dépasser 50°.

La biréfringence maximum $n_g - n_p$ atteint 0,0251. Dans une section de la zone ph^1 exactement perpendiculaire à la bissectrice aiguë positive, la biréfringence $n_m - n_p$ a pu être relevée avec précision; elle n'atteint que 0,0035, ce qui confirme le faible écartement des axes optiques. Si l'on admet pour n_m une valeur moyenne de 1,68, on aura donc

$$n_g = 1,7016, \qquad n_m = 1,68, \qquad n_p = 1,6765.$$

Caractères de l'enstatite. — L'enstatite maclée avec le diallage est encore plus incolore que lui ; elle a très sensiblement le même indice de réfraction moyen, de sorte que ses lamelles ne se distinguent en lumière naturelle que par les cassures transversales qu'elles présentent fréquemment, et par les solutions de continuité, simulant un clivage facile, qui suivent les faces h^1 du diallage, appliquées sur g^1 de l'enstatite ; c'est précisément dans la face g^1 que se trouvent les axes optiques de l'enstatite. La bissectrice aiguë n_g est positive et perpendiculaire à la face p. L'angle des axes est très grand et atteint environ 85°. La biréfringence est faible ; son maximum $n_g - n_p$ ne dépasse pas 0,011.

Caractères de l'association des deux minéraux. — Comme nous l'avons déjà dit, la face g^1 de l'enstatite est appliquée sur la face h^1 du diallage. Nous avons successivement trouvé des exemples des trois sections suivantes, rapportées au diallage :

Section g^1. — Les lamelles de l'enstatite sont perpendiculaires à la section ; elles présentent leur minimum d'épaisseur et ont des bords nets et rectilignes.

Le diallage est à son maximum de biréfringence. En plaques de 0mm,03 d'épaisseur, le diallage atteint ainsi le vert de second ordre, tandis que l'enstatite, qui est coupée suivant sa section h^1, reste dans les gris de premier ordre. Le diallage est parallèle au plan de ses axes optiques et la direction positive de sa section s'éteint à 40° de la ligne des macles. Les lamelles d'enstatite s'éteignent suivant leur longueur, et en lumière convergente elles se montrent perpendiculaires à leur normale optique négative n_p. Le plan des axes optiques de l'enstatite est d'ailleurs parallèle à la ligne de macle, et l'on peut constater que l'angle 2V est très grand.

Fig. 7.

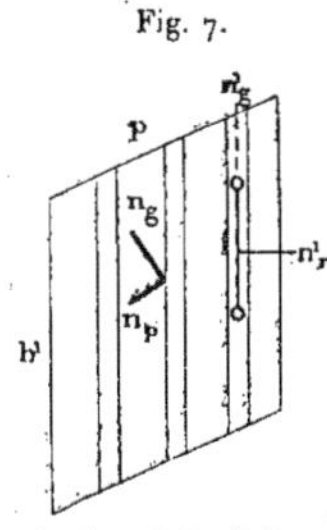

Section g^1 du diallage.

27.

Section h^1 du diallage. — Les sections h^1 du diallage s'éteignent suivant les traces des clivages faciles. On y distingue nettement de fins striages parallèles à g^1, des cassures plus grossières et plus interrompues, parallèles à m. Les couleurs de biréfringence atteignent les rouges de premier ordre et l'on voit en lumière convergente que la section, perpendiculaire au plan des axes optiques, est située entre la normale optique n_p et un des axes.

Fig. 8.

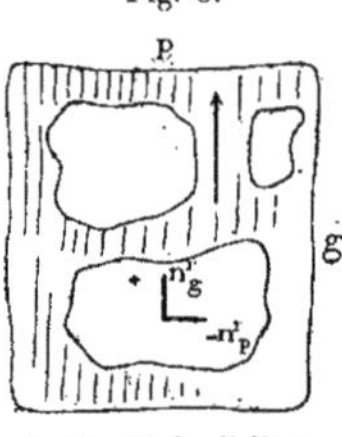

Section h¹ du diallage.

Les lamelles maclées d'enstatite sont rares, très larges, à bords irréguliers et comme frangés. On voit nettement que la section est sensiblement parallèle à leur plan de jonction. Elles présentent leur maximum de biréfringence, qui en plaques de $0^{mm},03$ reste dans le jaune-orangé de premier ordre. Leur extinction se fait simultanément avec celle du diallage et elles sont positives parallèlement aux traces des clivages faciles de ce dernier minéral.

Section de la zone ph^1 du diallage, perpendiculaire à sa bissectrice aiguë positive n_g. — Le diallage polarise dans les gris de premier ordre. Le plan de ses axes optiques est parallèle au fin striage g^1.

Fig. 9.

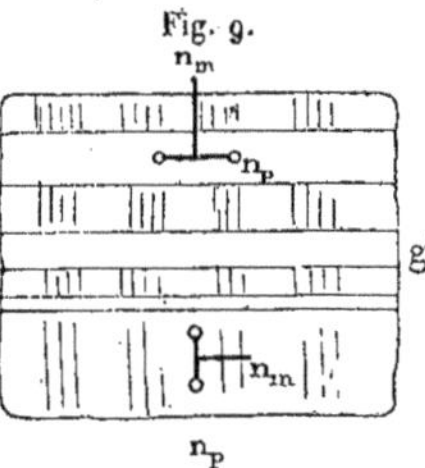

L'enstatite, en lamelles sensiblement obliques à la section et présentant sur leur bord des phénomènes de superposition, montre la trace du plan de ses axes optiques perpendiculaire au plan des axes optiques du diallage; l'on voit nettement que la section est perpendiculaire au plan principal d'élasticité $n'_g n'_m$ de l'enstatite, et qu'elle se trouve située entre la trace de la bissectrice aiguë positive et celle de l'axe d'élasticité moyenne.

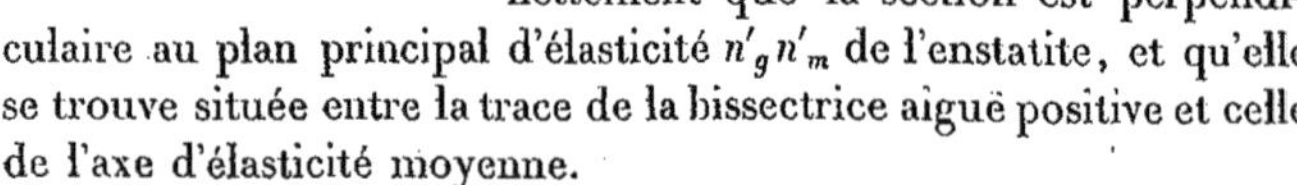

La section est bien perpendiculaire à un plan d'élasticité principal; car la barre noire, une fois rectiligne, passe par le centre du champ. Cette section est située entre n'_m et n'_g, car lorsqu'on incurve la barre noire au moyen d'une légère rotation, on peut constater que le plan des axes optiques lui est perpendiculaire.

Fig. 10.

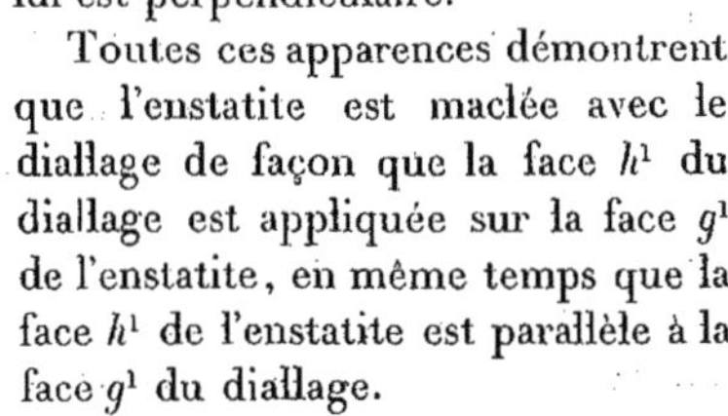

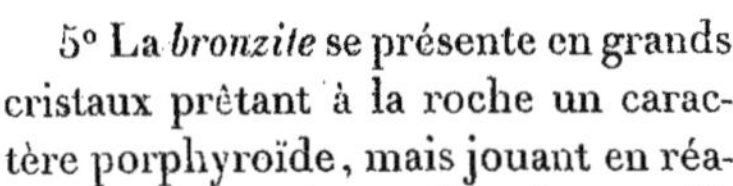

Toutes ces apparences démontrent que l'enstatite est maclée avec le diallage de façon que la face h^1 du diallage est appliquée sur la face g^1 de l'enstatite, en même temps que la face h^1 de l'enstatite est parallèle à la face g^1 du diallage.

5° La *bronzite* se présente en grands cristaux prêtant à la roche un caractère porphyroïde, mais jouant en réalité le rôle des grands cristaux du granite, c'est-à-dire de consolidation postérieure aux éléments grenus qui l'entourent. Elle a une couleur brune, et le clivage g^1, parfait, offre des reflets bronzés qui rappellent ceux des minéraux micacés.

Au microscope, les traces de ce clivage parfait sont régulièrement espacées et très rectilignes. Ce minéral contient de fines lamelles d'un corps beaucoup moins réfringent et beaucoup plus biréfringent que la bronzite.

Caractères de la bronzite. — Les clivages m sont parfois bien marqués sur les sections p; ils présentent des cassures beaucoup plus grossières et beaucoup plus interrompues que le clivage g^1. Ce dernier est parallèle au plan des axes optiques. La bissectrice aiguë est positive (n_g); l'angle des axes optiques est très grand, nous l'estimons à 85°. La biréfringence maximum atteint 0,0117.

Caractères des lamelles minces très biréfringentes maclées suivant g^1 avec la bronzite. — Dans les sections h^1 de la bronzite, ces lamelles s'éteignent sensiblement à 45° de la trace g^1 et atteignent un maximum de biréfringence qui dépasse certainement 0,025.

Dans les sections p de la bronzite, elles sont moins biréfringentes et leur extinction est également moins oblique.

Dans les sections g^1, leur extrême minceur les fait passer inaperçues.

Cette minceur empêche d'étudier plus à fond les propriétés optiques de ces lamelles. Nous avons attaqué des plaques de norite par l'acide chlorhydrique. On constate aisément que le péridot et l'anorthite se transforment en silice gélatineuse, que les macles de diallage et de bronzite restent intactes, enfin que la bronzite est également inattaquée, tandis que les lamelles très biréfringentes maclées avec elle sont transformées en majeure partie en une matière amorphe.

Ces diverses propriétés font penser au talc, mais l'hypothèse s'accorde mal avec les extinctions très obliques de la substance, dans les sections p et h^1 de la bronzite.

Les cristaux de bronzite portent souvent la trace d'efforts mécaniques considérables; les clivages g^1 sont courbés à la façon de ceux des substances micacées élastiques.

6° Le *mica noir* se présente en petites lamelles brunes, polychroïques, très minces, à contours irréguliers; il est principalement associé au diallage. C'est un produit secondaire qui a été souvent signalé dans ces conditions de gisement.

Les différentes variétés de norites et de lherzolites de la serrania de Ronda sont toutes groupées autour de ce type, qui est le plus complet, et en dérivent par la diminution ou même l'absence d'un des quatre éléments principaux : péridot, diallage, bronzite ou anorthite.

Les variétés riches en péridot sont d'un vert pâle; celles dans lesquelles le diallage est prédominant prennent une belle teinte émeraude. Enfin les variétés les plus communes sont brunâtres et doivent leur couleur à l'abondance de la bronzite.

SERPENTINES.

La décomposition de toutes ces roches amène la production de la serpentine. M. Mac Pherson a déjà indiqué qu'en bien des points on recueille en place des échantillons de passage qui ne permettent de conserver aucun doute sur l'origine secondaire de cette roche. Nous avons personnellement constaté l'exactitude de cette observation au col de la Mujér entre la Sepultura et Tolox, sur la rive droite du rio Alfraguara et en bien d'autres points.

Les divers stades de décomposition que nous avons pu constater sont les suivants : le spinelle et la bronzite restent intacts, le péridot et le pyroxène voient leurs cassures augmenter et s'élargir. Les cassures du péridot constituent des alvéoles irrégulières, généralement arrondies; celles du pyroxène sont planes et suivent la direction des quatre clivages principaux m, m, g^1, h^1. Ces cassures se remplissent de produits serpentineux, les uns colloïdes, les autres composés de fibres biréfringentes que nous étudierons plus loin.

La bronzite elle-même peut être fortement attaquée, mais alors elle se transforme en talc. Nous avons vu de beaux exemples de cette épigénie dans le dyke de serpentine de la mine de Marbella et le long du rio Alfraguara.

Lorsque la décomposition est plus profonde, la bronzite est fréquemment épigénisée en bastite ; les serpentines du col de la Mujer entre la Sepultura et Tolox nous en ont présenté des exemples intéressants. Les sections prennent une teinte verdâtre uniforme et deviennent très finement fibreuses, parallèlement à l'arête h^1g^1. La section p, perpendiculaire à la normale optique positive n_g, est la plus caractéristique ; le plan des axes optiques s'y montre perpendiculaire à la direction du clivage facile g^1. La bissectrice aiguë, perpendiculaire à g^1, paraît toujours négative; mais l'angle des axes optiques est très variable. La biréfringence est également très variable et a pour maximum une valeur égale à celle de l'enstatite. On n'y voit pas de polychroïsme sensible. Enfin des lamelles allongées de fer oligiste sont couchées dans g^1 parallèlement à l'arête h^1g^1.

Le reste de la roche est composé de cellules remplies d'une matière fibreuse à fibres toujours négatives, faiblement biréfringentes (maximum 0,009). Par places, on peut constater l'existence de deux axes optiques dont le plan est parallèle à l'allongement des fibres et dont la bissectrice aiguë positive leur est perpendiculaire.

Une autre substance fibreuse, beaucoup plus biréfringente, se montre en filonnets traversant la précédente; ses fibres sont toujours positives suivant leur longueur et sa biréfringence dépasse 0,03.

Ainsi, en résumé, la décomposition des norites et des lherzolites laisse intacts toujours les spinelles et souvent la bronzite. Quant au péridot et au diallage, ils se transforment intégralement en produits serpentineux, les uns colloïdes, les autres faiblement biréfringents à fibres négatives, ou fortement biréfringents à fibres positives.

Quelques échantillons de norite, recueillis au milieu de la serpentine du col de la Mujer, contiennent des grains d'anorthite. Ces grains sont en général pénétrés et entourés par des veinules de chlorite d'un vert-émeraude pâle. Nous n'avons pas remarqué qu'il s'y produisît une transformation en calcite. La chlorite appartient aux espèces très faiblement biréfringentes, mais douées d'une forte dispersion et elle polarise dans un bleu-indigo foncé, faisant partie des teintes grises du premier ordre de Newton.

M. Noguès a bien voulu nous communiquer une série de roches similaires qu'il a recueillies dans la sierra de Peñaflor près Séville et qui percent également les schistes archéens et cambriens.

Il est intéressant de comparer ces roches avec la série plus basique de la serrania de Ronda; elles sont essentiellement composées de gabbros et de diabases à structure ophitique. Le type dominant est riche en anorthite, en augite, en fer titané, et très pauvre en péridot. La transformation secondaire du pyroxène y développe les phénomènes de l'ouralitisation (amphibole). Le mica noir, l'épidote, la calcite et la chlorite épigénisent également l'élément bisilicaté.

Dans les calcaires métamorphiques de la sierra de Peñaflor, qui nous paraissent un peu plus récents que ceux de la serrania de Ronda, nous avons constaté le développement des minéraux suivants : sphène, rutile, mica brun, amphibole labrador, chlorite et parfois belle wernérite à sections *mp*, à un axe optique négatif. La biréfringence de ce dernier minéral ne dépasse pas 0,014, c'est-à-dire celle du dipyre.

Phénomènes de contact des norites et des serpentines avec les gneiss et les schistes encaissants. — Nous avons été frappés du faible métamorphisme de contact développé par les norites à leur voisinage ; cependant nous devons signaler que le grenat est fréquent dans les gneiss limitrophes, notamment au voisinage de la Sepultura.

Au contact des filons de norite qui percent les gneiss entre Istan et Monda, nous avons recueilli quelques échantillons de leptynite contenant quartz, oligoclase et labrador grenus, mica noir rare, et dans lesquels un minéral rhombique, présentant un clivage facile parallèle au plan des axes, se développe en grains inégaux constituant des cristaux polysynthétiques postérieurs à tous les autres éléments de la roche. L'allongement très marqué est parallèle au clivage facile ; la bissectrice aiguë négative est perpendiculaire à cet allongement. L'écartement des axes ne dépasse pas 50°. Le minéral est brunâtre, d'une réfringence très marquée, sans polychroïsme sensible. Sa biréfringence atteint 0,015. Les sections transversales et longitudinales sont sensiblement rectangulaires. Tout semble donc indiquer qu'on a affaire à un minéral rhombique de la famille de l'hypersthène, bien que la réfringence et la biréfringence soient un peu fortes pour ce corps.

IMPRIMERIE NATIONALE.

CHAPITRE II.

DIORITES.

Aux environs de Malaga et de Benalmadena, on trouve de nombreux filons minces de diorite, dirigés généralement N. N. E. Ils percent indistinctement les schistes cristallophylliens, archéens et cambriens.

Bien que nous ayons tendance à penser que la serpentine leur est antérieure, aucun fait ne nous permet d'affirmer cette antériorité. Mais, aux environs de Benalmadena, nous avons vu un des filons de diorite nettement percé par un filon de pegmatite à tourmaline; la granulite leur est donc postérieure.

Le type pétrographique de ces roches est très net : ce sont des diorites ayant parfois une tendance à passer aux porphyrites. Le type le plus basique, que nous avons recueilli à la montée de Carbajal, près Benalmadena, ainsi que sur la route de Colmenar, au nord de la venta del Voticario, présente l'association suivante :

Cristaux de première consolidation : sphène, d'un brun très pâle en petits cristaux brisés; anorthite présentant les macles de l'albite et du péricline.

Cristaux de deuxième consolidation : labrador en cristaux allongés suivant pg^1, présentant les macles de l'albite et parfois de Baveno; hornblende verte, en prismes allongés suivant l'arête *mm*.

D'autres variétés de diorite sont andésitiques ; d'autres enfin (hacienda de la Concepcion, près Malaga) admettent de l'orthose et du quartz grenu que nous croyons secondaire.

CHAPITRE III.

GRANULITE.

M. Mac Pherson a déjà signalé et décrit, d'une façon approfondie, les belles granulites à tourmaline et à grenat qui se montrent à las Chapas de Marbella.

Tout le système de gneiss à cordiérite, que nous avons étudié plus haut, se montre traversé par de nombreux filonnets de granulite qui y développe fréquemment des bandes de gneiss granulitique, lorsqu'elle s'injecte parallèlement à la schistosité. Les environs de Benalmadena, ceux de la Sepultura et du puerto Blanco sont riches en gneiss granulitique. Le mica blanc s'y montre alors abondant et épigénise en partie le mica noir d'ancienne consolidation.

Nous avons déjà décrit des filonnets de quartz à andalousite, à talc et à chlorite, qui percent les schistes à minéraux. Parfois le feldspath y apparaît et la roche se transforme en pegmatite. Il semble donc bien prouvé que ces filons sont le prolongement, dans les schistes à minéraux, des granulites de la région.

Nous rappellerons également ici que la granulite est postérieure à la diorite et à la serpentine. Nous avons cité les localités où les filons de granulite percent ces diverses roches.

Au point de vue pétrographique, on peut résumer ainsi qu'il suit la constitution des granulites de la serrania de Ronda :

Éléments de première consolidation : mica noir, oligoclase, orthose;

Éléments de deuxième consolidation : quartz granulitique, mica blanc;

Minéraux accessoires : tourmaline, grenat, andalousite.

CHAPITRE VI.

MÉLAPHYRES (SPILITES), PORPHYRITES ET DIABASES À STRUCTURE OPHITIQUE.

ÉTUDE STRATIGRAPHIQUE.

La traînée triasique qui s'étend de Gobantes au delà d'Antequera contient de nombreux épanchements de roches à structure ophitique, qui se présentent, les unes sous forme de coulées minces, les autres en mamelons arrondis.

Nous avons étudié personnellement le gisement du val de Yeso, entre Gobantes et Bobadilla, et nous devons à MM. Marcel Bertrand et Kilian une nombreuse collection des roches de cette série, qu'ils ont recueillies aux environs d'Antequera et de Loja.

Le gisement stratigraphique de cette série ophitique en fait incontestablement des roches triasiques dont l'éruption a eu lieu lors de l'époque des marnes irisées.

ÉTUDE PÉTROGRAPHIQUE.

Au point de vue pétrographique, bien qu'elles présentent tous les passages entre elles, on peut les ranger en trois catégories distinctes : les diabases, les porphyrites et les mélaphyres (spilites).

1° *Diabases.* — Les deux éléments dominants de toute la série des diabases sont : un feldspath triclinique, allongé suivant l'arête pg^1 et moulé par de grandes plages d'augite. Le feldspath dominant est tantôt le labrador, tantôt l'oligoclase.

Il y a toujours du fer titané entouré de sphène secondaire.

Le pyroxène a subi le plus souvent une transformation secondaire qui l'a épigénisé en amphibole, en chlorite, en épidote et en calcite.

Tous ces phénomènes ont été maintes fois décrits, et nous n'insistons pas sur cette série qui rappelle entièrement les ophites des Pyrénées.

Les variétés andésitiques présentent parfois du quartz grenu secondaire.

Dans les variétés labradoriques, le pyroxène est parfois transformé en mica noir. Les diabases labradoriques dominent au val de Yeso près Gobantes, à la butte de las Perdrices près Antequera, en face des Enamorados. Les diabases andésitiques sont développées à Priego près Carcalucy, et dans la sierra Elvira.

2° *Porphyrites.* — Le passage des diabases aux porphyrites se fait par la diminution de taille des cristaux de feldspath, qui deviennent de vrais microlithes allongés suivant pg^1, par la segmentation des grands cristaux de pyroxène, enfin par l'apparition d'une pâte vitreuse amorphe.

Le fer oxydulé et le fer titané s'y développent en arborisations très fines, et surtout de seconde consolidation.

Ces roches sont parfois vacuolaires, et les vacuoles sont principalement remplies de calcédoine et de chlorite.

Il est remarquable que le pyroxène bien développé soit rare dans les porphyrites franches de cette série. Les élements de ce bisilicate semblent constituer le magma vitreux en excès, qu'un refroidissement brusque aurait empêché de s'individualiser.

Les microlithes de feldspath sont tantôt de l'oligoclase, tantôt du labrador.

Les porphyrites andésitiques dominent entre la venta del Trabuco et Salmas, à la butte d'Antequera, où d'ailleurs elles sont associées à de véritables diabases ophitiques.

Les porphyrites labradoriques existent à la venta de las Bragas.

3° *Mélaphyres* (*spilites*). — Parfois les porphyrites précédentes admettent parmi les cristaux de première consolidation le péridot, le plus souvent épigénisé en partie en fer oligiste.

Lorsque les microlithes de feldspath sont encore reconnaissables, ils présentent les extinctions du labrador et sont maclés suivant la loi de l'albite, et parfois suivant celle de Baveno.

Le fer oligiste est toujours abondant dans ces roches, qui sont le plus souvent vacuolaires. Les vacuoles sont remplies de chlorite, de calcite ou de calcédoine.

Ce sont donc de véritables spilites, tout à fait analogues à celles des Alpes.

Les spilites ont été rencontrées à l'arroyo d'Antequera, contre les dolomies, à l'ouest d'Antequera, à la sierra de Villanueva del Rosario et à Villa Carretera, à l'est d'Antequera.

Nous en avons trouvé des débris non roulés au Ricon de la Victoria, près Torre del Mar.

Présence de la glaucophane dans les produits d'ouralitisation. — Le seul fait nouveau que nous ait présenté toute cette série de diabases et de porphyrites est la présence de la glaucophane bien caractérisée dans les produits d'ouralitisation du pyroxène.

Une porphyrite andésitique de la butte d'Antequera, une diabase andésitique de la butte de las Perdrices, montrent de petits cristaux secondaires de glaucophane présentant le polychroïsme suivant : dans la direction n_g la coloration est bleu marin, dans la direction n_m elle est bleu-violacé, dans la direction n_p elle est jaune-verdâtre.

Il est probable qu'une partie de l'augite primordiale est associée par voie d'isomorphisme à l'achmite, qui a fourni l'élément sodifère nécessaire à la production de la glaucophane.

CHAPITRE V.

M. Kilian a constaté, dans le lias supérieur de Montiliana, l'existence d'une venue ophitique identique à la venue triasique. Elle comporte des porphyrites andésitiques et des diabases labradoriques à structure ophitique.

Il est remarquable que, tant dans la série triasique que dans la série liasique, le pyroxène ne passe jamais, à notre connaissance, au diallage. On sait que ce passage est fréquent dans la venue similaire des Pyrénées.

TROISIÈME PARTIE.

TERRAINS SÉDIMENTAIRES POSTÉRIEURS AU TERRAIN CAMBRIEN.

Si l'on se reporte à la carte qui accompagne le présent mémoire, on verra que les terrains sédimentaires autres que l'archéen, le cambrien et le nummulitique sont relativement peu développés dans la serrania de Ronda.

La série paléozoïque n'est représentée que par le terrain permien ; tous les autres termes, à part le cambrien dont nous nous sommes déjà occupés, nous ont semblé ne pas exister dans la serrania de Ronda.

Le plus généralement, le terrain permien et le trias ne se rencontrent qu'à l'état de lambeaux isolés et jalonnant souvent des failles.

Les terrains jurassiques et crétacés forment une grande bande ayant une direction N.E.-S.O.

Les dépôts nummulitiques couvrent une surface assez étendue ; ils sont complètement indépendants de tous les autres terrains.

Le terrain miocène n'apparaît qu'au nord et au nord-ouest de la serrania de Ronda.

Enfin les dépôts pliocènes sont cantonnés le long des côtes de la Méditerranée.

Nous allons étudier chacun de ces terrains, indiquer ses relations avec ceux qui le précèdent et exposer la succession des phénomènes qui ont donné à la région sa constitution et son relief actuels.

CHAPITRE PREMIER.

TERRAIN PERMIEN.

L'existence du terrain permien en Espagne a été longtemps mise en doute : l'absence de tout fossile dans les dépôts qui le représentent explique l'hésitation des différents auteurs à faire, de l'ensemble des grès rouges de la région, des dépôts permiens. De Verneuil[1], même après les travaux d'Ansted[2] sur Malaga et de M. Jacquot[3] sur la province de Cuenca, n'admettait qu'avec réserve la présence de ce terrain dans le sud de l'Espagne.

Ce manque absolu de fossiles nous aurait aussi laissés dans le même doute, si nous n'avions eu souvent l'occasion d'étudier le permien soit en France, soit en Saxe. Nous avons toujours remarqué que certains grès et conglomérats rouges sont caractéristiques de l'étage moyen du terrain permien ; leur coloration rouge très foncée, la nature de leurs éléments presque toujours empruntés aux roches avoisinantes et généralement peu roulés, les distinguent du grès bigarré, dont les éléments sont plus roulés et formés le plus souvent de cailloux blancs provenant de la fragmentation de quartz laiteux ; ce sont les seuls éléments qui aient résisté au charriage par les eaux.

La discordance qui existe entre ces dépôts et les grès franchement triasiques qui les recouvrent peut encore venir à l'appui de la distinction que nous faisons dans l'ensemble des grès de l'Andalousie, jusqu'à présent réputés triasiques.

L'étage inférieur du terrain permien nous a paru manquer dans la région que nous avons explorée. C'est toujours le permien moyen

(1) De Verneuil et Collomb, *Explication sommaire de la carte géologique de l'Espagne*, 2e édition, 1869.

(2) Ansted, *On the geology of Malaga and the southern part of Andalusia*, in-4° (*Journal of the Geolog. Society*, 1857, p. 585).

(3) Jacquot, *Esquisse géologique de la serrania de Cuenca, Espagne* (*Ann. des mines*, 6e série, t. IX, p. 391).

IMPRIMERIE NATIONALE.

que nous avons vu reposer directement et en stratification discordante sur les schistes anciens.

Voici la série de faits que nous avons été à même d'observer.

Un lambeau de ce terrain apparaît entre Tolox et Yunquera, avant la descente vers le rio Grande. Il repose sur les schistes cambriens fortement versés vers le sud, tandis qu'il plonge lui-même vers le nord. La coupe donne en cet endroit, de haut en bas :

1° Grès rouges micacés, fins;

2° Conglomérat à éléments anguleux (schistes, quartzites, grès);

3° Grès verts fins et micacés.

Lorsqu'on descend vers le rio Grande, on suit les affleurements de permien qui plongent de plus en plus vers le nord et sont versés vers la faille qui limite ce lambeau.

Toutes les fois que nous avons rencontré le permien, nous avons pu reconnaître cette composition; et ce sont ces grès rouges micacés et ces conglomérats qui nous ont permis d'en admettre l'existence. Entre Malaga et Colmenar, les grès rouges micacés sont recouverts par le jurassique, en discordance de stratification. On les retrouve encore entre Benalmadena et Marbella. (Voir la coupe fig. 4, p. 192.) Dans les environs de Malaga, nous avons reconnu l'exactitude de la coupe donnée par Ansted.

Il est à remarquer que l'étage moyen du terrain permien se montre dans une région où n'apparaît aucun autre terme de la série paléozoïque, tandis qu'au contraire il se voit le plus souvent recouvert par le terrain triasique, mais en discordance de stratification. C'est là un fait général qui s'observe en beaucoup de régions et qui explique l'erreur commise par certains auteurs, qui font rentrer les grès rouges dans le trias. En réalité, l'étage des grès rouges appartient par sa flore et par sa faune aux terrains paléozoïques, mais sa distribution géographique et ses caractères pétrologiques semblent le rapprocher du trias.

CHAPITRE II.

TERRAIN TRIASIQUE.

Les grès bigarrés sont, ainsi que nous venons de le dire, en discordance de stratification avec les grès et conglomérats permiens. Les couches les plus inférieures sont constituées par des grès violacés pâles et des poudingues à cailloux de quartz blanc.

En deux points (val de Yeso et près du tunnel n° 8 de la ligne de chemin de fer entre Gobantes et El Chorro), des bancs de calcaire dolomitique paraissent s'intercaler à la base des marnes irisées. Mais nous n'avons pu relever de coupe assez complète pour affirmer que ces calcaires reposent sur les grès bigarrés et par suite qu'ils correspondent au muschelkalk.

Les marnes irisées contiennent des gypses blancs, noirs et rouges au voisinage des niveaux où l'ophite s'est épanchée.

Au val de Yeso, probablement par suite de l'existence d'un pli anticlinal, on voit un calcaire noir veiné de blanc, à stratification presque verticale, apparaître au milieu des marnes irisées gypsifères. Près du tunnel n° 8 de la ligne du chemin de fer de Gobantes à El Chorro, MM. Bertrand et Kilian ont trouvé, dans un calcaire noir analogue, des *Myophoria vestita* Alb., caractéristiques du Keuper.

Le trias semble avoir eu, ainsi que le permien, une très grande extension dans le sud de l'Espagne; si actuellement nous n'en retrouvons que de loin en loin des lambeaux de faible étendue, c'est que les puissantes érosions qui ont creusé toute la serrania de Ronda ont fait disparaître la plus grande partie de ces dépôts, qui, d'après la position des témoins que nous avons rencontrés, devaient recouvrir presque toute la région correspondant à la serrania de Ronda.

La discordance de stratification que nous avons signalée entre le trias et le permien indique que les mouvements du sol ont recommencé à se produire à la fin de l'époque permienne, mais ils ont continué après le trias. Nous en avons la preuve dans ce fait que, près de Colmenar, le calcaire jurassique blanc repose directement et en stratification discordante sur les grès rouges du permien.

CHAPITRE III.

TERRAIN JURASSIQUE.

Nous n'avons vu le contact du trias et du jurassique que près du tunnel n° 8 de la ligne du chemin de fer de Bobadilla à Malaga; mais en ce point les couches ont subi de tels mouvements de compression et présentent de tels plissements qu'il est bien difficile de reconnaître s'il y a concordance de stratification entre les deux terrains.

Dans la partie de la serrania de Ronda où nous avons traversé les étages jurassiques, il nous a été impossible de reconnaître à quels niveaux géologiques nous avions affaire, par suite de l'absence de fossiles. Ce n'est que par la comparaison avec la coupe que fournit la ligne de chemin de fer entre Gobantes et El Chorro que nous attribuons à la partie supérieure du jurassique et au tithonique les couches qui constituent les dépôts les plus élevés de la bande calcaire qui, faisant suite à la sierra d'Antequera, s'infléchit vers le sud-ouest et s'avance jusque près de Gibraltar.

Au cortijo del Valle, nous avons reconnu dans les calcaires jurassiques la série suivante : des calcaires cristallins blancs, reposant sur des calcaires marneux gris. Les premiers pourraient appartenir au tithonique, les seconds au terrain jurassique supérieur. Cet ensemble forme un pli anticlinal dont le sommet correspondrait au puerto de Lifar. D'après l'allure des couches (voir coupe générale, p. 192, fig. 4), il est facile de reconnaître que toute la région comprise entre le puerto del Faro et le puerto de Lifar forme un grand pli synclinal dans lequel se rencontre le terrain crétacé. La lèvre méridionale de ce pli ne s'est montrée à nous que sur un espace très étroit; elle est prise en écharpe par la grande faille qui limite du N.E. au S.O. la bande jurassique.

Si les niveaux du jurassique inférieur que l'on trouve à l'est, du côté d'Antequera et de Grenade, ainsi qu'au Tajo de Gaetan, existent dans la serrania de Ronda, c'est plutôt sur les bords de la bande jurassique signalée comme formant un pli synclinal qu'on pourra les rencontrer, puisque l'axe est constitué par le tithonique et le jurassique supérieur.

CHAPITRE IV.

TERRAIN CRÉTACÉ.

Dans la serrania de Ronda, le terrain néocomien représente seul le terrain crétacé. Il est constitué par des marnes roses et blanches que M. de Orueta a rapportées avec raison, dès 1875, à ce dernier terrain. Nous n'y avons trouvé aucun fossile, mais MM. Bertrand et Kilian, du côté d'Antequera, y ont rencontré une faune franchement néocomienne.

Ce terrain forme une bande qui suit la direction de la grande chaîne jurassique. Il est extrêmement plissé et porte les traces de compressions très énergiques de la part des roches encaissantes. Au puerto del Faro, ces marnes plongent vers le nord; à la dernière montée vers le col de la Mujer, elles plongent vers le sud et forment ainsi un grand pli synclinal ayant la même direction que celui du calcaire jurassique; mais les couches y sont affectées de plissements bien plus nombreux.

Il est probable que les grands mouvements qui ont ployé et relevé les couches jurassiques et crétacées ont eu lieu lors de la formation de la grande faille qui limite du N.E. au S.O. la bande jurassique. On ne peut préciser l'époque à laquelle ces phénomènes se sont passés. Ils sont postérieurs au néocomien, ainsi qu'il ressort de ce que nous venons de dire, et antérieurs au terrain nummulitique.

CHAPITRE V.

TERRAIN NUMMULITIQUE.

Durant la période crétacée, il ne s'est déposé dans la serrania de Ronda aucun autre sédiment que ces marnes néocomiennes. Mais, lors de l'époque nummulitique, la mer pénétra de tous côtés dans un grand nombre de golfes formés soit par des plis synclinaux, soit par des vallées correspondant à des failles. Par suite de cet affaissement, la région de la vallée du Guadalquivir communiquait librement avec la plaine de Malaga, et la serrania de Ronda formait alors une île ou peut-être une presqu'île du continent africain, dont on peut suivre les contours sur une carte géologique générale.

Voici les quelques faits que nous avons pu observer dans la serrania de Ronda.

A Estepona apparaissent sur le bord de la Méditerranée des grès jaunes avec fragments de dents et d'écailles de poissons, dont nous n'avons pu évaluer l'épaisseur; ils sont recouverts par des sables pliocènes. Entre Estepona et Marbella affleurent le long de la route, sous ces mêmes sables pliocènes, des marnes et des grès qui sans doute appartiennent à la même série géologique que les grès d'Estepona.

Au delà de l'arroyo de Jobera, sur les schistes que nous rapportons au cambrien et en discordance avec eux, apparaissent des grès jaunâtres et rougeâtres, qui appartiennent au terrain nummulitique. Ces dépôts forment l'extrémité d'un lambeau qui, venant du N. E., suit la grande bande de terrains secondaires dont nous avons déjà parlé; la mer nummulitique a pu pénétrer aussi avant dans l'intérieur de la serrania de Ronda, grâce à une vallée qui correspondait à la grande faille qui limite du N. E. au S. O. cette bande de terrains secondaires. Puis cette faille a rejoué postérieurement à l'époque nummulitique, et des marnes roses et blanches du terrain néocomien ont été amenées au contact des dépôts nummulitiques.

A la descente du puerto de Lifar, comme dans tout le bassin de Ronda, on voit la série suivante : à la base et en stratification discordante avec les calcaires jurassiques, ce sont des grès jaunâtres, puis des marnes rouges et vertes, enfin des calcaires blancs à alvéolines. Toutes ces assises pénètrent dans les nombreuses anfractuosités des dépôts jurassiques; parfois ces derniers forment des falaises abruptes au pied desquelles s'étend toute la série que nous venons d'énumérer. Dans les environs de Ronda, les dépôts nummulitiques plongent sous un angle assez grand vers l'ouest et sont recouverts par les assises à peu près horizontales du miocène moyen.

La série que nous avons reconnue dans le bassin de Ronda et sur la côte de la Méditerranée est la même que celle relevée par MM. Bertrand et Kilian dans les environs de Malaga. D'après les fossiles que nos confrères ont recueillis dans cette dernière région, ce serait à l'époque de l'éocène moyen qu'il faudrait rapporter ces dépôts nummulitiques.

La discordance de stratification que nous avons signalée entre ces derniers et les assises miocènes indique un mouvement du sol entre les deux époques. Ce mouvement est particulièrement intéressant, puisqu'il a amené le retrait de la mer de toute la partie méridionale de l'Andalousie.

CHAPITRE VI.

TERRAIN MIOCÈNE.

Après la période nummulitique, il y eut un nouvel exhaussement du sol, puis un nouvel affaissement à l'époque helvétienne; mais alors, tandis que la mer miocène pénétrait en Espagne par la vallée du Guadalquivir et s'avançait dans les différents golfes où s'étaient déposés antérieurement les grès et les marnes nummulitiques, la partie méridionale de l'Andalousie était complètement exhaussée.

Les sédiments miocènes qui entourent la partie septentrionale de la serrania de Ronda renferment la faune helvétienne. De Verneuil a rapporté de la plaine de Ronda quelques fossiles qui sont déposés à l'École des mines et que M. Douvillé a bien voulu nous communiquer. Nous y avons reconnu les espèces suivantes :

Pecten Rollei Hörn.
Pecten præscabriusculus var. *Talarensis* Kilian.
Pecten Reussi Hörn.

Ces mêmes fossiles ont été rencontrés dans l'helvétien de la partie septentrionale de la province de Malaga par MM. Bertrand et Kilian. Le facies lithologique est d'ailleurs le même à Ronda qu'à Alhama : le tajo de Ronda est une coupure dans un conglomérat de plus de 200 mètres d'épaisseur ; ces conglomérats sont semblables à ceux d'Alhama et appartiennent encore à l'helvétien ; au-dessous se voient des sables, dont nous n'avons pu apprécier l'épaisseur, également semblables à ceux d'Alhama et renfermant la faune de l'helvétien.

Ces dépôts de la plaine de Ronda, bien que situés à une altitude de 747 mètres, dépendent encore de l'ancien golfe miocène qui s'étendait dans la région correspondant à la vallée du Guadalquivir, et pénétrait jusque dans les environs de Grenade. Nous avons rencontré encore d'autres lambeaux helvétiens, près de Gobantes et d'Alora, à une altitude de 300 mètres environ.

La mer qui a déposé ces sédiments a laissé ses traces au nord de Gibraltar ; Smith, en effet, signale dans cette région la présence de l'helvétien.

Il semble donc que la mer miocène ait contourné la serrania de Ronda sans y pénétrer. Nous ne pouvons en reconnaître les traces qu'au nord et à l'ouest de ce massif, tandis que la partie méridionale est occupée uniquement par les dépôts nummulitiques et pliocènes. Le miocène ne se voit plus que sur les côtes d'Afrique et, plus à l'est, en Espagne ; l'île ou la presqu'île dont nous avons signalé l'existence lors de l'époque nummulitique subsistait donc encore lors de l'époque du miocène moyen.

CHAPITRE VII.

TERRAIN PLIOCÈNE.

De nouvelles oscillations, qui se sont produites avant la période pliocène, ont donné à l'Andalousie, à peu de différence près, sa configuration actuelle. En effet, les dépôts pliocènes ne se rencontrent que sur les côtes de la Méditerranée ; il est vrai que parfois ces lambeaux se trouvent à des altitudes qui peuvent atteindre 100 mètres au-dessus de la mer.

Au lieu dit los Tejares, faubourg de Malaga, on exploite comme terre à poterie des marnes bleues d'une épaisseur de 15 à 20 mètres. Elles présentent le même facies minéralogique et la même faune que les marnes subapennines de tout le bassin occidental de la Méditerranée actuelle.

Cette ressemblance avec les dépôts classiques du pliocène inférieur frappa Scharenberg, qui, dès 1854, assimila les marnes de los Tejares aux marnes subapennines. Il donna la liste suivante des espèces qu'il y avait trouvées :

Balanus.
Fusus.
Pleurotoma cf. cataphracta Bronn.
Natica Josephina Bronn.
Pecten cristatus Gold.
Pecten scabrellus Lamk.
Pecten burdigalensis Lamk.
Pinna.
Arca diluvii Lamk.
Turbinolia duodecim-costata Bronn.
Flabellum cuneatum Goldf.

IMPRIMERIE NATIONALE.

Malheureusement cet auteur ne sépara pas ces marnes bleues des sables jaunes susjacents, et qui appartiennent au pliocène moyen ; aussi, dans la liste qu'il donne, y a-t-il un mélange des espèces des deux niveaux.

Trois ans plus tard, Ansted publia, dans son étude sur les environs de Malaga, la liste des espèces recueillies par de Verneuil dans ces mêmes marnes de los Tejares. Nous la reproduisons d'après l'auteur anglais :

Vermetus arenarius Linn.
Dentalium elephantinum Brocc.
Conus antediluvianus Brocc.
Natica.
Scalaria clathra Brocc.
Rostellaria pesgraculi Brocc.
Triton apenninicum Lamk.
Triton subcinctum Lamk.
Ranella gigantea Lamk.
Murex brevispina Brocc.
Murex fistulosus Brocc.
Fusus longiroster Brocc.
Pleurotoma brevirostrum Sow.
Pleurotoma cataphracta Brocc.
Pleurotoma turricula Brocc.
Pleurotoma dimidiata Brocc.
Pleurotoma rotata Brocc.
Turritella vermicularis Brocc.
Turritella subangulata Brocc.
Mitra scrobiculata Brocc.
Buccinum semistriatum Brocc.
Columbella nassoides Bellardi.
Cassidaria.
Turbo sp. nov.
Pectunculus glycimeris Lamk.
Venus umbonaria Lamk.
Ostrea navicularis Brocc.
Nucula placentina Lamk.
Arca diluviana Brocc.
Leda.

Nous avons retrouvé à l'École des mines, dans la collection de Verneuil, les fossiles cités par Ansted. D'après les corrections que portent les cartons, le *Dentalium elephantinum* devrait être rapporté au *Dentalium hexangulum;* le *Natica* indéterminé serait le *Natica canrena* Brocc. et le *Cassidaria* également indéterminé correspondrait au *Cassidaria echinophora* Linn. Quant au *Turbo,* ce n'est pas une espèce nouvelle, mais le *Turbo fimbriatus* Borson. Nous avons fait figurer cet exemplaire, mis gracieusement à notre disposition par M. Douvillé, parce que c'est le plus beau type que nous ayons encore vu de cette espèce.

Ansted donne également une liste des foraminifères trouvés dans ces marnes bleues et déterminés par Rupert Jones et Parker :

Lagena sulcata Walker (2 variétés).
Nodosarina Raphanus Linn. (6 variétés).
Nodosarina dentalina Lamk. (7 variétés).
Vaginula badenensis d'Orb.
Frondicularia planata Defrance.
Cristellaria Calcar Linn. var. *Cassis* Fichtel et Moll. (15 variétés).
Orbulina universa d'Orb.
Globigerina bulloides d'Orb.
Rotalia (Planorbulina) farcta Fichtel et Moll. (6 variétés).
Rotalia repanda Fichtel et Moll. (3 variétés).
Rotalia Beccarii Linn. (1 variété).
Rotalia trochidiformis Lamk.
Nonionina sphæroides d'Orb.
Nonionina asterisans Fichtel et Moll. (2 variétés).
Sphærodina bulloides d'Orb.
Polystomella crispa Linn. (1 variété).
Amphistegina vulgaris d'Orb.
Bulimina obtusa d'Orb. (4 variétés).
Uvigerina pygmæa d'Orb. (2 variétés).
Verneuilina tricarinata d'Orb. (4 variétés).
Textularia agglutinans d'Orb. (3 variétés).
Miliola seminulum Linn. (4 variétés).
Lituola nautiloidea Lamk. (1 variété).

M. de Orueta, en 1875, reprit l'étude de ce gisement et arriva à la conclusion que c'était là un dépôt qu'il fallait rapporter au miocène supérieur. L'étude de la faune de los Tejares lui permit de dresser la liste suivante :

Pleurotoma intorta Bell.
Pleurotoma contigua Brocc. (variété de *P. turricula*).
Murex angulosus Brocc. ou *Fusus angulosus* Sism.
Turritella terebra.
Turritella acutangulata.
Scalaria lamellosa Brocc.
Mitra striatula Brocc.
Columbella subulata Bellardi.
Cancellaria calcarata Brocc.
Cancellaria spinulosa Brocc.
Ringicula buccinea Deshayes.
Ranella marginata Defrance.
Scaphander parisiensis d'Orb.
Tiphis pungens Soland.
Pecten pleuronectes Lamk.
Cytherea rugosa Bronn.

Nous n'avons cité que les espèces portant des noms spécifiques. Pour établir l'âge du dépôt des marnes bleues de los Tejares, M. de Orueta relève le nombre des espèces pliocènes, miocènes et éocènes recueillies par de Verneuil et par lui dans ce même gisement. Il arrive aux résultats suivants : sur 25 espèces déterminées par de Verneuil [1] il y en a :

1 ou 4 p. 100 caractéristiques du pliocène;
2 ou 8 p. 100 caractéristiques du miocène et du pliocène;
2 ou 8 p. 100 ne se trouvant pas dans le Prodrome de d'Orbigny;
20 ou 80 p. 100 appartenant à l'étage helvétien.

[1] M. de Orueta s'est servi de la liste donnée par Ansted que nous avons reproduite plus haut ; mais il a supprimé *Venus umbonaria*, *Pectunculus glycimeris*, qui appartiennent tous deux aux couches supérieures des marnes bleues, c'est-à-dire au pliocène moyen, ainsi que trois coquilles sans nom spécifique.

Parmi les 16 espèces qu'il a déterminées lui-même, il y en a :

1 ou 6,25 p. 100 caractéristiques du pliocène;
1 ou 6,25 p. 100 caractéristiques de l'éocène inférieur? (*Scaphander parisiensis*);
1 ou 6,25 p. 100 caractéristiques de l'éocène supérieur (*Tiphis pungens*);
13 ou 81,25 p. 100 caractéristiques de l'helvétien.

Nous avons préféré, pour déterminer l'âge de ce gisement, ne nous servir que des fossiles que nous avions recueillis nous-mêmes et dont le gisement ne pouvait être ainsi contesté. Puis, parmi les espèces reconnues, nous avons cherché celles qui sont vraiment caractéristiques d'un niveau, c'est-à-dire celles qui se font remarquer par des formes ou des dimensions spéciales à l'étage considéré ou encore par un plus grand développement numérique. Nous sommes arrivés ainsi à une conclusion différente de celle de M. de Orueta et conforme à celle de Scharenberg et d'Ansted.

Les débris de poissons que nous avons rapportés de los Tejares n'ont pu nous fournir de renseignements sur l'âge de ces marnes. M. le professeur Bassani, de l'université de Naples, qui a bien voulu se charger de la détermination spécifique de cette faune ichthyologique, y a reconnu une seule espèce :

Oxyrhina plicatilis Ag.

du pliocène de Castell' Arquato. Les autres espèces telles que

Lamna cuspidata Ag.
Sphyrna prisca Ag.
Oxyrhina crassa Ag.
Otodus cf. Lawleyi Bassani.

se rencontrent surtout dans le miocène moyen. Mais il faut remarquer, ainsi que nous l'écrivait le professeur Bassani, que certains poissons des étages helvétien et tortonien ont vécu aussi dans le pliocène inférieur et moyen.

Voici la liste des espèces de mollusques que nous y avons rencontrées; nous avons cru intéressant d'indiquer les différents niveaux auxquels elles avaient été déjà trouvées [1].

	Los Tejares.	MIOCÈNE.			PLIOCÈNE MÉDITERRANÉEN.			PLIOCÈNE SEPTENTRIONAL.		QUATERNAIRE.	VIVANTES.			
												Atlantique.		
		Inférieur.	Moyen.	Supérieur.	Inférieur.	Moyen.	Supérieur.	Inférieur.	Moyen.		Méditerranée.	Nord.	Sud.	Océan Indien.
Conus Brocchii Bronn	*r*	*	*	*	*			*						
— antidiluvianus Brug.	*r*	?		*	*	*r*								
Pleurotoma rotata Brocc.	*c*		*	*	*	*rr*								
— turricula Brocc.	*ccc*		*	*	*	*		*	*		?	*		
— dimidiata Brocc.	*ccc*			*	*	*r*								
— Allionii Bell.	*cc*		*	*	*									
— cataphracta Brocc.	*cc*	*	*	*	*	*					*			*
— intorta Brocc.	*r*		*	*	*	*		*						
Mitra scrobiculata Brocc.	*cc*		*	*	*									
Fusus longiroster Brocc.	*c*		*	*	*									
— Puschi Hörn	*cc*		*		*									
Triton nodiferum Lamk.	*r*		*r*	*r*	*		*				*		*	
Ranella marginata Martini	*r*		*	*	*	*							*	
Cassidaria echinophora Linné	*r*			*r*	*		*				*			
Chenopus Uttingerianus Risso	*cc*			*	*									
Turritella subangulata Brocc.	*r*		*	*	*	*					?			
Xenophora crispa König	*r*				*	*	*				*		*	
Natica helicina Brocc.	*c*		*	*	*	*		*		*	*	*	*	
— Companyoni Font.	*c*				*									
Turbo fimbriatus Bors.	*c*			*	*									
Arca diluvii Lamk.	*ccc*		*	*	*	*	*				*		*	
Pleuronectia cristata Bronn.	*cc*		*	*	*	*	*							
Pecten scabrellus Lamk.	*rr*		*	*	*	*	?							
Rhabdocidaris nov. sp.	*rr*													
Flabellum malagense nov. sp.	*r*													

[1] Pour plus de détails, nous renvoyons à l'étude paléontologique qui suit ce chapitre. Voir p. 250.

Ce tableau montre que, sur vingt-trois espèces déjà dénommées, il n'y en a que trois qui ne soient pas citées dans le miocène supérieur : c'est le *Fusus Puschi*, qui se rencontre cependant dans le miocène inférieur; le *Xenophora crispa*, qui ne semble pas être antérieur à l'époque pliocène et dont le maximum de développement correspond au pliocène moyen; enfin le *Natica Companyoni*, qui n'a été distingué que dernièrement par M. Fontannes du *Natica millepunctata*, avec lequel il a pu être confondu au milieu des fossiles miocènes.

De ces trois espèces, il n'y a donc que le *Xenophora crispa* qui soit caractéristique du pliocène. La présence seule de ce dernier fossile ne suffirait pas, selon nous, pour faire rentrer les dépôts de los Tejares dans le pliocène inférieur, car il peut se trouver un jour ou l'autre dans les dépôts miocènes. Ce qui nous a décidés, c'est l'existence à Malaga de variétés bien spéciales au terrain pliocène, quoique dérivant d'espèces que l'on rencontre dans le miocène supérieur. C'est ainsi que nous avons recueilli les formes du *Mitra scrobiculata*, *Arca diluvii*, *Pleuronectia cristata*, caractéristiques du pliocène. De plus, les *Pleurotoma rotata*, *Pl. turricula*, *Pl. dimidiata*, *Pl. Allionii*, *Pl. intorta*, *Chenopus Uttingerianus* sont très abondants, ainsi qu'on l'a toujours constaté dans les marnes bleues du pliocène inférieur.

Enfin, comme dernier argument en faveur de notre classification, nous dirons que sur ces marnes bleues de los Tejares reposent, en stratification concordante, des sables jaunes riches en *Pecten* et qui appartiennent au pliocène moyen.

Ces sables ne se voient pas partout à los Tejares; ils ont dû être enlevés par érosion en beaucoup de points. Parfois même, les eaux ayant produit ces érosions ont remanié le pliocène moyen et y ont amené des espèces quaternaires, ce qui pourrait expliquer certains mélanges d'espèces signalés par plusieurs auteurs.

Cet étage moyen du terrain pliocène n'atteint, dans la plaine de Malaga, qu'une faible altitude, tandis que sur la côte de la

Méditerranée, au Paloet près de Velez Malaga, on le rencontre à plus de 100 mètres au-dessus du niveau de la mer.

MM. Bertrand et Kilian ayant fait une étude spéciale de l'étage moyen du pliocène, nous renvoyons à leur travail pour ce qui concerne les sables à *Pecten* de los Tejares.

A peu de distance à l'ouest de ces dépôts présentant les *caractères* minéralogiques et paléontologiques des deux étages inférieurs du pliocène, on voit, reposant sur des grès nummulitiques, des sables marneux dits *bizcornil* dans le pays. Ils forment une grande bande de plusieurs kilomètres de large, qui s'étend à l'ouest de Fuengirola jusqu'à Estepona et dont l'altitude atteint jusqu'à 76 mètres au-dessus du niveau de la mer. La faune qu'on y rencontre présente de telles affinités avec la faune actuelle, que nous l'avions rapportée tout d'abord à l'époque quaternaire[1]. Mais une étude plus approfondie nous a permis de reconnaître que nous avions affaire à un de ces curieux dépôts, tels qu'on en a déjà signalé plusieurs dans la partie orientale de la Méditerranée, et que l'on rapporte au terrain pliocène. On y trouve un mélange d'espèces fossiles, franchement pliocènes, et d'espèces vivantes. Mais le fait qui présente le plus d'intérêt, c'est que plusieurs de ces dernières vivent aujourd'hui dans les parties profondes de la Méditerranée, ou bien encore elles appartiennent à la faune de l'océan Atlantique.

Voici la liste des espèces que nous avons recueillies dans ces sables, près de San Pedro de Alcantara. Nous avons indiqué dans le tableau suivant toutes les régions et tous les niveaux géologiques dans lesquels elles ont été citées[2].

(1) *Comptes rendus de l'Académie des sciences*, séance du 20 avril 1885.

(2) Pour plus de détails sur les mollusques, nous renvoyons à l'étude paléontologique. (Voir p. 281.)

	San Pedro de Alcantara.	MIOCÈNE.		PLIOCÈNE MÉDITERRANÉEN.							PLIOCÈNE du Nord.		QUATERNAIRE.	VIVANTES.			
						Supérieur.									Atlantique.		
		Moyen.	Supérieur.	Inférieur.	Moyen.	Sicile.	Calabre.	Cos.	Chypre.	Rhodes.	Inférieur.	Moyen.		Méditerranée.	Nord.	Sud.	Océan Indien.
Cleodora pyramidata Linn.	ccc		*	*		*				*				*	*	*	
Bulla acuminata Brug.	rr	?		*		?					*			*	*		
Marginella auris leporis Brocc.	rr			*													
Cerithium scabrum Olivi	r	*	*	*	*	*		*	*	*			*	*	*	*	
Vermetus intortus Broun.	ccc	*		*		*					*	*		*			
Calyptræa chinensis Linn.	c	*	*	*	*	*	*	*		*	*	*		*	*	*	
Natica helicina Brocc.	r	*	*	*	*						*		*	*	*	*	
Trochus magus Linn.	r		?	*	*	*	*						*		*	*	
— patulus var. β Brocc.	r		*	*	*												
Eumargarita Cuadræ nov. sp.	c																
— Fischeri nov. sp.	rr																
Rimula capuliformis Pecchi.	r			*													
Tectura virginea Muller.	r				*	*				*	*	*	*	*	*	*	
Acroreia dubia nov. sp.	rr																
Dentalium delphinense Font.	r		?	*													
— entale var. Tarentinum Lamk.	r		*	*						*				*	*	*	
Loxoporus Divæ Ch. Vélain.	r																*
Ostrea lamellosa var. Cortesiana Cocc.	ccc			*													
Pecten similis Laskey.	ccc	*	*			*				*					*	*	*
— fenestratus Forbes.	ccc					*				*				*	*	*	
— opercularis Linn.	cc	*	*	*		*				*	*				*	*	
— Macphersoni nov. sp.	cc																
Lima subauriculata Montagu.	c	*				*					*				*	*	
Limea strigilata Brocc.	r	*	*	*	*					*							
Modiola phaseolina Philippi.	cc			*	*	*				*	*			?	*		
Arca tetragona Poli.	rr	*		*	*						*	*		*	*	*	
— lactea Linn.	rr	*	*	*					*	*	*	*	*		*	*	
— Fouquei nov. sp.	ccc																
Plesiarca pectunculoides Scacchi.	ccc		*			*				*	*			*	*		
Pectunculus Oruetæ nov. sp.	ccc																
Limopsis anomala Eichw.	ccc	*	*	*	*					*	*						

IMPRIMERIE NATIONALE.

	San Pedro de Alcantara.	MIOCÈNE.		PLIOCÈNE MÉDITERRANÉEN.							PLIOCÈNE du Nord.		QUATERNAIRE.	VIVANTES.			
						Supérieur.									Atlantique.		
		Moyen.	Supérieur.	Inférieur.	Moyen.	Sicile.	Calabre.	Cos.	Chypre.	Rhodes.	Inférieur.	Moyen.		Méditerranée.	Nord.	Sud.	Océan Indien.
Leda consanguinea Bell	r			*													
— Bellardii nov. sp	ccc																
— Heberti nov. sp	cc																
Yoldia Genei Bell	rr	*															
Cardium multicostatum Brocc	r	*	*	*	*					*							
— Munieri nov. sp	r																
Lucina borealis Linn	r	*	*	*	*	*				*	*			*	*		
Gonilia bipartita Philippi	ccc					*				*				*			
Cryptodon sinuosum Donovan	r			?							*			?	*	?	
Montacuta bidentata Montagu	rr						*				*	*		*	*		
— donacina Wood	rr										*			*	*		
Kellyella abyssicola Sars	rr		*	?	?		*							*	*		
Astarte triangularis Montagu	rr		*	*							*	*	*	*	*	*	
Turquetia fragilis Ch. Vélain	rr																*
Crassatella tenuistria ? Nyst	c										*						
Pecchiolia argentea Mariti	r		*	*													
Cardita corbis Philippi	cc		?			*					*	*		*	*	*	
Verticordia cardiiformis Wood	rr					?					*						
Venus ovata Pennant	ccc	*	*	*	*	*	*			*	*	*		*	*	*	
— plicata Gmelin	r	*	*	*	*												
Tellina balaustina Linn	r			*		*					*			*	*	*	
Syndosmya alba Wood	ccc			*							*	*	*	*	*	*	
Corbula gibba Olivi	ccc	*	*	*	*	*		*	*	*		*	*	*			
Corbula ? hispanica nov. sp	r																
Saxicava arctica Linn	cc	*	*	*	*	*				*	*			*	*	*	
Digitaria digitaria Linn	ccc	?				*				*	*	*	*	*	*		
Poromya granulata Nyst et Westendorp	cc					*					*			*	*	*	
Terebratula Philippii Seg	r										*						

A cette liste nous ajouterons, pour mémoire, deux espèces de *Lunulites* très communes et une espèce de *Flabellum* assez abondante, mais dont les exemplaires sont très mal conservés.

M. Schlumberger, qui a bien voulu se charger de la détermination de nos foraminifères, y a reconnu 29 espèces dont nous donnons la liste plus loin (voir *Paléontologie*). Mais l'étude des foraminifères ne peut être d'un grand secours dans la détermination de l'âge des gisements, par suite du peu de confiance qu'on peut avoir dans les déterminations spécifiques des anciens auteurs.

Enfin, dans ces sables de San Pedro de Alcantara, les *Lithotamnium* sont très abondants.

Si l'on se reporte au tableau précédent (voir p. 242), on voit que, dans ce gisement, sur cinquante-huit espèces de mollusques, il y en a dix de nouvelles et deux qui n'ont été rencontrées que dans l'océan Indien.

Les quarante-six autres espèces sont connues et peuvent se grouper de la manière suivante. Douze ne semblent pas dépasser le pliocène supérieur :

Marginella auris leporis Brocc.
Trochus patulus var. β Brocc.
Rimula capuliformis Pecchioli.
Dentalium delphinense Font.
Ostrea lamellosa var. *Cortesiana* Cocconi.
Limea strigilata Brocc.
Leda consanguinea Bell.
Yoldia Genei Bell.
Crassatella tenuistria Nyst.
Pecchiolia argentea Mariti.
Verticordia cardiiformis Wood.
Venus plicata Gmelin.

Parmi ces dernières se trouvent une espèce douteuse, *Crassatella tenuistria* Nyst, et trois autres, *Dentalium delphinense* Font., *Leda consanguinea* Bell. et *Yoldia Genei* Bell., encore peu connues et qui se rapprochent assez d'autres types pour qu'il puisse y avoir eu confusion avec ces derniers; leur extension est donc peut-être plus grande qu'il ne semble. Quoi qu'il en soit à cet égard, les huit autres espèces sont franchement fossiles; elles ne dépassent pas le pliocène inférieur, sauf le *Verticordia cardiiformis* Wood, qui a peut-être été trouvé dans le pliocène supérieur de Sicile.

Les trente-quatre espèces qui restent sont vivantes, mais toutes ont été déjà recueillies dans les dépôts pliocènes. Il y en a sept qui semblent habiter de préférence l'océan Atlantique :

Trochus magus Lamk.
Pecten similis Laskey.
Pecten opercularis Linn.
Lima subauriculata Montagu.
Modiola phaseolina Philippi (rare dans la Méditerranée).
Arca lactea Linn.
Cryptodon sinuosum Donovan (douteux dans la Méditerranée).

Trois autres ne se rencontrent plus que dans la Méditerranée :

Vermetus intortus Bronn.
Gonilia bipartita Philippi.
Corbula gibba Olivi.

Cette prédominance de la faune de l'Atlantique sur celle de la Méditerranée nous paraît tout particulièrement intéressante.

D'après les dragages qui ont été exécutés durant ces dernières années tant dans la Méditerranée que dans l'Atlantique, le gisement de San Pedro comprendrait quinze espèces de mer profonde, c'est-à-dire, d'après les conventions le plus généralement admises, vivant à une profondeur de plus de 500 mètres :

Cleodora pyramidata Linn.
Calyptræa chinensis Linn.
Pecten fenestratus Forbes.
Lima subauriculata Montagu.
Arca tetragona Poli.
Arca lactea Linn.
Plesiarca pectunculoides Scac.
Lucina borealis Linn.
Gonilia bipartita Philippi.
Kellyella abyssicola M. Sars.
Astarte triangularis Montagu.
Venus ovata Pennant.

Saxicava arctica Linn.
Digitaria digitaria Linn.
Poromya granulata Nyst et Westendorp.

En comparant la liste des espèces vivantes recueillies d'après M. Hidalgo[1] sur les côtes d'Espagne entre Carthagène et Cadix, avec celle des mollusques rapportés de San Pedro, nous avons relevé dix-huit espèces communes :

* *Calyptræa chinensis* Linn.
• *Trochus magus* Linn.
Tectura virginea Muller.
Dentalium entale var. *tarentinum* Lamk.
• *Pecten similis* Laskey.
• *Pecten opercularis* Linn.
• * *Lima subauriculata* Montagu.
* *Arca tetragona* Poli.
• * *Arca lactea* Linn.
* *Plesiarca pectunculoides* Scac.
* *Lucina borealis* Linn.
* *Astarte triangularis* Montagu.
* *Venus ovata* Pennant.
Tellina balaustina Linn.
Syndosmya alba Wood.
Corbula gibba Olivi.
* *Saxicava arctica* Linn.
* *Digitaria digitaria* Linn.

Parmi ces dix-huit espèces, il y en a dix (celles marquées d'un *) qui sont de mer profonde et cinq (celles marquées d'un •) qui habitent de préférence l'Atlantique. Il y a donc entre la faune actuelle des côtes de l'Andalousie et celle de San Pedro de très grandes analogies. Par suite, il est permis d'admettre qu'à l'époque pliocène les conditions biologiques étaient les mêmes que celles que nous observons aujourd'hui dans cette région et qu'il y avait déjà communication entre la Méditerranée et l'Atlantique lorsque se sont déposés les sables de San Pedro.

[1] *Journal de conchyliologie*, t. V.

Ce mélange d'espèces pliocènes et d'espèces de mers profondes a été reconnu depuis longtemps par Philippi dans les environs de Palerme. Le marquis de Monterosato a repris l'étude de ces dépôts et en particulier des gisements de Monte Pellegrino et de Ficarazzi. Il a donné une liste plus complète des espèces qu'on y rencontre. Nous y avons reconnu vingt et une espèces communes à la Sicile et à l'Andalousie :

* *Cleodora pyramidata* Linn.
Cerithium scabrum Olivi.
Vermetus intortus Bronn.
* *Calyptræa chinensis* Linn.
Trochus magus Linn.
Tectura virginea Muller.
Pecten similis Laskey.
* *Pecten fenestratus* Forbes.
Pecten opercularis Linn.
* *Lima subauriculata* Montagu.
Modiola phaseolina Philippi.
* *Plesiarca pectunculoides* Scac.
* *Lucina borealis* Linn.
* *Gonilia bipartita* Philippi.
Cardita corbis Philippi.
* *Venus ovata* Pennant.
Tellina balaustina Linn.
Corbula gibba Olivi.
* *Saxicava arctica* Linn.
* *Digitaria digitaria* Linn.
* *Poromya granulata* Nyst et Westendorp.

Les espèces marquées du signe * sont celles de mer profonde ; elles sont au nombre de onze. Ce fait est important à noter, car il montre que les dépôts de San Pedro de Alcantara et des environs de Palerme ont dû s'effectuer dans les mêmes conditions. Mais en Sicile la proportion des espèces éteintes et émigrées est de 18 p. 100, tandis qu'à San Pedro cette proportion atteint 42 p. 100.

A Tarente, où des dépôts de même nature ont été étudiés par Philippi et par M. Kobelt, la proportion est à peine de 3 p. 100;

à Cos, elle est de 8 p. 100; à Chypre, suivant les gisements, elle varie de 9 à 17 p. 100; à Rhodes, elle atteint 17 p. 100[1]. Dans cette dernière localité, qui est la plus éloignée de l'Andalousie, se retrouvent encore dix-neuf des espèces de San Pedro, parmi lesquelles dix sont caractéristiques des mers profondes.

Il semble donc qu'il y ait eu, à cette époque, uniformité dans les conditions de dépôt, depuis le détroit de Gibraltar jusqu'à l'extrémité orientale de la Méditerranée.

On a beaucoup discuté sur l'âge de ces sédiments. A Palerme, on les verrait reposant sur les deux niveaux de l'astien. Le grand nombre de formes vivant actuellement dans la Méditerranée aurait pu faire ranger ces dépôts dans le quarternaire; mais comme, d'autre part, la faune pliocène y est encore très abondante, on en a fait du pliocène supérieur. La présence de nombreuses espèces provenant du niveau inférieur, rencontrées à San Pedro, tendrait à vieillir les dépôts des environs de Marbella, qui d'ailleurs reposent sur des grès nummulitiques sans intercalation d'aucun autre sédiment. Il semble donc plus rationnel d'admettre qu'à San Pedro de Alcantara on a affaire à un facies de mer profonde correspondant aux étages inférieur et moyen qui se voient à Malaga, tandis que plus à l'est il représenterait la partie supérieure du pliocène. Dans ce cas, il faudrait admettre que le fond de la Méditerranée a subi progressivement un affaissement de l'ouest à l'est, durant toute la période pliocène; c'est d'ailleurs une hypothèse déjà émise par MM. Tournouër et Fischer.

Quel que soit l'âge de ces dépôts, il reste à expliquer le mélange des faunes. Ce que l'on sait de l'habitat des différents organismes animaux semble indiquer que ce sont les conditions de température, plus que de profondeur, qui président à la distribution des espèces : celles-ci ne descendent que pour trouver des eaux moins chaudes. Dès lors, l'apparition d'espèces de mer profonde ou d'eau froide, au milieu d'une faune vivant d'ordinaire à une température relative-

[1] P. Fischer, *Paléontologie des terrains tertiaires de l'île de Rhodes* (*Mémoires de la Société géologique*, 3e série, t. I, 2e partie, p. 41).

ment élevée, ne peut s'expliquer que par un mélange mécanique, c'est-à-dire par un apport dû à un courant sous-marin.

La prédominance, dans le gisement de San Pedro, d'espèces vivant actuellement dans l'Atlantique, et le très grand nombre de ces dernières dans les autres gisements déjà cités sembleraient indiquer l'existence d'un courant sous-marin venant de l'Océan.

Le courant qui vient actuellement de l'Atlantique dans la Méditerranée se faisant à peine sentir au delà des côtes de l'Andalousie et du Maroc, il faut admettre qu'à l'époque pliocène il était beaucoup plus puissant. Les accidents géologiques que l'on observe dans la région de Gibraltar expliquent d'ailleurs dans quelles circonstances un pareil courant aura pu se produire.

En effet, le long des côtes d'Algérie, les sondages accusent une augmentation brusque de profondeur; celle-ci passe, sans transition, de 50 à 400 mètres et plus. En traçant une ligne qui longe ces côtes et en la prolongeant vers le N. O., on reconnaît qu'elle limite la côte nord de la Sicile et passe par Tarente. Entre la Sicile et l'Italie elle rencontre les principaux centres éruptifs de cette région. C'est encore parallèlement à cette direction que sont alignés les différents terrains de la partie septentrionale de l'Algérie [1]. On peut donc la considérer comme étant la direction d'une ligne de fracture. De plus, la plupart des gisements pliocènes du bassin occidental de la Méditerranée, caractérisés par un mélange de faunes, sont alignés suivant cette direction et la jalonnent.

D'autre part, les sondages indiquent une dépression passant par le détroit de Gibraltar et longeant la côte de l'Andalousie; elle est parallèle aux côtes de l'Algérie. Enfin la sierra Blanca, qui limite au sud la serrania de Ronda, est également parallèle à cette direction. Il semble donc que l'on ait affaire dans toute cette région à un système de failles parallèles. Ce sont ces failles qui ont dû jouer lors de la période pliocène. Les dislocations qui ont eu lieu alors ont amené un abaissement du seuil de Gibraltar, ce qui a permis aux

[1] Suess, *Das Antlitz der Erde*, p. 296.

eaux de l'Océan d'entrer plus facilement dans la Méditerranée. Par suite de cette augmentation de profondeur du détroit, il a dû se produire des courants violents qui entraînaient vers l'est les espèces de l'Atlantique et même celles qui avaient été entraînées déjà dans cet océan par des courants venant des régions polaires. C'est ainsi que peut s'expliquer la présence de certaines espèces boréales jusque dans les dépôts pliocènes du bassin oriental de la Méditerranée.

Les lambeaux pliocènes que l'on rencontre soit en Espagne, soit en Sicile, montrent que la direction suivie par ces courants était bien la même que celle des failles que nous avons signalées plus haut. Ces dépôts n'ont été portés à leur altitude actuelle de plus de 100 mètres au-dessus de la mer qu'à la fin de l'époque pliocène. Pendant la période quaternaire, cette partie occidentale de la Méditerranée a subi une série d'oscillations dont le résultat final a été de donner au détroit de Gibraltar sa configuration actuelle.

Les phénomènes éruptifs ont modifié à un tel point le relief sous-marin du bassin oriental de la Méditerranée, qu'il est impossible de faire aucune hypothèse sur la marche des courants dans cette région, bien que les dépôts pliocènes de Cos, Chypre et Rhodes aient dû s'effectuer dans les mêmes conditions que ceux du bassin occidental de la Méditerranée.

IMPRIMERIE NATIONALE.

QUATRIÈME PARTIE.

PALÉONTOLOGIE.

Nous n'avons pas la prétention de faire ici une étude paléontologique approfondie des différentes espèces de fossiles pliocènes recueillis par nous dans les environs de Malaga et de San Pedro de Alcantara; mais nous avons pensé qu'il pourrait être utile de publier quelques remarques que notre travail de détermination nous a permis de faire.

Pour éviter d'allonger le présent mémoire, nous ne citons que les diagnoses d'espèces ou de genres peu connus, nous ne donnons également qu'une courte synonymie, suffisante pour bien préciser le type auquel nous avons eu affaire; mais nous avons eu le soin de toujours renvoyer aux ouvrages où l'on pourra trouver la synonymie complète et la diagnose de chaque espèce.

Nous indiquons le plus souvent quel est le type auquel nous rapportons nos exemplaires, c'est-à-dire la figure dont ils se rapprochent le plus. Au cas où l'on voudrait comparer entre elles les différentes formes d'une même espèce, on saurait quelles sont celles qui se rencontrent en Andalousie.

Les rapports qui existent entre les faunes miocène et pliocène, d'une part, ainsi qu'entre les faunes pliocène et actuelle, d'autre part, présentant un grand intérêt, nous avons cherché à donner tous les niveaux géologiques, ainsi que toutes les localités où ont été trouvées les espèces fossiles ou vivantes. Bien souvent nous n'avons trouvé, comme renseignements, dans les ouvrages consultés [1] que des citations de localités et non d'étages; nous avons dû recher-

[1] Ce sont, pour la plupart, les ouvrages auxquels nous renvoyons pour la synonymie.

cher alors à quel niveau géologique, dans la localité indiquée, se trouvait l'espèce en question. Nos recherches ont été assez difficiles ; et bien souvent, crainte d'erreurs, nous nous sommes abstenus de reproduire ces citations.

Parmi les exemplaires que nous avons rapportés, il y en a plusieurs appartenant à des espèces ou à des genres, fossiles aussi bien que vivants, qui sont peu connus; leurs faibles dimensions compliquaient encore notre travail. MM. Munier-Chalmas et P. Fischer ont bien voulu nous guider dans les longues recherches que nous avons dû faire pour arriver à la détermination de ces espèces douteuses ; nous tenons à leur en exprimer ici toute notre gratitude.

FOSSILES PLIOCÈNES
DE LOS TEJARES, PRÈS MALAGA.

VERTÉBRÉS.

Nous ne pouvons mieux faire que de reproduire ici les renseignements que M. Bassani, le savant professeur de Naples, nous a envoyés sur les espèces de poissons dont nous lui avions communiqué des dents.

Les espèces bien déterminables sont les suivantes :

Lamna cuspidata Ag.

Espèce très commune dans le miocène moyen.

Sphyrna prisca Ag.

Fréquent dans le miocène moyen.

Oxyrhina crassa Ag.

Cité par Agassiz dans les dépôts tertiaires de la vallée du Rhin.

Oxyrhina plicatilis Ag.

Espèce du calcaire de Castell' Arquato.

Otodus cf. Lawlegi Bass.

Rencontré dans le miocène de la Vénétie, dans l'helvétien de la Sardaigne et dans les faluns de la Bretagne.

INVERTÉBRÉS.

GASTÉROPODES.

Genre CONUS.

Conus Brocchii Bronn. — Pl. XXI, fig. 1 *a*, *b*.

1831. *Conus Brocchii* Bronn, *Italiens tertiär Gebilde und der organische Einschlüsse*, p. 12, n° 7.

Synonymie et diagnose : Nyst, *Coquilles et polypiers fossiles de Belgique*, p. 585.

Bronn a distingué cette espèce du *Conus deperditus* Bruguière, auquel Brocchi le rapportait (*Conch. foss. subap.*, t. II, p. 292, n° 10, pl. III, fig. 2) ; c'est Nyst qui le premier l'a figurée sous son nom définitif de *Conus Brocchii* (*op. cit.*, p. 585, pl. XLIII, fig. 17). Il en donne une excellente description, mais la figure n'est pas tout à fait exacte ; la gouttière, qui est très accusée chez les individus jeunes, est à peine marquée sur le dessin. C'est pour cela que nous avons cru devoir représenter de nouveau le *Conus Brocchii*.

Il semblerait, d'après la figure donnée par M. Fontannes (*Les Mollusques pliocènes de la vallée du Rhône et du Roussillon*, t. I, pl. VIII, fig. 8, p. 149), que la gouttière diminue de profondeur avec l'âge, car celle-ci est peu marquée dans les exemplaires de grande taille, surtout dans les derniers tours de spire.

Dimensions : longueur, 34 millim. ; largeur, 18 millim.

Gisements. — Cette espèce apparaîtrait, d'après Seguenza (*Form.*

terz. Reggio), dans l'aquitanien et passerait dans l'helvétien et le tortonien d'après Foresti (*Catalogo dei Molluschi fossili pliocenici delle colline Bolognesi*). D'après Nyst, on la trouverait à Vliermael (rare) et au Bolderberg près de Hasselt, dans le crag de Belgique. En Italie, on la rencontre, d'après Brocchi, Cocconi et Foresti, dans tout le pliocène inférieur et moyen des environs d'Asti et de Bologne. On ne peut accorder aux indications précédentes qu'une importance relative, car plusieurs auteurs ont assimilé le *Conus Brocchii* au *Conus Dujardini* Desh., bien que ce soient deux espèces distinctes. M. Fontannes a trouvé le *Conus Brocchii*, mais très rare, dans les argiles sableuses des environs de Perpignan, et dans les marnes à *Cer. vulgatum* de Saint-Ariès, près Bollène (Vaucluse). Cette espèce serait également très rare dans les marnes bleues pliocènes de Biot, d'après Depontaillier. Nous n'en avons trouvé que deux exemplaires, bien conservés d'ailleurs, et dont les dimensions se rapprochent beaucoup de celles des exemplaires de Nyst et de Brocchi.

Conus antidiluvianus Bruguière.

Conus antidiluvianus Bruguière, *Comm. Bonon.*, II, pars II, p. 296, fig. 1 (d'après Brocchi).

1792. *Conus antidiluvianus* Bruguière, *Encyclop. méthod., Hist. nat. des Vers*, t. I, p. 637, pl. 347, fig. 6 (d'après Hörnes).

Synonymie et diagnose : Hörnes, *Wien. tert. Beck.*, t. I, p. 38.

Ce nom a été donné à des coquilles qu'il faut rapporter à des espèces distinctes les unes des autres; aussi croyons-nous utile d'indiquer que notre exemplaire est conforme à la figure et à la description données par Brocchi (*Conch. foss. subap.*, pl. II, fig. 2, p. 291). La seule différence qu'il présente avec l'exemplaire figuré et décrit par Hörnes (*op. cit.*, pl. V, fig. 2) consiste dans la présence d'un bourrelet plus marqué, dans notre exemplaire, sur le bord inférieur externe de la bouche. D'après Brocchi, l'espèce a été créée par Bruguière sur un mauvais exemplaire ; cet auteur en aurait donné une mauvaise figure et une bonne description. C'est donc à la figure donnée par Brocchi qu'il faut se reporter pour avoir le type de l'espèce.

Dimensions : longueur, 64 millim. ; largeur, 25 millim.

Gisements. — Étant donné le grand nombre d'espèces qui ont été confondues sous le nom de *Conus antidiluvianus*, il est bien difficile d'admettre que les localités citées par les différents auteurs aient toutes présenté les exemplaires conformes au type figuré par Brocchi. C'est donc sous toutes réserves que nous indiquons les étages dans lesquels cette espèce a été trouvée. Seguenza la signale dans l'aquitanien ; d'après Hörnes, Michelotti l'aurait trouvée dans l'argile bleue de Tortone ; Grateloup l'aurait rencontrée à Saubrigues près Dax. Cette espèce a fait sûrement son apparition dans le bassin méditerranéen à la fin du miocène. Cependant elle est plutôt pliocène ; Brocchi la cite dans les Crete Sanesi, dans les environs de Bologne et de Plaisance ; Ponzi la signale dans le niveau inférieur de Monte Mario. D'après Depontaillier, le *Conus antidiluvianus* serait très commun à Biot dans les marnes bleues du pliocène inférieur, et très rare à Cannes dans les sables jaunes du pliocène moyen.

Cette espèce n'a pas encore été citée dans les gisements pliocènes des régions septentrionales de l'Europe ; elle n'a pas été non plus trouvée parmi les coquilles vivantes. Il semble donc probable que le *Conus antidiluvianus* est cantonné dans les étages inférieurs du terrain pliocène de la Méditerranée.

Genre PLEUROTOMA.

Pleurotoma rotata Brocchi.

1814. *Murex (Pleurotoma) rotatus* Brocchi, *Conch. foss. subap.*, p. 434, pl. IX, fig. 2.

1821. *Pleurotoma rotata* Borson, *Oritt. piem.*, part. II, p. 77.

Synonymie et diagnose : Bellardi, *I Molluschi dei terreni ter-*

ziarii, t. II, p. 13. — Fontannes, *Les Mollusques pliocènes de la vallée du Rhône et du Roussillon*, t. I, p. 40.

Cette espèce présente un très grand nombre de variétés au dire de Bellardi, qui pense que l'on peut les grouper autour de six types principaux, distincts du vrai type du *Pleurotoma rotata*. La plus ancienne variété apparaîtrait dès le miocène moyen et aucune ne dépasserait le pliocène inférieur. Ces variétés, d'ailleurs, présenteraient des caractères assez constants pour qu'on puisse reconnaître à chacune d'elles un âge bien défini. Nos exemplaires sont conformes au type du *Pleurotoma rotata* figuré par Bellardi (*op. cit.*, t. II, pl. I, fig. 2, p. 13), ainsi qu'à l'exemplaire figuré par M. Fontannes (*op. cit.*, t. I, pl. IV, fig. 5, p. 40).

Dimensions : longueur, 32 millim. ; largeur, 12 millim.

Gisements. — Bellardi prétend que le vrai type de l'espèce en question se rencontre déjà dans le miocène moyen de Turin et dans le miocène supérieur de Stazzano et de Santa Agata. Mais, par son abondance, il caractériserait, dans la région méditerranéenne, les dépôts argileux de la base du pliocène. Cocconi cite également cette espèce dans le miocène et le pliocène. Foresti l'a trouvée dans les deux niveaux pliocènes des environs de Bologne. Elle a été signalée par Depontaillier comme très commune dans les marnes bleues du pliocène inférieur de Biot et comme très rare dans les sables jaunes du pliocène moyen de Cannes; par Brocchi dans la province de Plaisance, dans les Crete Sanesi et en Piémont; enfin par M. Fontannes comme très rare dans les argiles à *Pecten Comitatus* de Bourg-Saint-Andéol (Ardèche).

Cette espèce ne paraît pas se trouver dans les dépôts pliocènes du nord de l'Europe.

Pleurotoma turricula Brocchi.

1814. *Murex turricula* Brocchi, *Conch. foss. subap.*, p. 435, pl. IX, fig. 20.
1826. *Pleurotoma turricula* Defrance, *Dict. sc. nat.*, vol. XLI, p. 390.

Synonymie et diagnose : Nyst, *op. cit.*, p. 520. — Bellardi, *op. cit.*, t. II, p. 39. — Pereira da Costa, *Gastéropodes des dépôts tertiaires du Portugal*, p. 230. — Fontannes, *op. cit.*, t. I, p. 41.

Les nombreux exemplaires que nous avons rapportés de Malaga sont conformes au type figuré et décrit par Bellardi (*op. cit.*, pl. I, fig. 25); ils sont de petite taille et se rapprochent de l'exemplaire représenté par Hörnes (*Wien. tert. Beck.*, t. I, pl. XXXVIII, fig. 1, p. 520); cependant cette dernière coquille porte des granulations bien plus marquées qu'elles ne le sont dans nos exemplaires.

Dimensions : longueur, 38 millim.; largeur, 13 millim.

Gisements. — D'après Hörnes et Foresti, on trouverait cette espèce : dans le miocène moyen, à Saint-Gall en Suisse, à Turin; dans le miocène supérieur, à Baden, où elle serait très fréquente, à Tortone. Pereira da Costa (*op. cit.*, p. 230) la cite à Cacella en Portugal à ce même niveau. C'est une espèce qui se rencontre surtout dans le pliocène. D'après Bellardi (*op. cit.*), le type appartient aux deux niveaux inférieurs du pliocène. En Piémont et en Ligurie, elle est localisée dans le pliocène; c'est aussi le cas pour le sud-est de la France, comme le fait remarquer M. Fontannes. Les localités où on la rencontre dans les dépôts pliocènes sont les suivantes : en Italie, dans les collines de Sienne, les environs d'Asti, à Castell'Arquato (Cocconi), à Bucheri et Sortino en Sicile; à Biot, elle est très commune dans le pliocène inférieur; à Cannes, elle est commune dans le pliocène moyen, d'après Depontaillier; on la rencontre également dans les argiles sableuses des vallées du Tech et de la Tet (Pyrénées-Orientales), d'après M. Fontannes. Cette espèce a été trouvée dans les dépôts pliocènes du nord de l'Europe. Nyst la cite (*op. cit.*, p. 250) à Anvers, au Bolderberg; Wood (*op. cit.*, p. 53) dans le *red crag* de Sutton et de Bawdsey.

D'après Hörnes, le *Pleurotoma turricula* vivrait encore dans les mers arctiques, sur les côtes du Groenland et du nord de l'Europe. Weinkauff (*Mittelsmeere*, t. II, p. 121) l'indique comme vivant également dans la Méditerranée; mais nous ne pouvons guère nous rapporter à son dire, car il assimile l'espèce en question au *Pleu-*

rotoma crispata Jan. Il y a donc quelque doute sur l'existence du *Pleurotoma turricula* dans la Méditerranée.

Pleurotoma (Surcula) dimidiata Brocchi.

1814. *Murex dimidiatus* Brocchi, *Conch. foss. subap.*, p. 431, pl. VIII, fig. 18.
1821. *Pleurotoma dimidiata* Borson, *Oritt. piem.*, part. II, p. 78.

Synonymie et diagnose : Hörnes, *Wien. tert. Beck.*, t. I, p. 360. — Bellardi, *op. cit.*, t. II, p. 58. — Fontannes, *op. cit.*, t. I, p. 44.

Les stries longitudinales de nos exemplaires sont plus nombreuses et plus fines que celles de l'individu figuré par M. Fontannes (*op. cit.*, t. I, p. 44, pl. IV, fig. 8); nos exemplaires se rapportent bien à la troisième variété de cette espèce citée par Bellardi (*op. cit.*, t. II, p. 58) et qui appartient au pliocène inférieur.

Dimensions : 36 millim.; largeur, 13 millim.

Gisements. — D'après Hörnes (*op. cit.*, p. 360), cette espèce se rencontrerait dans le miocène supérieur du bassin de Vienne, où elle serait fréquente, ainsi qu'à Saubrigues. Mais c'est surtout dans les dépôts pliocènes qu'elle est commune; Hörnes la cite à Monte Pulciano, en Toscane; à Cutro, en Calabre; à Reggio, à Sienne, à Martignone, à Bologne. D'après Bellardi (*op. cit.*, p. 60), le *Pleurotoma dimidiata* se voit dans le pliocène inférieur de Castelnuovo, près d'Asti; à Viale, près Montafia; à Vezza, près Alba; à Monte Capriolo, près Bra; à Borzoli, près Sestri; à Savone, à Vintimiglia où il serait très commun; il serait, au contraire, rare dans le pliocène moyen de Volpedo, près Voghera. D'après Cocconi (*Enum. sistem.*, p. 54), ce fossile se rencontrerait dans tous les dépôts pliocènes des provinces de Parme et de Plaisance. Ponzi le cite dans le niveau inférieur de Monte Mario. Il est commun dans le pliocène inférieur de Biot et dans le pliocène moyen de Cannes (Depontaillier); M. Fontannes l'a signalé dans les marnes à *Cer. vulgatum* de Bollène (Vaucluse), dans les argiles à *Pecten Comitatus*

IMPRIMERIE NATIONALE.

de Bouchet (Drôme) et dans les argiles sableuses de Millas (Pyrénées-Orientales). Nyst et Wood ne le signalent pas dans les dépôts pliocènes de l'Europe septentrionale.

Pleurotoma (Drillia) Allionii Bellardi.

1877. *Drillia Allionii* Bellardi, *I Molluschi dei terreni terziarii*, t. II, p. 91, pl. III, fig. 17.

Synonymie et diagnose : Bellardi, *op. cit.*, p. 91. — Fontannes, *op. cit.*, t. I, p. 45.

Nos plus grands exemplaires sont dans un très mauvais état; leurs caractères sont cependant assez visibles pour qu'il n'y ait pas de doute possible sur le nom spécifique à leur attribuer. D'ailleurs, nos exemplaires jeunes, qui sont bien conservés, présentent tous les caractères des types figurés par Bellardi et par M. Fontannes (*op. cit.*, pl. IV, fig. 9, p. 45); les côtes longitudinales sont plus accusées dans nos exemplaires que dans celui figuré par ce dernier auteur.

On ne peut tenir compte des dimensions de nos plus grands exemplaires, vu le mauvais état dans lequel ils se trouvent.

Gisements. — D'après M. Fontannes, cette espèce apparaîtrait dans le miocène moyen du Bordelais au milieu des marnes à *Cardita Jouanneti;* de même, dans le bassin de Vienne. Bellardi la cite, mais rare, dans le miocène supérieur de Tortone et de Stazzano. Dès le début du pliocène, cette espèce acquiert un très grand développement numérique. Bellardi la cite dans le pliocène inférieur de Castelnuovo, d'Asti, de Vezza près Alba, etc. En France, Depontaillier la cite comme très commune à Biot; par contre, M. Fontannes (*op. cit.*, p. 45) signale son absence dans le Roussillon; elle est encore assez rare dans le bassin du Rhône : on ne l'a rencontrée que dans les marnes et faluns à *Cer. vulgatum* des environs de Bollène (Vaucluse) et dans les argiles à *Pecten Comitatus* de Bouchet (Drôme) et de Bourg-Saint-Andéol (Ardèche).

Pleurotoma (Dolichotoma) cataphracta Brocchi.

1814. *Murex (Pleurotoma) cataphractus* Brocchi, *Conch. foss. subap.*, p. 427, pl. VIII, fig. 16.
1821. *Pleurotoma cataphracta* Bors., *Oritt. piem.*, t. II, p. 76.

Synonymie et diagnose : Bellardi, *op. cit.*, t. II, p. 230. — Hörnes, *op. cit.*, t. I, p. 379. — Pereira da Costa, *Gastéropodes des dépôts tertiaires du Portugal*, p. 214. — Fontannes, *Les Mollusques pliocènes*, etc., p. 259.

Les nombreux exemplaires provenant de Malaga sont conformes à la figure 20 *b* de la planche VII de l'ouvrage de Bellardi. Les stries longitudinales correspondent mieux à celles de la figure 20 *c*, mais les tubercules sont beaucoup plus saillants que dans cette dernière espèce; aussi est-ce à la figure 20 *b* que nous croyons devoir rapporter nos exemplaires. C'est la même espèce que celle figurée sous ce nom par M. Fontannes (*op. cit.*, pl. XII, fig. 32-33, p. 259).

Le *Pleurotoma cataphracta* varie beaucoup avec les étages dans lesquels on le trouve, mais certaines formes sont caractéristiques de certains étages. D'après les descriptions, nos exemplaires sont conformes au type pliocène.

Dimensions : longueur, 55 millim.; largeur, 22 millim.

Gisements. — On rencontrerait cette espèce dès le miocène inférieur à Dego, Carcare, Cassinelle où elle n'est pas rare, au dire de Bellardi (*op. cit.*, p. 233). Cocconi la cite également dans cet étage. Bellardi la dit commune dans le miocène moyen de Turin. C'est à ce même niveau que Dujardin l'aurait trouvée en Touraine. Le miocène supérieur d'Italie, d'après Cocconi, de Cacella (Portugal), d'après Pereira da Costa, et du bassin de Vienne, d'après Hörnes, en fournirait de nombreux exemplaires. Bellardi a reconnu cette espèce dans le pliocène inférieur de Castelnuovo, d'Asti, au Pino d'Asti, à Vezza près Alba, et en beaucoup d'autres localités; Depontaillier la cite à Biot, où elle serait très commune;

elle serait assez commune dans les environs de Perpignan, d'après M. Fontannes. Elle se retrouve encore dans le pliocène moyen de Volpedo près Voghera, de Masserano, mais rare au dire de Bellardi. Brocchi et Cocconi la citent dans tout le pliocène. Foresti l'a rencontrée dans les deux niveaux inférieurs du pliocène des environs de Bologne.

Philippi signale le *Pleurotoma cataphracta* comme vivant encore sur les côtes de la Méditerranée et notamment en Sicile. D'après Hörnes, Reeve aurait rencontré cette espèce vivante dans l'Inde occidentale.

Pleurotoma (Pseudotoma) intorta Brocchi.

1814. *Murex (Pleurotoma) intortus* Brocchi, *Conch. foss. subap.*, p. 427, pl. VIII, fig. 17.
1821. *Pleurotoma intorta* Bors., *Oritt. piem.*, t. II, p. 76.

Synonymie et diagnose : Nyst, *op. cit.*, p. 509. — Wood, *Crag Mollusca. Palæontological Soc.*, t. I, p. 53. — Hörnes, *op. cit.*, p. 331. — Bellardi, *op. cit.*, p. 214.

Nous n'avons pu recueillir qu'un exemplaire de cette espèce, et il est mal conservé. Il a été roulé et son sommet a perdu ses ornements; mais ceux-ci se voient encore très distinctement sur le reste de la coquille.

Dimensions : longueur, 38 millim. ; largeur, 16 millim.

Gisements. — D'après Hörnes, cette espèce apparaît dans le miocène moyen; on la trouverait à ce niveau en France, à Léognan, à Saucats, à Dax; en Italie, à la Superga. Cocconi la cite dans le miocène supérieur. Mais son maximum de développement correspond à l'époque pliocène. Bellardi la signale comme abondante dans le pliocène inférieur des environs d'Asti ; d'après Foresti et Cocconi, elle se rencontre dans les deux niveaux inférieurs du pliocène. M. Deperet la cite à Millas (Pyrénées-Orientales) ; Wood dans le crag de Sutton; et Nyst à Struyvenberg près Anvers.

Genre MITRA.

Mitra scrobiculata Brocchi.

1814. *Voluta scrobiculata* Brocchi, *Conch. foss. subap.*, p. 317, pl. IV, fig. 3.
1830. *Mitra scrobiculata* Deshayes, *Encyclopédie méthodique, Vers*, t. II, p. 468.

Synonymie et diagnose : Hörnes, *Wien. tert. Beck.*, p. 100. — Pereira da Costa, *op. cit.*, p. 68. — Fontannes, *op. cit.*, p. 84.

Les exemplaires recueillis à Malaga se rapportent au type figuré par Brocchi et non à la variété figurée par M. Fontannes (*op. cit.*, pl. VI, fig. 6, p. 84). L'espèce typique est un des fossiles les plus communs du pliocène de la Méditerranée; cependant, d'après M. Fontannes, elle est très rare dans le Roussillon.

Dimensions : longueur, 52 millim.; largeur, 14 millim.

Gisements. — Hörnes cite le *Mitra scrobiculata* dès le miocène moyen, à Carry, ainsi qu'à Dax et dans le Bordelais; mais c'est surtout dans le miocène supérieur qu'on l'a signalé : en France, à Saubrigues; en Italie, à Piacenza, à Tortone; enfin à Baden, où il est rare. Pereira da Costa l'a rencontré dans ce même étage à Praia do Covalinho et à Cacella. Les exemplaires provenant des dépôts miocènes seraient un peu différents du type figuré par Brocchi, type qui, du reste, est caractéristique du pliocène. Cependant la variété miocène se rencontrerait encore, d'après M. Fontannes, dans le pliocène inférieur des duchés de Plaisance et de Parme, du Bolonais, etc. Ce serait celle du Roussillon à laquelle M. Fontannes a cru pouvoir donner le nom de *Mitra scrobiculata Massoti* Font. Brocchi a recueilli le type de l'espèce dans le pliocène inférieur du duché de Plaisance, dans les Crete Sanesi; Cocconi l'a rencontré dans ce même étage à Drolo et à Lugagnano; Depontaillier le dit très commun à Biot dans le pliocène inférieur. Il ne se rencontre pas dans les gisements de l'Europe septentrionale.

Genre FUSUS.

Fusus longiroster Brocchi. — Pl. XXI, fig. 2 *a*, *b*.

1814. *Murex longiroster* Brocchi, *Conch. foss. subap.*, p. 418, pl. VIII, fig. 7.
1820. *Fusus longiroster* Defrance, *Dictionnaire des sciences naturelles*, t. XVIII, p. 540.

Synonymie et diagnose : Hörnes, *op. cit*, t. I, p. 293. — Fontannes, *op. cit.*, t. I, p. 14.

Défrance a signalé depuis longtemps la grande variabilité de cette espèce. M. Fontannes a été à même de la constater en comparant les exemplaires qu'il avait trouvés dans les environs de Perpignan à ceux du pliocène d'Italie ou des côtes de Provence. Nous avons pu également reconnaître des différences très sensibles parmi les exemplaires que de Verneuil a rapportés de los Tejares, ainsi que parmi ceux que nous avons trouvés dans cette même localité. Mais il est important de noter que cette espèce présente ses plus grandes variations avec l'âge. Hörnes était déjà arrivé à la même conclusion en comparant des exemplaires provenant du miocène, aussi bien que du pliocène. D'une manière générale, les tubercules se développent dans le sens longitudinal. Ce fait, très sensible dans tous les exemplaires que nous avons pu étudier, est frappant surtout dans le plus grand de ceux que nous avons rapportés de Malaga. C'est pour cela que nous avons cru devoir le faire figurer.

Hörnes a figuré (*op. cit.*, t. I, pl. XXXII, fig. 5, 6, 7) des exemplaires constituant deux variétés dont l'une (fig. 6) se rapproche beaucoup des formes trouvées généralement dans le pliocène; mais les tubercules y sont beaucoup plus allongés, dans le sens transversal, que cela n'a lieu chez ces dernières. Bellardi, dans son ouvrage *I Molluschi dei terreni terziarii del Piemonte e della Liguria* (parte I, p. 135, pl. X, fig. 6), a pris la forme de *Fusus longiroster* représentée par Hörnes (fig. 5, *op. cit.*) comme type d'une nouvelle espèce à laquelle il a donné le nom de *Fusus æquistriatus*. Cette distinction est des mieux fondées : il suffit de comparer les sommets des deux coquilles pour reconnaître des différences très sensibles.

Dimensions : les plus grands exemplaires atteignent une longueur de 105 millim. et une largeur de 35 millim.

Gisements. — D'après Hörnes et Foresti, on rencontrerait cette espèce dans le miocène moyen de Dax, de Montpellier et du Piémont, et dans le miocène supérieur de Saubrigues, de Tortone et du bassin de Vienne. C'est dans l'étage pliocène inférieur que cette espèce présente son maximum de développement. Brocchi la signale dans le duché de Plaisance et dans les Crete Sanesi; Hörnes en signale des exemplaires de Castell' Arquato et de Palerme, sans indiquer à quel niveau ils ont été trouvés dans cette localité. Depontaillier la cite comme très commune à Biot dans les argiles bleues du pliocène inférieur. D'après M. Fontannes, elle serait rare dans les sables argileux de Millas (Pyrénées-Orientales).

Fusus Puschi Andr.

1830. *Lathira Puschi* Andr. Jejowski, *Notice sur quelques fossiles de Volhynie, Bull. de Moscou*, t. II, p. 95, pl. IV, fig. 2.
1856. *Fusus Puschi* Hörnes, *Wien. tert. Beck.*, t. II, p. 282, pl. XXXI, fig. 6.

Synonymie et diagnose : Hörnes, *op. cit.*, p. 282. — Bellardi, *op. cit.*, p. 196.

Nos exemplaires ont tous les caractères de ceux figurés par Hörnes ; mais cependant le canal est plus long que dans ces derniers. Il en résulte pour nos exemplaires une forme plus élancée. L'espèce figurée sous ce nom par Bellardi (*op. cit.*, pl. XIII, fig. 17) mérite d'être considérée, ainsi que le fait cet auteur, comme une variété ; peut-être même devrait-on en faire une espèce distincte.

Dimensions : longueur, 54 millim. ; largeur, 24 millim.

Gisements. — Cette espèce, jusqu'ici, n'avait été signalée que dans le miocène moyen. Hörnes la dit commune à Grund, rare à Steinabrunn, Gainfahren, etc. Elle a été rencontrée encore dans cet étage à la Superga.

GENRE TRITON.

Triton nodiferum Lamarck.

1814. *Murex gyrinoides* Brocchi, *Conch. foss. subap.*, p. 401, pl. IX, fig. 9.
1822. *Triton nodiferum* Lamarck, *Histoire nat. des animaux sans vertèbres*, t. VII, p. 179.

Synonymie et diagnose : Hörnes, *op. cit.*, t. I, p. 201. — Weinkauff, *Mittelsmeere*, t. II, p. 75. — Fontannes, *Les Mollusques pliocènes*, etc., t. I, p. 25.

Le seul exemplaire que nous ayons recueilli à los Tejares est dans un très mauvais état; la partie apicale présente cependant tous les caractères du *Triton nodiferum*. C'est une espèce dont l'ornementation est assez variable : notre exemplaire porte des tubercules plus forts que ceux des exemplaires provenant du Roussillon; il se rapprocherait surtout du type figuré par Hörnes (*op. cit.*, pl. XIX, fig. 2).

Cette espèce est citée par tous les auteurs comme étant une de celles qui présentent une très grande taille; l'état de notre exemplaire ne nous permet pas d'apprécier ses dimensions.

Gisements. — C'est très rarement que l'on rencontre cette espèce dans le miocène moyen. Hörnes la signale à la Superga, en Italie; à Dax, en France; Bellardi la cite encore à ce niveau en Italie. Hörnes l'a signalée, mais rare, dans le miocène supérieur du bassin de Vienne. Dans le pliocène, le *Triton nodiferum* prend un tel développement numérique qu'on peut, avec M. Fontannes, le considérer comme caractéristique de ce terrain; il est signalé par Bellardi et Cocconi dans de nombreux gisements appartenant au pliocène inférieur d'Italie. M. Fontannes l'a trouvé dans les marnes à *Cer. vulgatum* des environs de Bollène (Vaucluse) et de Saint-Restitut (Drôme), mais il y est toujours rare. Par contre, cette espèce est assez commune dans les argiles sableuses de Millas et de Banyuls (Pyrénées-Orientales). D'après Philippi, Seguenza et Monterosato, on la trouverait dans le pliocène supérieur de Sicile et de Tarente; d'après M. Fischer, elle serait rare dans ce même niveau à Rhodes.

Enfin, c'est une espèce qui a persisté jusqu'à nos jours. Weinkauff la cite vivante à des profondeurs variant de 4 à 100 brasses sur les côtes de l'Espagne (commune à Gibraltar), des îles Baléares, de la Provence, du Piémont, de la Corse, de la Sardaigne, de Naples, de la Sicile, de la Dalmatie, de l'archipel grec, de la Morée et de l'Algérie. Elle existerait également dans l'océan Atlantique sur les côtes de la France, de l'Espagne et du Portugal, des îles Madère et Canaries, enfin sur les côtes du Sénégal.

Genre RANELLA.

Ranella marginata Martini.

1777. *Buccinum marginatum* Martini, *Neues systematisches Conchylien Cabinet*, t. III, pl. CXX, fig. 1101-1102.

1814. *Buccinum marginatum* Brocchi, *Conch. foss. subap.*, p. 332, pl. IV, fig. 17.

1822. *Ranella lævigata* Lamarck, *Hist. nat. des animaux sans vertèbres*, t. VII, p. 154.

1823. *Ranella marginata* A. Brongniart, *Mémoire sur les terrains supérieurs du Vicentin*, p. 65, pl. VI, fig. 7.

Synonymie et diagnose : Hörnes, *op. cit.*, p. 214. — Bellardi, *I Molluschi*, etc., p. 243. — Pereira da Costa, *Gastéropodes*, etc., p. 152. — Fontannes, *op. cit.*, p. 39.

Nous n'avons trouvé qu'un exemplaire du *Ranella marginata*. Sa spire est très courte, beaucoup plus courte que celle des exemplaires du Roussillon, mais les autres caractères sont les mêmes. C'est d'ailleurs une espèce qui varie suivant les localités où on la rencontre; d'une manière générale, au dire de M. Fontannes, c'est la longueur relative de la spire qui est l'élément le plus variable.

Dimensions : longueur, 30 millim.; largeur, 14 millim.

Gisements. — On a constaté l'apparition de cette espèce dans

IMPRIMERIE NATIONALE.

le miocène moyen à la Superga, où elle est très commune d'après Bellardi; à Dax, en France, d'après Hörnes. Elle passe dans le miocène supérieur : en Italie, elle y est fréquente (Bellardi), mais elle est rare dans le bassin de Vienne, d'après Hörnes. Ce dernier auteur la cite encore à Saubrigues. Pereira da Costa l'a trouvée à Cacella et à Mutella. Mais c'est le pliocène qu'elle caractérise par son abondance; elle est très commune à Asti, d'après Bellardi; Cocconi la cite à Castell' Arquato, Lugagnano, enfin à Tabiano où elle est très abondante. Foresti la signale dans les deux étages inférieurs du pliocène de Bologne. En France, elle est rare à Biot dans le pliocène inférieur, mais, d'après Depontaillier, elle est très commune au moulin de l'Abadie, près Cannes, dans le pliocène moyen. M. Fontannes l'a rencontrée dans les couches à *Cer. vulgatum* de Bollène (Vaucluse) et de Saint-Restitut (Drôme), où elle est très rare, mais elle est commune dans les sables argileux de Millas et de Banyuls (Pyrénées-Orientales).

Cette espèce vit encore dans l'Atlantique sur les côtes d'Afrique; M. Fischer l'a rencontrée aux îles du Cap-Vert, lors de l'expédition du *Travailleur*.

Genre CASSIDARIA.

Cassidaria echinophora Linné.

1766. *Buccinum echinophorum* Linné, *Systema Naturæ*, éd. X, p. 735; éd. XII, p. 1198.
1814. *Buccinum echinophorum* Brocchi, *Conch. foss. subap.*, p. 326.
1837. *Cassidaria echinophora* Pusch., *Polens Palæontologie*, p. 126, pl. XI, fig. 10.
1822. *Galeodea echinophora* Fontannes, *Les Mollusques pliocènes de la vallée du Rhône et du Roussillon*, t. I, p. 100, pl. VII, fig. 1.

Synonymie et diagnose : Brocchi, *op. cit.*, p. 326. — Hörnes, *Wien. tert. Beck.*, p. 183. — Pereira da Costa, *op. cit.*, p. 133. — Fontannes, *op. cit.*, p. 100.

Nos exemplaires sont conformes à ceux figurés par M. Fontannes; cependant les tubercules y sont peut-être moins épais que sur les exemplaires provenant du Roussillon. D'ailleurs, cette espèce semble susceptible de présenter d'assez grandes différences dans les détails de l'ornementation de la coquille. MM. Cocconi et Fontannes font remarquer que la différence entre les exemplaires fossiles et les exemplaires vivants réside dans la présence d'un labre plus épais chez les premiers. Les variations que présente cette espèce ont été cause que plusieurs auteurs ont cru devoir faire de nouvelles espèces avec de simples variétés. C'est pourquoi, en 1863, Tiberi a publié dans le *Journal de conchyliologie* (p. 150) un travail dans lequel il démontre que quatre espèces de *Cassidaria* ne doivent être considérées que comme quatre variétés du *Cassidaria echinophora*.

Dimensions : longueur, 48 millim.; largeur, 30 millim.

Gisements. — Le *Cassidaria echinophora* semble très rare dans le miocène supérieur : Hörnes le cite à Baden, Pereira da Costa à Cacella. Il est très commun dans le pliocène inférieur. Brocchi l'a signalé dans les Crete Sanesi, à Asti; Cocconi, dans les environs de Lugagnano, à Campile; Ponzi, dans le niveau inférieur de Monte Mario. En France, Depontaillier l'a trouvé très rarement à Biot; M. Fontannes l'a recueilli dans les marnes à *Cer. vulgatum* des environs de Bollène (Vaucluse), dans les marnes à *Os cochlear* de Saint-Restitut (Drôme), dans les argiles à *Pecten Comitatus* de Bouchet (Drôme) et dans les argiles à *Nassa semistriata* de Horpieux (Isère). C'est toujours une espèce rare. Marcel de Serres l'avait déjà signalée dans les environs de Perpignan. M. de Monterosato la cite dans les localités de Monte Pellegrino et de Ficarazzi. Hörnes la signale également à Rhodes.

Le *Cassidaria echinophora* vit dans l'Adriatique et dans la Méditerranée, ainsi que Brocchi l'avait déjà publié en 1814. Weinkauff dit que cette espèce se rencontre vivante à une profondeur variant de 4 à 6 brasses sur les côtes de la France, de l'Italie, de la Corse, de Naples, de la Sicile, de Malte, de Ravenne, de la Vénétie, de Trieste, de Zara, de la Morée, de l'archipel grec, de l'Algérie. C'est une espèce qui, vivante aussi bien que fossile, semble cantonnée dans le bassin de la Méditerranée.

Genre CHENOPUS.

Chenopus Uttingerianus Risso.

1826. *Chenopus Uttingerianus* Risso, *Hist. nat. des environs de Nice*, t. IV, p. 225.

Synonymie et diagnose : Fontannes, *op. cit.*, t. I, p. 155.

Les tubercules qui ornent les crêtes de nos exemplaires sont un peu usés, mais cependant il est facile de reconnaître que ces derniers sont semblables aux *Chenopus Uttingerianus*, figurés comme provenant des marnes subapennines d'Italie ou du Roussillon.

Dimensions : le sommet du plus grand des exemplaires provenant de los Tejares manque; sa largeur est de 17 millim.

Gisements. — Hörnes confond cette espèce, sous le nom de *Chenopus pes graculi* que lui a donné Bronn, avec une espèce distincte qui porte le nom de *Chenopus pes pelecani;* nous ne pouvons donc tenir compte des renseignements qu'il donne sur son apparition. D'après M. Fontannes, on la rencontrerait dès le miocène supérieur; mais, dans le bassin de Vienne, les exemplaires différeraient un peu de ceux du pliocène et pourraient être considérés comme intermédiaires entre le *Chenopus pes pelecani* et le *Chenopus Uttingerianus.* Cocconi et Pereira da Costa confondent également ces deux espèces, de sorte qu'il faut laisser de côté leurs observations. Il semble que le *Chenopus Uttingerianus* atteigne son maximum de développement dans le pliocène. M. Fontannes l'a rencontré dans les marnes à *Cer. vulgatum* de Saint-Restitut, de Nyons, de Bollène, dans les argiles à *Pecten Comitatus* de Bouchet (Drôme), dans les argiles de Millas et de Banyuls, enfin dans les marnes argileuses à *Nassa semistriata* de Horpieux (Isère).

Genre TURRITELLA.

Turritella subangulata Brocchi.

1814. *Turbo subangulatus* Brocchi, *Conch. foss. subap.*, t. II, p. 374, pl. VI, fig. 16.
1853. *Turritella subangulata* Eichwald, *Lethæa Rossica*, p. 279, pl. X, fig. 22.

Synonymie et diagnose : Hörnes, *op. cit.*, p. 428. — Fontannes, *Les Mollusques pliocènes*, etc., p. 196.

Nos deux exemplaires sont semblables à la figure du *Turbo acutangulatus* donnée par Brocchi (*loc. cit.*, pl. VI, fig. 10), qui n'est d'ailleurs qu'une variété de son *Turbo subangulatus*, ainsi que l'a fait remarquer M. Fontannes. La carène ne se trouve pas exactement au milieu du tour de spire, elle se rapproche un peu plus de la partie supérieure. C'est une forme très voisine du *Turritella strobeliana* de Cocconi (*op. cit.*, p. 192).

Dimensions : longueur, 35 millim.; largeur, 10 millim.

Gisements. — Ce serait le *Turritella subangulata* var. *spirata* correspondant au *Turbo spiratus* de Brocchi qu'on rencontrerait dans le miocène moyen de Touraine. Mais le type de *Turritella subangulata* se rencontre sûrement dans le miocène supérieur; d'après Hörnes, il serait rare dans le bassin de Vienne, mais en Italie on le trouverait abondamment à ce niveau, par exemple à Tortone. M. Fontannes ne l'a rencontré à aucun niveau du groupe de Visan, bien que ce soit une espèce qui apparaisse à cette époque dans tout le bassin méditerranéen. Dans le pliocène, elle a une distribution plus générale; en effet, Brocchi cite le type du *Turritella subangulata* et la variété *acutangulata* à la base du pliocène dans les Crete Sanesi; Ponzi le signale à ce même niveau à Monte Mario; Foresti le cite dans le pliocène moyen des environs de Bologne. Depontaillier le dit excessivement commun à Biot, à la Théoulière et à Villeneuve-Loubet, dans les argiles bleues du pliocène inférieur; commun à Cannes, dans le pliocène moyen. M. Fontannes le cite comme très commun dans les marnes argileuses à *Nassa semistriata* et dans les faluns à *Cer. vulgatum* de Horpieux (Isère), de Fay, d'Albon, de Ponsas, d'Erre, de Saint-Restitut, de Bouchet, de Nyons (Drôme), de Bollène (Vaucluse), de Saint-Laurent-du-Pape, de Bourg-Saint-Andéol (Ardèche), de Saint-Christophe (Bouches-du-Rhône). Cette espèce manque ou est très rare dans le Roussillon.

Cocconi la cite vivante sur les côtes de Tunisie, mais M. Fontannes pense que c'est une nouvelle variété qui vit dans ces parages, et non le *Turritella subangulata* typique.

Genre XENOPHORA.

Xenophora crispa König.

1825. *Phorus crispus* König, *Icones fossilium sectiles*, fol. Londini, n° 58.
1836. *Trochus crispus* Philippi, *Enum. Moll. Siciliæ*, t. I, p. 183, pl. X, fig. 26.
1873. *Xenophora crispa* Cocconi, *Enum. sist. dei Molluschi mioc. e plioc.*, etc., p. 198.

Synonymie et diagnose : Fontannes, *op. cit.*, t. I, p. 204.

Bien que nous n'ayons trouvé qu'un seul exemplaire de cette espèce, elle est si souvent citée de la localité de los Tejares qu'elle peut être considérée comme y étant assez fréquente ; les caractères sont constants et elle ne présente que des variations individuelles. Sa taille est souvent très grande.

Dimensions : longueur, 135 millim. ; largeur 110 millim.

Gisements. — C'est une espèce bien caractéristique du terrain pliocène. Brocchi la cite dans le pliocène inférieur ; Foresti dans ce niveau à Monte Mario ; Depontaillier signale dans les marnes de Biot de très nombreux exemplaires, qu'il rapporte, il est vrai avec doute, à cette espèce. Cocconi dit qu'elle serait plutôt caractéristique des sables du niveau moyen. M. Fontannes l'a rencontrée dans les argiles sableuses de Millas et de Banyuls, mais elle y serait rare. M. de Monterosato la signale à Monte Pellegrino et à Ficarazzi dans le pliocène supérieur. M. Fischer la cite dans ce niveau à Rhodes.

Philippi l'a trouvée vivante à Panormi; Jeffreys l'a recueillie à bord du *Porcupine*, à Rasel Amoush; il la cite encore vivante dans le golfe de Gascogne (de Folin), dans la Méditerranée, sur les côtes de Sardaigne et d'Algérie, enfin dans l'Atlantique, aux îles du Cap-Vert (expédition de *la Gazelle*), et sur la côte d'Afrique (*Talisman*), à une profondeur variant de 47 à 486 brasses.

Genre NATICA.

Natica helicina Brocchi.

1814. *Nerita helicina* Brocchi, *Conch. foss. subap.*, p. 297, pl. I, fig. 10.
1856. *Natica helicina* Hörnes, *Wien. tert. Beck.*, p. 525, pl. XLVII, fig. 6, 7 (pro parte).

Synonymie et diagnose : Weinkauff, *Mittelsmeere*, p. 249. — Fontannes, *op. cit.*, t. I, p. 115.

Nos exemplaires diffèrent aussi bien de ceux d'Italie que de ceux du Roussillon ou de la vallée du Rhône. Mais c'est une espèce si variable, même dans un seul gisement, que nous ne croyons pas devoir en faire une variété du *Natica helicina*.

Les bouches de tous nos exemplaires étant cassées, nous ne pouvons donner leurs dimensions.

Gisements. — D'après Hörnes, le *Natica helicina* apparaît dans le miocène moyen de Touraine, de Suisse, de la Superga, mais il serait plus abondant dans le miocène supérieur : ce même auteur le cite en plusieurs points du bassin de Vienne. Mais c'est dans le pliocène qu'il prend sa plus grande extension. Brocchi le signale dans l'étage inférieur; Cocconi le cite en Italie dans les deux niveaux inférieurs; Foresti le cite dans le pliocène inférieur de Monte Mario et dans les deux étages inférieurs du pliocène de Bologne. En Provence, d'après Depontaillier, il se rencontrerait dans le pliocène inférieur; Fontannes l'a recueilli dans les argiles sableuses de Banyuls, de Neffiach (Pyrénées-Orientales), dans les marnes et faluns à *Cer. vulgatum* de Bollène, de Vaison (Vaucluse), de Nyons, de Saint-Restitut, d'Eurre (Drôme), dans les argiles à *Pecten Comitatus* de Bouchet (Drôme), de Bourg-Saint-Andéol (Ardèche). Weinkauff l'indique du pliocène d'Algérie; Wood le cite dans le crag de Sutton et de Bridlington, en Angleterre; Weinkauff, dans le pliocène de Belgique. Cette espèce passe dans le pliocène supérieur de Rhodes (Fischer), de Cos (Tournouër), de Chypre (Gaudry) et de Sicile (Monterosato), ainsi que dans la formation glaciaire de la Clyde. Pour M. Fontannes, il faudrait rapporter les exemplaires provenant du quaternaire à des formes voisines, mais non au *Natica helicina* typique.

Cette espèce vit dans la Méditerranée, sur les côtes de l'Italie, d'après Brocchi, Philippi et Cocconi; sur les côtes de la France et de l'Espagne, d'après Weinkauff. Enfin, d'après ce dernier auteur, elle se trouverait fréquemment dans l'océan Atlantique, sur les côtes de la Norvège, de l'Angleterre, de la France et de l'Espagne.

Natica Companyoni Fontannes.

1871. *Natica neglecta* Mayer, *Couches à congeries du bassin du Rhône*, p. 12.
1876. *Natica neglecta* Fontannes, *Les terrains tertiaires du haut comtat Venaissin*, p. 76.
1882. *Natica Companyoni* Fontannes, *Les Mollusques pliocènes de la vallée du Rhône et du Roussillon*, t. I, p. 113, pl. VII, fig. 9.

Synonymie et diagnose : Fontannes, *Les Mollusques pliocènes*, etc., t. I, p. 113.

Les exemplaires que nous rapportons à cette espèce sont assez mal conservés; cependant on peut les identifier à l'espèce de M. Fontannes. Ils se rapprochent assez du *Natica millepunctata*, figuré par Hörnes (*op. cit.*, pl. XLVII, fig. 12); cependant cette dernière espèce a une forme un peu plus dilatée que n'est celle de nos exemplaires. Ceux-ci ne portent aucun ornement autre que les stries d'accroissement, ce qui pourrait, au premier abord, les rapprocher encore plus du type figuré par M. Fontannes, mais il est vrai que les ponctuations qui caractérisent le *Natica millepunctata* vivant ne sont dues qu'à des taches pigmentaires qui peuvent disparaître par la décomposition de la matière organique. Il faut donc ne s'en rapporter qu'à la forme, et alors le *Natica Companyoni* pourrait bien ne plus être qu'une variété du *Natica millepunctata*. M. Fontannes fait remarquer que c'est surtout avec le *Natica millepunctata* du bassin de Vienne que son type a le plus d'affinités.

Nos exemplaires ne présentant pas la bouche complète, nous ne pouvons donner leurs dimensions.

Gisements. — N'ayant pas eu sous les yeux les différents exemplaires de *Natica millepunctata* cités par les auteurs qui se sont occupés du miocène et du pliocène, nous ne pouvons savoir quels sont ceux qu'il faudrait rapporter au *Natica Companyoni*, et par suite nous ne pouvons indiquer quels sont ses gisements. M. Fontannes a rencontré cette espèce dans les argiles sableuses des vallées du Tech et de la Tet (Pyrénées-Orientales), où elle est commune, dans les marnes à *Cer. vulgatum* des environs de Bollène, de Visan (Vaucluse) et de Saint-Restitut (Drôme), où elle est assez rare.

GENRE TURBO.

Turbo fimbriatus Borson. — Pl. XXI, fig. 3 *a*, *b*, *c*.

1821. *Trochus fimbriatus* Borson, *Mem. Acc. de Torino*, t. XXVI, p. 331, pl. II, fig. 3.
1831. *Turbo fimbriatus* Bronn, *Ital. tert. Geb.*, p. 56.

Diagnose : « Testa conico-depressa; anfractubus subincavatis, arcuatim eleganter striatis; margine inferiori spinoso, spinis distantibus fimbriatis; altero granoso; basis margine incavata, spinarum duplici serie donata. »

Cette espèce étant très souvent confondue avec le *Turbo tuberculatus* ou le *Turbo rugosus*, nous avons pensé qu'il serait utile de reproduire la diagnose telle que Borson la donna en 1821. De plus, la figure que cet auteur en dessina lui-même étant à peine

IMPRIMERIE NATIONALE.

suffisante pour permettre de reconnaître les caractères de son espèce, nous avons fait figurer un des exemplaires rapportés de los Tejares par de Verneuil; il appartient à la collection de l'École des mines et nous en devons communication à M. Douvillé.

Borson n'a trouvé que trois exemplaires de cette espèce, et en mauvais état. Ils présentaient entre eux quelques différences provenant du nombre des séries de granulations ornant la coquille. L'exemplaire que nous avons fait figurer porte deux séries de granulations; nous avons trouvé d'autres exemplaires n'en portant qu'une; ce sont là des différences sans importance, telles que celles signalées par Borson.

Dimensions : hauteur, 23 millim.; largeur, 34 millim.

Gisements. — Seguenza la signale dans le tortonien. L'espèce a été créée par Borson pour des exemplaires provenant des marnes bleues d'Asti.

LAMELLIBRANCHES.

Genre ARCA.

Arca diluvii Lamarck.

1819. *Arca diluvii* Lamarck, *Histoire naturelle des animaux sans vertèbres*, t. VI, p. 45.

Synonymie et diagnose : Brocchi, *op. cit.*, p. 477. — Bronn, *Lethæa geognostica*, t. III, p. 378. — Nyst, *Coquilles et polypiers fossiles de la Belgique*, p. 255. — Weinkauff, *op. cit.*, t. I, p. 198. — Hörnes, *op. cit.*, p. 333. — Fontannes, *op. cit.*, t. II, p. 164.

Cette espèce présente un si grand nombre de formes qu'il est impossible de trouver des caractères assez constants pour créer des variétés. Les dimensions sont les éléments les plus variables. En comparant les différentes figures qui ont été données de cette espèce, nous avons pu constater qu'à los Tejares c'étaient les types extrêmes qui prédominaient, le type globuleux et le type allongé.

M. Fontannes attire l'attention sur ce fait que dans la charnière de cette espèce, vers le milieu, au point de divergence des séries de dents antérieures et postérieures, se trouvent deux dents plus épaisses et plus saillantes que les autres; les intervalles qui leur correspondent sont naturellement plus larges et plus profonds que ceux correspondant aux autres dents. C'est là une sorte de retour vers la disposition la plus générale des dents cardinales des dimyaires. Au point de vue théorique, c'est un fait de première importance, si l'on admet, avec M. Munier-Chalmas, que toutes les dents des polyondontées ne sont que des dents adventives; ce seraient probablement les deux dents cardinales qui reparaîtraient, alors qu'elles ont complètement disparu dans les autres espèces d'*Arca*. Les exceptions dans cette famille permettront seules de reconnaître s'il n'y a pas lieu de considérer le groupe des polyodontées comme une réunion de types anormaux, plutôt que comme une famille naturelle.

Dimensions : l'exemplaire de la plus grande taille mesure 35 millim. pour le diamètre antéro-postérieur et 22 millim. pour la hauteur.

Gisements. — C'est une espèce qui apparaît dans le miocène moyen : Hörnes la cite à la Superga, à Bordeaux, au cap Couronne près des Martigues, à Saint-Gall. Ses gisements sont nombreux dans le miocène supérieur. Hörnes la signale dans ce niveau, à Martignone et Pradalbino, près Bologne, et à Saubrigues; elle est très fréquente dans le bassin de Vienne, dans le leithakalk et dans les argiles de Baden. Mais c'est une espèce caractéristique du terrain pliocène; Brocchi la signale dans le pliocène inférieur du duché de Plaisance, dans les Crete Sanesi, etc.; Foresti dans le pliocène inférieur de Bologne; Ponzi dans le niveau inférieur de Monte Mario; Cocconi l'a rencontrée dans les deux étages inférieurs du pliocène; Depontaillier la dit excessivement commune à Biot, mais très rare à Cannes dans les sables supérieurs aux marnes de Biot. Nyst l'a rarement rencontrée à Anvers. Enfin M. Fontannes l'a trouvée dans un grand nombre de localités : dans les marnes et faluns à *Cerithium vulgatum* de l'Isère, de Saint-Restitut, de Nyons, de Bollène, d'Orange, de Saint-Laurent-du-Pape, de Bourg-Saint-Andéol, de Théziers, ainsi que dans les argiles sableuses de Banyuls. Dans toute cette région, M. Fontannes a trouvé que le type miocène se distingue nettement du type pliocène par sa forme plus globuleuse; la différence est assez grande pour que cet auteur ait distingué le type miocène sous un nouveau nom spécifique. Les exemplaires provenant de los Tejares sont, en effet, de formes plus élancées que ceux figurés comme représentant les types miocènes. M. de Monterosato a trouvé cette espèce dans le pliocène supérieur, à Monte Pellegrino et Ficarazzi. On le connaît à Tarente et à Rhodes (Fischer) dans ce même étage.

D'après Brocchi, cette espèce existerait encore sous le nom d'*Arca antiquata* dans l'océan Indien, en Amérique, dans la Méditerranée. Weinkauff la signale sous son vrai nom sur les côtes d'Espagne, du midi de la France, du Piémont, de la Corse, de Naples, de Tarente, de Sicile, de Malte, de Morée, de l'archipel grec, de l'Algérie et de la Tunisie, dans l'océan Atlantique sur les côtes de Madère, enfin dans la mer Rouge. S'il faut en croire M. Fontannes, ce serait une forme voisine (*Arca Polii* Mayer) que l'on rencontrerait dans toutes ces régions. Cependant M. Fischer l'aurait draguée entre Oran et Gibraltar à une profondeur variant entre 400 et 900 mètres.

Genre PLEURONECTIA Swainson 1840.

Pleuronectia cristata Bronn.

1814. *Ostrea pleuronectes* Brocchi, *Conch. foss. subap.*, p. 573.
1826. *Pecten pleuronectes* Risso, *Hist. nat. de Nice et des Alpes-Maritimes*, t. IV, p. 300.
1831. *Pecten cristatus* Bronn, *Ital. tert. Gebilde*, p. 116.

Synonymie et diagnose : Hörnes, *Wien. tert. Beck.*, t. II, p. 419. — Fontannes, *Les Mollusques pliocènes*, etc., t. II, p. 198.

Nos exemplaires sont en tous points conformes au type figuré par M. Fontannes (*op. cit.*, t. II, pl. XIII, p. 198). Leurs dimensions, assez variables, dépendent à coup sûr de leur âge. Ils se distinguent très nettement des formes miocènes du bassin de Vienne que Hörnes a figurées sous le nom de *Pecten cristatus*, et que M. Fontannes croit devoir séparer de l'espèce pliocène sous le nom de *Pleuronectia badensis*. Bien que nos exemplaires ne soient pas parfaitement conservés, il est très facile de voir que leur hauteur dépasse leur largeur, ce qui n'a pas lieu pour l'espèce de Baden.

Dimensions : longueur du diamètre antéro-postérieur, 75 millim. ; largeur, 77 millim.

Gisements. — Pour l'étude des gisements, il est plus sage de suivre M. Fontannes dans la séparation qu'il fait des formes pliocènes et miocènes. Il n'y a d'ailleurs que Cocconi, Hörnes et Seguenza qui citent cette espèce dans le terrain miocène. En réalité, elle est caractéristique du pliocène méditerranéen. Brocchi la signale dans les dépôts du pliocène inférieur de la vallée d'Andona près Asti, à Castell'Arquato, dans les Crete Sanesi, en Toscane, etc.; Cocconi au même niveau, à Diolo, Montezago, Variatico, etc.; Ponzi dans le niveau inférieur de Monte Mario; Foresti dans les deux étages inférieurs du pliocène de Bologne. D'après Philippi, ce serait une espèce fréquente dans le pliocène supérieur de Sicile. D'après Depontaillier, elle serait très commune dans les marnes de Biot, mais rare dans les sables de Cannes. M. Fontannes l'a rencontrée dans les marnes à *Nassa semistriata*, à *Cer. vulgatum* de Saint-Restitut, des Granges-Gontardes, de Nyons, Saint-Ariès, Gigondas, Vacqueyras, Orange, Fournes, Meynes, Tresque, Combe (Gard). Dans toute cette région, elle serait assez rare, mais elle est très rare dans les argiles sableuses de Millas (Pyrénées-Orientales). M. Fontannes fait remarquer que c'est une espèce assez répandue dans les argiles pliocènes de l'Italie, tandis qu'elle est rare dans le sud de la France; la raison de cette différence serait que, dans la première région, les dépôts sont encore plus littoraux que dans la seconde, le *Pleuronectia cristata* étant encore plus littoral que les *Pecten*.

Brocchi, citant l'opinion de Linné, en ferait une espèce vivant encore dans l'océan Indien.

Genre PECTEN.

Pecten scabrellus Lamarck.

1814. *Ostrea dubia* Brocchi, *Conch. foss. subap.*, p. 575, pl. XVI, fig. 16.
1819. *Pecten scabrellus* Lamarck, *Hist. nat. des animaux sans vertèbres*, t. VI, p. 183.

Synonymie et diagnose : Hörnes (pars), *op. cit.*, t. II, p. 414. — Fontannes, *op. cit.*, t. II, p. 187.

Notre exemplaire présente tous les caractères de l'espèce. Quoique de petites dimensions, il montre dix-huit côtes à l'intérieur de la coquille, mais les deux extrêmes sont très peu accusées. Les côtes ont une section anguleuse sur le bord des valves; les stries d'accroissement sont légèrement infléchies, celles des côtes vers le crochet, celles des intervalles entre les côtes, vers le bord de la valve. Ces stries s'arrêtent à une certaine distance du crochet. Nous n'avons recueilli qu'un exemplaire de la valve droite, qui est conforme à celle du *Pecten scabrellus* figuré par M. Fontannes (*op. cit.*, t. II, p. 187, pl. XII, fig. 2, 3).

Dimensions : diam. umbono-marginal, 28 millim.; diam. antéro-postérieur, 27 millim.

Gisements. — Cette espèce se rencontre, d'après Seguenza, dans les étages helvétien et tortonien. Peut-être l'a-t-il confondue, ainsi que Hörnes l'a fait, avec le *Pecten Malvinæ*. Brocchi la signale dans le pliocène inférieur du duché de Plaisance et de la vallée d'Andona. Cocconi la cite dans le pliocène inférieur de Castell'Arquato, dans le Thiorzo, à Lugagnano et à Cazzola dans le duché de Parme. Depontaillier la dit très commune dans le pliocène inférieur de Biot et dans le pliocène moyen de Cannes. Wood, confondant le *Pecten scabrellus* et le *Pecten dubius*, le cite sous ce dernier nom dans le *coralline crag* et le *red crag* de Sutton. M. Fontannes l'a trouvé dans des argiles sableuses et des sables jaunes qu'il caractérise à Millas et à Banyuls. Peut-être Philippi l'a-t-il trouvé dans le pliocène supérieur de Reggio.

On ne peut accorder une entière confiance à ces indications de gisements. En effet, de nombreux auteurs ont groupé sous le nom de *Pecten scabrellus* un très grand nombre de formes qui pourraient constituer des variétés, peut-être même des espèces distinctes.

OURSINS.

Genre RHABDOCIDARIS.

Rhabdocidaris nov. sp.

Nous avons trouvé dans les marnes bleues de los Tejares un radiole d'oursin qui n'appartient à aucune espèce vivante ou fossile. Le test étant inconnu, il est impossible de déterminer avec exactitude le genre auquel il faut rapporter cette espèce. Cependant les radioles de *Rhabdocidaris* présentant plus souvent que les radioles de *Cidaris* le même mode de crénelure du bouton que l'on observe sur notre exemplaire, c'est au genre *Rhabdocidaris* que nous croyons pouvoir rapporter, jusqu'à nouvel ordre, l'espèce en question.

Ce radiole, qui d'ailleurs est cassé, atteint une longueur de 38 millimètres. Il a une forme allongée. Sa section est circulaire près de la collerette, et son diamètre est de 3 millimètres; à une distance de 20 millimètres de la collerette, sa section devient subcarrée; elle est de 2 millimètres de côté, arrondie aux angles, et elle garde cette section rectangulaire jusqu'au point où elle est rompue. Sa surface est couverte de petites côtes longitudinales, très fines, lisses, passant de la partie cylindrique sur la partie prismatique, sans changer de dimensions ni de forme.

Fig. 11.

On observe quatre rangées d'épines qui correspondent aux arêtes de la partie prismatique. Les côtes fines qui couvrent la surface du radiole se prolongent jusqu'à l'extrémité de ces épines. Celles-ci, situées seulement sur les arêtes, sont de faibles dimensions; elles sont inégalement espacées sur une même arête; elles alternent d'une arête à l'autre sans se correspondre, et les épines inférieures sont un peu moins développées que les épines supérieures.

Au point où le radiole s'élargit pour former la collerette, les côtes fines s'atténuent et la collerette devient lisse; elle est courte, oblique par rapport à l'axe du radiole et limitée par un bourrelet apparent. Son diamètre est de 6^{mm},5.

Le bouton a une hauteur de 3 millimètres; la facette articulaire semble séparée du reste du bouton par une bande lisse. Cette facette a un diamètre de 4 millimètres et est constituée par une série de petites crénelures allongées radialement, au nombre de dix, plus larges vers l'axe que vers l'extérieur.

CORALLIAIRES.

Genre FLABELLUM.

Flabellum malagense nov. sp.

Polypier subpédicellé, droit, fortement comprimé surtout inférieurement, cunéiforme. Les faces de compression présentent des côtes légèrement saillantes; les bords latéraux sont garnis de crêtes prononcées. Calice elliptique : grand axe long de 23 millimètres, petit axe de 17 millimètres. Six cloisons primaires égales et de position symétrique; six cloisons secondaires égales et de position symétrique; douze cloisons tertiaires égales, un peu plus faibles que celles des deux premiers cycles; vingt-quatre

Fig. 12.

cloisons quaternaires inégales, les huit premières antérieures et les deux dernières postérieures étant plus grandes que les autres[1].

Pseudo-columelle allongée suivant le grand axe et formée par des trabécules constituant un tissu subspongieux.

FOSSILES PLIOCÈNES
DE SAN PEDRO DE ALCANTARA.

INVERTÉBRÉS.

PTÉROPODES.

GENRE CLEODORA.

Cleodora pyramidata Linné.

1790. *Clio pyramidata* Linné, *Systema Naturæ*, éd. XIII, p. 3148.
1842. *Cleodora pyramidata* Cantraine, *Malac. Medit.*, p. 30, pl. I, fig. 9.

Synonymie et diagnose : Bellardi, *I Molluschi dei terreni terziarii del Piemonte e della Liguria*, t. I, p. 30. — Weinkauff, *Conchylien des Mittelsmeeres*, t. II, p. 426.

Les exemplaires de cette espèce sont très nombreux à San Pedro de Alcantara. On peut les diviser en quatre groupes principaux correspondant à quelques variations dans les détails, bien que tous les exemplaires se rapportent, dans leur ensemble, au *Cleodora pyramidata* figuré par Souleyet (*Voyage de la Bonite*, pl. VI, fig. 17-25).

α. Forme absolument identique à celle figurée par Souleyet.

β. Forme très voisine de la précédente, mais dans son ensemble elle paraît plus trapue. Le pli médian est d'un diamètre plus grand que dans la forme α. La face dorsale n'est pas carénée.

[1] L'orientation du *Flabellum* est faite suivant le grand axe ; ce mode d'orientation résulte d'observations faites par M. Munier-Chalmas sur les *Turbinolia*.

IMPRIMERIE NATIONALE.

γ. Même pli médian que dans la forme précédente, mais la face ventrale est concave.

δ. La face ventrale est convexe et le pli médian est de dimensions plus grandes que dans les autres formes.

Les espèces fossiles du genre Cleodora sont assez rares dans le pliocène. Wood en cite une seule, le *Cleodora infundibulum* dans le crag d'Angleterre.

Tous nos exemplaires sont trop mal conservés pour que leurs dimensions aient quelque signification.

Gisements. — D'après Bellardi, cette espèce apparaîtrait dans le miocène supérieur de Mondovi, où elle serait fréquente ; dans le même niveau géologique, on la rencontrerait, mais rare, à Vezza près Alba, dans des sables quartzeux. Elle semble bien plutôt appartenir au pliocène. Bellardi et Bronn la citent dans le pliocène inférieur des collines de l'Astésan. Ponzi la signale comme très abondante à Monte Mario, dans le niveau inférieur. Depontaillier, sans donner aucun nom spécifique, dit que le genre *Cleodora* est assez rare dans le pliocène moyen de Cannes. Le *Cleodora pyramidata* a été trouvé dans le pliocène supérieur de Ficarazzi (de Monterosato) et de Rhodes (Fischer).

Le *Cleodora pyramidata* est cité vivant en un très grand nombre de points; d'après Souleyet même il se rencontrerait dans toutes les mers. Cantraine et Philippi le citent vivant à Messine ; d'après Forbes, il existerait dans l'archipel grec; Philippi l'indique comme vivant dans l'océan Atlantique et dans toute la Méditerranée. M. de Monterosato le signale comme une espèce des grandes profondeurs de la Méditerranée.

Genre HYALEA.

Le seul exemplaire que nous puissions rapporter avec certitude à ce genre est dans un trop mauvais état pour qu'il soit possible de le déterminer spécifiquement. Nous n'avons, en effet, que la face postérieure de la coquille.

Ce genre *Hyalea* apparaît dans le miocène moyen. Philippi, Bellardi et Weinkauff citent des espèces provenant du miocène moyen et du pliocène. Il est à noter que Depontaillier cite ce genre comme excessivement rare dans les marnes de Biot.

GASTÉROPODES.

Genre BULLA.

Bulla acuminata Brug.

1789. *Bulla acuminata* Bruguière, *Encyclopédie méthodique*, t. I, p. 376, pl. XXI, fig. 7 *a-c*.
1868. *Volvula acuminata* Weinkauff, *Mittelsmeere*, t. II, p. 202.

Synonymie et diagnose : Brocchi, *Conch. foss. subap.*, p. 276. — Philippi, *Enum. Moll. Siciliæ*, t. I, p. 122. — Nyst, *Coquilles et polypiers fossiles de la Belgique*, p. 457. — Wood, *Crag Moll.*, t. I, p. 174.

Cette petite espèce est très constante de forme, quelle que soit la région où elle ait été trouvée.

Dimensions. Parmi les nombreux exemplaires que nous avons recueillis, le plus grand atteint les dimensions suivantes : longueur, 4 millim.; largeur, 1^{mm},5.

Gisements. — Il ne semble pas que le *Bulla acuminata* ait apparu avant le pliocène ; cependant Nyst le cite comme ayant été trouvé dans le miocène moyen à Dax. Il se verrait dans le pliocène des Crete Sanesi, d'après Brocchi ; dans le *coralline crag* de Sutton, d'après Wood ; dans les sables glauconieux d'Anvers, d'après Nyst. Les exemplaires provenant de Palerme et cités par Philippi appartiennent au pliocène supérieur.

Enfin c'est une espèce vivant actuellement dans la Méditerranée (Philippi, Nyst) ; Weinkauff la signale spécialement sur les côtes de Sardaigne, de Sicile, d'Illyrie, d'Algérie. Elle se rencontre également dans l'Atlantique sur les côtes de la Norvège et de la Grande-Bretagne.

Genre MARGINELLA.

Marginella auris leporis Brocchi. — Pl. XXI, fig. 4 *a*, *b*.

1814. *Voluta auris leporis* Brocchi, *op. cit.*, pl. IV, fig. 2 *a*, *b*, p. 320.
Marginella auris leporis Brocchi, *ibid.*

Le seul exemplaire de cette espèce trouvé à San Pedro de Alcantara est en tous points conforme à l'espèce de Brocchi. Mais la figure qu'en a donnée ce dernier auteur ne nous ayant pas paru suffisamment exacte, notamment en ce qui concerne la forme de la bouche, nous avons pensé qu'il convenait de la faire figurer à nouveau. Bien que Brocchi lui ait donné le nom de *Voluta*, il reconnaît que les caractères génériques la rattache au genre *Marginella* de Lamarck.

D'Orbigny cite le *Voluta auris leporis* dans son 26e étage (falunien) et renvoie à Grateloup comme au créateur de cette espèce. C'est une erreur : Grateloup, dans sa *Conchyliologie fossile des terrains tertiaires du bassin de l'Adour (environs de Dax)*, donne une figure (pl. XXXVIII ou pl. II des *Volutes*, fig. 20) qui sous ce nom représente une Volute ou une Marginelle dont le bord serait cassé. D'ailleurs elle ne ressemble pas à notre échantillon; elle est bien plus large. D'autre part, Grateloup, pour cette espèce, renvoie à Sowerby (*Min. Conch.*, pl. XC, fig. 3). L'espèce figurée par l'auteur anglais porte le nom de *Voluta magorum*, appartient au London-clay et n'a aucun rapport avec l'exemplaire recueilli à San Pedro.

Dimensions : longueur, 50 millim.; largeur, 21 millim.

Gisements. — Cette espèce semble être rare : elle n'est citée qu'en Italie, dans le pliocène, par Brocchi et par Cocconi.

Genre CERITHIUM.

Cerithium scabrum Olivi.

1792. *Murex scaber* Olivi, *Zoologia adriatica*, p. 153.
1792. *Cerithium lima* Bruguière, *Encyclopédie méthodique*, t. I, p. 495.
1856. *Cerithium scabrum* Bronn, *Lethæa geognostica*, t. VI, p. 511, pl. XLI, fig. 10.

Synonymie et diagnose : Weinkauff, *op. cit.*, t. II, p. 161. — Hörnes, *Wien. tert. Beck.*, t. I, p. 410. — Fontannes, *Les Mollusques pliocènes*, etc., t. I, p. 166.

Notre unique exemplaire présente la même ornementation que celle que l'on peut observer chez l'individu jeune de M. Fontannes. L'avant-dernier tour de spire porte des tubercules bien moins saillants que ceux des autres tours. Les tubercules sont disposés sur quatre rangées.

M. Fontannes a remarqué que cette espèce était constante de forme dans les marnes et les faluns de Saint-Ariès, tandis que dans le Roussillon, non seulement sa forme, mais encore son ornementation sont variables ; certains exemplaires deviennent identiques au type vivant actuellement. La forme de Saint-Ariès rappellerait, d'après M. Fontannes, les formes vivant actuellement dans les eaux saumâtres du Languedoc. Notre exemplaire étant brisé, et la partie antérieure, qui seule permet de distinguer les variétés, faisant défaut, nous ne savons de quelle forme il faut le rapprocher. Cependant, de toutes les figures données pour cette espèce, ce sont celles représentant des exemplaires provenant du miocène supérieur qui rappellent le plus la forme de San Pedro.

Dimensions : longueur, 2^{mm},5 ; largeur, 1 millim.

Gisements. — Son apparition dans le miocène moyen est incontestable dans la partie méridionale de l'Europe, mais cette espèce ne se développe que dans le miocène supérieur, puis traverse le pliocène, le quaternaire, et vit encore actuellement. Dans le miocène moyen, Hörnes cite comme régions où cette espèce est le plus abondante : Steinabrünn, le Bordelais, la Touraine, les collines de environs de Turin. Da Costa la signale dans le miocène supérieur à Cacella et à Mutella. D'après M. Fontannes, elle se rencontrerait également à Monte Gibbio. Le *Cerithium scrabrum* est très commun dans le pliocène et semble propre aux formations littorales. A Cannes, dans le pliocène moyen, Depontaillier en a trouvé un très grand nombre d'exemplaires ; il n'est pas moins abondant dans le pliocène inférieur en Italie, à Castell'Arquato, Pise, Bologne (Foresti), Modène et Sienne. M. Fontannes l'a recueilli dans les marnes et faluns à *Cer. vulgatum* des environs de Bolène (Vaucluse), à Saint-Restitut (Drôme), où il est très commun, dans les marnes à *Nassa semistriata* de Saint-Laurent-du-Pape (Ardèche), dans les argiles sableuses de Millas et de Banyuls, où il est rare. Il se rencontre dans le pliocène supérieur de Monte Pellegrino et Ficarazzi (Monterosato), Cos, Chypre et Rhodes (Fischer). On le cite encore dans le quaternaire de Biot (Depontaillier) et de Suède (Weinkauff).

Comme espèce vivante, elle a une très grande extension. Weinkauff la cite dans la Méditerranée, sur les côtes d'Espagne et des îles Baléares, du sud de la France, du Piémont, de la Corse, de Naples, de Tarente, de la Sicile, d'Ancône, de la Vénétie, de Trieste, de Pirano, de la Tunisie et de l'Algérie. Dans l'Atlantique elle se rencontrerait encore, d'après le même auteur, sur les côtes de la Norvège, de Kiel, de la Grande-Bretagne, de la France, du Portugal, du Maroc, de Madère, des Canaries et des Açores. D'après Bruguière, elle vivrait également sur les côtes de la Guadeloupe. D'après Weinkauff, le *Cerithium scabrum* vivant se rencontrerait entre 0 et 180 brasses de profondeur.

Genre VERMETUS.

Vermetus intortus Bronn.

1837. *Vermetus intortus* Bronn, *Lethæa geog.*, p. 433, pl. XXXVI, fig. 18 *a*, *b*, *c*.
1838. *Serpula intorta* Lamarck, *Histoire des animaux sans vertèbres*, édition Deshayes, t. V, p. 623.
1848. *Vermetus intortus* Wood, *Monogr. of the Crag Mollusca*, t. I, p. 113, pl. XII, fig. 8.

Synonymie et diagnose : Wood, *op. cit.*, t. I, p. 113. — Fontannes, *op. cit.*, t. I, p. 201.

Cette espèce est très commune à San Pedro de Alcantara. Nos exemplaires sont conformes aux descriptions et aux figures données par les différents auteurs. Un des principaux cararactères de cette coquille consiste dans l'effacement des ornements à mesure que l'animal se développe; il s'observe très nettement sur nos exemplaires. C'est une forme très constante ; il ne semble y avoir des variations que dans la taille ; nos exemplaires ont les dimensions de ceux figurés par Bronn, Wood et Fontannes. Cette espèce a de nombreuses analogies avec plusieurs autres ; aussi semble-t-il exister une certaine confusion dans les différentes synonymies qui en ont été données. Sans vouloir discuter cette synonymie, nous nous en rapporterons aux figures données par les trois auteurs précédents et qui concordent entre elles.

Dimensions. Nos exemplaires ne sont pas entiers ; ils ont tous été brisés à leurs extrémités, nous ne pouvons donc en donner la longueur. Le plus grand diamètre que présente l'exemplaire ayant atteint le maximum de développement est de 3 millimètres.

Gisements. — Dès le miocène moyen, cette espèce se rencontre dans le bassin de Vienne à Gainfahren, Steinabrünn ; partout elle est commune, au dire de Hörnes. Mayer la cite en Suisse (Lucerne et Saint-Gall) à ce même niveau ; elle se rencontrerait encore en France dans les faluns de Touraine, de Bordeaux et de Dax. Les gisements dans le pliocène sont nombreux : on l'a rencontrée dans les marnes subapennines d'Italie, à Asti, Castell'Aquarto, Modène, Bologne, Sienne, Palerme; en France, à Biot et à la Théoulière (Depontaillier). Elle se rencontre également dans l'étage moyen du pliocène. Wood la cite dans le *cor. crag* de Ramshold et de Sutton, ainsi que dans le *red crag* de Sutton, de Bromswell et de Brightwell; M. Fontannes l'a trouvée dans les marnes à *Nassa semistriata* de Saint-Restitut (Drôme), dans les marnes et faluns à *Cer. vulgatum* de Bollène (Vaucluse), dans les argiles sableuses de Millas (Pyrénées-Orientales). Elle aurait été trouvée également dans le pliocène d'Algérie, d'après Weinkauff. Philippi a cité dans le pliocène supérieur de Sicile le *Vermetus subcancellatus,* qui pourrait bien être le *Vermetus intortus.*

Cette espèce vit encore dans la Méditerranée sur les côtes du Piémont, de la Corse, de Naples, de la Sicile, de l'Istrie, de l'archipel grec et de l'Algérie. Ainsi que le fait remarquer M. Fontannes, elle semble avoir disparu de l'Atlantique, tandis qu'elle existait à l'époque pliocène sur les côtes d'Angleterre.

Genre CALYPTRÆA.

Calyptræa chinensis Linné *var.* **muricata** Brocchi.

1758. *Patella chinensis* Linné, *Systema Naturæ,* éd. X, p. 781.
1814. *Patella muricata* Brocchi, *Conch. foss. subap.*, t. II, p. 254, pl. I, fig. 2
1814. *Patella sinensis* Brocchi *ibid.*, p. 256.
1856. *Calyptræa chinensis* Hörnes, *Wien. tert. Beck.,* p. 632, pl. L fig. 17-18.
1861. *Calyptræa muricata* Companyo, *Histoire naturelle des Pyrénées-Orientales,* p. 379.

Synonymie et diagnose : Weinkauff, *Mittelsmeere,* t. II, p. 333. — Hörnes, *op. cit.*, t. I, p. 632. — Cocconi, *Enum. sist. de Molluschi mioc. e plioc.*, etc., p. 199. — Fontannes, *op. cit.*, t. I. p. 205.

Dans tous nos exemplaires, la lame spirale interne, qui caractérise le genre, est très bien conservée; les granulations de la surface externe sont peu nombreuses; elles n'occupent qu'un ou deux tours, au plus, de la coquille. Le fait s'explique facilement, nos exemplaires provenant tous d'individus jeunes. Tous les caractères, d'ailleurs, sont conformes à la description que donne M. Fontannes.

A l'exemple de Wood et de M. Fontannes, nous pensons qu'il faut considérer le *Calyptræa muricata* de Brocchi comme une variété du *Cal. sinensis;* ils ne se distinguent l'un de l'autre que par les granulations, qui sont plus nombreuses dans le vrai *Cal. sinensis* que dans le *Cal. muricata.* Brocchi admet que ce sont deux variétés dont les caractères proviennent de la différence des milieux dans lesquels elles vivent.

Dimensions : hauteur, 2 millim. ; largeur, 5 millim.

Gisements. — Cette espèce est déjà abondante dans le miocène moyen : en France, elle a été rencontrée en Touraine, à Salles et à Cestas près Bordeaux, à Saint-Paul près Dax, à Léognan, à Saucats, à Mérignac; en Italie, à Turin; en Suisse. On la connaît dans le miocène supérieur du bassin de Vienne. Dans le pliocène, elle se rencontre très fréquemment : en Italie, Brocchi la cite à Asti, Bronn à Castell'Arquato, Cocconi la signale dans les deux étages inférieurs, Foresti dans l'étage moyen de Bologne et à Monte Mario, Hörnes à Modène et à Sienne. Sur les côtes de Provence, elle a été trouvée dans les deux étages inférieurs. M. Fontannes a recueilli cette espèce dans les marnes à *Cer. vulgatum* des environs de Bollène (Vaucluse), où elle est rare, dans les argiles sableuses de Millas et de Banyuls (Pyrénées-Orientales), où elle est assez rare. Nyst l'a trouvée à Anvers, Wood dans le *coralline crag* de Sutton, de Gedgrave, de Ramsholt, dans le *red crag* de différentes localités. Enfin elle se rencontre en plusieurs points de l'Algérie. Philippi et M. de Monterosato la citent dans le pliocène supérieur de Tarente et de Sicile, Hörnes et M. Fischer dans celui de Rhodes, Tournouër dans celui de Cos.

On la connaît vivante dans la Méditerranée, à Algésiras, à Gibraltar, à Malaga, à Carthagène (d'après M. Hidalgo), sur les côtes

IMPRIMERIE NATIONALE.

des îles Baléares, du sud de la France, du Piémont, de la Corse, de Naples, de la Sicile, de la Dalmatie, de la Vénétie, de l'archipel grec, de la Morée, de la Tunisie et de l'Algérie. Dans l'océan Atlantique, on la rencontre depuis la côte méridionale de la Grande-Bretagne jusqu'à la côte de Guinée. En Espagne, elle est commune à Cadix et à Trafalgar (Hidalgo). M. Fischer l'a recueillie à une profondeur de 400 à 900 mètres entre Oran et Gibraltar.

Genre NATICA.

Natica helicina Brocchi.

Voir les fossiles de los Tejares, près Malaga, p. 271.

L'exemplaire de San Pedro de Alcantara est un individu jeune ne présentant d'ailleurs aucune particularité digne d'être signalée. Sa coloration n'est pas celle des exemplaires recueillis à los Tejares, mais cette différence provient sans doute de ce que la pyrite des marnes de cette dernière localité a pu pénétrer dans les coquilles et leur donner une coloration brune; tandis qu'à San Pedro, le dépôt étant sableux, notre exemplaire ne s'est imprégné d'aucune substance colorante.

Genre TROCHUS.

Trochus magus Linné.

1766. *Trochus magus* Linné, *Systema Naturæ*, éd. XII, p. 1228, n° 7.

Synonymie et diagnose : Weinkauff, *op. cit.*, t. II, p. 380. — Fontannes, *Les Mollusques pliocènes*, etc., t. I, p. 221, pl. XI, fig. 25.

Tous nos exemplaires sont mal conservés; cependant ce qui reste du test ne laisse aucun doute sur l'assimilation à faire de l'espèce étudiée avec le *Trochus magus*.

Dimensions : elles sont approximativement : largeur, 14 millim.; hauteur, 10 millim.

Gisements. — Bien que Hörnes la cite comme synonyme du *Trochus fanulum* Gmel., dans le miocène supérieur, cette espèce ne semble pas apparaître avant le pliocène. Brocchi la cite dans les Crete Sanesi, du pliocène inférieur, mais Cocconi la signale dans les deux niveaux inférieurs du pliocène, de même Foresti dans le pliocène de Bologne; d'après ce dernier auteur, elle se rencontrerait à Monte Mario. Depontaillier l'a trouvée, mais très rare, dans l'étage moyen de Cannes. Elle se rencontre encore dans le pliocène supérieur d'Ischia, de Tarente (Philippi), de Sicile (Monterosato), de Rhodes (Fischer), dans le glaciaire d'Irlande et de Norvège.

Elle vit actuellement sur toutes les côtes de la Méditerranée: le *Porcupine* l'a recueillie au Cabo de Gata, sur le banc de l'Aventure. M. Hidalgo la signale à Malaga et à Gibraltar où elle est commune. On la trouve encore dans l'Atlantique, aux Shetland, sur les côtes du sud-ouest de la Suède, sur les côtes de la Grande-Bretagne, de la France, de l'Espagne (à Trafalgar, d'après Mac Andrew), des Canaries, de Madère, des Açores et du Sénégal. La profondeur à laquelle on l'a rencontrée varie, d'après Weinkauff, de 4 à 40 brasses.

Trochus patulus Brocchi var. β.

1814. *Trochus patulus.* Brocchi, *Conch. foss. subap.*, p. 356, pl. V, fig. 19.

Synonymie et diagnose: Hörnes, *Wien. tert. Beck.*, t. I, p. 458. — Cocconi, *Enum. sist. dei Molluschi*, etc., p. 221.

Les deux exemplaires que nous avons rapportés sont conformes à la description que donne Brocchi de la variété β.

Dimensions: largeur, 22 millim.; hauteur, 16 millim.

Gisements. — Le type de l'espèce apparaîtrait déjà dans le miocène supérieur du bassin de Vienne, d'après Hörnes; mais la variété β de Brocchi semble bien cantonnée dans le pliocène. Brocchi, Foresti et Cocconi citent de nombreux gisements du pliocène inférieur d'Italie. Depontaillier a trouvé cette espèce commune à Cannes, dans l'étage moyen.

GENRE EUMARGARITA Fischer 1885.

C'est le genre *Margarita* créé par Leach en 1819, mais le même auteur avait déjà employé en 1814 ce nom pour un genre nouveau de bivalve; c'est cette raison qui a conduit M. Fischer à proposer de transformer ce nom en celui d'*Eumargarita*. Ce genre est plus spécialement un genre de haute mer et de régions septentrionales.

Eumargarita Cuadræ nov. sp. — Pl. XXI, fig. 5 *a*, *b*, *c*.

Coquille peu élevée subcirculaire. Test brillant, mince, avec épiderme mince. Péristome mince, tranchant; bord columellaire droit, sans pli, faisant à la partie supérieure un angle qui représente une petite gouttière en rapport avec les plis qui contournent l'ombilic. Ombilic large et profond à paroi interne verticale, faisant un angle presque droit avec le dernier tour. Nucleus très petit, lisse. Les deux premiers tours de spire présentent des stries longitudinales assez fortes; les suivants portent près de la suture une partie peu saillante, en forme de ruban, présentant des plis transversaux beaucoup plus saillants à leur début que près de l'ouverture. Le reste de la surface du test est orné seulement de très fines stries d'accroissement. Dernier tour très grand, anguleux, présentant, du côté externe, quelques stries longitudinales peu profondes, et, près de l'ombilic, une série de plis rayonnants très rapprochés, terminés par une partie saillante et séparés par un petit sillon longitudinal. Ces plis forment comme une série de tubercules allongés qui bordent l'ombilic. Spire composée de quatre tours croissant rapidement. L'opercule manque. C'est une espèce assez abondante.

Dimensions: diamètre, 6mm,5; hauteur, 4 millim.

Eumargarita Fischeri nov. sp. — Pl. XXI, fig. 6 *a*, *b*, *c*.

Coquille peu élevée subcirculaire. Test brillant, mince, avec épiderme mince. Ouverture subtrigone. Péristome mince, tranchant. Bord columellaire droit, faisant un angle très accusé avec le bord libre et présentant à sa jonction avec ce dernier un indice de gouttière à peine accusé. Ombilic profond, à parois verticales. Nucleus lisse, petit. Les deux premiers tours de spire présentent des stries longitudinales, coupées par des stries transversales qui disparaissent complètement sur les autres tours. Dernier tour de spire subanguleux, présentant à sa partie inférieure des stries d'accroissement à peine visibles, et quelques stries longitudinales près de la ligne de suture et près de sa partie anguleuse. Partie supérieure offrant les mêmes stries un peu plus accusées et un espace presque lisse situé sur le pourtour de l'ombilic. Stries d'accroissement peu accusées. Spire composée de trois tours et demi à quatre tours, rappelant d'une manière générale la forme des *Solarium*. L'opercule manque. Nous ne possédons qu'un seul exemplaire.

Dimensions : diamètre, $3^{mm},75$; hauteur, 3 millim.

GENRE RIMULA.

Rimula (Cranopsis) capuliformis Pecchioli. — Pl. XXI, fig. 7 *a*, *b*, *c*.

1864. *Rimula capuliformis* Pecchioli, *Descrizione di alcuni nuovi fossili delle argile subappennine toscane*, pl. IV, fig. 35-38, vol. VI. *Atti della Società italiana di scienze naturali*, Milano.

1885. *Cranopsis capuliformis* Fischer, *Manuel de conchyliologie*, p. 862.

Cette espèce étant très rare, nous avons cru intéressant de la faire figurer de nouveau et de reproduire la diagnose qu'en donne Pecchioli :

« Testa ovata, tenui, parum depressa, vertice postico, recurvo; latere antico convexo, postico depresso; costis longitudinalibus rotundatis, alternis minoribus, granulosis; rima prælonga, ambitu denticulato. »

L'auteur complète ainsi sa diagnose : « Le sommet est très incurvé et situé à un peu plus de 3 millimètres du bord. La fissure (*rima*) est assez longue et occupe le milieu de la face antérieure; elle commence au sommet. Cette fissure est garnie intérieurement d'une callosité assez grosse. Les deux bourrelets de cette callosité se prolongent en s'amincissant le long des deux lèvres de la fissure médiane; au-delà de celle-ci, ces bourrelets se réunissent et se terminent en pointe au bord de la coquille. La surface est ornée de petites côtes longitudinales arrondies, entre lesquelles s'en trouvent d'autres plus petites. Toutes sont granulées à cause de la présence de stries circulaires qui les traversent. Les bords sont fins et découpés de dentelures alternativement plus grandes et plus petites, suivant les côtes de la surface. »

Pecchioli n'en a trouvé qu'un seul exemplaire; nous en avons recueilli deux dans les sables argileux de San Pedro de Alcantara. Ils sont très bien conservés et présentent tous les caractères du type.

Dimensions : longueur, 12 millim.; largeur, 10 millim.; hauteur, 7 millim.

Gisement. — Elle n'était connue que dans le pliocène inférieur d'Oruario.

GENRE TECTURA.

Tectura virginea Muller.

1773. *Patella virginea* Muller, *Zool. Dan.*, p. 13, pl. XII, fig. 4, 5.
1844. *Acmæa virginea* Thorpe, *Brit. Mar. Conch.*, pl. XXXI.
1848. *Tectura virginea* Wood, *Mollusca from the Crag; Gasteropoda*, p. 161, pl. XVIII, fig. 6.

Synonymie et diagnose : Nyst, *op. cit.*, p. 349. — Wood, *op. cit.*, p. 161.

Les exemplaires que nous avons recueillis à San Pedro appartiennent à des individus jeunes. La plus grande coquille a une longueur de 4 millim., une largeur de $2^{mm},50$ et une hauteur de $1^{mm},50$. Tous les exemplaires appartiennent à la variété *a* de Wood, figurée pl. XVIII, fig. 6.

Gisements. — Cette espèce est citée par Cocconi comme rare dans les sables jaunes du pliocène moyen de Castell'Arquato. Wood la signale dans le *red crag* de Sutton, de Bawdsey et de Brightwell; Nyst dans le pliocène d'Anvers, sous le nom de *Patella æqualis;* M. de Monterosato l'a rencontrée dans le pliocène supérieur de Monte Pellegrino; M. Fischer la signale dans le même niveau à Rhodes. D'après Weinkauff, elle se rencontrerait dans les formations glaciaires de la Norvège. Le même auteur dit qu'elle a été trouvée dans le terrain quaternaire de Messine et de Nice.

La *Tectura virginea* vit encore dans un grand nombre de régions; dans la Méditerranée, elle a été rencontrée sur les côtes d'Espagne, notamment à Gibraltar où elle est commune, d'après M. Hidalgo, sur les côtes du sud de la France, de la Corse, de la Sicile, de la Dalmatie, de l'archipel grec et de l'Algérie. Dans l'océan Atlantique, on la connaît sur les côtes d'Islande, de la Grande-Bretagne, du Danemark, de la France, de l'Espagne (Trafalgar, d'après Mac Andrew), du Portugal, des îles Canaries et Açores.

Genre ACROREIA Cossmann 1885.

1882. Genre Nacella Cossmann (*non* Schumacher), *Journal de conchyliologie,* 3ᵉ série, t. XXII, p. 118.

Ce genre, créé par M. Cossmann pour une espèce (*Acroreia Baylei*) provenant d'Hérouval et appartenant à la partie supérieure des sables de Cuise, est encore assez peu connu pour qu'il soit intéressant d'en reproduire la diagnose :

« Coquille mince, pointue, oblongue, étroite, élevée, dont le sommet aigu est excentré du côté postérieur. Dépression postérieure et aplatie, rayonnant du sommet vers le contour et limitée par deux angles obtus dont l'un est situé presque exactement dans l'axe longitudinal de la coquille, tandis que l'autre diverge du côté gauche en se courbant légèrement, ce qui fait que la dépression n'est pas médiane mais latérale. Base formant un ovale un peu acuminé en arrière et dont les bords ne sont pas situés dans le même plan.

Le genre *Acroreia* n'étant connu que par une espèce, il n'est pas possible de savoir exactement les caractères propres au genre et ceux propres à l'espèce; nous admettrons donc jusqu'à nouvel ordre que les différences que nous allons signaler sont caractéristiques de l'espèce pliocène.

Acroreia dubia nov. sp. — Pl. XXII, fig. 1 *a*, *b*, *c*.

Nous avons recueilli à San Pedro une coquille de très petite dimension qui offre avec le genre *Acroreia* un certain nombre de caractères communs. Bien que la forme générale soit la même, il y a quelques différences qu'il importe de noter. D'abord la base n'est pas régulièrement ovalaire, la partie antérieure et la partie postérieure sont coupées plus carrément que dans l'espèce éocène. De plus, la coquille ne porte aucune dépression postérieure sensible, cependant il semble que, sur le bord postérieur, il y ait une légère inflexion.

SCAPHOPODES.

Genre DENTALIUM.

Dentalium delphinense Fontannes.

1871. *Dentalium inæquale* Mayer, *Couches à congéries du bassin du Rhône.*
1882. *Dentalium delphinense* Fontannes, *Les Mollusques pliocènes*, etc., t. I, p. 227, pl. XII, fig. 3 à 5.

Synonymie et diagnose : Fontannes, *op. cit.*, t. I, p. 227.

M. Fontannes donne de cette espèce une diagnose que je crois utile de reproduire, cette espèce étant encore peu connue :

« Coquille conique, courbée, épaisse, brillante, hexagonale à l'extrémité postérieure, arrondie en avant; test s'amincissant sensiblement d'arrière en avant. Les six côtes initiales deviennent de plus en plus saillantes vers la courbure, puis elles s'atténuent et disparaissent à l'extrémité antérieure. Costules secondaires inégales, au nombre de six environ, s'interposant successivement dans les interstices; la première qui apparaît occupe généralement le centre et acquiert promptement une épaisseur égale à celle des côtes principales. Entre-croisement de ces lignes saillantes avec des lignes transverses, seulement perceptibles à la loupe, peu distinctes sur les côtes. Stries d'accroissement de plus en plus rapprochées et accentuées. Ouverture à bords minces et tranchants. »

Nos deux exemplaires, dont la taille est d'ailleurs très petite, présentent la plupart des caractères de l'espèce de M. Fontannes. Cependant il n'y a généralement que cinq costules entre deux grosses côtes initiales; de plus, les extrémités de nos deux exemplaires ayant été brisées, nous n'avons pu vérifier l'existence de certains caractères. Nous avons cru pouvoir néanmoins les rapporter à cette espèce, à cause du très grand nombre de caractères communs.

Gisements. — Cette forme, ou plus probablement la forme extrêmement voisine le *D. inæquale* Bronn, apparaît dans le miocène supérieur de l'Italie. Pour Cocconi, ce serait une espèce franchement pliocène. Il est probable qu'il y a eu quelque confusion entre le *D. inæquale* et le *D. delphinense*. Ce dernier, au dire de M. Fontannes, est tout à fait caractéristique des dépôts marins du groupe de Saint-Ariès. Cet auteur a rencontré cette espèce dans les marnes à *Nassa semistriata* de Horpieux (Isère), de Fay-d'Albon (Drôme), de Saint-Laurent-du-Pape (Ardèche), de Théziers (Gard); dans les marnes et faluns à *Cer. vulgatum* d'Eurre, de Saint-Restitut, de Nyons (Drôme), de Visan, de Bollène (Vaucluse). C'est une espèce très commune dans tout ce bassin, tandis qu'elle est très rare dans les argiles de Millas (Pyrénées-Orientales).

IMPRIMERIE NATIONALE.

Dentalium entale var. **tarentinum** Lamarck.

1766. *Dentalium entalis* Linné, *Systema Naturæ*, p. 1263.
1818. *Dentalium tarentinum* Lamarck, *Hist. des animaux sans vertèbres*, p. 345.

Synonymie et diagnose : Wood, *op. cit.*, t. I, p. 189. — Hörnes, *Wien. tert. Beck.*, t. I, p. 658.

Le *Dentalium tarentinum* Lamarck peut être considéré, ainsi que Deshayes l'a déjà dit, comme une simple variété de *Dentalium entale*. Ce serait la présence des stries longitudinales qui permettrait de le distinguer du type, mais il ne semble pas cependant qu'il y ait là autre chose qu'un caractère individuel. L'exemplaire que nous avons recueilli à San Pedro de Alcantara, bien qu'ayant été usé par le frottement, présente des stries longitudinales, peu apparentes il est vrai.

Dimensions : longueur, 25 millim.; largeur, 3mm,5.

Gisements. — Il est fort probable que Nyst (*Coquilles et polypiers fossiles de la Belgique*, p. 345), qui cite cette espèce comme ayant été trouvée à Grignon, l'a confondue avec le *D. pseudo-entale* de Deshayes. Le *D. entale* n'apparaît en réalité que dans le miocène moyen du bassin de Vienne et du Bordelais. Hörnes, qui le cite à ce niveau, en a donné une figure qui présente tous les caractères de l'exemplaire que nous avons recueilli en Andalousie. C'est toujours une espèce rare dans le miocène. Elle est plus abondante dans le pliocène. Cocconi la cite dans le pliocène inférieur des environs d'Asti; Depontaillier, au même niveau, à Biot; M. Fontannes la dit très rare dans les argiles de Millas et de Banyuls; Wood l'a rencontrée en Angleterre dans le crag de Bridlington; Nyst la signale dans les sables d'Anvers. D'après Philippi, il est probable que le *D. entale* se rencontre également dans le pliocène supérieur de Sicile.

C'est une espèce qui vit actuellement dans un grand nombre de régions : d'après Weinkauff et Wood, elle se verrait dans l'océan

Atlantique sur les côtes d'Angleterre et d'Irlande, dans la zone des laminaires; sur celles de la France et de l'Espagne. Dans la Méditerranée, elle est assez abondante à une profondeur de 8 à 40 brasses sur les côtes d'Espagne (à Gibraltar, à Carthagène, d'après Mac Andrew et Jeffreys), sur celles des îles Baléares, de la France, de la Corse, à Naples, en Sicile, dans l'Adriatique, enfin sur les côtes d'Algérie.

Genre SIPHONODENTALIUM M. Sars.

Sous-genre LOXOPORUS Jeffreys.

Loxoporus Divæ Ch. Vélain. — Pl. XXII, fig. 2.

1877. *Gadus Divæ* Ch. Vélain, *Remarques au sujet de la faune des îles Saint-Paul et Amsterdam*, p. 128, pl. V, fig. 1, 2.

A Saint-Paul, c'est une espèce très rare. A San Pedro, nous n'en avons recueilli que deux exemplaires.

Cette espèce étant peu connue, je pense qu'il sera intéressant d'en reproduire la diagnose donnée par M. Vélain :

« Coquille mince, blanche, transparente, allongée, médiocrement arquée, légèrement renflée près du tiers supérieur, surface lisse et brillante, montrant, à un grossissement suffisant, quelques stries d'accroissement inégalement espacées; ouverture antérieure parfaitement circulaire, non oblique, contractée, à bord mince et tranchant; ouverture postérieure assez large, simple, oblique, entière, sans lobes ni fissures latérales. »

Dimensions : hauteur, $4^{mm},5$; diamètre supérieur, $0^{mm},75$; diamètre inférieur, $0^{mm},25$. Ce sont à peu près les dimensions des exemplaires rapportés de l'île Saint-Paul par M. Vélain.

LAMELLIBRANCHES.

GENRE OSTREA.

Ostrea lamellosa var. Cortesiana Cocconi.

1814. *Ostrea lamellosa* Brocchi, *Conch. foss. subap.*, t. II, p. 564.
1873. *Ostrea Cortesiana* Cocconi, *Enumerazione sistematica dei Molluschi miocenici e pliocenici delle provincie di Parma e di Piacenza*, p. 354, pl. XI, fig. 6, 7, 8.

Synonymie et diagnose : Cocconi, *op. cit.*, p. 354. — Fontannes, *op. cit.*, t. II, p. 222.

Les caractères que Cocconi a attribués à son espèce, l'*Ostrea Cortesiana*, ne semblent pas être assez importants pour permettre d'isoler le type qu'il décrit du grand groupe de l'*Ostrea lamellosa*. C'est d'ailleurs une espèce des plus variables, autour de laquelle on peut grouper un grand nombre de variétés, et parmi celles-ci, il nous semble qu'il faut ranger l'espèce de Cocconi. Les exemplaires provenant de San Pedro de Alcantara sont tous jeunes; ils présentent tous les caractères de l'*Ostrea lamellosa* et ceux de la variété *Ostrea Cortesiana*. C'est une espèce très commune à San Pedro.

Dimensions : diamètre antéro-postérieur, 90 millim.; diamètre umbono-marginal, 115 millim.

Gisements. — D'après M. Fontannes, cette espèce daterait probablement du miocène; elle aurait atteint son maximum de développement lors du pliocène supérieur; actuellement, elle serait représentée par l'*Ostrea Cyrnusi* des eaux saumâtres de la Corse.

Genre PECTEN.

Pecten similis Laskey.

1811. *Pecten similis* Laskey, *Mem. Wernerian Society*, t. I, p. 387, pl. VIII, fig. 8.

Synonymie et diagnose : Weinkauff, *Mittelsmeere*, t. I, p. 265. — Wood, *Crag Mollusca*, t. II, p. 25.

Les exemplaires provenant de l'Andalousie sont conformes à la figure donnée par Wood (*op. cit.*, t. II, pl. V, fig. 4 *c*). La variété figurée (fig. 4 *a*) par cet auteur, et qui porte des ornements en chevrons, ne se rencontre pas à San Pedro. Cette espèce vivante présente également de grandes variations.

Dimensions : diamètre antéro-postérieur, 4^{mm},5 ; diamètre umbono-marginal, 4 millim.

Gisements. — Seguenza signale cette espèce dans l'helvétien ; elle traverserait le tortonien et le pliocène. Wood l'a trouvée dans le *coralline crag* de Sutton. M. de Monterosato la signale dans le pliocène supérieur de Monte Pellegrino et de Ficarazzi ; M. Fischer la cite à Rhodes, dans ce même niveau.

Wood la cite vivante sur les côtes d'Angleterre. Le *Porcupine* en a recueilli des exemplaires dans la baie de Galway, dans la baie de Vigo et aux caps Espichel et Saint-Vincent. Dans la Méditerranée, M. Hidalgo cite comme localités Conejera et Gibraltar. Le *Porcupine* a encore trouvé cette espèce dans la rade de Carthagène et sur le banc de l'Aventure. Jeffreys la signale encore dans la mer Adriatique, aux îles Madère, à la Jamaïque, dans la mer de Corée. D'après M. de Monterosato, elle vivrait dans la Méditerranée. Weinkauff cite encore beaucoup d'autres localités où elle aurait été rencontrée, mais la synonymie qu'il donne de cette espèce nous fait craindre quelque confusion ; nous nous abstiendrons donc de reproduire les noms de ces localités. Malgré nos recherches, nous n'avons pu savoir quelles étaient les variétés qui avaient été trouvées par les différents auteurs qui citent cette espèce.

Pecten fenestratus Forbes. — Pl. XXII, fig. 3 *a*, *b*, *c*, *d*, *e*.

1843. *Pecten fenestratus* Forbes, *Rep. Brit. Assoc.*, p. 146, 192.
1855. *Pecten inæquisculptus* Tiberi, *Test. medit. nov.*
1855. *Pecten Philippii* Acton, *Ricerche conchiliologiche*, fig. 1 *a*.
1857. *Pecten Actoni* V. Martens, *Malacologische Blätter*, pl. III, fig. 1, 3.

Synonymie et diagnose : Weinkauff, *op. cit.*, t. I, p. 264.

La différence d'ornementation des deux valves a conduit quelques auteurs qui les avaient trouvées isolées à en faire deux espèces distinctes. C'est ainsi que Forbes avait fait de la valve droite le *Pecten concentricus*, tandis qu'il dénommait la gauche *P. fenestratus*. De son côté, Philippi avait déjà donné le nom de *P. antiquatus* à la valve droite. C'est Tiberi qui le premier a reconnu que c'étaient les deux valves d'une même espèce. Pour attirer l'attention sur cette différence, nous avons fait figurer chacune des valves avec le détail de son mode d'ornementation à une plus grande échelle. Les figures 3 *c*, *d*, *e* représentent la valve droite ou inférieure; les figures 3 *a*, *b* correspondent à la valve gauche ou supérieure. Cette espèce appartient au sous-genre *Pleuronectia*.

Dimensions : diamètre antéro-postérieur, 6 millim.; diamètre umbono-marginal, 6 millim.

Gisements. — Cette espèce n'a jamais été signalée fossile que dans le pliocène supérieur de Ficarazzi, par M. de Monterosato, et de Rhodes, par Hörnes.

C'est une espèce vivante des plus répandues : on la connaît dans le golfe de Naples, où Acton l'aurait trouvée à une profondeur de 160 mètres. Tiberi l'a rencontrée sur les côtes de Sardaigne. M. de Monterosato[1] l'a signalée parmi les espèces de la zone profonde de la Méditerranée. M. Fischer l'a draguée dans le golfe de Gascogne, entre 150 et 750 mètres, et dans le golfe du Lion, entre 445 et 1,645 mètres. C'est une espèce caractéristique des mers profondes.

[1] *Conchiglie della zona degli abissi*; in *Bull. Soc. malac. It.*, t. VI, 1880.

Pecten opercularis Linné.

1766. *Ostrea opercularis* Linné, *Systema Naturæ*, ed. XII, p. 1147.
1782. *Pecten opercularis* Chemnitz, *Conch. Cab.*, t. VII, p. 341, pl. LXVII, fig. 646.

Synonymie et diagnose : Weinkauff, *op. cit.*, t. I, p. 252. — Cocconi, *Enum. sistem. dei Molluschi miocenici e pliocenici*, etc., p. 335. — Wood, *op. cit.*, t. II, p. 35. — Nyst, *Coquilles et polypiers fossiles de la Belgique*, p. 291.

Nous n'avons recueilli que des exemplaires jeunes. Les caractères des variétés ne sont pas encore assez accusés pour qu'il soit possible de rapporter ces exemplaires à telle ou telle d'entre elles.

Dimensions : le plus grand exemplaire a les dimensions suivantes : diamètre antéro-postérieur, 21 millim.; diamètre umbonomarginal, 20 millim. Cet exemplaire porte dix-huit côtes.

Gisements. — C'est une espèce dont l'apparition a lieu dans le miocène et dont le développement numérique s'est continué jusqu'à l'époque actuelle. Deshayes (*Dictionnaire enc. méth.; Vers*, t. III, p. 723) cite le *P. opercularis* comme très variable. Mais il est à remarquer que, si les formes pliocènes et actuelles diffèrent, on trouve cependant tous les passages entre elles. Goldfuss (*Petrefacta Germ.*, t. II, p. 62) signale la présence de cette espèce à Ortenburg en Bavière dans le miocène moyen. Hörnes (*Wien. tert. Beck.*, p. 414, pl. LXIV, fig. 5) a représenté sous le nom de *Pecten Malvinæ*, de grands exemplaires de *Pecten opercularis;* cette espèce serait fréquente dans le miocène supérieur du bassin de Vienne. Cocconi la cite également dans le miocène supérieur d'Italie. Mais c'est dans le pliocène qu'elle devient très commune : dans le pliocène inférieur et moyen d'Italie, de France, d'Angleterre et de Belgique, on en trouve de nombreux exemplaires. Dans le pliocène supérieur d'Italie, elle est encore plus commune. M. de Monterosato la signale à Monte Pellegrino et Ficarazzi; M. Fischer, à Rhodes.

Actuellement, on rencontre très fréquemment le *Pecten opercularis* dans l'océan Atlantique, depuis les côtes de la Norvège jusqu'aux Açores (M. Hidalgo le cite à Cadix et Trafalgar). Dans la Méditerranée, Weinkauff le signale sur toutes les côtes; M. Hidalgo le dit très commun à Gibraltar et à Algésiras. C'est certainement une des espèces les plus répandues. D'après Jeffreys (*Mollusca of Porcupine*, etc.), on la trouverait à une profondeur variant de 5 à 205 brasses.

Pecten Macphersoni nov. sp. — Pl. XXII, fig. 4 *a*, *b*, *c*.

Coquille subéquilatérale, légèrement oblique, assez fortement convexe, ayant son maximum de largeur un peu au-dessus du tiers supérieur. Surface externe marquée de côtes rayonnantes assez larges, saillantes, séparées par des intervalles un peu plus étroits que les côtes. Côtes légèrement inégales entre elles, sauf près des côtés où l'inégalité est très sensible; lisses près du sommet et jusqu'à un tiers de leur longueur, elles sont divisées en deux par un sillon étroit. Parfois quelques côtes, sans position fixe, ne présentent aucun sillon; d'autres fois, mais très rarement, tendance à la formation d'un second sillon sur une des grosses côtes. Les intervalles entre deux grosses côtes portent quelquefois une côte atténuée. Lamelles d'accroissement très fines, très serrées sur tout le test, ne se voyant bien que dans les sillons par suite de l'usure produite sur les côtes.

Bord cardinal rectiligne, ayant 32^{mm},5. Crochets peu proéminents, ne dépassant pas le bord cardinal. Oreillettes inégales, l'antérieure étant la plus développée. L'oreillette postérieure porte deux plis, tandis que l'antérieure ne présente que l'indice de plis à peine marqués; sur toutes deux, stries transversales très fines. Denticules cardinaux au nombre de trois sur l'oreillette antérieure, au nombre de deux sur l'oreillette postérieure. Ces denticules sont inégaux. Fossette ligamentaire triangulaire.

Bord inférieur très arqué, marqué en dedans de côtes aplaties correspondant aux interstices de la surface externe; plus saillantes sur le bord, ces côtes s'atténuent graduellement et disparaissent vers le tiers supérieur de la hauteur. Ces côtes se rétrécissent vers leur partie terminale, où chacune d'elles présente une légère dépression. C'est là un caractère commun aux deux valves.

La valve gauche que nous avons fait figurer appartient à un autre individu que celui d'où provient la valve droite. Elle a les mêmes ornements que la valve convexe, mais elle est plate, légèrement concave à la partie antérieure, avec traces de côtes jusqu'au sommet. Ces côtes portent un sillon, mais parfois ce sillon divise l'une d'elles de telle sorte qu'il semble qu'il y ait deux grosses côtes juxtaposées. Dans l'intervalle entre deux de ces dernières on en voit de petites.

Les côtes des deux valves, plus ou moins différenciées selon les exemplaires étudiés, se serrent beaucoup les unes contre les autres en se rapprochant du bord cardinal. Elles sont au nombre de vingt, dont deux latérales antérieures et deux latérales postérieures différenciées.

Les stries d'accroissement ont toujours la même disposition dans les deux valves.

Impression musculaire différenciée : l'antérieure est subcirculaire, la postérieure est semi-lunaire et contiguë à l'antérieure.

Dimensions : diamètre antéro-postérieur, 55 millim.; diamètre umbono-marginal, 51 millim.

C'est une espèce commune à San Pedro.

Genre LIMA.

Lima subauriculata Montagu.

1808. *Pecten subauriculata* Montagu, *Test. Brit. sup.*, p. 63, pl. XXIX, fig. 2.
1822. *Lima subauriculata* Turton, *Brit. Biv.*, p. 218.

Synonymie et diagnose : Wood, *Crag Mollusca*, p. 47. — Nyst, *op. cit.*, p. 281.

IMPRIMERIE NATIONALE.

Nos exemplaires sont conformes aux figures données par les différents auteurs; cependant les côtes y sont plus fines que dans ceux qui ont été figurés jusqu'ici. Dans la plupart des auteurs italiens et dans Nyst, cette espèce est appelée *Lima nivea* Renieri. C'est un synonyme de *Lima subauriculata*.

Dimensions : diamètre antéro-postérieur, 2 millim.; diamètre umbono-marginal, 4 millim.

Gisements. — C'est une espèce qui ferait son apparition dès l'helvétien, au dire de Seguenza. Brocchi et Philippi la citent dans le pliocène supérieur d'Italie; Nyst la signale dans le crag d'Anvers; Wood dans celui de Sutton et de Ramsholt.

L'espèce vivante a été rencontrée dans l'océan Atlantique depuis le Groenland jusqu'aux îles Canaries. M. Hidalgo la signale à Trafalgar. Dans la Méditerranée, on l'aurait trouvée, d'après Weinkauff, sur les côtes d'Espagne (Conejera et Gibraltar), mais très rare, ainsi que sur celles des Baléares, de France, de Sardaigne, de Naples, de Sicile, de Malte, de l'archipel grec, de la Tunisie et de l'Algérie. D'après M. Hidalgo, elle vivrait sur les côtes d'Espagne à une profondeur de 35 brasses. M. Fischer l'a draguée dans le golfe du Lion entre 500 et 1,700 mètres.

Genre LIMEA.

Limea strigilata Brocchi.

1814. *Ostrea strigilata* Brocchi, *Conch. foss. subap.*, t. II, p. 571, pl. XIV, fig. 15.

1824. *Lima strigilata* Risso, *Hist. nat. de Nice et des Alpes-Maritimes*, t. IV, p. 306.

Synonymie et diagnose : Hörnes, *op. cit.*, p. 392.

Le seul exemplaire recueilli à San Pedro porte des côtes beaucoup plus fines que ne sont celles des exemplaires figurés. Les stries d'accroissement forment avec les côtes un fin quadrillage. La charnière y est droite; les ailes sont très peu développées. Notre exemplaire se rapproche surtout de la figure donnée par Brocchi.

Dimensions : diamètre antéro-postérieur, $3^{mm},5$; diamètre umbono-marginal, 5 millim.

Gisements. — Hörnes cite cette espèce dans le miocène supérieur du bassin de Vienne, Seguenza dans l'helvétien. Elle est abondante dans le pliocène inférieur d'Italie. D'après Cocconi, on la rencontrerait également dans les sables jaunes du pliocène moyen. A Bologne, Foresti l'aurait trouvée dans l'étage moyen. Elle a été signalée dans le pliocène supérieur de Rhodes.

C'est une espèce qui semble être éteinte actuellement.

GENRE MODIOLA.

Modiola phaseolina Philippi.

1844. *Modiola phaseolina* Philippi, *Enum. Mollusc. Sicil.*, t. II, p. 51, pl. XV, fig. 14.

Diagnose : Philippi, *op. cit.*, t. II, p. 51.

Nous avons trouvé plusieurs valves de cette espèce, qui semble être généralement rare. Le plus grand exemplaire a les dimensions suivantes : diamètre antéro-postérieur, $2^{mm},5$; diamètre umbono-marginal, $3^{mm},5$. Cet exemplaire a une forme plus dilatée que celle des fossiles figurés par Wood; les dents s'y montrent sur le bord postérieur.

Gisements. — Le *Modiola phaseolina* apparaît dans le pliocène inférieur d'Italie. Il se rencontre à tous les niveaux du pliocène. M. de Monterosato le signale à Monte Pellegrino et à Ficarazzi; M. Fischer à Rhodes; Wood dans le *coralline crag* de Sutton et de Ramsholt.

On le trouve vivant dans l'Atlantique, sur les côtes d'Islande, de Norvège, de la Grande-Bretagne et de France. Dans la Méditerranée, c'est une espèce très rare. Weinkauff ne la cite guère que sur les côtes de Provence.

GENRE ARCA.

Arca tetragona Poli.

1795. *Arca tetragona* Poli, *Test. Sic.*, t. II, p. 137, pl. XXV, fig. 12, 13.

Synonymie et diagnose : Wood, *op. cit.*, p. 76. — Weinkauff, *Mittelsmeere*, p. 192. — Fontannes, *Les Mollusques pliocènes*, etc., p. 151.

Notre exemplaire, qui provient d'un individu jeune, se rapproche beaucoup de la forme figurée par Wood (*op. cit.*, pl. X, fig. 1 *c*). C'est une espèce assez variable.

Dimensions : diamètre antéro-postérieur, 4 millim.; diamètre umbono-marginal, $1^{mm},5$.

Gisements. — Cette espèce fait son apparition dans le miocène moyen, mais elle n'atteint son extension maxima que dans le pliocène. Cocconi la cite dans les deux étages inférieurs du pliocène de l'Italie; Ponzi dans le niveau supérieur de Monte Mario; Wood la signale dans le *coralline crag* de Sutton, de Ramsholt et de Sudbourn, et dans le *red crag* de Sutton. M. Fontannes l'a recueillie dans les marnes et faluns à *Cer. vulgatum* des environs de Saint-Restitut (Drôme), de Saint-Ariès (Vaucluse); dans les marnes à *Nassa semistriata* des environs de Théziers (Gard). Ce serait une espèce rare dans les argiles sableuses de Millas (Pyrénées-Orientales).

A l'époque actuelle, on la trouve à une profondeur variant de 30 à 45 brasses dans les mers du Nord; on la connaît sur les côtes de Suède, de Norvège, dans l'Atlantique, depuis les côtes d'Angleterre jusqu'aux Açores. Dans la Méditerranée, elle se rencontre à Gibraltar, sur les côtes d'Espagne, de la Provence, de la Corse, de la Sardaigne, de l'Italie méridionale, de Malte, de Pantellaria. On la trouve encore dans l'Adriatique, l'archipel grec (Forbes l'aurait draguée à une profondeur de 80 brasses), sur les côtes de la Tunisie et de l'Algérie. M. Fischer l'a draguée à bord du *Travailleur,* entre 500 et 1,700 mètres.

Arca lactea Linné.

1766. *Arca lactea* Linné, *Systema Naturæ*, ed. XII, p. 1141.
1879. *Barbatia lactea* Fontannes, *Moll. plioc. de la vallée du Rhône et du Roussillon*, t. II, p. 155, pl. IX, fig. 9.

Synonymie et diagnose : Wood, *op. cit.*, p. 78. — Weinkauff, *op. cit.*, t. II, p. 196. — Hörnes, *Wien. tert. Beck.*, t. II, p. 336. — Fontannes, *op. cit.*, p. 155.

Les deux exemplaires de cette espèce que nous avons rapportés d'Andalousie ont une forme un peu plus acuminée que celle de l'exemplaire figuré par M. Fontannes ; ils se rapprochent beaucoup de la figure donnée par Wood (*op. cit.*, pl. X, fig. 2).

Dimensions : diamètre antéro-postérieur, 6 millim. ; diamètre umbono-marginal, 3 millim.

Gisements. — Le peu de variations que présente cette espèce permet d'avoir avec certitude l'époque de son apparition : c'est dans le miocène moyen qu'on la rencontre pour la première fois, à la Superga près Turin, en Touraine, en Suisse. M. Fontannes l'a également trouvée dans les sables à *Nassa Michaudi* et dans les marnes à *Cardita Jouanneti* du Dauphiné. Hörnes la cite comme étant commune dans le miocène supérieur du bassin de Vienne. Enfin, dans le pliocène d'Italie, elle se voit partout dans les deux étages inférieurs. M. Fontannes l'a recueillie dans les marnes à *Ostrea cochlear* de Saint-Restitut (Drôme), dans les marnes et faluns à *Cer. vulgatum* des environs de Bollène, de Saint-Ariès (Vaucluse), dans les marnes à *Nassa semistriata* de Saint-Laurent-du-Pape (Ardèche). Elle est très rare dans les argiles sableuses de Millas (Pyrénées-Orientales). Il en est de même dans les argiles de Biot. Wood la cite dans le *coralline crag* de Sutton, dans le *red crag* de Sutton et de Walton on the Naze. Elle a été trouvée dans le pliocène supérieur de Chypre et de Rhodes (Hörnes). Elle passe dans le quaternaire de Biot.

Enfin, actuellement, on la trouve dans l'Atlantique, depuis

l'Angleterre jusqu'au Sénégal, et dans toute la Méditerranée. M. Hidalgo la cite très commune à Gibraltar, à une profondeur variant de 6 à 15 brasses. M. Fischer l'a draguée dans le golfe du Lion entre 500 et 1,700 mètres; elle existe enfin dans la mer Rouge. C'est une espèce de mers profondes, qui vit en général dans des coquilles épaisses ou des massifs de coraux, car c'est une coquille perforante.

Arca Fouquei nov. sp. — Pl. XXII, fig. 6 *a*, *b*.

Coquille transverse, subquadrangulaire, arrondie en avant, subtronquée en arrière, divisée en deux parties inégales par un angle, aigu près du crochet, puis arrondi, qui relie les crochets à l'angle inféro-postérieur. Surface externe couverte de costules rayonnantes, arrondies, nombreuses, visibles surtout dans la partie postérieure. Toutes ces costules sont traversées par d'autres, concentriques, arrondies, mais s'atténuant dans la région postérieure, tandis qu'elles prédominent sur le reste de la coquille.

Bord cardinal rectiligne, étroit; charnière composée de nombreuses dents devenant plus fortes et plus obliques du centre aux extrémités. Crochets très petits, très recourbés, obliques. Area ligamentaire très réduite.

Bord antérieur court, arrondi. Bord postérieur allongé, oblique, subrectiligne. Bord marginal uni, un peu oblique par rapport au bord cardinal, faisant un angle aigu avec le bord postérieur. Impressions musculaires grandes, nettement délimitées, bordées en dedans par un pli étroit, saillant. Intérieur de la coquille lisse.

Cette espèce rappelle beaucoup une Arche figurée par Wood et qu'il rapporte à tort à l'*Arca pectunculoides*.

Dimensions : diamètre antéro-postérieur, 7 millim.; diamètre umbono-marginal, 5 millim.

Sous-genre PLESIARCA nov. gen.

Parmi les espèces qui appartiennent au genre *Arca*, il en est quelques-unes, telles que *Arca pectunculoides* Scacchi, *Arca Frielei* Jeffreys, qui ne présentent de dents qu'aux deux extrémités de la charnière. C'est un groupe d'Arches si distinct des autres que nous croyons devoir le séparer sous le nom générique de *Plesiarca*. Le type de ce sous-genre est l'*Arca pectunculoides* Scacchi.

Plesiarca pectunculoides Scacchi. — Pl. XXII, fig. 7 *a*, *b*.

1834. *Arca pectunculoides* Scacchi, *Ann. Civ. delle due Sicil.*, t. VI, p. 82.

Synonymie et diagnose : Weinkauff, *op. cit.*, t. I, p. 82. — Wood, *op. cit.*, p. 79.

Les très nombreux exemplaires que nous avons rapportés d'Andalousie sont tous conformes à la description et à la figure donnée par Philippi (*op. cit.*, pl. XV, fig. 8). Wood désigne sous le nom d'*Arca pectunculoides* une petite espèce dont il donne deux figures (pl. X, fig. 3 *a* et *b*) qui correspondent pour lui à deux variétés; mais le seul exemplaire auquel il faille conserver le nom de *Plesiarca pectunculoides* est représenté fig. 3 *a*. La variété correspondant à la figure 3 *b* appartient au groupe des *Barbatia*.

Dimensions : diamètre antéro-postérieur, 2mm,5; diamètre umbono-marginal, 2 millim.

Gisements. — D'après Seguenza, le *Plesiarca pectunculoides* apparaîtrait dans le tortonien et se rencontrerait dans tous les niveaux du terrain pliocène. Wood cite les deux variétés qu'il figure comme provenant du *coralline crag* de Sutton. Nyst a trouvé cette espèce dans le crag d'Anvers, mais rare. Philippi dit qu'elle a été trouvée fossile par Scacchi, près de Gravina, en Apulie. M. de Monterosato la signale dans le pliocène supérieur de Monte Pellegrino et de Ficarazzi; M. Fischer l'a reconnue à Rhodes dans ce même niveau.

C'est une espèce qui vit actuellement dans les eaux profondes. D'après Weinkauff, elle aurait été trouvée à Gibraltar, à Naples et dans l'archipel grec, à de grandes profondeurs. Dans l'Atlantique, on la connaît au niveau de l'Écosse, de l'Irlande, de la Norvège, vivant loin des côtes. Jeffreys (*On the Mollusca of Lightning and Porcupine expedition*, 1868-1870; *Proceedings of the Zoolog. Soc. of London*, p. 572) l'a trouvée dans la Méditerranée au niveau de Carthagène, de Bizerte, du banc de l'Aventure. Il la cite dans l'océan Atlantique au niveau de Sétubal et de Lerwick, depuis le détroit de Davis jusqu'au Saint-Laurent (expédition du *Valorous*), au Spitzberg, aux îles Loffoden (expédition du *Challenger*). La profondeur à laquelle on la trouve varie de 20 à 1,170 brasses. M. Fischer a dragué l'espèce typique dans le golfe du Lion entre 500 et 1,700 mètres.

Genre PECTUNCULUS.

Pectunculus Oruetæ nov. sp. — Pl. XXII, fig. 5 *a*, *b*, *c*.

Coquille lisse, présentant des indices de côtes rayonnantes assez larges, séparées par des sillons peu profonds; lignes d'accroissement irrégulièrement espacées et souvent assez nettement indiquées. Côté antérieur arrondi, ne présentant que des indices à peine visibles des côtes rayonnantes. Côté postérieur subanguleux, séparé en deux parties inégales par une saillie du test qui part des crochets et qui est suivie par une dépression assez marquée.

Bord cardinal anguleux, épais. Surface ligamentaire triangulaire, sans ornement; le sommet de ce triangle ne correspond pas au milieu de la base, mais il se trouve un peu en arrière. Crochets étroits, recourbés, proéminents. Lame cardinale épaisse; bord interne de forme anguleuse, dont le sommet se trouve également en arrière du crochet. Dents fines, non anguleuses, au nombre de vingt en avant, de dix-huit en arrière; très atténuées à mesure qu'elles se rapprochent du sommet de l'angle formé par le bord interne de la lame cardinale, et interrompues en ce point.

Bord inférieur subanguleux en arrière, profondément crénelé. Crénelures au nombre de cinquante à cinquante-cinq, s'atténuant vers les extrémités du bord cardinal.

Impressions musculaires développées et saillantes sur leur bord interne; l'impression du muscle postérieur porte une crête du côté interne.

Par sa forme, le *Pectunculus Oruetæ* se rapproche beaucoup du *Pectunculus violacescens*, qui vit actuellement dans la Méditerranée, mais ces deux espèces se distinguent l'une de l'autre par leur charnière. Dans le *P. violacescens*, les dents sont peu nombreuses, mais grosses, et portées sur un bord cardinal épais; de plus, elles ont une forme anguleuse. Dans le *P. Oruetæ*, les dents sont nombreuses, droites et petites. Les caractères tirés de la charnière sont constants pour chacune de ces deux espèces, bien que toutes deux soient variables de forme.

La forme générale du *P. Oruetæ* rappelle encore celle du *Pectunculus inflatus* Brocchi var. *Ruxinensis* Fontannes; mais la charnière de l'espèce de San Pedro est beaucoup moins épaisse que celle de l'exemplaire figuré par M. Fontannes; l'espace ligamentaire y est aussi moins haut. Les impressions musculaires sont plus saillantes dans l'espèce d'Andalousie.

Dimensions : diamètre antéro-postérieur, 58 millim.; diamètre umbono-marginal, 58 millim.; épaisseur, 42 millim.

Genre LIMOPSIS.

Limopsis anomala Eichwald.

1830. *Pectunculus anomalus* Eichwald, *Naturhistorische Skizze von Lithauen, Volhynien*, etc., p. 211.
1836. *Pectunculus pygmæus* Philippi, *Enumeratio Molluscorum Siciliæ*, t. I, p. 63, pl. V, fig. 5; t. II, p. 45.
1847. *Limopsis pygmæa* Sismonda, *Syn. meth. Ped. foss.*, p. 15.

Synonymie et diagnose : Wood, *Crag Mollusca*, t. II, p. 71. — Hörnes, *Wien. tert. Beck.*, t. II, p. 312.

D'après Hörnes, il faudrait considérer le *Limopsis pygmæa* Philippi comme synonyme de *L. anomala* Eichwald. Ce dernier auteur n'ayant pas fait figurer son espèce, il faut s'en rapporter à la figure donnée par Hörnes, qui est d'ailleurs, en tous points, conforme à la description et à la figure données par Philippi pour son *Limopsis pygmæa*.

Les exemplaires provenant de San Pedro ne présentent de différences avec les exemplaires figurés que dans les dimensions, qui sont inférieures.

Dimensions : diamètre antéro-postérieur, 4 millim.; diamètre umbono-marginal, 4 millim.

Gisements. — C'est une espèce qui apparaît dans le miocène moyen de la Touraine. Hörnes indique de nombreuses localités du miocène supérieur où elle a été rencontrée. Mais elle est surtout abondante dans le pliocène d'Italie : Foresti la signale dans les deux étages inférieurs de Bologne. Elle se rencontre encore dans les environs de Nice (Depontaillier). Wood la cite dans le *coralline crag* de Sutton; M. Fischer l'a signalée dans le pliocène supérieur de Rhodes.

Genre LEDA.

Leda consanguinea Bellardi. — Pl. XXII, fig. 8 *a*, *b*.

1875. *Leda consanguinea* Bellardi, *Monografia delle Nuculidi trovati finora nei terreni terziarii del Piemonte e della Liguria*, p. 19, fig. 11.

Bellardi distingue cette espèce de la *Leda commutata* de Philippi, par les caractères suivants : « La coquille est plus petite et plus délicate, moins convexe; les côtes longitudinales concentriques sont plus petites et plus nombreuses; la partie postérieure de la coquille est notablement plus étroite, plus longue et plus aiguë, la lunule est comme lisse et carénée. » Nos exemplaires sont en tous points conformes à la figure et à la description que donne Bellardi.

Dimensions : diamètre antéro-postérieur, 4 millim.; diamètre umbono-marginal, 2 millim.

Gisements. — C'est une espèce caractéristique du pliocène inférieur, mais rare, au dire de Bellardi. Elle se trouve au Castelnuovo d'Asti et à Zinola, près Savone.

Leda Bellardii nov. sp. — Pl. XXIII, fig. 1 *a*, *b*.

1875. *Leda Hörnesi* Bellardi, *Monografia*, etc., p. 19, fig. 8 *a*, *b*.

Dans sa *Monografia delle Nuculidi* Bellardi, passant en revue les différentes espèces de Nucules appartenant à la sous-famille des *Leda*, remarque que l'espèce figurée par Hörnes (*op. cit.*, p. 309, pl. XXXVIII, fig. 10) sous le nom de *Leda clavata* n'est pas conforme au type désigné par Calcara sous ce même nom (*Mem. sop. alc. conch. foss. rinvenute nella cont. d'Altavilla, 1841*, p. 33, pl. I, fig. 10). Il distingue donc l'espèce figurée par Hörnes sous le nom de *Leda Hörnesi* et il en donne une figure (fig. 8 *a*, *b*). Mais celle-ci diffère de celle donnée par Hörnes et correspond à une espèce que nous avons trouvée à San Pedro de Alcantara et à laquelle nous proposons de donner le nom de *Leda Bellardii*.

Le vrai *Leda clavata* Calcara est propre au pliocène inférieur et doit être distingué du *Nucula* (*Leda*) *cuspidata* Philippi. Mais ces deux espèces appartiennent au même groupe que le *Leda Bellardii*. Elles ont toutes une forme arquée, des stries concentriques et deux carènes ornant le rostre et présentant des stries transversales qui ne sont autre chose que le prolongement des stries d'accroissement.

Le *Leda Bellardii* offre les caractères suivants :

Coquille allongée, arquée, test presque lisse couvert de stries d'accroissement à peine visibles. Bord antérieur court, bord postérieur allongé, très acuminé, présentant un sillon assez profond partant du crochet et bordé par une partie du test faisant légèrement saillie. Lunule étroite, très allongée, subsemilunaire, séparée du sillon postérieur par une côte très nette. La lunule va presque jusqu'à l'extrémité du rostre. Le côté postérieur présente une petite crête saillante, submédiane, très développée à sa base et qui disparaît progressivement en se rapprochant du crochet. Denticules cardinaux antérieurs au nombre de dix, postérieurs au nombre de dix-neuf.

Dans le *Leda Bellardii* comme dans le *Leda Hörnesi,* le cuilleron est oblique et passe sous la charnière.

Dimensions : diamètre antéro-postérieur, 9^{mm},5; diamètre umbono-marginal, 4 millim.

Leda Heberti nov. sp. — Pl. XXIII, fig. 2 *a*, *b*.

Coquille subtrigone, transverse, bombée, subéquilatérale, arrondie en avant, acuminée et rostrée à la partie postérieure. Surface externe lisse vers le crochet, présentant vers le bord marginal des plis d'accroissement régulièrement espacés qui suivent les contours de la coquille.

Bord cardinal étroit, anguleux, sensiblement rectiligne des deux côtés. Charnière composée de dents fines au nombre de onze environ de chaque côté, s'atténuant un peu vers l'angle cardinal où se trouve une fossette ligamentaire subtriangulaire. Crochet très petit, à peine oblique, un peu antérieur, donnant naissance à un pli situé sur la partie postérieure.

Impressions musculaires peu visibles.

Nous n'avons trouvé qu'une valve droite.

Dimensions : diamètre antéro-postérieur, 3^{mm},5; diamètre umbono-marginal, 2 millim.

Genre YOLDIA.

Yoldia Genei Bellardi. — Pl. XXIII, fig. 3 *a*, *b*.

1875. *Yoldia Genei* Bellardi, *Monografia delle Nuculidi trovati finora nei terreni terziarii del Piemonte e della Liguria,* p. 24, fig. 21.

D'après Bellardi, cette espèce présente des caractères communs au *Yoldia nitida* Brocchi et au *Yoldia affinis* Bell.

Dimensions : diamètre antéro-postérieur, 7 millim. ; diamètre umbono-marginal, 5 millim.

Gisements. — Bellardi ne cite cette espèce que dans le miocène moyen des environs de Turin à Villa Forzano. C'est une espèce très rare dans la localité miocène ; elle semble être aussi très rare à San Pedro. Nous n'en avons recueilli que deux exemplaires.

Genre CARDIUM.

Cardium multicostatum Brocchi.

1814. *Cardium multicostatum* Brocchi, *Conch. foss. subap.*, p. 506, pl. XIII, fig. 2.

Synonymie et diagnose : Hörnes, *Wien. tert. Beck.*, p. 179. — Fontannes, *Les Mollusques pliocènes*, etc., t. II, p. 87.

Notre unique exemplaire est en tous points conforme à l'espèce décrite et figurée par Brocchi. Le grand nombre de côtes, les tubercules entre les côtes et rien qu'aux deux extrémités de la charnière, sont des caractères très sensibles sur cet exemplaire.

Les bords de notre exemplaire étant cassés, nous ne pouvons dire quelles étaient ses dimensions.

Gisements. — Cette espèce apparaîtrait, d'après Mayer, dans le miocène inférieur ; elle se rencontre dans le miocène moyen de la Touraine, du bassin du Rhône, de la Suisse. Dans le miocène supérieur, elle est assez rare : Hörnes la cite dans le bassin de Vienne. Elle se rencontre également dans le pliocène inférieur, mais elle caractérise par son abondance le pliocène moyen d'Italie. Ponzi la cite dans le niveau supérieur de Monte Mario et Foresti dans le pliocène moyen de Bologne. Dans le pliocène supérieur, M. Fischer la signale à Rhodes. En France, M. Fontannes la signale dans les marnes et faluns à *Cer. vulgatum* des environs de Saint-Restitut, de Nyons (Drôme), de Saint-Ariès (Vaucluse) et dans les argiles sableuses de Millas et de Banyuls où elle est très rare. M. Fontannes fait remarquer que le *Cardium multicostatum*, bien qu'occupant une aire assez étendue, est cependant localisé dans plusieurs régions du bassin méditerranéen; là où il se rencontre dans le miocène, il manque dans le pliocène, et réciproquement.

Cardium Munieri nov. sp. — Pl. XXIII, fig. 4 *a*, *b*.

Coquille subquadrangulaire. Bord de la partie antérieure arrondi. Surface couverte de stries fines circonscrivant de petites bandes transversales correspondant à une crénelure marginale; la surface médiane et antérieure des valves est brillante. Partie postérieure subanguleuse, large, présentant un sillon peu profond, mais bien indiqué; les stries qui ornent la surface de la partie antérieure y deviennent plus épaisses et se transforment en côtes fines qui tendent à disparaître près du bord cardinal. Elles sont séparées par des sillons dans lesquels se trouvent de petites squames légèrement creuses qui peuvent se détruire facilement et qui ne laissent alors apercevoir que leur base.

Bord cardinal légèrement convexe, partie antérieure un peu relevée sur le crochet. Bord marginal très finement crénelé.

Crochet saillant, submédian, fortement recourbé sur lui-même. Charnière composée de deux dents cardinales réunies ensemble, la postérieure étant plus saillante que l'autre sur la valve droite (la seule que nous ayons trouvée). Dents latérales triangulaires proéminentes.

Impressions musculaires très faiblement marquées. Impression palléale assez éloignée du bord de la coquille.

Dimensions : diamètre antéro-postérieur, 11 millim.; diamètre umbono-marginal, 11 millim.

GENRE LUCINA.

Lucina borealis Linné.

1766. *Venus borealis* Linné, *Systema Naturæ*, ed. XII, p. 1134.
1846. *Lucina borealis* Lovén, *Index Molluscorum Scandinaviæ*, p. 38, n° 279.

Synonymie et diagnose : Wood, *Crag Mollusca*, t. II, p. 139. —

Hörnes, *Wien. tert. Beck.*, p. 229. — Fontannes, *Les Mollusques pliocènes*, etc., t. II, p. 107.

Le seul exemplaire recueilli en Andalousie provient d'un individu jeune. La valve droite, ainsi que le fait remarquer M. Fontannes, porte une dent latérale antérieure acuminée. C'est de la forme figurée par Hörnes (*loc. cit.*, pl. XXXIII, fig. 4 *a*, *c*) que notre exemplaire se rapproche le plus : c'est la forme tronquée à la partie antérieure.

Dimensions : diamètre antéro-postérieur, 6^{mm},5 ; diamètre umbono-marginal, 5 millim.

Gisements. — C'est une espèce qui apparaîtrait dans le miocène moyen de Touraine, de Turin, de Suisse. Elle est rare dans le miocène supérieur du bassin de Vienne. C'est dans le pliocène qu'elle est le plus abondante ; on la rencontre dans les deux étages inférieurs, surtout dans le moyen. M. Fontannes la cite dans les marnes à *Cer. vulgatum* de Saint-Ariès (Vaucluse), dans les marnes à *Nassa semistriata* de Théziers (Gard), enfin dans les argiles sableuses de Millas (Pyrénées-Orientales). Wood la dit très abondante dans le *cor. crag* d'Angleterre. On la connaît dans le pliocène supérieur de Rhodes (Fischer) et de Sicile (Monterosato). D'après Hörnes, les exemplaires de cette espèce seraient toujours en petit nombre dans les localités où on les trouve.

L'espèce vivante se trouve sur les côtes d'Islande, des îles Féroë, de Norvège, d'Angleterre, de Hollande, de France, d'Espagne (très rare, selon M. Hidalgo) et de l'Amérique du Nord à une profondeur qui peut atteindre 175 brasses. Dans la Méditerranée le *Lucina borealis* est en décroissance ; c'est une espèce que l'on rencontre rarement sur les côtes du Piémont, de la Corse, de la Sicile et de l'Algérie. Le *Porcupine* l'a recueillie au Capo de Gata et sur le banc de l'Aventure. M. Fischer l'a recueillie entre Oran et Gibraltar, à une profondeur variant de 400 à 900 mètres.

GENRE GONILIA Stolizka 1870.

Ce genre a été créé spécialement pour l'espèce à laquelle Philippi a donné le nom de *Lucina bipartita.* La diagnose de Stolizka est la suivante :

« Shell orbicular, small, hinge with three distinct cardinal teeth in each valve, surface with angular striæ, no epidermis. » (*Memoirs of the Geological Survey of India. Cretaceous fauna of Southern India*, p. 278.)

Gonilia bipartita Philippi. — Pl. XXIII, fig. 5 *a*, *b*.

1836. *Lucina? bipartita* Philippi, *Enumeratio Molluscorum Siciliæ*, t. I, p. 32, pl. III, fig. 21.

Philippi a créé cette espèce sur une seule valve trouvée par lui à Panormi ; il la rapporte avec doute au genre *Lucina :* c'était la valve gauche, qui ne porte que deux dents cardinales. Cette espèce est très commune à San Pedro de Alcantara.

Dimensions : diamètre antéro-postérieur, 3^{mm},75 ; diamètre-umbono-marginal, 3 millim.

Gisements. — M. de Monterosato l'a trouvée à Monte Pellegrino et M. Fischer à Rhodes, dans le pliocène supérieur.

M. Fischer l'a draguée entre Oran et Gibraltar à une profondeur variant entre 400 et 900 mètres.

GENRE CRYPTODON.

Cryptodon sinuosum Donovan.

1801. *Venus sinuosa* Donovan, *Natural History of Brit. shells*, pl. XLII, fig. 2.

1822. *Cryptodon flexuosum* Turton, *Conchylia Insularum Britannicarum*, p. 121, pl. VII, fig. 9 et 10.

1850. *Cryptodon sinuosum* Wood, *Mollusca from the crag*, t. II, p. 134, pl. XII, fig. 20.

Synonymie et diagnose : Weinkauff, *Mittelsmeere*, p. 171. — Wood, *op. cit.*, p. 134.

Quoique de dimensions bien inférieures à celles des exemplaires figurés par Wood, les coquilles recueillies à San Pedro présentent tous les caractères de l'espèce.

Dimensions : diamètre antéro-postérieur, 3 millim.; diamètre umbono-marginal, 3 millim.

Gisements. — Sous le nom de *Lucina sinuosa,* Hörnes (*op. cit.*, p. 244) figure une espèce très différente de celle en question. Il ne semble pas que le *Cryptodon sinuosum* apparaisse avant l'époque pliocène. Wood le cite dans le *cor. crag* de Sutton. D'autres espèces provenant du pliocène d'Italie ou de la Belgique ont été confondues avec le *Cryptodon sinuosum.* Nous avons comparé les figures de ces différentes espèces, et nous ne pensons pas qu'il faille conserver toute la synonymie de Weinkauff.

C'est une espèce qui atteint son maximum de développement à l'époque actuelle. Weinkauff la cite sur les côtes du Spitzberg, de la Grande-Bretagne, à des profondeurs variant de 3 à 87 brasses; elle se trouve encore sur les côtes de France, de Portugal et des Canaries. Le même auteur la signale dans la Méditerranée sur les côtes de Provence, du Piémont, de la Corse, de la Sicile, de la Dalmatie, de l'archipel grec, à une profondeur variant de 55 à 95 brasses. Sur les côtes d'Algérie, on la rencontrerait, selon Weinkauff, à une profondeur de 10 brasses et sur des fonds sableux.

Genre MONTACUTA.

Montacuta bidentata Montagu. — Pl. XXIII, fig. 6 *a*, *b*.

1803. *Mya bidentata* Montagu, *Test. Brit.*, p. 44, pl. XXVI, fig. 5.
1822. *Montacuta bidentata* Turton, *Brit. Biv.*, p. 60.

Synonymie et diagnose: Wood, *op. cit.*, t. II, p. 126.

Nous n'avons trouvé qu'une valve gauche de cette petite espèce, qui est excessivement rare. C'est pour cela que nous avons jugé intéressant de la faire figurer et d'en publier la diagnose d'après Wood:

« Testa minuta, oblongo-ovata, inæquilaterali, lævigata, tenui;

IMPRIMERIE NATIONALE.

postice abbreviata, obtuse angulata, antice producta, rotundata, vix attenuata, margine ventrali et dorsali leviter arcuatis; dentibus duobus in utraque valva; fovea ligamenti media sub umbone demissa. »

Dimensions : diamètre antéro-postérieur, 2^{mm},5; diamètre umbono-marginal, 1^{mm},5.

Gisements. — Cette espèce est connue dans le pliocène d'Angleterre : dans le *cor. crag* de Sutton et de Gedgrave et dans le *red crag* de Walton on the Naze. Seguenza la cite dans le pliocène supérieur d'Italie; c'est une espèce très rare dans ce terrain. Weinkauff la signale dans le quaternaire d'Irlande.

Elle est également rare à l'époque actuelle. On la cite dans l'Atlantique sur les côtes de Norvège, de la Grande-Bretagne, de France, d'Espagne et de l'Amérique du Nord. Dans la Méditerranée, elle a été rencontrée à une profondeur variant entre 4 et 35 brasses sur les côtes du Piémont, de la Sicile, de l'Algérie et dans la mer Adriatique. M. Hidalgo la signale, mais rare, à Vigo à une profondeur de 4 brasses.

Montacuta donacina var. **cylindrica** Wood.

1840. *Montacuta donacina* var. *cylindrica* Wood, *Cat. of crag shells. Ann. and Mag. Nat. Hist.*

Synonymie et diagnose : Wood, *Crag Mollusca,* t. II, p. 131.

Nous avons trouvé à San Pedro un exemplaire semblable à celui que Wood a figuré sous ce nom. Le savant conchyliologue anglais hésitait s'il devait rapporter cette espèce au genre *Montacuta* ou au genre *Kellya.* C'est Jeffreys qui l'a rangée définitivement parmi les *Montacuta.*

Dimensions : diamètre antéro-postérieur, 3^{mm},5 ; diamètre umbono-marginal, 1^{mm},5.

Gisements. — Wood a trouvé cette espèce dans le *cor. crag* de Sutton.

Jeffreys cite (*Mollusca of Porcupine expedition*) cette même espèce vivante à Falmouth, aux Shetland et à Alger (Joly).

Genre KELLYELLA M. Sars.

Kellyella abyssicola M. Sars. — Pl. XXIII, fig. 7 *a*, *b*.

Nous n'avons trouvé qu'une valve de cette espèce, la valve gauche. D'après Seguenza (*Le formazione terziarie nella provincia di Reggio* [*Calabria*], *1880*), le *Kellyella miliaris* Philippi serait la forme jeune du *Kellyella abyssicola* Sars. Nous pensons, d'après les figures, que ce sont deux espèces distinctes ; en effet notre exemplaire, qui provient d'un individu jeune, est bien plus voisin de l'espèce de Sars que de celle de Philippi.

Dimensions : diamètre antéro-postérieur, 1 millim. ; diamètre umbono-marginal, 1 millim.

Gisements. — D'après Seguenza, cette espèce apparaîtrait dans le tortonien et se rencontrerait dans tout le pliocène.

M. de Monterosato la cite vivante et abondante dans toute la Méditerranée et à des profondeurs très différentes. M. Sars l'a trouvée dans les mers de Norvège à une profondeur variant de 40 à 650 brasses ; c'est dans les mers du Nord qu'elle est le plus abondante.

Genre ASTARTE.

Astarte triangularis Montagu.

1803. *Mactra triangularis* Montagu, *Test. Brit.*, p. 99, pl. III, fig. 5.
1822. *Goodalia triangularis* Turton, *Brit. Biv.*, p. 77, t. VI, fig. 14.
1853. *Astarte triangularis* Wood, *Mollusca from the crag*, t. II, p. 173, pl. XVIII, fig. 10.

Synonymie et diagnose : Wood, *op. cit.*, p. 173.

Nous n'avons rapporté qu'un seul exemplaire de cette espèce, d'ailleurs assez mal conservé. Bien qu'il soit de très petite taille, en l'examinant à un assez fort grossissement, on peut reconnaître qu'il est bien conforme aux descriptions et aux figures données par Jeffreys (*British Conchology*, t. V, pl. XXXVII, fig. 5), Wood (*op. cit.*, p. 173) et Hörnes (*Wien. tert. Beck.*, p. 282, pl. XXXVII, fig. 1).

Dimensions: diamètre antéro-postérieur, 2 millim.; diamètre umbono-marginal, $1^{mm},5$.

Gisements. — Hörnes dit que l'*Astarte triangularis* est très commun dans le miocène supérieur du bassin de Vienne. Il se rencontre dans le pliocène d'Italie, dans le *cor. crag* de Sutton, dans le *red crag* de Walton on the Naze, enfin dans les sables de la Clyde qui appartiennent au quaternaire.

L'espèce vivante a été recueillie aux Shetland, aux Hébrides, à Guernesey, sur les côtes de la Grande-Bretagne, surtout de l'Écosse (Weinkauff), sur les côtes d'Espagne (Hidalgo) et des îles Canaries (Hörnes). On l'a trouvée, mais rare, à Gibraltar à une profondeur de 8 brasses (Hidalgo); dans la Méditerranée à Algésiras, à Carthagène, dans la rade de Bizerte, sur le banc de l'Aventure (Jeffreys, *Mollusca of Porcupine expedition*), et sur les côtes de l'archipel grec. M. Fischer l'a draguée dans le golfe du Lion entre 500 et 1,700 mètres.

Genre TURQUETIA Ch. Vélain 1876.

Ce genre étant peu connu, nous croyons utile d'en reproduire la diagnose:

« Coquille mince, transverse, équivalve et très inéquilatérale; crochets peu saillants; côté antérieur bien développé; côté postérieur très court et subtronqué; charnière étroite et peu développée; valve droite présentant : 1° une seule dent cardinale rudimentaire et arrondie; 2° une cavité ligamentaire interne allongée, très étroite, creusée dans l'épaisseur du bord postérieur et située au-dessous de la dent cardinale; valve gauche portant: 1° une seule dent cardinale très courte, en avant de laquelle se montre une dépression plus ou moins profonde destinée à loger la dent cardinale de la valve opposée; 2° une cavité ligamentaire semblable à la précédente;

ligament interne étroit et allongé; deux impressions musculaires médiocres à peine visibles; impression palléale simple et très peu accusée. »

Turquetia fragilis Ch. Vélain. — Pl. XXIII, fig. 8 *a*, *b*.

1876. *Turquetia fragilis* Ch. Vélain, *C. R. Ac. des sc. Séance du 24 juillet 1876.*

1878. *Turquetia fragilis* Ch. Vélain, *Remarques au sujet de la faune des îles Saint-Paul et Amsterdam*, p. 135, pl. V, fig. 15-17.

Voici la diagnose de cette espèce donnée par M. Vélain :

« Coquille blanche ou légèrement jaunâtre, assez convexe, très inéquilatérale; côté antérieur allongé et assez régulièrement arrondi ; côté postérieur très court, présentant deux plis transverses peu accusés correspondant aux deux légères sinuosités du bord postérieur; surface présentant des stries d'accroissement inégalement marquées et en général peu accusées. Les autres caractères conformes à ceux de la description générique. »

Nous n'avons trouvé qu'une seule valve de cette espèce. C'est la valve droite de l'espèce décrite par M. Vélain; mais elle provient d'un individu très jeune et de formes moins élancées que l'exemplaire figuré par cet auteur.

Dimensions : diamètre antéro-postérieur, 1mm,5 ; diamètre umbono-marginal, 1 millim.

D'après M. Vélain, cette espèce est très abondante dans les sables de l'île Saint-Paul à une profondeur de 45 à 65 mètres. Il en a trouvé quelques valves sur la côte de l'île Amsterdam.

Genre CRASSATELLA.

Crassatella tenuistria ? var. *A* Nyst.

1843. *Crassatella tenuistria* var. *A* Nyst, *Description des coquilles et des polypiers fossiles des terrains tertiaires de la Belgique*, p. 86, pl. IV, fig. 4 *a*, *b*.

Synonymie et diagnose : Nyst, *op. cit.*, p. 86.

En comparant cette petite espèce à celles déjà figurées, nous ne pouvons la rapprocher que de l'espèce à laquelle Nyst (*op. cit.*, pl. IV, fig. 4), a donné le nom de *Crassatella tenuistria* var. *A*. Sa forme est cependant plus arrondie, ses côtes concentriques sont plus grosses que dans l'exemplaire figuré par Nyst; mais il est possible que nous ayons affaire à des individus jeunes ne présentant pas encore tous leurs caractères. Nous lui attribuons donc avec doute le nom de *Cr. tenuistria*.

Dimensions : diamètre antéro-postérieur, 4 millim.; diamètre umbono-marginal, 3 millim.

Genre PECCHIOLIA Meneghini.

Pecchiolia argentea Mariti.

1797. *Chama argentea* Mariti, *Odeporico*, t. I, p. 324, genre 311, n° 15.
1814. *Chama? arietina* Brocchi, *Conch. foss. subap.*, p. 668, pl. XVI, fig. 13.
1851. *Pecchiolia argentea* Meneghini, *Considerazioni sulla geol. stratigr. della Toscana*, p. 180.

Synonymie et diagnose : Hörnes, *Wien. tert. Beck.*, t. II, p. 168, pl. XX, fig. 4.

M. Meneghini (*Osserv. strat. e paleont. geol. Toscana*, p. 180) a décrit sous le nom générique de *Pecchiolia* des exemplaires qui lui avaient été communiqués par Pecchioli. Il les considère comme plus voisins des genres *Caprotina* et *Requienia* que du genre *Chama* et rétablit également le premier nom spécifique donné par Mariti. Bayan, qui dans son travail *Sur la présence du genre Pecchiolia dans les assises supérieures du lias*[1] donne les renseignements précédents, considère ce genre comme distinct des autres genres de Rudistes. Il dit encore que ce genre est le plus généralement admis; cependant Quenstedt (*Handb. der Petrefact.*, 2e édition

[1] *Études faites dans la collection de l'École des mines sur des fossiles nouveaux ou peu connus.* Lithogr. in-4°, 2e fascicule, p. 157.

1864, p. 633) en fit, avec Lamarck, un *Isocardia* (*Anim. s. vert.*, t. VI, 1819, p. 31); mais, dès 1847, E. Sismonda (*Syn. meth. an. invert. Ped.*, 2e édition, p. 18), avait déjà démontré qu'il n'y avait aucun rapport entre les *Pecchiolia* et les *Isocardia*. D'autre part, Wood admit qu'il y avait identité entre ce genre *Pecchiolia* et son genre *Verticordia;* mais M. Stolizka (*Pal. Indica; Pelecypoda*, 1871, p. 225) a fait voir avec raison que le genre *Verticordia* était bien distinct du premier par la présence, sur chaque valve, d'une dent qui fait défaut chez les *Pecchiolia.*

Nous n'avons trouvé que deux exemplaires représentant tous deux la valve droite d'un *Pecchiolia argentea*. Ils sont en tous points conformes aux figures de cette espèce, données par les différents auteurs.

Dimensions: diamètre antéro-postérieur, 31 millim.; diamètre umbono-marginal, 31 millim.

Gisements. — D'après Hörnes, cette espèce apparaîtrait dans le miocène supérieur, mais serait très rare dans le bassin de Vienne et à Tortone. C'est dans le pliocène qu'elle est le plus répandue, bien qu'elle y soit encore rare. Cocconi la dit rare à Castell' Arquato, moins rare à Tabiano; Depontaillier la cite comme excessivement rare à Biot. Elle ne semble pas avoir dépassé le pliocène inférieur.

Genre CARDITA.

Cardita corbis Philippi.

1836. *Cardita corbis* Philippi, *Enum. Moll. Sic.*, t. I, p. 55, pl. IV, fig. 19.

Synonymie et diagnose: Nyst, *op. cit.*, p. 216. — Wood, *Crag Mollusca*, p. 268.

Dans nos exemplaires, le crochet est moins pointu, moins écarté de la coquille que dans l'exemplaire figuré par Wood. C'est une espèce assez abondante à San Pedro.

Dimensions : diamètre antéro-postérieur, 6 millim.; diamètre umbono-marginal, 5mm,5.

Gisements. — Peut-être le *Cardita corbis* apparaît-il dans le miocène moyen de Touraine. Nyst l'a trouvé dans les sables noirs d'Anvers, où il est très rare; l'auteur n'en cite qu'un exemplaire ayant 2 millimètres de long sur 1 millimètre de large. Wood cite cette espèce dans le *cor. crag* de Sutton et dans le *red crag* de Walton on the Naze. Les exemplaires figurés par cet auteur ont des dimensions plus grandes que ceux de San Pedro; ces derniers étaient eux-mêmes plus grands que les exemplaires provenant de la Belgique. Philippi a trouvé cette espèce à Panormi, dans le pliocène supérieur, mais elle y serait très rare; Seguenza l'aurait recueillie à Messine dans ce même terrain.

Cette espèce est encore actuellement assez rare. Scacchi l'aurait trouvée sur les côtes de Naples (Weinkauff). Philippi la signale sur les côtes de Sicile; elle a été draguée par 35 brasses de profondeur au niveau de Tunis par Mac Andrew. Le *Porcupine* l'a recueillie sur le banc de l'Aventure. D'Orbigny l'aurait trouvée aux îles Canaries; Jeffreys la cite dans le golfe de Gascogne (de Folin et exp. du *Travailleur*).

Genre VERTICORDIA.

Verticordia cardiiformis Wood.

1844. *Verticordia cardiiformis* Wood, m. s.
1850. *Hippagus verticordius* Wood, *Moll. from the crag*, t. II, p. 149, pl. XII, fig. 18.
1873. *Verticordia cardiiformis* Wood, *Supplem. Moll. from the crag*, p. 130.

Synonymie et diagnose : Wood, *Supplem. Moll. from the crag*, p. 130.

Wood, en 1850, lors de la publication du deuxième volume des *Mollusques du crag d'Angleterre*, disait qu'il avait reconnu que son genre *Verticordia* était le même que celui auquel Isaac Lea avait donné le nom d'*Hippagus;* en conséquence, il désignait l'espèce créée par lui sous le nom de *Hippagus verticordius* et il la figure sous ce dernier nom (*op. cit.*, p. 149, pl. XII, fig. 18).

Mais en 1873, dans le Supplément à son ouvrage sur le *crag*, il dit (p. 130) qu'en examinant une coquille vivante peu différente de l'espèce pliocène, il reconnut qu'il fallait reprendre l'ancien nom générique de *Verticordia* pour un groupe de bivalves bien distincts des *Hippagus*. Voici d'ailleurs les caractères que Wood attribue à son genre :

« Shell subcircular, equivalved, subequilateral, closed, nacreous; ornamented with radiating costæ or striæ; umbo suspiral or incurved; hinge narrow, with an obtuse tooth in the right valve, and a depression in the left for its reception; lunule small, deep seated, heart shaped; adductor muscles more or less ovate; palleal line simple or without inflexion; connexus cartilaginous, with a very slight extension outside the dorsal margin; an ossicle in the hinge of the living shell. »

Le seul exemplaire recueilli par nous est très usé; cependant il est encore possible d'y reconnaître les principaux caractères de l'espèce de Wood.

Le mauvais état de la coquille ne nous permet pas d'en donner les dimensions.

Gisements. — Wood la cite dans le *coralline crag* de Sutton. L'espèce décrite par Philippi sous le nom d'*Hippagus acuticostatus* (*op. cit.*, t. II, p. 42, pl. XIV, fig. 18) serait la même que celle de Wood ou sinon en serait très voisine au dire de ce dernier auteur. Nous serions plus portés à en faire une espèce distincte.

Genre VENUS.

Venus ovata Pennant.

1777. *Venus ovata* Pennant, *British Zoology*, 4e édition, t. IV, p. 206, pl. XCV, fig. 3.

Synonymie et diagnose : Wood, *Crag Mollusca*, t. II, p. 213. — Hörnes, *op. cit.*, t. II, p. 139. — Fontannes, *Les Mollusques pliocènes*, etc., t. II, p. 63.

IMPRIMERIE NATIONALE.

Nos nombreux exemplaires proviennent tous d'individus jeunes. Bien que ce soit une espèce très variable, au dire de Wood, nos coquilles présentent toutes le même mode d'ornementation; les seules différences que nous ayons pu constater ne vont pas au delà de ce qui constitue des différences individuelles. Les côtes sont plus ou moins grosses, parfois même quelques-unes prennent un sillon médian. D'autres fois, ce sillon s'accentue au point que l'on croit avoir affaire à deux côtes distinctes; les stries d'accroissement sont encore plus ou moins marquées, mais ce sont là des caractères qui n'ont rien de constant et qui varient sur un même individu.

Wood a figuré (*loc. cit.*, pl. XIV) deux variétés qui, d'ailleurs, n'ont pas été trouvées dans la même localité. La forme que nous avons rencontrée en Andalousie correspond à la variété à grosses côtes. C'est celle qui vit encore sur les côtes d'Angleterre (Jeffreys, *British Conchology*, t. V, pl. XXXIX, fig. 1). C'est surtout avec la figure donnée par Hörnes (*Wien. tert. Beck.*, pl. XV, fig. 12, p. 139) que nos exemplaires ont le plus d'analogie. Ce dernier auteur indique dans la synonymie de cette espèce le *Venus spadicea* de Renieri, figuré par Nyst (*Coquilles et polypiers fossiles de la Belgique*, pl. XI, fig. 3), mais l'espèce de Renieri doit rester distincte. Brocchi avait donné au *Venus ovata* le nom de *Venus radiata;* c'est encore sous ce dernier nom que Philippi le cite; mais la figure qui se trouve dans l'ouvrage de Brocchi (*Conch. foss. subap.*, pl. XIV, fig. 3) correspond bien au *Venus ovata* Pennant, et le nom de *Venus radiata* Brocc. doit tomber en synonymie.

Dimensions : les plus grands exemplaires ont les dimensions suivantes : diamètre antéro-postérieur, 9 millim.; diamètre umbono-marginal, $7^{mm},5$.

Gisements. — M. Fontannes donne avec doute l'époque aquitanienne comme étant celle de l'apparition de cette espèce, mais Hörnes la signale dans le miocène moyen de Touraine, de Dax, de Suisse, de Grund, Steinabrünn, Gainfahren où elle est commune. Dans le pliocène, sa présence a été constatée en maintes localités.

Brocchi en a figuré un exemplaire provenant de la vallée d'Andona; Cocconi signale deux variétés au Riorzo dans les sables jaunes du pliocène moyen. M. Fontannes a reconnu la coexistence des deux formes citées par Wood dans la France méridionale; il les signale dans les faluns à *Cer. vulgatum* et dans les marnes à *Nassa semistriata* d'Eurre, de Saint-Restitut, de Nyons (Drôme), de Bollène (Vaucluse), de Théziers (Gard). Dans les argiles sableuses de Millas et de Banyuls, elle est très commune. M. Fontannes fait remarquer que le *Venus ovata* n'apparaît dans la vallée du Rhône que dans les formations littorales du pliocène inférieur. Depontaillier l'a trouvé très commun à Biot dans le pliocène inférieur, commun à Cannes dans le pliocène moyen. Wood a signalé la variété à côtes fines dans le *coralline crag* de Gedgrave et l'autre dans le *red crag* de Sutton. D'après Weinkauff, on aurait rencontré le *Venus ovata* dans le pliocène supérieur en Sicile, en Calabre, dans l'île de Céphalonie, dans l'île de Rhodes et en Morée.

Wood le signale vivant sur les côtes d'Angleterre et de Scandinavie; Weinkauff le cite dans l'Atlantique sur les côtes de France, M. Hidalgo sur les côtes d'Espagne et de Portugal depuis les Asturies jusqu'à Cadix et Trafalgar, Deshayes sur la côte ouest du Maroc. Dans la Méditerranée, cette espèce abonde sur les côtes d'Espagne, de Gibraltar, de Capo de Gata, de Carthagène, des îles Baléares, sur le banc de l'Aventure, sur les côtes de France, de Corse, de Sardaigne et de Sicile, dans la mer Adriatique et l'archipel grec, sur les côtes de Tunisie et d'Algérie. Cette espèce vivante aurait été pêchée à des profondeurs assez variables : à 15 brasses, selon M. Hidalgo; de 0 à 1,083, selon Jeffreys. Weinkauff l'aurait trouvée à une profondeur de 40 brasses. Mac Andrew donne comme profondeur habituelle 35 brasses; Forbes et Hanley indiquent une profondeur de 100 brasses; Jeffreys, d'après Bechey, l'aurait pêchée à 145 brasses. La plus grande profondeur à laquelle on l'ait rencontrée est celle de 2,000 mètres, d'après M. Milne Edwards, entre Cagliari et Bône. M. Fontannes a remarqué que le *Venus ovata* fossile ne se trouvait que dans des formations de rivage, particulièrement dans des dépôts plus ou moins sableux. Il y aurait là deux faits en contradiction qui mériteraient d'être vérifiés.

Venus plicata Gmelin.

1790. *Venus plicata* Gmelin, *Linnæi Systema Naturæ,* ed. XIII, p. 3276.

Synonymie et diagnose : Hörnes, *op. cit.*, t. II, p. 183. — Fontannes, *Les Mollusques pliocènes,* etc., t. II, p. 52.

Le seul individu rapporté de San Pedro est très voisin de la figure que Hörnes donne de cette espèce, mais il diffère de la forme figurée par M. Fontannes par la présence de côtes fines entre les grosses côtes. Mais il est un caractère constant, quelle que soit la provenance des individus, c'est la présence de lamelles formant une saillie anguleuse, subépineuse, de moins en moins accentuée sur la partie inférieure des valves. Notre unique exemplaire provenant d'un individu jeune, il se peut que tous les caractères spécifiques ne s'y trouvent pas représentés ; nous n'osons donc pas le rapporter à une variété plutôt qu'à une autre ; en tout cas, il laisse voir tous les caractères généraux qui distinguent le *Venus plicata* des autres espèces de ce genre.

Dimensions : diamètre antéro-postérieur, 7 millim. ; diamètre umbono-marginal, 6 millim.

Gisements. — En faisant abstraction des variétés plus ou moins nombreuses que l'on pourrait grouper autour de la forme typique, on peut dire que cette espèce apparaît dès le miocène moyen. Hörnes la cite en Suisse dans l'helvétien, à ce même niveau à Grund, Gainfahren, etc., dans le bassin de Vienne, dans les faluns de Dax et de Léognan. Il la signale également dans le miocène supérieur. Brocchi indique de nombreuses localités où elle a été trouvée dans le pliocène inférieur. Cocconi lui attribue une grande extension verticale : il dit qu'on la connaît dans les trois étages pliocènes. D'après lui, la forme figurée par Brocchi, et qui constitue une variété, est caractéristique du pliocène. M. Fontannes a très rarement rencontré le *Venus plicata* dans le pliocène de la vallée du Rhône et du Roussillon. Il le signale dans les marnes et faluns à *Cer. vulgatum* des environs de Chabeuil, de Nyons (Drôme), de Bollène, de Visan-les-Bordeaux (Vaucluse), ainsi que dans les argiles sableuses de Millas (Pyrénées-Orientales). Par le petit nombre d'auteurs qui citent le *Venus plicata*, il semble bien que ce soit une espèce rare. Les étages où on en connaît le plus d'exemplaires sont le miocène moyen et supérieur et le pliocène inférieur.

Cependant c'est une espèce qui vit actuellement dans la mer des Indes et sur les côtes du Sénégal. M. Fontannes, qui a comparé entre eux les types fossiles et les types vivants, trouve que les modifications qui se sont produites dans cette espèce ont toujours été en s'accentuant dans le même sens; c'est ainsi qu'en se rapprochant de la période actuelle les lamelles deviennent plus espacées et plus régulières; le sinus palléal devient plus large.

Genre TELLINA.

Tellina balaustina Linné.

1767. *Tellina balaustina* Linné, *Systema Naturæ*, ed. XII, p. 1119.

Synonymie et diagnose : Wood, *Crag Mollusca*, t. II, p. 227.

Bien que nos deux exemplaires soient plus petits que ceux figurés par Wood, les caractères qu'on peut y reconnaître sont les mêmes. C'est le même mode d'ornementation que celui de la figure 4 *d* de la planche XXI. L'un de ces deux exemplaires, le plus grand, a été roulé et a perdu, en partie, les lamelles saillantes qui correspondent aux stries d'accroissement.

Dimensions : diamètre antéro-postérieur, 15 millim.; diamètre umbono-marginal, 11 millim.

Gisements. — Cette espèce apparaît seulement dans le pliocène. Wood la cite dans le *coralline crag* de Sutton. Philippi la signale également dans le pliocène d'Italie, surtout en Sicile. Elle appartient dans cette dernière région au pliocène supérieur.

Comme espèce vivante, elle n'est pas moins rare que comme espèce fossile. Wood dit que le *Tellina balaustina* est localisé sur les côtes d'Espagne, de France, du Piémont, de la Corse, de Naples, de la Sicile, de Tarente, de la Morée, de l'archipel grec, de l'Algérie, dans la mer Adriatique. M. Hidalgo le cite sur les côtes d'Espagne à Rosas, Carthagène et Gibraltar. C'est une espèce rare, qui aurait été trouvée à une profondeur de 20 brasses. D'après Weinkauff, elle se rencontrerait entre 6 et 50 brasses. Le *Porcupine* en a recueilli des exemplaires au Capo de Gata. Jeffreys cite, comme gisements dans l'Atlantique, les côtes d'Angleterre, des Shetland, de Guernesey, le golfe de Biscaye, les côtes du Maroc, les îles Madère et Canaries; d'après lui, la profondeur à laquelle on a trouvé le *Tellina balaustina* serait de 2 à 130 brasses. Weinkauff cite encore cette espèce sur les côtes d'Islande.

Genre SYNDOSMYA.

Syndosmya alba Wood.

1802. *Mactra alba* Wood, *Transact. Soc. Linn.*, t. VI, pl. XVI, fig. 9.
1848. *Syndosmya alba* Deshayes, *Traité élémentaire de conchyliologie*, p. 353, pl. VIII *bis*, fig. 6-8.

Synonymie et diagnose : Weinkauff, *Mittelsmeere*, t. I, p. 51. — Wood, *op. cit.*, t. II, p. 237. — Fontannes, *op. cit.*, t. II, p. 44.

C'est une espèce abondante à San Pedro; elle y présente une forme très voisine de celle de l'exemplaire provenant de Grund et figuré par Hörnes; elle est plus arrondie en avant et plus sinueuse en arrière que l'exemplaire figuré par Brocchi.

Dimensions : les plus grands exemplaires présentent les dimensions suivantes : diamètre antéro-postérieur, 15 millim.; diamètre umbono-marginal, 9 millim.

Gisements. — Foresti le cite dans les deux étages inférieurs de Bologne. D'après Depontaillier, ce serait une espèce commune dans les marnes bleues du pliocène inférieur de Biot. M. Fontannes donne comme gisements les marnes à *Cer. vulgatum* de Mirabel (Drôme), de Saint-Ariès (Vaucluse), les marnes à *Pecten Comitatus* de Bourg-Saint-Andéol (Ardèche), les marnes à *Nassa semistriata* de Saint-Restitut (Drôme), les argiles sableuses de Millas. C'est toujours une espèce rare. Wood l'a trouvée dans le *cor. crag* de Sutton, dans le *red crag* de Sutton, Bawdsey, Walton on the Naze. D'après Seguenza, elle se rencontre à tous les niveaux du pliocène. Le *Syndosmya alba* est également une espèce quaternaire. Wood le cite, sous le nom d'*Abra alba*, dans les sables de la Clyde; Depontaillier l'a reconnu dans le quaternaire de Biot.

Enfin, c'est une espèce vivant encore dans l'océan Atlantique depuis les côtes d'Angleterre jusqu'à celles du Maroc. M. Hidalgo la dit commune sur les côtes des Asturies et à Cadix; elle vivrait à une profondeur de 10 brasses. Dans la Méditerranée, on la signale dans les lagunes des côtes, notamment à Fusaro (Philippi).

Genre CORBULA.

Corbula gibba Olivi.

1792. *Tellina gibba* Olivi, *Zoologia adriatica*, p. 101.
1818. *Corbula nucleus* Lamarck, *An. sans vert.*, t. V, p. 496, n° 6.
1854. *Corbula gibba* Bronn, *Lethæa geognostica*, t. III, p. 414, pl. XXXVII, fig. 7.

Synonymie et diagnose : Bronn, *op. cit.*, p. 414. — Nyst, *Coquilles et polypiers fossiles de la Belgique*, p. 65. — Wood, *op. cit.*, t. II, p. 274. — Hörnes, *Wien. tert. Beck.*, t. II, p. 34. — Weinkauff, *op. cit.*, t. I, p. 25. — Fontannes, *Les Mollusques pliocènes*, etc., t. II, p. 16.

Les exemplaires que nous avons recueillis en Andalousie sont conformes au type figuré par Nyst (*op. cit.*, pl. III, fig. 3) et par M. Fontannes (*op. cit.*, pl. I, fig. 16-19). Les différents auteurs qui ont donné la synonymie du *Corbula gibba* y ont rapporté plusieurs espèces qui semblent n'en être que des variétés. C'est, en effet, une forme assez variable, ainsi que M. Fontannes a pu le constater dans les différents gisements du pliocène du midi de la France.

Cette espèce, comme toutes les Corbules, présente des différence assez sensibles entre ses deux valves. Philippi (*Enum. Moll. utrius que Siciliæ,* t. I, p. 16) fait très bien ressortir ces différences : l valve droite est plus gibbeuse, avec des saillies transversales beau coup plus fortes; la gauche a des stries plus ténues et porte souver quelques lignes rayonnantes. Reeve a remarqué que la forme pro venant de la Méditerranée est moins rostrée que celle de l'Atlan tique. En comparant nos exemplaires aux figures données pa Reeve (*Conchol. iconica,* t. II, pl. II, fig. 10 *a*) et par M. Hidalg (*Moluscos marinos de España, Portugal y las Baleares,* pl. XXVI fig. 6, 7), nous avons vérifié que nous avions recueilli le type méd terranéen.

Dimensions : diamètre antéro-post., $6^{mm},5$; diamètre umbon marginal, $5^{mm},5$.

Gisements. — Son apparition daterait de l'aquitanien d'apr Seguenza; cependant cette espèce n'est citée que dans des dépô appartenant au moins au miocène moyen : ce sont les faluns de D et de la Touraine, les faluns de la Suisse et de Turin. Hörnes cite dans le miocène supérieur du bassin de Vienne (Weinkauf Mais c'est une espèce abondante surtout dans le pliocène; d'apr Seguenza, elle se rencontrerait dans tous les étages. Brocchi la ci sous son nom primitif de *Tellina gibba* dans le pliocène inférie des environs d'Asti; Cocconi la dit très abondante à Castell' Arquat Foresti la signale dans les deux étages inférieurs de Bologne; d' près Depontaillier, elle serait très commune dans le pliocène inf rieur de Biot et dans le pliocène moyen de Cannes. M. Fontann l'a recueillie dans les marnes à *Nassa semistriata* du Péage-de-Rou sillon, de Horpieux (Isère), de Hauterives, de Fay-d'Albon, Marsas, de Chabeuil, d'Eurre, de Saint-Restitut, de Nyons (Drôm de Bollène, de Bouchet, de Saint-Saturnin (Vaucluse), d'Andan (Ardèche), de Saint-Christophe (Bouches-du-Rhône), dans l argiles sableuses de Millas et de Banyuls (Pyrénées-Orientale C'est une espèce très commune. Bayle l'aurait trouvée dans le pli cène d'Algérie; Philippi et Monterosato la citent dans le plioce supérieur de Sicile et de Tarente. Elle se rencontrerait également dans le pliocène supérieur de Cos, de Chypre et de Rhodes (Fischer), ainsi que dans le quaternaire de Norvège.

L'espèce vivante a été recueillie à différentes profondeurs dans la Méditerranée, sur les côtes de la Provence, du Piémont, de la Corse, de la Sardaigne, de la Sicile, de Malte, de Pantellaria, des Baléares; elle est fréquente dans l'archipel grec et dans l'Adriatique. M. Hidalgo la dit commune sur les côtes d'Espagne (Malaga, Gibraltar, Cadix) et sur les côtes de l'océan Atlantique. Dans l'Atlantique, elle remonterait jusqu'aux côtes de Norvège et descendrait jusqu'au Maroc et aux îles Canaries.

Corbula? hispanica nov. sp. — Pl. XXIII, fig. 9 *a*, *b*, *c*, *d*.

Cette petite espèce appartient au groupe des *Corbula;* elle se rapproche beaucoup des *Erodona* (anciens *Lasara*) par la forme de son apophyse ligamentaire. Comme il semble que nos exemplaires proviennent d'individus jeunes, nous n'osons pas créer un nouveau genre pour eux.

Diagnose : Coquille lisse, brillante, inéquilatérale, inéquivalve, la valve droite plus grande que la valve gauche. Ligament interne. Valve droite présentant une cavité ligamentaire située près du crochet et délimitée en avant par une dent cardinale antérieure peu accusée. Bord antérieur présentant un sillon assez allongé qui part du crochet. Bord cardinal postérieur présentant la même disposition. Un sillon circummarginal assez rapproché du bord indique que la valve opposée est plus petite. Valve gauche présentant un ligament interne situé sur une apophyse cardinale, dressée, saillante et disposée comme chez le *Corbula gallica*. Bord cardinal postérieur présentant un denticule arrondi et nettement délimité. Cavité cardinale triangulaire destinée à recevoir la dent triangulaire de la valve opposée. Bord postérieur légèrement réfléchi de manière à présenter un sillon extérieur qui le sépare du reste de la surface du test. Impression palléale anguleuse du côté postérieur.

IMPRIMERIE NATIONALE.

Les deux valves figurées n'appartiennent pas au même individu; nous avons trouvé plusieurs valves droites de dimensions bien inférieures à celles du seul exemplaire de valve gauche que nous avons recueilli.

Dimensions : le plus grand exemplaire recueilli est une valve gauche présentant les dimensions suivantes : diamètre antéro-postérieur, 3 millim.; diamètre umbono-marginal, 2^{mm},5. Les quatre autres exemplaires qui correspondent à des valves droites ont des dimensions beaucoup plus petites; mais comme elles ne correspondent pas à la valve gauche, il n'y a aucun intérêt à donner leurs dimensions.

Genre SAXICAVA.

Saxicava arctica Linné.

1766. *Mya arctica* Linné, *Systema Naturæ*, ed. XII, p. 1113.
1836. *Saxicava arctica* Philippi, *Enum. Mollus. Sic.*, t. I, p. 20, pl. III, fig. 3.

Synonymie et diagnose : Nyst, *op. cit.*, p. 95. — Wood, *Crag Mollusca*, t. II, p. 287. — Weinkauff, *Mittelsmeere*, t. I, p. 20. — Hörnes, *op. cit.*, t. II, p. 24. — Cocconi, *Enum. sistem.*, p. 257.

C'est une espèce présentant un grand polymorphisme. De tous les exemplaires figurés par les différents auteurs sous le nom de *Saxicava arctica*, il n'y a que celui représenté par Nyst (*op. cit.*, p. 95, pl. III, fig. 15) auquel nous puissions assimiler nos exemplaires. Ils semblent n'avoir rien de commun avec ceux du bassin de Vienne figurés par Hörnes. Cette espèce est commune à San Pedro.

Dimensions : diamètre antéro-postérieur, 4^{mm},5; diamètre umbono-marginal, 2 millim.

Gisements. — M. Fontannes dit que cette espèce apparaît dans le tongrien. Les localités citées par Hörnes sembleraient indiquer son apparition dans l'helvétien : il la signale en effet à Gainfahren, Steinabrünn, Grund et Turin. Le *Saxicava arctica* passe dans le miocène supérieur. Mais c'est une espèce caractéristique surtout du pliocène : Seguenza la signale en Italie dans tout ce terrain. Wood la cite dans le *cor. crag* et le *red crag* de Sutton; Nyst dans le crag noir d'Anvers. Dans le bassin méditerranéen, c'est une espèce qui se rencontre, sous un grand nombre de variétés, dans le pliocène inférieur d'Asti. Foresti l'a trouvée dans le pliocène moyen de Bologne; il la cite à Monte Mario, ainsi que dans un grand nombre de localités d'Italie. Depontaillier la dit assez rare dans le pliocène inférieur de Biot, et très rare dans l'étage moyen de Cannes. M. Fontannes la cite dans les marnes à *Nassa semistriata* des environs de Théziers (Gard), de Saint-Laurent-du-Pape (Ardèche), où elle est commune, dans les marnes et faluns à *Cer. vulgatum* de Saint-Restitut (Drôme), de Visan (Vaucluse), où elle est rare; il l'a trouvée soit dans des galets, soit dans des coquilles d'huîtres et de spondyles. M. de Monterosato l'a signalée dans le pliocène supérieur de Monte Pellegrino et de Ficarazzi; Hörnes l'a citée dans ce niveau à Rhodes.

Cette espèce vivante a été recueillie dans l'Atlantique depuis les côtes du Groenland jusqu'au cap de Bonne-Espérance. C'est dans les mers du Nord qu'elle est le plus abondante. Dans la Méditerranée on l'a recueillie sur tout le littoral. M. Hidalgo la cite notamment à Carthagène et à Gibraltar. M. Fischer l'a recueillie à une profondeur variant de 400 à 900 mètres entre Oran et Gibraltar.

Genre DIGITARIA Wood.

Digitaria digitaria Linné. — Pl. XXIII, fig. 10 *a*, *b*.

1767. *Tellina digitaria* Linné, *Systema Naturæ*, ed. XII, p. 1120, n° 71.
1818. *Lucina digitalis* Lamarck, *Anim. s. vertèbres*, t. V, p. 544.
1853. *Astarte digitaria* Wood, *The Crag Mollusca*, t. II, *Bivalves*, p. 190, pl. XVII, fig. 8 *a*, *b*, *c*.
Digitaria vulgaris Wood, *The Crag Mollusca*, t. II, *Bivalves*, p. 190.
1858. *Woodia digitaria* Deshayes, *Anim. s. vertèbres du bassin de Paris*, t. I, p. 790.
1873. *Woodia digitaria* Wood, *Suppl. to The Crag Mollusca*, p. 140, pl. X, fig. 8 *a*.

Synonymie et diagnose : Wood, *op. cit.*, t. II, p. 190. — Weinkauff, *op. cit.*, t. I, p. 126.

Cette espèce a reçu plusieurs noms génériques qui sembleraient la rattacher à des groupes de bivalves bien différents les uns des autres. Cela tient à ce que certains de ses caractères lui sont communs avec plusieurs genres, bien que d'autres caractères la distinguent très nettement de ces mêmes genres. Wood l'avait d'abord rapprochée des *Astarte;* mais, frappé de l'ensemble de ses caractères, il avait cru pouvoir lui donner dans sa collection le nom de *Digitaria vulgaris,* et il en faisait un groupe à part. Cette espèce a été distinguée par Deshayes (*Anim. s. vertèbres du bassin de Paris,* t. I, p. 790) sous le nom de *Woodia digitaria;* mais, l'auteur anglais ayant la priorité, il faut conserver à cette espèce le nom générique de *Digitaria.*

Les caractères du genre reposant sur la structure de la charnière, nous avons cru devoir la faire figurer et la décrire de nouveau après Wood.

Valve gauche : deux dents cardinales également divergentes, séparées par une fossette bien développée, subtrigone. Dent cardinale antérieure un peu plus développée que la postérieure. Dent latérale antérieure simple, saillante, assez allongée, séparée du bord par une fossette peu profonde. Deux dents latérales postérieures, l'interne assez développée, l'externe moins développée, visible surtout chez les exemplaires de grande taille.

Valve droite : deux dents cardinales, la postérieure médiane, trigone, très grande, l'antérieure peu développée, allongée, surbaissée, presque rudimentaire et submarginale. Deux dents latérales antérieures, séparées par une fossette assez longue et profonde, l'externe étant presque confondue avec le bord de la coquille. Dent latérale postérieure assez saillante, nettement séparée du bord postérieur.

La présence d'une grosse dent cardinale a fait rapporter cette espèce au genre *Astarte;* mais la grosse dent des *Astarte* est simple, sans ornement, très saillante; celle des *Digitaria* présente une dépression triangulaire centrale et ne se dresse pas en avant de la charnière. Dans les *Digitaria,* les deux dents latérales ont sensiblement la même forme et la même disposition; elles sont indépendantes des dents cardinales; dans les *Astarte,* la dent latérale antérieure fait suite aux dents cardinales; la dent latérale postérieure est indépendante.

Les dents latérales des *Lucina* et des *Digitaria* permettraient, à elles seules, de distinguer ces deux genres : en effet, chez les *Lucina,* la dent latérale antérieure est beaucoup plus courte que la dent latérale postérieure; chez les *Digitaria,* elles sont sensiblement égales et de même forme; chez les premières, la dent latérale postérieure fait suite aux dents cardinales; chez les *Digitaria,* elle est indépendante. Bien que caractéristiques du genre, les dents latérales des *Digitaria* ont échappé à la plupart des auteurs.

C'est une espèce toujours de petite taille. Les exemplaires que nous avons recueillis étant un peu usés, nous avons fait figurer un type d'ailleurs identique aux nôtres, mais mieux conservé et permettant de voir tous les caractères importants. Ces exemplaires figurés proviennent du pliocène de Douerah; ils ont été communiqués à la Sorbonne par M. Hagenmuller.

Dimensions : diamètre antéro-postérieur, 4 millim.; diamètre umbono-marginal, 3^{mm},5.

Gisements. — Bastérot aurait trouvé le *Lucina digitalis* Lamarc dans les faluns de Bordeaux; mais Deshayes, qui rapporte le fait pense qu'il doit y avoir une erreur et qu'il s'agit sans doute d'un autre espèce.

Le *Digitaria digitaria* Linné semble n'apparaître que dans le plio cène. Wood le cite en Angleterre dans le *coralline crag* et dans l *red crag* de Walter et de Sutton. M. de Monterosato l'a trouvé Monte Pellegrino et à Ficarazzi; M. Fischer l'a signalé à Rhode Wood l'a recueilli dans le glaciaire de Hopton.

Cette espèce vit encore; mais, d'après Wood, dans les exem plaires vivants, la charnière serait un peu plus épaisse que da les exemplaires fossiles. D'après M. Hidalgo, elle se trouve da l'Atlantique, sur les côtes d'Espagne. Le *Porcupine* l'a dragué dans ces mêmes régions. Jeffreys la signale sur les côtes de Co nouailles. Dans la Méditerranée, M. Hidalgo et Jeffreys (d'après le dragages du *Porcupine*) la citent sous le nom de *Woodia digitaria* Gibraltar, aux îles Baléares, au banc de l'Aventure, dans la rade d Bizerte et dans l'Adriatique. Weinkauff la signale dans les gisemen méditerranéens à une profondeur variant de 10 à 40 brasses. Je freys indique comme termes extrêmes 10 et 600 brasses.

Genre POROMYA.

Poromya granulata Nyst et Westendorp.

1830. *Corbula granulata* Nyst et Westendorp, *Nouvelles recherches sur coquilles fossiles d'Anvers*, p. 6, pl. III, fig. 3.
1867. *Poromya granulata* Weinkauff, *Die Conchylien des Mittelsmeeres*, t. p. 30.

Synonymie et diagnose : Nyst, *Coquilles et polypiers fossiles la Belgique*, p. 71. — Weinkauff, *op. cit.*, t. I, p. 30. — Woo *Crag Mollusca*, t. II, p. 260.

Nous avons recueilli plusieurs exemplaires de cette espèc mais tous sont fort mal conservés à cause de la fragilité du te Un seul cependant nous a présenté la charnière avec la de caractéristique; le test est finement granulé et présente la forme générale de l'exemplaire figuré par Nyst (*Coq. et polyp.*, etc., pl. II, fig. 6).

Aucun de nos exemplaires n'étant complet, nous ne pouvons donner de dimensions exactes.

Gisements. — C'est une espèce rare dans le pliocène; Wood la cite dans le *coralline crag* de Ramsholt, de Sutton et de Gedgrave; Nyst l'a reconnue dans le crag d'Anvers. M. de Monterosato la cite dans le pliocène supérieur à Monte Pellegrino et à Ficarazzi.

Comme espèce vivante, elle est très répandue; d'après Forbes, elle vit à de grandes profondeurs sur les côtes des Cyclades et de l'Asie Mineure; il l'aurait draguée à 150 brasses dans l'archipel grec. Jeffreys l'a trouvée près de l'île de Skyo à 50 brasses. Enfin elle se rencontrerait sur les côtes de Norvège, du nord de l'Écosse, et dans l'Atlantique jusqu'à Madère. M. Fischer l'a draguée à bord du *Travailleur*, entre Oran et Gibraltar, à une profondeur variant entre 400 et 900 mètres.

BRACHIOPODES.

Genre TEREBRATULA.

Terebratula Philippii Seguenza.

1871. *Terebratula Philippii* Seguenza, *Studii paleontologici sui Brachiopodi terziarii dell' Italia meridionale. Bulletino malacologico Italiano*, anno IV. — *Extrait*, p. 54, pl. IV, fig. 8.

Cette espèce appartient au groupe de Térébratules que l'on a longtemps confondues sous le nom de *Terebratula ampulla*. Notre exemplaire, qui provient d'un individu jeune, diffère un peu du type figuré par Seguenza : il a une forme moins dilatée, et les deux arêtes dorsales y sont moins accusées.

Dimensions : longueur, 26 millim.; largeur, 22 millim.; épaisseur, 12 millim.

Gisements. — Seguenza a trouvé le type de son espèce dans le pliocène inférieur de la Calabre.

RADIOLAIRES.

M. Schlumberger, dont la compétence est si grande en ce qu concerne les Foraminifères, a reconnu parmi ceux que nous avon rapportés les espèces suivantes :

Spiroloculina badenensis ? d'Orb.

1846. D'Orbigny, *Foraminifères du bassin de Vienne*, p. 270, pl. XVI fig. 13-15. — Rare à San Pedro.

Spiroloculina canaliculata d'Orb.

Ibid., p. 269, pl. XVI, fig. 10-12. — Rare.

Spiroloculina excavata d'Orb.

Ibid., p. 271, pl. XVI, fig. 19-21. — Assez rare.

Biloculina lunula d'Orb.

Ibid., p. 264, pl. XV, fig. 22-24. — Commun.

Biloculina sphæra d'Orb.

Ibid., p. 66, pl. VIII, fig. 13-16. — M. Brady l'a figuré de nouveau dan *Report on the sc. results of the exploring voy. of H. M. Challenger* p. 14, pl. II, fig. 4. — Rare.

Biloculina n. sp.

Du groupe de *Biloculina buloides*. — Très rare.

Triloculina cf. angularis d'Orb.

1825. D'Orbigny, *Ann. des sc. nat.*, p. 133. — Très rare.

Quinqueloculina Buchiana d'Orb.

1846. D'Orbigny, *Foraminifères du bassin de Vienne*, p. 289, pl. XVIII fig. 10-12. — Très commun.

Adelosina pulchella d'Orb.

Ibid., p. 303, pl. XX, fig. 25-30. — Très commun.

Orbulina universa d'Orb.

Foraminifères du bassin de Vienne, p. 22, pl. I, fig. 1. — Rare.

Dentalina elegans d'Orb.

Ibid., p. 45, pl. I, fig. 52-56. — Très rare.

Dentalina guttifera d'Orb.

Ibid., p. 49, pl. II, fig. 11-14. — Très rare.

Dentalina obliqua Linné.

M. Brady a reproduit cette espèce (*Report on the sc. results... of Challenger*, p. 513, pl. LXIV, fig. 20-22). — Rare.

Nodosaria bacillum Defr.

1830. Defrance, *Dictionnaire des sc. nat.*, *Planches-Zoologie*, pl. XIII, fig. 4. — D'Orbigny l'a figuré de nouveau dans son travail sur les *Foraminifères du bassin de Vienne*, p. 40, pl. I, fig. 40-49. — Très rare.

Cristellaria ariminensis d'Orb.

1846. *Foraminifères du bassin de Vienne*, p. 95, pl. IV, fig. 8, 9. — Très rare.

Cristellaria calcar d'Orb.

Ibid., p. 99, pl. IV, fig. 18-20. — Commun.

Cristellaria cassis Ficht et Moll.

1803. *Testacea microscopica*, etc., p. 95, pl. XVII, fig. *a-l*. — Commun.

Cristellaria cultrata d'Orb.

Robulina cultrata, *Foraminifères du bassin de Vienne*, p. 96, pl. IV, fig. 10-13. — Très commun.

Cristellaria echinata d'Orb.

Robulina echinata, *ibid.*, p. 100, pl. IV, fig. 21, 22. — Commun.

IMPRIMERIE NATIONALE.

Robulina inornata d'Orb.

Foraminifères du bassin de Vienne, p. 102, pl. IV, fig. 25, 26. — Très commun.

Polystomella crispa Lamk.

1822. Lamarck, *Animaux sans vertèbres*, t. VII, p. 625. — D'Orbigny (*op. cit.*) l'a figuré p. 125, pl. VI, fig. 9-14; Brady l'a reproduit de nouveau (*Report on the sc. results... of Challenger*, p. 736, pl. CX fig. 6, 7). — Très commun.

Amphistegina Jessoni d'Orb.

Annales des sciences naturelles, t. VII. — Commun.

Rotalina pleurotomata Schlumberger.

1846. *Rotalina Partschiana* d'Orbigny, *Foraminifères du bassin de Vienn* p. 153, pl. VII, fig. 28-30, et pl. VIII, fig. 1-3.

1884. *Rotalina pleurotomata* Schlumberger, *Note sur quelques Foraminifèr nouveaux ou peu connus du golfe de Gascogne* (campagne du *Tr vailleur*, 1880); *Feuille des Jeunes Naturalistes*, p. 27, pl. I fig. 5.

Cette espèce présente des caractères spéciaux dus à la positi de son ouverture, qui varie avec l'âge de l'animal. Elle appar dans le miocène et vit encore. Les exemplaires vivants sont plus petite taille que les fossiles. — Rare.

Rotalina Schreibersii d'Orb.

1846. *Foraminifères du bassin de Vienne*, p. 154, pl. VIII, fig. 4-6. — Rar

Rotalina sp.

Très commun.

Planispirina contraria d'Orb.

1846. *Biloculina contraria* d'Orbigny, *op. cit.*, p. 266, pl. XVI, fig. 4-6.

1880. *Planispirina contraria* Brady, *Report on the sc. results... of Challeng* p. 195, pl. XI, fig. 10, 11.

M. Steinmann a montré (*Neues Jahrbuch*, 1881, t. I, p. qu'il conviendrait de créer pour cette espèce un nouveau ge auquel il a proposé de donner le nom de *Nummoloculina*. — T rare.

Bullimina pyrula d'Orb.

1846. *Foraminifères du bassin de Vienne*, p. 184, pl. XI, fig. 9, 10. — Commun.

? **Guttulina problema** d'Orb.

Ibid., p. 224, pl. XII, fig. 26-28. — Très rare.

Chilostomella ovoidea Reuss.

1869. *Denksch. v. k. k. Akad. Wiss. Wien*, t. I, p. 380, pl. XLIII, fig. 12 *a*, *c*. M. Brady l'a fait figurer de nouveau dans *Report on the sc. results... of Challenger*, p. 436, pl. LV, fig. 12-23. — Rare.

CINQUIÈME PARTIE.

NOTICE BIBLIOGRAPHIQUE RELATIVE À LA SERRANIA DE ROND

Dans cette notice bibliographique, nous n'analyserons que les ou vrages ayant trait à la région située entre Malaga et les contrefor occidentaux de la serrania de Ronda.

1841. Francisco de Sales Garcia. *Sobre las minas de fundicion de hier de Marbella.* (Anales de minas, t. II.)

Cette étude, faite uniquement au point de vue industriel, r renferme aucun renseignement relatif à la géologie ou à la min ralogie.

1842. Haussmann. *Ueber das Gebirgssystem der Sierra Nevada und das Gebir um Jaen.*

Dans ce travail approfondi sur la sierra Nevada, Haussmann r connaît que cette chaîne de montagnes est constituée par un gra pli anticlinal, dont la partie centrale, qui apparaît par suite de d nudations, est formée par des micaschistes à grenat, tandis q les deux versants sont formés de schistes talqueux, chloriteux argileux. Il met en évidence ce trait caractéristique pour toute chaîne de montagnes de la région méridionale de l'Andalousie, présenter sur le versant S. un plongement beaucoup plus rapi que sur le versant N.

Sur la série de schistes précédemment citée reposent, à M laga, de même qu'à Benalmadena, à Fuengirola et à Marbella, c schistes noirs avec grauwacke et dolomie, sur l'âge desquels l'aute ne se prononce pas. Il a cependant une tendance à rapporter la dolomie et le calcaire qui accompagnent les schistes noirs au terrain cambrien, tandis qu'il ferait de la grauwacke un dépôt dévonien.

Bien qu'il n'ait pas étudié la sierra de Mijas, il signale qu'il a rencontré dans les derniers contreforts de cette chaîne un calcaire gris-bleu contenant des prismes de grammatite blanche (trémolite).

Haussmann rapporte au keuper les grès et les marnes de la partie S. O. de la sierra Nevada.

Les dépôts tertiaires sont signalés par lui à Malaga, ainsi qu'à Velez Malaga; mais il n'en indique pas l'étage géologique.

L'auteur a observé le long de la côte de nombreuses terrasses formées de brèches et de tufs quaternaires (Benalmadena, etc.). C'est, du reste, ainsi qu'il le remarque, un fait général sur toutes les côtes de la Méditerranée.

1846. Amalio Maestre. *Ogevada geognostica y minera sobre el litoral del Mediterraneo desde el cabo de Palos hasta el estrecho de Gibraltar.* (Revista minera de Madrid.)

La serpentine aurait produit de puissants effets métamorphiques; elle aurait relevé toutes les couches de la sierra qui passe par Caratraca et Yunquera et qui fait suite à la sierra Tejeda; et c'est encore elle qui aurait transformé les marnes crétacées en dolomies cristallines dans les sierras de Almijara, de Tejeda, de Yunquera, de Mijas et de Marbella. L'auteur pense que tous les massifs de serpentine, depuis ceux de la sierra Nevada jusqu'à ceux de la sierra Bermeja, sont de la même époque.

Maestre a reconnu que les dépôts tertiaires étaient constitués en partie par des couches d'eau douce et en partie par des sédiments marins. Les premiers occupent le pied de la sierra de Mijas et sont recouverts par les seconds. C'est ce facies marin que présentent les autres dépôts tertiaires de la plaine du Guadalhorce, des environs de Malaga et de la côte entre Marbella et le rio Verde.

1849. Schimper. *Sur la géologie, la botanique et la zoologie du midi de l'Espagne.* (Journal *l'Institut*, p. 189.)

L'auteur considère comme siluriens les schistes des environs de Malaga.

Il constate, comme ses prédécesseurs, l'existence du trias dans cette même région, mais il lui attribue une trop grande extension.

Le tertiaire commencerait par un calcaire miliaire sur lequel se verraient, près de Malaga, des dépôts marins comprenant deux étages : des argiles bleues, compactes, à la base, puis des marnes avec nombreux bivalves et fragments de végétaux à la partie supérieure. L'auteur ne dit pas à quels étages géologiques il rapporte ces dépôts.

1850. Esquerra del Bayo. *On the Geology of Spain.* (Quarterly Journal, vol. VI, p. 406.)

D'après ce travail, la côte de Gibraltar à Carthagène serait constituée par des roches appartenant toutes à la période paléozoïque. Pour la première fois, il y est fait mention de fossiles très rares dans les schistes et les calcaires. L'auteur ne donne aucun nom de genre ni d'espèce; il ne précise pas non plus à quels étages correspondent ces différents dépôts.

L'auteur n'indique pas davantage l'âge des dépôts tertiaires marins de la côte.

1850. De Collegno. *Notes d'un voyage en Espagne et en Portugal, en 1849.* (Bull. Soc. géol. de France, 2ᵉ série, t. VII, p. 344.)

Ce n'est qu'un résumé très succinct des travaux antérieurs.

1858. Esquerra del Bayo. *Ensayo de una descripcion general de la estructura geológica del terreno de España en la Peninsula.* (Memorias de la Real Academia de ciencias de Madrid, t. I, parte 2ª.)

La serpentine de la sierra Bermeja n'aurait, d'après cet auteur, aucune relation avec la serpentine de la sierra Nevada.

Quelques ingénieurs espagnols penseraient, au dire d'Esquerra del Bayo, que les éruptions de serpentine sont postérieures au terrain crétacé; celui-ci aurait été complètement métamorphisé et les calcaires auraient été transformés en marbre et même en dolomie. D'autres géologues admettraient que les éruptions de serpentine ont disloqué les dépôts de tertiaire marin de la région. L'auteur croit que les faits recueillis jusqu'à l'époque à laquelle il écrit ne sont pas assez nombreux pour qu'on puisse attribuer à la serpentine un âge bien précis.

Les mines de Marbella seraient ouvertes dans une masse de fer magnétique qui aurait traversé et disloqué les schistes talqueux, les micaschistes et les schistes amphiboliques.

1851. Antonio Linera. *Reseña geognostica y minera de la provincia de Malaga.* (Revista minera, t. II, p. 161.)

Les schistes anciens des environs de Malaga ne seraient pas formés d'éléments différents, mais ce serait à leur degré d'altération plus ou moins avancé qu'il faudrait attribuer leurs différences d'aspect et de coloration. Ces schistes, qui en plusieurs points se montrent charbonneux, auraient été disloqués et relevés lors des éruptions de diorite et d'autres roches à amphibole et pyroxène qui auraient métamorphisé les calcaires anciens accompagnant les schistes.

Ces mêmes schistes se retrouvent dans les sierras de Mijas et de Ojen; mais, dans cette région, ils sont traversés par des filons de quartz ayant une direction N. E. - S. O. L'auteur a remarqué que certains de ces filons, en traversant les schistes, leur donnaient l'aspect de vrais gneiss, avec cristaux de peroxyde de fer et de grenat présentant la forme dodécaédrique.

Il semble que l'auteur rapporte au terrain silurien ces schistes et la grauwacke qui les recouvre.

La serpentine aurait métamorphisé les schistes talqueux et leur aurait donné un caractère cristallin; elle aurait exercé également, sur les calcaires paléozoïques, une certaine action par suite de laquelle toute trace de fossile aurait disparu. Cette serpentine, qui en plusieurs points recouvre les schistes micacés, aurait été traversée par des filons de quartz.

L'auteur signale la discordance qui existe entre les dépôts nummulitiques et les schistes anciens. Il a reconnu l'existence du terrain tertiaire supérieur dans la vallée du Guadalhorce; il a observé un niveau d'eau douce sous les marnes marines de los Tejares près Malaga. Enfin, il signale des dépôts pliocènes sur les côtes de la Méditerranée, notamment dans les environs d'Estepona, où apparaissent, sous des sables coquilliers, des couches d'eau douce.

1852. De Verneuil et Collomb. *Coup d'œil sur la constitution géologique de quelques provinces de l'Espagne.* (Bull. Soc. géol. de France, 2e série, t. X, p. 61.)

Les roches schisteuses autres que le gneiss et les micaschistes appartiendraient aux terrains silurien, dévonien et carbonifère, sans que les auteurs indiquent les raisons sur lesquelles ils s'appuient pour faire ces distinctions.

A l'époque miocène, la serrania de Ronda et la sierra Nevada auraient formé une île ou une presqu'île; la mer aurait pénétré en Andalousie par le golfe du Guadalquivir et se serait avancée ainsi jusqu'à Grenade Ce seraient les calcaires rouges ammonitifères de la sierra d'Antequera qui, en se prolongeant jusqu'à Gibraltar, formeraient la serrania de Ronda.

Les auteurs ont constaté qu'il y avait discordance entre les dépôts paléozoïques et triasiques, entre le trias et le terrain jurassique, entre le terrain nummulitique et le terrain miocène, enfin entre ce dernier terrain et le terrain pliocène.

1853. De Verneuil. *Notice sur la structure géologique de l'Espagne.*

Ce travail ne renferme aucune donnée nouvelle sur la région que nous avons étudiée; c'est un résumé des travaux antérieurs.

1854. Scharenberg. *Bemerkungen über die geognostischen Verhältnisse der Südküste von Andalusien.* (Zeitschr. der Deutschen geol. Gesell., p. 578.)

Les grès et les marnes avec gypse des environs de Malaga appartiendraient au trias. D'après l'auteur, ce dernier terrain aurait formé couronne autour de la sierra Nevada; il en aurait été de même pour le tertiaire. Cette dernière opinion est une erreur qui provient de ce que Scharenberg a confondu le pliocène des côtes avec les dépôts miocènes de la vallée du Guadalquivir et d'Alhama.

Les dépôts pliocènes de los Tejares, près Malaga, ont été étudiés avec très grand soin par l'auteur, qui donne une liste des fossiles qu'il y a trouvés (voir plus haut, p. 233). Il identifie ces dépôts aux marnes subapennines et note la discordance de stratification qui existe entre les argiles de Malaga et le tertiaire d'eau douce sous-jacent. Il fait remarquer que les terrains tertiaires se sont déposés dans des bassins distincts les uns des autres, qui ont été formés par des ramifications dirigées vers le sud et partant de la chaîne de montagnes qui constitue la sierra Nevada et la serrania de Ronda.

Pour l'auteur, il y aurait encore, au milieu du bassin de Malaga, des dépôts postérieurs au tertiaire; on verrait aussi à l'embouchure du Guadalhorce des traces des incursions récentes de la mer. Des brèches calcaires et des tufs de formation actuelle s'observent sur les bords de la mer.

Scharenberg ne se prononce pas sur l'exhaussement de la partie occidentale de la Méditerranée; pour lui, l'étude de cette question n'était pas suffisamment avancée.

1855. De Verneuil, Collomb et de Lorière. *Note sur les progrès de la géologie en Espagne pendant l'année 1854.* (Caen.)

Cette note ne signale aucun fait nouveau relatif à la géologie de la région qui nous occupe.

IMPRIMERIE NATIONALE.

1857. De Verneuil et Collomb. *Géologie du sud-est de l'Espagne. Résum succinct d'une excursion en Murcie et sur la frontière d'Andalousi*

Dans cette étude, il n'y a aucun fait nouveau; mais les auteu y exposent leur opinion que les grès, les marnes rouges et le calcaires du trias peuvent, par métamorphisme, se transformer e schistes satinés, en schistes siliceux, en quartzites et en calcaire magnésiens ou saccharoïdes.

1857. Ansted. *On the Geology of Malaga and the southern part of Andalusi* (Quart. Journ. of the Geol. Society, p. 585.)

Dans ce travail, de beaucoup supérieur à tous ceux qui l'o précédé, l'auteur fait ressortir les points essentiels de la strat graphie des environs de Malaga; il étudie avec soin la positio respective et la constitution des schistes micacés, des schist chloriteux et des schistes argileux. Ces derniers, qui finissent p prédominer, paraissent être moins anciens que les deux autres e pèces de schistes; enfin les grauwackes sont encore moins a ciennes. Aucune trace de fossiles n'a permis à l'auteur de déte miner l'âge de ces différentes couches; mais, pour lui, c'est à période la plus ancienne qu'il faut les rapporter. Ansted est bea coup plus réservé en ce qui concerne l'âge des calcaires qui se re contrent en lambeaux sur les schistes métamorphiques; il n'o les rapporter à aucun terrain.

La seule roche éruptive citée par l'auteur comme traversant cet série de schistes est la serpentine; le plus bel exemple qu'il donne est celui de la sierra Bermeja.

Dans les environs immédiats de Malaga se voit un calcaire no magnésien que l'auteur rapporte au permien. Il est accompag de grès et conglomérats rouges caractéristiques de ce dernier te rain; mais on n'y a jamais trouvé de fossiles qui pussent fixer position dans la série géologique.

Toute une série de grès et de marnes avec gypse appartient

trias. Des fragments de végétaux ont permis de déterminer leur âge avec certitude.

Pour Ansted, la dolomie blanche de la sierra de Mijas, ainsi que celle qui se rencontre dans les environs de Marbella, n'est autre que le calcaire jurassique qui se voit à Gibraltar, mais métamorphisé par la serpentine.

Les dépôts nummulitiques des environs de Malaga ont souvent l'aspect de marbres oolithiques; cela tient à la prédominance des alvéolines dans ces calcaires. Ces marbres et les autres calcaires nummulitiques reposent quelquefois sur les schistes anciens; mais, le plus généralement, c'est sur le terrain jurassique qu'on les observe.

Le niveau inférieur des dépôts pliocènes est formé par les argiles bleues qui apparaissent dans les environs immédiats de Malaga, en particulier à los Tejares. Ces argiles sont très fossilifères, et l'auteur donne une liste de toutes les espèces qu'il y a trouvées. (Voir plus haut, p. 234.) Dessus reposent des marnes plus ou moins sableuses, selon les localités, très riches en fossiles; mais ce sont d'autres espèces que celles des argiles bleues. Près de Malaga, on a rencontré dans ces derniers dépôts des ossements de mammifères terrestres, des coquilles d'eau douce, etc.

Les dépôts pliocènes sont très nombreux le long de la côte de la Méditerranée; ils sont isolés les uns des autres, mais autrefois ils devaient former une vraie bordure.

On voit encore des tufs calcaires couvrant les terrains tertiaires et secondaires; ils renferment quelques coquilles marines. L'altitude maxima qu'atteignent ces tufs est de quarante pieds (12 mètres environ) au-dessus du niveau de la mer. Parfois des graviers marins reposent dessus. Pour Ansted, il ne semble pas douteux que les rivages n'aient été exhaussés en certains points, et ce mouvement ascensionnel aurait atteint 40 pieds.

1864. De Verneuil et Collomb. *Carte géologique de l'Espagne et du Portuga* (Paris.)

Cette carte donne une idée assez exacte de la constitution géo logique de la région que nous avons étudiée. Entre Fuengirola Marbella et Alayate apparaissent les terrains métamorphiques qu traversent des pointements de serpentine et de diorite. Le tria des environs de Malaga y est figuré, ainsi que la bande jurassiqu qui fait suite à la sierra de Abdalajis; enfin les bassins tertiaire de Malaga et de Ronda, ainsi que le lambeau pliocène de Marbell sont signalés, mais les auteurs n'ont malheureusement pas dis tingué les uns des autres ces dépôts tertiaires d'âges différents e ils les ont tous représentés sous la même couleur et sous la mêm lettre.

1868. De Verneuil et Collomb. *Carte géologique de l'Espagne et du Portuga* (2e édition.)

Dans cette seconde édition, la carte de la région qui nous inté resse n'a subi aucune modification.

1869. De Verneuil et Collomb. *Explication de la Carte géologique de l'E pagne.* (2e édition.)

Les terrains anciens n'ont pas fourni aux auteurs les matériau nécessaires à une nouvelle classification; cependant ils mentionner pour la première fois, dans leurs travaux, la présence du terrai permien; mais il est vrai que c'est plutôt pour exprimer quelqu doute relativement à son existence. L'absence de fossiles ne perm pas d'affirmer sa présence en Andalousie; par contre, le grès d Vosges se verrait à la base du trias. Il est probable que ce sont le conglomérats rouges du permien moyen que les auteurs ont ra portés à ce niveau.

De Verneuil et Collomb indiquent des pointements d'ophite e de diorite au milieu du trias.

La grande bande jurassique qui s'étend de Murcie jusqu'à

serrania de Ronda attire tout particulièrement l'attention de ces auteurs. Ils notent aussi, comme un fait très important, que le terrain nummulitique se trouve toujours à une certaine distance des côtes, tandis que le miocène et le pliocène se rencontrent, au contraire, dans le voisinage de celles-ci.

1874. J. Macpherson. *Memoria sobre la estructura de la serrania de Ronda.*

C'est le premier travail ayant trait exclusivement à la serrania de Ronda; et il a, pour ainsi dire, épuisé la question.

L'étude de M. Macpherson se divise en trois parties : dans la première, l'auteur fait une description orographique et géologique de la serrania de Ronda; dans la seconde, il traite des roches qui constituent ce massif; enfin, dans la troisième, il expose les différents accidents qui ont donné à cette région son relief actuel. Ce travail est si important que nous croyons devoir y renvoyer le lecteur, l'analyse que nous en donnons étant forcément très succincte.

Dans notre travail, nous avons exposé les principales relations qui existent entre la configuration du sol et sa constitution géologique. Nos observations ayant été d'accord avec celles de M. Macpherson, pour éviter une répétition, nous n'analyserons pas la première partie, d'ailleurs la moins importante, de son étude.

Voici les principaux faits relatés dans la deuxième partie :

Le centre de la serrania de Ronda est constitué par une masse de serpentine, se chargeant tantôt de diallage, tantôt de mica noir. La structure en est parfois schisteuse; peut-être en est-il ainsi par suite des dislocations postérieures à l'époque tertiaire; d'ailleurs, c'est une roche fréquemment altérée. Il semble aussi qu'il y ait une certaine relation entre cette serpentine et les émanations métallifères de la région.

Dans la sierra Parota, l'auteur a trouvé, enclavés dans la serpentine, des fragments non altérés d'une roche présentant de grandes analogies avec la dunite de la Nouvelle-Zélande; il en conclut que c'est la roche fondamentale d'où la serpentine provient par mét morphisme.

Toutes les roches autres que la serpentine constituent tro groupes : le premier est formé de roches gneissiques et granitique le second comprend des schistes micacés, des alternances de schist argileux et de calcaires paléozoïques; enfin le troisième groupe co respond à une série de calcaires et de dolomies jurassiques av grès triasiques subordonnés. Les deux premiers groupes sont in mement liés entre eux, et le premier repose presque toujours s les bords du massif de serpentine. Ce contact s'observe sur u bande de terrains anciens parallèle à la sierra Blanca, au S. O. d' tan et dans la région dite las Chapas de Marbella, qui se trou dans le voisinage de la masse de serpentine constituant la sier de la Alpujata. En approchant de la serpentine, les éléments ces roches sont altérés, surtout le mica, et elles sont remplies petits cristaux verts. Les gneiss sont parfois amphiboliques; parf aussi ils se chargent de grenat.

Les terrains paléozoïques forment une bande s'étendant tout long de la côte, depuis Estepona jusque dans la plaine de Malag en longeant le versant méridional de la sierra de Mijas ou Blan On y reconnaît des schistes micacés et talqueux, puis des schist satinés très épais, fréquemment maclifères, alternant quelquef avec des calcaires noirs ou bleus. Par analogie avec la série palé zoïque de la sierra Morena, M. Macpherson est porté à en fai des dépôts siluriens. Tous ces dépôts sont traversés par des filo de quartz affectant toutes les directions, mais plus spécialem celle O. N. O.-E. S. E. Au sud de la sierra de Mijas, cette série traversée par des filons de diorite dont le plus puissant apparaît sud de Benalmadena.

Le troisième groupe commence par le trias, qui présente à base, en stratification discordante avec les terrains paléozoïqu un conglomérat dont les éléments constitutifs proviennent des d pôts sous-jacents; puis ce sont des grès assez épais, n'ayant jam qu'une faible extension. Ce trias forme une bande allant du

Verde à Torre-Ladrones; on en voit encore des lambeaux sur les dépôts paléozoïques de la plaine de Malaga; là on y a trouvé quelques végétaux, notamment l'*Equisetum columnare.* L'épaisseur moyenne des grès du trias est de 30 mètres. Sur ces grès reposent des marnes schisteuses de couleurs vives, au milieu desquelles on rencontre des calcaires caverneux de couleur blanche et contenant du gypse.

De la position relative des différents terrains, l'auteur conclut qu'il y a eu un premier exhaussement du sol avant la période triasique; à partir de cette dernière époque, la région commence à s'affaisser; la mer y fut d'abord peu profonde (conglomérat du trias); puis, à mesure que la mer gagna en profondeur, les sédiments passèrent des sables aux marnes et des marnes aux calcaires. Avec ces calcaires commence la période jurassique; ils correspondent à des sédiments de mer profonde et leur épaisseur donne une idée de la longue durée pendant laquelle ils se sont déposés. On peut y faire deux divisions, dont l'une représente le lias; la deuxième est constituée par des marnes et des calcaires très schisteux dans lesquels on n'a trouvé aucun fossile qui permît de déterminer leur âge. Toute cette série jurassique est, partout où on la rencontre, extrêmement puissante, et présente une extension considérable. Elle forme la grande bande qui s'étend de la vallée de Burgo jusqu'à celle du Guadiaro.

La serpentine, à son contact immédiat, aurait transformé les calcaires jurassiques en dolomie saccharoïde; d'ailleurs, en plusieurs points, les actions métamorphiques se seraient fait sentir à de très grandes distances de la roche éruptive.

Sur les dépôts jurassiques apparaît la série tertiaire, dans laquelle on peut faire deux divisions. Le groupe inférieur, qui représente une partie du terrain éocène, est en discordance complète avec les dépôts supérieurs, qui appartiennent aux terrains miocène et pliocène. Les premiers ont été profondément disloqués, tandis que les seconds se rencontrent, jusqu'à une altitude de 1,000 mètres audessus de la mer, presque toujours horizontaux.

Le groupe inférieur, qui forme une bande longeant la serpentine, est constitué par des sables jaunes et par des calcaires renfermant de nombreuses nummulites.

La présence de dépôts nummulitiques sur la serpentine, à une altitude de 1,300 mètres, d'un côté du massif, tandis qu'ils se trouvent au niveau de la mer sur l'autre versant, indique que, depuis l'éruption de la serpentine, cette masse a subi de grandes dislocations.

Sur le terrain nummulitique, disloqué et pincé dans de grandes failles, reposent des calcaires, des argiles et des conglomérats du groupe supérieur qui se relient aux dépôts de la plaine de Malaga. Ces différences dans la nature des sédiments indiquent de nombreuses oscillations durant la fin de la période tertiaire. Depuis l'époque pliocène, la structure de la serrania de Ronda ne sembl pas avoir subi de changement notable.

Les principaux accidents que M. Macpherson signale dans l dernière partie de son travail sont les suivants :

Une grande faille dirigée O.S.O.-E.N.E. semble avoir jou un rôle des plus importants dans la structure de la région étu diée. C'est elle qui, dans la vallée de Burgo, met les schistes mi cacés en contact avec le terrain jurassique; elle limite à l'est l grand massif jurassique qui borde la serrania de Ronda.

La sierra Blanquilla est due à une série de failles, tandis qu les sierras de la Nieve et de Tolox correspondent à un grand p synclinal.

De l'étude des différentes régions qui constituent la serrania d Ronda, M. Macpherson croit pouvoir conclure que la serpentin est venue au jour à une époque comprise entre la fin de la périod jurassique et le commencement de la période tertiaire. Ce sont l phénomènes dont cette éruption a été accompagnée qui ont exer la plus grande influence sur le relief actuel de la partie que no avons étudiée.

La plaine de Malaga doit sa forme semi-circulaire à la bifurc tion que présente vers l'est la masse de serpentine, ainsi qu'à u série de failles échelonnées dans la partie méridionale de cette même plaine et qui datent de l'éruption de cette roche.

A l'époque des dépôts nummulitiques, le sol de la serrania de Ronda s'affaissa et les sierras jurassiques commencèrent à se dessiner sous forme d'îlots. Durant l'époque miocène, la mer continua son action destructive sur les calcaires jurassiques et produisit ainsi de nouvelles modifications dans le relief du sol.

La dislocation postnummulitique paraît s'être produite sans avoir donné lieu à un changement de direction dans l'allure des couches; elle doit correspondre à la réouverture des failles qui s'étaient produites lors de l'éruption de la serpentine. De ce mouvement du sol résulta une différence marquée dans la nature des sédiments des horizons inférieurs et supérieurs du terrain tertiaire. Les premiers, en effet, semblent correspondre à des dépôts de mers relativement profondes, tandis qu'à l'époque miocène ils deviennent littoraux.

A la fin de la période tertiaire, de nombreuses oscillations se produisirent dans la plaine de Malaga; de là est résultée une série de dépôts marins et lacustres. Ces oscillations aboutirent au retrait graduel des eaux et, lors de l'époque pliocène, la mer n'occupa plus que les bords de la serrania actuelle.

Ces soulèvements sont dus à une action latérale exercée sur un massif s'appuyant sur une roche résistante, qui était la serpentine; il en est résulté des plissements parallèles entre eux, dont l'amplitude va en diminuant jusqu'à la vallée du Guadalquivir, tandis que, là où se produisit la plus grande résistance, eut lieu un mouvement ascensionnel de toute une partie du pays à plus de 1,000 mètres au-dessus de la mer.

En résumé, la serrania de Ronda comprend trois régions. Au centre, c'est un massif de serpentine qui a exercé une influence prépondérante sur toute cette partie de l'Andalousie, en agissant directement ou indirectement sur les terrains stratifiés qui la bordent. La seconde région est formée par le massif jurassique soulevé lors de l'éruption de la serpentine et démantelé postérieurement

IMPRIMERIE NATIONALE.

par les mers tertiaires; ce massif est coupé en tronçons qui constituent autant de sierras entre lesquelles ont pénétré les dépôts éocènes et miocènes. Enfin la troisième région descend vers la plaine du Guadalquivir, et elle est constituée par des collines presque exclusivement tertiaires.

1874. Domingo de Orueta. *Los barros de los Tejares.* (Actas de la Sociedad malagueña de ciencias fisicas y naturales.)

L'auteur fait une monographie complète du gisement de los Tejares, près Malaga. Il y reconnaît, sous des alluvions modernes les deux niveaux déjà cités par Ansted. A la partie supérieure, ce sont des sables et des graviers ayant une épaisseur variable par suite de dénudations; le maximum est d'environ 9 mètres. Ces sables passent inférieurement aux marnes vertes qui ont rendu célèbre ce gisement. Il y a concordance de stratification entre ces deux dépôts.

L'assise supérieure présente des amas de fossiles, constitué tantôt par des débris d'animaux terrestres, tantôt par des animaux marins; ces derniers sont surtout des mollusques parmi lesquel les bivalves prédominent.

M. de Orueta ne partage pas l'opinion d'Ansted, pour qui le niveau supérieur correspondrait à un dépôt d'estuaire; il admettrait plutôt que ce facies provient d'oscillations du sol dans le voisinage de l'embouchure d'un fleuve.

Dans cette assise se voient deux zones peu étendues, renfermant des fragments de calcaire oolithique, de grauwacke, et surtout des restes de mollusques. L'auteur pense que ces débris proviennent de dépôts antérieurs, qui auraient été démantelés, puis transportés par un fleuve. C'est pour lui la seule manière d'expliquer l'aspect ancien de la faune qui accompagne ces conglomérats.

Les marnes vertes du niveau inférieur renferment une faune purement marine; les fossiles y forment des groupes isolés, composés d'exemplaires d'une même espèce. On y rencontre aussi quelques cônes et des morceaux de bois de conifères, ce qui indiquerait l'existence d'un rivage à proximité.

Ces marnes renferment un très grand nombre de foraminifères; l'étude de ces derniers a conduit Carpenter à les assimiler à des espèces caractéristiques des dépôts miocènes du bassin de Vienne. Les fossiles recueillis par de Verneuil, dans ces mêmes couches de los Tejares, ont présenté à M. de Orueta une proportion de 80 p. 100 d'espèces appartenant au miocène supérieur; les fossiles que lui-même y a trouvés lui ont donné une proportion de 81,25 p. 100. De plus, quelques-uns d'entre eux sont caractéristiques du miocène supérieur. L'auteur se croit donc en droit de dire que, contrairement à l'opinion généralement admise, les marnes vertes de los Tejares appartiennent au miocène supérieur. (Voir p. 236.)

Ce n'est pas seulement une différence dans la constitution pétrologique des deux niveaux de cette localité qui permet de les distinguer; c'est encore, et surtout, leur faune respective. Dans les marnes, les gastéropodes prédominent; les types auxquels on peut les rapporter sont, pour la plupart, éteints, ou vivent encore actuellement dans les mers tropicales; dans le niveau supérieur, on trouve surtout des espèces vivant dans la Méditerranée ou des espèces caractéristiques du néo-pliocène de Palerme; les rares fragments de vertébrés qui y ont été rencontrés appartenaient à cette dernière période. Aussi M. de Orueta n'hésite-t-il pas à classer ce niveau supérieur dans le pliocène.

1875. Macpherson. *Breves apuntes acerca del origen peridotico de la serpentina de la serrania de Ronda.* (Anales de la Sociedad española de Historia natural, t. IV, p. 1.)

L'auteur fait une étude complète des roches qui constituent le grand massif serpentineux de la serrania de Ronda. Il passe en revue les caractères physiques et minéralogiques de cette serpentine. C'est une roche analogue à la dunite de la Nouvelle-Zélande, signalée par M. de Hochstetter dans des gisements analogues.

Depuis quelques années, on a démontré l'origine péridotique de la majeure partie des serpentines. M. Macpherson tire une nouvelle preuve, à l'appui de cette théorie, de la composition chimique, qui conduit à admettre que la serpentine est due à une simple hydr tation du péridot. Mais c'est le microscope qui permet le mie de constater ce métamorphisme et de s'en rendre compte. On voi dans les roches de la serrania de Ronda, le péridot et la matiè serpentineuse juxtaposés sans qu'il y ait passage de l'un à l'autr mais la serpentine renferme des cristaux de spinelle chromifè et de picotite qui forment des inclusions fréquentes dans l'olivin de plus, la matière serpentineuse présente, au milieu de ses rami cations, une substance noire et opaque qui semble êtredu fer m gnétique et qui provient de la décompositon du péridot. La tran formation du péridot en serpentine a dû se faire sous l'influen d'un agent étranger, qui aura pu pénétrer jusqu'au cœur de roche par les fissures qui s'y étaient produites.

L'auteur distingue deux sortes de serpentine. Dans l'une, la m tière serpentineuse forme de grandes traînées ayant une directi sensiblement constante; dans l'autre, on constate la présence ramifications de cette même matière. La seconde correspondrai un état plus avancé d'altération, celui dans lequel de petites ran fications transversales sont venues relier entre elles les grand traînées. A la limite, on arrive à la structure concentrique. La se pentinisation totale d'une roche serait donc due à des actions s cessives et non simultanées.

Les actions de métamorphisme seraient très sensibles dans voisinage des serpentines. Les schistes anciens, pénétrés par c roches, présenteraient de grandes bandes d'enstatite; dans le gr nite, en contact, le mica deviendrait vert, ou bien encore toute roche serait imprégnée d'une substance verte très riche en m gnésie; enfin les calcaires secondaires auraient été modifiés et seraient transformés graduellement en dolomies saccharoïdes q forment de si grandes masses dans la région étudiée. Depu M. Macpherson a changé d'opinion. (Voir p. 372.)

1875. Domingo de Orueta. *Bosquejo geológico de la parte Sud Oeste de la provincia de Malaga.* (Actas de la Sociedad malagueña de ciencias fisicas y naturales.)

Les gneiss et les micaschistes ne se rencontrent que dans las Chapas de Marbella, où ils sont traversés par des dykes de granite et de diorite.

Les schistes talqueux, qui forment le soubassement de la sierra de Tolox, sont très probablement des schistes primitifs. Ce sont les mêmes qui, avec des schistes micacés, constituent la base du versant méridional de la sierra de Abdalajis. Ils ont une direction N. E.-S. O., qui est, du reste, celle de la plupart des accidents de cette région.

Les dolomies saccharoïdes, qui ont été ployées lors de l'éruption de la serpentine, forment, en partie, la sierra de Tolox et les chaînes qui en partent; elles forment également, en partie, les sierras de Marbella et de Coin. Cette dernière, aussi bien que les sierras de Guaro et de Tolox, est constituée en grande partie par un pointement de terrains anciens au milieu des dépôts tertiaires.

Le trias, peu développé d'ailleurs, n'existe qu'à l'état de lambeaux, jalonnés suivant une direction E. S. E.; c'est la direction d'une grande faille qui va de l'extrémité de la sierra del Real del Duque jusqu'au sud de las Chapas de Marbella et un peu à l'ouest de Torre-Ladrones.

Les terrains jurassiques sont très développés et forment plusieurs chaînes de montagnes. La cordillère de Caparain, qui sépare le bassin du rio Turon de la plaine de Malaga, est constituée par des calcaires jurassiques de différentes époques. Cette chaîne, qui se prolonge vers le N. E., est interrompue, au niveau de Caratraca, par une vallée dans laquelle apparaissent les dépôts nummulitiques. Mais, plus au nord, elle forme un massif que coupe la ligne du chemin de fer de Bobadilla à Malaga, dans la partie de son parcours où elle est parallèle au tajo de Gaetan. Là se trouvent, d'après les nombreux fossiles qui y ont été rencontrés, des dépôts jurassiques et tithoniques. (Voir le travail de MM. Bertrand et Kilian.) Ce sont encore les calcaires jurassiques qui constituent la chaîne de Cañete, ainsi que les montagnes de Teba et de Peñarubia. Certaines roches dolomitiques situées au S. E. de los Reales appartiennent très probablement aux terrains jurassiques; elles recouvrent immédiatement le trias.

Le terrain crétacé ne serait représenté que par des marnes blanches et roses, qui se rencontrent dans la sierra de Casarabonela, dans les vallées du rio Turon et du Guadiaro. Ces marnes forment une grande bande ayant une direction N. E.-S. O. et couvrent une grande surface dans la région considérée.

La serpentine aurait traversé le jurassique et le crétacé, en soulevant et en ployant ces dépôts, de chaque côté du massif qu'elle constitue. Il en résulte que le jurassique, le crétacé et la serpentine ont la même direction. C'est pour M. de Orueta la preuve de la postériorité de la serpentine aux dépôts secondaires. D'autre part, la roche éruptive étant parfois recouverte par les dépôts tertiaires, M. de Orueta place son apparition avant la période tertiaire.

La mer nummulitique a pénétré au milieu des vallées creusées dans les marnes crétacées des sierras de Cuevas et de Cañete, et dans celles de la vallée du Guadiaro. Ses dépôts apparaissent encore au pied de la sierra Blanquilla et de la sierra de la Gialda sur les bords de la Méditerranée; près d'Estepona, ils sont recouverts par le tertiaire supérieur.

Les dépôts miocènes forment la plaine fertile qui entoure la ville de Ronda. M. de Orueta fait remarquer qu'à 10 ou 12 kilomètres N. N. O. de Ronda, ils atteignent une altitude de 1,021 mètres. Par contre, les dépôts du tertiaire supérieur apparaissent en un certain nombre de points sur la côte de la Méditerranée; leur disposition montre que les contours de la mer pliocène différaient peu de ceux de la Méditerranée actuelle. Les grands mouvements du sol semblent donc s'être produits encore à l'époque miocène; depuis, la région sud-ouest de l'Andalousie n'a éprouvé que de faibles oscillations.

1876. Francisco Madrid d'Avila. *Pozo artesiano de la plaza de la Victoria de Malaga.* (Boletin de la Comision del mapa geológico de España.)

Cet article n'est que le résumé des travaux antérieurs sur la constitution du sol des environs de Malaga; il renferme quelques renseignements nouveaux sur l'épaisseur des marnes bleues du terrain pliocène de los Tejares.

1877. Domingo de Orueta. *Bosquejo geológico de la region septentrionale de la provincia de Malaga.* (Boletin de la Comision del mapa geológico de España.)

C'est surtout une étude sur les régions d'Archidona, d'Antequera et de Campillos; cependant l'auteur expose, incidemment, son opinion sur les dépôts que traverse le rio Campanillas, dépôts situés à 12 kilomètres est de Malaga. On y trouve une série de roches rappelant, par leurs caractères minéralogiques, le *new red sandstone* d'Angleterre. Cette analogie ne suffirait pas pour fixer l'âge de ces dépôts; mais ils sont compris entre des roches jurassiques et des calcaires magnésiens appartenant très probablement au terrain permien. On y a rencontré, dans les environs de Malaga, de nombreux fragments d'*Equisetum columnare;* si cette série ne correspond pas à tout le trias, il est, en tout cas, fort probable que le keuper y est bien représenté.

M. de Orueta assimile, avec raison, les terrains anciens des environs de Colmenar à ceux des environs de Malaga.

Puis l'auteur montre les relations qui existent entre les principaux accidents géologiques de la région du S. O. de la province de Malaga et ceux de la région septentrionale de cette même province. Là encore les massifs de serpentine ont influé sur la direction des failles et des plissements.

1879. Macpherson. *Descripcion de algunas rocas que se encuentran en la serrania de Ronda.* (Anales de la Soc. esp. de Hist. nat., t. VIII.)

L'auteur signale dans les environs d'Istan des gneiss granitoïdes percés par des filons de granulite à grains fins. La roche stratifiée est très riche en feldspath; on y reconnaît l'andalousite, le mica noir en fragments avec petits cristaux d'apatite, le mica blanc et la sillimanite; ce dernier minéral est cité avec doute.

Dans le massif de las Chapas de Marbella, les gneiss sont moins granitoïdes que dans la région précédente. Ils renferment une grande quantité de mica noir; le feldspath y forme de grands cristaux, mais l'andalousite ne s'y rencontre plus. C'est dans cette même région que M. Macpherson a cité un granite tourmalinifère qui n'est autre qu'une granulite. Cette roche éruptive est constituée par de l'orthose associé à du quartz à structure pegmatoïde; quelquefois on y trouve un feldspath triclinique. Les autres éléments constitutifs sont le mica blanc, le mica noir, la tourmaline en grande abondance et l'andalousite. Près de Fuengirola se rencontre une granulite analogue, mais qui renferme en plus du grenat almandin.

A la source du rio de Fuengirola, sur le chemin de las Chapas de Marbella à Mijas, existent des roches gneissiformes renfermant de beaux grenats almandins, de l'andalousite, du graphite, de l'hématite rouge, de petits fragments de spinelle ferrifère, du rutile, quelques rares cristaux mal définis de feldspath, peut-être aussi quelques cristaux de zircon.

Les schistes qui se trouvent en contact avec les dolomies du cerro del Alcohol sont traversés par des filons de diabase. Cette dernière roche est constituée par de grands cristaux de labrador et des fragments de pyroxène en partie transformé en amphibole, en actinote et en chlorite.

Les norites des environs d'Istan présentent de grands cristaux de feldspath plagioclase, de l'enstatite en partie chloritisée ou serpentinisée et du fer magnétique; mais on n'y voit pas d'olivine.

M. Macpherson, ainsi qu'il l'a déjà exposé dans un travail précédemment analysé (voir p. 363), attribue la formation des massifs de serpentine à la décomposition de péridotites dont on trouve encore quelques fragments empâtés dans la masse de serpentine qui s'étend de Tolox à Manilba.

Ces péridotites se rapportent à trois types :

1° Celles dans lesquelles le péridot prédomine; elles correspondent à la dunite de la Nouvelle-Zélande, décrite par Hochstetter;

2° Celles dans lesquelles sont associés le diopside chromifère, l'enstatite et le péridot; c'est le type lherzolite;

3° Enfin, celles dans lesquelles se rencontrent le pyroxène et le péridot avec grandes plages de pléonaste.

La dunite de couleur gris-vert contient, outre le péridot, de petits grains de picotite. Au microscope, on y reconnaît des grains de péridot, dont le diamètre varie de 1/10 à 5/1000 de millimètre. Les plus gros cristaux de péridot atteignent 1 millimètre de diamètre. Dans les gros fragments de péridot on observe un striage longitudinal dû très probablement à une macle. Il y a encore dans cette roche quelques grains que l'auteur rapporte avec doute à un feldspath basique.

Les lherzolites ont une coloration vert clair qui est due à la couleur vert-émeraude du diopside chromifère. Ce minéral présente une macle bien nette qui lui donne une structure fibreuse. Au microscope, il est légèrement dichroïque. Le péridot y est plus brillant que dans les lherzolites de Lherz; l'enstatite s'y montre avec une macle dominante et une structure fibreuse.

Dans la troisième sorte de péridotite d'où dérivent les serpentines, le péridot se rencontre en gros et en petits grains comme dans la dunite. Le pyroxène y est rhombique. On y trouve encore de l'enstatite et des grains noirs opaques qu'on peut rapporter au fer chromé.

Des schistes micacés inférieurs aux dolomies blanches affleurent, au point nommé los Llanos de Juanar, par suite de la rupture de la clef de voûte d'un pli anticlinal. Au milieu de ces schistes

IMPRIMERIE NATIONALE.

et correspondant à l'axe du pli anticlinal, se voient des bancs d'enstatite de couleur blanc-rosâtre, onctueuse au toucher et de structure fibreuse. On y reconnaît encore d'innombrables cristaux de rutile et un minéral isotrope de contours irréguliers qu'il faut rapporter très probablement au grenat. Le gisement de minéraux paraît être celui des amphibolites à pargasite et à humite que nous avons étudié au même endroit; il est vraisemblable que M. Macpherson a attribué à l'enstatite les cristaux de pargasite.

Dans les environs de Real del Duque, les schistes à chiastolite sont bien développés.

1879. Fed. de Botella y de Hornos. *Mapa geológico de España y Portugal.* (Madrid.)

La masse de serpentine de la sierra Bermeja se distingue très bien sur cette carte. L'auteur a figuré, avec raison, dans le massif qui nous intéresse, de nombreux lambeaux de grès permiens, qu'il rapporte d'ailleurs aux grès bigarrés. La distinction entre le pliocène de Marbella et le miocène de Ronda est établie très nettement.

1881. Macpherson. *Relacion entre las formas orográficas y la constitucion geológica de la serrania de Ronda.*

La serrania de Ronda est de forme trapézoïdale. Ce qui la distingue des autres régions de l'Andalousie, c'est la présence, en son centre, d'une grande masse de serpentine, le long de laquelle s'alignent tous les accidents de ce massif montagneux, suivant deux directions faisant entre elles un angle aigu. Un autre caractère est tiré de ce fait que le versant méridional est à pente beaucoup plus rapide que le versant septentrional.

Toute la serrania de Ronda peut être considérée comme formée de trois régions. La première est montagneuse et constituée, d'une part, par un massif jurassique, et, de l'autre, par les terrains anciens avec la serpentine. Entre ces deux massifs existe une dépression qui prend le nom de vallée du Guadiaro, dans sa partie méridionale, et celui de vallée du Turon, dans sa partie septentrionale; cette dépression est sillonnée de plis et de fractures dont l'âge correspond à l'apparition des roches péridotiques. Le massif jurassique présente les crêtes les plus élevées; il se termine au tajo de Gaetan et sépare de la vallée du Genal le massif montagneux de la serrania de Ronda. Les schistes anciens constituent un pli colossal qui a reçu le nom de sierra de la Nieve, tandis que la serpentine forme une chaîne moins élevée dont les inflexions sont suivies par tous les sédiments qui constituent cette première région. C'est entre la côte et la masse de serpentine que se dresse le massif dolomitique de la sierra Blanca. Contre cette chaîne, qui correspond à un grand pli anticlinal, viennent buter par failles des gneiss et des roches granitiques.

Les contreforts partant de cette première région et descendant vers la Méditerranée forment la deuxième région. Elle est constituée par de la serpentine ou des dépôts stratifiés que les eaux ont ravinés dans une direction sensiblement perpendiculaire à celle de la chaîne principale.

Au nord de Marbella, à partir du dernier de ces contreforts, il y a une succession de sierras échelonnées parallèlement à l'une ou à l'autre des deux directions principales de montagnes; elles enserrent entre elles, comme dans une enceinte semi-circulaire, la plaine de Malaga. C'est la troisième région naturelle de la serrania de Ronda.

L'auteur passe ensuite à l'examen de chaque région, au point de vue de la relation qui existe entre sa constitution géologique et son orographie. Nous ne le suivrons pas dans cette étude; nous nous contenterons d'exposer les conclusions auxquelles il arrive. Après un examen minutieux des deux premières régions, il conclut que les formes orographiques dépendent, non seulement de l'action constante de désagrégation qu'exerce l'atmosphère, mais encore de la disposition et surtout de la différence de constitution des matériaux soumis à cette action.

Quant à la forme de la plaine de Malaga, elle résulte de la manière dont les roches péridotiques sont venues au jour; celles-ci, en effet, ont apparu par suite de dislocations présentant les deux directions qui ont donné lieu à cette forme semi-circulaire.

Le facteur principal qui agit dans la formation des reliefs du sol est la constitution géologique des sédiments qui le composent. Ce fait est très frappant pour les dépôts miocènes de la plaine de Ronda. Ceux-ci sont constitués par des matériaux détritiques qui présentent, suivant leur composition, une résistance plus ou moins grande à l'action des eaux courantes; de là résulte une différence très sensible dans les reliefs d'une région dont les sédiments sont de même âge géologique.

M. Macpherson insiste encore sur certains faits fort intéressants, en partie cités par M. de Orueta dans l'ouvrage analysé p. 365, et relatifs à l'allure très différente de ce même terrain miocène, suivant les points où on l'étudie.

A Ronda et au tajo de Gaetan, les couches helvétiennes sont à une altitude d'environ 700 mètres et sensiblement horizontales, tandis que, dans les vallées du Guadalete et du Guadalquivir, à une altitude bien moindre, les mêmes dépôts sont fortement plissés.

1883. Macpherson. *Sucesion estratigráfica de los terrenos arcaicos.* (Anales de la Sociedad española de Historia natural, t. XII. Madrid.)

Nous avons pensé qu'il serait intéressant de reproduire ici la classification établie par M. Macpherson, car elle résulte de ses études en Andalousie et notamment dans la serrania de Ronda.

L'auteur établit dans le terrain primitif quatre grandes divisions qui sont les suivantes :

1° *Granite gneissique* et *gneiss glanduleux ;*

2° *Gneiss micacé* et *micaschistes.* Cette division comprend le gneiss granitoïde et la leptynite, les micaschistes à glaucophane et des quartzites ;

3° *Micaschistes* comprenant les talcites, les schistes micacés et les phyllites ;

4° *Quartzites.*

A la partie supérieure des niveaux 2 et 3, se rencontrent les amphibolites et les dolomies dont il a été question déjà plusieurs fois. Ce sont ces dolomies que l'auteur avait rangées antérieurement dans le jurassique.

Cet ordre est celui que M. Macpherson a reconnu dans tout le sud de l'Espagne; mais cette série n'est pas visible partout aussi complète que nous venons de l'énoncer.

1885. Michel Lévy et J. Bergeron. *Sur la constitution géologique de la serrania de Ronda.* (Comptes rendus Ac. des sc., séance du 20 avril.)

1886. Michel Lévy et J. Bergeron. *Sur les roches cristallophylliennes et archéennes de l'Andalousie occidentale.* (Comptes rendus Ac. des sc., séances des 15 et 22 mars.)

1886. S. Calderon. *Aperçu général du relief et régions géologiques de l'Espagne.* (Annuaire géologique universel du Dr Dagincourt, t. II, p. 155. Paris.)

L'auteur donne une excellente analyse des travaux qui ont paru sur l'Andalousie, mais il ne signale aucun fait nouveau.

1886. T. Taramelli e Gr. Mercalli. *I Terremoti Andalusi.* (Reale Accademia dei Lincei, anno CCLXXXIII.)

Dans leur étude de la serrania de Ronda, les auteurs ont donné une analyse des travaux de MM. Macpherson et de Orueta, sans y ajouter aucune observation personnelle. Cependant, à propos des serpentines, MM. Taramelli et Mercalli font remarquer que leur allure semblerait indiquer que ce sont des roches injectées. La bifurcation que présente vers l'est cette masse serpentineuse, et qui correspond aux deux directions principales des accidents de la serrania de Ronda, ne serait due qu'à la rencontre de deux plis, dont l'un serait dirigé N. E. et l'autre S. E. E., plis par lesquels la serpentine serait venue au jour.

Contrairement à l'opinion de M. Macpherson, les savants italiens n'admettent pas que la serpentine soit un produit d'altération d'une roche à péridot; dans ce cas, en effet, il devrait y avoir passage du péridot encore intact à la serpentine, ce qui n'est pas; de plus, dans les calcaires saccharoïdes en contact avec la serpentine, on trouve de l'olivine. Ce minéral aurait donc été introduit par une roche qui, à côté, devait altérer un puissant massif d'olivine; s'il y a eu des phénomènes de métamorphisme, il faut les considérer comme synchroniques de l'éruption de la roche ou immédiatement subséquents. Quant à l'influence de la serpentine sur les accidents généraux, les auteurs italiens semblent peu portés à y croire.

1887. J. Macpherson. *Sucesion estratigráfica de los terrenos arcaicos de España.* (Anales de la Sociedad española de Historia natural, t. XVI. Madrid.)

Dans ce travail, qui fait suite à celui qui a paru sous le même titre en 1883, M. Macpherson a étudié spécialement la série primitive de l'Andalousie.

Il y reconnaît les types suivants :

Gneiss glanduleux, dont un gisement se rencontre à las Chapas de Marbella.

Gneiss micacés à orthose ou à plagioclase prédominant, suivant les localités; avec intercalation de calcaire saccharoïde dans la sierra Blanquilla, au nord de Yunquera. C'est dans cette série de gneiss que rentrent les variétés à andalousite (environs d'Istan), à cordiérite ou à minéraux pinitoïdes qui proviennent de cette dernière espèce par altération (environs de Yunquera, d'Igualeja, puerto de la Robla, Real del Duque, etc.). M. Macpherson confirme ainsi la découverte que nous avons faite des gneiss à cordiérite de la région.

Schistes amphiboliques. Ces schistes, très développés dans las Chapas de Marbella, sont riches en grenat almandin, en andalousite et en pléonaste.

Schistes pyroxéniques. Ils sont constitués par une association d'amphibole, de pyroxène et de feldspath plagioclase. Ils se voient dans les environs de Coin.

Calcaires cristallins très riches en minéraux dus à des actions métamorphiques. Entre Marbella et Ojen, ils sont très développés et renferment surtout du péridot [1] et du spinelle.

Micaschistes, schistes micacés et charbonneux. A las Chapas de Marbella, ces schistes sont remplis de grenat et d'andalousite. D'ailleurs, les schistes à staurotide, à disthène (environs d'Igualeja), à andalousite et à fibrolite, sont très abondants dans toute la serrania de Ronda.

En Andalousie, il y a toujours passage des micaschistes aux schistes micacés et aux schistes charbonneux.

[1] Nous n'avons pas constaté la présence du péridot dans les dolomies entre Marbella et Ojen; par contre, on a vu que la humite, la chondrodite et la clino-humite y sont abondantes; les difficultés de diagnostic entre ces minéraux et le péridot expliquent peut-être la détermination de M. Macpherson.

ÉTUDES

SUR

LES TERRAINS SECONDAIRES ET TERTIAIRES

DANS

LES PROVINCES DE GRENADE ET DE MALAGA,

PAR

M. BERTRAND,

INGÉNIEUR DES MINES,

ET

M. KILIAN,

CHEF DES TRAVAUX PRATIQUES AU LABORATOIRE DE GÉOLOGIE
DE LA FACULTÉ DES SCIENCES DE PARIS.

INTRODUCTION.

Ce mémoire a pour but de rendre compte des observations géologiques poursuivies pendant les mois de février, mars et avril 1885, dans la bande des chaînes secondaires et tertiaires qui, entre Grenade et la ligne du chemin de fer de Malaga, sur 100 kilomètres environ, forment la bordure de la chaîne bétique. Nos recherches n'ont pas eu le résultat espéré de faire ressortir dans cette région des liens étroits entre les anciens mouvements du sol et les récents phénomènes sismiques, et notre seule ambition est d'apporter quelques documents nouveaux sur la géologie de cette partie de l'Andalousie.

Nous avions pour point de départ les excellentes études publiées par la Commission de la carte géologique d'Espagne. Ces études, qui paraissent au fur et à mesure de l'exploration des différentes provinces, sous le titre modeste de *Bosquejos,* formeront bientôt, par leur réunion, une carte géologique complète de l'Espagne, cadre et prélude nécessaires de la carte géologique

IMPRIMERIE NATIONALE.

détaillée, pour laquelle jusqu'à ce jour la base topographique précise aurait manqué en Espagne [1]. Nous avons pu vérifier, pour l'Andalousie, la valeur sérieuse et l'exactitude de ces premiers travaux, qui nous ont puissamment aidés à grouper nos observations et à nous rendre compte de la structure d'ensemble du pays.

La carte que nous joignons à ce mémoire est en grande partie le résultat de nos propres observations, mais a été complétée en beaucoup de points à l'aide des minutes au $\frac{1}{200\,000}$ que M. Fernandez de Castro, directeur du service de la carte géologique, a mises à la disposition de la Commission française avec une bienveillance et une libéralité dont nous ne saurions trop le remercier. Ces cartes sont le fruit des études poursuivies dans la région par M. Gonzalo y Tarin depuis la publication des mémoires relatifs aux provinces de Malaga [2] et de Grenade [3]. La nôtre en diffère surtout par l'extension beaucoup plus grande du crétacé, par la séparation du lias et du jurassique, et par les subdivisions introduites dans le bassin tertiaire de Grenade. Ces modifications nous ont semblé assez importantes pour que nous tenions à en accepter la responsabilité et à mettre sous notre nom une carte, indispensable pour l'intelligence de ce mémoire; mais nous devions signaler, en y insistant, les emprunts faits à des cartes encore inédites.

Au point de vue topographique, nous avons eu entre les mains les copies des relevés encore inédits, au $\frac{1}{200\,000}$, des provinces de Grenade et de Malaga, avec indication des reliefs pour la première. Nous prions M. le général Ibañez, qui nous a communiqué ces précieux documents, d'accepter l'expression de notre vive reconnaissance.

Les déterminations de fossiles ont été faites par M. Kilian au laboratoire de recherches de la Sorbonne, dirigé par M. Hébert. M. Munier-Chalmas a bien voulu, dans le cours de ce travail, lui

[1] La belle carte topographique au $\frac{1}{50\,000}$, commencée sous la direction du général Ibañez, ne comprend encore qu'une partie des provinces centrales de l'Espagne.

[2] Boletin de la Com. del mapa geol. de España, 1877.

[3] *Ibid.*, 1880.

prêter maintes fois le secours de sa haute expérience. Nous devons ajouter que des renseignements intéressants nous ont été fournis par M. le professeur S. Calderon, de Séville, et par notre regretté confrère, M. Fontannes; de plus, grâce à M. Douvillé, professeur à l'École des mines, nous avons pu consulter la collection de Verneuil, dont les nombreux matériaux ont complété en partie ceux que nous avions nous-mêmes rapportés d'Espagne.

INDEX BIBLIOGRAPHIQUE.

Nous donnons ici une liste des principales publications relatives à la géologie de la région dont nous allons esquisser la structure (E. de la province de Malaga et O. de la province de Grenade).

1823. Bory de Saint-Vincent. *Guide du voyageur en Espagne*, Paris, 1823.

1827. Bory de Saint-Vincent. *Gemälde der iberischen Halbinsel*, Heidelberg, 1827.

E. Cook. *Description of part of the Kingdoms of Valencia, Murcia, and Granada, in the south of Spain.* (Geol. Soc. of London, Proceed. I, p. 338, 465.)

1830-1834. Silvertop. *On the lacustrine Basins of Baza and Alhama in the province of Granada.* (Proceed. of the Geol. Soc. London, 1830, p. 216. — Idem, 1834.)

1832. Hausmann. *De Hispaniæ constitutione geognostica*, Gœttingen, 1832. (Comment. Soc. reg. scient., t. VII.)

1834. Cook. *Sketches in Spain*, Paris, 2 vol. in-8°.

1834. Ami Boué. *Résumé des progrès des sciences géologiques pendant l'année 1833.* (Bull. Soc. géol. de France, 1re série, t. V, p. 332.)

1835. Traill. *Mémoire sur l'Andalousie.* (Edinb. New Phil. Journ., oct. 1835. — British Association, Rep. 1835, p. 61.)

1836. Silvertop. *A geological sketch of the tertiary formation in the provinces of Granada and Murcia, Spain*, London, 1836, avec planches.

1837. Traill. *Notices of the geology of Spain.* (Rep. 7th Meet. British Association at Liverpool, p. 70.)

1838-1844. Hausmann. *Ueber das Gebirgssystem der Sierra Nevada.* (Abh. d. k. Ges. d. Wiss. zu Gœttingen, 1838-1844.)

1841. R. Pellico et A. Maestre. *Mémoire sur la géologie de la partie orientale de la province d'Almeria.* (An. de Minas, 1841, p. 116.)

1842. Hausmann. *Ueber das Gebirgssystem der Sierra Nevada und das Gebirge um Jaen*, Gœttingen, 1842.

1845. Naranjo y Garza. *Observaciones sobre el litoral del Sur de España.*

1845. Smith. *Notice on the tertiary deposits in the South of Spain.* (Quart. Journ., vol. I, p. 235, 1845.)

1845. A. de la Torre. *Apuntes geognosticos y mineros relativos a una parte de las provincias de Granada y Almeria.* (Boll. ofic. de Minas.)

1846. Amalio Maestre. *Ojeada geognostica sobre el litoral mediterraneo.* (An. de Minas, t. IV, Oviedo, 1846.)

1847. A. Perrey. *Sur les tremblements de terre de la péninsule ibérique.* (Ann. sc. phys. et nat. de Lyon, 1847.)

1847-1860. D'Archiac. *Histoire des progrès de la géologie*, t. II, III et VIII.

1848. Pernolett. *Bergwerkdistricte Südspaniens* (Neues Jahrbuch für Min. 1848, p. 359.)

1848. D. Antonio Alvarez de Linera. *Reseña geognostica y min. de la provincia de Malaga.* (Revista Minera.)

— *Descripcion y explicacion de los hundideros arcaecidos en termino de Villanueva del Rosario, prov. de Malaga.*

1849. Schimper. *Voyage géologico-botanique au sud de l'Espagne.* (L'Institut, 1849.)

1850. De Collegno. *Notes d'un voyage en Espagne.* (Bull. Soc. géol. France, 2e sér., t. VII, 1850, p. 344.)

1850. W. I. H. *On the tertiary formations of Spain; extracted from the « Anales de Minas ».* (Quarterly Journal of the Geol. Soc. of London, 1850, t. VI, Translations, p. 1.)

1850. Ezquerra del Bayo. *On the geology of Spain.* (Quart. Journ., vol. VI, p. 406.)

1850. Ezquerra del Bayo. *Geognostische Uebersichtskarte von Spanien erläutert von G. Leonhardt.* (Neues Jahrb. für Min., 1851, p. 39.)

1851. Pablo Prolongo. *Géologie de Malaga.* (Topogr. medica du docteur Martinez, 1851.)

1851. De Linera. *Géologie de Malaga.* (Revista Minera, t. II, p. 161, 193.)

1852. De Linera. *Resumen de la mineria en la provincia de Malaga.* (Revista Minera, t. IV.)

1853. De Verneuil. *Notice sur la structure géologique de l'Espagne*, Caen, 1853. (Annuaire de l'Institut des provinces.)

1853. De Verneuil et Collomb. *Coup d'œil sur la constitution géologique de plusieurs provinces de l'Espagne.* (Bull. Soc. géol. de France, 2e sér., t. X.)

1854. Scharenberg. *Bemerkungen über die geognostischen Verhältnisse der Südküste von Andalusien.* (Zeitschrift d. deutschen geol. Gesellschaft, 1854, p. 578.)

1855. De Verneuil, Collomb et de Lorière. *Note sur les progrès de la géologie en Espagne pendant l'année 1854,* Caen, 1855.

1857. De Verneuil et Collomb. *Géologie du sud-est de l'Espagne.* (Bull. Soc. géol., 2e sér., t. XIII.)

1859. *Anuario estadistico de España.* (Reseñas geogr., geol. y agric.; por D. F. Coello, F. Luxan, Aug. Pascual.)

1859. A. Ramirez Arcas. *Manual descriptivo y estadistico de las Españas.*

1859. Ansted. *On the geology of Malaga and the southern part of Andalusia,* avec carte géologique. (Quart. Journ., 1859, p. 585.)

1861. D. Q. Bautesta Carrasco. *Geografia general de España.*

1862. Traill. *Description of the sulphur mine near Conil, preceded by a notice of the geological textures of the southern portion of Andalusia.* (Edinburgh Royal Society, Proceedings, t. IV, p. 78-80.)

1862. C. de Prado. *Bosquejo general geologico de España.*

1863. Casiano de Prado. *Los terremotos de la provincia de Almeria.* (Revista Minera, t. XIV et XV, 1863-1864.)

1863. De Verneuil. *Notice on the geological structure of Spain, to explain an outline general map of the Peninsula.*

1865. J. G. Lasala. *Sobra el estado de la mineria en el distrito de Granada y Malaga.* (Revista Minera.)

1868. Gongora. *Antiquedades prehistoricas de Andalucia,* Madrid, 1868.

1869. De Verneuil et Collomb. *Explication sommaire de la carte géologique de l'Espagne,* in-8°, Paris.

1871. De Orueta[1]. *On some points of the geology of the neighbourhood of Malaga.* (Quart. Journ., vol. XXVII, n° 106, mai 1871.)

1874. De Orueta. *Los Barros de los Tejares.* (Act. Soc. malagueña de ciencias fis y nat., Malaga, 1874.)

1875-1887. L. Mallada. *Sinopsis de las especies fosiles que se han encontrado en España.* (Boletin de la Comision del mapa geol. de España.) Ce travail a paru par parties successives depuis 1875; il n'est pas encore terminé actuellement.

1875. Macpherson. *Descripcion de la Cueva de la Mujer.*

1876. J. Arevalo y Baca. *Datos geologicos y fisicos del valle de Lanjaron, provincia de Granada.* (Boletin de la Comision del mapa, etc.)

[1] Cette note est due à don Domingo *de Orueta* et non *de Orueba*, comme porte le texte anglais.

1877. De Orueta. *Bosquejo fisico-geologico de la region septentrional de la provincia de Malaga*, avec une carte. (Boletin Com. del mapa, etc.)

1877. Calderon y Arana. *Enumeracion de los vertebrados fosiles de España*, Madrid. (Anales Soc. Esp. Hist. nat., 1876.)

1878. Ramsay and Geikie. *On the geology of Gibraltar*. (Quart. Journ. Geol. Soc. of London, 1878, p. 505.)

1879. Macpherson. *Breve noticia acerca de la especial estructura de la peninsula iberica*. (An. Soc. de hist. natural de Esp., t. VIII.)

1879. R. Drasche. *Geologische Skizze des Hochgebirgstheiles der Sierra Nevada in Spanien*, avec une carte géologique. (Jahrb. d. K. K. geol. Reichsanstalt, Vienne, 1879, n° 1.)

1880. Vilanova. *Sur la téruelite, Ressemblance entre la Sierra Nevada d'Espagne et la Sierra Nevada de l'Amérique du Nord*. (Bull. Soc. géol. de France, 3e sér., vol. VIII, p. 309.)

1880. L. Mallada. *Reconocimiento geologico de la provincia de Cordoba*. (Bol. Com. del mapa, t. VIII, 1, 1880.)

1880. Gonzalo y Tarin. *Reseña fisica y geologica de la provincia de Granada*, avec une carte. (Bol. Com. del mapa, etc.)

1883. L. Mallada. *Reconocimiento geologico de la provincia de Jaen*, avec une carte. (Bol. Com. del mapa, etc.)

1885. Hébert. *Sur les tremblements de terre du midi de l'Espagne*. (Comptes rendus Ac. des sc., 5 janvier 1885.)

1885. Chapel. *Note sur les phénomènes météorologiques qui ont coïncidé avec les récents tremblements de terre d'Espagne*. (Comptes rendus Acad. des sc., t. C, p. 34.)

1885. Rafael Garcia Alvarez. *Los terremotos de las provincias de Granada y Malaga*. (Porvenir de Granada, 25 jenero 1885.)

1885. *Cronica de los terremotos de Andalucia*. (Numero extraordinario de la Cronica comercial de Barcelona, febrero 1885.)

1885. Macpherson. *Sur les tremblements de terre de l'Andalousie, du 25 décembre 1884 et semaines suivantes*. (Comptes rendus Acad. des sc., t. C, p. 136.)

1885. De Botella. *Observations sur les tremblements de terre de l'Andalousie*. (Comptes rendus Acad. des sc., t. C, p. 196.)

1885. Gatta. *I terremoti di Spagna*. (Nuova Antologia, 15 février 1885.)

1885. Noguès. *Phénomènes géologiques produits par les tremblements de terre de l'Andalousie, du 25 décembre 1884 au 16 janvier 1885*. (Comptes rendus Acad. des sc., t. C, p. 253.)

1885. Macpherson. *Tremblements de terre en Espagne*. (Comptes rendus Acad. des sc., t. C, p. 397.)

1885. Deligny. *Note sur une cause probable des tremblements de terre du midi de l'Espagne.* (Comptes rendus Acad. des sc., t. C, p. 399.)

1885. Germain. *Sur quelques-unes des particularités observées dans les récents tremblements de terre de l'Espagne.* (Comptes rendus Acad. des sc., t. C, p. 598 et 601.)

1885. Fouqué. *Premières explorations de la Mission chargée de l'étude des récents tremblements de terre de l'Espagne.* (Comptes rendus Acad. des sc., t. C, p. 598.)

1885. Terremotos de Andalucia. *Informe de la Comision nombrada para su estudio dando cuenta del estado de los Trabajos en 7. de Marzo 1885,* Madrid, 1885. (Madrid, Gaceta de Madrid [mars 1885] et Bol. Com. del mapa, etc., t. XII.)

1885. Fouqué, Michel Lévy, Bergeron, M. Bertrand, Kilian, Barrois et Offret. *Rapports de la Mission chargée de l'étude des tremblements de terre de l'Andalousie.* (Comptes rendus des séances de l'Académie des sciences, 20 avril 1885.) Traduit en espagnol dans le Bol. Com. del mapa, etc.

1885. F. de Botella y de Hornos. *Los terremotos de Malaga y Granada.* (Bol. Soc. geogr. de Madrid, t. XVII.)

1885. Mercalli. *I grandi terremoti Iberici.* (Rassegna nazionale, avril 1885.)

1885. M. Bertrand. *Note sur l'Andalousie.* (Bull. Soc. géol. de France, 3ᵉ série, t. XIII, p. 474 [mai 1885].)

1885. Guillemin-Tarayre. *Sur la constitution minéralogique de la Sierra Nevada de Grenade.* (Comptes rendus Acad. des sc., 11 mai 1885.) Traduit en espagnol dans le Bol. Com. del mapa, etc., t. XII.

1885. Macpherson. *Symétrie de situation des lambeaux archéens des deux versants du Guadalquivir; rapports avec les principales dislocations qui ont donné à l'Espagne son relief actuel.* (Comptes rendus Acad. des sc., 15 juin 1885.)

1885. W. Kilian. *Sur la position de quelques roches ophitiques dans le nord de la province de Grenade.* (Comptes rendus Ac. des sc., 20 juin 1885.) Traduit en espagnol dans le Bol. Com. del mapa, etc., t. XII.

1885. Martinez y Aguirre. *Los tremblores de tierra. Estudio de estos fenomenos en las provincias de Malaga y Granada durante los siete ultimos dias del annos 1884 y enero de 1885,* Malaga, 1885.

1885. Cesareo Martinez. *Los tremblores de tierra,* Malaga, 1885.

1885. Rossi. *Gli odierni terremoti in Spagna ed il loro eco in Italia.* (Bul. del vulcanismo Ital., Roma, 1885.)

1885. A. von Lasaulx. *Die Erdbeben von Andalusien.* (Humboldt, juin 1885; Stuttgard, Enke.)

1885. De Orueta. *Informe sobra los terremotos occuridos en el Sur de España de dec. de 1884 y enero de 1885*, Malaga.

1885. Macpherson. *Los terremotos de Andalucia.* (Conferencia leida en el Ateneo de Madrid.)

1885. Mallada. *Sinopsis de las especies fosiles que se han encontrado en España, Sistema jurasico.* (Bol. Com. del mapa, etc., t. XI, cuad. 2.)

1885. Mercalli e Taramelli. *Relazione sulle osservazioni fatte durante un viaggio nelle regioni della Spagna colpite dagli ultimi terremoti. Nota preliminare.* (Rendic. R. Acc. dei Lincei, juin 1885.)

1885. M. Bertrand et W. Kilian. *Le bassin tertiaire de Grenade.* (Comptes rendus Acad. des sc., 20 juillet 1885.) Traduit en espagnol dans le Boletin de la Com. del mapa, etc., t. XII.

1885. S. Calderon y Arana. *Teorias propuestas para explicar los terremotos de Andalucia.* (Anal. Soc. Esp. de Hist. nat., t. XIV.)

1885. S. Calderon y Arana. *Ensayo orogenico sobre la Meseta central de España.* (An. Soc. de Hist. nat., t. XIV, 2.)

1885. Ch. Barrois. *Sur les derniers tremblements de terre de l'Andalousie.* (Ann. Soc. géol. du Nord, t. XII, 4.)

1886. M. Bertrand et W. Kilian. *Sur les terrains jurassique et crétacé des provinces de Grenade et de Malaga.* (Comptes rendus Acad. des sc., 18 janvier 1886.) Traduit en espagnol dans le Boletin de la Com. del mapa, etc., t. XIII.

1886. Macpherson. *Relacion entre la forma de las costas de la peninsula iberica, sus principales lineas de fractura y el fondo de sus mares.* (An. Soc. Esp. de Hist. nat., t. XV, p. 155.)

1886. Fouqué. *Les tremblements de terre d'Andalousie, conférence faite à la Sorbonne.* (Bull. Ass. scient., 2e série, t. XII, p. 371, et Revue scient., 3e série, 6e année, 1er semestre, p. 257, 27 février 1886.)

1886. A. Michel Lévy et J. Bergeron. *Sur les roches cristallophylliennes de l'Andalousie occidentale.* (Comptes rendus Acad. des sc., 15 et 22 mars 1886.) Traduit en espagnol dans le Boletin de la Com. del mapa, etc., t. XIII.

1886. O. Fraas und E. Fraas. *Aus dem Süden.— Reisebriefe aus Südfrankreich und Spanien*, Stuttgart (E. Koch), 1886.

1886. Botella y de Hornos. *Apuntes paleograficos. España y sus antiguos mares. Conclusion.* (Bol. de la Soc. geografica de Madrid, t. XXI, p. 37-113.)

1886. Taramelli e Mercalli. *I terremoti Andalusi cominciati il 25 dicembre 1884.* (R. Accad. dei Lincei, 1886; Rome, in-4°, 109 pages et 4 planches.)

1886. Manby. *The Granada earthquake of 25 december 1884.* (Proc. civ. Engineers, t. LXXXV, p. 275.)

1886. S. Calderon. *Article « Espagne » dans l'Annuaire géologique universel du docteur Dagincourt,* Paris, 1886, t. II, 2e part., p. 155 et suiv. (Appendice sur les derniers tremblements de terre.)

1886. Barrois et Offret. *Sur la constitution géologique de la chaîne bétique.* (Comptes rendus Acad. des sc., 7 juin, 12 et 19 juillet 1886.) Traduit en espagnol dans le Bol. Com. del mapa, etc., t. XIII.

1886. Barrois et Offret. *Sur la disposition des brèches calcaires des Alpujarras et leur ressemblance avec les brèches houillères du nord de la France.* (Comptes rendus Acad. des sc., 9 août 1886.)

1886. Noguès. *Nouveaux tremblements de terre en Andalousie.* (Nature, 14e année, p. 143-145.)

1887. P. Choffat. *Article « Espagne » dans la Revue de géologie de L. Carez.* (Annuaire géologique du Dr Dagincourt, t. III [1887], p. 565.)

CARTES GÉOLOGIQUES.

1850. Rod. Murchison. *Carte géologique manuscrite de l'Espagne coloriée le 25 juillet 1850 sur la carte de L. Vivien.* (Déposée dans la Bibliothèque du laboratoire de la Sorbonne avec la suscription manuscrite : « Rod. Murchison : coloured at Pont-Saint-Maxence with de Verneuil. 25 july 1850. De Verneuil just returned from Spain. »)

1850. Ezquerra del Bayo. *Geognostische Uebersichtskarte von Spanien.* (Neues Jahrbuch für Min. von Leonhardt, 1850.)

1856. Ansted. *Geological map of the neighbourhood of Malaga.* (Quart. Journ., 1856.)

1863. A. Maestre. *Bosquejo general geologico formado con los documentos existentes hasta fin de 1863.* Échelle $\frac{1}{1\,500\,000}$.

1864. De Verneuil et Collomb. *Carte géologique de l'Espagne et du Portugal.* Échelle $\frac{1}{2\,000\,000}$.

1868. De Verneuil et Collomb, *ibid.*, 2e édition rectifiée, en ce qui concerne l'Andalousie, d'après E. Favre.

1877. Dom. de Orueta. *Bosquejo geologico de la region septentrional de la provincia de Malaga.* Échelle $\frac{1}{400\,000}$. (Bol. Com. del mapa, etc.)

1878. R. Drasche. *Geologische Kartenskizze des Hochgebirgstheiles der Sierra Nevada und seiner Umgebung;* $\frac{1}{392\,727}$ (Jahrb. d. K. K. geol. Reichsanstalt.)

IMPRIMERIE NATIONALE.

1880. Gonzalo y Tarin. *Mapa geologico en Reseña fisica y geologica de la provincia de Granada.* (Boletin Com. del mapa, etc.)

1879. F. de Botella y de Hornos. *Mapa geologico de España y Portugal,* Madrid, 1879. Échelle $\frac{1}{2\,000\,000}$.

1883. L. Mallada. *Mapa geologico en bosquejo de la provincia de Jaen.* (Bol. Com. del mapa, etc., 1883.) Échelle $\frac{1}{800\,000}$.

1885. F. de Botella y de Hornos. *Mapa geologico e hipsometrico en bosquejo de la region influida por el terremoto del 25 de diciembre de 1884.* Madrid, 1885. Échelle $\frac{1}{400\,000}$.

1886. Taramelli e Mercalli. *Carte de la région affectée par les tremblements de terre de 1884-1885 in « I terremoti Andalusi »,* in-4°. (R. Accad. dei Lincei, Rome, 1886.)

Voir en outre, pour la bibliographie, l'excellent résumé publié par M. Manuel Fernandez de Castro dans le premier volume du Boletin de la Comision del mapa geologico de España et intitulé : *Notas para un estudio bibliografico sobre las origenes y estado actual del mapa geologico de España,* 1874.

I

CONSTITUTION PHYSIQUE.

Orographie. — La région étudiée par nous comprend l'est de la province de Malaga et l'ouest de celle de Grenade; elle est une des plus accidentées de la Péninsule; en dehors des plaines ou des plateaux ondulés qui s'étendent au sud de la vallée du Genil elle n'est formée que de montagnes arides et dépourvues de verdure, dont l'aspect sauvage et triste donne au pays un cachet tout particulier. Ce sont d'abord, vers le sud, une suite de sierras à croupes arrondies et à arêtes peu prononcées; ces montagnes disposées en chaînons orientés à peu près E.-O., sont creusées de profonds ravins (*barrancos*) au fond desquels coulent des torrents à sec pendant la belle saison, entraînant, lorsqu'ils sont grossis par les pluies, les schistes dont se composent les sierras, et que ne protège aucune végétation. Ces chaînes, avec leur physionomie si spéciale, s'étendent de la sierra de Mijas à la sierra Nevada et portent successivement les noms de sierras de Casabermeja, de Colmenar, de Comares et de Viñuela.

Près du village de Periana les montagnes changent de physionomie, leurs arêtes deviennent plus accusées, leurs pentes rocheuses et escarpées; les croupes arrondies et schisteuses reculent vers le sud et font place aux chaînes calcaires de la Tejeda et de Jatar (1,828 m.); plus à l'est, la sierra Almijara avec la Nava Chica (1,831 m.) envoie des ramifications au nord (sierra del Aguilar et ses dépendances, Cajon, 1,438 m.) jusque près d'Albunuelas et de Padul. Ces massifs vont se relier à la sierra Nevada (Mulhacen 3,481 m., Veleta 3,478 m.). Au sud de cette ligne de faîte s'étend une zone sillonnée de profonds ravins; le terrain, encore très accidenté, s'abaisse brusquement vers le littoral. La côte, assez abrupte, n'est interrompue çà et là que par des plaines cultivées ou *hoyas* (Malaga, Torre del Mar, Motril), qui représentent sans doute d'anciens estuaires.

En remontant vers le nord, on trouve une suite de chaînons qui attirent l'attention par leur couleur blanche et la physionomie uniforme de leurs escarpements calcaires. L'ensemble forme une ligne sensiblement parallèle à celle du massif précédent, orientée E.-O. jusque près de Periana et s'infléchissant ensuite vers le N. E. On y distingue, en commençant par l'ouest, les sierras Abdalajis, de la Jama, del Valle, les Orejas de la Muela, le petit pointement de la Fuenfria (1,381 m.), les arêtes du Camorro Alto et du Torcal (1,377 m.), les sierras Chimeneas, Palomera, de las Cabras, del Dornillo, del Saucedo, de Jorge, du Gibalto (près de Salinas). A cette première série se rattache près d'Alfarnate la sierra de Loja qui comprend les sommets du Sillon Bajo (1,468 m.), de las Cabras (1,644 m.), de Frailes (1,559 m.) et de Gorda (1,671 m.). Plus à l'est, les sierras de Zaffaraya, de Enmedio et celle de Marchamonas s'étendent jusqu'à Periana, et la sierra de Alhama jusque près de Jatar, tandis qu'au nord du Genil, les Hachos de Loja (1,005 m.), les sierras de Montefrio (1,600 m.), Parapanda (1,604 m.), Pelada, Jarana, d'Iznalloz, d'Orduña et de Amiar forment une seconde ligne plus continue qui se poursuit à l'est jusqu'à la mer, à travers la province de Murcie et celle d'Almeria. Plus loin au nord, les sierras de Cabra, de Priego, de Lucena constituent une suite d'arêtes montagneuses parallèles aux précédentes.

Entre les deux chaînes principales dont nous venons d'indiquer les sommets et qui, d'El Chorro à Zaffaraya, ne sont séparées par aucune dépression considérable, s'étend, du côté d'Alhama et de Grenade, un vaste bassin, sorte de plateau ondulé (altitude 920 m. à Alhama, 750 m. à la Malá, sommets entre 1,000 et 1,600 m.) que traverse au nord le Genil. Cette dépression, fermée de toutes parts par des montagnes élevées et dont les eaux ne trouvent d'issue que dans le défilé de Loja (500 m.), est occupée par des olivettes et des landes dans ses parties élevées; la portion tout à fait basse, fertilisée par les eaux du Genil, véritable jardin au milieu d'un désert, constitue la vega de Grenade (550-700 m.).

A l'est, la région montagneuse est également bordée par des plaines fertiles qui s'étendent aux environs de Mollina, de Bobadilla et d'Antequera; ces plaines, entourées de collines ondulées et monotones, sont interrompues par quelques pics escarpés, comme le peñon de los Enamorados, qui annoncent déjà les massifs de la chaîne principale.

Hydrographie. — Le *Genil,* tributaire du Guadalquivir, prend sa source dans le massif de la sierra Nevada, à l'est de Grenade, reçoit les Aguas Blanquillas, arrose la vega après avoir reçu, en traversant Grenade (altitude 684 m.), le Darro et, un peu plus loin, le Monachil, la Rambla Seca et le rio Dilar, tous trois issus des pentes de la Nevada. Les eaux du bassin tertiaire se déversent dans le Genil par les rivières de la Malá, de Cacin et d'Alhama, qui prennent leurs sources dans la sierra Tejeda et ses annexes. Du nord, de nombreux torrents (rio Velilla, rio Milano, etc.) descendent des chaînes de la Parapanda et de la sierra Pelada et apportent au Genil leur tribut inégal. A Loja, le Genil reçoit encore les eaux abondantes du Manzanil, issu du massif calcaire par une source vauclusienne dont les eaux proviennent sans doute des infiltrations du bassin de Zaffaraya. Après s'être encore adjoint le rio Frio, le Genil change brusquement de direction et se dirige vers le N. E.; il quitte en même temps la région qui nous occupe.

Le *Guadalhorce* sort des montagnes calcaires de la sierra de Jorge, entre Loja et Alfarnate. Il traverse les landes de Villanueva del Trabuco, passe au pied du peñon de los Enamorados et longe au nord les chaînes d'Antequera et d'Abdalajis jusque près de Bobadilla. A partir de ce point, le Guadalhorce se dirige vers le sud. Il franchit, par un défilé grandiose, les chaînes bétiques et, en sortant de cette « cluse » sauvage, arrose les champs d'orangers et de cannes à sucre de Cartama et d'Alora, avant de se jeter dans la Méditerranée à l'ouest de Malaga.

Le *Guadalfeo* ou *rio Grande* prend naissance dans la partie orientale de la sierra Nevada; il court du N. E. au S. E. jusqu'à Ifo, où il reçoit les eaux du rio de Lanjaron et toutes celles que lui amènent les nombreux torrents issus du flanc occidental de la Nevada. C'est là aussi que viennent aboutir les eaux du bassin d'Albunuelas, celles de Durcal, etc. Grossi de ces torrents, le Guadalfeo court vers la mer, où il se jette à l'ouest de Motril.

Les chaînes méridionales de la sierra Almijara, de la Tejeda et des environs de Colmenar envoient à la Méditerranée de nombreux torrents qui coulent dans de grands ravins connus sous le nom de *barrancos;* nous citerons comme les plus importants le rio de Nerja, le rio de Torrox, le rio Guaro, le rio de Velez, enfin le Guadalmedina, qui descend des hauteurs de Casabermeja et rejoint la mer près de Malaga.

II

CONSTITUTION GÉOLOGIQUE.

Si, maintenant, nous examinons la constitution géologique de la contrée, nous serons frappés dès l'abord de la disposition régulière qu'y affectent les divers systèmes de couches et des rapports intimes qui existent entre leur distribution et le relief de la région.

D'une façon générale, les divers terrains se présentent en *bandes parallèles* [1], dirigées d'abord de l'ouest à l'est, puis s'infléchissant vers le N. E. pour pénétrer dans la province de Grenade.

a. — Région bétique.

En nous dirigeant du littoral méditerranéen vers le nord, nous rencontrons en premier lieu une bande de terrains anciens qui

[1] MM. Taramelli et Mercalli viennent de publier dans leur mémoire sur l'Andalousie un excellent schéma de cette disposition, qui a été jusqu'ici souvent méconnue. Ce schéma est accompagné d'une bonne coupe allant de Torre del Mar à la sierra Parapanda.

nous avons vus déjà constituer une chaîne distincte au point de vue géographique. Cette zone est occupée par des phyllades et des schistes argileux, en général très plissés. Les ondulations des schistes ont été nivelées par les érosions et l'on voit reposer sur leur tranche, dans la région du littoral, des assises triasiques, des couches jurassiques fort réduites avec quelques lambeaux éocènes et pliocènes.

Le massif schisteux ainsi défini, dont la croupe septentrionale paraît avoir été émergée à une époque assez reculée, se prolonge à l'est jusque dans la sierra Nevada, dont les sommets sont également formés de schistes argilo-micacés anciens.

A partir d'Alcaucin, c'est-à-dire à peu près du point où commence l'inflexion déjà signalée dans la direction des bandes de terrains, un autre élément vient s'ajouter aux schistes : ce sont des calcaires cristallins, formant en partie la sierra Tejeda, les montagnes d'Albunuelas, de Dilar, de Quentar, et y dessinant une série d'escarpements que traverse, près du pont d'Ifo, la grande route de Grenade à Motril, dans un pittoresque défilé.

Cette première chaîne est connue sous le nom de *cordillère* ou *chaîne bétique*. Elle paraît, ainsi que nous le verrons par la suite, avoir joué un grand rôle dans l'histoire de la Péninsule dès les périodes géologiques les plus anciennes.

b. — Zone subbétique.

Les sierras qui s'élèvent au nord de la chaîne ancienne et qui en suivent la direction générale sont constituées essentiellement par des calcaires jurassiques plissés et disloqués. Ces chaînes secondaires sont en quelque sorte noyées au milieu des dépôts tertiaires qui les recouvrent irrégulièrement, et masquent presque partout leur contact avec la cordillère méridionale. Mais, malgré les recouvrements tertiaires, il est manifeste que cette suite de sommets doit son origine à un refoulement d'ensemble des assises mésozoïques et joue par rapport à la chaîne bétique le même rôle que les Préalpes par rapport aux Alpes suisses, ou que les chaînes subalpines par rapport aux zones alpines du Dauphiné; c'est la zone *subbétique*, qui se prolonge d'ailleurs à travers la province d'Almeria.

Au nord de cette première ligne de sommets, une bande plus large de collines moins élevées, plus doucement ondulées, appartient également à la même zone plissée de terrains secondaires; elle présente seulement un caractère différent par suite de la nature plus marneuse des assises triasiques (de Gobantes à Loja) ou crétacées (du côté de Montefrio) qui la composent. On y voit encore apparaître çà et là quelques pitons rocheux de calcaire jurassique, dont le plus remarquable est le peñon de los Enamorados, à l'est d'Antequera. Quelques sommets couronnés de grès molassiques, quelques dépressions plus fertiles, remplies de dépôts nummulitiques, en varient aussi localement le caractère d'ensemble.

Plus au nord encore, une nouvelle chaîne jurassique, étroite et allongée du S. O. au N. E. (la Tiñosa), puis au delà une bande de collines triasiques (Priego) continuent dans la province de Jaen la zone plissée subbétique.

c. — Bassin de Grenade.

A l'est de Zaffaraya et d'Alhama jusqu'au nord de Grenade, les chaînes bétique et subbétique se séparent orographiquement, et le large intervalle qu'elles laissent entre elles forme une région ondulée, sorte de grand plateau découpé par les érosions et traversé au nord par la vallée du Genil. Bordé partout de sierras abruptes et dénudées, sauf dans l'étroit intervalle qui sépare la Parapanda des Hachos de Loja, le bassin de Grenade constitue une région spéciale, une vaste aire d'affaissement relativement récent au milieu du massif plissé; il a été rempli et comblé à la fin de l'époque miocène par un amoncellement de sables et de cailloux roulés, au milieu desquels le fond ancien émerge encore par places en îlots isolés. La sierra Elvira au N. E., le pointement d'Alhama au S. O., tous deux jurassiques, celui de la Malá entre les deux, formé de calcaires anciens, permettent de présumer, sous ces dépôts récents, la place de l'ancienne ligne de contact des terrains anciens et secondaires. Au N. E. de Grenade, un peu au-dessus d'Alfacar, la bande des calcaires anciens vient de nouveau se souder à celle des calcaires jurassiques, complétant ainsi la ceinture du bassin.

Avec sa bordure de montagnes et les sommets neigeux qui le dominent, les teintes dorées dont le soleil colore ses collines sableuses, avec la fertile et verdoyante vega que le Genil y a ouverte et élargie au sortir des montagnes, le bassin de Grenade est, au point de vue de la beauté pittoresque comme de la richesse, une région privilégiée dans l'Andalousie, et l'ancienne résidence des rois maures apparaît bien, ainsi qu'une oasis au milieu du désert, comme le centre vers lequel devaient se porter les habitants de la région bétique. Au point de vue géologique, c'est un remarquable exemple de ces champs d'affaissement dont M. Suess a signalé la fréquence sur le bord des régions plissées, et dont l'étude détaillée des différentes chaînes fera de plus en plus ressortir l'importance.

D'après ce qui précède, il faudrait, pour donner une description complète de la contrée qui nous occupe, étudier successivement :

1° Une chaîne méridionale ancienne : la *chaîne bétique;*

2° Des chaînes septentrionales plus récentes : les *chaînes subbétiques;*

3° Une aire d'affaissement (Senkungsfeld) : le *bassin tertiaire de Grenade.*

Chacune de ces régions a son histoire géologique.

Nous nous occuperons spécialement dans ce mémoire des deux dernières, auxquelles ont dû se borner nos études.

IMPRIMERIE NATIONALE.

III

STRATIGRAPHIE.

Nous commencerons la description des couches par l'étude du trias, en renvoyant, pour tout ce qui concerne les terrains anciens et paléozoïques [1], aux travaux de MM. Michel Lévy, Bergeron, Barrois et Offret, qui ont étudié ces assises dans les sierras de Ronda, Tejeda, Almijara, Nevada, et sur le littoral.

A. TERRAIN TRIASIQUE.

Historique. — Il y a longtemps que l'on connaît l'existence du trias en Andalousie; les auteurs s'en sont tous occupés à cause de l'aspect caractéristique des dépôts qui le constituent. Cook, puis Slvertop (1834) en donnent la description aux environs d'Antequera. Hausmann (1842) fait mention des grès et des marnes à gypse du Palo; il les rapproche du grès bigarré. Le keuper a été signalé en 1854 sur le chemin de Velez Malaga à Alhama par M. Scharenberg. Le même auteur mentionne le grès bigarré près de Loja et des marnes gypseuses, probablement triasiques, près de la Cartuja et de Colmenar.

Enfin les assises du trias ont été étudiées par de Verneuil et Collomb, qui ont fait ressortir avec raison la remarquable analogie de ces dépôts avec ceux de nos contrées septentrionales. Peu de temps après, nous voyons d'Archiac (*Histoire des progrès de la géologie*, t. VIII) décrire, d'après de Verneuil, le trias de l'Andalousie. Il fait remarquer la présence du quartz en cristaux bipyramidés dans ces assises. Depuis, MM. Ansted, de Orueta, Gonzalo y Tarin, Drasche,

[1] M. O. Fraas (*Aus dem Süden*, p. 53) paraît ne pas admettre l'existence des terrains anciens et paléozoïques dans la chaîne bétique. Cette manière de voir est en contradiction avec les travaux les plus sérieux qui aient été publiés sur ce massif.

Fraas ont consacré dans leurs ouvrages de nombreuses pages au trias et aux couches qu'on lui rapporte dans la chaîne bétique.

Description des couches.

Nous distinguerons dans les affleurements qui nous semblent se rapporter au trias plusieurs zones, où il se présente avec des développements et des facies très différents. Ce sont :

1° La partie du littoral comprise entre Malaga et Velez, où dominent des grès rouges, rappelant les grès permiens ou les grès bigarrés;

2° Les collines de la chaîne bétique, à l'est de la sierra Tejeda, où des lambeaux de calcaire cristallin, de plus en plus développés vers l'est, alternent avec des schistes satinés ressemblant un peu aux schistes lustrés des Alpes, mais souvent bariolés et gypsifères;

3° Deux petits affleurements assez restreints, au nord d'Alfacar et sur le bord ouest de la sierra Tejeda (cortijo Azafranero), s'intercalant, aux points où le contact direct est observable, entre la chaîne bétique et les sierras jurassiques de la zone subbétique;

4° Les affleurements de la zone subbétique, rappelant nettement le facies des marnes irisées du nord de l'Europe et formant principalement deux grandes bandes continues orientées S.O-N.E; l'une s'étend de Gobantes, par Antequera et Archidona, à Loja et El Tocon, où elle disparaît sous le lias de la sierra Parapanda; l'autre, plus au nord et déjà en dehors de notre champ d'études, se dirige de Priego et Carcabuey vers le nord-est dans la province de Jaen et se retrouve le long du chemin de fer près de Roda, où elle forme sans doute le substratum de la lagune salée (Lago Salado).

Cette simple énumération montre déjà que, dans le trias, les zones de facies différents s'orientaient suivant l'axe futur de la chaîne bétique.

Littoral méditerranéen. — Le trias des environs de Malaga[1] a fait l'objet d'études approfondies de la part de M. Ansted. Cet auteur mentionne également des conglomérats et des calcaires magnésiens qu'il attribue au permien. MM. Taramelli et Mercalli[2] signalent près de Malaga des conglomérats qu'ils rapprochent du carbonifère des Alpes Carniques.

Il y a, croyons-nous, à distinguer dans ces affleurements deux séries distinctes dont la concordance même n'est pas bien certaine. Ce sont d'abord des grès quartzeux et des schistes d'un rouge foncé et violacé, avec conglomérats à la base, rappelant le permien de nos régions. Ils forment, entre Malaga et Velez Malaga, des lambeaux assez étendus qui recouvrent en discordance complète les terrains plus anciens. On n'y a pas découvert de restes organisés.

Dans un ravin au N. O. du Palo, on relève la succession suivante (de bas en haut) :

1° Conglomérat à pâte foncée, à grains de quartz blanc et fragments de phyllades;

2° Calcaire gris compact;

3° Conglomérat fin;

4° Grès quartzeux et schistes rouges.

A Rincon de la Victoria, des calcaires compacts, d'un brun noirâtre, légèrement cristallins, sont associés à des grès rougeâtres analogues, sans fossiles. A la montagne de Velez, nous voyons au-dessus des phyllades anciennes :

1° Un poudingue à cailloux de quartz (60 centimètres);

2° Des grès jaunes quartzeux, tendres (1 mètre);

[1] MM. O. et E. Fraas (*Aus dem Süden*) parlent d'un « calcaire de Malaga » renfermant des fossiles incontestablement triasiques. Ils les rangent même dans le Hauptmuschelkalk et y citent des *Ceratites*. D'après ces mêmes auteurs, on rencontrerait en outre sur le littoral, entre Malaga et Torrox, le lettenkohle (?), le keuper et le lias. L'un d'eux attribue au keuper les couches à *Calamites* et à *Equisetum* de Malaga que lui a montrées M. de Orueta.

[2] MM. Taramelli et Mercalli font en outre, dans leur récent mémoire, mention d'un conglomérat qui rappellerait le permien des Alpes occidentales et qui affleurerait près de Malaga.

3° Puis viennent les marbres probablement nummulitiques qui supportent le château.

A l'est du château, nous avons vu des bandes étroites de grès jaunes analogues, bizarrement intercalées dans les phyllades.

Fig. 1. — Coupe de la montagne de Velez Malaga.

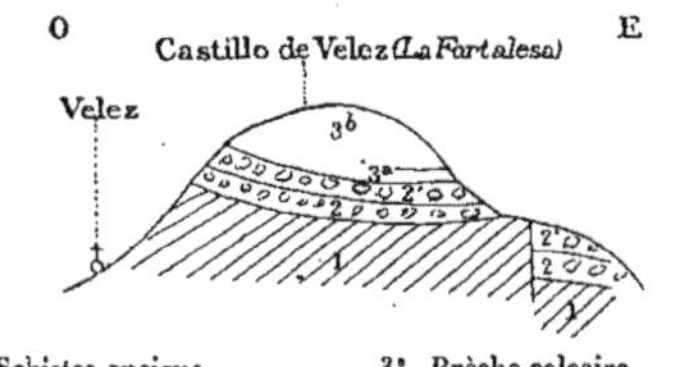

1. Schistes anciens.
2. Poudingue quartzeux.
2'. Grès brun.
3a. Brèche calcaire.
3b. Calcaire blanc oolithique (nummulitique).

Enfin M. de Orueta indique sur sa carte et M. Bergeron a observé des lambeaux du même terrain près de Colmenar, c'est-à-dire sur les flancs de la chaîne bétique.

Des lambeaux jurassiques et nummulitiques surmontent par places les schistes rouges. A la base des premiers on peut voir, un peu avant le Palo, des marnes grises et rougeâtres avec gypse, des calcaires dolomitiques en plaquettes minces et des cargneules, qui sont sans doute le représentant aminci du trias supérieur. A Rincon della Victoria, nous avons retrouvé ces mêmes plaquettes dolomitiques associées à un calcaire noirâtre en gros bancs.

Partie orientale de la chaîne bétique. — L'existence de couches triasiques, métamorphiques, dolomies et schistes satinés, dans le massif de la sierra Nevada, a été signalée par de Verneuil et Collomb en 1857. Ansted mentionne également dans les sierras Nevada et de Gador des calcaires qu'il considère comme secondaires. Dans la deuxième édition de leur carte géologique de l'Espagne, de Verneuil et Collomb les distinguent sous la dénomination de *trias incertain*. M. de Botella en a fait du permien. M. Drasche, en 1879, maintient les mêmes doutes sur leur âge, tout en penchant vers l'attribution au trias. La présence d'amas de gypse et l'intercalation de schistes rouges ont été pendant longtemps les principales raisons déterminantes de cette attribution. La question a fait un grand pas depuis que M. Gonzalo y Tarin a découvert dans les calcaires métallifères de la sierra de Gador des fossiles triasiques. De plus, M. Barrois a trouvé, dans des calcaires des Alpujarras, des coupes de Rudistes qu'il a pu rapporter au genre *Megalodon*.

Il est donc certain que le trias existe dans cette partie de la chaîne bétique, mais la distinction n'en est pas partout facile à faire. Les calcaires triasiques ont souvent été confondus avec des calcaires plus cristallins, en masses beaucoup plus grandes, qui alternent avec des phyllades et qui semblent devoir être rapportés au cambrien (voir les mémoires de MM. Barrois et Offret). Les schistes satinés présentent eux-mêmes une grande ressemblance d'aspect avec les phyllades. C'est par suite de cette confusion que les cartes antérieures marquent une grande ceinture (trias, trias incertain, permien) autour de la sierra Nevada. Dans notre région, les calcaires de Jatar, Albuñuelas, Padul, Alfacar, Huetor Santillan, nous semblent identiques entre eux et probablement cambriens. Près de cette dernière localité, quelques affleurements jurassiques isolés ont été conservés à leur surface ou dans leurs plis; ceux du trias, quoique un peu plus étendus, se réduisent pour nous à des enclaves analogues. Nous avons eu l'occasion de les constater à Lanjaron [1] (voir le mémoire de MM. Barrois et Offret), à l'est de Quentar et sur la route de Grenade à Diezma.

A Quentar, les travaux de canalisation entrepris par M. Guillemin-Tarayre, pour amener l'eau nécessaire à l'exploitation de la mine d'or de Grenade, nous ont facilité l'étude de ces calcaires. Ils forment une barre abrupte qui ferme brusquement la vallée et que traverse seulement une fissure profonde et impraticable

[1] M. O. Fraas parle d'un bloc de marbre à bandes noires et grises contenant des Térébratules et provenant de Lanjaron; il aurait vu ce bloc dans les collections du lycée de Grenade.

creusée par les eaux. Ils sont noirâtres, avec taches rosées, nettement dolomitiques, et renfermant de petits cristaux de gypse et de galène. De l'autre côté de cette barre calcaire, le vallon s'élargit dans des couches plus délitables, que nous n'avons pas eu le temps d'aller visiter, mais qui nous auraient sans doute montré les schistes satinés associés à ces calcaires.

Sur la route de Grenade à Diezma, après avoir quitté, au-dessus de Huetor, les cailloutis tertiaires, on entre dans des calcaires cristallins blancs ou bleuâtres, bien lités, qui appartiennent à la série ancienne. Des lambeaux de calcaire blanc jurassique et de dolomies grossières s'y appliquent un peu avant le point culminant et font tache sur leur masse uniforme. Puis, au delà du col, on traverse une série puissante où l'on voit alterner, avec des plissements très accusés, des schistes satinés s'irisant par décomposition superficielle, des calcaires cristallins passant aux cargneules, puis des grès rougeâtres et cristallins alternant avec quelques schistes rouges et qui paraissent occuper la base de l'ensemble au centre du pli anticlinal où coule le ruisseau de Diezma (Anchuron). De l'autre côté de la vallée, sur les flancs nord des monts Orduña, ces mêmes couches semblent se continuer à une grande hauteur; une tempête de neige, qui a arrêté notre excursion de ce côté, nous a empêchés de les visiter; mais on peut du moins affirmer, même à distance, que le versant nord de cette montagne n'est pas formé, comme l'indiquent les cartes, de calcaires jurassiques.

A Diezma même, ces couches sont surmontées par les calcaires blancs du lias.

Si, comme nous le croyons, cette petite bande de trias se poursuit vers l'ouest au pied des monts Orduña, elle doit pouvoir se relier d'une manière presque continue aux affleurements d'Alfacar, où s'accuse nettement le facies subbétique. On peut même dire que, déjà sur la route de Diezma, ce trias, avec ses grès rouges[1] et ses cargneules, offre minéralogiquement un caractère

[1] Leonhard avait signalé déjà des grès triasiques au nord de la sierra Nevada.

mixte. Une étude détaillée de cette zone présenterait donc un grand intérêt au point de vue du raccordement des deux facies du trias.

Limite des chaînes anciennes et secondaires. — Nous avons déjà dit que cette limite était presque partout masquée par des recouvrements tertiaires, nummulitiques ou miocènes. Elle ne peut s'observer que près d'Alfacar, au nord de Grenade et près de Zaffaraya, à l'ouest de la sierra Tejeda. En ces deux points, on trouve des lambeaux de trias, peu développés, mais importants à noter, parce que des grès cristallins, analogues à ceux de Diezma, y sont intercalés dans des marnes rouges, semblables à celles de la région plus septentrionale.

Fig. 2. — Coupe prise près de Guevejar.

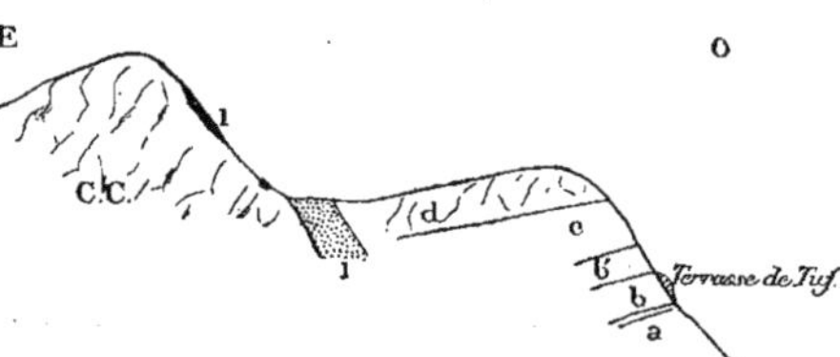

C.C. Calcaire cristallin.
1. Grès et marnes rouges triasiques plaqués dans les anfractuosités du calcaire cristallin.
a. Système du gypse.
b. Marnes multicolores.
b'. Marnes à *Melanopsis impressa*.
c. Marnes multicolores et cailloutis.
d. Tuf calcaire. (*Helix*, végétaux.)

A l'est de Guevejar, des marnes micacées lie de vin et des grès d'un rouge violacé, très micacés, sont plaqués dans les anfractuosités des calcaires cristallins (cambriens) qui se dressent au-dessus des collines miocènes. Dans le petit vallon de Calicosas, ces mêmes couches forment à la chaîne ancienne une bordure un peu plus étendue; mais bientôt, en amont, l'affleurement se termine en pointe, laissant des calcaires dolomitiques bien lités (probablement jurassiques) s'appuyer directement sur les calcaires cristallins.

Près de là, un banc de grès intercalé passe à de véritables quartzites.

L'affleurement du cortijo Azafranero, à l'ouest de la sierra Tejeda, est encore plus restreint et en partie masqué par le nummulitique. Il offre des caractères analogues et a été pour la première fois signalé par M. Macpherson.

Trias des chaînes subbétiques. — Là nous trouvons, avec tous ses caractères, le facies des marnes irisées du nord de l'Europe. Ce sont essentiellement des argiles bariolées, mais le plus souvent rouges, avec amas de gypse gris à veines blanches et lentilles plus ou moins étendues de calcaires noirs, de cargneules et de bancs dolomitiques. Dans toute la bande qui s'étend de Gobantes à Loja, ces couches sont très bouleversées, les rapports de superposition y sont le plus souvent difficiles à observer, et il ne semble pas possible d'y reconnaître un ordre constant de superposition comme en Souabe ou en Lorraine. Quelques grès rouges et quelques psammites s'y mêlent au sud d'Antequera. En face du peñon de los Enamorados, nous y avons observé une enclave de calcaire cristallin, rappelant ceux de Lanjaron et de la route de Diezma. Le sel n'y fait pas défaut; il est exploité à las Salinas et la présence en est signalée par M. Gonzalo y Tarin près de Loja. C'est aussi évidemment, comme nous l'avons dit, à un substratum triasique qu'est due la présence du sel dans les eaux du Lago Salado, à l'ouest de la ligne de Bobadilla à Cordoue.

Les plis multiples qui font reparaître plusieurs fois les mêmes couches ne permettent pas d'évaluer même approximativement la puissance du système. On peut toutefois affirmer qu'elle est considérable.

Les roches ophitiques y abondent sous forme de filons ou plus souvent de pointements isolés, en général de très peu d'étendue. Un seul de ceux que nous avons rencontrés près du cortijo [1] de las Perdrices, à l'ouest d'Antequera, forme un mamelon arrondi assez

[1] *Cortijo*, ferme.

IMPRIMERIE NATIONALE.

abrupt, semblable aux buttes ophitiques des Pyrénées. Les affleurements triasiques se poursuivent dans la plaine d'Archidona et, plus à l'est, jusqu'aux sources du Guadalhorce; on les retrouve à Villanueva del Rosario.

La bande de Priego, plus au nord, montre des couches analogues; on y trouve, au milieu des marnes bariolées, des amas de gypse, des bancs de grès rouge intercalés, et, à Priego même, il existe des sources salines. Au pied du village de Carcabuey, près du détour de la grande route, on voit, dans l'axe d'un pli anticlinal, un calcaire compact, noirâtre, en assises épaisses, contenant des silex et supportant le système des marnes irisées avec gypse. Par sa position, ce calcaire pourrait correspondre au muschelkalk, il ne nous a fourni que des empreintes très vagues de fossiles.

A la sierra de la Murgania et de los Billares, le trias renferme de la pyrite de fer et des cristaux de quartz bipyramidé d'une pureté et d'une régularité remarquables.

Dans ce qui précède, l'assimilation des couches en question au trias n'est fondée que sur leurs caractères minéralogiques. La position stratigraphique de la bande d'Antequera serait presque de nature à inspirer des doutes sur cette assimilation généralement admise. En effet, cette bande montre presque partout une stratification indépendante de celle des chaînes jurassiques qui la bordent au sud. Ses contournements plus nombreux peuvent, il est vrai, être le résultat de sa nature plus plastique, ou aussi être partiellement attribués à des actions secondaires de dissolution du gypse [1]. Il n'en faut pas moins supposer, pour expliquer l'indépendance de cette allure, que deux failles à peu près continues, en général masquées sous le tertiaire, bordent la bande au sud et au nord, ou qu'il y a discordance entre ces couches et les dépôts jurassiques.

[1] Nous ne parlons pas, volontairement, des bouleversements causés par les ophites; le rôle passif des ophites dans les mouvements mécaniques des couches ne nous semble pas plus contestable en Andalousie que dans les autres régions.

D'abord les arguments en faveur de l'âge triasique sont les suivants :

1° En suivant la bande de marnes jusqu'au nord de Loja, sur les bords du Genil, on les voit, au sud du Pradon, s'enfoncer régulièrement sous le lias et reparaître plusieurs fois dans les ondulations de la chaîne liasique des Hachos.

2° En suivant vers le N. E. la bande de Priego, on a trouvé près de Hornos, dans des calcaires intercalés, les fossiles caractéristiques du muschelkalk (*Gervillia socialis*, *Myophoria Goldfussi*).

3° Les plissements des sierras jurassiques font en plusieurs points apparaître un substratum de marnes rouges identiques à celles des bandes précitées ; et nous y avons trouvé à la partie supérieure, comme nous le dirons tout à l'heure, des fossiles caractéristiques du keuper.

En ce qui regarde une discordance possible des deux séries triasique et jurassique, il convient de dire tout d'abord qu'il faut se défier d'apparences semblables entre des masses marneuses et calcaires; nous aurons l'occasion de revenir sur ce point. De plus, dans les points où la superposition du jurassique au trias peut être observée (Gobantes, Enebral, Villanueva del Trabuco, Hachos de Loja), elle se fait en parfaite concordance. Il est vrai que les rares témoins jurassiques superposés à la bande marneuse sous la forme de collines calcaires isolées, par exemple la butte liasique qui s'élève à l'est de la station de Salinas, peuvent sembler plaider contre cette opinion : la stratification, bien marquée, des calcaires jurassiques n'est pas parallèle à la ligne de séparation des deux étages; ce ne sont pas les mêmes zones du lias qui sont partout en contact avec les marnes. Il faut supposer ou qu'il y a eu un enfoncement inégal de la butte dans son substratum marneux, ou qu'une partie des marnes qui l'entourent est remaniée, comme cela semble être le cas dans la tranchée qui va à la gare.

La question se pose plus embarrassante, quand on monte vers le nord, dans le bassin crétacé de Montefrio ou dans la bande triasique de Priego; dans l'une, les ravinements des vallées ont mis à jour sous le crétacé (chemin de Loja à Montefrio) des marnes et grès rouges gypsifères avec filons ophitiques; dans l'autre, des îlots crétacés reposent directement sur le trias, ainsi que cela est indiqué sur la carte de la province de Jaen par M. de Mallada, et ainsi que M. Kilian a pu le vérifier en se rendant de Montefrio à Cabra. Nous reviendrons sur cette difficulté en étudiant le crétacé.

Il nous reste à parler des affleurements moins étendus que les failles ou les plissements font reparaître au milieu des sierras jurassiques; ils prennent un intérêt spécial par suite des fossiles que nous y avons rencontrés.

La tranchée du chemin de fer de Malaga, entre Gobantes et El Chorro (avant le tunnel n° 9), traverse des marnes irisées qu'un double plissement fait buter au nord, par faille, contre des assises tithoniques; au sud, elles s'enfoncent régulièrement sous celles du lias. Elles forment une bande que l'on peut suivre assez loin vers l'est dans la montagne, et qui est remarquable par les ravinements et les glissements qu'elle a subis. A la partie supérieure, elles contiennent de petits bancs de gypse et se terminent par des bancs minces de calcaires brunâtres, marno-schisteux, dans lesquels nous avons recueilli : *Natica* cf. *gregaria* Schl. (abondant), *Myophoria* cf. *vestita* v. Alb. (4 exemplaires), *Lucina* sp., *Gervillia præcursor* Quenst. (couvrant la surface d'un banc), *Terebratula* sp., c'est-à-dire des espèces qui se rencontrent dans le keuper de l'Europe septentrionale.

Les affleurements analogues du cortijo d'Encbral et de Villanueva del Rosario ne méritent d'être cités, en dehors de leur position stratigraphique, que parce que nous y avons trouvé des fragments de roches ophitiques, nouvelle analogie avec ceux de la bande de Gobantes et d'Antequera.

A la sierra Elvira, les marnes irisées se montrent en deux points, près de Pinos Puente et dans l'anse qui s'ouvre au sud de la chaîne en face des Baños. Dans la première localité, elles affectent la forme d'argiles gréseuses et durcies, d'un rouge brunâtre. De nombreux filets gypseux y sont intercalés sur le versant septentrional. Elles se terminent en haut par des calcaires marneux, dolomitiques, d'un gris jaunâtre, qui contiennent des restes de fossiles assez mal conservés. Au-dessus, en parfaite concordance, viennent des calcaires noirs en petits bancs, bien lités, et une grande masse de dolomies, appartenant au lias. Le second affleurement contient également du gypse, déjà signalé par M. Gonzalo y Tarin, et un pointement ophitique; il bute à l'ouest, par une faille locale, contre les calcaires du lias moyen et supporte au sud, en parfaite concordance, des calcaires dolomitiques qui forment sans doute la base du lias. C'est peut-être le point où l'analogie avec les marnes irisées de Lorraine est le plus frappante. Nous avons pu y recueillir un échantillon de *Terquemia* (*Carpenteria*) *spondyloides* Goldf.

Enfin, nous devons encore signaler la colline à laquelle est adossé Villanueva del Trabuco et dont les marnes rouges et vertes, avec amas de gypse, forment un pointement isolé au milieu du nummulitique. Le gypse est là à l'état de véritable brèche, incontestablement remanié, sans doute par suite de dissolution et de recristallisation à courte distance : c'est le phénomène étudié par M. Gümbel et signalé par lui sous le nom de « gypse régénéré ».

Le gypse est exploité aussi sur les bords du Genil, au nord-ouest de Loja.

Résumé. — Sans parler donc du facies minéralogique, ni les arguments stratigraphiques ni les arguments paléontologiques ne font défaut pour classer définitivement dans le trias les marnes rouges d'Antequera et de Priego. L'hypothèse, d'ailleurs assez généralement abandonnée, qui voudrait faire résulter ce facies minéralogique si spécial d'un métamorphisme par les éruptions ophitiques, ne trouvera certainement pas de nouveaux appuis dans l'étude géologique détaillée de l'Andalousie.

C'est bien le vrai trias, avec son facies dit continental, qui se montre dans toute la zone des chaînes subbétiques. Dans la chaîne bétique au contraire, et notamment au sud de la sierra Nevada (Alpujarras, sierra de Gador), il semble que la prédominance des masses calcaires indique plutôt un type pélagique. On en connaît trop peu la faune pour rien affirmer, mais les restes organiques trouvés par M. Barrois sont un argument sérieux dans ce sens, et la présence du trias pélagique alpin aux Baléares et à Mora del Ebro rend très vraisemblable que la limite des deux facies se trouve précisément dans notre région.

Quant aux grès rouges du littoral, peut-être y aurait-il lieu de les rapprocher de ceux qui ont été signalés au Maroc; en tout cas, il convient de réserver encore la détermination de leur âge, qui pourrait être permien (voir le mémoire de MM. Michel Lévy et Bergeron).

Fossiles recueillis dans le trias.

Natica gregaria v. Schl. Trias supérieur, tranchées d'El Chorro à Gobantes.
Lucina sp. idem, idem.
Myophoria vestita v. Alb., idem, idem.
Gervillia præcursor Quenst. idem, idem.
Terquemia (Carpenteria) spondyloides Goldf. sp. Trias supérieur, sierra Elvira.
Terebratula sp. Trias supérieur, tranchées de Gobantes.

B. — TERRAIN JURASSIQUE.

Historique. — Les calcaires jurassiques, avec leurs rochers blancs et arides, prennent une part considérable dans la constitution des chaînes subbétiques. On verra que certaines de ces assises sont, dans quelques points, remplies des plus curieux fossiles. Il ne faut donc pas s'étonner si l'attention des voyageurs et des naturalistes s'est portée de bonne heure sur ce puissant système dont les représentants s'imposent en quelque sorte à l'observateur par la hardiesse des escarpements et l'aspect désert des montagnes qu'ils constituent. Aussi voyons-nous ce terrain mentionné dès les premières explorations faites en Andalousie.

En 1834, Cook signale la présence d'Ammonites jurassiques (*Am. Gori*) dans les calcaires gris foncé de la sierra Elvira; cette assertion fut reproduite par Ami Boué. L'année suivante, M. Traill (British Association, *Report of the fifth meeting at Dublin*, 1835) indique la présence du lias à silex dans le sud de l'Espagne. En 1842, Hausmann émet l'opinion que les calcaires blancs qui forment de puissants massifs au nord de la sierra Nevada, dans les montagnes de Jaen et près de Malaga, pourraient bien appartenir au terrain jurassique. D'après de Verneuil et Collomb (1857), M. Linera aurait le premier rencontré des Ammonites dans les calcaires jurassiques de la sierra de Abdalajis, ainsi qu'au col de los Alazores. Nos deux compatriotes eux-mêmes donnent enfin des renseignements précieux sur les divers étages jurassiques qui affleurent dans le sud de l'Espagne.

Cependant M. Maestre, dans sa carte géologique (1863), réunit sous la teinte du carbonifère inférieur les calcaires jurassiques du massif de las Cabras et les assises plus anciennes des environs d'Albunuelas.

La deuxième édition de la carte de de Verneuil et Collomb (1869) vint établir d'une manière définitive l'extension du jurassique en Andalousie. Depuis, les remarquables travaux publiés par le service de la carte géologique de l'Espagne ont apporté de nombreux documents à la connaissance de ce terrain[1].

[1] MM. Taramelli et Mercalli, qui ont parcouru la région affectée par les derniers tremblements de terre, l'ont également étudiée au point de vue géologique. Ils y citent des calcaires marneux rouges à *Harpoceras bifrons*, *radians*, *erbaense*, des marnes à *Harp. Murchisonæ*, et, terminant le jurassique, des calcaires roses ou verdâtres à *Pygope diphya*, *Perisphinctes contiguus*, *Phylloceras ptychoicum*, développés près d'Antequera.

C'est lui qui forme les principaux chaînons de la région subbétique, où ses crêtes arides émergent, comme des récifs, au milieu de dépôts en général plus récents. Dans cette série de bancs, où les horizons marneux fossilifères sont rares, nous avons été assez heureux pour découvrir l'existence de plusieurs étages dont on n'avait pas encore rencontré les représentants dans la contrée.

Nous avons de plus constaté que le jurassique revêt dans cette partie de l'Andalousie un facies essentiellement *alpin* ou plutôt, ce qui revient à peu près au même, *méditerranéen*. Il se relie ainsi aux terrains de même âge de la Sicile et de l'Italie, plutôt qu'à ceux du reste de l'Espagne, où paraît dominer le facies atlantique (province de Teruel, etc.).

1. — Infralias.

L'infralias est assez mal caractérisé dans la région; les fossiles y font entièrement défaut. Cependant nous croyons devoir rapporter à cet étage une série de couches qui nous ont paru supporter d'une façon constante les assises du lias et qui se distinguent, en général, facilement de leur substratum triasique.

Dans les tranchées du chemin de fer, entre les tunnels 8 et 9 de la ligne de Cordoue à Malaga, les marnes irisées sont surmontées par un lit d'argile verdâtre auquel succèdent immédiatement des calcaires grumeleux à Gastéropodes, que nous attribuons au lias. Entre les tunnels 10 et 12, ces marnes vertes apparaissent une seconde fois dans un ravin à l'est de la voie, où elles constituent la base du jurassique. On les observe aussi sur la côte, près du Palo.

Des cargneules surmontent les marnes triasiques près de Salinas où elles supportent des calcaires gris et des dolomies. Il en est de même près de Villanueva del Rosario et au cortijo Enebral où les calcaires jurassiques (lias) sont séparés des couches rouges du trias par des bancs de cargneules et de dolomies.

Aux Hachos de Loja, il existe, au contact des marnes irisées et du lias blanc à silex, une assise de cargneules surmontant des marnes vertes.

A la sierra Elvira, l'on observe également, derrière le village de Pinos Puente, une assise d'argile et de cargneules qui sépare les bancs liasiques des couches rouges du trias. On retrouve ces cargneules au second affleurement triasique de la sierra, près d'Atarfe. On voit également, dans ce massif, des calcaires blancs cristallins, qui pourraient appartenir aussi à l'infralias.

Entre Carcabuey et Cabra, la base du jurassique est occupée par des argiles verdâtres.

Enfin, près de Guevejar, les grès rouges du trias sont surmontés par des marnes verdâtres et des cargneules semblables à celles de Guevejar, de la sierra Elvira, de Loja et du cortijo Enebral.

Ces alternances de marnes vertes et de cargneules semblent donc former un terme constant à la base du lias, partout où l'on observe sa superposition directe sur le trias. De plus, ces couches, par leur composition minéralogique, rappellent celles de l'étage rhétien dans le midi de la France et spécialement en Provence.

Malgré l'attention particulière que nous y avons prêtée, nous n'avons pas su y découvrir de fossiles. Il faut ajouter que le facies de ces dépôts les relie très intimement à ceux du sommet du keuper, où nous avons signalé quelques fossiles marins.

2. — Lias inférieur et moyen.

La rareté des restes organisés, dans le massif de calcaires compacts qui se termine par les marno-calcaires à Ammonites du toarcien, ne nous a pas permis de séparer le sinémurien du liasien. Ces deux étages semblent se présenter sous le même aspect et leur délimitation respective demeure réservée à ceux qui auront plus de temps que nous à consacrer à cette étude.

A la sierra Elvira (voir pl. IV), la partie inférieure du lias est constituée par des calcaires noirâtres, compacts, assez puissants et bien lités. A l'est, du côté d'Atarfe, ils renferment de nombreux

IMPRIMERIE NATIONALE.

silex noirs. A l'ouest et au nord, des masses importantes de dolomies s'y intercalent. Des débris d'Encrines et des restes de Bivalves sont tout ce que nous avons pu y recueillir.

Sur ces couches reposent de gros bancs d'un calcaire à Entroques (*Pentacrinus*) très spathique, d'un gris brunâtre, dans lequel sont ouvertes de grandes carrières. On en distingue deux assises séparées par une suite de bancs compacts à silex, noirs, très régulièrement disposés et analogues à ceux de la base.

Les calcaires à Entroques contiennent, en certains points, des Bélemnites et de petites Ammonites indéterminables. Ils sont exploités sur le versant d'Atarfe. Viennent ensuite des calcaires rougeâtres à taches bleues et à structure bréchoïde, en gros bancs séparés par des lits de marnes rouges schisteuses. On y trouve des Ammonites (*Lytoceras*) mal conservées.

Enfin, au-dessus de ces calcaires et sous les couches à *Am. bifrons*, on exploite, à la sierra Elvira, des marno-calcaires schisteux, de couleur grise ou rosée, remplis d'Ammonites; on y trouve :

Am. algovianus Oppel, très abondant [1].
—— —— var. voisine de *retrorsicosta* Opp.
—— *Bertrandi* Kilian sp.
Ter. erbaensis Suess.

On sait que l'*Am. algovianus* caractérise le facies alpin du lias moyen (zone de l'*Am. margaritatus*). *Am. Bertrandi* se rencontre dans le *medolo* de la haute Italie, d'où M. Meneghini l'a figuré sous le nom d'*Am. algovianus*. En Souabe, il caractérise le lias moyen (lias δ, Quenstedt, *Der Jura*, pl. XXII, fig. 29). *Am. retrorsicosta* (*Am. obliquecostatus* Quenstedt, *pro parte*) se rencontre en Souabe dans la zone à *Am. margaritatus* (Mitteldelta de Quenstedt) et se retrouve dans le *medolo* de la Lombardie. *Ter. erbaensis* a été signalé dans les couches rouges d'Erba, qui renferment plu-

[1] La sierra Elvira a été signalée par de Verneuil et Collomb (1857) comme un gisement d'Ammonites jurassiques.

sieurs formes liasiennes. M. Zittel a cité cette espèce dans le lias supérieur de l'Apennin. Cependant M. Meneghini fait observer qu'on la rencontre surtout dans les calcaires inférieurs aux couches rouges du toarcien d'Erba, c'est-à-dire au sommet du lias moyen.

Il est donc probable, vu l'abondance de l'*Am. algovianus*, qu'il faut ranger ces couches dans l'étage liasien dont elles formeraient la partie supérieure.

A Alhama, un îlot jurassique, au milieu du miocène, montre la succession suivante, observable le long de la route de Loja, dans une gorge située entre la ville et les bains du même nom :

1° Une brèche, probablement miocène, qui se lie tellement aux couches jurassiques de la gorge, qu'il est très difficile d'indiquer avec précision le point où finit la brèche et celui où commence la roche en place;

2° Calcaires compacts, jaunâtres, à Bélemnites (n° 1 de la figure 3);

3° Calcaires semblables aux précédents, se débitant en fragments anguleux et renfermant *Am. ceras*, *Am. spiratissimus*, *Am. cylindricus;* cette dernière espèce est particulièrement caractéristique de la couche (n° 2 de la figure 3);

4° Marnes rouges et grises assez puissantes (n° 4 de la figure 3);

Fig. 3. — Coupe relevée entre Alhama et les Baños de Alhama.

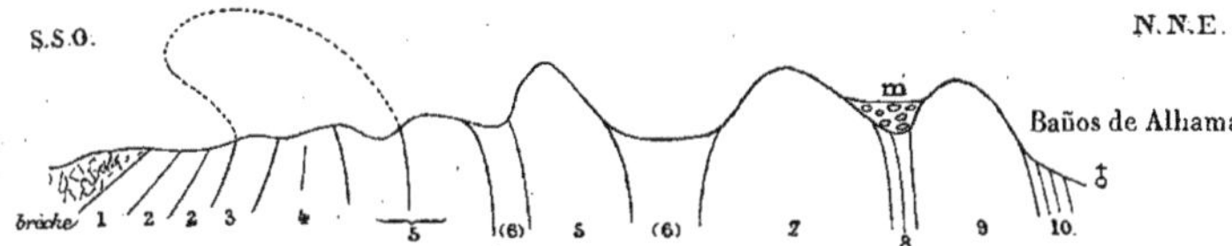

5° Calcaires à Entroques (n° 5 de la figure 3);

6° Calcaires compacts à Pentacrines et Rhynchonelles (n° 6 de la figure 3);

7° Calcaires (= 6°) alternant avec des marnes grises et des calcaires en plaquettes (n° 6 de la figure 3);

8° Calcaires compacts gris-blanchâtre et bancs de marnes (n° 7 de la figure 3);

9° Marnes grises et calcaires compacts contournés par places (n° 8 de la figure 3);

10° Calcaire d'un blanc grisâtre à petites taches brunes (n° 9 de la figure 3);

11° Calcaire gris compact alternant avec des marnes gréseuses (n° 10 de la figure 3);

12° Conglomérats miocènes.

Les couches sont à peu près verticales, avec un léger pendage vers le nord. Les premières assises, celles que l'on rencontre d'abord en venant de la ville, seraient alors les plus anciennes. Mais il se pourrait qu'il y eût renversement, ou encore une suite de plis successifs. Toute comparaison de détail avec la série de la sierra Elvira semble impossible. En tout cas, les seuls fossiles que nous ait fournis ce système (assise n° 3) : *Am. ceras, Am. spiratissimus* et *Am. cylindricus,* sont des formes caractéristiques du lias inférieur et moyen (couches d'Hierlatz) des Alpes orientales. Le niveau auquel ils appartiennent est inférieur à celui de l'*Am. algovianus.*

L'horizon des Baños de Alhama représente donc une zone différente de la zone fossilifère de la sierra Elvira et plus ancienne qu'elle.

Au voisinage de la station de Salinas, des calcaires jaunâtres, quelquefois brunâtres, subcristallins, qui affleurent sous les couches rouges du lias supérieur, sur le flanc d'une colline à l'est de la gare, nous ont donné :

Belemnites sp.
Arietites cf. *multicostatus* v. Hauer (*non* Sow.)
Pecten (*Amusium*) *Stoliczkai* Gemm.
Spiriferina rostrata Schl.
Pygope Aspasia Men., var.
Zeilleria cf. *Andleri* Opp.
—— *Partschi* Opp. sp.
Rhynchonella Dalmasi Dum.
—— *serrata* Sow.
—— *triplicata* Quenst.

On reconnaît là le facies méditerranéen du lias moyen, tel qu'il se présente en Sicile, en Italie et dans certaines parties des Alpes (couches à *Pygope Aspasia*). La présence d'*Arietites* dénote un niveau assez bas du liasien; peut-être même les calcaires de Salinas comprennent-ils en partie le sinémurien.

Près de Villanueva del Rosario s'élève une chaîne calcaire qui paraît, du moins partiellement, être constituée par le lias. Ce sont des calcaires blancs, oolithiques par places, mais généralement compacts, à cassure esquilleuse et renfermant des articles de Pentacrines, des Polypiers et des Échinides. Ces calcaires contiennent de nombreux rognons de silex (jaspe brun-rougeâtre). Ils reposent sur des dolomies à teinte foncée. Non loin du village (au N. E.), une petite butte de ces mêmes bancs blanc-jaunâtre, subcristallins, à cassure esquilleuse, d'aspect coralligène, présentant des rognons de silex, nous a fourni :

Rhynchonella bidens Phil.
—— *Bouchardi* Dav.
Hinnites velatus Goldf.
Nérinées.
Pentacrines.
Polypiers.

D'après leur faune, ces calcaires appartiennent encore au lias moyen; ils affleurent aussi au cortijo de los Busques.

C'est également au lias que nous rapportons les masses calcaires qui forment au nord de Loja une série de montagnes rocheuses dominant la ligne du chemin de fer. On peut voir, en montant vers le Pradon, ces calcaires durs et blancs, à rognons de silex, s'appuyer sur des dolomies, des cargneules et des marnes vertes qui couronnent à leur tour des assises triasiques bien découvertes dans la vallée du Genil. Le long de la voie ferrée, les calcaires blancs sont accompagnés d'une dolomie fissile de couleur blanchâtre[1]. On nous y a signalé des phénomènes de phosphorescence.

[1] M. Gonzalo y Tarin cite le lias à Agua Alta, au nord de Loja.

A la sierra de Hachuelo, au sud-ouest de Montefrio, le lias forme un îlot entouré de toutes parts de marnes néocomiennes et de *lauzes* crétacées. Il est constitué par des calcaires bien stratifiés, remplis de Bélemnites, avec fragments d'*Arietites* (*Am.* cf. *Kridion*). On y trouve aussi des Encrines.

La sierra Parapanda paraît être constituée presque en entier par les calcaires blancs du lias alternant avec des dolomies. On trouve dans les éboulis qui couvrent ses pentes de nombreux articles de *Pentacrinus* engagés dans une roche blanche, compacte, à cassure esquilleuse, en tout point semblable à celle de Villanueva del Rosario. Le *Rh. furcillata* typique a été recueilli par nous dans ces assises, qui appartiennent donc bien au lias moyen. Certains fragments de calcaires sont couverts de calices de *Phyllocrinus*. Ces formes, qui rappellent le *Phyllocrinus alpinus* d'Orb., de Chaudon, paraissent caractériser le lias moyen de la sierra Parapanda.

Les calcaires blancs à silex du sinémurien et du liasien se continuent dans les sierras Pelada et de Amiar. La route de Grenade à Jaen les traverse entre la venta de las Navas et Zegri.

3. — Lias supérieur.

Le toarcien, sans se montrer partout fossilifère, est certainement celui des étages jurassiques qui peut le plus facilement servir d'horizon en Andalousie. La présence de fossiles dans ses bancs, leur couleur souvent rougeâtre et la nature marneuse des assises en font un niveau caractéristique et permettent de le retrouver dans un grand nombre de points.

Historique. — Le lias supérieur avait été cité par M. Gonzalo y Tarin dans le nord de la province de Grenade; le savant ingénieur y a trouvé : *Bel. Bruguieri, Am. variabilis, Am. radians, Am. serpentinus, Am. Normannianus* (Montillana, Campotejar, etc.), *Am. Loscombi, Am. Levesquei* (?). D'après le même auteur, cet horizon se poursuivrait à Montejicar et à la Sagra.

Description des couches.

C'est au N. E. de Grenade que le toarcien atteint le maximum de son développement. A la sierra Elvira (voir pl. IV), il se compose des assises suivantes :

Substratum : Marno-calcaires avec *Am. algovianus, Ter. erbaensis*, etc.;

1° Calcaires gris très marneux : *Am. bifrons, Am. Levisoni, Am. radians;*

2° Calcaire gris-blanchâtre, marneux : *Am. subplanatus, Am. Mercati;*

3° Marnes grises à Ammonites pyriteuses : *Am. Nilsoni.*

Au-dessus affleurent les couches à *Am. Murchisonæ.*

Cette succession s'observe au N. O. d'Atarfe, lorsqu'on gravit la sierra vers le N. O.

Le lias supérieur existe en plusieurs autres points de la sierra Elvira, pincé dans les plis du calcaire à Entroques; on le retrouve très riche en fossiles le long de la faille qui traverse cette chaîne entre Atarfe et Pinos Puente; ses bancs sont exploités avec les calcaires du lias moyen entre la sierra et la ligne de chemin de fer, à l'ouest d'Atarfe.

Le toarcien existe également à l'état de couches rouges ammonitifères (*ammonitico rosso*) dans le massif de la sierra Parapanda [1], ainsi que le montrent des échantillons de l'*Am. bifrons* recueillis par de Verneuil et conservés dans sa collection à l'École des mines.

La nature marneuse des assises supraliasiques s'accentue encore dans les collines qui avoisinent Noalejo et Campotejar, sur la route de Grenade à Jaen. Entre la venta de las Brajas et Montillana, où de nombreux filons de roches ophitiques traversent ces couches, les calcaires gris marneux du toarcien renferment :

Ammonites bifrons Brug.
—— *crassus* Phil.
—— *Mercati* v. Hauer.

[1] M. Gonzalo y Tarin a recueilli à la sierra Parapanda l'*Am. variabilis.*

Les fossés et tranchées de la grande route permettent encore d'étudier les assises toarciennes entre la venta de las Brajas et Zegri; en deçà de cette dernière localité, on les voit reposer sur de puissantes assises de calcaire blanc à cassure esquilleuse que la route traverse. Après avoir franchi par un col ce massif calcaire, une faille fait reparaître les marno-calcaires toarciens à concrétions ferrugineuses; on y recueille : *Am. bifrons* Brug., *Am. Lilli* v. Hauer, *Am. communis* Sow., *A. mucronatus* d'Orb. La roche est colorée en rouge là où le calcaire domine; en un point on observe des filons d'ophite. En se rapprochant de la venta de las Navas et d'Iznalloz, ces calcaires marneux deviennent plus compacts, les marnes disparaissent bientôt, des silex se montrent dans la roche, et dans le voisinage de la venta apparaissent les calcaires blancs inférieurs, bien reconnaissables et largement développés.

Le lias supérieur existe aussi à la sierra Pelada, près de Montefrio d'où de Verneuil a rapporté :

Ammonites bifrons Brug.
—— *Mercati* v. Hauer.
—— *crassus* Phil.
—— *subnilsoni* Kilian.
—— (*Arietites*) sp.

La collection de Verneuil, déposée à l'École des mines, à Paris, contient également l'*Am. bifrons* provenant de Montefrio et de la sierra Elvira. Ces échantillons sont entourés d'une gangue marneuse rouge.

Au pied de la montagne de las Hoyas, dans le vallon du rio Frio, un peu à l'ouest de la grande route de Loja à Malaga, le toarcien est représenté par des dalles rouges fossilifères. Redressées contre les marbres blancs qu'elles surmontent et visibles sur une épaisseur de 12 à 15 mètres, elles renferment dans les parties marneuses :

Ammonites bifrons Brug., abondante.
—— *variabilis* d'Orb.
—— *Levisoni* Simpson.

A l'est de la station de Salinas, à Villanueva del Rosario et sur le chemin de Villanueva del Trabuco à la station de Salinas, nous avons retrouvé les mêmes assises marneuses rouges au-dessus du liasien à Brachiopodes; mais, dans cette partie, elles sont déjà moins fossilifères (Bélemnites, coupes d'Ammonites indéterminables). A Salinas et au cortijo de los Busques, elles renferment des silex.

Dans le petit massif isolé à l'ouest de Villanueva del Rosario, au-dessus du cortijo de los Busques, nous avons observé en deux points, notamment sur les bords du Guadalhorce, des calcaires très marneux, d'un gris blanchâtre, tout à fait analogues à ceux de la sierra Elvira et renfermant comme eux l'*Ammonites radians;* ils sont en relation avec des calcaires à *Rhynchonella triplicata* du lias moyen.

A l'est et au sud des affleurements que nous venons de mentionner, les caractères distinctifs des couches toarciennes deviennent de moins en moins nets, les fossiles semblent disparaître, et elles se fondent dans un même ensemble avec les couches plus anciennes ou même aussi avec celles qui les surmontent.

Pourtant, dans la chaîne du Torcal, au sud d'Antequera, au-dessous de la casa de los Picapadreros, des bancs de calcaires rouges en dalles, avec Ammonites et Bélemnites indéterminables, pourraient encore appartenir au même niveau toarcien. Ils vont se terminer en biseau au milieu d'un massif d'oolithes blanches très consistant. Nous avons vu de plus, dans la collection de M. Domingo de Orueta, à Malaga, un fragment d'*Harpoceras* provenant du nord de la province de Malaga et qui est probablement toarcien.

Mais, dans la coupe des tranchées de Gobantes et d'El Chorro (chemin de fer de Malaga, tunnel n° 9), on peut suivre toute la série des assises jurassiques entre le trias et le tithonique, sans y voir les dalles rouges ni aucun fossile toarcien; de même entre Alfarnatejo et Alfarnate. Plus au nord, entre Carcabuey et Cabra, M. Kilian a fait une remarque analogue. Enfin, dans les lambeaux jurassiques du littoral près de Malaga, le lias ne s'est pas déposé, ou il est confondu avec le reste du jurassique dans un ensemble uniforme et peu épais de calcaires compacts [1].

Pour le lias moyen et inférieur, la même remarque est applicable. Dans la tranchée d'El Chorro où, comme nous l'avons dit, le facies marneux rouge n'existe plus, on trouve encore le facies corallien sous forme de calcaires grumeleux, jaunâtres, à Natices et Nérinées, directement superposés à l'infralias, et d'oolithes cannabines blanches se reliant à des calcaires compacts; mais ce n'est là en tout cas qu'un représentant rudimentaire du lias inférieur de Grenade. On peut en dire autant des calcaires à Entroques et des calcaires blancs de la coupe de Carcabuey.

Ainsi il règne dans notre région une zone orientée du S. O. au N. E., à peu près parallèlement à l'axe de la chaîne bétique, où les conditions de dépôt du lias ont été spéciales, où il se montre plus puissant avec des assises plus fossilifères et mieux différenciées. Cette zone s'élargit au N. E., et, en même temps, la puissance des couches, la proportion des horizons marneux et fossilifères s'y accroît notablement; elle s'amincit, au contraire, au S. O. Elle se trouve en fait assez bien représentée sur notre carte par la série d'affleurements liasiques qui va du nord de Grenade au sud d'Antequera. Au N. O. et au sud de cette zone, les calcaires que, par analogie, on peut attribuer au lias, sont très réduits et très peu fossilifères. Là encore, comme pour le trias, on trouve donc un lien indéniable entre les anciennes zones de sédimentation et les zones montagneuses actuelles.

Résumé. — En résumé, les étages sinémurien et liasien sont représentés dans l'Andalousie méridionale par une série puissante de calcaires blancs très compacts, sillonnés de veines spathiques. Ces couches sont souvent coralligènes et renferment d'autres fois des rognons de silex en grande abondance. Les fossiles bien con-

[1] Ce sont probablement ces couches dont parle M. O. Fraas lorsqu'il indique dans la province de Malaga «du jura noir de couleur blanche» (Schwartzer Jura der weiss aussieht).

servés y sont rares et appartiennent presque exclusivement aux Brachiopodes. Les Céphalopodes sont des formes alpines des couches d'Hierlatz et d'Adneth.

Trois horizons fossilifères ont été reconnus par nous; ils se succèdent dans l'ordre suivant, de bas en haut :

1° Horizon des Baños de Alhama : *Phylloceras cylindricum, Arietites ceras, Ar.* cf. *spiratissimus*. Couches de la sierra de Hachuelo à *Belemnites* et *Arietites* cf. *Kridion;*

2° Niveau coralligène (zone de *Pygope Aspasia*) de Salinas et Villanueva del Rosario : *Arietites* cf. *multicostatus, Pygope Aspasia, Spiriferina rostrata, Rhynchonella Dalmasi, Rh. bidens*, etc.;

3° Horizon d'Atarfe à *Harpoceras algovianum* et *Pygope erbaensis*.

Le toarcien, caractérisé par des Ammonites du groupe de *Hild. bifrons* et *Levisoni* ne nous a montré plusieurs subdivisions qu'à la sierra Elvira (voir *ante*).

Liste des espèces recueillies dans le lias.

1° COUCHES DES BAÑOS DE ALHAMA ET FACIES À BRACHIOPODES.

Belemnites sp. Salinas. Sierra de Hachuelo près Montefrio. (Abondant.)
Phylloceras cylindricum Sow. sp. Baños de Alhama. (Assez commun.)
Arietites ceras Gieb. Baños de Alhama.
—— voisin d'A. **Kridion** Hebl. Sierra de Hachuelo.
—— cf. **multicostatus** v. Hauer (*non* Sow.). Salinas.
—— cf. **spiratissimus** (Quenst.) v. Hauer. Baños de Alhama.
Ammonites indéterminables. Sierra Elvira.
Natica sp. Tranchées du chemin de fer près d'El Chorro. (Très abondant.)
Nerinea sp. Même provenance. (Commun.)
Semipecten (Hinnites) velatus d'Orb. sp. Villanueva del Rosario.
Pecten (Amusium) Stoliczkai Gemm. Salinas.
Spiriferina rostrata Schl. sp. Salinas. (Assez commun.)
Zeilleria Partschi Opp. sp. Salinas.
—— cf. **Andleri** Opp. sp. Salinas. (Assez commun.)
Pygope Aspasia Menegh. var. **major** Zitt. Salinas.
Rhynchonella Dalmasi Dum. Salinas. (Commun.)

Rhynchonella bidens Phil. Villanueva del Rosario.
—— **Bouchardi** Dav. Même provenance.
—— **triplicata** Qu. Salinas. Los Busques.
—— **serrata** Sow. Salinas.
—— **furcillata** de Buch. Sierra Parapanda.
Pentacrinus sp. Partout.
Phyllocrinus cf. **alpinus** d'Orb. Sierra Parapanda. (Assez commun.)

2° COUCHES À *AM. ALGOVIANUS.*

Belemnites sp. Sierra Elvira.
Lytoceras sp. Sierra Elvira.
Rhacophyllites lariensis Menegh. sp. Sierra Elvira.
Arietites ceras Giebel. sp. Sierra Elvira.
Harpoceras algovianum Opp. sp. Sierra Elvira. (Très commun.)
—— **Bertrandi** Kilian. Sierra Elvira. (Assez commun.)
Pygope erbaensis Suess. Sierra Elvira.

3° LIAS SUPÉRIEUR.

Belemnites sp. Salinas. Noalejo.
Phylloceras sp. Sierra Elvira.
—— **Nilsoni** Hébert. sp. Sierra Elvira.
—— **subnilsoni** Kilian. Montefrio (coll. de Verneuil).
—— **sp.** Zegri.
Harpoceras radians Rein. sp. Sierra Elvira.
—— **sp.** Sierra Elvira.
Hildoceras Levisoni Simpson sp. Sierra Elvira, las Hoyas. (Commun.)
—— **Bayani** Dum. sp. Sierra Elvira.
—— **sp.** Los Busques, Sierra Elvira.
Hildoceras Mercati v. Hauer sp. Sierra Elvira, Montillana.
—— **bifrons** Brug. sp. Sierra Elvira, Montillana. (Commun.)
Hammatoceras insigne Schübl. sp. Las Hoyas, sp. Zegri.
Lioceras bicarinatum Qu. sp. Sierra Elvira.
—— **subplanatum** Opp. sp. Sierra Elvira. (Assez commun.)
Arietites (Lillia) Lilli v. Hauer. sp. Zegri.
Cœloceras mucronatum d'Orb. sp. Zegri.
—— **commune** Sow. sp. Zegri.
—— **crassum** Phil. sp. Montillana, Zegri.

4. — Dogger.

Au-dessus des couches précédentes, se trouve ordinairement un système de calcaires plus ou moins bien lités et très pauvres en fossiles. Ce n'est qu'avec les couches à *Am. acanthicus* du Torcal qu'apparaissent de nouveau des restes organisés déterminables. Aussi avons-nous été contraints de comprendre sous la dénomination un peu vague de dogger toutes les assises comprises entre ces deux zones.

Le bajocien est bien caractérisé à la sierra Elvira, où il est facile de le reconnaître au N. E. du village d'Atarfe, au-dessus des assises du lias supérieur, déjà mentionnées comme assez riches en fossiles. En gravissant les pentes de la sierra vers le N. E., on voit, au-dessus des couches marno-calcaires à *Am. radians, Am. subplanatus* et *Am. Levisoni,* affleurer des bancs peu épais d'un calcaire marneux gris-brunâtre assez dur, contenant des exemplaires de l'*Am. Murchisonæ.* Cette assise mesure 5 à 6 mètres; des calcaires en dalles, compacts et d'une teinte grisâtre, la surmontent. Nous y avons recueilli de nombreux silex bruns et rougeâtres. Les Ammonites mal conservées n'y sont pas très rares; M. Munier-Chalmas a reconnu l'*Am. Humphriesi* dans un fragment trouvé à la partie inférieure de ces couches. Les assises supérieures de ce groupe de bancs calcaires, qui peut avoir 16 à 20 mètres de puissance, sont recouvertes par des dolomies, puis par un massif de calcaire blanc, en partie bréchoïde et surmonté lui-même par le néocomien.

Au N. E. de la sierra Elvira, vers les limites des provinces de Grenade et de Jaen, nous avons recueilli au sommet des calcaires marneux de Montillana l'*Ammonites* (*Ludwigia*) *Murchisonæ* en échantillons typiques.

Enfin nous avons à signaler un troisième gisement de fossiles bajociens au-dessus de l'affleurement ancien du vallon du rio Frio, au pied de las Hoyas, à l'ouest de la route de Loja à Malaga (voir plus haut). La coupe, en ce point, est la suivante, de haut en bas :

1° Dalles rougeâtres à *Posidonomya alpina*[1] et *Harpoceras* sp. (pourrait être le *Harp. Murchisonæ*) mal conservé;

2° Calcaire rouge marneux avec *Am.* (*Hildoceras*) *bifrons* et *Am.* (*Hildoceras*) *Levisoni;*

3° Calcaire marbre blanc constituant la montagne de las Hoyas.

Fig. 4. — Coupe relevée au pied oriental de la montagne de las Hoyas, près de Loja.

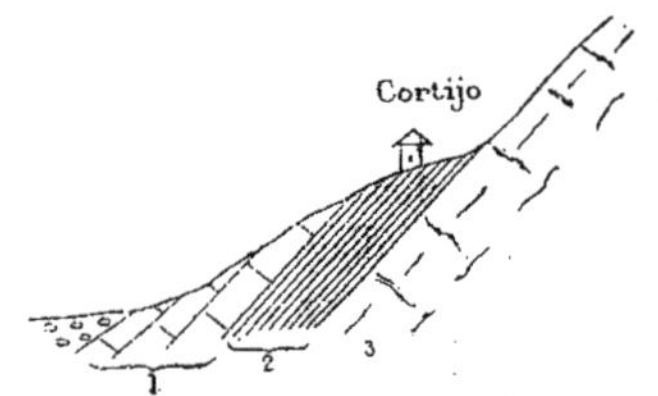

1. Dogger. — 2. Lias supérieur. — 3. Calcaire blanc.

En dehors de ces trois points, nous n'avons pas recueilli de fossiles déterminables appartenant à l'étage bajocien. Mais nous avons, dans plusieurs coupes, reconnu la présence de dalles calcaires très analogues à celles qui renferment, à la sierra Elvira, l'*Ammonites Humphriesi*. Elles sont surtout développées au S. E. de la bande liasique précitée, et leur position stratigraphique permet partout de les rapporter au dogger. Leur plus grand développement se

(1) La découverte de *Posidonomya alpina* en Andalousie vient encore accentuer le caractère alpin des assises jurassiques de la région bétique. On sait en effet, notamment d'après les travaux d'Oppel (*Ueber das Vorkommen von jurassischen Posidonomyen-Gesteinen in den Alpen*, Zeitschrift der deutschen geologischen Gesellschaft, 1862), que le *Posid. alpina* caractérise les couches dites de Klaus (Klausschichten, v. Hauer), qui, aux environs de Hallstatt, à Brentonico (Tyrol), dans les Alpes suisses, en Sicile (d'après Gemmellaro) et jusqu'aux Portes de fer (Swinitza), représentent le dogger supérieur (bajocien supérieur et bathonien). D'après M. de Tribolet, le *Posid. alpina* se rencontrerait associé avec *Am. Murchisonæ* à Iselten (Alpes bernoises). Cette espèce se rencontre en outre dans le bajocien de Bayeux, où elle est rare et, par myriades, dans l'oolithe inférieure des environs de Saint-Geniez (Basses-Alpes).

trouve à Alfarnate; on peut les observer facilement, sur le chemin qui va de la venta au village, formant un îlot au milieu du petit bassin nummulitique. Ces couches sont là manifestement superposées à des calcaires blancs compacts, qui recouvrent eux-mêmes des marnes rouges triasiques et doivent par conséquent représenter le lias. Elles sont pétries de débris d'Oursins et d'Encrines; leur prolongation sur la grande route de Malaga nous a fourni quelques Pentacrines et des Rhynchonelles indéterminables.

On les retrouve, avec le même caractère de calcaires grisâtres, compacts et bien lités, à gauche et à droite du chemin qui va de la venta de Zaff.raya à Alhama. Nous y avons recueilli des radioles incomplets de *Rhabdocidaris* et des débris de *Cidaris*, avec des fragments de Crinoïdes. Elles sont là surmontées par des dolomies; mais, entre elles et les terrains anciens de la sierra Tejeda, le lias, soit par faille, soit par transgressivité, semble presque complètement faire défaut. Nous mentionnerons encore ces mêmes bancs en dalles à l'ouest de Loja, dans un ravin à gauche de la route de Malaga, et sur le versant nord du peñon de los Enamorados. Nous n'y avons trouvé que des débris informes de coquilles. A Loja, quelques petits lits de marnes feuilletées s'y intercalent.

Si imparfaitement que soit encore caractérisé ce niveau, il semble assez constant dans une partie de la région et pourra peut-être fournir un point de repère utile à des études ultérieures. Il est, en général, surmonté par une grande masse de calcaires blancs, compacts et moins bien stratifiés, qui représentent le malm. Au S. O., ce facies blanc compact s'étend à tout le jurassique jusqu'au tithonique; il est donc important de citer encore la chaîne du Torcal, qui occupe au sud d'Antequera une position intermédiaire et montre le passage entre les deux facies. Au-dessous de la casita de los Picapadreros, on trouve, ainsi que nous l'avons dit, des calcaires blancs compacts, avec *Aptychus*, Pentacrines et Polypiers, que nous rapportons au lias moyen, puis des dalles rouges à Ammonites, équivalent de l'*ammonitico rosso* (lias supérieur); plus haut, des calcaires gris compacts, bien lités, analogues à notre dogger, surmontent un nouveau massif de couches blanches et oolithiques; enfin une série de calcaires grumeleux et bréchiformes à *Ammonites acanthicus* termine la série. L'intérêt particulier de cette coupe, dont une plus longue étude permettrait sans doute de définir avec plus de précision les différents niveaux, c'est qu'on peut voir à peu de distance toutes ces couches se terminer en biseau et se fondre dans un massif oolithique unique. On s'explique bien ainsi comment, un peu plus à l'ouest, dans la coupe déjà citée du tunnel d'El Chorro, on ne trouve entre le lias à Nérinées et le tithonique qu'un massif unique de calcaires blancs, sans qu'il y ait lieu pour cela de recourir à des lacunes et à des émersions successives.

Il est bien curieux de trouver au sud de ce point, c'est-à-dire dans la région où l'on devrait s'attendre, par continuité, à trouver les assises de moins en moins différenciées, un affleurement de bathonien fossilifère. Le fait est d'autant plus remarquable que les gisements bathoniens sont particulièrement rares dans toutes les régions alpines dont la nôtre semble le plus se rapprocher.

C'est sur la voie de Bobadilla à Malaga, dans la tranchée de sortie du tunnel n° 11, un peu avant la station d'El Chorro, que nous avons recueilli ces fossiles bathoniens. Ce sont :

Heligmus polytypus Desl.
Terebratula circumdata Desl.
Rhynchonella cf. *varians* Schl. (Abondante.)

Ils sont engagés dans des calcaires compacts, jaunâtres, à taches bleues, entremêlés irrégulièrement de filets de marnes d'un gris verdâtre. Ces calcaires présentent en certains points une structure bréchoïde très spéciale; ils forment un grand escarpement contre lequel s'appuient les dépôts nummulitiques. La présence de l'*Heligmus polytypus*, cette coquille si caractéristique du bathonien de la Normandie et de la Provence, ne permet de conserver aucun doute sur l'âge bathonien des couches en question.

Il n'est pas vraisemblable que ce gisement bathonien soit unique dans la région. Il faut espérer que de nouvelles recherches permettront de constater d'autres fossiles du même étage au sommet des calcaires bien lités, attribués plus haut d'une manière générale au dogger.

Résumé. — Malgré la grande rareté des restes organisés, on peut distinguer en Andalousie dans le jurassique moyen :

1° Des couches à *Harp. Murchisonæ* et des bancs à *Steph. Humphriesi* représentant le bajocien. Les premières renferment, comme dans les Alpes, *Posidonomya alpina;*

2° Des bancs à *Rhynchonella* cf. *varians, Heligmus polytypus, Terebratula circumdata* Desl. (horizon d'El Chorro) qui sont à rapporter au bathonien.

Liste des espèces recueillies dans le dogger.

1° BAJOCIEN.

Harpoceras (Ludwigia) Murchisonæ Sow. sp. Sierra Elvira, Montillana.
Harpoceras (Ludwigia) sp. Las Hoyas.
Stephanoceras Humphriesi Sow. Sierra Elvira.
Posidonomya alpina Gras. Las Hoyas. (2 exemplaires.)

2° BATHONIEN.

Belemnites sp. Tranchée du chemin de fer près d'El Chorro.
Heligmus polytypus Desl. Même gisement.
Terebratula circumdata Desl. Même gisement.
Rhynchonella cf. **varians** Schl. Même gisement. (Abondant.)
Rhynchonella sp. Même gisement.

5. — Jurassique supérieur (malm)[1].

Les assises comprises entre le dogger et les couches à *Pygope diphya* occupent en Andalousie de vastes surfaces et entrent cer-

[1] «Weisser Jura der roth aussieht» (O. Fraas).

IMPRIMERIE NATIONALE.

tainement pour une grande partie dans la constitution des sierras calcaires que nous avons signalées. Malgré ce grand développement, il est malheureusement fort malaisé de découvrir, dans ces puissants massifs de calcaires blancs, des bancs qui puissent fournir quelques fossiles et donner au stratigraphe des renseignements précis sur le niveau exact des différentes assises.

Ce n'est qu'en un seul point, au Torcal, près d'Antequera, que nous avons eu la bonne fortune de recueillir une série de Céphalopodes en assez bon état pour être déterminés et nous révéler l'existence de l'horizon à *Am. acanthicus* dans les chaînes subbétiques. Les calcaires bréchoïdes et rosés du tithonique passent à leur partie inférieure à des bancs grisâtres également bréchoïdes qui constituent au sommet du Torcal Alto une suite d'entablements fort curieux. Ces roches, altérées par les érosions, ont donné lieu à un dédale d'un aspect très pittoresque; on peut errer des heures entières dans ce chaos fantastique, bien connu des touristes qui fréquentent le pays, et ce n'est pas sans profit que le géologue visitera ce plateau étrange, remarquable exemple de la puissance des agents atmosphériques qui ont en quelque sorte sculpté là des assises de marbre d'une assez grande dureté.

Les calcaires grisâtres[1] régulièrement stratifiés du Torcal Alto renferment, surtout dans leurs parties grumeleuses, de nombreuses Ammonites; nous y avons récolté les espèces suivantes :

Belemnites (*Hibolites*) sp.
Ammonites (*Phylloceras*) aff. *saxonicus* Neum.
—— (*Phylloceras*) sp.
—— (*Haploceras*) cf. *Fialar* Opp.
—— (*Rhacophyllites*) *Loryi* M.-Ch.
—— (*Perisphinctes*) *Navillei* Favre. (*regalmiciensis* Gemm.)
—— (*Perisphinctes*) *Airoldii* Gemm.
—— (*Simoceras*) *torcalensis* Kilian.
—— (*Simoceras*) *agrigentinus* Gemm.

[1] C'est sans doute du Torcal que veulent parler de Verneuil et Collomb, lorsqu'ils citent (1857) aux environs d'Antequera un gisement d'Ammonites jurassiques.

Ammonites (Aspidoceras) hominalis E. Favre.
—— *(Aspidoceras)* sp.
—— *(Oppelia)* sp.

Vers la base[1], on voit très nettement les bancs à *Ammonites Loryi,* etc., passer latéralement à une couche blanche bien cimentée qui forme de grandes lentilles dans le reste de la sierra Torcal. Au-dessous, on rencontre vers la casita de los Picapadreros des calcaires bien lités suivis de nouveaux massifs oolithiques que nous attribuons, sous toutes réserves, au dogger.

La collection de Verneuil nous a fourni trois Ammonites du Torcal : une forme du groupe des *Perisphinctes,* très mal conservée, une autre qui peut se rapporter à l'*Am. compsus* et un joli échantillon de l'*Am. Fouquei* (voir plus bas). M. Linera mentionne le Torcal en le qualifiant de « un verdadero laberinto de Creta »; on trouve au Camorro, dit-il, un calcaire à Ammonites et à Térébratules qui sert à faire des plaques de marbre pour les tables. M. de Orueta (1872) signale au pied du Torcal un grès dans lequel, d'après lui, se rencontreraient en abondance les *Gryphæa virgula* et *Ostrea deltoidea.* Ce grès supporterait le tithonique à *Ter. diphya.* Il ne nous a pas été possible de retrouver cette assise, dont l'existence nous paraît fort douteuse en cet endroit. L'indication de M. de Orueta doit être basée sur une erreur de détermination.

Ce même géologue nous a montré, à Malaga, plusieurs exemplaires de l'*Ammonites (Aspidoceras) perarmatus,* qui proviennent du Torcal Alto.

Le labyrinthe du Torcal a fait l'objet, dans le *Quarterly Journal,*

[1] Dans les Basses-Alpes, près de Saint-Geniez, le tithonique à *Ter. janitor* repose sur des calcaires bréchoïdes analogues à ceux du Torcal Alto et renfermant une faune très voisine. Au-dessous, apparaissent les couches à *Am. polyplocus.* Notons également que la faune du Torcal Alto est la même que celle que M. E. Favre a signalée aux Voirons et dans les Alpes fribourgeoises (zone de l'*Am. acanthicus*); c'est également celle qui caractérise les couches immédiatement inférieures au tithonique en Sicile et en Italie (Gemmellaro).

de la part de M. de Orueta, d'une description détaillée, plus topographique que géologique. L'auteur figure trois Ammonites jurassiques recueillies dans cette chaîne et appartenant au malm. Ces coquilles ont été déterminées par M. Etheridge, qui a cru y reconnaître :

Ammonites Achilles (fig. 1).
—— *transversarius* (fig. 2).
—— *perarmatus* var. *catena* d'Orb. (fig. 3).

Dans une discussion qui suivit la présentation de cet article à la Société géologique de Londres, M. Blake émit l'opinion que ces Ammonites se rapportaient à des espèces crétacées.

Il résulte de nos déterminations que la figure 1 se rapporte à l'*Am. agrigentinus* Favre (*non* Gemm.) des couches à *Am. acanthicus* du Torcal Alto. Nous avons recueilli au Torcal un exemplaire de cette espèce, que nous distinguons de celle de Gemmellaro sous le nom de *Simoceras torcalense* nov. sp. Nous attribuons la figure 2 à une forme souvent rapportée à l'*Am. transversarius* Quenst. (*Toucasianus*) d'Orb. et figurée sous ce nom par Gemmellaro (*Sobra alcune faune giurese e liasiche;* pl. XIII, fig. 1, 2, et pl. XXI, fig. 16). Elle se distingue de l'*Am. transversarius* par des côtes moins nombreuses et plus droites. Nous proposons de lui donner le nom de *Peltoceras Fouquei* nov. sp. (Kilian). Enfin, l'Ammonite représentée par la figure 3 n'est pas l'*Am. perarmatus;* elle se rapproche de l'*Am.* (*Aspidoceras*) *dornacensis* Favre.

Auprès du Torcal, et le long de la route d'Antequera à Malaga (villa Carretera), nous avons recueilli dans un calcaire rose, bréchoïde, un Polypier de grande taille. M. Koby, auquel nous l'avons communiqué, nous dit que l'échantillon, tout à fait déterminable, est bien certainement le *Calamophyllia flabellum* Blainv., qui caractérise, dans le Jura bernois, l'épicorallien et l'astartien.

Nous n'avons pu consacrer qu'une journée à l'étude du Torcal; il serait bien important d'y retrouver et d'y préciser la position des assises où M. D. de Orueta a recueilli un échantillon d'*Ammonites perarmatus*, qui figure dans sa collection. Il n'est pas étonnant que dans une course unique elles nous aient échappé, et même que nous ayons pu traverser la série complète du massif sans passer auprès d'elles. En effet, comme nous l'avons déjà fait remarquer pour le lias et le dogger de la même localité, toutes les couches grumeleuses et bien litées du massif sont lenticulaires; on voit ainsi, au milieu des bancs réguliers à Ammonites, surgir brusquement, comme des récifs, des masses oolithiques et compactes à stratification confuse. Quelquefois les bancs plus marneux vont s'y terminer en biseau; d'autres fois il y a passage latéral insensible, les bancs augmentant peu à peu de compacité et se chargeant d'Encrines au voisinage du récif.

Fig. 5. — Coupe dans la chaîne, au sud de la villa Carretera, près Antequera.

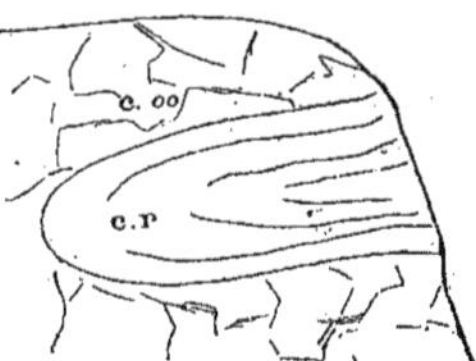

c. oo. Calcaire oolithique.
c. r. Calcaire marneux se terminant en biseau.

La chaîne du Torcal est la seule où nous ayons constaté ces intercalations ammonitifères dans le malm. Partout ailleurs, il est représenté par des calcaires blancs compacts, à peu près sans fossiles, parfois oolithiques et souvent difficiles à distinguer de ceux du lias moyen. C'est dans la sierra de las Cabras, au sud de Loja, qu'ils acquièrent leur plus grand développement. Ils forment uniformément toute la chaîne, en dehors de l'axe de quelques plis anticlinaux et synclinaux qui laissent apparaître les calcaires bien lités du dogger, ou le tithonique avec le néocomien[1]. Leur

[1] M. Gonzalo y Tarin mentionne dans ce massif jurassique, au sud de Loja, un calcaire à grains de quartz, que nous n'avons pu découvrir.

épaisseur ne peut y être évaluée à moins de deux ou trois cents mètres.

Plus au sud, dans la sierra de Zaffaraya, leur épaisseur est moindre, ou du moins il s'y intercale des assises puissantes de dolomies. On y rencontre çà et là quelques Rhynchonelles mal conservées. Ces calcaires blancs prennent parfois une apparence coralligène bien accentuée; au-dessus du cortijo de Guaro, ils contiennent des Polypiers et des Nérinées en mauvais état; à Zaffaraya, quelques coupes de Gastéropodes; entre Villanueva del Rosario et Alfarnate, nous y avons trouvé des Polypiers et des Échinides. Ils sont oolithiques près de Montefrio, sur le chemin de Loja. Leur partie supérieure est tantôt recouverte par le tithonique, tantôt par le néocomien. Nous ne croyons pas que ce soit là le résultat d'une transgressivité, mais bien de passages latéraux ou de glissement des assises marneuses. En tout cas, près du cortijo de Carrion, au S. O. de Zaffaraya, nous avons extrait un radiole d'*Hemicidaris crenularis* de bancs compacts dont on voit la partie supérieure passer latéralement au tithonique.

Nous ajouterons que nous avons trouvé dans la collection de Verneuil un échantillon de l'*Ammonites bimammatus*, indiqué comme provenant des environs de Cabra. La gangue qui l'entoure est rouge. Il y a là une indication précieuse pour de nouvelles recherches. M. Kilian n'a eu l'occasion de voir dans cette localité que des calcaires oolithiques blancs surmontés par le tithonique.

Résumé. — Les couches comprises entre l'horizon à *Am. Humphriesi*, ou même entre le lias supérieur et les assises à *Am. transitorius* et à faune tithonique (klippenkalk), sont très pauvres en fossiles. Elles se confondent en une succession de calcaires blancs très durs, présentant çà et là (Torcal, Cabra, Baños de Vilo) des accidents coralligènes [1].

[1] Hausmann, dont les observations ont le cachet d'une grande exactitude, avait remarqué déjà ces assises particulières et en avait deviné la nature. C'est avec une grande sagacité que, dès 1842, il attribuait l'aspect particulier des

Les fossiles recueillis en un point permettent d'affirmer que la partie supérieure de cet ensemble d'assises correspond au niveau de l'*Am. acanthicus* (zone à *Am. tenuilobatus* et *polyplocus*). Les calcaires blancs sont, aux environs de Zaffaraya, intimement liés aux assises tithoniques [1], et la présence dans leurs bancs d'un radiole qui, d'après M. Cotteau, appartient très probablement à l'*Hemicidaris crenularis*, nous rappelle les calcaires de Stramberg, de Rougon et d'Inwald.

De plus, la présence en Andalousie de deux horizons fossilifères inférieurs, ceux de l'*Am. perarmatus* et de l'*Am. bimammatus*, résulterait de l'étude des échantillons conservés dans la collection de M. de Orueta, à Malaga, et dans la collection de Verneuil, à l'École des mines [1].

Liste des fossiles recueillis dans le jurassique supérieur.

Belemnites (Hibolites) sp. Torcal Alto.
Aptychus, du groupe de **punctatus** Voltz. Col de Zaffaraya.
——— lamelleux. Illora.
Phylloceras cf. **saxonicum** Neumayr. Torcal Alto.
Phylloceras sp. Torcal Alto.
Rhacophyllites Loryi Mun.-Ch. sp. Torcal Alto.
Haploceras cf. **Fialar** Oppel sp. Torcal Alto.
Haploceras sp. Torcal Alto.
Perisphinctes Navillei Favre (= **regalmiciensis** Gemm.) Torcal Alto.
——— **Airoldii** Gemm. Torcal Alto.
Perisphinctes sp. Casita de los Picapadreros.
Simoceras torcalense Kilian. Casita de los Picapadreros.
Simoceras sp. voisin de **contortum** Neum. Casita de los Picapadreros.
——— cf. **agrigentinum** Gemm. Cabra. (Coll. de Verneuil.)
Oppelia compsa. Torcal. (Coll. de Verneuil.)
——— **Holbeini** Opp. sp. Cabra. (Coll. de Verneuil.)

sierras calcaires qui occupent la limite des provinces de Grenade et de Jaen à la nature *coralligène* (*corallische* Gruppe des Jura) de ces roches, qu'il semble rapporter au terrain jurassique.

[1] D'après M. Macpherson, le jurassique de la province de Cadix aurait une composition presque identique à celle que nous indiquons ici.

Aspidoceras hominale E. Favre. Espèce voisine de *Asp. acanthicum*. Torcal Alto.
Aspidoceras sp. Torcal Alto.
Oppelia sp. Torcal Alto.
Peltoceras Fouquei Kilian. Torcal Alto. (Coll. de Verneuil.)
(= *P. transversarium* Gemm. *pro parte.*)
——— **bimammatum** Quenst. sp. Cabra. (Coll. de Verneuil.)
Nérinées. En coupes dans beaucoup de points.
Rhynchonella sp. Col de Guaro (sierra de Zaffaraya).
Hemicidaris crenularis Lam. Col de Guaro.

M. Mallada (*Synopsis*, etc.; Boletin XI, 1884) cite en outre :

Belemnites hastatus Blainv., de Loja et d'Alhama.

6. — Tithonique.

COUCHES À *PERISPHINCTES TRANSITORIUS* ET *PYGOPE DIPHYA*.

Historique. — Nous arrivons à un étage connu et cité depuis longtemps en Andalousie; les assises fossilifères du tithonique peuvent être regardées à juste titre comme l'horizon le plus constant et le plus riche en restes organisés des terrains secondaires dans la contrée qui nous occupe. On peut dire que les calcaires à *Pygope diphya* et *Am. transitorius* n'ont échappé à aucun des géologues qui ont visité la région.

De Verneuil, en particulier, a réuni une belle série de fossiles dans ce terrain. Dans la deuxième édition de sa carte de l'Espagne, il a distingué, à la suite d'un voyage fait avec M. E. Favre, le tithonique à Cabra, à Illora et près d'Antequera. Dans la notice qui accompagne cette carte, il cite dans le tithonique à *T. diphya* de Cabra : *Aptychus latus*, *A. lamellosus*, *Ammonites ptychoicus*, *Am. silesiacus*, *Am. Calisto*, *Am.* cf. *plicatilis*. M. de Orueta a essayé, sur sa carte de la partie septentrionale de la province de Malaga, de séparer le tithonique du jurassique proprement dit. On doit savoir gré au géologue de Malaga d'avoir tenté cette distinction fort difficile à établir sur le terrain. Nous ferons seulement remarquer que son étage tithonique, tel que sa carte le limite, englobe une partie des lambeaux crétacés de la région.

M. Mallada signale, comme présentant de beaux affleurements de tithonique : cerro de las Monjas (au S. S. E. de Loja), Carcabuey, Priego, sierra de las Cabras, gordo de Santa Lucia, sierra de Marchamonas, environs d'Antequera. Quelques-uns de ces affleurements ont été étudiés par M. Mallada. Enfin le même auteur a fait figurer dans le *Synopsis* un nombre considérable de types empruntés au tithonique d'Andalousie.

Description des couches.

Les calcaires tithoniques sont généralement durs et compacts, à structure bréchoïde, marmoréens; ils sont souvent colorés en rouge par de l'oxyde de fer. Par la nature spéciale de la roche et la conservation des restes organisés, ils rappellent exactement les assises du même horizon qu'on rencontre aux Baléares, en Provence, dans les Alpes françaises et autrichiennes, aux Sette Communi, dans les Carpathes, les Apennins, la Sicile et l'Algérie. La ressemblance des calcaires tithoniques de Loja avec ceux des Baléares et des Sette Communi (Italie), par exemple, est telle que, sans les indications de provenance, il serait impossible d'en distinguer des échantillons pris au hasard.

Dans notre champ d'exploration, c'est sans contredit à Loja que ces couches peuvent être le mieux étudiées, près des sources du Manzanil (Monachil de certaines cartes), au cerro de las Monjas, à trois kilomètres de la ville. Si l'on suit la grande route de Loja à Grenade et que, près du cimetière, on prenne à droite le sentier qui, à travers la sierra de las Cabras, se dirige vers Zaffaraya, l'on ne tarde pas à quitter les cailloutis tortoniens qui forment le sous-sol du cimetière pour longer le bord de la sierra jurassique. On aperçoit d'abord (voir la coupe figure 7) de gros bancs de calcaires blancs compacts à cassure esquilleuse. En suivant le ruisseau, l'on voit bientôt que ces calcaires recouvrent des dolo-

IMPRIMERIE NATIONALE.

mies blanches très puissantes. Ces dolomies forment une voûte dont l'axe est constitué par des bancs de calcaire marneux. En remontant vers la source, on coupe la retombée méridionale de la voûte, qui est assez brusque; au delà de la Papeterie et près de la source, les couches deviennent presque verticales (voir fig. 7), et aux calcaires blancs succèdent des assises marneuses grises à *Am.* (*Phyll.*) *infundibulum* pincées en éventail. Ces marno-calcaires affleurent dans les champs, sur la rive droite du cours d'eau; les blocs, épars et faciles à briser, nous ont fourni *Am.* (*Holcostephanus*) *Astieri* et d'autres espèces néocomiennes. Les assises à *Am. infundibulum* et *Astieri* reposent de la manière la plus nette, en concordance et sans intermédiaire, sur les calcaires tithoniques exploités comme pierre de taille dans une carrière située à la source même du Monachil. Le contact du tithonique et du néocomien s'observe dans la carrière, à gauche de la source. Les calcaires tithoniques sont blancs, rosés, bréchoïdes, se débitant en dalles. Certains bancs sont fortement tachés de rouge et séparés par de minces délits marneux à structure rognonneuse; ces petites couches sont parfois couleur lie de vin très prononcée.

On récolte abondamment :

Aptychus Beyrichi Opp.
——— *punctatus* Voltz.
Am. (*Lytoceras*) *quadrisulcatus* d'Orb.
Am. (———) *municipalis* Opp.
Am. (*Phylloceras*) *ptychoicus* Qu.
Am. (———) *silesiacus* Opp.
Am. (*Perisphinctes*) *transitorius* Opp.
——— (———) *rectefurcatus* Zitt.
——— (———) *geron* Zitt.
——— (*Hoplites*) cf. *privasensis* Pictet, etc.

à côté d'un grand nombre d'autres espèces dont on trouvera la liste à la fin de ce chapitre. Nous avons trouvé dans les bancs rouges plusieurs échantillons de *Pygope diphya* et *P. triangulus*. Un banc de calcaire blanc s'est montré particulièrement riche en *Am.*

(*Holcostephanus*) *Grotei* Opp., *Am.* (*Aspidoceras*) *longispinus* Sow. sp., *Am.* (*Hoplites*) *Vasseuri* Kilian, *Am.* (*Hoplites*) *Malbosi* Pictet.

En suivant le chemin qui conduit à Zaffaraya, on voit en plusieurs points les calcaires tithoniques très fossilifères, avec *Am. ptychoicus*, *Am. elimatus*, *Am. transitorius*, etc., former des éminences au milieu des couches marneuses néocomiennes qui les entourent. Il en résulte des apparences de discordance entre ces deux systèmes.

Fig. 6. — Plan du gisement fossilifère de Loja.

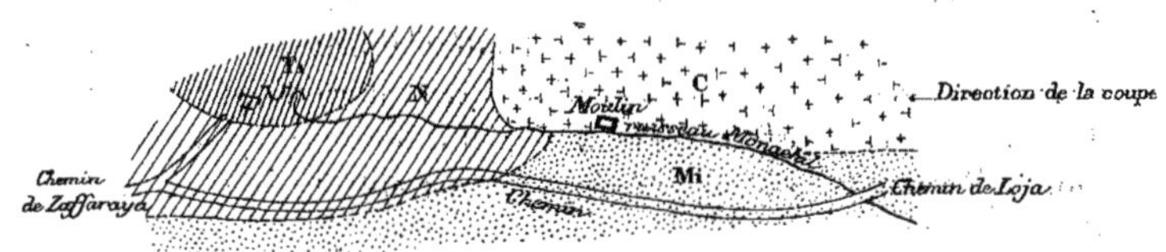

N *Néocomien* Ti *Tithonique* C *Calc. blanc* Mi *Miocène*

∩ Source. — ⊽ Carrière. — ┬ Point fossilifère.

Fig. 7. — Coupe au S. E. du cimetière de Loja.

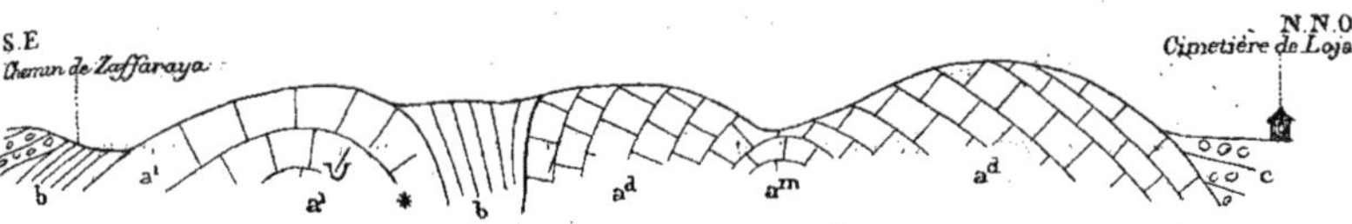

a^m. Calcaire blanc marneux.
a^d. Dolomies blanches et calcaire blanc.
a^1. Calcaires tithoniques à *T. diphya*, fossilifères.
b. Néocomien marno-calcaire à *Am. infundibulum* et *Am. Astieri*.
c. Graviers miocènes.
⊽ Carrière.
* Source du Monachil (Manzanil).

Le tithonique reparaît dans plusieurs synclinaux du massif jurassique qui atteint, au sud de Loja (sierra de las Cabras), l'altitude de 1,644 mètres.

M. Gonzalo y Tarin [1] a signalé dans les sierras de las Cabras et gordo de Santa Lucia :

Am. ptychoicus.
—— *isotypus.*
—— *arduennensis.*
—— *silesiacus.*
—— *liparus* et *arolicus* (?).

Non loin du hameau de las Chozas, en gravissant la sierra située à l'est, on ne tarde pas à rencontrer les bancs calcaires fossilifères du tithonique avec *Am. ptychoicus, Am. Chalmasi, Am. sutilis, Am. biruncinatus,* etc. Ces assises passent latéralement à des calcaires marneux jaunâtres, dont le caractère essentiel est d'être très noduleux [2]. Cette transformation est des plus nettes, car les couches sont entièrement à découvert ; elle est importante à noter, car nous allons retrouver les couches noduleuses sous le néocomien à *Am. Tethys* près du col de Zaffaraya. Ces couches noduleuses passent aussi insensiblement, près de Zaffaraya, à des calcaires blancs (*Hemicidaris crenularis*) coralligènes.

C'est au tithonique qu'il faut rapporter les calcaires qui affleurent sur le versant sud de la sierra de Zaffaraya et qui paraissent recouvrir une masse puissante de calcaires blancs et de dolomies (col de Guaro). Nous avons recueilli, au-dessus du hameau de

[1] M. Gonzalo y Tarin a recueilli dans le tithonique de Loja :

Am. mediterraneus.
—— *transitorius.*
—— *municipalis.*
—— *Groteanus.*
—— *quadrisulcatus.*
—— *silesiacus.*
—— *Kœllikeri* (?)
—— *Erato* (?)
Bel. hastatus.

Au cortijo de Azafranero :

Am. transitorius.
—— *microcanthus.*
Aptychus punctatus.
Bel. hastatus.

[2] Il est intéressant de noter qu'en France, à Chardavon et au Jas-de-l'Érable (Basses-Alpes), des calcaires noduleux, identiques en tout point à ceux de las Chozas, forment, à la partie supérieure des couches à *Ter. janitor*, un horizon constant. Ils sont là associés à des bancs bréchoïdes que nous avons également retrouvés en Espagne, près de Cabra (voir plus bas), et ils se continuent dans la moitié inférieure des calcaires de Berrias. (Voir à ce sujet *Ann. sc. géol.*, t. XIX, p. 146.)

Guaro : *Am.* (*Perisphinctes*) *colubrinus* et *Haploceras* sp. dans des blocs éboulés, ce qui confirme cette opinion. Ces assises se poursuivent par le col de Zaffaraya jusqu'au cortijo Azafranero, à l'extrémité ouest de la sierra Tejeda; on les voit passer, près du col de Zaffaraya, à des couches noduleuses (voir plus haut) et se confondre avec le massif de calcaires blancs à radioles d'*Hemicidaris* qui forme la sierra. Ici encore le passage est des plus manifestes. Les bancs stratifiés reparaissent au cortijo Azafranero, où ils sont très fossilifères (*Am. ptychoicus, Am. transitorius, Am. municipalis, Am. volanensis, Aptychus punctatus*).

Au Torcal Bajo, l'on rencontre, au-dessous des marnes néocomiennes et sur les bancs réguliers de l'horizon à *Am. acanthicus*, des assises d'un calcaire rosé à *Am. ptychoicus*. Il est probable en outre que c'est au tithonique, dont l'épaisseur s'accroît vers le S. O., qu'appartiennent, au moins en grande partie, les calcaires qui constituent la chaîne du Camorro, celle qui domine le cortijo de los Alamos et toute la ligne de hauteurs qui s'étendent du Torcal à Gobantes.

La sierra de Abdalajis, en effet, est formée de calcaires blancs plissés; des lambeaux néocomiens sont pincés dans ces plis. Les calcaires blancs renferment, au sommet de la sierra, des *Phylloceras* et des *Haploceras* tithoniques. Nous avons recueilli, dans les tranchées du chemin de fer entre Gobantes et El Chorro, après le tunnel n° 7, au sein d'un calcaire rosé en gros bancs : *Aptychus punctatus, Am. ptychoicus;* puis, après le tunnel n° 9, là où la voie traverse des bancs verticaux d'un effet très pittoresque et où l'on remarque une fente gigantesque parallèle au plan de stratification, on peut ramasser en assez grand nombre l'*Am. silesiacus*.

Enfin sur le littoral méditerranéen, à l'est de Malaga et du Palo, près du cortijo del Cantal, des carrières sont ouvertes dans un calcaire rose bréchoïde que nous rapportons au tithonique. Il repose sur des calcaires blancs compacts, et un petit lambeau de schistes rouges, marneux, probablement néocomiens, le recouvre bien nettement. Ansted a signalé à San Anton, près de Malaga, un marbre crétacé à Bélemnites. Nous nous sommes assurés que les seules assises que l'on puisse, dans la région de la côte, attribuer au néocomien proprement dit, sont des schistes rouges. Les marbres dont parle Ansted sont sans doute les calcaires roses qui supportent, au cortijo del Cantal, les schistes rouges précités et qui reproduisent d'une manière frappante l'apparence des calcaires tithoniques tels que nous avons appris à les connaître dans les chaînes subbétiques. Ajoutons également que le tithonique doit être fossilifère sur certains points du littoral, car nous avons découvert dans la collection de Verneuil un fragment roulé d'Ammonite, d'aspect tithonique, et provenant d'un conglomérat de Torre del Cantal, près Malaga. Ce fragment appartient à une espèce du groupe de l'*Am. transitorius.*

C'est sans contredit dans les environs de Cabra (province de Cordoue) que les couches dont nous nous occupons atteignent le maximum de leur développement. La richesse exceptionnelle du gisement de Fuente et de los Frailes, connu depuis longtemps de tous ceux qui se sont occupés de la faune tithonique, en fait un des points les plus intéressants de l'Andalousie. On trouvera dans une note spéciale la description détaillée de cette station explorée par l'un de nous (M. Kilian). Nous nous bornerons à rappeler ici que l'excursion de Cabra lui a fourni les résultats suivants :

1° Le tithonique repose près de Cabra sur un calcaire blanc oolithique.

2° Le tithonique peut être divisé en deux horizons qui ont entre eux un grand nombre d'espèces communes, mais dont le supérieur contient une série de formes (*Hoplites* du groupe de *H. Chaperi* Pict., *Malbosi* Pict., *Euthymi* Pict., *Holcostephanus Negreli* Math., *Bel. latus*) du calcaire de Berrias. Les types anciens (*Aspidoceras longispinum* Sow. sp., *Rhacophyllites Loryi* M.-Ch. *Perisphinctes colubrinus*, *Simoceras*, etc.), de la couche inférieure ont disparu à ce niveau. *Pygope dyphia* et *P. janitor* se rencontrent dans les deux assises.

3° On voit, en plusieurs points des environs de Cabra, le tithonique se terminer par une brèche à éléments remaniés et roulés avec *Aptychus punctatus*, fragments d'Encrines [1], etc. Cette brèche supporte directement les assises marneuses à *Am. Astieri*.

4° Malgré des apparences de discordance dues à des glissements locaux, le néocomien marneux repose en concordance sur les calcaires à *Am. transitorius* des environs de Cabra.

D'après M. Macpherson, le tithonique se poursuit avec le même aspect et la même faune dans la province de Cadix [2], où il renferme de nombreux Brachiopodes. Aux îles Baléares, M. Hermite a signalé la présence de calcaires tithoniques renfermant une faune presque identique à celle que nous venons de citer. Nous avons eu l'occasion de voir, dans les collections de la Sorbonne, les échantillons rapportés par M. Hermite, et nous nous sommes assurés qu'il y avait, entre les assises à *Am. transitorius* des Baléares et celles de l'Andalousie, l'identité la plus complète, tant au point de vue lithologique que sous le rapport de la faune.

Résumé. — Les assises à facies pélagique et faune de passage, connues généralement sous le nom d'étage tithonique, prennent en Andalousie un grand développement. A côté d'un certain nombre d'espèces spéciales, elles contiennent des types incontestablement jurassiques (*Am. Loryi*, *Am. longispinus* [*iphicerus*], *Am. colubrinus*) associés à des formes crétacées (*Am. semisulcatus* [*Am. ptychoicus*], *Am. Calypso* [*silesiacus*], etc.). On peut distinguer en certains points un horizon inférieur à affinités jurassiques et un horizon supérieur à affinités crétacées (*Holcostephanus* et *Hoplites*). Ces deux niveaux sont intimement liés par un grand nombre d'espèces communes telles que : *Aptychus latus*, *Aptychus punctatus*, *Aptychus Beyrichi*,

[1] Il est remarquable de constater ici la présence de cette brèche à éléments et fossiles roulés, identique à celle que M. Ebray a suivie en France depuis Cirin (Ain) jusqu'à Berrias (Ardèche) et que M. Kilian vient de retrouver formant un niveau constant dans le tithonique et à la base des couches de Berrias dans la montagne de Lure, à Sisteron et à Chardavon, près de Castellane (Basses-Alpes), dans la Drôme, etc.

[2] Macpherson, *Bosquejo geologico de la provincia de Cadiz*, 1872.

Am. quadrisulcatus, Am. Juilleti (sutilis), Am. Honnorati (municipalis), Am. semisulcatus (ptychoicus), Am. Calypso (silesiacus), Am. Kochi, Am. transitorius, Pygope diphya, P. janitor.

Nous avons attiré plus haut l'attention sur la brèche qui surmonte souvent cet étage, et qui existe souvent, même dans les points où la faune tithonique ne s'est pas conservée au sommet des calcaires blancs.

Liste des espèces recueillies dans le tithonique des provinces de Grenade et de Malaga [1].

Dent de **Sphenodus Virgai** Gemm. Loja.

Aptychus Beyrichi Opp. Illora, Loja. (Assez rare.)

—— **punctatus** Voltz. Cortijo Azafranero, tranchées de Gobantes, Loja. (Abondant.) Cité à Alhama par M. Mallada.

Lytoceras quadrisulcatum d'Orb. sp. Loja, Azafranero, las Chozas. (Commun.)

—— **Liebigi** Opp. sp. Loja.

—— **Juilleti** d'Orb. (= **sutile** Opp. sp.). Las Chozas, Loja.

—— **Honnorati** d'Orb. sp. (= **municipale** Opp. sp.). Loja, Azafranero. (Commun.)

Lytoceras sp. Entrée du tunnel n° 9 entre Gobantes et El Chorro.

Phylloceras semisulcatum d'Orb. sp. (= **ptychoicum** Qu.). Loja, N. de las Chozas, sierra de Abdalajis, Azafranero. (Très commun.)

—— **Calypso** d'Orb. sp. (= **silesiacum** Opp. sp.). Loja, tranchées de Gobantes. (Commun.)

—— **Kochi** Opp. sp. Loja.

Haploceras Stasyczii Zeuschn. sp. Loja.

—— **elimatum** Opp. sp. Loja.

—— **carachtheis** Zeuschn. sp. Sortie du tunnel n° 9 entre Gobantes et El Chorro.

Haploceras sp. Éboulis au nord du cortijo Guaro.

Rhacophyllites Loryi M.-Ch. sp. Loja. Entrée du tunnel n° 9.

—— **Levyi** Kilian. Loja (1 exemplaire.)

[1] Nous laissons de côté ici la longue liste des espèces récoltées dans le tithonique de Cabra par M. Kilian, en renvoyant au travail spécial où elle aura sa place et à l'appendice paléontologique de ce mémoire, où elle sera analysée.

Oppelia sp. Loja.
Perisphinctes colubrinus Rein. sp. Guaro, Loja, Azafranero, las Chozas, tranchées de Gobantes. (Assez commun.)
—— **transitorius** Opp. sp. (type). Loja, Azafranero, tranchées de Gobantes. (Commun.) Cité à Alhama par M. Mallada.
—— **geron** Zittel. Loja, sierra de Zaffaraya, entrée du tunnel n° 9.
—— **rectefurcatus** Zittel. Loja.
—— **Fischeri** Kilian. Loja.
—— **Lorioli** Opp. sp. Loja.
—— **senex** Opp. sp. Loja, tranchées de Gobantes.
—— **Chalmasi** Kilian. N. de las Chozas, Loja.
—— **Richteri** Opp. sp. Loja.
—— **fraudator** Quenst. sp. Loja, Illora.
—— **sp.** N. de las Chozas.
Simoceras volanense Opp. sp. Loja, Azafranero.
—— **biruncinatum** Qu. sp. N. de las Chozas.
—— **sp.** (groupe du **S. Doublieri** d'Orb. sp.) Entrée du tunnel n° 9.
—— cf. **venetianum** Zitt. sp. Loja.
—— **rachystrophum** Gemm. Las Chozas.
Holcostephanus Grotei Opp. sp. Loja.
—— cf. **pronus** Opp. Loja.
Hoplites Malbosi Pict. sp. Loja.
—— **Kœllikeri** Opp. sp. Loja.
—— **microcanthus** Opp. sp. Loja, Illora.
—— **Andreæi** Kilian. Loja.
—— **progenitor** Opp. sp. Loja.
—— **symbolus** Opp. sp. Loja.
—— **Vasseuri** Kilian. Loja.
—— **Botellæ** Kilian. Loja.
—— **privasensis** Pict. sp. Loja.
—— **symbolus** Opp. sp. Loja.
Peltoceras Edmundi Kilian. Loja.
Aspidoceras longispinum Sow. sp. Loja.
—— **Rogoznicense** Zeuchner sp. Loja.
—— **avellanum** Zitt. Loja.
—— **Schilleri** Opp. sp. Loja.
Pygope diphya F. Col. sp. Loja. (Assez commun.)
—— **triangulus** Lam. sp. Loja [1].

[1] M. Mallada (*Synopsis*, etc., *in* Boletin 1884) a cité, en outre, de Loja : *Am. Erato*, *Am. liparus*, *Am. mediterraneus*, *Am. isotypus*, *Am. macrotelus*, *Am. arolicus*.

IMPRIMERIE NATIONALE.

Cette faune comprend, entre autres, outre un grand nombre d'espèces communes aux deux assises que M. Zittel distingue dans le tithonique, dix formes spéciales à la division inférieure (klippenkalk) et huit espèces signalées par M. Zittel comme se trouvant seulement dans le calcaire de Stramberg. On peut donc dire, en voyant associés dans une même assise *Haploceras Stasyczii, Rhac. Loryi, Perisph. colubrinus, Per. geron, Per. rectefurcatus, Sim. biruncinatum, Sim. venetianum, Aspidoceras longispinum, Asp. avellanum, Pygope diphya, P. triangulus*, d'une part, et *Perisph. senex, P. fraudator, P. Lorioli, Hopl. Kœllikeri, H. progenitor, H. privasensis, Holcost. Grotei, Holc.* cf. *pronus*, de l'autre, qu'il y a ici mélange plus ou moins complet des deux faunes tithoniques considérées dans d'autres régions comme distinctes. Nous sommes donc amenés à un résultat analogue à celui auquel sont arrivés, pour le Véronais, MM. Nicolis et Parona. Ajoutons qu'à Cabra M. Kilian a rencontré le *Pygope diphya* associé au *P. janitor*.

Remarquons en outre la présence, dans le tithonique de Loja, des *Hoplites Malbosi* Pict. sp. et *privasensis* Pict. sp., espèces berriasiennes. A Cabra, les espèces berriasiennes abondent au sommet de l'étage et y sont associées à des formes plus anciennes, telles que *Pygope diphya, P. triangulus, P. Bouei, Hemicidaris Zignoi, Perisphinotes transitorius*, etc.

C. — TERRAIN CRÉTACÉ.

7. — Néocomien.

Historique. — Cet étage est assez bien développé dans la région que nous avons explorée. Mentionnée déjà dans le nord de l'Andalousie (environs de Cabra), sa présence n'avait pas jusqu'à ce jour été signalée d'une façon certaine[1] dans les montagnes des provinces de Grenade et de Malaga. Ami Boué (1834) mentionne,

[1] Hausmann (1842) se montre disposé à ranger dans le crétacé les grès rouges et certains calcaires de l'Andalousie.

d'après Cook, la présence de la craie sur la route de Malaga à Antequera. De Verneuil, dans une courte notice qui accompagne la deuxième édition de sa carte d'Espagne, fait remarquer que les couches à *Ter. diphya* de Cabra sont recouvertes par des marnes blanches à *Bel. latus* et *Aptychus Didayi*. Au sud d'Alcala la Real, le néocomien serait représenté par des marnes à petites Ammonites et à *Bel. latus*. L'auteur fait ressortir également l'analogie de cette succession avec ce que l'on observe dans la haute Italie.

M. Mallada, dans sa carte géologique de la province de Cordoue, n'a pas indiqué les affleurements du néocomien (*Boletin*, 1880).

C'est dans un sens purement lithologique que M. de Orueta a appliqué le mot de *craie* à des assises que l'on rencontre aux environs de Mollina, de Fuentepiedra et au nord d'Archidona; ces couches, en réalité, sont beaucoup plus récentes que le crétacé.

Les auteurs de l'*Informe* indiquent l'existence du néocomien au nord des provinces de Grenade et de Malaga, près d'Iznalloz, de Montefrio et d'Antequera, sans appuyer leur assertion par aucune citation de fossiles et sans donner aucun détail sur la constitution de ce terrain. Plus récemment, dans leur note sur la région affectée par les tremblements de terre, MM. Taramelli et Mercalli ont fait également mention du terrain crétacé. D'après ces auteurs, le néocomien serait représenté par des marnes à *Aptychus* et des calcaires marneux; la craie par des marnes et des calcaires variés qu'ils rapprochent de la *scaglia* (col de Periana, bassin d'Alfarnate, Archidona, etc.).

Nous avons été assez heureux pour recueillir dans la zone subbétique une série de fossiles qui rendent indubitable l'existence du néocomien à facies vaseux dans cette contrée.

Description des couches.

Ainsi qu'on le verra plus loin et que le montre notre carte, les schistes et les calcaires marneux du crétacé inférieur sont loin de ne former que des lambeaux négligeables dans les chaînes subbétiques; les affleurements, quoique généralement de peu d'étendue, sont nombreux et importants.

Le rôle des assises marno-schisteuses qui constituent cet étage dans les chaînes subbétiques est assez remarquable pour que nous nous y arrêtions. On sait que les chaînes subbétiques sont essentiellement formées par des plis du calcaire jurassique; ces ondulations, très nombreuses et souvent très accentuées, constituent les principales saillies de la chaîne (sierras de Abdalajis, del Torcal, sierra Chimenea, sierra de las Cabras, sierra Parapanda). Les bancs marneux du néocomien, moins rigides que leur substratum calcaire, ont été pincés dans les synclinaux, redressés verticalement sur les flancs des anticlinaux, souvent même, comme près de la fontaine de Pinos (dans le massif de las Cabras), renversés sous les assises tithoniques. Il en est résulté une sorte de laminage des couches crétacées, qui, en beaucoup de points, ont pris un caractère schisteux très prononcé. De plus, les strates argileuses du néocomien ont glissé sur les flancs des plis jurassiques, de façon à occuper souvent une position tout à fait anormale; on est tenté de croire au premier abord à une discordance qui séparerait le néocomien des calcaires tithoniques et jurassiques. Nous nous y sommes laissé tromper plus d'une fois; mais, après avoir vu les couches dans leur superposition normale (carrières au S. E. de Loja, sierra Elvira, E. de las Chozas, N. E. d'El Chorro, etc.), nous avons acquis la conviction que ces discordances apparentes de stratification (environs de Loja, d'Antequera, etc.) étaient dues simplement à des glissements postérieurs au dépôt des couches et qu'il ne fallait voir là qu'un effet des dislocations auxquelles remonte l'origine des chaînes subbétiques.

Ajoutons cependant que M. Gilliéron [1] a observé dans les Alpes fribourgeoises de curieux phénomènes de discordance entre les calcaires tithoniques et les couches néocomiennes. Il signale no-

[1] *Matériaux pour la carte géologique suisse*, 12ᵉ livraison (1873).

tamment des blocs de calcaire au milieu des marnes néocomiennes. Nous avons constaté le même phénomène sur certains points des sierras de Fuenfria et du Torcal Bajo. M. Gilliéron croit qu'en Suisse ces phénomènes sont dus à une érosion anténéocomienne. On pourrait rapprocher ces traces d'érosion de l'existence de la brèche que nous avons signalée au sommet du tithonique (voir plus haut).

Malgré l'altération que les pressions ont fait subir aux assises néocomiennes, nous avons pu y distinguer trois divisions principales : 1° à la base, des calcaires marneux plus ou moins développés alternant avec des marnes avec ou sans fossiles pyriteux; 2° des schistes argileux à *Aptychus;* 3° des calcaires à silex.

Les deux premiers groupes appartiennent seuls avec certitude au néocomien proprement dit. Ils peuvent être observés en superposition près de la carrière de Loja, à l'est du hameau de las Chozas, au-dessus de la voie ferrée, entre les stations de Gobantes et d'El Chorro, et sur le chemin de Montefrio à Priego, dans le voisinage du cortijo de Lojidia. Ils peuvent aussi exister isolément et se remplacer l'un l'autre.

Quant aux calcaires à silex, ils ne nous ont fourni comme fossiles que des Bélemnites indéterminables. Ils pourraient représenter un niveau un peu plus élevé. Ils sont bien developpés au N. O. de la station d'Illora, sur la route de Loja à Alfarnate, et dans l'îlot calcaire qui s'élève à l'ouest de Villanueva del Rosario.

a. — Calcaires marneux à Holcostephanus Astieri, et marnes à fossiles pyriteux et Pygope diphyoides.

Cette assise, très variable dans son épaisseur et dans sa constitution, est la seule qui nous ait fourni une faune un peu développée. Très réduite vers le sud, où elle ne mesure dans la sierra de Abdalajis que 3 à 4 mètres, elle prend un développement considérable vers le nord, dans les environs de Priego et de Cabra, et atteint là une puissance de 40 à 50 mètres.

Dans la carrière de Loja (extrémité ouest), au-dessus des calcaires bréchoïdes du tithonique, on observe des bancs d'un calcaire gris-blanchâtre très marneux, régulièrement stratifié; ils contiennent en ce point :

Am. (*Phylloceras*) *infundibulum* d'Orb.

Nous avons recueilli en outre aux alentours

Bel. (*Hibolites*) sp.
Ammonites (*Holcostephanus*) *Astieri* d'Orb.
——— (*Hoplites*) sp.
Échinides indéterminables.

Dans la carrière même, à gauche de la source du ruisseau, les calcaires marneux à *Am. infundibulum* se montrent en concordance sur les couches tithoniques.

Au S. E. de la carrière s'ouvre une sorte d'anse entourée par les escarpements de la sierra jurassique (calcaires blancs) et remplie par les calcaires néocomiens très plissés. Ce sont (à la base) des calcaires marneux, bien lités, d'un gris blanchâtre, à *Am. Astieri, Crioceras, Ancyloceras, Hamulines* (*Hamulina* cf. *Astieri* d'Orb.), *Oursins,* assez mal conservés. On peut les récolter en brisant les blocs épars dans les champs. Les couches supérieures sont des marnes rouges et blanches, schisteuses, à *Aptychus;* elles sont très tourmentées et affleurent sur le chemin de Zaffaraya. A droite et à gauche de ce chemin, les couches à *Am. Astieri* sont en contact tantôt avec les calcaires blancs compacts jurassiques, tantôt avec les calcaires bréchoïdes à Ammonites tithoniques.

Dans le sud de la sierra de las Cabras, le néocomien se montre au fond de nombreux synclinaux orientés du S. O. au N. E. Près du col de Zaffaraya, sur le flanc nord de la sierra, les calcaires blancs du terrain jurassique supérieur sont recouverts par des bancs de calcaire marneux jaunâtre à silex; nous y avons trouvé *Am. Tethys* et *Ancyloceras* sp. En gravissant la sierra à l'ouest du hameau de las Chozas, il est également facile de voir sur les assises noduleuses de la zone à *Am. transitorius* des calcaires marneux à *Am. Tethys;* ils sont recouverts par des schistes rouges à *Aptychus.* Enfin, au voisinage du cortijo Azafranero, le tithonique est recouvert par des assises marno-calcaires, jaunâtres, à Bélemnites, qui paraissent se rapporter au néocomien.

Au-dessus des gorges d'El Chorro, non loin du cortijo del Madroño, sur le sentier d'Antequera, le néocomien marneux à Bélemnites affleure sous des schistes rouges pareils à ceux qui, en d'autres points, renferment l'*Aptychus Mortilleti* et qui se rencontrent plissés et contournés dans divers cols de la sierra de Abdalajis.

C'est au pied de la sierra Parapanda, à Illora, que le néocomien marneux est le plus fossilifère; on y récolte dans un calcaire marneux blanc :

Belemnites latus Blainv.
Aptychus angulicostatus Pict. et de Lor.
Ammonites (*Phylloceras*) *infundibulum* d'Orb.
—— (*Holcostephanus*) *Jeannoti* d'Orb.
—— (*Desmoceras*) *quinquesulcatus* Math.

Le même calcaire se montre aussi dans un petit synclinal, au pied de la sierra Elvira, au N. O. d'Atarfe; il repose là sur un calcaire blanc massif et renferme : *Am. Astieri, Am. Jeannoti, Am. infundibulum, Am. Tethys* et des Ptérocères indéterminables. Nous avons de plus trouvé dans la collection de Verneuil :

Ammonites infundibulum d'Orb. Plusieurs échantillons.
—— (*Lytoceras*) sp.
—— sp. Plusieurs exemplaires indéterminables.
Ancyloceras sp.

portant l'indication manuscrite : « une demi-lieue à l'ouest de Pinos Puente, près Grenade. »

Dans le nord de la province de Grenade, le néocomien prend une extension considérable. Il forme là des affleurements étendus et augmente sensiblement d'épaisseur. Sa composition paraît êtr dans cette région, plus complexe, et nous croyons que l'étude de environs de Montefrio et de Priego permettra un jour d'établir de subdivisions plus précises dans le néocomien de l'Andalousie A Antonejo, au nord du chemin de Loja à Montefrio, des marne à Ammonites pyriteuses (*Am. Calypso, Am. Grasi, Am. neocomiensis* s'enfoncent sous des assises argilo-schisteuses de couleur rouge *Aptychus Mortilleti*. Les marnes renferment aussi *Bel. Orbignyi*.

Au N. O. de Lojidia (N. O. de Montefrio), on rencontre suc cessivement de haut en bas :

1° Des calcaires blancs marneux avec lits de marnes bleues et Ammonite néocomiennes;

2° Des calcaires bleus à *Cancellophycus;*

3° Des calcaires bleus en gros bancs, à taches foncées, jaunes à l'exté rieur;

4° Des calcaires bleus devenant gris marneux et grumeleux;

5° Des calcaires bleus (= 3°) avec une Ammonite bien conservée (*Holco stephanus* sp.);

6° Un lit grisâtre grumeleux ;

7° Des marnes calcaires jaunes à petites Ammonites;

8° Des marnes à concrétions ferrugineuses;

9° Des marnes rouges et des bancs gris de marnes durcies.

Sur les bords de l'arroyo de Granada, entre Montefrio et Priego M. Kilian a recueilli dans une assise de calcaires marneux bleuâtres avec marnes grises à sphérites intercalées : *Am.* (*Lytoceras*) *subfim briatus, Am. quadrisulcatus, Am.* (*Hoplites*) *angulicostatus, Aptychus angulicostatus*, etc.

Près de Carcabuey (province de Cordoue), on voit, *directement superposées au trias*, le long de la route de Cabra, des assises de calcaire marneux gris, très fossilifère, avec :

Aptychus angulicostatus Pect. et de L. (Très abondant.)
—— *Seranonis* Coq.
Ammonites (*Hoplites*) *macilentus* d'Orb.
—— (*Lytoceras*) *subfimbriatus* d'Orb.

Ammonites (*Phylloceras*) *Tethys* d'Orb.
—— (*Desmoceras*) *difficilis* d'Orb.
—— (——) *cassidoides* Uhlig.
Ancyloceras sp.

Cette couche correspond exactement à celle de l'arroyo de Granada. La présence des *Am. difficilis* et *cassidoides* fait présumer qu'elle appartient à un niveau assez élevé du néocomien (niveau des Voirons ou barrêmien); elle mériterait d'être étudiée de plus près[1].

Le néocomien marno-calcaire est très bien développé aux environs de Cabra. Aux alentours des carrières célèbres de Fuente de los Frailes, M. Kilian a récolté dans des marnes de couleur claire, gris-blanchâtre, qui recouvrent les assises supérieures à *Pyg. diphya* et *Am. Kochi* du tithonique, une belle série d'Ammonites pyriteuses : *Am. Astieri*, *Am. neocomiensis*, *Am. asperrimus*, *Am. Grasi*, *Am. Tethys*, *Am. semisulcatus*, *Am. diphyllus*, *Am. picturatus*, *Am. Juilleti*, *Am. quadrisulcatus;* il y a aussi dans ces marnes des Bélemnites (*Bel. conicus*, etc.).

En suivant le chemin qui conduit de Fuente de los Frailes à Cabra et qui côtoie la limite des calcaires tithoniques et des marnes néocomiennes, on peut observer la succession suivante de bas en haut :

1° Calcaires bréchoïdes du tithonique (*Am. Liebigi*); brèche supérieure à éléments roulés;

2° Marnes grises, blanches et roses, et marno-calcaires néocomiens fossilifères : *Aptychus Seranonis*, *Bel.* (*Duvalia*) *conicus*, *Bel. Baudouini*, *Hamulina* cf. *Astieri* (abondante), *Am.* (*Hoplites*) sp., Oursins indéterminables, etc.

La grande route de Cabra à Priego fournit également de bonnes coupes dans les assises néocomiennes. Sur le plateau que traverse cette route, à l'est de Fuente de los Frailes, on voit les calcaires

[1] M. Mallada semble attribuer au lias les marnes néocomiennes et les calcaires marneux qui affleurent au pied du village de Carcabuey et qui, près du kilomètre 20, surmontent nettement le tithonique.

IMPRIMERIE NATIONALE.

bréchiformes à *Am. transitorius* et *Ter. diphya* surmontés directement, et en concordance de stratification, par une assise de marnes grises et de calcaires marneux bien lités renfermant des Céphalopodes néocomiens : *Am. Holcostephanus Astieri, Am.* (*Hoplites*) *neocomiensis, Am.* (*Haploceras*) *Grasi, Am.* (*Holcodiscus*) *incertus, Am* (*Phylloceras*) *Tethys, Am.* (*Phylloceras*) *infundibulum, Am.* (*Lytoceras*) *subfimbriatus, Hamulina, Aptychus Seranonis*, etc. Ces couches sont recouvertes par des calcaires blancs saccharoïdes (voir plus loin).

En redescendant vers Cabra, la tranchée de la route donne la coupe suivante :

1° Calcaire tithonique;
2° Marnes blanches et rouges du tithonique supérieur;
3° Brèche à éléments roulés : *Aptychus punctatus, Pygope Bouei*, Encrines
4° Marnes claires d'un gris jaunâtre à Ammonites pyriteuses (*Am. Astieri Am. neocomiensis, Am. Grasi*), avec rares bancs de calcaire marneux de même couleur renfermant *Pyg. diphyoides.*

Le long de la chaussée qui relie Grenade à Jaen, on voit, entre Campotejar et Noalejo, reposer sur le lias supérieur fossilifère des assises à *Aptychus* qui pourraient bien se rapporter au néocomien.

Nous devons en outre indiquer qu'au Pradon, près de Loja, les assises miocènes renferment, à l'état roulé, *Belemnites latus, Aptychus Seranonis* et des fragments d'Ammonites.

Tels sont les renseignements que nous pouvons donner sur le néocomien marneux de l'Andalousie. En jetant un coup d'œil sur la faune de cet étage, on remarque que, si certains gisements (Fuente de los Frailes) renferment une série d'espèces qui les range à la base du néocomien (*T. diphyoides, Am. Grasi, Am. quadrisulcatus, Am. semisulcatus, Bel. latus*, etc.), d'autres (Carcabuey, Illora, Loja) nous ont fourni des formes d'un niveau assez élevé, plutôt spéciales au barrêmien (*Am. difficilis, Am. cassidoides, Am. quinquesulcatus, Hamulina* cf. *Astieri*, etc.).

b. — Schistes marneux à Aptychus Mortilleti.

Les calcaires néocomiens que nous venons de décrire sont en plusieurs points surmontés par des schistes marneux rougeâtres d'un aspect caractéristique. Ces schistes se font remarquer de loin au milieu des sierras de calcaire blanc et peuvent servir à trouver la trace des plis synclinaux dont ils occupent le fond.

Près de Loja, on voit, sur le sentier de Zaffaraya, ces schistes rouges très marneux faire suite aux couches à *Am. Astieri* de la source du Monachil; sur le bord de la sierra, dans un ravin, on y trouve : *Aptychus Seranonis*, *Apt. Mortilleti*. Dans le massif de las Cabras, entre las Chozas et Loja, le néocomien marneux à *Am. Tethys* s'observe en plusieurs points sous des schistes rouges argileux dans lesquels on rencontre fréquemment l'*Aptychus Mortilleti*. Le tout est pincé dans des plis synclinaux du calcaire sous-jacent.

Sur le chemin de Loja à Montefrio par le cortijo Antonejo, les schistes à *Aptychus* et les marnes crétacées reposent directement sur les marnes rouges du trias. Les schistes contiennent *Aptychus Didayi*, *Apt. Seranonis*, *Apt. Mortilleti*. En continuant le chemin de Montefrio, on voit que ces schistes eux-mêmes sont surmontés par des dalles sonores et des calcaires à silex. Les schistes à *Aptychus* se montrent encore non loin de là, à l'E. S. E. du cortijo Chosa del Olivo.

Entre Montefrio et Priego, les schistes à *Aptychus* sont également développés; ils font place, vers le nord, à des dépôts marno-calcaires dont nous avons donné le détail (voir plus haut). Les marnes à *Aptychus* se rencontrent encore le long de la grande route de Loja à Malaga, non loin de la venta de los Alazores. Il est probable que des deux côtés de la route, dans les dépressions (vallées du rio Frio, du Guadalhorce, etc.) de la sierra jurassique, il existe d'autres lambeaux crétacés, recouverts en partie par le nummulitique. Ce fait est assez général, et nous l'avons observé dans les sierras de Abdalajis et de Zaffaraya.

Sur la route même, à une lieue environ de Loja, à l'entrée du défilé, entre les deux crêtes jurassiques, on observe la coupe suivante :

1° Calcaire blanc jurassique;

2° Banc de calcaire marneux, fissile, à silex; *Aptychus* costellé;

3° Calcaire à silex en bancs dans une argile rouge;

4° Marnes blanches schisteuses à silex;

5° Calcaire compact gris-bleu avec petits bancs de marnes d'un gris jaunâtre. Les calcaires deviennent jaunes à l'extérieur et sont en bancs assez gros. La route, prenant en biais cette succession de couches à peu près verticales, les traverse plusieurs fois;

6° Calcaire en bancs plus épais, gréseux;

7° Marnes rouges intercalées dans des calcaires bleus à silex.

Un peu plus loin, on trouve un calcaire violacé à taches de limonite et à Ammonites néocomiennes.

On voit un bloc de calcaire blanc jurassique émerger dans ce système, qui l'entoure complétement.

Il y a incontestablement apparence de discordance entre cette série et les calcaires blancs jurassiques. Cette apparence est sans doute augmentée par la faille importante, à contours très sinueux, qui, à l'ouest et au-dessous de la route, ramène au contact du crétacé les assises liasiques; mais les rochers blancs qui font saillie à

Fig. 8. — Coupe relevée à l'est de Gobantes (sierra de Abdalajis).

1. Calcaires blancs jurassiques. — 2. Schistes néocomiens.

l'est au milieu du système marneux semblent apporter une preuve irrécusable. Et cependant, après avoir examiné de près un grand nombre de ces contacts anormaux, nous avons dû revenir à l'opinion énoncée au début de ce chapitre; il n'y a là que des glissements des assises marneuses sur leur substratum moins plastique. Les îlots jurassiques isolés au milieu d'elles seraient les analogues du klippen des Carpathes et s'expliqueraient comme eux par une pénétration mécanique.

La sierra de Abdalajis est riche en ces sortes d'accidents. Les assises marno-calcaires, visibles encore près du cortijo de Madroño (Bélemnites), ne tardent pas à disparaître et, dans le massif qui domine à l'est la station de Gobantes, on ne rencontre plus, au fond des plis formés par les calcaires blancs, que de puissantes assises de schistes rouges fortement contournées et en quelque sorte laminées par la compression qu'elles ont subie. Dans les tranchées de la voie ferrée, ces couches apparaissent à plusieurs reprises avec les mêmes caractères. Tantôt elles reposent directement et en concordance sur le tithonique (partie des tunnels n° 6 et n° 10); tantôt elles sont plaquées contre lui, avec des plissements beaucoup plus accentués; enfin, dans certains cas, à l'intérieur de la chaîne, elles s'enfoncent sous lui régulièrement. Mais, de quelque manière que se fasse le contact, c'est toujours avec les assises les plus supérieures du jurassique qu'il a lieu, sauf le cas spécial d'une faille, comme celle de Loja, qu'on peut suivre alors entre d'autres assises. Ce fait nous semble suffisant pour rejeter définitivement, dans cette région, l'hypothèse de la discordance.

De Verneuil a rapporté des environs d'El Valle de Abdalajis un exemplaire de l'*Aptychus* cf. *Seranonis,* que nous avons vu dans sa collection. Nous-mêmes nous avons trouvé, au-dessus de la voie ferrée, l'*Ammonites Astieri.*

Sur le versant N. O. du Torcal, les schistes rouges à *Aptychus* sont plissés dans les anfractuosités des calcaires tithoniques, dont ils renferment des blocs, comme sur la route de Loja à Colmenar; on y rencontre des silex couleur de miel et des rognons de jaspe. Les mêmes apparences de discordance se reproduisent en plusieurs points et doivent recevoir la même explication. A dessus du cortijo Guaro, des schistes rouges à silex redressés su flanc de la sierra paraissent encore appartenir au crétacé inférie

Enfin sur la côte, ainsi que nous l'avons déjà dit plus haut, néocomien paraît être représenté au cortijo de Cantal, près Palo, par des marnes rouges et blanches très feuilletées qui posent sur des calcaires roses bréchoïdes assimilables au tith nique. Les marnes renferment des fragments du calcaire so jacent.

Aux environs de Cabra, il ne nous a pas été possible de trouver les schistes à *Aptychus*. Le néocomien marneux y est tr puissant et atteint une épaisseur de 30 à 40 mètres. Nulle pa on ne voit de trace des couches rouges qui le surmontent da les chaînes méridionales et qui semblent ici manquer compl tement.

Ainsi les schistes rouges à *Aptychus* qui, en certaines localité recouvrent nettement le néocomien marno-calcaire, paraissent e plusieurs autres représenter seuls l'étage tout entier (sierra de G bantes, Torcal, etc.). Là, au contraire, où les marnes à *Am. Astie* atteignent, comme à Cabra, un grand développement, ces schist semblent faire défaut. Il semble donc que nous ayons affaire à deu facies du néocomien inférieur, ces facies tantôt se superposant tantôt se remplaçant l'un l'autre; en tout cas, l'abondance de *Aptychus Seranonis, Mortilleti* et *Didayi* dans les schistes rouge leur assigne un niveau certainement inférieur à l'étage barrémien L'existence même de ces deux facies serait un trait d'analogie de plus avec la région alpine : dans les Alpes autrichiennes, il n'es pas rare de voir les couches néocomiennes à Ammonites (Ross-feldschichten) être remplacées totalement ou en partie par de couches à *Aptychus* (Neocomaptychenkalk).

Soit que le néocomien se compose de schistes à *Aptychus*, soit qu'il consiste en couches à Ammonites, on remarquera que nulle part nous n'avons constaté la présence des couches de Berrias telles qu'on les connaît en France. M. Hermite a fait la même observation aux Baléares. Nous avons vu qu'à Fuente de los Frailes le tithonique était terminé par une assise à affinités crétacées qui contient un certain nombre d'espèces berriasiennes (*Am. Negreli, Am. Malbosi, Am. privasensis, Am. occitanicus, Bel. latus*). D'autre part, les marnes à *Am. Astieri* de cette localité ont fourni *Pygope diphyoides*, espèce également berriasienne, mais qui, dans le midi de la France, remonte aussi dans le néocomien proprement dit. La zone de Berrias paraît donc, à Cabra, se confondre avec la partie supérieure du tithonique. Pour les autres points, il est probable que de nouvelles études mèneront à la même conclusion.

c. — Couches à silex.

Ces couches, déjà mentionnées sur la route de Loja à Colmenar, semblent, partout où elles existent, superposées aux marnes précédentes. Elles se présentent en général en gros bancs assez bien lités, d'un gris bleuâtre ou verdâtre, plus ou moins foncé; les silex très abondants y présentent souvent des formes branchues. Nous n'y avons pas trouvé de fossiles, sauf des débris de Brachiopodes, sur la route de Loja à Alfarnate, et des Bélemnites indéterminables, au nord du chemin de Loja à Montefrio.

Les affleurements principaux se trouvent au nord de la route de Grenade, entre Illora et Pinos Puente, et à l'ouest de Villanueva del Trabuco, au milieu de l'îlot jurassique du cortijo de los Busques (Bosques de la carte). La puissance en est très grande et peut atteindre une centaine de mètres. Du côté de Montefrio, ces calcaires sont surmontés par un système de dalles gréseuses, avec silex plus rares, qui doivent appartenir au crétacé supérieur (voir plus loin).

Les renseignements nous manquent pour fixer l'âge de ce système important, qui pourrait appartenir encore au néocomien (urgonien), mais pourrait aussi bien représenter en même temps l'aptien ou le cénomanien.

Nous avons déjà eu l'occasion de dire que, du côté de Montefrio et, d'une manière générale, en approchant de la province de Jaen, la concordance, même relative, qui met partout au sud le crétacé en contact avec le tithonique, ne semble plus se maintenir. On trouve alors le crétacé surmontant directement le trias ou entourant des îlots liasiques. Il n'y a pas de mouvements mécaniques qui puissent expliquer ces faits, déjà mis en évidence sur la carte de M. Mallada et constatés par nous sans ambiguïté. Cette sorte de transgressivité, restreinte à une région peu étendue, tout autour de laquelle la série jurassique semble s'être déposée complète et sans lacune, ne laisse pas que d'être difficile à expliquer; nous reviendrons plus tard sur cette question.

Liste des espèces recueillies dans le néocomien de l'Andalousie méridionale.

Belemnites (Duvalia) dilatatus d'Orb. Fuente de los Frailes.
—— (——) **latus** Blainv. Sierra Parapanda.
—— (——) **Emerici** d'Orb. Cabra. (Coll. de Verneuil.)
—— (——) **sp.** Route de Carcabuey à Cabra.
—— (——) **conicus** Blainv. Cabra. R. de Priego.
—— **(Hibolites) Orbignyi** Duval sp. Antonejo.
—— (——) fragment, peut-être **H. subfusiformis** Rasp. sp. Loja et Cabra.
—— (——) peut-être le **H. pistilliformis** Blainv. sp. Route de Carcabuey à Cabra.
—— (——) **sp.** Zaffaraya.
Lytoceras quadrisulcatum d'Orb. sp. Antonejo, Fuente de los Frailes, route de Priego à Carcabuey. (Pyriteux.)
—— **Juilleti** d'Orb. sp. Fuente de los Frailes. (Pyriteux.)
—— **subfimbriatum** d'Orb. sp. Carcabuey, Cabra (route de Priego), O. du col de Zaffaraya.
—— **sp.** Cabra.
—— cf. **lepidum** d'Orb. sp. Fuente de los Frailes. (Pyriteux.)
Hamulina cf. **Astieri** d'Orb. sp. Loja.
—— **sp.** Cabra (r. de Priego), Loja.
Phylloceras infundibulum d'Orb. sp. Illora, Cabra (r. de Priego), Loja.
—— **Tethys** d'Orb. sp. (**semistriatum**). Fuente de los Frailes, route de Priego à Cabra. Carcabuey, las Chozas. (Pyriteux.)
—— **diphyllum** d'Orb. sp. Antonejo. (Pyriteux.)
—— **picturatum** d'Orb. sp. Fuente de los Frailes. (Pyriteux.)

Phylloceras Calypso d'Orb. sp. Antonejo. (Pyriteux.)
—— **semisulcatum** d'Orb. sp. Fuente de los Frailes. (Pyriteux.)
—— **sp.** Col de Guaro.
Haploceras Grasi d'Orb. sp. Fuente de los Frailes, route de Priego à Cabra, Antonejo. (Pyriteux.)
Holcostephanus Astieri d'Orb. sp. Loja (calcaire), Fuente de los Frailes (pyriteux), Montillana (calcaire).
—— **Jeannoti** d'Orb. sp. Illora, sierra Elvira.
—— **sp.** Loja.
Holcodiscus incertus d'Orb. sp. Route de Cabra à Carcabuey.
Desmoceras difficile d'Orb. sp. Carcabuey.
—— cf. **cassidoides** Uhlig. Carcabuey.
—— **sp.** Carcabuey. Fuente de los Frailes.
—— **quinquesulcatum** Math. sp. Illora.
Hoplites neocomiensis d'Orb. sp. Fuente de los Frailes, route de Priego à Cabra, Antonejo. (Pyriteux et calcaire.)
—— **asperrimus** d'Orb. sp. Fuente de los Frailes. (Pyriteux.)
—— **angulicostatus** Pictet (*non* d'Orb.). Illora.
—— **cryptoceras** d'Orb. Fuente de los Frailes.
—— **Mortilleti** Pict. et de Lor. Illora.
—— **macilentus** d'Orb. sp. Carcabuey.
—— **sp.** Carcabuey, Loja.
Schlœnbachia cf. **Ixion** d'Orb. sp. E. de Cabra.
Ancyloceras sp. Cabra, O. du col de Zaffaraya, Carcabuey.
Aptychus angulicostatus Pict. et de Lor. E. d'Illora, Carcabuey.
—— **Didayi** Coq. Antonejo.
—— **Seranonis** Coq. Fuente de los Frailes, route de Priego à Cabra, E. de Cabra, S. E. de Loja, Carcabuey, col d'Alfarnate, cortijo Antonejo.
—— **Mortilleti** Pict. et de Lor. Loja, Illora, sierra de las Cabras, N. de las Chozas, sierra Parapanda, Antonejo.
Rostellaria sp. Sierra Elvira.
Pygope diphyoides d'Orb. Fuente de los Frailes.
Échinides (**Echinospatagus**, **Toxaster**). Loja, Fuente de los Frailes.

La collection de Verneuil, à l'École des mines, renferme les espèces suivantes du néocomien d'Andalousie :

Belemnites (Duvalia) dilatatus d'Orb. Cabra.
—— (——) **latus** Blainv. Cabra.

IMPRIMERIE NATIONALE.

Lytoceras sp. Cabra.
—— **quadrisulcatum** d'Orb. sp. Cabra. (Pyriteux.)
—— **Juilleti** d'Orb. sp. Cabra. (Pyriteux.)
Phylloceras semisulcatum d'Orb. sp. Cabra. (Pyriteux.)
—— **infundibulum** d'Orb. sp. Pinos Puente.
—— **Grasianus**. S. de Cabra. (Pyriteux.)
Holcodiscus intermedius d'Orb. sp. Pinos Puente.
Holcostephanus Astieri d'Orb. sp. var. Pictet. S. de Cabra.
—— **Astieri** d'Orb. sp. S. de Cabra. (Pyriteux.)
Hoplites neocomiensis d'Orb. sp. S. de Cabra. (Pyriteux.)
—— **macilentus** d'Orb. sp. S. de Cabra.
Aptychus Didayi Coq. Cabra.
—— **angulicostatus** Pict. et de Lor. Cabra.
—— **Seranonis** Coq. Cabra.
—— sp. Iznalloz.
Ancyloceras (fragments). S. de Cabra.
Ptychoceras (Baculites) neocomiense d'Orb. sp. S. de Cabra. (Pyriteux.)
Gastéropodes pyriteux indéterminables. S. de Cabra.
Pholadomya cf. **Malbosi** Pict. S. de Cabra.
—— cf. **Trigeri** Cott. S. de Cabra.
Pygope cf. **diphyoides**. S. de Cabra. (Pyriteux.)
—— **hippopus** d'Orb. sp. Cabra.
Terebratula cf. **Moutoni** d'Orb. S. de Cabra. (Pyriteux.)
—— sp. indet. S. de Cabra.

8. — Assises crétacées supérieures au néocomien.

L'étage aptien existe à Conil (province de Cadix); la collection de la Sorbonne renferme *Am. Melchioris* et *Am. Duvali* de cette localité; à Alcoy (province d'Alicante), on trouve l'*Ammonites Nisus*. Le crétacé paraît, du reste, être complètement développé aux environs de Jaen, d'après les fossiles que de Verneuil a rapportés de cette province. Les Requiénies paraissent n'être pas rares à Jodar et la collection de Verneuil renferme une série d'Échinides de la craie supérieure de Mancha Real. M. Lucas Mallada a signalé le turonien et le sénonien fossilifères aux environs de Mancha Real.

L'existence de ces étages supérieurs est douteuse dans les provinces de Grenade et de Malaga. Pourtant, comme nous l'avons dit, les calcaires à silex pourraient représenter l'étage aptien. En tout cas, le système puissant de calcaires gris en dalles (lauzes), avec silex brunâtres et marnes durcies jaunes qui les surmontent entre Montefrio et Loja, semble certainement appartenir à un étage supérieur. Nous avons eu, en effet, l'occasion de voir à Montefrio, entre les mains des habitants, plusieurs exemplaires silicifiés de l'*Echinocorys vulgaris* (*Ananchytes ovata*); il nous semble peu probable que ces fossiles n'aient pas été récoltés aux environs mêmes de Montefrio, cette ville étant trop écartée et trop délaissée des géologues pour que plusieurs de ses habitants aient, chacun de leur côté, été mis en possession de la même espèce d'Échinide.

Quoi qu'il en soit à cet égard, nous croyons devoir signaler à l'attention de nos confrères les marnes grises et les lauzes à silex de Montefrio.

Quant aux assises analogues à la *scaglia*, signalées plus au sud par MM. Taramelli et Mercalli, il n'est pas douteux pour nous qu'elles ne fassent partie de l'ensemble des assises décrites plus haut et qu'elles n'appartiennent au crétacé inférieur.

COMPARAISON DES TERRAINS JURASSIQUE ET CRÉTACÉ DE LA RÉGION SUBBÉTIQUE AVEC CEUX DES CONTRÉES VOISINES.

Maintenant que nous avons établi, autant que nos observations nous l'ont permis, l'ordre de succession des assises jurassiques et crétacées dans les provinces de Grenade et de Malaga, il convient d'examiner quels sont les rapports de ces dépôts avec les couches synchroniques des régions voisines et celles des contrées classiques.

A l'ouest, les recherches de M. Macpherson[1] ont montré que,

[1] Macpherson. *Bosquejo geologico de la provincia de Cadiz.* Cadix, 1873.

dans la province de Cadix, les mêmes terrains présentent un développement analogue. Le lias supérieur, le tithonique, le néocomien s'y sont montrés fossilifères et de facies alpin. De plus, à Conil, affleurent les marnes aptiennes à *Am. Guettardi, Am. Melchioris, Am. Nisus*, telles qu'on les connaît à Gargas en Provence.

Dans le Portugal, on sait, grâce aux travaux de M. Choffat [(1)], qu'en se dirigeant d'abord vers l'ouest, puis vers le nord, on trouve des passages progressifs aux facies de l'Europe septentrionale. Dans les Algarves, le trias paraît présenter en partie un facies alpin qui se rapprocherait de celui de la chaîne bétique; le lias (lias à facies espagnol de Thomar), avec sa riche faune de Brachiopodes (*Ter. Jauberti, Rynch. meridionalis*, etc.), a beaucoup d'espèces communes avec celles de Teruel et du Var; dans le dogger de Cesareda, on trouve *Posidonomya alpina*. Le bathonien et le malm des Algarves présentent au contraire un développement tout différent de celui des régions méditerranéennes. Au nord du Portugal, la série se rapproche beaucoup de celle du bassin anglo-parisien.

De l'autre côté du plateau central de l'Espagne, dans la province de Teruel (sierras de Albarracin et de Frias), les formes plus spécialement alpines cessent également de se montrer dans les couches jurassiques [(2)]. D'après les fossiles conservés dans la collection de Verneuil, le lias a le facies espagnol; le dogger, très fossilifère, et le malm rappellent plutôt les types de l'Europe centrale.

En Algérie, le lias du Djurdjura (Kabylie) est formé, comme

(1) Choffat. *Étude stratigraphique et paléontologique des terrains jurassiques du Portugal*, I. *Le lias et le dogger au nord du Tage*. Lisbonne, 1880. (Section des trav. géol. du Portugal, I.) Id. *Recherches géologiques sur les terrains secondaires au sud du Sado*. (Communicacões da commissão dos trabalhos geologicos, t. I, II, Lisbonne, 1887.) M. Choffat qualifie avec raison le lias de Thomar de «lias à facies espagnol». Le lias à facies espagnol, très développé dans le Var et dans l'est de l'Espagne (coll. de Verneuil) ainsi qu'aux Baléares, se rapproche, par quelques formes de Brachiopodes, du lias alpin proprement dit.

(2) Dans cette partie de l'Espagne, le facies alpin s'avance plus à l'ouest pour le trias que pour le jurassique puisqu'on a trouvé à Mora del Ebro des Céphalopodes analogues à ceux du Tyrol (*Trachyceras ibericum*, etc.).

en Andalousie, par des calcaires blancs à Pentacrines et à silex [1]. Les gisements tithoniques des Hauts Plateaux (Batna, Sétif, etc.) ont fourni un grand nombre des espèces que nous citons dans les couches à *Am. transitorius* de Loja et de Cabra. Le néocomien vaseux est développé dans la province de Constantine [2] et y montre les Ammonites ferrugineuses du néocomien inférieur de Saint-Julien-en-Beauchêne (Dauphiné), celles mêmes qui caractérisent précisément l'étage en Andalousie.

Si, maintenant, de l'Andalousie nous nous éloignons vers l'est (Murcie et Baléares), si de là nous suivons, par la Sicile et l'Italie, les bords de la dépression tyrrhénienne, nous rencontrons de remarquables analogies dans la succession des couches et dans le caractère des faunes.

C'est ce que montrent, pour la Murcie, les observations publiées par de Verneuil et Collomb [3]. On connaît le massif de calcaires rouges à Ammonites de la Romana, près d'Alicante; à Alcoy (province d'Alicante), le néocomien est analogue à celui de Loja (*Am. infundibulum*, etc.).

Aux Baléares [4], au-dessus du keuper à facies alpin, le lias montre encore le facies espagnol; mais, comme en Andalousie, le dogger est peu développé; la ressemblance s'accentue avec le jurassique supérieur et avec le tithonique, identique à celui de Cabra, et se poursuit dans le néocomien : nous avons retrouvé dans notre région la plupart des espèces citées par M. Hermite (*Am. Astieri, Am. semisulcatus, Am. subfimbriatus, Am. cryptoceras, Am. difficilis, Am. infundibulum, Am. Mortilleti, Am. Tethys, Am. lepidus, Am. Honnorati, Am. incertus, Am. Grasi, Am. diphyllus, Aptychus Mortilleti, Apt. angulicostatus, Hamulina, Bel. dilatatus* et *pistilliformis*).

Quant aux couches de Berrias, elles ne forment pas non plus

[1] Communication verbale de M. Ficheur.

[2] Péron. *Essai d'une description géologique de l'Algérie.* (Annales des sc. géol., t. XIV, 1883.)

[3] *Expl. de la carte géol. d'Espagne*, 2e édit., 1869.

[4] H. Hermite. *Études géologiques sur les îles Baléares.* Paris, 1879.

aux Baléares une assise nettement distincte du tithonique. Le barrêmien vient d'y être rencontré par M. H. Nolan.

En Sicile, d'après les dernières publications[1], le lias inférieur est représenté par des calcaires cristallins fossilifères; le lias moyen par des calcaires à Crinoïdes et à Brachiopodes (*Terebr. Aspasia*, *Spiriferina rostrata*, etc.). Le lias supérieur est calcaire ou marneux, caractérisé par une teinte rouge prononcée; il renferme des *Harpoceras* (*Harp. radians*, *Harp. complanatum*, etc.). Le dogger, mieux développé qu'en Andalousie, est surmonté par des calcaires blancs ou roses à veines spathiques, dans lesquels on a distingué deux niveaux : les couches à *Peltoceras transversarium* à la base, celles à *Aspidoceras acanthicum*, *Phylloceras isotypum*, etc., au sommet. Le tithonique, semblable au nôtre, contient : *Ter. diphya*, *T. janitor*, *Aptychus punctatus*, *A. Beyrichi*, *Am. elimatus*. Puis vient le néocomien, marneux, à rognons de silex, avec *Aptychus angulicostatus*, *Apt. Seranonis*, *Bel. latus*, *Bel. dilatatus*, *Am. ligatus*, *Am. infundibulum*, *Am. Grasi*, *Ter. diphyoides*, etc., surmonté par l'urgonien. On trouve des détails sur cette coupe, si remarquablement conforme à celle de l'Andalousie, dans les ouvrages de MM. Seguenza[1], Travaglia[2] et Gemmellaro[3].

Dans les Apennins (montagne de Suavicino) M. Canavari cite :

Lias moyen. — Couches à *Am. algovianus*, *Am. margaritatus*, *Am. spinatus*, et à *Ter. Aspasia*;
Lias supérieur à *Am. bifrons*, *Am. comensis*, *Am. dorcadis*, *Ter.* (*Pygope*) *erbaensis*, etc.;
Oolithe inférieure à *Posidonomya alpina* et *Stephanoceras bayleanum*;
Schistes à *Aptychus*;
Tithonique rouge;

(1) *Brevi cenni relativi alla carta geologica della isola de Sicilia*, Rome, 1877. *Breve nota intorno le formazioni primarie e secondarie della provincia di Messina.* (Bull. R. Comit. d'Italia, 1871.)

(2) *Bullet. R. Comit. geol.*, 1880, p. 505. M. Travaglia donne dans cette note de bons renseignements sur le néocomien, qui ressemble beaucoup par sa faune à celui de Loja et d'Illora.

(3) Gemmellaro. *Fauna giurese di Sicilia*, 1872; *Calc. à Ter. janitor de Sicile*, 1872; *Bull. d. Soc. di Sc. nat. ed economiche di Palermo*, 12 juin 1879.

Tithonique blanc très fossilifère à *Ter.* (*Pygope*) *triangulus*, *Am. ptychoicus*, etc.;

Néocomien (*Calcaria rupestre*), à *Ter.* (*Pygope*) *euganeensis*, etc.

Aux environs de Tivoli, MM. Canavari et Cortese[1] ont fait connaître en 1881 une succession analogue. M. Cocchi[2] a retrouvé à l'île d'Elbe le même facies pour le lias et le tithonique.

La localité de Monticelli, aux environs de Rome, a fourni un grand nombre d'espèces du lias supérieur parmi lesquelles se trouvent la plupart des formes recueillies par nous dans le toarcien des environs de Grenade.

Dans l'Apennin central (monte Catria et monte Nerone), M. Zittel[3] indique la succession suivante :

Lias inférieur. — Calcaires massifs de couleur claire, parfois dolomitiques et oolithiques : Terébratules, Rhynchonelles, *Posidonomya Janus*, etc.;

Lias moyen. — Calcaires marbres à silex : *Am. algovianus*, *Am. boscensis*, *Am. Davoei*, *Terebr. Aspasia*, *T. cerasulum*, *Spiriferina rostrata*, etc.

Lias supérieur. — Marnes et calcaires (*ammonitico rosso*, pro parte) et calcaires à silex. Ce niveau fort caractéristique fournit : *Am. cornucopiæ*, *Am. Nilssoni*, *Am. mimatensis*, *Am. bifrons*, *Am. comensis*, *Am. Mercati*, *Am. complanatus*, *Am. insignis*, *Am. fibulatus*, *Am. subarmatus*, *Terebratula erbaensis*;

Dogger. — Couches à *Am. ultramontanus*, *Am. Circe*, *Am. Murchisonæ*, *Am. fallax*, *Am. gonionotus*, *Humphriesanus*, etc.;

Schistes à *Aptychus* (*Apt. punctatus*, *Apt. lamellosus*, *Apt. Beyrichi*, *Ter. Bouei*);

Tithonique. — Marbre fossilifère : *Bel. conophorus*, *Apt. punctatus*, *Apt. Beyrichi*, *Apt. latus*, *Am. ptychoicus*, *Am. Kochi*, *Am. quadrisulcatus*, *Am. Stasyczii*, *Am. geron*, *Am. carachtheis*, *Am. volanensis*, *Am. bispinosus*, *Am. cyclotus*, *Ter. triangulus*, etc.;

(1) Canavari e Cortese. *Sui terreni secondari dei dintorni di Tivoli.* (Bull. R. Comit., 1881).

(2) Cocchi. *Cenno sui terreni dell' isola d'Elba.* (Bull. R. Comit., 1870.)

(3) *Geologische Beobachtungen aus den Centralapenninen.* (Benecke, *Geognostisch-paläontologische Beiträge*, II, 2, 1869.) Baldacci e Canavari. *La regione centrale del Gran Sasso d'Italia.* (Bullettino R. Comitato geolog. d' Italia, 1884, nos 11 et 12.)

Néocomien. — Calcaire de couleur claire (Felsenkalk) avec *Am. Tethys Am. infundibulum, Am. quadrisulcatus, Am. subfimbriatus, Am. Gra sianus, Am. intermedius, Terebr. euganeensis*, etc.;

Crétacé supérieur et moyen (scaglia).

MM. Nicolis et Parona [1] viennent également de faire connaîtr dans le Véronais des assises à *Posidonomya alpina*, des couches à *Am transversarius*, la zone à *Am. acanthicus* et le tithonique, qui renferme là une faune presque identique à celles de Loja et de Cabra.

En Lombardie, nous retrouvons la plupart de ces horizons. Des couches à *Arietites* (c. de Saltrio), le medolo à *Am. algovianus* de Brescia, les calcaires rouges à *Am. bifrons* représentent le lias; ils sont particulièrement bien développés à Erba et ont fait l'objet des remarquables monographies paléontologiques de M. Meneghini [2]. Le dogger est constitué par les couches à *Posidonomya alpina* et les assises à *Am. Murchisonæ* du cap San Vigilio. On retrouve le jurassique supérieur sous la forme de schistes à *Aptychus* et de couches à *Am. acanthicus* (Tyrol méridional). Le tithonique renferme partout la même faune, et le néocomien portant les noms de majolica (*Aptychus Didayi*) ou de biancone (*Am. semisulcatus, Am. Grasi, Am. Astieri, Am. crioceras*, etc.) rappelle toujours celui de la Sicile, de la Provence, des Baléares et de l'Andalousie méridionale.

Nous n'insisterons pas sur les coupes plus connues du Tyrol [3], des Alpes autrichiennes et des Alpes bavaroises [4]. Il nous suffira de

[1] Nicolis e Parona. *Note stratigrafische e paleontologiche sul Giura superiore della provincia di Verona.* (Bull. Soc. geol. Italiana. Rome, 1885.)

[2] Meneghini. *Monographie des fossiles du calcaire rouge ammonitifère de la Lombardie*, etc., et Appendice : *Fossiles du medolo* (*in* Stoppani, *Paléontologie lombarde*), 4e série. Milan, 1867-1881.

[3] Benecke, *Trias und Jura in den Südalpen* (*Geognostisch-palæontologische Beiträge*, t. I, 1, 1866).

[4] Von Hauer. *Die Geologie und ihre Anwendung auf die Kenntniss der Oesterreich-Ungarischen Monarchie*, 2e édition. Vienne, 1878. Voir en outre : Oppel. *Ueber das Vorkommen von jurassischen Posidonomyengesteinen in den Alpen* (*Zeitschr. der d. geol. Ges.*, 1863); *Ueber die Brachiopoden des unteren Lias* (*Zeitschr.*

rappeler que les couches d'Hierlatz et d'Adneth renferment, avec *Terebratula Aspasia*, les Céphalopodes d'Alhama, de la sierra Elvira, et montrent des bancs puissants de calcaires à Entroques; que le toarcien, sous forme de Fleckenmergel, de couches d'Adneth[1] (*pro parte*) et de couches d'Algaü, présente dans sa faune de grandes analogies avec l'*ammonitico rosso;* que les couches de Klaus (dogger) contiennent le *Posidonomya alpina*, et que le malm comme le tithonique y conservent leur facies déjà décrit. De même le néocomien, représenté tantôt par des couches à *Aptychus Didayi* (Neocomaptychenkalk), tantôt par des assises à Ammonites (majolica, biancone, Schrambachschichten, schistes de Teschen, Stollbergschichten, Rossfeldschichten), peut être exactement parallélisé avec celui de l'Andalousie.

Ces différentes coupes montrent d'une manière incontestable qu'il existe, de l'Andalousie jusqu'au nord des Apennins, une zone à peu près continue, où les terrains jurassique et néocomien se poursuivent avec le même facies.

Déjà de Verneuil a été frappé de cette analogie. « Les districts de Malaga et de Ronda, dit-il, ont une constitution géologique très analogue à celle des Alpes vénitiennes. » Il signale aux environs d'Antequera la présence de roches analogues à l'*ammonitico rosso* et au biancone de l'Italie. Cette analogie est surtout frappante pour le lias moyen (couches à *Ter. Aspasia*), avec ses calcaires compacts, ses couches à Entroques et la tendance coralligène de sa faune, et pour le lias supérieur (*ammonitico rosso*, pro parte) dont toutes les espèces citées en Andalousie, même les formes spéciales, telles que l'*Am. lariensis* et les *Aulacoceras*, se retrouvent jusqu'en

d. deutschen geol. Ges., 1861); Gümbel, *Geognostische Beschreibung des Bayerischen Alpengebirges und seines Vorlandes*, Gotha, 1861; Zittel, *Verh. der k. k. geol. Reichsanstalt*, t. VIII; Neumayr., *ibid.*, 1877, etc.

[1] Presque toutes les espèces d'Ammonites que nous avons citées dans le lias de l'Andalousie (*Am. tardecrescens*, *Am. ceras*, *Am. multicostatus*, *Am. radians*, *Am. complanatus*, *Am. bifrons*, *Am. comensis*, *Am. cylindricus*) se rencontrent dans les assises liasiques d'Adneth (Alpes autrichiennes).

IMPRIMERIE NATIONALE.

Lombardie [1]. Le dogger, malgré quelques traits assez constants de sa faune (*Posidonomya alpina, Ammonites Murchisonæ, Am. Humphriesi*), est d'un aspect plus variable; mais l'absence presque complète de toute faune bathonienne est encore un caractère général de cette zone. L'assise à *Heligmus* d'El Chorro y constitue un fait à peu près exceptionnel. Pour le malm et le néocomien, il faut remarquer que les schistes à *Aptychus* représentent un facies plus spécialisé, tandis que celui du tithonique et du néocomien vaseux s'étend au contraire, presque sans changement, à une région beaucoup plus étendue (Provence, Alpes et Carpathes).

Si, au contraire, on s'écarte de la zone précitée, les couches et les faunes montrent immédiatement de grandes différences : nous avons, il est vrai, rapproché au point de vue lithologique certaines couches de l'Andalousie de l'infralias de Provence; mais en Provence le lias moyen n'y montre plus que de lointains rapports avec celui de la zone tyrrhénienne (*Rhynchon. Dalmasi, Am. algovianus*). Les espèces communes sont plus nombreuses dans le lias supérieur, dont certaines Ammonites ont une grande extension géographique; mais la composition des bancs comme l'ensemble de la faune répondent à un autre type. Le dogger de la haute Provence et des Préalpes suisses peut se rapprocher des couches de Klaus et de certains horizons du Tyrol (*Phylloceras* [2], *Am. tripartitus, Am. fallax, Posidonomya alpina*); mais, sans même parler de sa plus grande épaisseur, il diffère sensiblement des représentants bajociens de la zone tyrrhénienne.

C'est seulement pour la zone à *Ammonites acanthicus*, pour le tithonique avec ses brèches et pour le néocomien vaseux (Saint-Julien-en-Beauchêne, environs de Sisteron) que le facies tyrrhénien s'étend jusqu'aux Alpes françaises et suisses. On sait d'ailleurs que peu au delà, vers le N. O., commence à régner d'une ma-

[1] La faune des calcaires rouges à Ammonites de la Lombardie a été étudiée par MM. Meneghini et Stoppani.

[2] W. Kilian. *Description géologique de la montagne de Lure.* (Ann. des sc. géol., t. XIX, XX). Gilliéron. *Matériaux pour la carte géologique suisse*, 12ᵉ livr., 1873; 18ᵉ livr., 1885.

nière uniforme le facies, classique pour nous, et plutôt littoral, de l'Europe septentrionale.

Ainsi la zone tyrrhénienne a bien son individualité; ses rapports sont nombreux avec la zone alpine et s'accentuent encore à la fin de l'époque jurassique, mais il n'y en a pas moins là, des Apennins à l'Andalousie, une région qui a eu, on peut le dire, la même histoire pendant l'époque jurassique, et une histoire assez spéciale pour former au moins un chapitre à part dans celle de la province méditerranéenne [1]. Si nous insistons sur ce point, c'est pour faire ressortir une fois de plus l'étroite parenté qui existe entre les conditions de dépôt et les phénomènes orogéniques postérieurs.

M. Suess a montré, en effet [2], que les Apennins, les collines de la Sicile et du nord de l'Algérie et enfin les chaînes de l'Andalousie présentent dans leur structure une série de rapports intimes et forment une ligne sinueuse de plissements homologues, dont la continuité est à peine masquée par les détroits interposés. Ce serait en somme une même chaîne, dans le sens géologique du mot, qui, avec des hauteurs très diverses, se déroulerait des bords du Guadalquivir au nord de l'Italie; la manière dont elle se raccorde avec les Alpes est encore assez obscure.

L'emplacement de cette chaîne correspond exactement à la zone tyrrhénienne, telle que nous venons de la suivre et de l'étudier; il était donc marqué à l'avance, dès l'époque jurassique, par un « géosynclinal » où les conditions et les modifications des dépôts ont été les mêmes jusqu'à la fin du néocomien.

Nous terminons ce chapitre par un tableau donnant la correspondance des couches de l'Andalousie avec celles des régions voisines.

[1] Nous rappellerons que M. Marcou admettait déjà (1858) l'existence d'une province hispano-alpine. — [2] *Das Antlitz der Erde*, t. I, p. 303.

PROVINCES DE GRENADE ET DE MALAGA.	RÉGIONS DIVERSES.
(??) Couches à *Ananchytes* de Montefrio.	Sénonien (?)
(?) Calcaire saccharoïde de Cabra. Calcaire à silex.	Urgonien (?) [Aptien (?).]
Marno-calcaires d'Illora et de Carcabuey : *Am. cassidoides, Am. difficilis, Am. semistriatus, Am. quinquesulcatus.* Marno-calc[res] de Loja et marnes à Ammonites pyriteuses : *Am. Astieri, Am. Grasi, Am. quadrisulcatus, Am. Calypso, Am. neocomiensis, Am. infundibulum, Bel. latus.* — Schistes rouges à *Aptychus Mortilleti, Apt. Dydayi, Apt. Seranonis*, etc.	Couches à *Sc. Yvani* de Provence, des Baléares, Wernsdorferschichten, barrêmien. Néocomien inférieur de Provence, des Voirons, des Baléares, d'Algérie, biancone, majolica, Felsenkalk, calcare rupestre, Stollbergschichten, Strambacherschichten, Rossfeldschichten, Neocomaptychenkalk, des Alpes orientales et de l'Italie.
Brèche à éléments roulés (?). Tithonique supérieur (Fuente de los Frailes) : *Am. Kochi, Am. ptychoicus, Am. Calisto, Am. Chaperi, Am. Malbosi, Am. Negreli, Pygope diphya, P. janitor, Metaporhinus transversus, Hemicidaris Zignoi*, etc. Tithonique inférieur : *Am. transitorius, Am. ptychoicus* (= *semisulcatus*), *Am. municipalis, Am. Liebigi, Am. geron, Am. volanensis, Am. longispinus, Am. colubrinus, Am. Loryi, Pyg. diphya, Pyg. janitor*, etc.	Brèches des Basses-Alpes, de la Drôme, de Chomérac, etc. (et calcaire de Berrias?). Tithonique de Stramberg, de Lémenc, de la Porte-de-France, du Véronais, des Sette Communi, de l'Algérie et de la Sicile. Klippenkalk et Diphyakalk du Tyrol, de l'Apennin, des Karpathes, des Alpes bavaroises et suisses. Calcaire bréchoïde des chaînes subalpines.
Couches du Torcal à *Am. Loryi, Am.* cf. *agrigentinus, Am. hominalis, Am. saxonicus, Am. Fouqueti.* — Oolithe et calcaires blancs. *Hemicidaris crenularis.*	Couches à *Am. acanthicus* des Carpathes, du Tyrol, du Véronais, des Basses-Alpes. Schistes à *Aptychus* de l'Apennin central, couches à *Am. acanthicus* des Alpes fribourgeoises, etc.
Calcaires divers (*Am. bimammatus* [Cabra], *Am. perarmatus* [Torcal]).	Calcaire concrétionné et noduleux à *Am. bimammatus* des Alpes fribourgeoises et des Basses-Alpes (Chabrières, St-Geniez, etc.).
Couches d'El Chorro à *Heligmus polytypus, Rhynch.* cf. *varians, Ter. circumdata.* Calcaires à *Am. Humphriesi.* Calc. à *Am. Murchisonæ, Posidonomya alpina.*	Couches de Klaus; couches à *Posid. alpina* du Tyrol, de Cesareda (Portugal), de Vérone. Couches du cap San Vigilio, bajocien-bathonien des Basses-Alpes, couches des Alpes bernoises à *Posid. alpina* et *Am. Murchisonæ.*
Lias supérieur, marno-calcaires : *Am. Levisoni, bifrons, subplanatus, insignis, subnilsoni, Mercati, communis, crassus*, etc.	Lias supérieur d'Adneth, Algäuschiefer, d'Erba, de l'Apennin, de Monticelli, de l'Aveyron.
Marno-calcaires à *Pygope erbaensis, Am. algovianus, Am. Bertrandi* var. cf. *retrorsicata, Am. lariensis.* Couches à *Pyg. Aspasia, Spir. rostrata*, calcaires à Entroques et à *Am. cylindricus, Am. ceras*, etc.	Couches à *Am. algovianus* de Sicile, de l'Apennin, de Gap, medolo de la Lombardie, couches à *Pyg. Aspasia* de Sicile et des Alpes, couches d'Adneth, d'Hierlatz et Fleckenmergel (*p. parte*), calcaires à Entroques des Alpes orientales.
Dolomies, cargneules, marnes vertes (lias inférieur et infralias).	Infralias de la Provence.
SUBSTRATUM. — Trias supérieur : *Gervillia præcursor, Myophoria vestita, Natica gregaria.*	Trias supérieur.

D. TERRAIN ÉOCÈNE.

Historique. — Les assises nummulitiques de l'Andalousie ont été depuis longtemps signalées. En 1857, Ansted étudia aux environs de Malaga les dépôts éocènes et mentionna un calcaire oolithique à la base du système. Plus tard de Verneuil et Collomb ont fourni d'utiles renseignements sur l'éocène du midi de l'Espagne, et c'est d'après leurs indications et leurs récoltes de fossiles que d'Archiac put donner, dans son *Histoire des progrès de la géologie,* une description du nummulitique de l'Andalousie.

Description des couches.

Les îlots montagneux, comme les appelle d'Archiac, qui forment les sierras jurassiques de la région dont nous nous occupons, sont entourés par des couches nummulitiques plissées, au milieu desquelles ils émergent comme des récifs. Quelquefois l'éocène affecte un caractère littoral au voisinage de ces îlots, dont les roches sont souvent perforées par des Lithophages (col de Zaffaraya).

La ressemblance qu'offrent, avec le trias, certains bancs du nummulitique, a été signalée avec raison par de Verneuil. En effet, l'on remarque dans la composition de ce terrain, à côté de grès à Nummulites, de calcaires, de marbres blancs à Alvéolines, une suite de dépôts argileux de couleur généralement lie de vin qui peuvent très facilement être confondus avec les marnes irisées du trias. En certain point, des grès quartzeux d'un brun rougeâtre complètent encore cette ressemblance. Ces dépôts, généralement très argileux, retiennent les eaux d'infiltration à leur surface; aussi la présence du nummulitique se trahit-elle presque toujours par de nombreuses sources et par la nature boueuse du sol.

En résumé : marnes multicolores plus ou moins durcies, marnes grises, calcaires marbres, grès grisâtres à Nummulites, grès siliceux bruns, et, au voisinage des sierras, conglomérats littoraux, tels sont les éléments qui composent habituellement l'éocène des provinces de Grenade et de Malaga. Notons aussi qu'on a signalé du gypse dans les couches nummulitiques.

Les assises nummulitiques paraissent s'étendre fort avant dans l'intérieur du pays (jusque près d'Andujar); elles sont développées dans la serrania de Ronda et, à l'est, dans les provinces de Murcie, d'Alicante, et aux Baléares. Dans notre champ d'étude, elles forment une bande méridionale le long du littoral, puis une seconde au nord qui masque, d'El Chorro à Alcaucin, le contact de la zone ancienne et des chaînes secondaires; les dépôts de cette bande se continuent à travers toutes les dépressions des sierras jurassiques et s'étendent en vastes affleurements sur le flanc septentrional de la zone plissée, de Gobantes à Antequera, Archidona et Montefrio. D'après M. Gonzalo y Tarin, ils atteignent au puerto del Hornillo l'altitude de 1,680 mètres.

Une discordance importante sépare l'éocène du jurassique et du crétacé. Ces derniers terrains ont subi, avant le dépôt des couches nummulitiques, une première série de plissements et de dislocations assez énergiques même pour qu'en plusieurs points ils aient formé des îles émergeant du sein de la mer éocène. Le nummulitique repose d'ailleurs indifféremment sur les phyllades anciennes, le trias, le jurassique ou le crétacé.

De nouveaux et violents mouvements du sol ont suivi le dépôt des couches nummulitiques, qui sont en général fortement plissées et séparées par une nouvelle discordance de la molasse helvétienne.

Bande septentrionale. — Le nummulitique est très développé aux alentours de la venta d'Alfarnate, sous forme de marnes durcies blanches et jaunâtres et de grès bruns très quartzeux. Un peu au S. O. de ce point, en suivant la route jusqu'à la maison des cantonniers (Peones Camineros), où l'on trouve des blocs éboulés de lumachelle à Nummulites, et en se dirigeant à l'ouest vers les collines ondulées qui bordent la sierra jurassique, on peut y observer la série à peu près complète des assises de l'étage, tel du moins qu'il nous a paru constitué dans la région.

Les couches sont très contournées et forment jusqu'à cinq petits plis synclinaux successifs; mais un ravin qui traverse la ligne des collines permet d'embrasser l'ensemble de la coupe (fig. 9) et de suivre sans ambiguïté l'ordre et la succession des assises. A la base, des conglomérats indiquent la proximité du rivage; au-dessus, se développe le système des marnes rouges, des calcaires marneux et des grès brunâtres, qui forment les affleurements étendus de la plaine; les calcaires marneux s'intercalent dans les marnes rouges en petits bancs minces, nombreux et bien lités; nous n'y avons pas rencontré de fossiles. Puis viennent des grès calcarifères assez puissants, à grain fin, d'un gris brunâtre; ils renferment de petites Nummulites; vers le haut, ces grès deviennent de plus en plus calcaires et les Nummulites y forment de véritables lumachelles.

Fig. 9. — Coupe relevée au nord du cortijo Magdalena.

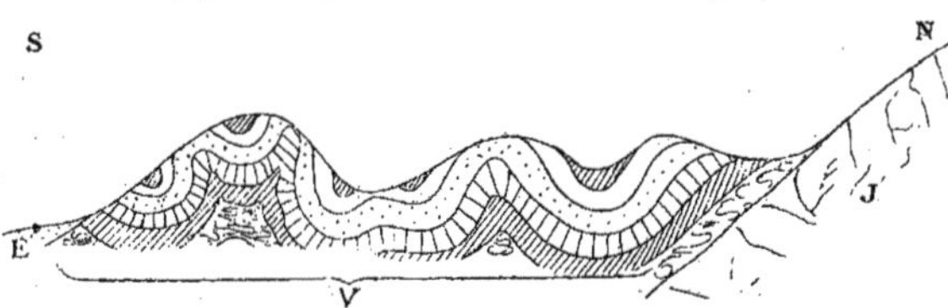

E. Éboulis. — J. Calcaire jurassique. — V. Nummulitique fortement plissé.

Il y a dans ces grès quelques petites lentilles de marnes vertes. Nous y avons recueilli des restes de Pentacrines et de dents de Squales (*Lamna*). Enfin, dans le fond des synclinaux, on trouve des marnes durcies, gréseuses, violacées, renfermant des fossiles avec leur test (Bivalves, Gastéropodes mal conservés) et des dents de Squales. Ces marnes forment là la partie supérieure, non recouverte, du nummulitique; nous n'avons pu reconnaître avec certitude ce niveau dans les autres affleurements. Les conglomérats de la base se retrouvent en plusieurs points, au nord d'El Valle d'Abdalajis, près d'Alfarnate, et du Guaro à Alcaucin, au pied de la sierra jurassique de Zaffaraya. Il y a là notamment une véritable brèche de rivage; le rocher lui-même est perforé par des Mollusques et présente des traces nombreuses de Spongiaires perforants (*Vioa*).

La série des marnes rouges est la plus développée et forme la plus grande partie des affleurements; on y retrouve, notamment au Guaro, des bancs de conglomérats intercalés. La composition en est partout assez uniforme; nous y signalerons pourtant comme particularité locale la présence de blocs à oolithes siliceuses, qui se mêlent aux débris de l'étage, grès et marnes durcies, soit près d'Alfarnate, soit dans la dépression qui suit la route de Loja à la venta de los Alazores. De plus, entre Alcaucin et Periana, nous y avons trouvé des cristaux de gypse. Cette série présente dans son ensemble une grande analogie avec le flysch; les rares empreintes que nous y avons observées sont de nature à confirmer ce rapprochement; ce sont des écailles de Poissons, des Fucoïdes (près des bains de Vilo) et de grands *Cancellophycus.* Ces derniers abondent sur le sol et dans les murs des champs, entre Villanueva del Rosario et Villanueva del Trabuco; mais nous avons pu aussi les retrouver en place, vers le haut du col que franchit la Vila Carretera, au sud d'Antequera.

Les grès supérieurs à Nummulites présentent des affleurements moins étendus, mais encore assez nombreux; nous citerons ceux de Villanueva del Rosario, de las Perdrices, du pied N. O. du peñon de los Enamorados, près d'Archidona, de los Busques, etc.

Entre la venta de los Alazores et le bassin d'Alfarnate, dans les talus de la route, les Nummulites abondent au milieu de marnes grises, où nous avons également recueilli des *Aptychus,* probablement charriés.

Plusieurs auteurs, notamment M. Silvertop, ont signalé la présence du nummulitique à *Pecten reconditus* (?) entre Alhama et Loja, près de Salar. Nous n'avons rien vu de ce genre en cet endroit.

Le nummulitique à *Serpula spirulæa* a été signalé à Montefrio par Silvertop et, en 1869, par de Verneuil et Collomb. Nous avons retrouvé cet affleurement, qui est le plus riche en fossiles de notre région. Le gisement se trouve à l'est de la ville, au bord d'un ruisseau, au lieu dit Huertezuela; le nummulitique, très développé, pend au S. O. et est constitué par des marnes grises à grandes et petites Nummulites. On y voit aussi des marnes rouges intercalées et des bancs de calcaire formant une lumachelle de Nummulites de diverses grandeurs. Ces bancs affleurent jusqu'auprès de la ville de Montefrio, où ils vont s'enfoncer sous la molasse helvétienne. Nous y avons recueilli :

Serpula spirulœa Lam.
Assilina sp.
Orbitoides sp.
Nummulites sp.

Les marnes grises à Nummulites affleurent aussi non loin de la venta de Handar, sur la route de Grenade à Jaen. Elles sont accompagnées d'un grès jaunâtre et d'un banc de conglomérat calcaire (à Nummulites).

M. Munier-Chalmas, qui a eu l'obligeance d'examiner les Nummulites recueillies par nous, n'y a reconnu que des espèces de l'éocène moyen.

Bande littorale. — Le terrain nummulitique a été signalé aux environs de Malaga par tous les auteurs qui ont visité le pays. A l'est de la ville, on peut constater tout le long de la côte l'existence d'une suite de rochers blancs formant, plus ou moins près du rivage, de pittoresques mais arides escarpements. En examinant de près ces roches dans les endroits où elles ne sont pas recouvertes par un manteau de tufs et de brèches plistocènes, on voit qu'elles sont constituées par un calcaire blanc, marmoréen, très dur, à cassure esquilleuse, devenant en quelques points oolithique. On ne tarde pas à y rencontrer des sections d'Alvéolines qui permettent de déterminer son âge.

A l'est du Palo et non loin d'une maison isolée qui porte le

IMPRIMERIE NATIONALE.

nom de cortijo de Cantal, les abords de l'ancienne route permettent de relever les coupes représentées par les figures 10, 11 et 12.

Fig. 10. — Coupe relevée à l'est du Palo.

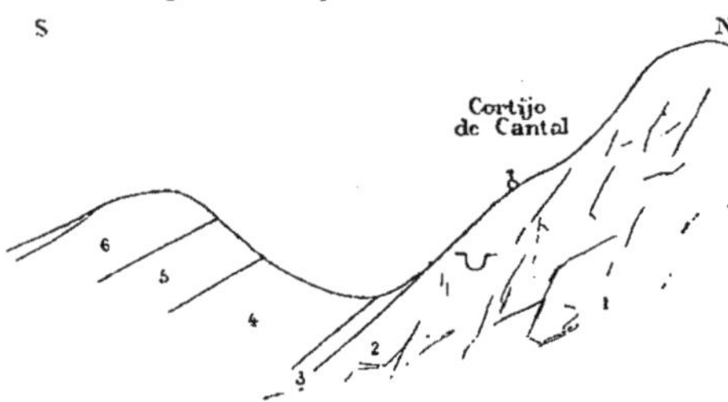

1. Calcaire blanc jurassique.
2. Calcaire à facies tithonique sans fossiles (ᴜ carrière).
3. Marnes rouges crétacées plissées.
4. Marnes grises à test de fossiles et Foraminifères.
5. Grès grossier blanchâtre à Nummulites.
6. Calcaire blanc à Nummulites.

Fig. 11. — Coupe relevée un peu à l'ouest de la précédente.

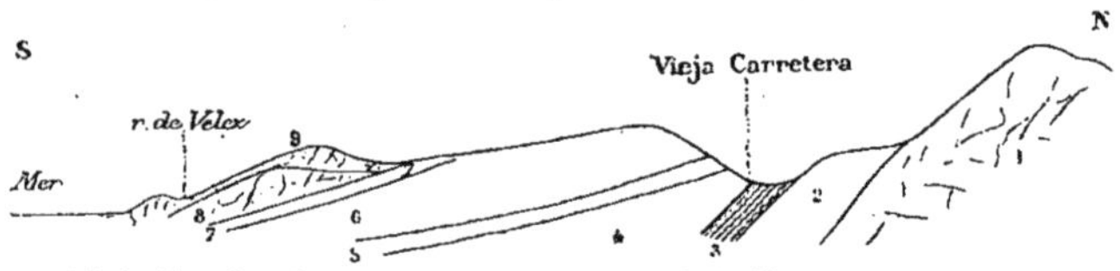

1. Calcaire blanc jurassique.
2. Tithonique (calcaire rose bréchoïde).
3. Marnes rouges et blanches feuilletées et plissées.
4. Marnes grises à Foraminifères.
5. Grès grossier à grains de quartz et à Nummulites.
6. Calcaire blanc à Nummulites avec parties oolithiques.
7. Grès fin et marnes durcies à Nummulites (pendage S. E.).
8. Calcaire blanc cristallin à taches bleuâtres et oolithes blanches.
9. Brèche superficielle.

Contre les calcaires jurassiques, qui sont recouverts par une couche mince de marnes rouges et blanches feuilletées que nous croyons pouvoir rapporter au néocomien, s'appuient les assises nummulitiques constituées à la base par des marnes grises violacées, remplies de Foraminifères; ces marnes renferment aussi des débris de test de Bivalves indéterminables. Au-dessus viennent des grès grossiers à grains de quartz et à Nummulites, avec Gastéropodes (*Cerithium?*), puis des assises de marbre blanc pétri d'Alvéolines. Ces marbres, souvent oolithiques, forment le long de la côte une bande continue jusque près de Malaga. Nous y avons

Fig. 12. — Coupe relevée à l'est des précédentes.

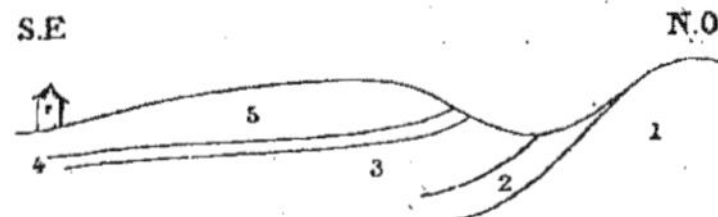

1. Tithonique et calcaire blanc.
2. Marnes rouges durcies à galets jurassiques et grains de quartz.
3. Marnes grises du nummulitique.
4. Grès grossier tendre de couleur blanchâtre avec Nummulites et Gastéropodes.
5. Calcaire marbre blanc à Nummulites (pendage S. E.).

observé en un point des intercalations de grès brunâtres très fins et de marnes durcies gris-clair renfermant quelques Nummulites.

Le nummulitique de la côte est en discordance avec les terrains plus anciens.

Près de Rincon de la Victoria, les calcaires blancs à nombreuses Alvéolines s'observent le long de la route de Torre del Mar. Enfin la montagne qui supporte le château de Velez Malaga est couronnée (fig. 1, p. 397) par une assise de calcaires oolithiques par places, en tout point semblables aux précédents, et que nous croyons impossible de ne pas attribuer au nummulitique [1].

On voit par ces quelques observations que l'éocène est représenté sur le littoral méditerranéen; ce sont des marbres blancs, souvent finement oolithiques, à veines spathiques; ils s'observent à l'est de Malaga, près de Rincon de la Victoria et au château de Velez Malaga (dans la cour de la Fortalesa); ils reposent au cortijo de Cantal sur des grès quartzeux à Nummulites et Gastéropodes [2] associés à des marnes violacées.

[1] Pour MM. Taramelli et Mercalli, les calcaires du château de Velez appartiendraient au lias inférieur.

[2] Il serait fort désirable qu'on s'occupât de rechercher ces Gastéropodes, dont la détermination serait d'un grand intérêt; n'ayant pu rester longtemps sur les lieux, nous n'avons pas réussi à rencontrer des exemplaires assez bien conservés pour pouvoir être déterminés.

Résumé. — Le type de la bande septentrionale nous a montré (coupe du cortijo de Magdalena) :

a. A la base des grès bruns, des marnes multicolores.
b. Des calcaires et des grès calcaires à Nummulites.
c. Le tout est couronné par des marnes violacées à Foraminifères qui paraissent renfermer une faune variée de Gastéropodes et de Bivalves.

A Montefrio, la couche (*b*) est représentée par des marnes à *Serpula spirulæa,* Orbitoïdes, Assilines et Nummulites (éocène moyen).

Le type du littoral présente :

a. Des marnes violacées à Foraminifères, Bivalves, etc.
b. Des grès quartzeux à Gastéropodes et Nummulites.
c. De puissants calcaires blancs à Alvéolines.

Si les marnes (*c*) du type septentrional sont, comme elles semblent l'être en effet, l'équivalent des marnes (*a*) de la bande littorale, les calcaires à Alvéolines constitueraient le sommet du terrain nummulitique des provinces de Grenade et de Malaga.

Liste des espèces recueillies dans le nummulitique des provinces de Grenade et de Malaga.

Écailles de poissons et dent de **Lamna.** N. du cortijo de la Magdalena.

Serpula spirulæa Lam. Montefrio.

Gastéropodes divers. N. du cortijo de la Magdalena, cortijo de la Magdalena.

Bivalves indét. Même provenance.

Pentacrinus sp. N. du cortijo de la Magdalena.

Vioa sp. (perforations). N. de Guaro.

Orbitoides sp. Montefrio.

Assilina sp. Montefrio.

Nummulites. Espèces diverses. Partout.

Alveolina sp. Abondantes dans la zone littorale.

Fucoides et **Cancellophycus.** Environs de Villanueva del Rosario, Baños de Vilo.

On peut voir en outre, dans la collection de Verneuil, des Nummulites déterminées ainsi qu'il suit :

Nummulites lucasana Defr. de Montefrio.
—— **Ramondi** Defr. de Montefrio.
—— **granulosa** d'Arch. de Montefrio et d'Iznajar.
—— **placentula** Desh. de Montefrio.
—— **perforata** d'Orb. de Montefrio et d'Iznajar.
—— **Verneuili** d'Arch. de Montefrio.
Serpula spirulæa Lam. de Montefrio.

Cette collection renferme également une Bélemnite recueillie dans les marnes à Nummulites de Montefrio.

MM. de Verneuil et Collomb citent dans le nummulitique :

Nummulites perforata d'Orb., var. C. Environs de Grenade.
—— **Ramondi** Defr. Environs de Malaga.
—— **biarritzensis** d'Arch. Environs de Malaga.
—— **spira** de Roissy. Environs de Malaga.

D'Archiac (*Histoire des progrès*, etc., t. III) donne une bonne description de la bande nummulitique qui borde le littoral à l'est de Malaga; il y cite entre autres :

Nummulites Ramondi Defr.
—— **biarritzensis** d'Arch. var. **inflata** d'Arch.
—— **biarritzensis** var. **moneta** Defr.
—— **spira** de Roissy.
Operculina Boissyi d'Arch.
Alveolina elliptica d'Arch.
Biloculina indét.

E. — TERRAIN MIOCÈNE.

La base du terrain miocène n'est pas représentée en Andalousie. Au dépôt des assises nummulitiques paraît avoir succédé une période d'exhaussement, et les eaux n'envahirent ensuite la région qu'à l'époque du miocène moyen.

La mer miocène a laissé en Andalousie de nombreux témoins. Des lambeaux démantelés de molasse, espacés au nord de la chaîne bétique, montrent qu'il existait à l'époque de l'helvétien une communication entre la Méditerranée et l'Atlantique. Ce détroit était limité au nord par la sierra Morena et le plateau central de l'Espagne (Meseta), au sud par la sierra Nevada et ses prolongements vers l'est et vers l'ouest.

A ces dépôts franchement marins succèdent, près de Grenade, des formations d'abord littorales et détritiques, puis saumâtres, et le miocène se termine par une assise lacustre.

Trois grandes discordances se font remarquer : la première ayant précédé la formation de la molasse (celle-ci repose indifféremment sur les terrains secondaires, primaires, ou sur les assises du nummulitique[1]); la seconde, après le dépôt de la molasse, sépare ce terrain du tortonien; la troisième correspond au début de l'époque pliocène.

Nous étudierons donc successivement :

1° Le miocène moyen représenté par l'étage helvétien;

2° Le miocène supérieur constitué par les étages tortonien et messinien.

1. — Miocène moyen.

ÉTAGE HELVÉTIEN.

Historique. — Dans son livre remarquable sur les bassins tertiaires du sud de l'Espagne, Silvertop (1834) signalait l'existence de dépôts marins près d'Antequera et de Grenade. Il mentionnait en même temps l'*Ostrea longirostris* Goldf. dans la première de ces localités. De Verneuil et Collomb (1853) ont attiré également l'attention sur les assises relevées du miocène marin des environs de Malaga.

Depuis, la molasse a été étudiée dans les provinces de Grenade

[1] Cette discordance a été signalée par de Verneuil.

et de Malaga par MM. Gonzalo y Tarin, de Orueta, von Drasche. Malgré ces travaux, les renseignements que nous avions étaient assez vagues et souvent contradictoires. M. von Drasche citait le *Pecten Zitteli* miocène de l'helvétien d'Escuzar, d'autres rangeaient la molasse dans le pliocène. La molasse de Montefrio, du tajo d'Alhama, etc., était attribuée au pliocène par les membres de la Commission espagnole, ainsi que les conglomérats et les gompholites de la blockformation. Ils mentionnèrent cependant dans la molasse : *Pecten opercularis, Pecten Zitteli, Ostrea crassissima, Terebratula grandis,* espèces miocènes, avec le *Janira jacobæa* pliocène. Cette opinion a été suivie par les savants italiens qui ont visité l'Andalousie; MM. Taramelli et Mercalli attribuent au pliocène les calcaires à *Lithothamnium* et les conglomérats de la vallée du Genil.

Extension géographique. — La mer helvétienne a certainement occupé tout le bassin de Grenade; mais il ne reste plus de ses dépôts que des lambeaux peu étendus, s'appuyant sur les roches anciennes ou jurassiques et formant comme une ceinture discontinue autour du remplissage plus récent du bassin. Le voisinage du rivage est accusé par la nature même du dépôt et aussi par les variations locales de la faune.

La molasse marine repose tantôt sur les terrains secondaires (sur les calcaires triasiques à Talara, Albunuelas, Escuzar, Quentar, etc.; sur le jurassique à Alhama, Montefrio, Ventorillo de Dona, etc.), tantôt sur les couches nummulitiques (Montefrio, cortijo de las Perdrices, près Antequera). Au nord de Loja, elle surmonte les marnes irisées. Les dépôts helvétiens sont généralement en discordance avec leur substratum, quel qu'il soit[1].

Ainsi que l'ont fait remarquer de Verneuil et Collomb, les lambeaux de molasse, fortement inclinés, ont été portés à de grandes hauteurs. Sur les flancs de la sierra Nevada, ils atteignent

[1] Cette discordance a été remarquée au Suspiro del Moro par M. Gonzalo y Tarin.

une altitude de plus de 1,000 mètres. Au Pradon, ils s'élèvent jusqu'à 930 mètres.

Le fond du bassin lacustre d'Alhama est formé par la molasse; on la voit à Escuzar, à Agron, à Alhama, à Albunuelas, à Restabal, à Saleres, à Talara, près du Suspiro del Moro, non loin de Beznar, à Quentar, près de Dudar, à Alfacar. Au nord du Genil, on la retrouve en lambeaux plus ou moins étendus au Pradon, à la sierra Chanzar, à Montefrio; elle couronne les hauteurs d'Algarinejo et d'Alcala la Real. Vers l'est, elle existe à Antequera, au cortijo de las Perdrices, à Gobantes où elle occupe les sommets (près des tunnels n°s 1 à 4) et jusque près de la station d'El Chorro. On la connaît également dans la serrania de Ronda, et elle se poursuit le long de la vallée du Guadalquivir, jusque près de Séville. M. Calderon nous a montré et communiqué une série de fossiles helvétiens (*Clypeaster altus, Cl. pyramidalis, Pecten gigas, Pect. Beudanti, Pect. Besseri*) de Gerena et de Villanueva, près de Séville. On sait du reste, d'après M. Macpherson, que l'helvétien à Clypéastres et *Ostrea crassissima* est bien développé dans la province de Séville.

D'après M. Cortazar, les couches à *Ostrea crassissima* se retrouvent dans la province d'Almeria, où l'on rencontre également des gypses miocènes. Ajoutons que M. G. Boehm nous a montré une série de fossiles helvétiens (*Ostrea crassissima, Ostrea* cf. *Velaini, Pecten, Panopæa Menardi, Terebratula grandis*) recueillis récemment par lui à la Carolina, près de Linares.

M. Mallada a suivi la molasse le long de la vallée du Guadalquivir jusque près de Jaen et de Verneuil en a depuis longtemps signalé la présence dans la province de Murcie.

C'est avec raison que de Verneuil et Collomb (1853) ont écrit que la sierra Nevada était émergée à l'époque miocène. En effet, quoique les assises miocènes montent assez haut sur le flanc nord de la chaîne bétique, elles font totalement défaut sur le versant sud; sur le littoral, le pliocène repose directement sur le nummulitique. A l'époque de la molasse helvétienne, ces parties n'étaient donc pas recouvertes par la mer, et le détroit de Gibraltar ne paraît s'être ouvert qu'au début du pliocène.

Description des couches.

En suivant les affleurements molassiques des bords du bassin, de l'ouest à l'est à partir de Loja, nous citerons d'abord celui d'Alhama qui donne, dans les ravins du Tajo, une bonne coupe facilement accessible sur 25 mètres de hauteur. En dehors des conglomérats littoraux et des brèches qui s'appuient contre l'îlot jurassique déjà cité et ne nous ont pas fourni de fossiles, on observe la coupe suivante :

Fig. 13. — Coupe de l'helvétien d'Alhama.

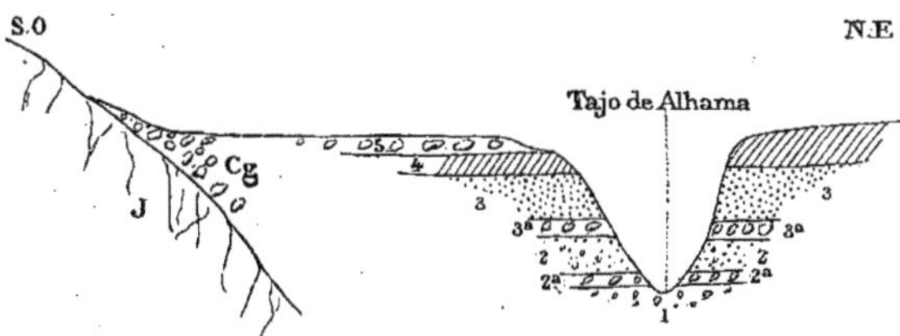

J. Calcaire jurassique.
Cg. Conglomérats helvétiens (littoraux).
1. Molasse sableuse verdâtre.
2a. Conglomérat à blocs anguleux.
2. Molasse à *Spondylus crassicosta* et fragments de schistes anciens.
3a. Conglomérat à éléments roulés.
3. Calcaire grossier sableux à *Pecten scabriusculus*, *Cidaris avenionensis*, Térébratules, etc.
4. Calcaire grossier à Bryozoaires et *Lithothamnium.*
5. Conglomérat à petits éléments.

MM. Taramelli et Mercalli ont donné, dans leur mémoire, une vue très exacte de ce ravin.

Entre Alhama et Zaffaraya, au voisinage du cortijo Repicao, on trouve encore des bancs de molasse à *Cidaris avenionensis*, identiques à ceux d'Alhama et directement appuyés, au fond d'un synclinal, contre les calcaires jurassiques.

Entre Alhama et Jayena, le miocène supérieur, discordant et transgressif, a masqué tous les affleurements helvétiens. On les

IMPRIMERIE NATIONALE.

retrouve dans le petit golfe d'Albunuelas, qu'ils ont rempli. Le che-

Fig. 14. — Coupe des assises miocènes près d'Albunuelas.

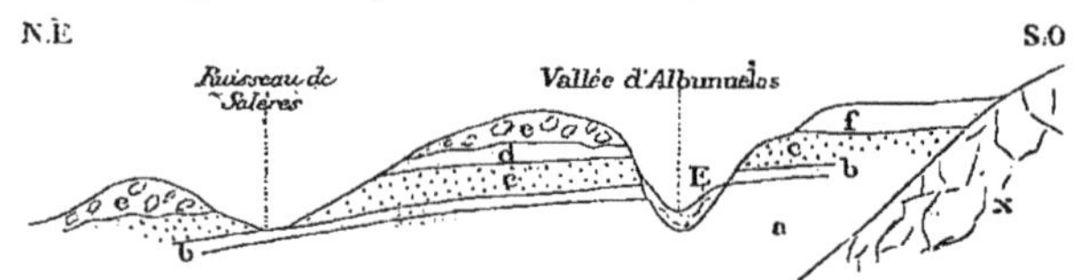

x. Calcaire cristallin.
a. Marnes grises à Corbules et Turritelles.
b. Banc à *Ostrea gingensis.*
c. Molasse à *Pecten scabriusculus, P. cristatus.*
d. Conglomérat à *Clypeaster insignis, Ostrea Velaini*, etc.
e. Blockformation.
f. Tuf calcaire.
E. Éboulis.

min d'Alhama à Albunuelas permet d'en reconnaître la composition :

1° A la base, près de Restabal, on trouve des marnes grises avec débris de fossiles;

2° Un banc d'Huîtres (*Ostrea gingensis, O. Maresi, O. Boblayei*) s'intercale à leur partie supérieure et se voit sur la rive droite de la rivière, le long de la berge, près de Restabal. Les Huîtres, toutes détachées, y sont accumulées en quantités considérables.

Viennent ensuite :

3° Calcaire sableux à *Pecten* et *Lithothamnium;*

4° Calcaire finement sableux, tendre, à *Pecten cristatus, Ostrea Offreti, Cardita, Fusus, Turbo, Nucula Mayeri,* etc. Ces couches très fossifères, mais renfermant des coquilles très fragiles, se présentent sur la rive droite, par suite d'un glissement local, en bancs fortement inclinés vers la rivière;

5° Sables et molasse pétrie de galets;

6° Sables fins gris à miches calcaires et *Mytilus;*

7° Conglomérat grossier pétri de grosses Huîtres (*Ostrea Velaini, O. chicacnsis, O. Boblayei*). On y voit en outre : *Clypeaster insignis, Turritella biplicata, Perna* sp. (grande espèce), des Balanes, etc. Ce banc affleure au sommet du plateau qui sépare Restabal d'Albunuelas;

8° En trangression, sur toutes ces assises reposent des terres rouges avec bancs de cailloux roulés. Ces galets, encore un peu anguleux, forment de grandes accumulations au voisinage de Restabal et de Talara. Ils représentent, ainsi que nous le verrons plus loin, le tortonien.

Derrière la cure d'Albunuelas, on observe de haut en bas :

Tufs calcaires.

4. Conglomérats et calcaires grossiers à *Pecten scrabriusculus* var. *iberica*. (Abondant.)
3. Lumachelle d'*Ostrea gingensis*.
2. Marnes grises pétries d'*Ostrea gingensis*. Cette assise paraît correspondre au n° 2 de la coupe précédente; cela n'a rien d'étonnant malgré la différence de niveau des deux affleurements, car les couches ont une inclinaison sensible vers l'est.
1. Marnes grises à Turritelles et Corbules (*Corbula carinata* Duj.).

Fig. 15. — Coupe de l'helvétien à Albunuelas.

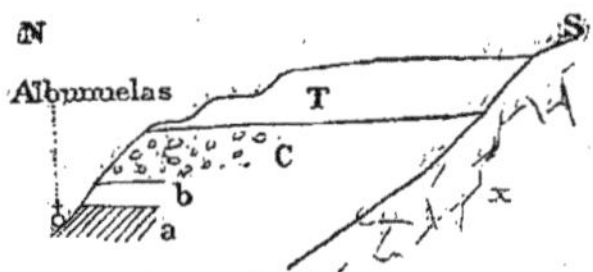

x. Calcaire cristallin.
a. Marnes grises à Turritelles et Corbules.
b. Banc d'*Ostrea gingensis*.
c. Molasse jaune grossière à *Pecten scabriusculus* var. *iberica*.
T. Tuf calcaire.

A l'entrée du petit golfe[1], dans les ravins qui entourent Murchas, on voit émerger au milieu des couches tertiaires, pour la plupart tortoniennes, de petits îlots de calcaires anciens et triasiques, contre lesquels se plaquent des lambeaux helvétiens, appliqués à leur pied, inclinés sur leurs pentes, et formant même par places une petite corniche, régulière et horizontale, à leur sommet. Les rapports stratigraphiques de ces pointements, qui nous mettent incontestablement en face de l'ancien fond de mer helvétien, sont intéressants à observer. La molasse y est très fossilifère, jaunâtre et grossièrement sableuse, mais avec prédominance fréquente de l'élément calcaire.

[1] MM. Taramelli et Mercalli citent au N. E. d'Albunuelas les espèces suivantes : *Turritella Archimedis*, *Arca diluvii*, *Pecten Reussi*, *Pecten substriatus*, *Ostrea digitalina*, *Ostrea cochlear*, *Isocardia subtransversa*.

On y trouve de nombreux Bryozoaires et, en outre :

Pecten scabriusculus Math. (var. *talaraensis* et *Pecten præscabriusculus* Font. var. *iberica*);

Terebratula sinuosa Brocchi var. *pedemontana* Lam., particulièrement caractéristique;

Ostrea Offreti Kilian;

Cidaris avenionensis Desm.

Dans le massif de calcaires anciens (Peña del Aguila) qui sépare Albunuelas d'Escuzar, auprès de la venta de Padul, et le long du chemin qui la relie au village du même nom, on rencontre de nombreux lambeaux de calcaire helvétien à *Lithothamnium*, Huîtres et *Pecten*, plaqués sur les calcaires cristallins.

Des lambeaux analogues se voient également sur le bord du petit escarpement qui, de l'est à l'ouest, entre Padul et Agron, sert de limite au bassin tertiaire. L'indépendance de ces lambeaux et de la masse du remplissage du bassin est bien nette, même à distance; elle est surtout facile à constater à Escuzar, où cependant les précédents observateurs, sans doute faute de s'y être arrêtés suffisamment, étaient arrivés à des conclusions toutes différentes.

La molasse d'Escuzar est exploitée comme pierre de construction; elle donne des matériaux estimés, avec lesquels a été construite la cathédrale de Grenade. M. von Drasche y a cité *Pecten Zitteli* Fuchs et *Pecten* cf. *acuticostatus* Sow. Elle est pétrie de Bryozoaires et de *Lithothamnium* (c'est le Lithothamnienkalk de M. von Drasche); nous y avons recueilli en abondance : *Pecten Zitteli* Fuchs, *P. scabriusculus* Math., *Lacazella* (*Thecidea*) *mediterranea* Risso sp., *Cidaris avenionensis* Desm. En s'avançant un peu au sud ou à l'ouest des carrières, on voit que cette molasse repose sur les calcaires anciens, par l'intermédiaire de bancs grossiers englobant des morceaux anguleux de calcaire cristallin et présentant de véritables lumachelles de grosses Huîtres (*Ostrea digitalina* Dub., *O. Velaini* Mun.-Ch.).

Les bancs offrent une notable inclinaison vers la plaine, c'est-à-dire vers le nord; en redescendant de ce côté, on trouve des couches importantes de gypse, sur lesquelles nous reviendrons, qui ont le même pendage vers le nord et qui se présentent par conséquent comme directement superposées à la molasse. Le contact même, il est vrai, n'est pas visible; mais, en suivant quelque temps la bordure, on voit le gypse s'appuyer sur les calcaires cristallins, sans intermédiaire de molasse. Cette disposition montre clairement que la formation gypseuse est plus récente que la molasse, et, de plus, qu'il y a au moins discordance de transgressivité entre les deux systèmes.

La coupe ci-jointe montre clairement ces rapports de stratification :

Fig. 16. — Coupe d'Escuzar.

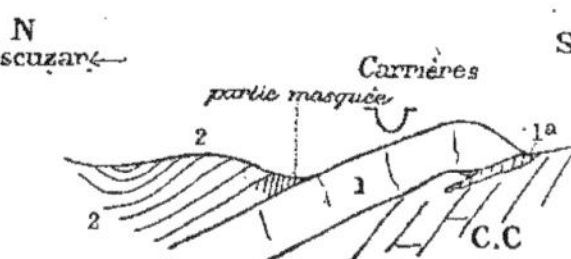

C C. Calcaire cristallin ancien.
1a. Conglomérat à Huîtres (*O. Velaini*, etc.).
1. Molasse à *Lithothamnium*.
2. Gypse messinien.

On voit que si, à distance, on peut être trompé par ce fait que les carrières de molasse sont *topographiquement* à un niveau plus élevé que le gypse, l'examen même des lieux ne laisse pas place à deux interprétations différentes.

Il serait intéressant, au point de vue de la discordance des deux systèmes, d'étudier le sommet Monterive (910^{m}) à l'est de la Malá. D'après le relief et l'aspect de la colline, elle semble composée de molasse helvétienne qui ferait ainsi saillie au milieu des assises gypseuses, mais nous n'avons pas eu le temps d'y monter.

MM. Bergeron, Michel Lévy et Barrois ont recueilli dans la molasse de la vallée du Genil, au delà de Piños : *Ostrea Velaini* et *Pecten* cf. *subbenedictus*.

En continuant à suivre vers le N. E. les bords du bassin tertiaire, on trouve encore la molasse s'élevant assez haut sur les flancs de la sierra Nevada.

Près de Quentar, dans la vallée des Aquas Blanquillas, à la Quebraduras, nous avons relevé la coupe suivante :

Fig. 17. — Coupe relevée à l'est de Quentar.

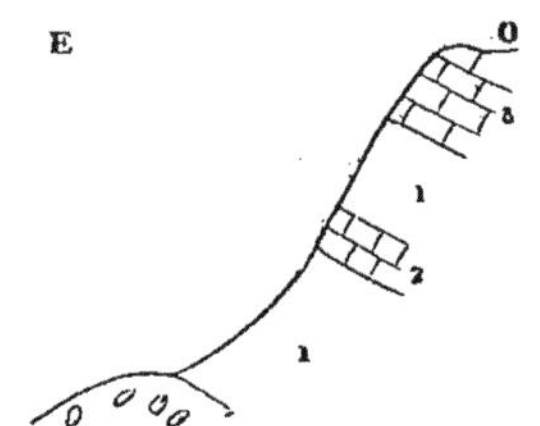

1. Marnes grises à gypse fibreux, en lits minces reposant sur des schistes et des calcaires cristallins noirâtres.
2. Bancs de calcaire lacustre intercalés dans (1).
3. Molasse calcaire grossière, avec *Pecten*, *Lithothamnium*, etc.

Le tout repose sur un pointement de schistes et calcaires cri tallins noirâtres, que nous rapportons au trias.

Les bancs de molasse se sont en plusieurs points éboulés ont glissé en gros blocs sur leur substratum marneux, jusque dar le village de Quentar.

La présence d'assises gypseuses et lacustres inférieures à la mo lasse est intéressante à noter; nous ne l'avons constatée que là au Pradon, près de Loja. Il est clair que ce gypse, d'ailleurs faci à distinguer par son aspect, appartient à un tout autre systèm que celui d'Escuzar.

Nous terminerons la liste de ces affleurements du bord du bassi tertiaire par celui d'Alfacar, au nord de ce village, sur le senti qui mène à Vanon. C'est un banc de grès grossiers, fortement i cliné vers le sud, bien découvert, mais visible seulement sur que ques mètres carrés au milieu des marnes et des cailloutis disco dants du tortonien. Nous y avons recueilli : *Pecten Celestini* Font *P. Fuchsi* Font., *P. opercularis* L., *Ostrea Velaini* Kil., *O. digitali* Dub., *O. chicaensis* Kil., *O. Offreti* Kil. et des fragments de Clypéastre

On peut encore considérer comme indiquant à très peu près

place de l'ancien rivage helvétien les affleurements d'Antequera[1] et d'El Chorro, dont la base est formée par des conglomérats à galets volumineux. Celui d'Antequera, au pied du Torcal, nous a fourni l'*Ostrea crassissima* de grande taille et l'*Ostrea gingensis*. A la sortie d'Antequera, vers Archidona, l'on observe des affleurements de molasse présentant un exemple superbe de stratification entre-croisée.

Les autres lambeaux de molasse marqués sur notre carte, entre Bobadilla et Antequera, au Pradon, à la sierra Chanzar, à Algarinejo, à Montefrio, ne montrent plus des caractères de rivage aussi accusés et font partie de cette série déjà mentionnée qui se prolonge à l'est et à l'ouest, et a permis à de Verneuil de rétablir la place de l'ancienne communication marine entre l'Atlantique et la Méditerranée.

Celui du Pradon est remarquable par la présence de bancs gypseux à la base. Entre le Pradon et Loja, la molasse à Bryozoaires,

Fig. 18. — Coupe relevée au N. E. de Loja.

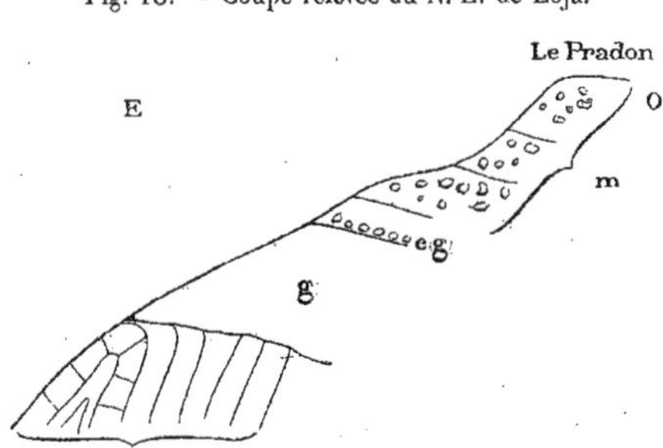

t. Trias. — m. Molasse helvétienne. — cg. Lit de cailloux roulés avec fossiles crétacés remaniés. — g. Marnes et gypse.

à dents de Squales et à *Pecten præscabriusculus*, recouvre directement le trias fortement contourné. Mais un peu plus au nord, dans le petit cirque de vallons qui accidentent la pente est du

[1] Signalés par M. Silvertop, qui y a rencontré *Ostrea longirostris* Goldf.

Pradon, on peut observer une série de marnes grises, rouges et vertes, gypsifères, à peu près horizontales et supportant en concordance les gros bancs à *Pecten præscabriusculus* du sommet. Immédiatement au-dessous de ces gros bancs, les marnes verdâtres renferment des lits de cailloux roulés, avec fragments d'Ammonites, de Bélemnites (*Duvalia*) et plaquettes couvertes d'*Aptychus*, arrachées au néocomien. L'ensemble de ces assises marneuses dépasse 50 mètres d'épaisseur; elles occupent exactement la même place que les marnes à gypse de Quentar. Les fragments et les galets néocomiens qui se sont amassés à leur sommet témoignent des dénudations qui se sont produites dans la contrée lors de la nouvelle invasion de la mer miocène.

Fig. 19. — Coupe relevée à Montefrio.

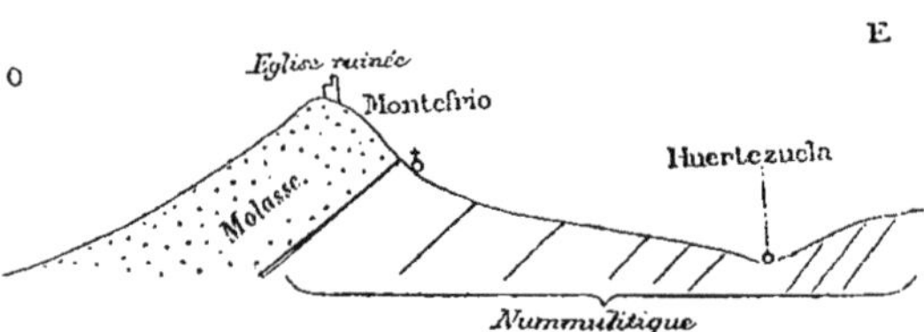

A Montefrio enfin, la molasse nous a fourni quelques espèces[1] spéciales. Dans les bancs fortement inclinés qui supportent l'église ruinée et une partie de la ville, nous avons trouvé :

Pecten præscabriusculus Font.
—— (voisin de *scabriusculus*).
—— *Tournali* de Serres.
—— *Holgeri* Gein.
Terebratula Sowerbyana Nyst.
—— *sinuosa* Brocchi.
Cidaris avenionensis Desm.

Sur le chemin d'Illora, après quelques conglomérats qui forment

[1] M. Gonzalo y Tarin cite le *Pecten opercularis* dans le miocène de Montefrio.

la base et reposent sur le nummulitique, on trouve une molasse sableuse, bien litée, plongeant sous de gros bancs à *Pecten* et à Bryozoaires qui forment corniche au sommet des coteaux et renferment :

Panopæa cf. *Menardi* Desh.
Ostrea Velaini Mun.-Ch.
—— *chicaensis* Mun.-Ch.
—— *digitalina* Dubois.

Résumé. — Les affleurements helvétiens, par leur dissémination, donnent la preuve des profondes dénudations qui ont suivi leur dépôt. Ceux du sud semblent dessiner à très peu près l'ancienne ligne de rivage.

Ils correspondent, comme nous le verrons, à une période d'immersion relativement courte; cette période a été précédée par le remplissage de quelques bassins isolés (Quentar, Pradon). Dans les dépôts franchement marins, nous constatons de petites différences locales de la faune, mais sans pouvoir y suivre ni préciser de zones distinctes. Les bancs à grandes Huîtres semblent pourtant généralement inférieurs aux gros bancs à *Pecten præscabriusculus*.

2. — Miocène supérieur.

ÉTAGES TORTONIEN ET SARMATIQUE.

En dehors des lambeaux molassiques, le remplissage du bassin tertiaire de Grenade est formé par un immense entassement de cailloux plus ou moins roulés (blockformation de M. von Drasche), surtout développé sur les bords, et par des couches gypseuses dépassant 200 mètres d'épaisseur au centre du bassin. Ce système, dont les termes ont été attribués aux étages les plus divers, depuis le trias jusqu'au quaternaire, appartient tout entier au miocène supérieur.

IMPRIMERIE NATIONALE.

Les assises caillouteuses de la base, dont nous nous occuperons d'abord, s'élèvent à des altitudes considérables et sont fréquemment relevées, surtout vers les bords du bassin; près de Tablate, de nombreuses failles de tassement les traversent et ont produit une série de faibles dénivellations, ne dépassant pas un à deux mètres.

Il est ainsi évident, dès les premières observations, que ces couches ont été soumises depuis leur dépôt à des mouvements importants. Les rapports de position avec les étages antérieurs, et spécialement avec la molasse, sont plus difficiles à reconnaître; c'est dans la vallée des Aguas Blanquillas, près de Grenade, que nous avons pu pour la première fois les constater avec certitude. Nous devons la connaissance de cette coupe à M. Guillemin-Tarayre, qui a bien voulu nous conduire lui-même sur les lieux.

En remontant la vallée du Genil et du rio Aguas Blancas, on reste constamment dans la blockformation, c'est-à-dire dans des lits de blocs peu roulés et souvent très volumineux, empruntés à la sierra Nevada; on y voit des intercalations argileuses et sableuses de couleur grise. Les bancs sont diversement relevés.

A Quentar, on voit apparaître la molasse helvétienne avec les marnes gypsifères de la base du miocène.

En revenant de Quentar vers Grenade, nous avons suivi le nouveau canal d'amenée des eaux à la mine d'or; les coupes fraîches de ce canal nous ont permis de faire les observations suivantes : après avoir suivi quelque temps les marnes à gypse, nous traversons la molasse inclinée vers le S. O.; puis nous arrivons à des couches discordantes avec cette molasse : ce sont d'abord des amas de cailloux roulés contenant des fragments de molasse, avec limon et fragments de *Pecten;* un peu plus loin, ce sont des marnes bleues micacées remplies de *Dentalium Bouei.* Ces marnes renferment aussi le *Ceratotrochus multispinosus* de Tortone, des Bivalves et des Polypiers (altitude : 950 mètres). Elles vont plonger sous une formation de galets anguleux entremêlés de limon et contenant des Huîtres (*Ostrea lamellosa*).

D'après M. Dron, ingénieur de l'entreprise dirigée par M. Guillemin-Tarayre, on rencontre dans la formation caillouteuse plusieurs bancs de ces marnes bleues fossilifères : l'un de ces bancs est, paraît-il, argentifère. Près du siphon installé par M. Guillemin-Tarayre, nous trouvons un affleurement de ces marnes; elles sont intercalées dans les conglomérats et contiennent: *Pecten cristatus, Nucula placentina, Terebra fuscata, Ancillaria neglecta, Chenopus pes graculi, Dentalium Bouei.* C'est au même point, un peu au-dessus des marnes, que nous avons rencontré l'*Ostrea lamellosa.*

Des falaises de molasse miocène dominent au nord et au nord-est le golfe rempli par la blockformation (voir la coupe fig. 20). Les conglomérats se sont donc déposés dans une cuvette creusée dans la molasse.

Fig. 20.

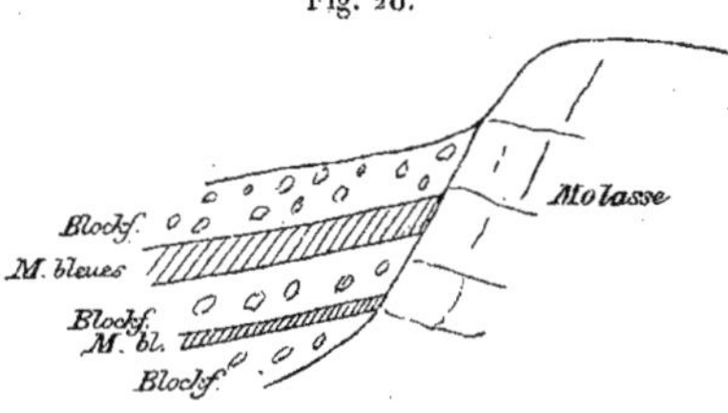

D'après les indications très précises de M. Dron, cette discordance se retrouve avec la même netteté dans les hautes vallées du Genil et des Aguas Blancas.

Fig. 21. — Coupe relevée entre Quentar et Dudar.

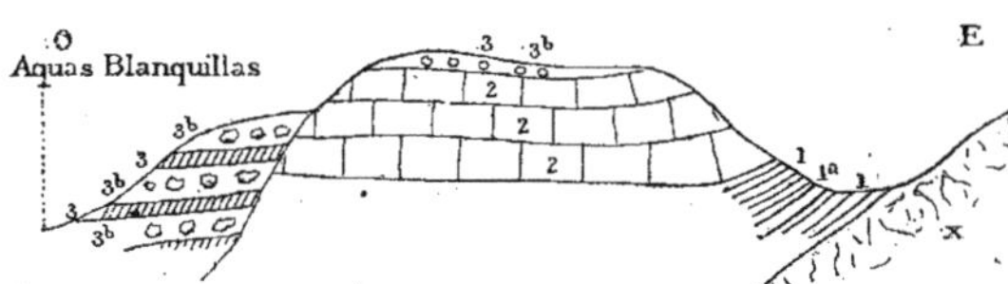

x. Calcaire noirâtre cristallin (trias?).
1. Marnes à gypse.
1ª. Calcaire lacustre.
2. Molasse à Bryozaires, *Pecten*, etc.
3. Marnes tortoniennes (*Dentalium Bouei*), sableuses.
3b. Conglomérats alternant avec ces marnes (blockformation).

Il résulte de ces faits :

1° Que les cailloutis sont en discordance avec l'helvétien;

2° Qu'ils appartiennent au tortonien.

La faune des marnes de Quentar est en effet composée d'espèces tortoniennes; le *Dentalium Bouei* [1], si abondant ici, est caractéristique du Tegel de Baden, près de Vienne. On ne trouve, dans ces marnes, aucune espèce franchement pliocène, quoique plusieurs des formes citées remontent dans le plaisancien d'autres régions. (Pour plus de détails, voir le mémoire paléontologique annexé à ce travail.)

C'est également à ce système que nous rattachons la Guadixformation et l'Alhambraconglomerat de M. von Drasche, qui ne nous semblent se distinguer de la blockformation que par le moindre volume ou par l'origine différente des éléments. Nous nous séparons ainsi complètement des opinions antérieurement admises. Les conglomérats de l'Alhambra sont considérés par Hausmann comme postérieurs aux dernières dislocations qui se sont manifestées dans la région. M. von Drasche indique, entre eux et les cailloutis de la blockformation, une discordance que nous n'avons pas retrouvée. Les ingénieurs espagnols en font du quaternaire, et M. Guillemin-Tarayre [2] les qualifie de postpliocènes.

De même, les puissantes masses caillouteuses qui, sur une largeur de plusieurs kilomètres, bordent au nord et au sud, en aval de Grenade, la vallée du Genil (Guadixformation de M. von Drasche), sont, sur les cartes antérieures, attribuées au quaternaire. Celles de la route de Motril en sont la continuation et ont pu, par conséquent, recevoir la même attribution [3]. Là, il est vrai, si l'on peut invoquer dans ce sens la ressemblance avec des alluvions dilu-

[1] M. Silvertop fait mention en 1834 de quelques coquilles rencontrées dans ces conglomérats : *Cardita squamosa* var., *Dentalium Bouei*, *Turritella subangulata*, *Caryophyllia*. M. von Drasche y a recueilli des *Pecten* qu'il rapproche de ceux de Schio.

[2] *Comptes rendus Acad. des sc.*, 11 mai 1885.

[3] Ces conglomérats sont très développés à l'est du côté de Guadix; M. von Drasche les a désignés sous le nom de Guadixformation, sans se prononcer sur leur âge.

viennes, on ne peut plus s'appuyer sur l'horizontalité des couches, qui sont, au contraire, fortement ondulées. Aussi M. de Botella en a-t-il conclu[1] que le sol de l'Andalousie avait subi des mouvements considérables à l'époque quaternaire.

Nous sommes arrivés à une conclusion toute différente : tous ces cailloutis ou toutes ces alluvions, si on veut leur conserver ce nom, datent du miocène supérieur, et la plus grande partie au moins s'en est déposée sous les eaux de la mer.

Les preuves sont les suivantes :

Il y a continuité absolue entre les conglomérats de la vallée des Aquas Blanquillas, avec leurs intercalations marneuses à faune tortonienne, et les masses caillouteuses que traverse la route de Grenade à Diezma ; au nord d'Alfacar, ces dernières s'enfoncent très nettement sous des marnes gypseuses fossilifères. (Voir plus loin.)

C'est la même série qui se continue sans interruption au nord du Genil, sans autre différence que la nature des cailloux roulés qui la composent : à l'est de la gare d'Illora, on y voit intercalée une masse de bancs calcaires de près de 20 mètres d'épaisseur, uniquement formée de Polypiers.

Fig. 22. — Coupe des tranchées du chemin de fer près de la gare d'Illora.

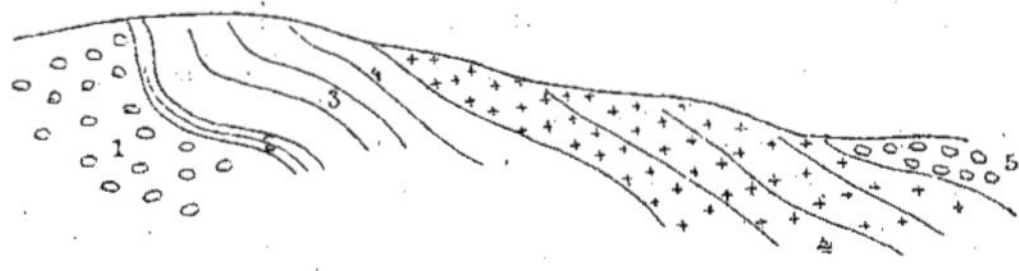

1. Cailloutis.
2. Brèche plus cimentée.
3. Bancs sableux, avec lits et rognons de grès (20 m.).
4. Masse calcaire entièrement formée de Polypiers.
5. Cailloux du Genil (discordants) quaternaires, de toute provenance, mais surtout jurassiques.

La tranchée ne permet pas, il est vrai, d'observer la suite de la

[1] *Comptes rendus Acad. des sc.*, t. C, n° 3, 1885.

coupe; mais, dans les champs plus à l'est, on retrouve des cailloutis analogues à (1).

Les cailloutis de l'autre rive du Genil s'enfoncent près de Gabia la Grande sous les assises gypseuses, et nous avons trouvé, près de Beznar, des valves d'Huîtres collées sur des galets de cette formation, dans les talus de la route de Motril. Enfin, au nord d'Illora, nous avons également observé, au contact de la blockformation et des calcaires jurassiques, des traces incontestables de perforations marines.

Ainsi toutes ces couches d'apparence alluviale sont reliées intimement entre elles par une série de caractères communs : leur discordance avec la molasse helvétienne, leur antériorité au système gypseux, les fortes ondulations de leurs bancs et les intercalations marines qu'elles contiennent. Si nous n'avons pu déterminer directement l'âge des Polypiers d'Illora et des Huîtres de Beznar, la faune des Aguas Blanquillas est nettement tortonienne et suffit à fixer l'âge miocène du système.

Nous joindrons à ces remarques générales quelques renseignements sur les diverses localités observées :

Sur la route de Motril, en arrivant à Padul, on voit les couches de gravier sableux, fortement redressées, bûter contre l'helvétien. Sur la même route, près de Beznar, les couches de molasse et de conglomérats à Bryozoaires, *Pecten* et radioles d'Oursins, sont ravinées profondément par une formation détritique, à blocs anguleux, de roches de la sierra Nevada. Cette formation est très bien développée près de Tablate, de Restabal et de Talara, où elle constitue des collines entières.

En gravissant ces collines, on trouve, vers la base, des blocs souvent énormes de micaschistes peu roulés, des fragments de quartz et quelques galets calcaires. A mesure qu'on s'élève, les cailloux sont plus roulés, les bancs mieux stratifiés, les lits de sable plus nombreux.

Les exemples de fausse stratification et de *stratification entre-*

croisée sont fréquents. De plus, les cailloutis passent latéralement aux sables, aux grès tendres à veines ferrugineuses, etc.

Fig. 23. — Failles dans la blockformation (tranchée de la venta de las Angustias).

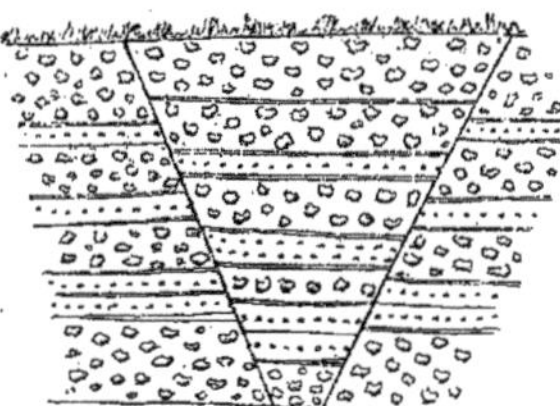

Les belles tranchées de la route de Motril, près de la venta de las Angustias, avant la bifurcation de la route de Lanjaron, montrent ces couches traversées par une série de petites failles de tassement (fig. 23); elles sont ravinées à leur partie supérieure par une formation de galets plus récente.

Fig. 24. — Coupe prise au nord de Talara.

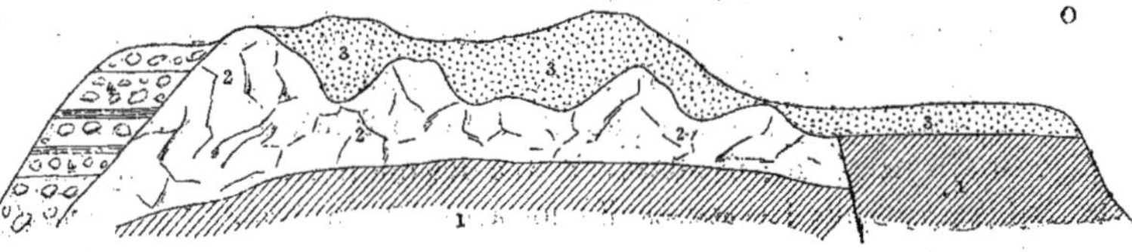

1. Schistes anciens satinés (trias?).
2. Calcaire cristallin (trias?).
3. Molasse à Bryozoaires et *Pecten scabriusculus*.
4. Cailloutis et sables stratifiés de la blockformation.

La coupe ci-jointe, relevée près de Murchas, montre d'une manière très nette les rapports respectifs des terrains anciens, de l'helvétien et du miocène supérieur. Sur les schistes et les calcaires cristallins profondément ravinés s'est déposée la molasse. L'helvétien a été attaqué à son tour par des érosions, et les cailloutis (blockformation) du tortonien sont venus combler les dépressions ainsi produites. Tout près de ce point, l'on peut voir la molasse se terminer par une surface lisse et polie à rainures parallèles résultant probablement du charriage des blocs qui ont formé les dépôts tortoniens. Ces derniers débutent ici par un banc argilo-sableux grisâtre à Gastéropodes et Lamellibranches indéterminables.

Fig. 25. — Coupe prise au N. O. de Talara.

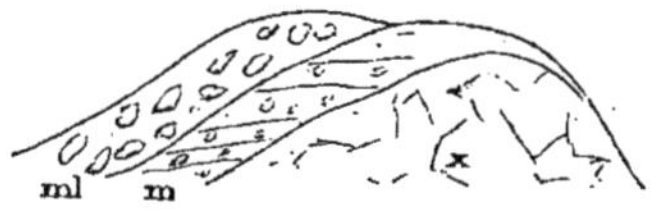

x. Calcaire cristallin.
m. Molasse à *Pecten scabriusculus* et Bryozoaires.
ml. Sables et cailloutis de la blockformation.

Au nord de Grenade et sur la route de Jaen, des limons rouges alternent et se mêlent avec les galets, qui sont là surtout jurassiques et néocomiens. Quelques bancs offrent des exemples remarquables d'entrelacements et de pénétrations irrégulières de divers éléments caillouteux et limoneux, avec des parties gréseuses ou calcaires. Au nord de la gare d'Illora, les calcaires blancs jurassiques montrent, au contact des cailloutis, des perforations littorales.

A l'est de Loja, le long de la route de Salar, on retrouve les cailloutis miocènes; ils alternent avec des marnes sableuses et vont disparaître sous les assises fluvio-lacustres du bassin d'Alhama.

Fig. 26. — Coupe prise au S. E. de Loja.

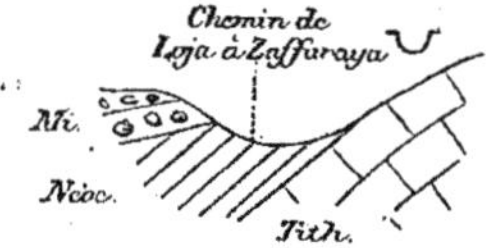

Tith. = Tithonique. ᵾ = Carrière.
Néoc. = Néocomien. Mi. = Cailloutis miocènes.

On voit, en sortant de la ville, sous une couche de tuf, un dépôt terreux rouge à galets et à concrétions calcaires; ces couches alternent avec un limon sableux; le tout plonge légèrement vers l'est. Près du cimetière, où l'on peut facilement étudier ces conglomérats, les galets sont calcaires. On remarque quelques silex et des bancs d'un grès fin jaunâtre (pendage E.—S. E.).

Les conglomérats miocènes existent aussi près de Loja, sur la rive droite du Genil et le long de la route de Colmenar. Cette route suit pendant un certain temps la chaîne jurassique en se maintenant sur un plateau formé de conglomérats et de marnes sableuses grises et blanches à stratification entre-croisée; dans les conglomérats nous avons trouvé un galet de molasse.

Du côté d'Antequera, les cailloutis tortoniens semblent disparaître; du moins nous n'en avons plus trouvé de traces à l'ouest de Loja.

La ligne de Malaga à Cordoue montre, près de Pizarra, des tranchées pratiquées dans de puissants dépôts de graviers de fort calibre alternant avec des lits sableux. Les assises en sont fortement redressées. Ce sont là les caractères de la blockformation du bassin de Grenade. Près de Torres Cabrera également et près de Puente Genil, de même en arrivant à Séville par la ligne de Roda, c'est cette même formation qui semble développée dans les tranchées du chemin de fer. Il nous paraît probable, d'après les renseignements verbaux que nous a donnés M. Calderon, qu'elle est, près de Séville comme près de Grenade, en discordance avec l'helvétien.

Enfin nous dirons plus loin qu'il y a lieu de synchroniser ces cailloutis avec les conglomérats analogues du bassin de Madrid, également surmontés par des assises gypseuses.

Sur le chemin de Jayena à Padul, en entrant dans le massif ancien de la Peña del Aquila, nous avons observé une coupe intéressante, qui peut fournir, par assimilation, de nouveaux renseignements sur l'âge de ces cailloutis. Là en effet, sur les schistes anciens (phyllades cambriens) redressés verticalement, repose,

IMPRIMERIE NATIONALE.

en discordance profonde, un conglomérat tertiaire renfermant des Polypiers, des Bivalves et des Cérithes, parmi lesquels nous avons pu distinguer *Cerithium vulgatum* et *Cer. mitrale*, espèces caractéristiques du grès sarmatique de l'Autriche-Hongrie.

Au-dessus de ces premières couches (à une cote plus basse par suite du pendage), viennent des assises calcaires formées entièrement de Polypiers[(1)] qu'il semble difficile de distinguer de ceux d'Illora. L'ensemble plonge sous le système des marnes gypseuses.

Fig. 27. — Coupe prise entre Jayena et Padul.

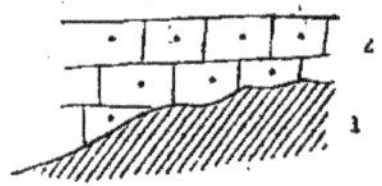

1. Phyllades.
2. Calcaire à Polypiers et *Cerithium mitrale*.

Si l'assimilation des Polypiers d'Illora et de Jayena est fondée, on est en droit de conclure de cette coupe :

1° Que la formation des cailloutis ne s'est pas étendue au sud jusqu'à Jayena;

2° Qu'elle s'est continuée pendant l'époque sarmatique, et que l'ensemble de ces cailloutis correspond à la fois aux sous-étages tortonien et sarmatique.

Résumé. — Tortonien et sarmatique. — A la base des bancs caillouteux et sableux de la blockformation, il y a à Dudar plusieurs intercalations de marnes bleues avec *Terebra fuscata* Brocchi, *Ancillaria obsoleta* Brocchi, *Chenopus pes graculi* Br., *Dentalium Bouei* Desh., *D. inæquale* Br., *Nucula placentina* Lam., *Pecten cristatus* Brocchi, *Arca diluvii* Lam., *Ceratotrochus multispinosus* Edw.

(1) La présence à Jayena d'un calcaire à Polypiers a déjà été signalée par M. Gonzalo y Tarin dans sa description de la province de Grenade.

et H., etc., c'est-à-dire avec une faune tortonienne [1]. Dans les graviers supérieurs, nous avons recueilli l'*Ostrea lamellosa* Brocchi.

Ces conglomérats se prolongent par ceux de l'Alhambra et se suivent au nord du Genil jusqu'à Loja; les cailloux jurassiques, néocomiens et tertiaires y remplacent seulement les blocs de micaschistes de la sierra Nevada; un banc de Polypiers s'y intercale près de la gare d'Illora. Des calcaires remplis de Polypiers se trouvent également à l'ouest de Jayena, au-dessous du gypse; ils reposent là directement sur des phyllades, et, près du contact, nous y avons trouvé en abondance le *Cerithium mitrale* Eichw. et le *Cer. vulgatum* Brug., espèces sarmatiques.

Il résulte de là, ainsi que des perforations de rivages et des Huîtres attachées aux galets, que ces dépôts caillouteux sont, au moins en grande partie, marins. D'après les intercalations du sommet et de la base, ils correspondent aux époques tortonienne et sarmatique [2].

Ce système est en discordance complète avec l'helvétien. Une discordance analogue se retrouverait, paraît-il, en Algérie [3]; mais nous n'en connaissons aucun exemple comparable dans le reste du bassin méditerranéen; c'est là un remarquable exemple de la localisation des mouvements du sol. Malgré leur étendue relativement faible, les mouvements auxquels est due cette discordance ont une importance considérable dans l'histoire de la Méditerranée; ils ont fermé pour un temps la communication entre cette mer et l'océan Atlantique, et c'est à eux qu'il faut attribuer le changement passager si remarquable qui s'est produit dans le caractère de la faune méditerranéenne à la fin de la période miocène.

[1] Nous ferons remarquer que l'époque tortonienne a été, d'après Fuchs, signalée en Italie (Serravalle, Monte Rosso) par de puissants dépôts détritiques qui correspondent à la blockformation de Grenade.

[2] Dans un récent mémoire, MM. Taramelli et Mercalli, qui avaient placé ces assises dans le pliocène, se rangent à notre manière de voir.

[3] M. Ficheur affirme que cette discordance est assez générale en Algérie.

ÉTAGE MESSINIEN.

Au-dessus des dépôts qui ont fait l'objet du précédent chapitre, on rencontre, dans le bassin de Grenade, un système de couches saumâtres et d'eau douce, qui occupent tout le centre de la dépression. Des gypses et des calcaires lacustres en constituent les principaux éléments; leur position dans la série tertiaire a été très diversement interprétée.

Historique. — Silvertop (*Proceedings,* 1830) a relevé une coupe très exacte des assises tertiaires sur la route d'Alhama à Loja; il place la molasse (coralline limestone) sous le gypse et sous les calcaires lacustres, dont il donne une bonne description. Il range dans le miocène moyen de Lyell la molasse d'Alhama, d'Antequera, etc. Cet auteur a distingué aussi le premier les gypses tertiaires de l'Andalousie des gypses triasiques; il assigne cependant un âge triasique au gypse de la Malá. Il place avec raison le gypse miocène entre le tertiaire marin et le tertiaire lacustre, et cite dans ces couches les fossiles suivants :

Planorbis rotundatus.
—— nov. sp.
Bulimus pusillus.
Paludina Desmaresti.
—— *pyramidalis.*
—— *pusilla.*
Ancylus.
Cypris.
Limnæa.

Dans le bassin d'Alhama, Silvertop a bien reconnu la succession des assises et la discordance qui sépare la molasse du miocène lacustre.

Schimper attribuait au trias les gypses de Cacin et de la Vega. C'est aussi l'opinion de Silvertop, qui les sépare de son gypse postmolassique et les croit inférieurs à l'helvétien marin. A l'époque où d'Archiac écrivait son *Histoire des progrès de la géologie*, on croyait que les conglomérats des environs de Grenade étaient postérieurs aux gypses d'Alhama.

Pour M. Gonzalo y Tarin, la molasse alternerait avec le miocène lacustre. A Alhama, les couches marines seraient inférieures aux assises d'eau douce; à Escuzar, au contraire, et à la venta del Fraile, les assises lacustres seraient inférieures à la molasse. M. von Drasche place également les assises gypseuses *sous* la molasse à *Lithothamnium* d'Escuzar.

Les auteurs de l'*Informe* font du gypse et de son cortège de marnes et de lignites l'équivalent de l'oligocène. Ces assises, qui s'élèvent jusqu'à 1,000 mètres près du Suspiro del Moro, contiendraient, d'après eux : *Planorbis lens, Limnæa acuminata, Bithinia pusilla.* D'autre part, les calcaires lacustres, dans lesquels les membres de la Commission espagnole citent *Planorbis crassus* et *Limnæa longiscata*, ont été rattachés par eux au miocène.

MM. Taramelli et Mercalli parlent de filons de gypse traversant les assises pliocènes. Ils ne mentionnent pas le miocène.

Description des couches.

Examinons la disposition de ces assises si controversées; on

Fig. 28. — Coupe du miocène supérieur.

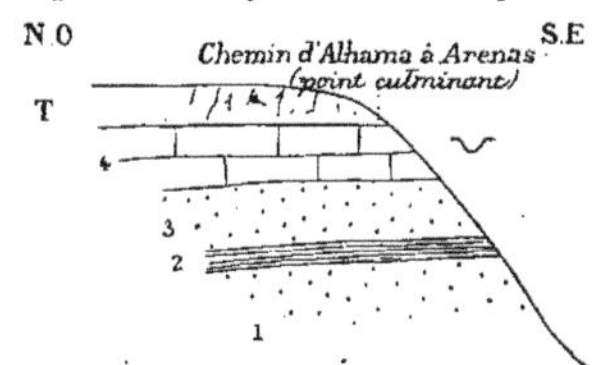

1. Marnes gypsifères.
2. Marnes ligniteuses à *Melanopsis impressa.*
3. Sables.
4. Calcaire lacustre et meulières exploités (*Hydrobia*).
T. Tuf calcaire.

peut bien les étudier dans les environs d'Arenas del Rey. En partant du ravin d'Alhama qui est creusé dans la molasse helvétienne et en se dirigeant vers le S. E., on quitte bientôt les couches marines du tajo d'Alhama pour arriver à un plateau cultivé, entouré de petites éminences. On se trouve là dans les assises lacustres du terrain tertiaire. Le sommet des collines est formé d'un tuf calcaire jaunâtre (fig. 28, T) qui recouvre une assise (fig. 28, n° 4) de calcaire lacustre blanc meulièriforme, dans lequel nous n'avons pas rencontré de fossiles. A la base, ce calcaire devient plus marneux, grisâtre et forme des bancs moins épais. On y trouve des Hydrobies et des Limnées.

En descendant vers Arenas del Rey, on voit devant soi une vaste dépression entourée de collines. On peut là embrasser d'un coup d'œil l'ensemble des assises lacustres qui se développent presque horizontalement avec un léger pendage vers le N. O., et observer le détail des superpositions dans les nombreux ravins qui sillonnent les flancs des collines. Ce sont d'abord, au-dessous des calcaires lacustres du plateau, des sables gris et jaunes, micacés, sans fossiles. Viennent ensuite des marnes ligniteuses de couleur grise où abondent les Limnées, les Planorbes et les Hydrobies (*Limnæa Forbesi, Planorbis Mantelli* (*solidus*)[1], *Melanopsis impressa*). Plus bas, une série puissante de marnes gypsifères en petits bancs constitue le fond de la dépression ainsi que la colline sur laquelle est construit le village d'Arenas del Rey. Vers le haut de ces marnes s'intercalent des bancs de calcaire lacustre à *Hydrobia etrusca*.

Les couches à gypse se poursuivent jusqu'à Jatar, où elles s'appuient sur les terrains anciens (calcaires cristallins). On les retrouve très développées à Jayena et à Fornes. Ce sont des marnes grises, jaunâtres. Elles renferment des lits de cristaux de gypse et

[1] Ce Planorbe, qui ne peut être identifié avec le *Pl. solidus* de l'aquitanien, est identique aux échantillons recueillis par M. Gaudry en Attique, avec les *Limnæa Forbesi* et *girundica* (*subpalustris* d'Orb.), dans des couches appartenant au miocène supérieur et antérieures aux limons de Pikermi. On le retrouve à Concud (Espagne) avec des restes d'*Hipparion*.

des bancs de marnes durcies ou de calcaire marneux fossilifère. Elles occupent une grande surface dans le N. E. du bassin de Grenade, où la route de Grenade à Escuzar montre leur développement considérable sur plus de 200 mètres de puissance et permet de constater leurs rapports avec les couches précédemment décrites. Après avoir traversé les alluvions du Genil, on rencontre, près de Gabia la Grande, les cailloutis tortoniens plongeant vers le centre du bassin. Les cailloux sont de faible dimension et disparaissent peu à peu, pour faire place à des marnes grises où l'on voit bientôt apparaître le gypse à l'état fibreux et lamellaire. Ce système se suit alors sans discontinuité jusqu'au delà d'Escuzar; les couches en sont très tourmentées et atteignent même, en plusieurs points, la verticale. A Escuzar, les plaquettes de gypse deviennent de gros bancs d'albâtre qui atteignent, au sud du village, jusqu'à 50 centimètres d'épaisseur. Les plissements sont toujours très marqués. A 1 kilomètre environ au sud d'Escuzar, on voit les bancs de gypse se relever; au-dessous apparaissent (voir la coupe, p. 485) des bancs de calcaire jaunâtre grossier à *Lithothamnium* et *Pecten Zitteli*, déjà mentionnés comme appartenant à l'helvétien.

En continuant vers le sud dans la direction d'Agron, on constate que le calcaire à *Lithothamnium* repose sur les calcaires anciens et l'on peut observer, au contact des deux formations, des conglomérats avec bancs d'Huîtres et phénomènes de rivage. D'autre part, nous avons également constaté que le gypse repose, à quelques pas de là, directement, sans intermédiaire de molasse, sur le calcaire ancien.

La coupe de la route d'Escuzar montre donc, d'une part, la concordance du gypse avec les cailloutis tortoniens, et, de l'autre, sa discordance avec la molasse helvétienne. Les environs de Loja, du côté de Salar et d'Alhama, permettent de vérifier ces conclusions.

Dès que l'on s'est éloigné de la carretera (grande route), pour prendre le sentier de Salar, on pénètre dans la formation lacustre dont les bancs sont, ainsi que le montre la coupe ci-jointe, inclinés vers le centre du bassin[1]. On remarque, au sommet, des bancs bien

Fig. 29. — Coupe relevée entre Loja et Salar.

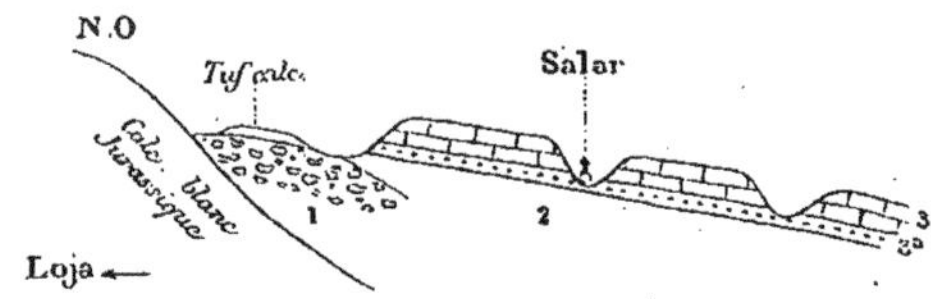

1. Conglomérat.
2. Marnes à gypse.
3ª. Calcaire lacustre et marnes grises en bancs minces.
3. Calcaire lacustre et meulières.

lités de travertins et de meulières (*Limnæa girundica*). Au-dessous existent des bancs plus minces de calcaire lacustre grisâtre à Hydrobies, etc., alternant avec des marnes grises. Puis viennent des marnes à gypse, qui existent dans le ravin au sud de Salar et qui s'appuient directement sur le jurassique en cet endroit, mais qui plus loin reposent sur les conglomérats tortoniens.

La grande route d'Alhama suit le bord ouest d'un vaste plateau

Fig. 30. — Coupe prise entre Alhama et Loja.

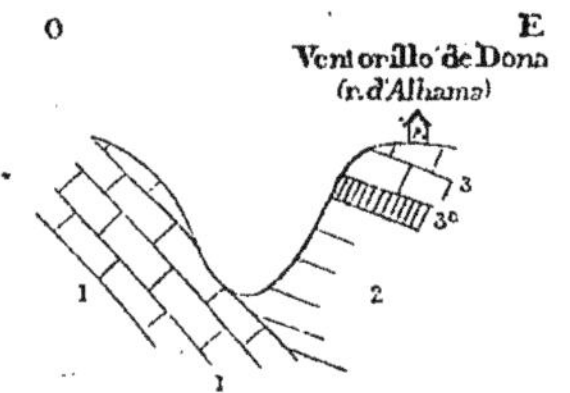

1. Calcaire jurassique.
2. Calcaire marneux à *Bithinia etrusca*.
3ª. Calcaire lacustre.
3. Meulières.

lacustre incliné vers le N. E., vers la vallée du Genil. Les couches

[1] Le calcaire lacustre existe également en face de Loja, sur la rive droite du Genil (pendage E.), où il renferme des Hydrobies.

lacustres y sont légèrement ondulées. La route chemine dans les calcaires blancs lacustres et les meulières supérieures. A l'ouest un ravin profond sépare de la chaîne jurassique et montre les assises inférieures.

Nous donnons ci-joint la coupe de ce ravin au ventorillo de Dona.

On peut voir là d'une façon très nette les marnes et calcaires gris-noirâtre lacustres reposer *directement* (l'étage du gypse manque) et en discordance absolue sur le calcaire jurassique blanc compact.

Fig. 31.

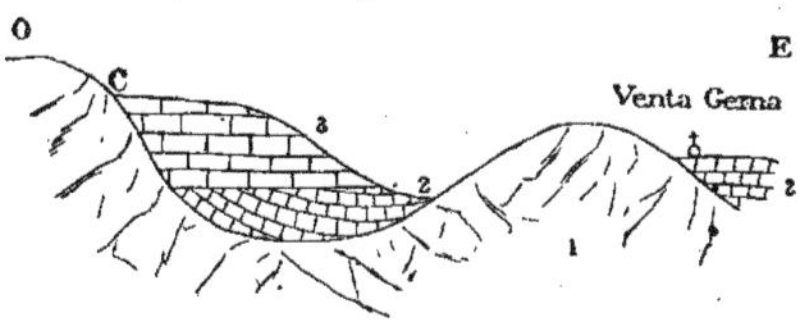

O E C Venta Gema 3 2 2 1

1. Calcaire blanc jurassique.
2. Molasse à *Cidaris avenionensis.*
3. Calcaire lacustre.

Près de la venta Gema, l'on voit émerger du milieu des couches lacustres des îlots de calcaire jurassique. (Voir coupe fig. 31.) Tandis qu'en C le calcaire lacustre gris (inférieur au travertin et supérieur aux marnes à gypse) est en contact *direct* avec le calcaire jurassique, du côté de la venta il en est séparé par la molasse à *Cidaris avenionensis.*

Nous citerons enfin deux coupes prises dans les environs de Grenade. Sur la route de Grenade à Guevejar, on trouve de bas en haut :

1° Limon rouge à *coquilles lacustres,* graviers et sables (stratification entrecroisée);

2° Marnes grises et rouges avec gros bancs de gypse, contenant des *coquilles lacustres* (*Melanopsis impressa*);

3° Marnes grises à Limnées, avec trois bancs de calcaire jaune gréseux à moules de fossiles.

IMPRIMERIE NATIONALE.

A l'est de Guevejar, on relève la succession suivante de bas en haut (voir fig. 2, p. 400) :

1° Marnes grises à gypse, puissantes;
2° Schistes argileux gris;
3° Conglomérats et cailloutis siliceux;
4° Grès et sables;
5° Marnes grises et grès jaunes calcaires, *Melanopsis impressa* abondante;
6° Marnes multicolores;
7° Marnes avec galets anguleux des roches de la sierra Nevada (quartz, schistes micacés, grès rouge, etc.);
8° Tuf calcaire incliné N. 30° E.

On voit qu'ici se présentent, dans cet étage, des cailloutis que nous n'avons pas rencontrés ailleurs. Cela est dû probablement au voisinage immédiat de la sierra Nevada.

Résumé. — Toutes ces coupes nous ont donné une succession uniforme, et nulle part nous n'avons trouvé d'alternance entre les dépôts marins et lacustres. A Alfacar et à Loja, les cailloux s'enfoncent sous des marnes foncées gypseuses, passant au gypse pur (la Malá). Le gypse même contient à Alfacar *Melanopsis impressa* Krauss. Il est surmonté là et à Arenas del Rey par des marnes ligniteuses et sableuses avec *Melanopsis impressa* Krauss, *Limnæa Forbesi* G. et F., *Hydrobia etrusca* Cap., *Planorbis Mantelli*. Cette faune met le gypse de Grenade sur le même niveau que la formation sulfo-gypseuse de l'Italie.

Le système du gypse est surmonté, dans le bassin d'Alhama, par des assises très régulières d'un calcaire lacustre blanc (*cream coloured*, Silvertop) et vacuolaire; on y trouve : *Planorbis Mantelli* Dunker (*Pl. solidus* G. et F.), *Limnæa girundica* Noul., *Hydrobia* sp. Cette formation peut être synchronisée avec les calcaires d'eau douce du centre de l'Espagne et plus spécialement avec ceux de Concud (Teruel), qui renferment le même Planorbe (collection de Verneuil) et qui alternent avec des couches à *Hipparion*.

Tandis qu'en Italie le gypse n'est qu'un épisode entre deux formations marines, il correspond en Andalousie à l'émersion définitive du bassin. Les dépôts pliocènes ne se montrent que sur la côte où le miocène fait défaut. Le bassin de la mer actuelle ne s'est sans doute affaissé qu'après le miocène.

Le croquis schématique ci-joint rend compte de cette disposition des dépôts tertiaires de part et d'autre de l'arête bétique; il montre de plus la nature des discordances qui les séparent; entre l'helvétien et le tortonien, c'est une discordance de ravinement; entre le miocène supérieur et le pliocène (plaisancien), c'est plutôt une transgression ou une discordance de répartition (*Discordanz der Verbreitung* des Allemands). Elle se traduit par ce fait que le plaisancien existe sur la côte, où le miocène fait défaut, tandis qu'à l'intérieur du pays le miocène n'est recouvert par aucun dépôt marin.

Fig. 32. — Schéma indiquant la disposition des différentes assises tertiaires des deux côtés de la chaîne bétique.

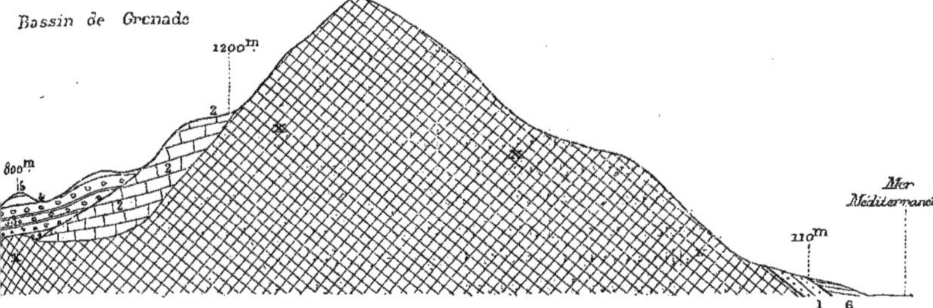

×. Terrains primaires et secondaires avec lambeaux nummulitiques plissés.
1. Nummulitique.
2. Helvétien.
3. Tortonien (blockformation) et sarmatique.
4. Gypse (miocène supérieur).
5. Calcaire lacustre (miocène supérieur).
6. Pliocène marin.

Liste des espèces de l'helvétien.

Halitherium (?). Ossements. Talara.
Oxyrhina hastalis Ag. Talara.
Dents de Squales diverses. Beznar, le Pradon.

Balanus sp. Restabal.
Turritella bicarinata Eichw., var. **subarchimedis** d'Orb. Albunuelas.
Gastéropodes indét. Saleres.
Panopæa Menardi Desh. Montefrio.
Cardium hians Br. Albunuelas.
Nucula Mayeri Hœrnes, Saleres.
Corbula carinata Duj. Albunuelas.
Perna sp. (grande espèce). Albunuelas.
Pélécypodes divers indéterm. Escuzar, Saleres, Albunuelas.
Spondylus crassicosta Lam. Alhama.
Pecten scabriusculus Lam., var. **iberica** Kil. Albunuelas, Montefrio, Talara, Beznar, Escuzar, le Pradon, las Perdrices. (Abondant.)
Pecten præscabriusculus Font. Montefrio. (Assez rare.)
——— ——— Font., var. **talaraensis** Kil. Montefrio, Talara, Saleres, Beznar, Albunuelas, le Pradon, Escuzar. (Abondant.)
——— **Celestini** Font. Alfacar.
——— **Zitteli** Fuchs. Escuzar, Alfacar. (Assez commun.)
——— **Tournali** de Serres. Montefrio.
——— **Fuchsi** Font. Alfacar.
——— **Holgeri** Gem. Montefrio.
——— **opercularis** L. Alfacar.
——— cf. **nimius** Font. Albunuelas, Alfacar.
——— **subbenedictus** Font. Montefrio, vallée du Genil (en amont de Piños).
——— **sp.** Ravin d'Alhama, N. de Loja, Montefrio, Beznar.
——— **substriatus** d'Orb. Albunuelas, Alfacar.
——— **(Pleuronectia) cristatus** Brocch. Saleres. (Forme un banc.)
Ostrea crassissima Lam. Antequera. (Citée déjà par Silvertop de cette localité sous le nom d'**O. longirostris** Goldf.)
Ostrea gingensis Schl. Antequera, Restabal, Albunuelas.
——— **Virleti** Desh. Saleres.
——— **digitalina** Dub. Montefrio, S. d'Escuzar, Alfacar, Saleres, Restabal.
——— **Offreti** Kilian. Saleres, Restabal, Albunuelas, Alfacar, Escuzar.
——— **Boblayei** Desh. Saleres, ravin de Talara, Albunuelas, Escuzar.
——— **Maresi** Mun.-Ch. Montefrio, Alfacar.
——— **Velaini** Mun.-Ch. Albunuelas, Agron, Montefrio, Alfacar, Restabal, vallée du Genil (en amont de Peños). (Commun.)
——— **chicaensis** Mun.-Ch. Montefrio, Alfacar. Jeunes individus abondants à Restabal.

Ostrea sp. Montefrio, ravin d'Alhama.

Terebratula grandis Blum. (**Ter. Sowerbyana** Nyst.) Beznar, Montefrio.

—— **sinuosa** Dav. Brocchi. Talara, Montefrio.

—— var. **pedemontana** Dav. Talara, route de Beznar.

—— sp. Ravin d'Alhama.

Rhynchonella bipartita Brocch. sp. Talara.

Lacazella mediterranea Risso sp. Escuzar.

Bryozoaires. Partout, notamment à Escuzar, Talara, Alhama.

Clypeaster insignis Segu. Albunuelas.

—— sp. fragments. Alfacar.

Echinolampas voisin de **scutiformis** Desm. Vallée du Genil (en amont de Peños).

Cidaris avenionensis Desm. Beznar, Alhama, Repicao, Escuzar.

Lithothamnium. Escuzar, Alhama. (Commun.)

Polypiers. Partout.

Nous devons à l'obligeance de M. S. Calderon y Arana, professeur à Séville, quelques espèces de l'helvétien trouvées aux environs de cette ville :

Pecten Beudanti Bast. Gerena.

—— **gigas** Schl. Gerena.

—— cf. **Besseri** Andrz. Gerena.

Clypeaster altus Lam. Villanueva.

—— **pyramidalis** Mich. Villanueva.

Liste des espèces recueillies dans le miocène supérieur.

I. — Cailloutis de la blockformation (tortonien) [1].

Odontapsis contortidens Ag. Quentar. (Marnes grises intercalées dans les cailloutis.)

[1] MM. Taramelli et Mercalli citent dans le « tortonien » d'Albunuelas :

Turritella Archimedis.	*Isocardia subtransitoria.*
Arca diluvii.	*Ostrea digitalina.*
Pecten Reussi.	—— *cochlear.*
—— *substriatus.*	

On a trouvé d'un autre côté dans les gypses du bassin de Grenade : *Bithinia tuba, Melanopsis costata, Paludina, Cypris.*

Chenopus pes graculi Bronn. Quentar.
Natica millepunctata Lam. Quentar.
Terebra fuscata Brocchi. Quentar.
Ancillaria neglecta Br. sp. Quentar.
Conus cf. **demissus** Ph. Quentar.
Dentalium Bouei Desh. Quentar. (Abondant.)
——— **sexangulare** Lam. var. B. Quentar.
——— cf. **inæquale** Bronn. Quentar.
Arca diluvii Lam. Quentar.
Nucula placentina Lam. Quentar.
Pecten (Pleuronectia) cristatus Brocchi sp. Quentar.
——— **bollenensis** Mayer. Dudar.
Bivalves indét. Quentar.
Ostrea lamellosa Br. Cailloutis de Dudar, Talara, Beznar, etc.
Ceratotrochus multispinosus Edw. et H. Quentar. (Marnes grises.)

Ajoutons les espèces suivantes citées par Silvertop comme ayant été recueillies dans les conglomérats qui entourent la sierra Nevada : *Cardita squamosa* var., *Dentalium Bouei, Turritella subangulata*, *Cariophyllia.*

II. — Cailloutis supérieurs (sarmatiques).

Cerithium mitrale Eichw. (Très abondant à Jayena.) Espèce qui se rencontre dans le sarmatique de Galicie d'après Bittner.
——— **vulgatum** Brug. Jayena.
Polypiers. Formant un banc à Jayena et, à Illora, un lit intercalé dans les cailloutis.

III. — Système du gypse.

Limnæa Forbesi G. et F. Arenas del Rey.
Planorbis Mantelli (Dunker) Sandberger. (**P. solidus** G. et F.) Arenas del Rey.
——— (**Gyrorbis** sp.) Arenas del Rey.
Hydrobia (Bithinella) etrusca Cap. Arenas del Rey, venta Dona.
Melanopsis impressa Krauss. Arenas del Rey, Baños de Alhama, Guevejar, Alfacar. (Abondant.)

IV. — Calcaire lacustre.

Planorbis Mantelli (Dunker) Sandb. Route d'Alhama à Loja.
Limnæa girundica Noulet. Route de Salar à Alhama.

F. — TERRAIN PLIOCÈNE.

Le pliocène marin a été signalé depuis longtemps aux environs de Malaga; les couches inférieures, très riches en fossiles, ont été souvent décrites et le gisement de los Tejares est bien connu. Il nous suffira de mentionner les travaux d'Ansted, de Scharenberg, de Schimper, de Linera, d'Amalio Maestre, qui ont donné sur les assises pliocènes de Malaga de nombreux détails. On trouve spécialement dans la note d'Ansted de bonnes coupes des environs de cette ville. Enfin M. de Orueta a publié, il y a quelques années, une monographie des argiles fossilifères de los Tejares, près de Malaga, qu'il considère comme appartenant au miocène supérieur. Cette brochure renferme une liste de Foraminifères de los Tejares, déterminés par MM. Jones et Parker.

La collection de Verneuil contient une belle série de fossiles des marnes bleues de la même localité. Nous ne nous occuperons pas de ces couches, sur lesquelles M. Bergeron a donné de nombreux détails. Remarquons seulement que les marnes bleues sont surmontées, à Malaga même, par des assises jaunâtres, sableuses et graveleuses à *Pecten latissimus, Janira jacobæa, Pecten varius, Pectunculus glycimeris, Terebratula sinuata* et, d'après M. de Orueta, *Rhinoceros etruscus* et restes de Tortues. On reconnaît là le pliocène moyen, ou étage astien.

Ce même étage, plus développé et avec un facies légèrement différent, affleure aussi non loin du village d'El Palo, près du rio Jabonero; il repose là *directement* sur les marbres nummulitiques. Les couches relevées de 15 à 18° vers le nord s'élèvent jusqu'à 105 mètres au-dessus du niveau de la mer. Ce sont des sables agglutinés plus ou moins caillouteux dans lesquels nous avons recueilli, entre autres espèces :

Scalaria tenuicostata Lam.
Pecten scabrellus Lam.
—— *bollenensis* May.
—— *latissimus* Brocchi.

Pecten (*Janira*) *jacobæus* Lam.
—— (——) *benedictus* Lam.
Ostrea lamellosa Brocchi.
—— *cucullata* Born.
Rhynchonella complanata Brocchi.

Fig. 33. — Coupe du pliocène au nord d'El Palo.

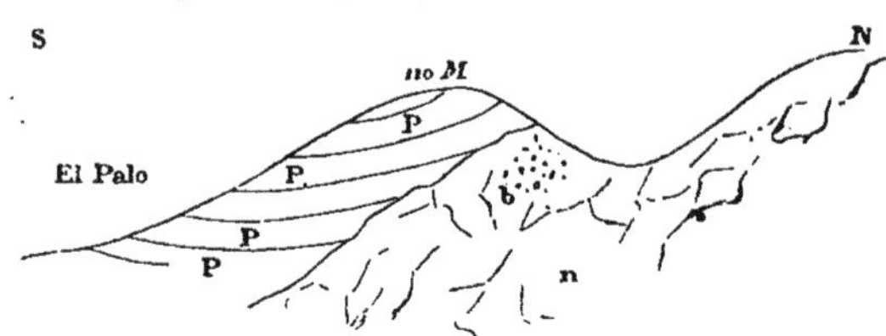

n. Calcaires nummulitiques avec accidents oolithiques (b).
P. Pliocène à *Pecten scabrellus*.

C'est la faune du pliocène moyen, tel qu'on le connait dans le Roussillon (Fontannes, Depéret), au monte Mario près de Rome, dans les Alpes-Maritimes, en Algérie (Douerah) et en Grèce (étage astien). Entre ce point et Velez Malaga, le pliocène moyen affleure en divers points, en bancs toujours inclinés vers la mer. On y trouve : *Janira benedicta* Lam. en quantité considérable; il existe également près de Velez Malaga[1], localité qui a fourni à la collection de Verneuil *Pecten scabrellus* et *Janira benedicta*. Ces fossiles, que nous avons déterminés, portent l'indication manuscrite : « près du pont de Velez Malaga. »

Résumé. — Le pliocène, qui n'existe que sur le littoral des provinces de Grenade et de Malaga, se compose de bas en haut :

a. Des marnes bleues subapennines de los Tejares près Malaga;
b. D'un dépôt sableux et graveleux, avec faune du pliocène moyen.

[1] Hausmann (1842) fait mention d'une colline située à quelque distance de Torre del Mar et constituée par un conglomérat calcaire à *Ostrea hippopus* et *Pecten jacobæus*. Il remarque que les bancs en sont inclinés de 15° à 20°.

Ces dernières assises s'étendent plus avant dans les terres que les premières; elles y sont relevées jusqu'à une altitude de 105 mètres et constituent le long de la côte une série de lambeaux fossilifères.

Liste des espèces recueillies dans le pliocène moyen.

Oxyrhina xyphodon Ag. Tejares.
Dentalium sp. El Palo.
Scalaria tenuicostata Mich. El Palo.
Balanus concavus Bronn. (**B. tintinnabulum** Brocchi). Palo.
Venus umbonaria Lam. El Palo.
Pecten scabrellus Lam. El Palo.
—— **bollenensis** May. El Palo, Tejares. (Abondant.)
—— **pusio** L. El Palo.
—— **venustus** Goldf. El Palo.
—— **sarmenticius** Goldf. El Palo.
—— **grandis** Sow. El Palo.
—— **striatus** Brocc. El Palo.
—— **ventilabrum** Goldf. El Palo.
—— **Sowerbyi** Nyst. El Palo.
—— **latissimus** Brocc. El Palo.
—— **(Janira) jacobæus** L. El Palo.
—— (——) **benedictus** Lam. El Palo, Calla del Moral.
—— **(Pleuronectia) cristatus** Bronn. El Palo, Tejares.
Ostrea lamellosa Brocchi. El Palo, castillo de San Lucar (près Séville). (Abondant.)
—— **Companyoi** Font. El Palo.
—— **barriensis** Font. El Palo.
—— **cucullata** Born.
—— (——) var. **comitatensis** Font. El Palo.
—— (?) **cochlear** Poli. El Palo.
—— **perpiniana** Font. El Palo.
Spondylus sp.
Terebratula ampulla Brocchi. El Palo.
Rhynchonella complanata Brocch. Tejares.
Megerlea truncata L., var. **rotundata** Req. Palo.

IMPRIMERIE NATIONALE.

RAPPORTS ET COMPARAISONS POUR LES ÉTAGES TERTIAIRES.

L'insuffisance des documents recueillis par nous sur le nummulitique de l'Andalousie ne nous permet pas de rapprochements détaillés avec celui d'autres régions; nous bornons donc les comparaisons aux étages tertiaires supérieurs, en indiquant seulement pour les couches éocènes un rapprochement possible avec celles de Biarritz, d'Allons, de Bos d'Arros et de Priabona dans le Vicentin, ainsi qu'avec les dépôts à *Serpula spirulæa* du nord de l'Espagne.

I. — MIOCÈNE.

a. L'helvétien du bassin de Grenade correspond au miocène moyen des Italiens (Elveziano de M. Seguenza [1]) et à la molasse du bassin du Rhône (*Ostrea crassissima, Pecten scabriusculus, P. præscabriusculus, P. subbenedictus*, etc.). Cet étage est un des plus répandus dans le bassin méditerranéen.

En Espagne, on se rappelle qu'il a été suivi de Cadix à Alicante, en lambeaux témoignant d'une ancienne communication entre la Méditerranée et l'Océan. M. Carez [2] l'a étudié dans le nord de la péninsule où il présente plusieurs subdivisions.

Aux Baléares, Hermite a fait connaître l'helvétien à *Pecten Besseri, præscabriusculus, camaretensis, Ostrea crassissima, gingensis, Velaini* [3], *Boblayei* et Clypéastres. Ces couches sont aussi en discordance avec l'éocène.

En Corse [4], l'helvétien renferme des Clypéastres, *Cidaris avenionensis, Ostrea Velaini.*

En Italie, le miocène moyen est très développé; il a été décrit en partie par M. Seguenza. Notons qu'à Livorno la base de la mo-

[1] Seguenza. *Le Formazioni terziarii nella provincia di Reggio* (Calabria). Rome, 1880.

[2] L. Carez. *Étude des terrains crétacés et tertiaires du nord de l'Espagne.* Paris, 1881.

[3] Collection de la Sorbonne.

[4] Hollande. *Géologie de la Corse.* (*Ann. des Sc. géol.*, t. IX, 1828.) — Locard et Cotteau. *Description de la faune des terrains tertiaires moyens de la Corse.* Paris-Genève, 1873.

lasse est, comme à Grenade et à Quentar, occupée par des marnes à gypse.

D'après des renseignements que nous a fournis M. Welsch, la molasse helvétienne débuterait aussi en certains points de l'Algérie (où elle est très riche en fossiles) par des marnes noires à gypse. Ce gypse serait l'équivalent de celui du Pradon et de Quentar.

M. Rolland [1] a recueilli en Tunisie, avec le *Pecten Zitteli*, les Clypéastres et les grosses Huîtres (*Ostrea Maresi, O. Offreti, O. crassissima*), qui caractérisent ce niveau. MM. Vélain et Marès ont rapporté d'Algérie les mêmes Clypéastres, *Ostrea Velaini, O. chicœnsis, O. Maresi, O. crassissima* [2]. Ces espèces paraissent être très abondantes d'après le nombre des échantillons déposés dans les collections de la Sorbonne.

Il résulte des recherches de M. Zittel [3] dans le désert lybien que le miocène y présente une composition sensiblement analogue à celle qu'il a en Tunisie (d'après M. Rolland), en Algérie et dans la province de Grenade.

Les fossiles assez nombreux qui ont été rapportés par M. Zittel ont fait l'objet d'excellents mémoires. C'est ainsi que M. Fuchs [4] a décrit récemment la faune du miocène de l'oasis de Siuah (désert lybien); il y cite entre autres *Pecten substriatus, P. Escoffieræ, P. Zitteli, P. Malvinæ, Spondylus crassicosta, Ostrea digitalina* et des Clypéastres. Il assimile ces assises aux couches de Grund dans le bassin de Vienne. Ces couches de Siuah paraissent correspondre à notre helvétien d'Andalousie. A Gebel Geneffe, près Suez, le même auteur a retrouvé l'helvétien fossilifère, contenant entre autres : *Pecten Holgeri, P. burdigalensis, P. cristatus, Cidaris avenionensis.*

En ce qui concerne le bassin de Vienne, la succession exacte

[1] *Comptes rendus* (7 décembre 1885, p. 1187 et 7 juin 1886), *Bull. Soc. géol. de France*, 3e série, t. XVI, p. 196, et communications orales de M. Rolland.

[2] Collections de la Sorbonne.

[3] *Palaeontographica*. Cassel, 1883.

[4] Th. Fuchs. *Uebersicht der jüngeren Tertiaerbild. des Wiener Beckens*, 1877.

des couches et leur équivalence est encore l'objet de tant de contestations et de polémiques [1] de la part des géologues autrichiens que nous n'essayerons pas de donner un parallélisme détaillé de ces dépôts avec ceux de l'Andalousie. Nous nous bornerons à dire que probablement notre molasse helvétienne est l'équivalent des couches de Horn et de Grund [2] (1er étage méditerranéen). Peut-être une étude minutieuse de l'helvétien de Grenade permettra-t-elle un jour de le subdiviser et de trouver les équivalents des divers horizons viennois lorsque l'entente sera faite à leur sujet.

b. Tortonien. — Un développement de conglomérats analogue à celui qui caractérise le tortonien de l'Andalousie, accompagne les marnes de Tortone [3] en Ligurie, aux environs de Serravalle et se retrouve en Sicile au-dessus de l'helvétien à Clypéastres. Les couches à Cérithes de l'étage sarmatique peuvent difficilement en être séparées dans notre région; ces Cérithes sont connus aux Baléares (couches à *Cerithium pictum* d'Hermite [4]) et en Sicile, près de Syracuse, où le même étage se présente sous la forme d'un calcaire miliolitique à *Cerithium rubiginosum.*

Près de Vienne, c'est le Tegel de Baden qui doit être mis en parallèle avec nos marnes tortoniennes et les grès sarmatiques seraient représentés par les bancs à *Cerithium mitrale, Cer. vulgatum* de Jayena.

La discordance observée près de Grenade, entre l'helvétien et le tortonien paraît se retrouver en Algérie.

[1] Bittner. *Noch ein Beitrag zur Tertiaerlitteratur* (*Jhb. der k. k. geol. Reichsanstalt*, tome XXXVI, n° 1, 1886). — Tietze. *Zeitschrift der deutschen geol. Gesellschaft*, 1884 et 1886. — Suess. *Antlitz der Erde.*

[2] Les couches de Grund, formant la transition entre le 1er et le 2e étage méditerranéen, ont été tour à tour placées dans chacun de ces étages. Voir *Die Versuche einer Gliederung des unteren Neogen im Gebiete des Mittelmeers* (*Zeitschrift der deutschen geol. Gesellschaft*, 1885, p. 131-132). — Th. Fuchs. *Zur neueren Tertiaerlitteratur* (*Jhb. der k. k. geol. Reichsanstalt*, 1885).

[3] Ces marnes sont connues dans le N. E. de l'Espagne. (Marnes de Granada.) L. Carez, *loc. cit.*

[4] H. Hermite, *loc. cit.*

c. Messinien. — C'est faute de pouvoir introduire une division dans la masse des conglomérats que nous faisons commencer notre messinien avec les assises gypseuses, dont la faune correspondrait seulement au messinien II de M. Mayer. En tout cas, les espèces trouvées par nous dans le bassin de Grenade [*Melanopsis impressa*, *Hydrobia* (*Bilhinella etrusca*)], sont identiques aux figures données par M. Capellini pour la formation gypseuse (*gessoso solfifera*) d'Italie, où ces espèces se trouvent associées à des Congéries (*Congeria clavæformis*) au-dessus des assises tortonniennes et sarmatiques.

On retrouve en Sicile des gypses qui font partie des couches à Congéries (d'après Cortese). A ce moment encore l'Italie et l'Andalousie faisaient donc partie d'une même province et ont eu une histoire géologique analogue.

Hermite assimile aux couches à Congéries un dépôt à *Melanopsis* qu'il a découvert à Majorque. Des dépôts semblables existeraient aussi en Corse d'après M. Hollande. D'un autre côté, les marnes à Mélanopsides de l'Andalousie paraissent passer vers l'intérieur de l'Espagne à des dépôts dont le caractère lacustre s'accuse de plus en plus. Les Mélanopsides que l'on rencontre dans le miocène lacustre de Villasaya (Vieille-Castille) rappellent beaucoup le *M. impressa;* elles sont accompagnées de Bithinies et sont en relation avec des conglomérats à Vertébrés.

Les calcaires d'eau douce supérieurs au gypse seraient à placer sur l'horizon des couches à Vertébrés de Pikermi, de Cucuron, du Belvédère (étage thracien) et des calcaires lacustres de la Grèce. En effet, la collection de Verneuil contient une série de Planorbes de Concud (province de Teruel). Ces Planorbes que nous avons examinés avec soin sont identiques à nos échantillons du *Plan. Mantelli* (*solidus*) du bassin de Grenade. Nous croyons par conséquent être en droit d'assimiler notre calcaire lacustre aux couches de Concud et d'Alcoy.

Or, malgré le mélange de quelques espèces pliocènes à Alcoy, la présence de l'*Hipparion gracile* et du *Cervus dicrocerus,* autorise à grouper ces couches avec celles de Pikermi et de Cucuron, au sommet du miocène supérieur[1].

Le gypse miocène en rapport avec des calcaires lacustres et des conglomérats existe dans les provinces d'Oviedo, de Ciudad Real, de Guadalajara, dans la Navarre, dans les provinces de Saragosse, de Huesca, de Valladolid.

Le miocène supérieur est du reste très répandu en Espagne et une grande partie des calcaires lacustres et des conglomérats du centre de la péninsule doit être placé sur l'horizon de Pikermi; ils contiennent, en effet, d'après les auteurs[2] : *Mastodon angustidens* (Madrid, Valladolid), *M. longirostris* (Madrid, Alcoy), *M. giganteus* (Teruel), *M. tapiroides* (Madrid), *M. arvernensis* (Alcoy), *Sus palæochœrus* (Alcoy), *Rhinoceros incisivus* (Teruel), *Rh. Mercki* (Teruel), *Hipparion* (Concud, province de Teruel), *H. gracile* (Alcoy), *H. prostylum* (Concud), *Cervus dicrocerus* (Concud), *Tragocerus amaltheus* (Concud).

II. — PLIOCÈNE.

L'argile de los Tejares étudiée par M. Bergeron appartient à l'horizon des marnes subapennines ou plaisanciennes (marnes du Vatican). Les couches à *Pecten latissimus*, *P. bollenensis*, *P. scabrellus*, *Janira jacobæa*, *J. benedicta*, *Ostrea lamellosa*, *O. cucullata*, etc., du Palo correspondraient aux couches astiennes du Monte Mario, de Douerah (Algérie), du Roussillon, etc. (*IV^te Mediterranstufe*, Suess).

Le pliocène se continue du reste (*Pecten jacobæus*, *Ostrea lamellosa*) dans la province d'Almeria, d'après M. Cortazar.

[1] Voir Gervais. *Bull. Soc. géol. de France*, 1853, et Depéret. *Bassin tertiaire du Roussillon*, p. 240 (*Thèse pour le doctorat* et *Ann. sc. géol.*). — [2] Voir Calderon. *Enumeracion de los Vertabrados fosiles de Españas*, 1876.

		PROVINCES DE GRENADE ET DE MALAGA.	RÉGIONS DIVERSES.
PLIOCÈNE.		Astien du Palo à *Pecten latissimus, Janira jacobæa, J. benedicta, Pecten bollenensis, Ostrea lamellosa, O. cucullata*, etc.	Couches du Monte Mario, du Roussillon, de l'Astésan, de Douerab.
		Plaisancien de los Tejares à Pleurotomes, *Turbo rugosus*, etc. (Sur la côte seulement.)	Marnes subapennines, Tarente, Biot, le Vatican, etc.
MIOCÈNE	supérieur.	Calcaires lacustres de Salar et de Santa-Cruz : *Limnæa girundica* Noul., *Planorbis Mantelli* (*solidus* G. et F.).	Formations lacustres d'Alcoy, de Concud à *Hipparion, Mastodon*, etc. Miocène supérieur de Valladolid, etc. Couches de Pikermi, de Cucuron, du Luberon et du Belvédère (thracien).
		Couches à gypse et à lignites d'Arenas del Rey, d'Alfacar : *Melanopsis impressa* Krauss, *Planorbis Mantelli*, Dunk. *Bithinella etrusca*, Men., *Limnæa Forbesi* G. et F.	Couches messiniennes moyennes d'Italie (formation sulfo-gypseuse) et de Sicile. Gypse du centre de l'Espagne (Vieille-Castille). Couches à Congéries du bassin de Vienne (?) et étage levantin. Dépôt à *Melanopsis* de Majorque.
		Couche à Polypiers d'Illora et de Jayena (*Cerithium mitrale, Cer. vulgatum*) intercalées dans les cailloutis (Block-formation) à *Ostrea lamellosa* et, à la base : *Dentalium Bouei, D. inæquale, Chenopus pes graculi, Terebra fuscata, Ancillaria neglecta, Pecten cristatus*, etc.	Couches sarmatiques du bassin de Vienne, de Sicile, des Baléares. Tortonien (Stazzano, Tortone) d'Italie, d'Algérie; Tegel de Baden, près Vienne. Conglomérats tortoniens de Sicile.
		Discordance.	
	moyen.	Molasse d'Albunuelas à *Clypeaster insignis, Pecten scabriusculus, Ostrea Velaini*. Molasse à *Pecten Zitteli* (Escuzar), *præscabriusculus, subbenedictus, Tournali, Ter. grandis, Ter. sinuosa, Cidaris avenionensis, Lithothamnium*. Couches à *O. gingensis, O. crassissima, O. digitalina, O. chicœnsis, Panopæa* cf. *Menardi*, etc.	Helvétien de Seguenza, *mioceno medio*, helvétien de l'Algérie, de Corse, de Malte, des Baléares, des Alpes. — Molasse de la vallée du Rhône. 1er étage méditerranéen (*pro parte*) : couches de Grund, couches de Rakos et de Bya (Hongrie), couches à *P. Zitteli*, etc., de Siuah, molasse de Gebel-Geneffe, près Suez, helvétien de Tunisie et d'Algérie.
		Couches de marnes à gypse du Pradon et de Quentar.	Schlier (?) : gypse inférieur à l'helvétien de l'Algérie et de certaines parties de l'Italie.
		Discordance.	
EOCÈNE moyen.		Calcaires blancs à Alvéolines du littoral. Marnes violacées à Foraminifères et Gastropodes. Calcaires à Nummulites et grès. Calcaires à *Serpula spirulæa, Assilina, Orbitolites* (Montefrio). Marnes versicolores, grès bruns. Couches à galets littoraux.	Nummulitique de Tunisie, de l'Alpago, du Bellunais, de l'Istrie, du Vicentin, etc.
		En discordance sur les terrains secondaires.	

G. — TERRAINS QUATERNAIRES ET RÉCENTS.

Historique. — Les terrains récents relevés ont de tout temps été signalés par les observateurs.

En 1850 Leonhardt les cite près de Velez Malaga à 450 pieds, Hausmann (1844) en fait mention à son tour et Anstedt (1859) trace sur sa carte des environs de Malaga les contours des *raised beaches* ou plages soulevées. Ce fait est à rapprocher des observations d'Hermite, qui a rencontré aux Baléares des brèches quaternaires marines. Quant à nous, n'ayant visité que les environs E. de Malaga, nous n'y avons trouvé que des assises pliocènes relevées: il est possible néanmoins qu'à l'ouest il y ait des *raised beaches* quaternaires.

Dans ce qui suit, nous n'aurons à citer que des formations d'origine terrestre ou fluviatile. Les premières surtout jouent un rôle considérable dans la région.

Déjà Hausmann (1844) a été frappé du grand développement des brèches récentes en Andalousie, et l'on trouve, dans son important mémoire, une série de renseignements excellents sur ce sujet. Hausmann signale également l'abondance des travertins en Andalousie. MM. Taramelli et Mercalli ont remarqué, eux aussi, l'extension et le développement que prennent, en Andalousie, les brèches et les travertins quaternaires. (Periana, Alcaucin, Canillas, Jatar, etc.) Ces auteurs semblent admettre que le régime glaciaire a existé dans cette région. Ils ont été précédés dans cette manière de voir par Schimper, qui a publié, dans le journal *l'Institut,* des observations faites dans le cours d'un voyage botanico-géologique dans le sud de l'Espagne. Schimper signalait en 1859 des moraines dans la vallée du Genil. Dans tout ce que nous avons observé, les cailloutis de la blockformation peuvent seuls avoir donné naissance à cette opinion, et nous avons vu qu'ils sont d'origine essentiellement marine. A Talara, leur substratum calcaire est poli et strié. La roche du camino de los Neveros, signalée par M. von Drasche présente également des traces d'usure. Mais même si l'on voulait voir dans ces phénomènes la preuve de l'existence des glaciers, il faudrait supposer ces glaciers miocènes.

Alluvions anciennes. — A l'intérieur des montagnes arides des sierras d'Alhama et de Zaffaraya, à l'Ouest de la sierra Tejeda, se trouve une petite plaine fertile dont le sol est formé par un sable fin et micacé. Un ruisseau traverse cette oasis et va se perdre sous terre à l'extrémité occidentale du bassin. Au Midi, cette plaine communique de plain-pied avec le col de Zaffaraya qui s'ouvre sur la région nummulitique de Colmenar et d'Alcaucin. C'est là, sans aucun doute, l'emplacement d'un ancien lac, auquel l'échancrure du col actuel a servi de déversoir. Près du cortijo Azafranero, on constate la présence d'une alluvion ancienne à éléments grossiers, empruntés aux terrains cristallins, au jurassique et au nummulitique.

Près de la venta Gema, entre Alhama et Zaffaraya, existe un petit bassin dont le fond est occupé par une couche assez mince d'alluvions anciennes analogues à celles de Zaffaraya; on y remarque des fragments de roches arrachés aux terrains tertiaires, jurassiques et aux massifs cristallins.

Entre Villanueva del Trabuco et la station de Salinas s'étend un plateau couvert d'un limon rouge à fragments de grès et de silex. Cette plaine est traversée par la Luna. Au milieu du plateau émergent de petites collines formées d'un calcaire violet à veines spathiques. Dans les alluvions rouges de la plaine de la Luna se rencontrent des fragments de roches éruptives ophitiques.

Près de Talara, les cailloutis miocènes sont ravinés par de puissants dépôts composés de débris des roches de la sierra Nevada. Au bord du rio Guadalfeo, nous avons remarqué dans ces couches de beaux blocs de talcschistes avec des grenats de la grosseur d'une noisette. D'après leur position souvent assez élevée au-dessus du cours d'eau actuel, il est à présumer que ces alluvions doivent être assez anciennes.

IMPRIMERIE NATIONALE.

Près de Malaga, sur les bords de la mer, des dépôts de galets roulés reposent sur la tranche des schistes anciens qui constituent le littoral à l'est de cette ville.

En résumé, les alluvions anciennes sont très peu développées dans le sud de l'Andalousie, et il semble permis d'en conclure que la période quaternaire n'a pas été signalée ici par des changements importants dans le relief du sol.

Brèches superficielles. — Tout géologue qui visitera les parties méridionales de la région bétique remarquera de prime abord le rôle important que jouent dans cette contrée les dépôts bréchoïdes superficiels. Souvent, dans ses recherches, il sera arrêté par ces manteaux gênants qui déroberont à ses regards la structure véritable du sol qu'il foule aux pieds.

Hausmann (1842) a consacré quelques pages de son mémoire à ces brèches récentes du sud de l'Andalousie. Il en donne une description détaillée et insiste sur la couleur rouge du ciment. Elles sont pour lui formées sur place et la teinte de leur ciment est, dit-il, bien celle qui résulte de la décomposition des dolomies auxquelles elles empruntent leurs matériaux. Il les rapproche avec raison des brèches qui s'observent dans toutes les régions méditerranéennes (Gibraltar, Cette, Antibes, Nice). Une partie de ces roches est, pour lui, de formation marine et fournirait la preuve d'un exhaussement de la côte; d'autres seraient continentales. Depuis lors, nul ne s'est occupé sérieusement de ces dépôts et les renseignements font défaut sur la brèche superficielle du midi de l'Espagne.

C'est dans les parties méridionales de la province de Malaga et de celle de Grenade que l'on voit les plus beaux exemples de ces formations superficielles.

Aux environs de Malaga, les schistes phylladiens et les marbres nummulitiques à Alvéolines sont recouverts en discordance par des brèches composées de fragments de calcaires blancs et de schistes argilo-micacés. La route de Malaga à Torre del Mar permet de constater la présence, au pied des escarpements du calcaire à Alvéolines, d'une brèche superficielle très dure qui recouvre les terrains sous-jacents d'une manière presque continue. Il en est de même dans les massifs calcaires qui entourent la sierra Nevada (Kalke umbestimmten Alters de v. Drasche) et surtout aux environs de Lanjaron. Le village (dont les sources incrustantes étaient déjà connues d'Ami Boué en 1834) est entouré de formations modernes, brèches très solides et calcaires rosés d'un très bel aspect. Ces brèches, formées sur place, renferment des *Helix* et sont constituées par des fragments, solidement cimentés, de calcaire cristallin et de schistes micacés.

Enfin, dans le voisinage de Padul, les calcaires cristallins sont recouverts par un manteau de brèches et de conglomérats rouges probablement quaternaires.

Sur les flancs sud de la sierra Elvira, on peut pour ainsi dire assister à la formation de cette brèche. Les escarpements sont couverts de fragments de calcaire mêlés à des coquilles actuelles d'*Helix*.

Nous y avons réuni en peu d'instants les espèces suivantes [1]:

Helix candidissima Drap. (Très commun.)
——— *gualteriana* Lin. (Assez commun.)
——— *alonensis* Férussac. (Rare.)
Helix du groupe de *H. variabilis* Drap. (Commun.)
——— *hispanica* Partsch. [*H. balearica* Ziegler.] (Commun.)
——— *cespitum* Drap. (Assez rare.)
——— *terrestris* Chemnitz. [*H. elegans* Gmelin.] (Commun.)
——— *aspersa* Mull. (Commun.)
Rumina decollata Bruguière. (Assez rare.)

Par suite du ruissellement des eaux chargées de calcaire, les fragments de roche finissent par être reliés par un ciment de chaux carbonatée. Il en résulte, dans les parties profondes du manteau de groise qui couvre les flancs de la sierra, une brèche à *Helix* assez

[1] Ces espèces ont été déterminées par M. Ph. Dautzenberg que nous prions d'accepter nos sincères remerciements.

dure. On y constate la présence de *Helix candidissima* Drap., que nous avons rencontrée vivant encore aujourd'hui à la surface du terrain.

La brèche superficielle à *Helix* est bien développée au peñon de los Enamorados, aux hachos de Loja et au cortijo Enebral. On la retrouve auprès de Cabra. Il semble pourtant que ces brèches se sont formées plus abondamment sur le versant méridional de la chaîne.

La couleur généralement rougeâtre de ces dépôts détritiques doit, selon toute probabilité, être attribuée à la décomposition des calcaires plus ou moins dolomitiques. Il est aisé de constater notamment dans les massifs dolomitiques appartenant au jurassique qui entourent le col d'Alfarnate, qu'en se décomposant ce calcaire a donné naissance à des terres rouges. Ce sont ces terres qui, imprégnées par les eaux calcaires, forment le ciment des brèches superficielles.

Tufs et travertins. — Il nous reste à dire quelques mots des produits du suintement et du ruissellement qui, par suite de l'évaporation rapide des eaux sous le climat méridional de l'Andalousie, ont acquis un grand développement dans la contrée. Ce sont principalement les calcaires cristallins anciens qui, soit à cause de leur situation plus méridionale, soit par suite de leurs propriétés chimiques, ont donné lieu à de puissants dépôts de tufs et de travertins qui recouvrent les flancs des sierras en les entourant sous forme de corniches.

Derrière le village d'Albunuelas, ces travertins atteignent une épaisseur de presque 100 mètres; ils occupent le pied des chaînes calcaires anciennes et recouvrent la molasse helvétienne. Il en est de même près de Velez (route de Motril), où ils sont associés à des brèches superficielles, et dans le voisinage de Motril.

Les produits du ruissellement, travertins et tufs à végétaux, couvrent une grande partie du versant que suit le chemin d'Alcaucin à Periana. Dans les tufs s'est rencontrée une empreinte d'Isopode.

Derrière Periana les calcaires concrétionnés montrent des végétaux et des empreintes diverses. En se dirigeant vers les bains de Vilo, on voit des cavernes, creusées dans le tuf, qui se sont effondrées par suite des secousses du 25 décembre. Au-dessus du cortijo Guaro et près du col qui relie les bains de Vilo à Zaffaraya, les tufs sont remplis d'*Helix* munies encore de leur test. A l'est de Lanjaron, près d'un moulin, ces tufs prennent également un beau développement. Si l'on quitte, près de la venta de las Angustias la chaussée de Grenade à Motril, on traverse pendant un certain temps les cailloutis tortoniens; mais en montant la route de Lanjaron, on voit la Blockformation recouverte par des tufs calcaires.

Les tufs forment également au pied des chaînes calcaires, à l'est de Guevejar, de vastes entablements. On y rencontre des restes de végétaux et de coquilles terrestres.

Des amas de tufs et de travertins bordent la route de Salar à la sortie de Loja. Entre la gare et la ville de Loja plusieurs petites buttes sont formées de tuf calcaire. Enfin dans la ville même, près de l'entrée de la route de Colmenar, il existe un ravin dans lequel nous avons signalé plus haut des calcaires qui paraissent appartenir au dogger; on y trouve un dépôt local de tuf à *Helix* fort intéressant par sa puissance (4 à 5 mètres) et la belle conservation de ces coquilles. On y récolte en abondance *Helix hispanica* Partsch (= *H. balearica* Ziegler); on y trouve aussi, mais plus rare, *Helix variabilis* Drap.

Ces deux espèces vivent encore actuellement dans le pays; nous en avons recueilli un grand nombre à l'état vivant. Dans le nord de la région, les calcaires ont également fourni aux eaux la matière d'importants dépôts tuffacés.

Les tufs récents recouvrent le trias en maints endroits entre Priego et Cabra. A Carcabuey, ils occupent le sommet de la colline qui supporte le village. On a signalé la présence de tufs analogues dans beaucoup de points des régions méditerranéennes, en Corse, etc.

Alluvions modernes. — Les alluvions modernes ne sont pas très développées dans la région que nous avons explorée. Les *barrancos* sont remplis en partie par les blocs de toutes sortes que charrient les torrents. C'est dans ces barrancos que l'on peut recueillir souvent des grenats et des minéraux rares de la sierra Nevada. Le Genil et les autres rivières sont la plupart du temps trop encaissées pour donner lieu à des dépôts étendus d'alluvions. Cependant la fertile vega de Grenade est occupée en partie par les graviers du Darro et du Genil.

Sur la côte, de grandes plaines alluvionnaires connues sous le nom de *hoyas* existent à l'embouchure de tous les cours d'eau d'une certaine importance. Citons les hoyas de Malaga à l'embouchure du Guadalmedina, de Torre del Mar à l'estuaire du rio de Velez et celle de Motril, à l'endroit où le Guadalfeo gagne la mer.

Nous rappellerons, pour terminer ce qui a trait aux formations récentes, que les éboulements bien connus de Guaro et de Guevejar n'ont affecté que des dépôts essentiellement superficiels. Dans la première localité, ces dépôts assez puissants reposaient sur les marnes nummulitiques et les eaux circulant souterrainement sur ces marnes avaient préparé de longue date le glissement d'ensemble qui s'est effectué sous forme d'un véritable cône de déjection au pied de la sierra de Marchamonas; à Guevejar, un glissement analogue a affecté des tufs et des graviers superposés aux marnes du miocène supérieur.

IV

ROCHES ÉRUPTIVES.

Les roches éruptives jouent un rôle peu important dans la chaîne subbétique; disposées en pointements et en filons, elles ne forment pas de masses bien considérables et leurs affleurements sont alignés dans la direction générale de la grande bande secondaire, d'Antequera à Loja et à Montillana en passant par la sierra Elvira; ils se continuent dans la province de Cadix[1].

Toutes ces roches, signalées sous les noms de trapp, de diabase et d'ophite dès les travaux de Silvertop, appartiennent, d'après M. Michel Lévy, qui les a étudiées, à la série ophitique; elles se montrent généralement au milieu des assises triasiques; dans le nord de la région, elles traversent les couches fossilifères du lias et se présentent en contact avec le néocomien.

Bande triasique d'Antequera. — Les argiles rouges gypsifères et les grès du trias sont percés en de nombreux points par l'ophite. Sur le chemin d'Antequera à Gobantes, on rencontre un grand nombre de ces affleurements; au S. O. du cortijo Bellavista et de la ferme de las Perdrizes, une colline est entièrement constituée par cette roche; on y a fait sans succès des recherches de minerai de fer. Non loin de là, du côté d'Antequera, nous avons remarqué un filon de spilite, appartenant toujours à la série ophitique.

Aux portes de la ville d'Antequera, le long de la chaussée de Malaga et au pied de la montagne du Torcal, ce sont des porphyrites andésitiques qui traversent les marnes du trias.

Si l'on continue à suivre vers l'est la bande triasique, l'on ne tarde pas à rencontrer, près du pic des Enamorados, de nouveaux pointements d'ophite au milieu des marnes gypsifères très bouleversées.

A Villanueva del Rosario, le sol est jonché de fragments d'ophite et de spilite, indiquant le voisinage probable d'affleurements de ces roches.

Environs de Loja. — Sur le flanc N. O. de la montagne liasique connue sous le nom de Hachos de Loja, les argiles du trias sont accompagnées d'affleurements ophitiques et les cailloux que char-

[1] Ces ophites ont été, comme on sait, l'objet de remarquables études de la part de M. Macpherson.

rient les ruisseaux paraissent indiquer que les filons sont nombreux au nord de ce point. Il en est de même au N. E., où apparaît le trias sur le chemin de Montefrio; près du cortijo de Chosa del Olivo nous avons constaté la présence de filons d'ophite assez nombreux.

Entre Loja et le rio Milano, les ophites sont accompagnées de brèches ophitiques.

Région jurassique au nord de Grenade[1]. — La grande route qui relie Grenade à Jaen pénètre, non loin d'Iznalloz, dans un massif calcaire. Ces montagnes font partie de la chaîne secondaire qui, de Gibraltar à Murcie, longe au nord les terrains anciens de la Cordilière bétique.

Un excellent observateur, Hausmann[2], attira dès 1842 l'attention sur des filons d'une roche éruptive traversant dans cette région des couches relativement récentes. M. Gonzalo y Tarin a montré que ces dykes percent les assises jurassiques.

Nous avons eu l'occasion d'étudier aux environs de Noalejo et de Campotejar un certain nombre de ces filons signalés sous le nom de *diorites* par M. Gonzalo y Tarin[3]. Les conditions dans lesquelles on les rencontre sont les suivantes : les environs de la venta de las Brajas sont constitués presque exclusivement par les calcaires marneux du lias et du néocomien. Le toarcien se compose

(1) Note de M. W. Kilian.

(2) On trouvera dans l'ouvrage d'Hausmann (1842) une description excellente pour l'époque où elle a été faite, de la contrée qui sépare Grenade de Jaen. Hausmann signale dans les marnes rouges et les calcaires (où nous avons rencontré des Ammonites toarciennes) la présence de rognons de gypse et montre que ces couches ont été dérangées de leur position normale et contournées par des actions éruptives. Il cite, aux environs de Campillo, du minerai de fer. Ce cortège de minéraux se relie d'après lui à la présence d'une roche (Hyperstenfels) voisine des diabases qu'il a rencontrée en gros blocs dans la région. Il attire l'attention sur l'âge relativement récent de cette roche, dans laquelle nous reconnaissons sans peine notre ophite, et que l'on n'était pas habitué à rencontrer au milieu de dépôts secondaires.

(3) Gonzalo y Tarin. *Reseña fisica y geologica de la provincia de Granada.* Madrid (Boletin), 1881.

là de marnocalcaires bien lités d'un gris très clair, alternant avec des marnes schisteuses. Ces couches renferment de nombreuses Ammonites du groupe des *Harpoceras : Am. radians, Am. Levisoni, Am. bifrons,* etc. La présence de ces bancs donne aux collines qui bordent la route une teinte blanchâtre caractéristique. En examinant de près les abords de la venta, on ne tarde pas à remarquer au milieu des champs un certain nombre de taches foncées, causées par des affleurements de roches éruptives appartenant à la série désignée habituellement sous le nom de *série ophitique*. Les débris de ces roches jonchent le sol sous la forme de boules ou de miches rougeâtres à l'extérieur et présentant une structure écailleuse.

La route coupe quelques-uns de ces accidents et montre que ce sont de véritables filons traversant les assises du lias supérieur. A quelques centaines de mètres au sud de la venta de las Brajas, les tranchées permettent d'observer un filon de porphyrite labradorique et augitique, à structure mi-partie ophitique, mi-partie microlitique, pénétrant dans les calcaires marneux à *Am. radians* et englobant un bloc à Bélemnites. (Voir la coupe fig. 34.)

Fig. 34. — Coupe relevée entre la venta de las Brajas et Campotejar.

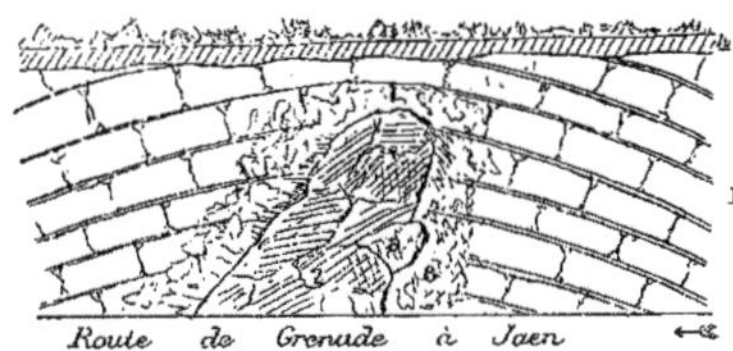

1. Calcaire marneux et marnes à *Am. radians*.
a. Bloc de calcaire marneux à Bélemnites, pareil au précédent, enclavé dans la roche éruptive.
2. Porphyrite labradorique et augitique.
3. Marne à cristaux de gypse et rognons de silex vert.
4. Terre végétale.

La roche éruptive est entourée d'une auréole de marne foncée à petits cristaux de gypse et rognons de silex verts caractéristiques.

Les dykes ophitiques sont également très nombreux au voisinage de la Fabrica de Nuestra Señora del Carmen où ils traversent encore nettement le toarcien fossilifère.

Il en est de même plus au sud, entre Zegri et la venta de las Navas; l'ophite se rencontre là dans les couches à *Am. Levisoni* et *Am. mucronatus,* toujours accompagnée de marnes verdâtres avec gypse et quartz. (Voir coupe fig. 35.)

Fig. 35. — Coupe relevée entre Zegri et la venta de las Navas.

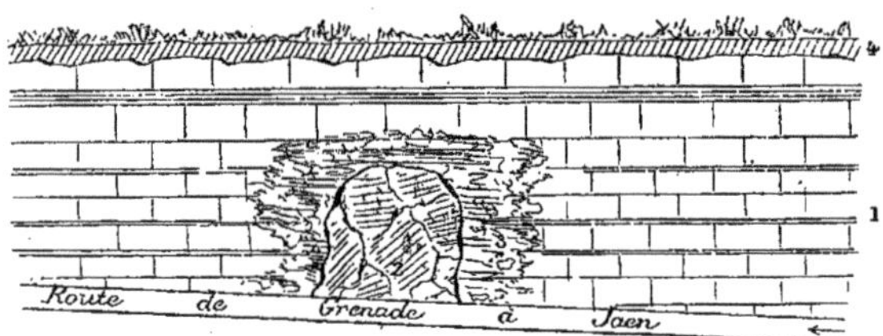

1. Calcaire marneux en bancs réguliers à *Am. bifrons, Am. Levisoni.*
2. Ophite.
3. Marne foncée à cristaux de gypse et quartz, formant auréole à l'ophite.
4. Terre végétale.

Plus au nord, près du petit village de Montillana, existent des affleurements étendus de calcaires marneux alternant avec des marnes schisteuses. Ces couches, fortement ondulées, représentent le lias supérieur (*Am. Levisoni, Am. radians*) et la zone à *Am. Murchisonæ* (*Am. Murchisonæ*). On y voit d'une façon assez nette pour ne pas pouvoir être contestée, des dykes d'ophite engagés dans les assises fossilifères. La roche éruptive dans laquelle M. Michel Lévy [1] a reconnu une diabase andésitique à structure ophitique,

[1] M. Michel Lévy a bien voulu examiner les échantillons recueillis aux environs de Campotejar et de Noalejo. Voici le résumé de ses observations :

1. *Échantillon de Montillana.* — Roche pénétrant dans le lias supérieur. Diabase à structure ophitique (très belle, à assez grands cristaux).

Structure. Roche entièrement cristalline : cristaux d'oligoclase allongés suivant pg^1 et surtout aplatis suivant g^1; mâcle de l'albite. La roche est riche tout à fait à paralléliser avec les ophites des Pyrénées, englobe des fragments du calcaire liasique. Il s'est développé dans la partie des bancs voisine des filons, de nombreux silex verts.

Entre Montillana et Noalejo, l'ophite est accompagnée d'amas de fer oxydulé. Ce minerai a été exploité.

Les roches de Montillana et de la venta de las Brajas appartiennent par conséquent incontestablement à la série ophitique; ce

en feldspath. Grandes plages de pyroxène englobant les microlites précédents; il est brunâtre avec ses deux clivages bien marqués; pas de tendance à passer au diallage; passe par décomposition à de l'actinote finement radié, puis à la chlorite et même à la calcite. Un exemple d'épigénie du pyroxène en biotite.

Résumé : diabase andésitique, structure ophitique bien franche à assez gros grains; tout à fait à paralléliser avec les ophites des Pyrénées.

2. *Échantillon de Montillana.* — Roche identique à la précédente, renfermant plus de chlorite.

3. *Échantillon de Montillana.* — Idem.

4. *Échantillon de Montillana.* — Les microlites d'oligoclase encore nettement visibles, beaucoup plus allongés que précédemment, douze fois plus longs que larges; la mâcle de l'albite et celle de Carlsbad y apparaissent. Fer oxydulé et titané en traînées rectilignes très allongées. Pyroxène entièrement transformé en chlorite et calcite remplissant les interstices des microlites feldspathiques. La roche paraît avoir eu, avant sa décomposition par les actions secondaires, une structure porphyritique et non plus ophitique. C'est bien une roche de contact refroidie plus brusquement.

5. *Échantillon de la venta de las Brajas.* — Traverse les couches du lias supérieur à *Am. radians.* (Voir coupe fig. 34.) Porphyrite labradorique et augitique à structure mi-partie ophitique, mi-partie microlitique. Éléments de première consolidation : grands cristaux de labrador présentant les macles de l'albite et de Carlsbad. Fer oxydulé. Éléments de deuxième consolidation : microlites de labrador, magma vitreux rempli de grilles rectangulaires de fer oxydulé. Le silicate magnésien est entièrement transformé en chlorite; certaines plages, primitivement de pyroxène, sont encore lardées de microlites de labrador, certaines autres pourraient à la rigueur présenter des sections appartenant au péridot (?).

6. *Échantillon de même provenance.* — Même roche que la précédente. Augite conservée par places.

7. *Échantillon de silex vert.* — S'est développé dans les assises du lias supérieur au voisinage d'un filon d'ophite. Montillana. Principalement composé d'opale extrêmement éteinte entre les nicols croisés. Quelques très petits sphérolites calcédonieux très imprégnés d'opale. Quelques fines aiguilles d'actinote clairsemées.

8. *Minerai de fer.* — Exploité au voisinage des filons d'Ophite de Montillana. Fer oxydulé avec quelques impuretés (calcite et quartz).

sont bien des roches éruptives, elles sont en place, non remaniées, et pénètrent en dykes et en filons dans les assises du lias supérieur. La nature et la position de ces filons, la manière dont ils ont modifié la roche sédimentaire encaissante, écartent de prime abord toute hypothèse qui tendrait à expliquer par une dislocation postérieure le contact de l'ophite et des bancs liasiques[1].

Nord de Montefrio. — Si l'on suit le sentier qui conduit de Montefrio à Priego, on traverse pendant un certain temps de puissantes assises nummulitiques, des grès fins, des calcaires à Nummulites, des marnes rouge-brique et des calcaires marneux d'un blanc jaunâtre. Bientôt on quitte ces couches pour pénétrer dans un massif formé de calcaires marneux en dalles, à silex, de marnes rouges et de schistes rouges à *Aptychus* néocomiens.

Au cortijo Lojidia, la nature du terrain change : au milieu des schistes s'élève une petite butte ophitique. Ce tertre supporte la ferme, il est entouré de toutes parts par des calcaires et des schistes à *Aptychus;* vers le N. O., il est adossé à un massif de calcaires marneux d'un blanc jaunâtre avec filets de marnes bleuâtres. Ces calcaires renferment des Ammonites mal conservées qui paraissent appartenir à des formes néocomiennes. En poursuivant ces couches on les voit, du côté de Priego, recouvrir des calcaires bleus compacts et puissants qui sont eux-mêmes en relation intime avec des marnocalcaires à *Am. infundibulum* et *Am. subfimbriatus.* Les ophites de Lojidia sembleraient donc d'âge néocomien ou tout au moins jurassique supérieur, si d'un autre côté, on ne pouvait rapprocher ce fait des apparitions de marnes irisées avec gypse au milieu des terrains crétacés, et supposer alors que ces ophites, comme ces marnes irisées, représentent le fond de l'ancienne mer crétacée.

[1] Ce fait est à rapprocher de ceux qu'ont signalés dernièrement M. Viguier dans les Corbières (*Comptes rendus,* 12 juillet 1886) et Stuart Menteath (*Bull. Soc. géol. de France,* 3e série, t. XIV, p. 587) dans les Pyrénées occidentales.

V

DESCRIPTION GÉOLOGIQUE DE LA RÉGION PARCOURUE.

(Pl. III.)

Nous avons déjà eu l'occasion, dans la description successive des différents étages, de mentionner la plus grande partie des observations que nous réunissons dans ce chapitre. Nous essayons seulement ici de les grouper autrement, chaînon par chaînon, de manière à donner une idée au moins sommaire de la structure de la région. Notre séjour en Andalousie a été trop court pour qu'il puisse s'agir d'une description complète; c'est plutôt une explication de la carte jointe à ce mémoire, avec quelques coupes à l'appui.

Cette explication nous a semblé nécessaire : la lecture de la carte, sans parler même de son imperfection et du trop petit nombre des subdivisions, présente en effet des difficultés un peu analogues à celles qu'on rencontre pour l'étude sur le terrain, et tenant aux mêmes causes. Les traits principaux de la structure des chaînes subbétiques sont masqués en partie par les deux grandes transgressions tertiaires, celle du nummulitique et celle du miocène. Il est vrai que les actions de refoulement et de plissement se sont continuées ou ont repris après le dépôt du nummulitique et les couches éocènes se montrent souvent aussi bouleversées que celles du jurassique ou du crétacé. Mais ces plis, sans doute influencés par le relief déjà acquis de la chaîne, sont irréguliers et comme capricieux; ils ne montrent plus une orientation générale des synclinaux et des anticlinaux, en rapport avec la direction générale de l'effort orogénique. Il convient donc de faire abstraction aussi bien des recouvrements nummulitiques que des recouvrements miocènes, si l'on veut arriver à coordonner et à raccorder entre eux les différents chaînons et les différents accidents de la région. C'est alors d'après des lambeaux disséminés qu'il faut essayer de reconstruire l'ensemble, et un coup d'œil sur la carte montre que, ces lambeaux fussent-ils bien tous connus dans leurs détails, une part assez large est encore laissée à l'interprétation.

Ces difficultés sont beaucoup moins marquées pour la région située au nord du bassin tertiaire de Grenade; là, en effet, les affleurements tertiaires ont une bien moins grande extension. Mais nous n'avons pu faire qu'un petit nombre de courses de ce côté, et de plus nous nous heurtons là à une nouvelle difficulté : la transgressivité probable du crétacé. On peut admettre que c'est par faille qu'il est en contact avec le trias au nord de Loja; mais du côté de Montefrio et de Carcabuey, il semble reposer directement sur le trias et sur le lias, et son contact avec le lias du versant nord de la sierra Parapanda, avec ses entrées profondes dans les intervalles des chaînons, semble plutôt un contact de discordance que de faille.

Il se pourrait donc que de ce côté la présence du crétacé, pas plus que celle du nummulitique au sud, n'indiquât pas avec certitude l'existence d'un synclinal. Il y a là un obstacle sérieux à reconnaître l'allure et la continuité des plis.

Nous avons cru cependant qu'il pouvait être utile de réunir dans un schéma d'ensemble les résultats auxquels nous sommes arrivés à ce point de vue. Si quelques-uns sont hypothétiques, les lignes dont nous sommes plus certains se suivent avec une conformité d'allures assez grande pour nous donner une certaine confiance dans la réalité de nos interprétations.

La première ligne à reconstruire est celle du contact entre les terrains primaires et secondaires, la limite entre la chaîne bétique et les chaînes subbétiques. Comme nous l'avons dit, sauf au sud d'Alhama et au nord de Grenade, elle est partout masquée par le nummulitique et par le miocène. C'est d'ailleurs là une ligne idéale dont il ne faudrait pas exagérer l'importance; il est clair en effet qu'une chaîne étant donnée, cette ligne variera sans nouveau mouvement du sol, par le seul fait des dénudations. Nous l'avons simplement tracée en suivant à peu près les inflexions des axes successifs de plissements. Nous ferons seulement remarquer que, sur le chemin d'Alfarnate au cortijo de l'Enebral, un peu sur la gauche, nous avons observé un petit pointement de phyllades au

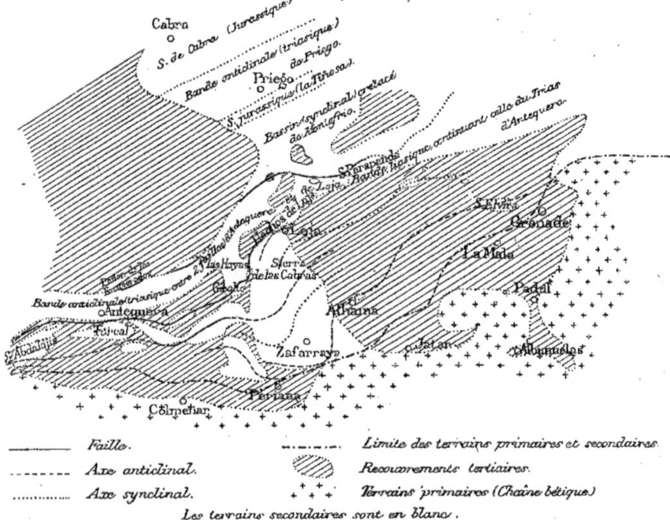

Fig. 36. — Schéma représentant les dislocations de la contrée étudiée dans ce mémoire.

milieu du nummulitique; d'un autre côté la carte de M. de Orueta figure des lambeaux jurassiques plus au sud, autour de Colmenar; la première observation devrait faire bomber notre ligne vers le nord au-dessus de Colmenar, la seconde au contraire la ramener davantage vers le sud. Ce petit fait était peut-être bon à rappeler pour montrer que cette ligne est en tout cas un peu arbitraire et n'a qu'une existence tout à fait subjective.

Un peu au nord de cette ligne se trouve la bande triasique d'Antequera et de Loja, dont la continuité fournit un point de repère précieux. Cette bande jusqu'à Loja est bordée continuellement par le nummulitique; c'est donc hypothétiquement, d'après la différence de ses allures avec celle des chaînons jurassiques voisins, que nous la limitons de ce côté par une faille. Les collines liasiques de Salinas, de las Hoyas, des Hachos de Loja, s'y rattachent par superposition directe. Il nous semble en être de même de la sierra Parapanda. La faille déjà signalée qui, le long de la route de Loja à Colmenar, sépare le lias du crétacé, de même celle qu'il faut supposer dans le défilé de Loja pour expliquer la composition différente des collines qui le bordent, seraient alors la continuation de la précédente.

Au nord de la bande, deux îlots jurassiques, celui d'Archidona et le peñon de los Enamorados, butent par faille contre le trias; le reste du temps, la bande est limitée d'abord par le nummulitiqu puis au N. E. par le crétacé. Nous supposons que ces contacts ave les lambeaux jurassiques et le crétacé marquent également la plac d'une faille continue, qui seulement du côté de Montefrio et d la sierra de Parapanda deviendrait peut-être une ligne de discor dance.

Il est bon de noter que nous connaissons en Provence, dans région de Toulon, des exemples tout à fait semblables de band étroites de trias (Muschelkalk et marnes irisées) se poursuiva ainsi entre deux failles sur une longueur de plusieurs kilomètre entre des assises jurassiques beaucoup moins fortement plissées.

Entre la bande triasique et la chaîne bétique, plusieurs pl semblent se poursuivre sur une assez grande longueur. Au sud c la sierra de Abdalajis, tout à fait à l'ouest de notre champ d'étude deux anticlinaux rapprochés font apparaître le trias et l'infralia Leur continuation va se perdre sous le nummulitique. Plus à l'es auprès de la grande route de Loja à Colmenar, on trouve égal ment deux anticlinaux se succédant à assez faible distance, l'un a dessus, l'autre au-dessous d'Alfarnate. Le premier se continue so forme de faille, au S. O. à travers la sierra de Saucedo (est de Vi lanueva); au N. E., on peut le suivre sous forme de pli, de moi en moins accusé, dans la sierra de Loja, jusqu'au pied du Sillon Bajo, où il fait apparaître les calcaires bien lités du dogger. Le second de ces anticlinaux fait affleurer l'infralias et un peu de marnes triasiques auprès d'Alfarnatejo et semble là s'infléchir vers le S. E. Nous supposons que ces deux plis sont la continuation de ceux de la sierra de Abdalajis.

Entre eux prend naissance un nouvel anticlinal qui forme la sierra de Marchamonas, au sud de Zaffaraya. Après le cortijo Azafranero, où la limite des terrains anciens se fait sans doute par faille, il se confond avec elle, puis, s'infléchissant vers le nord, va se continuer probablement au nord de l'îlot jurassique des Baños d'Alhama. En suivant cette direction jusqu'auprès de Grenade, on rencontre l'anticlinal de la sierra Elvira, qui fait apparaître les marnes irisées à Pinos Puente. (Pl. IV.)

Les synclinaux qui séparent ces plis sont bien marqués dans la sierra de Loja par la bande d'affleurements crétacés de las Chozas et par celui de la source du Monachil (Manzanil). Plus au N. O., on trouve dans la même chaîne la trace d'un dernier anticlinal moins important qui vient aboutir auprès de Loja et s'y confondre avec la faille du défilé.

Tous ces plis anticlinaux de la sierra de Loja y sont déjà moins marqués qu'au S. O.; ils s'effacent de plus en plus et ne correspondent plus, entre la sierra Parapanda et la sierra Elvira, qu'aux ridements secondaires du grand synclinal qui sépare les deux chaînes et dont l'existence est accusée par une série d'affleurements crétacés émergeant en îlots au milieu du miocène entre Illora et Pinos Puente.

Enfin au N. O. de la bande triasique de Loja, nous voyons se succéder le bassin crétacé de Montefrio, la chaîne jurassique de la Tiñosa et la bande anticlinale triasique de Priego. Ces différentes bandes, en arrivant dans la province de Jaen, s'inclinent de plus en plus en remontant vers le N. N. E.

Nous répétons ici qu'il n'est pas prouvé que le bassin crétacé de Montefrio corresponde à un grand synclinal des terrains juras-

IMPRIMERIE NATIONALE.

siques. Le contour irrégulier et dentelé des deux lignes qui le séparent de la chaîne liasique du sud et de celle du nord (jurassique indéterminé), les îlots liasiques ou même triasiques qui y font saillie au milieu des couches crétacées, autorisent l'hypothèse d'une discordance. Dans ce cas, il serait impossible de dire jusqu'à nouvel ordre dans quelle mesure des dénudations postjurassiques ont contribué, aussi bien que les plissements postérieurs, à déterminer la place des affleurements crétacés actuels. Quoi qu'il en soit, il y aurait même à ce point de vue une grande différence à établir entre la discordance nummulitique qui a donné aux affleurements tertiaires une forme tout à fait irrégulière, et la discordance crétacée qui laisse les affleurements crétacés s'orienter suivant la direction commune des plis successifs.

Nous croyons que ce court exposé suffit à montrer la signification de notre schéma, et la large place laissée à des rectifications ultérieures. Nous devons pourtant insister encore sur le fait qui s'y trouve mis en évidence et qui *résulte pour nous avec une certitude presque complète de l'ensemble de nos études :* c'est *l'absence* ou au moins s'il en existe qui nous aient échappé, *le peu d'importance des accidents transversaux* [1]. Sans doute une inflexion de l'axe des plis, telle que celle qui s'observe à l'ouest de la chaîne de Loja, peut être considérée comme relevant du même ordre de phénomènes; entre cette inflexion et une faille transversale, il y a, si l'on veut, la même connexion qu'entre les plissements et une faille longitudinale. Mais ces inflexions marquent seulement une *tendance* à la production d'accidents transversaux, et la tendance ici n'a pas été assez accusée pour les produire. Nous attachons une certaine importance à cette remarque, car l'étude des terrains cristallins a conduit au contraire à attribuer aux accidents transversaux un rôle considérable dans les derniers tremblements de terre.

[1] MM. Taramelli et Mercalli sont arrivés à la même conclusion que nous et insistent dans leur mémoire sur l'importance des accidents longitudinaux, tout en restreignant le rôle des accidents transversaux. M. Fraas, au contraire, assigne à ces derniers une valeur très grande dans la structure de la région

SIERRA DE ABDALAJIS.

Nous commencerons par l'ouest l'étude successive des chaînons sans insister de nouveau sur leurs positions ni sur leurs relations respectives avec l'ensemble de la chaîne.

La sierra de Abdalajis est facile à étudier dans les tranchées du chemin de fer de Malaga (fig. 37). Elle forme une série de plis dirigés à peu près de l'ouest à l'est et englobant de nombreux lambeaux crétacés. Entre les tunnels 6 et 9, on y voit un curieux exemple de glissement ou d'effondrement semi-circulaire; c'est une masse de calcaires tithoniques, d'ailleurs peu bouleversés, qui butent de toutes parts contre le trias ou le jurassique inférieur.

Fig. 37.

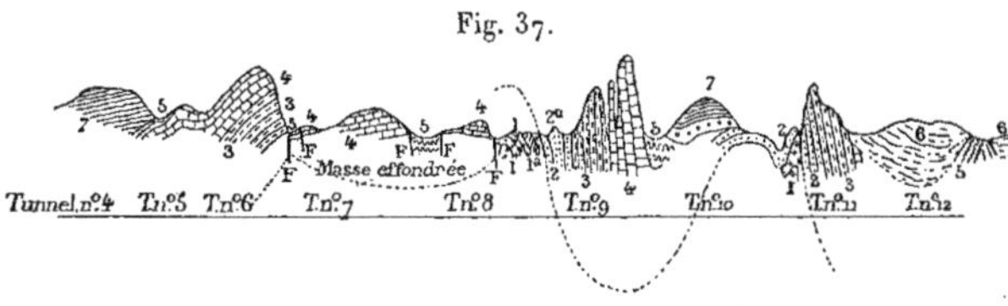

1. Marnes irisées.
1*. Bancs fossilifères à *Avicula præcursor*.
2. Lias.
2*. Calcaire oolithique.
3. Calcaires du jurassique moyen.
4. Tithonique.
5. Marnes rouges crétacées.
6. Nummulitique.
7. Molasse marine (helvétien).

Le jurassique, dans cette chaîne, est presque uniformément formé de calcaires blancs, compacts ou oolithiques; les intercalations marneuses ou grumeleuses de la partie supérieure montrent, grâce aux Ammonites qu'on peut y récolter, que le tithonique atteint là au moins 120 mètres d'épaisseur; il y a réduction corrélative d'épaisseur, en même temps qu'uniformisation du facies pour les autres étages. C'est pourtant là, comme nous l'avons dit, que nous avons pu constater les seuls fossiles bathoniens de la région.

Voici la coupe que nous avons relevée le long de la voie :

Après avoir traversé trois tunnels creusés dans la molasse marine, on voit, à l'entrée du tunnel n° 5, affleurer le crétacé sous forme de marnes rouges durcies et feuilletées, en discordance apparente avec le massif calcaire jurassique que traverse le tunnel on le retrouve, près du tunnel nº 6, constitué par des dalle blanches marneuses et régulièrement superposé à une série puissante de calcaires jurassiques, qui pendent vers le nord. Il est difficile, sous les tunnels, de faire des observations précises sur la composition et la succession de ces calcaires.

Du tunnel 6 au tunnel 9, on reste dans une grande dépression bordée au nord, au sud et à l'ouest par des chaînons calcaire abrupts, tandis qu'à l'est les côteaux calcaires et marneux s'abaissent en pente plus douce vers la voie ferrée. La ligne des affleurements jurassiques est absolument continue dans tout le cirque de coteaux abrupts; l'examen des coteaux du sud, joint à la considération du pendage et de l'épaisseur dans les coteaux du nord permet de conclure que la base des escarpements est partout formée de lias ou de jurassique inférieur. La dépression centrale devrait donc régulièrement être en majeure partie occupée par le trias, que nous allons en effet rencontrer un peu plus au sud : au lieu de cela, c'est le tithonique qui l'occupe et qui, avec des lambeaux de crétacé, la recouvre d'un manteau continu. Il y a donc eu effondrement dans l'axe de l'anticlinal, peut-être avec glissement des bancs dans la direction de cet axe, et comme résultat une faille en demi-cercle, que malgré la petitesse de l'échelle, nous avons pu figurer sur la carte.

Les tranchées de la voie, auprès des tunnels 7 et 8, ainsi que les pentes calcaires qui les surmontent à l'est et sont formées par les mêmes bancs, nous ont fourni des *Aptychus* costellés, quelques Bélemnites et des Ammonites nettement tithoniques (*Am. silesiacus, Am. colubrinus, Am. ptychoicus*, etc.). Dans les lambeaux crétacés, près d'un cortijo à l'est de la voie, nous avons trouvé l'*Ammonites Astieri*.

Après le tunnel 8, on tombe immédiatement dans les marnes irisées. On y voit des bancs de dolomies jaunes, des bancs de gypse, des calcaires noirs bien lités, et une assise brunâtre à Natices, *Avicula praecursor* et *Myophoria vestita*. Un pli secondaire ramène deux fois l'affleurement de ces couches; puis la série jurassique tout entière leur succède en bancs à peu près verticaux, sur une épaisseur de 250 à 300 mètres.

Ce sont d'abord des calcaires grumeleux, grossièrement oolithiques, d'un blanc grisâtre, qui forment une petite crête rocheuse avant le tunnel; les Nérinées et les Natices y abondent, malheureusement indéterminables; mais la position stratigraphique, l'analogie des Nérinées avec celles de Villanueva del Rosario, permettent avec certitude de rapporter ces couches au lias moyen. Une petite dépression remplie d'éboulis sépare cette crête du tunnel.

Les bancs que traverse le tunnel peuvent mieux s'étudier en suivant un étroit sentier qui, à l'est, franchit la crête principale. C'est d'abord une oolithe miliaire dont la partie supérieure montre quelques coupes de Gastéropodes; puis viennent des calcaires compactes, le tout formant une masse très uniforme, où l'on peut espérer que quelques trouvailles de fossiles démontreront un jour la présence de plusieurs horizons, mais où il sera toujours impossible de préciser et de suivre la limite d'étages distincts. Comme nous l'avons déjà dit, la continuité des assises et des caractères lithologiques nous semble seulement résulter d'une sédimentation ininterrompue, et nous ne faisons aucun doute que cette série homogène ne représente tout le jurassique jusqu'au tithonique.

Le tithonique est lui-même composé de calcaires compactes, avec quelques intercalations de lits grumeleux et noduleux, rougeâtres par places et fossilifères. Il apparaît dans le tunnel près d'un endroit où la voie traverse une fente gigantesque, de quelques mètres seulement de largeur, parallèle aux plans de stratification. Les Ammonites, en général à apparence roulée, formant nodules, sont nombreuses sur les parois, mais rarement bien conservées; nous avons pu y déterminer l'*Am. silesiacus*.

Cent mètres plus loin, à la sortie du tunnel, un autre banc vertical, bréchoïde, contient les mêmes Ammonites et forme la partie supérieure du tithonique; le crétacé rouge s'y applique en bancs également verticaux. Puis vient la molasse, discordante, en couches presque horizontales, présentant à sa base un conglomérat à galets volumineux et couronnant tous les sommets à l'ouest de la ligne de chemin de fer.

Après la molasse, que traverse le tunnel n° 10, on rencontre des calcaires un peu dolomitiques, bien lités, que nous attribuons à l'infralias; ces bancs, d'abord légèrement inclinés vers le nord, s'infléchissent brusquement jusqu'à la verticale, puis se relèvent par un coude brusque, pour laisser apparaître dans un étroit anticlinal un peu de marnes irisées avec gypse. Le tunnel n° 11 et les tranchées qui le bordent traversent la retombée sud de ce pli; ce sont d'abord des calcaires bleus, représentant sans doute le lias; puis, à la sortie du tunnel, des calcaires jaunâtres à taches bleues, avec minces filets de marnes verdâtres, où nous avons trouvé *Heligmus polytypus*, avec de nombreux Brachiopodes bathoniens (voir plus haut); ces calcaires présentent une structure bréchoïde très spéciale. Le nummulitique (tunnel n° 12) s'appuie contre eux en discordance, sans intermédiaire de tithonique. Au milieu du nummulitique, en arrivant à la station d'El Chorro, on voit apparaître un lambeau de calcaires marneux crétacés, formant une petite crête isolée. Au S.E. de la station, on aperçoit encore une colline jurassique que nous n'avons pas explorée et qui s'appuie directement sur les phyllades.

Une autre course dans la sierra, entre Gobantes et las Perdrices,

Fig. 38. — Coupe relevée entre Gobantes et le cortijo de las Perdrices.

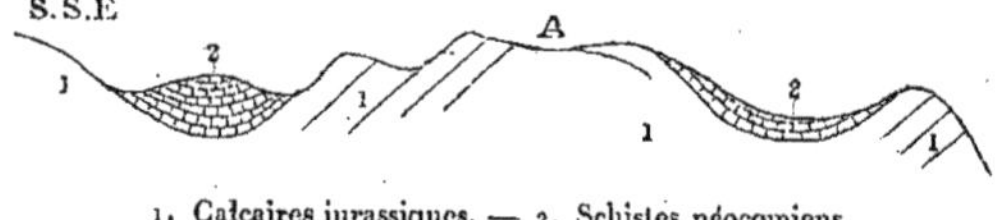

1. Calcaires jurassiques. — 2. Schistes néocomiens.

c'est-à-dire dans la partie N.E. de la chaîne, nous a permis de constater la multiplicité des lambeaux crétacés pris dans les plis du jurassique. Ce sont toujours les mêmes marnes, très calcaires et très fortement schisteuses, rouges ou blanches, et sans fossiles; on y rencontre parfois des silex jaunâtres et des rognons de jaspe. Elles donnent souvent l'illusion complète d'un dépôt formé dans les anfractuosités préexistantes du calcaire jurassique (fig. 38).

Les deux bandes nummulitiques qui bordent au nord et au sud la sierra Abdalajis, se réunissent à l'est du côté d'El Valle de Abdalajis, où le nummulitique renferme des galets jurassiques. La chaîne est en cet endroit comme submergée par les marnes éocènes, au milieu desquelles deux petits pitons calcaires (Orejas de la Muela) apparaissent encore et marquent la continuation souterraine de l'arête calcaire avec les sierras du Camorro et du Torcal.

CHAINE DU TORCAL ET DU CAMORRO.

La sierra de Fuenfria se continue à l'est par les sierras du Camorro et du Torcal, toujours comprises entre les deux bandes éocènes, et formées de calcaires jurassiques flanqués de schistes rouges néocomiens.

La chaîne du Torcal surtout est intéressante et fort pittoresque; on y monte d'Antequera. Le sentier gravit la chaîne calcaire et aboutit à un petit col qui montre les schistes marneux du néocomien reposant sur le jurassique ou plissés dans ses anfractuosités. On arrive alors au *Torcal bajo* où affleurent les calcaires bréchoïdes roses du tithonique, ainsi que des calcaires blancs. Ces couches, ravinées par les érosions, présentent un aspect ruiniforme remarquable.

Plus haut s'élève le *Torcal alto*, constitué par des bancs de calcaire gris blanchâtre, bréchoïde, à parties grumeleuses; on peut y récolter : ***Am. hominalis, Am. Loryi, Am. agrigentinus***, etc. (voir plus haut), toutes espèces des couches à ***Am. acanthicus***. Ces assises, bien litées, ont formé une succession étrange de gigantesques entablements souvent visités par les touristes. Vers la base, on peut voir d'une façon très nette ces calcaires passer *latéralement* à des lentilles d'un calcaire oolithique blanc, massif.

Au-dessous vient une deuxième assise de calcaires bien lités (près de la casita de los Picapadreros) qui surmonte à son tour des calcaires oolithiques blancs, massifs.

On rencontre alors des calcaires rouges en dalles renfermant des Ammonites (*Perisphinctes*) et des Bélemnites. Plus bas, ce sont des calcaires blanchâtres compactes à Polypiers, Encrines, Pentacrines, *Aptychus* et Bélemnites; on voit là encore réapparaître le facies oolithique sous forme de lentilles intercalées dans les calcaires blancs à Encrines.

Fig. 39 et 40. — Coupes prises au sud du moulin d'Antequera, et représentant le contournement des assises jurassiques.

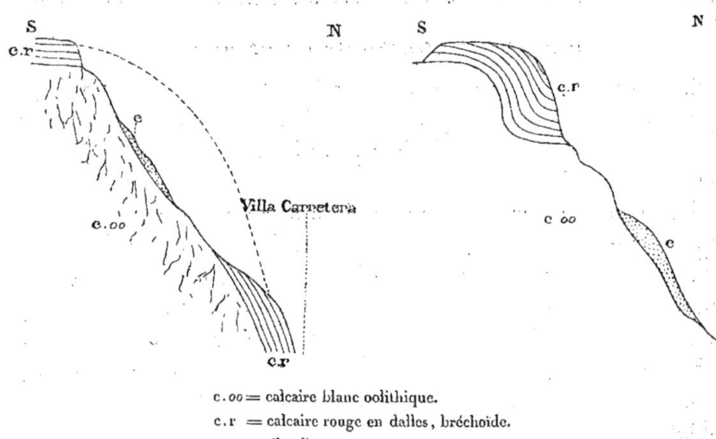

c.oo = calcaire blanc oolithique.
c.r = calcaire rouge en dalles, bréchoïde.
e = éboulis.

Les deux coupes ci-jointes montrent la disposition des couches sur le bord septentrional de la chaîne du Torcal. Rappelons encore que nous avons recueilli au pied du Torcal, sur les bords de la Villa Carretera, un Polypier du jurassique supérieur, le *Calamophyllia flabellum*.

La Villa Carretera (route d'Antequera à Malaga) entame à peine les calcaires, et elle profite d'une dépression remplie par le nummulitique pour franchir la ligne de faîte. Elle permet toutefois d'observer deux faits intéressants : le contact de la bande triasique avec les chaînons calcaires, au seul point où le recouvrement éocène ne l'ait pas masqué, et le grand développement des dolomies au-dessous de la coupe précédemment citée.

Les marnes irisées, avec leurs psammites et leurs pointements ophitiques, montrent une stratification bien indépendante de celle de la chaîne calcaire; non seulement les couches sont plus mouvementées, mais leur direction n'est pas parallèle à la ligne de contact. Nous avons déjà dit que cette indépendance apparente devait s'expliquer par une faille.

Quant aux dolomies, leur couleur grise et foncée se détache de loin sur la masse des calcaires blancs; elles occupent tout le revers S. E. du chaînon et se continuent dans le chaînon de l'autre côté de la route jusqu'à Villanueva del Cauche. Ces masses dolomitiques rappellent tout à fait, comme aspect général, celles du jurassique supérieur de la Provence, mais elles sont ici nettement au-dessous d'une série qui comprend des couches liasiques. Leur grand développement, à si faible distance de la sierra de Abdalajis où nous n'en avons pas trouvé trace, montre avec quelle rapidité les facies lithologiques changent dans la région.

La puissance de ces dolomies semble croître vers l'est; dans le chaînon qui domine Villanueva del Cauche, elles sont surmontées par des calcaires blancs et rosés, avec nombreuses coupes d'Ammonites, dont aucune n'est déterminable, mais qui appartiennent certainement au lias; ces calcaires forment le versant septentrional du chaînon jusqu'au cortijo de los Busques (Bosques de la carte), et plongent avec une forte inclinaison sous le nummulitique. Près du chemin de Villanueva del Cauche au cortijo, en face de l'îlot qui sépare le Guadalhorce du rio Paroso, on trouve en outre des calcaires noirs à silex tout à fait semblables à ceux de la sierra Elvira, et un petit affleurement de calcaires marneux à *Ammonites radians*.

Dans l'îlot lui-même, nous n'avons reconnu avec certitude que

IMPRIMERIE NATIONALE.

les calcaires crétacés à silex et les calcaires marneux du lias, sur les bords même du Guadalhorce. Au S. E., les calcaires blancs qui plongent sous le crétacé appartiennent probablement au jurassique supérieur, mais nous n'y avons pas trouvé de fossiles. La faille que nous avons tracée au milieu de l'îlot est hypothétique; son existence pourtant nous semble nécessaire pour expliquer et relier entre elles nos observations sur le terrain.

SIERRA DEL SAUCEDO ET SIERRA DEL GIBALTO (VILLANUEVA DEL ROSARIO).

Le chaînon précédent, au lieu d'être comme les autres, complétement entouré de nummulitique, est relié à celui de Villanueva del Rosario par un petit isthme calcaire, au pied duquel est le cortijo Enebral, construit sur les marnes irisées. Ces dernières sont surmontées là par des cargneules ou des calcaires dolomitiques en plaquettes, que nous attribuons à l'infralias.

A l'est du cortijo, on voit un piton abrupt de calcaires blancs terminer en pointe la ligne d'escarpements qui borde plus à l'est, jusqu'à Alfarnate, la bande de coteaux éocènes. La séparation tranchée de ce piton axec les marnes et calcaires du cortijo nous a fait

Fig. 41, — Coupe prise aux environs de Villanueva del Rosario.

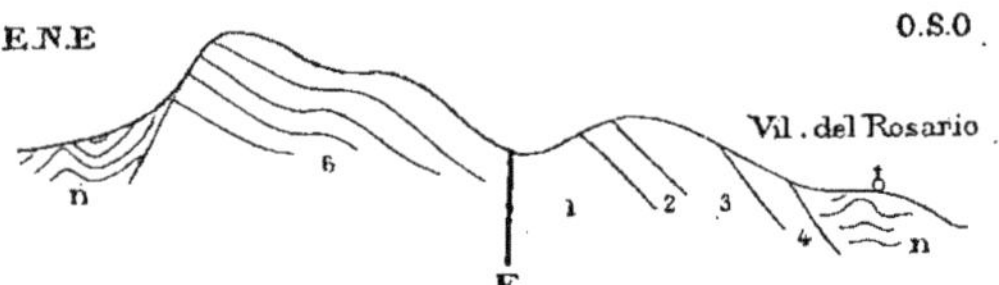

1. Marnes irisées. (Pyrite, etc.)
2. Cargneules et dolomies.
3. Calcaire blanc coralligène à Brachiopodes et silex.
4. Lias supérieur rouge.
6. Calcaires blancs.
n. Nummulitique.

conclure à l'existence d'une faille, que nous avons retrouvée bien marquée au-dessus de Villanueva.

C'est en partant de ce village que nous avons essayé de faire la coupe du chaînon (sierra del Saucedo). Villanueva del Rosario est construit sur les marnes rouges nummulitiques, très plissées et presque verticales. A l'est du village, on trouve des calcaires oolithiques blancs avec Encrines, puis des dolomies grenues, semblables à celles de la Villa Carretera. Les bancs sont inclinés vers le village; l'affleurement des dolomies détermine dans la chaîne une ligne de dépression qui se dirige vers le cortijo Enebral. De l'autre côté de cette ligne, un ressaut assez brusque fait réapparaître des calcaires blancs peu inclinés, qui forment jusqu'au-dessus d'Alfarnate un plateau dénudé, hérissé de saillies et sillonné de crevasses, où la marche n'est pas sans difficultés. Nous les attribuons au jurassique supérieur, et nous les croyons séparés par une faille de la ligne de dolomies; au-dessus d'Alfarnate, ils surmontent des calcaires bien lités qui sont peut-être à rapporter au dogger. En revenant ensuite au village plus au nord (chemin d'Alfarnate), nous avons traversé une coupe analogue qui a confirmé nos premières déterminations : l'existence de la faille est d'abord mieux marquée par la présence de marnes irisées et d'une véritable brèche de faille sur les parois de l'escarpement au pied duquel elles apparaissent. La présence de silex rouges dans les éboulis fait de plus supposer que quelques lambeaux néocomiens peuvent jalonner cette ligne de faille. En redescendant de là vers le village, on rencontre des calcaires blancs fossilifères (*Rhynchonella bidens*, etc...) et enfin le toarcien rouge, avec débris de Bélemnites.

Il est à remarquer que la disposition des bancs entre la faille et le village correspond bien exactement, comme succession et comme pendage, à celle de la sierra de Cauche.

La sierra del Saucedo se relie à celle de Loja par une languette étroite de calcaires, traversée par la route de Loja à Colmenar. On trouve là les calcaires oolithiques de Villanueva, et, au-dessous d'eux, les masses dolomitiques; mais il semble que la faille soit ici remplacée par un pli brusque, bien visible dans un ravin à l'est de la route.

Le massif de Gibalto (Jivalto) et de las Hoyas est, au contraire, séparé de celui del Saucedo par une dépression remplie de nummulitique où coule le Guadalhorce.

Le Gibalto, dont nous n'avons pas exploré le versant ouest, est formé d'une grande masse de calcaires blancs (jurassique supérieur), avec une petite traînée nummulitique au pied du sommet principal. En un point, au S. O. du sommet, on y observe les calcaires tithoniques avec un peu de crétacé.

Le petit massif de las Hoyas, attenant au précédent, est entièrement formé par le lias; en le gravissant au nord, on trouve une alternance de dolomies et de calcaires blancs dont le pendage, d'abord assez faible, s'accuse fortement vers la faille qui suit la grande route de Loja. Là on trouve, superposées à l'ensemble précédent, des marnes à *Ammonites Levisoni* et des dalles calcaires grises et rougeâtres à *Posidonomya alpina*.

Il faut rattacher à ce groupe les petits mamelons calcaires, formés de calcaires gris et de dolomies passant à des cargneules, qui bordent le chemin de Villanueva del Trabuco à las Salinas, ainsi que la butte plus importante de las Salinas, à l'est de la station du même nom, où nous avons trouvé les meilleurs gisements des fossiles du lias moyen.

SIERRAS DE ALFARNATE, DE MARCHAMONAS ET DE ZAFFARAYA.

(LIMITE MÉRIDIONALE DES CHAÎNES SUBBÉTIQUES.)

En revenant maintenant vers le sud, on peut voir sur le schéma (p. 535) une série de plis secondaires s'intercaler entre ceux que nous avons précédemment suivis et la bordure de la chaîne bétique. Quoique une partie des chaînons correspondants puisse être considérée comme faisant partie du grand massif de las Cabras, la dépression que suit le chemin d'Alfarnate à Zaffaraya les sépare assez nettement pour que nous puissions faire des observations qui s'y rapportent l'objet d'un chapitre distinct.

Entre Alfarnate et Alfarnatejo, un anticlinal bien marqué fait apparaître les couches les plus élevées du trias, sous forme de marnes rouges et vertes, mises au jour dans des tranchées pour la recherche et le captage des eaux. De là les couches pendent régulièrement vers Alfarnate : ce sont d'abord des calcaires dolomitiques, puis des calcaires blancs compacts où nous n'avons pas trouvé de fossiles, et enfin en arrivant au village, des calcaires gris, en petits bancs bien lités, avec silex et nombreux débris d'Oursins, d'Encrines et de Brachiopodes; ce sont les bancs que nous avons attribués au dogger. Le nummulitique s'appuie entre eux et en remplit

Fig. 42. — Coupe du Puerto del Sol.

J. Calcaire jurassique blanc et gris noirâtre. (Bélemnites.) — S. Nummulitique.

les fentes, avec de beaux exemples de discordance et brèches de contact. Il renferme là, comme au pied de las Hoyas, des couches d'oolithes siliceuses.

Fig. 43. — Coupe de l'éboulement de Guaro.

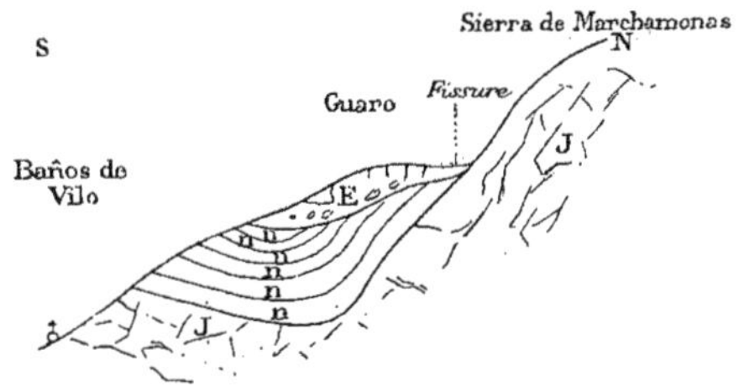

J. Calcaire jurassique.
E. Cône de déjection.
n. Marnes, grès, conglomérats nummulitiques.

Le petit détroit nummulitique qui sépare cette chaîne de celles de l'est (fig. 42) (Puerto del Sol), va aboutir au hameau du Guaro, qu'ont complétement détruit les glissements superficiels déterminés par les derniers tremblements de terre (fig. 43). Au sud, le jurassique pend assez régulièrement sous le nummulitique; la base, aux baños de Vilo, en est constituée par des calcaires noirs. Au nord (sierra de Zaffaraya), il forme un anticlinal très aigu dont le centre est occupé par des dolomies cristallines plongeant des deux côtés sous une masse peu épaisse de calcaires blancs, eux-mêmes surmontés, au moins au sud, par des lambeaux de tithonique et de crétacé. L'axe du pli anticlinal dessine entre Guaro et Zaffaraya une inflexion très prononcée.

Dans les calcaires blancs, nous avons trouvé des coupes de Polypiers et de Nérinées, ainsi que *Rhynchonella subvariabilis.* Dans des éboulis d'un calcaire gris, évidemment supérieur, nous avons recueilli des Bélemnites et des Ammonites (*Ammonites colubrinus*).

Si de là on suit le bord méridional de la sierra Marchamonas, on voit en plusieurs points les calcaires néocomiens (*Am. Tethys, Ancyloceras*) qui semblent buter avec un faible pendage contre l'escarpement de calcaires blancs, à stratification ordinairement confuse. En quelques points, comme nous l'avons déjà signalé, le calcaire blanc passe latéralement à des calcaires marneux à rognons calcaires, semblables à ceux qui, plus au nord, renferment la faune tithonique. C'est au voisinage même du point de passage que nous avons recueilli l'*Hemicidaris crenularis.*

Fig. 44.

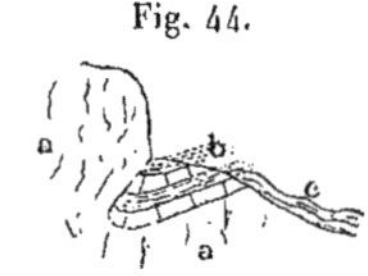

a. Calcaires blancs jurassiques. b. Couches marneuses (tithonique et crétacé.) c. Nummulitique.

On peut en ces points se convaincre que les calcaires blancs à stratification confuse sont réellement verticaux. Le crétacé se trouve avoir été conservé sur leurs flancs aux endroits où le pli se renverse, et où souvent, comme phénomène connexe, il y a amincissement et étirement des couches marneuses; de là l'apparence de discordance (fig. 44).

On retrouve une coupe analogue, avec des modifications locales, tout le long de la falaise jusqu'au delà du col de Zaffaraya et jusqu'auprès de la sierra Tejeda.

Un ravin assez profond, situé à l'est du cortijo Azafranero, sépare cette dernière chaîne du massif secondaire. Malgré le recouvrement nummulitique qui pénètre dans cette dépression, on peut y constater la présence d'argiles et de grès triasiques déjà signalés par M. Macpherson. Une faille les sépare probablement du lambeau tithonique très fossilifère (voir plus haut la liste des fossiles) qui s'observe en ce point et qui est même accompagné d'un peu de néocomien avec *Ancyloceras*. Les calcaires blancs et les dolomies nous ont semblé faire défaut, et en redescendant au nord, de l'autre côté du col, vers le chemin d'Alhama, on trouve immédiatement les calcaires gris bien lités, que nous avons rapportés au dogger. Un peu à l'est, là où la bordure de la sierra Tejeda s'infléchit vers l'est, le trias est surmonté par les dolomies de l'infralias. Il y a là des rapports stratigraphiques compliqués, qu'une étude plus prolongée pourrait seule éclaircir.

En continuant à l'est le chemin d'Alhama, on rencontre de nouveau un grand développement de dolomies.

BASSINS INTÉRIEURS.

Plusieurs petits *bassins intérieurs* existent dans les massifs de Marchamonas et de las Cabras. Le principal est celui de Zaffaraya, petite plaine cultivée qu'entourent de toutes parts des montagnes arides et desséchées : à l'ouest le massif de Las Cabras, au nord et au N. E. la sierra d'Alhama, à l'est l'extrémité de la sierra Tejeda, et au sud la sierra de Marchamonas et de Zaffaraya.

Le sol de ce petit bassin est couvert d'un sable fin et micacé; çà et là se rencontrent des galets siliceux et calcaires plus ou moins roulés. La grande régularité de cette plaine et la nature des dé-pôts qui la constituent suggèrent immédiatement l'idée d'un fond de lac. Il est probable que les sables fins dont nous avons constaté la présence ont été formés dans des eaux tranquilles. Deux coupures des chaînes méridionales, le col de Zaffaraya (près des venta de Zaffaraya) et celui d'Azafranero (séparant la Tejeda des montagnes jurassiques) ont, à un certain moment, fourni une issue aux eaux du lac qui s'est ainsi desséché. C'est en effet par le col dit de Zaffaraya, qui est de plain-pied avec la plaine intérieure, qu'a dû s'opérer l'écoulement, et cette hypothèse est confirmée par l'existence, au voisinage de ce col et du cortijo Azafranero, d'une alluvion ancienne à galets plus ou moins roulés.

Fig. 45. — Coupe du bassin de Zaffaraya.

J. Calcaires blancs et dolomies jurassiques.
n. Néocomien (marnes rutilantes).
a. Alluvions anciennes.

De nombreux puits sont ouverts dans le bassin entre Zaffaraya et las Chozas; il y existe de plus un ruisseau qui se dirige vers l'extrémité N. O. du plateau. Le ruisseau de Zaffaraya va se perdre dans une cavité au pied des montagnes qui ferment, à l'ouest, la dépression; les eaux réapparaissent près de Loja où elles donnent lieu à la source vauclusienne du Monachil (Manzanil de certaines cartes). Les habitants du pays racontent que des objets légers jetés dans le ruisseau de Zaffaraya se retrouvent quelque temps après dans la rivière de Loja dont la source, près du cerro de las Monjas a en effet un volume exceptionnel.

Vers l'extrémité occidentale de la plaine, s'élève une colline calcaire sur laquelle est établi le village de Zaffaraya (945 mètres). Cette éminence est due probablement à un bombement (anticlinal du jurassique (fig. 45); dans les synclinaux qui séparent la colline de Zaffaraya des sierras environnantes, subsistent des schistes rouges que nous attribuons au néocomien. Nous avons pu nous assurer de leur présence sous les alluvions, grâce à un trou qui avait été récemment creusé le long du chemin de Vilo.

La structure synclinale du bassin de Zaffaraya avait déjà été indiquée par M. Gonzalo y Tarin. Ce bassin offre un intérêt particulier à cause de sa position centrale au milieu de la région éprouvée par les tremblements de terre. Les autres ont d'ailleurs des dimensions beaucoup plus restreintes : celui d'Alfarnate est occupé par des dépôts nummulitiques et présente une surface beaucoup plus ondulée; celui que nous avons signalé au nord de Zaffaraya, aux environs du cortijo Repicao et de la venta Gema, forme une petite plaine couverte d'alluvions anciennes (fig. 46), au milieu de laquelle émergent des îlots de calcaire jurassique avec lambeaux de molasse helvétienne (*Cidaris avenionensis*).

Fig. 46. — Coupe prise au nord de Zaffaraya.

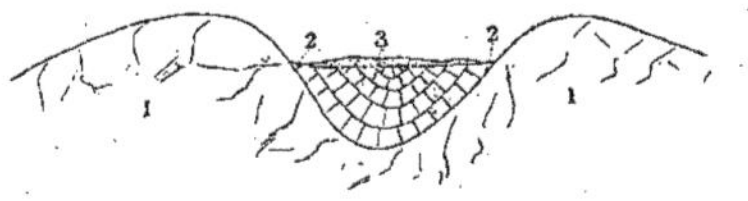

1. Calcaire blanc jurassique. — 2. Molasse. — 3. Quaternaire.

SIERRA DE LAS CABRAS.

Les sierras du massif de las Cabras, entre Zaffaraya et Loja, sont constituées par une série de plis parallèles orientés N.-S. et N. E.-S. O. Elles sont uniformément formées de calcaires blancs compacts du jurassique supérieur qui atteignent là une grande épaisseur (200 mètres au moins); les bancs rouges et marneux de néocomien ont été conservés par place au fond des synclinaux et permettent d'en suivre la direction.

On peut bien observer cette structure dans le vallon qui, au

IMPRIMERIE NATIONALE.

nord de Zaffaraya, auprès de las Chozas, s'élève vers le nord et se remarque de loin par la couleur rouge de ses terres cultivées. Près du hameau, on trouve les calcaires blancs bréchoïdes du tithonique; dans le vallon même, on est sur le néocomien schisteux où l'on peut recueillir, quelques centaines de mètres plus haut, *Aptychus Seranonis* et *Apt. Mortilleti*.

Au milieu de ces schistes rouges font saillie de petits îlots elliptiques de jurassique blanc. Auprès de deux d'entre eux, nous avons vu, vers le sud, ces bancs compacts passer à des calcaires grumeleux ou noduleux avec Ammonites tithoniques (*Am. transitorius*, *Am. volanensis*, etc.); là le néocomien rouge les recouvre en concordance, et par places, le néocomien blanc à *Ammonites Astieri* s'intercale entre les deux. Sur tout le reste du contour de l'îlot, le calcaire blanc se dresse comme en discordance, et la stratification des schistes rouges qui s'appuient contre lui paraît indépendante. D'après tout ce que nous avons dit, il faut conclure de là que, dans le plissement des couches, la masse calcaire a d'un côté relevé simplement les schistes, tandis que des autres elle a pénétré, comme en faisant son trou, au milieu de leurs assises moins résistantes. Il est difficile de ne pas rapprocher ce fait de l'explication proposée et généralement admise pour les « Klippen » des Carpathes, où seulement la déchirure aurait été plus violente et se serait étendue sur tout le pourtour des îlots.

Il faut de plus induire de là que l'axe, ou mieux l'arête directrice, du pli synclinal que suit le vallon n'est pas une ligne droite et régulièrement inclinée, mais que cette ligne présente de fortes ondulations dans le sens vertical. De l'autre côté du vallon, c'est-à-dire sur l'autre bord du synclinal, on devrait retrouver la trace de ces ondulations; là pourtant on n'aperçoit qu'une série puissante de bancs compacts, inclinés régulièrement vers le sud, dans le sens général du plongement de l'arête. Cette apparence singulière nous semble pouvoir s'expliquer par la réapparition plusieurs fois répétée des mêmes couches; le « plissement du pli », qui se révèle dans le fond du synclinal par l'apparition des îlots jurassiques, se traduirait là (fig. 47) par une sorte de structure écaillée (Schuppenstructur)[1], chacun des échelons ou écailles (1, 2, 3) correspondant à un des ressauts de la seconde figure.

Fig. 47.

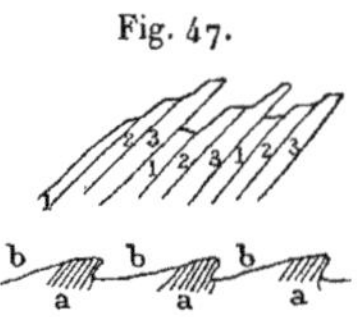

a Jurassique. b Néocomien.

On peut se convaincre, par l'affleurement de quelques taches insignifiantes de marnes crétacées, à l'ouest de Zaffaraya, que ce synclinal est la continuation de celui du bassin d'Alfarnate.

Un peu plus loin, près de la fuente de Piños, on voit un nouvel exemple intéressant de ces irrégularités locales au contact du jurassique et du crétacé; le néocomien, assez faiblement incliné, est *recouvert* par le tithonique et plonge sous les calcaires compacts.

Si l'on continue à gravir la sierra dans la direction de Loja, on ne cesse pas de cheminer dans un chaos de calcaires blancs sans fossiles. On peut seulement marquer, au pied de Sillon bajo, la place d'un anticlinal peu accusé, qui fait apparaître des calcaires en bancs minces, assimilables au dogger.

En arrivant au pied nord du massif dans le voisinage de Loja, on trouve le gisement crétacé du Monachil, déjà décrit en détail (p. 433 et suiv.), et qui est l'indication d'un nouveau synclinal.

La traversée de la chaîne entre ce point et la route de Loja à Colmenar permet de constater l'existence d'un nouvel anticlinal, dirigé d'abord à peu près du nord au sud, comme les précédents, puis s'infléchissant légèrement vers l'est, du côté de Loja, et allant rejoindre la faille du défilé. Ce pli, d'ailleurs peu accentué, fait apparaître une bande de dolomies au-dessous des calcaires blancs,

(1) Suess. *Antlitz der Erde*, t. I.

puis au voisinage même de Loja, dans le ravin déjà cité, les calcaires bien lités du dogger.

M. Gonzalo y Tarin mentionne en outre, du côté du sommet des Frailes, plusieurs affleurements tithoniques, et un calcaire à grains quartzeux, que nous n'avons pas su retrouver.

Avant de passer maintenant à la bande triasique d'Antequera et aux affleurements jurassiques de l'autre rive du Genil qui en sont la continuation, nous décrirons les pointements et chaînons isolés au milieu du bassin tertiaire de Grenade, parce qu'ils nous semblent résulter des mêmes plis que nous venons d'essayer de suivre, et faire par conséquent partie, avec les chaînons précédents, d'une même zone de la région plissée.

Nous n'avons rien à ajouter sur le pointement d'Alhama, dont nous avons déjà donné la coupe, mais nous nous étendrons davantage sur la sierra Elvira, à laquelle la proximité de Grenade et la diversité de ses affleurements donnent un intérêt spécial.

LA SIERRA ELVIRA.

(Pl. IV.)

La sierra Elvira[1], isolée au milieu des alluvions miocènes, se compose de deux chaînons principaux séparés par une dépression.

Ces deux parties sont très inégales comme altitude et comme étendue; le massif oriental, situé près du village d'Atarfe, est de beaucoup le plus petit et le moins élevé; c'est aussi le plus disloqué. Entre ces deux massifs s'avancent les alluvions miocènes, sans

[1] On ne s'était pas beaucoup occupé jusqu'à présent de cette intéressante sierra; les anciens auteurs (Silvertop, etc.) y ont cité des Ammonites jurassiques sans mentionner le nom des espèces. M. Schimper dit que la chaîne est formée de molasse tertiaire. M. von Drasche n'est pas plus complet lorsqu'il indique l'affleurement jurassique de la sierra Elvira. Il se borne à y citer des Bivalves, des Entroques et, d'après de Verneuil et Collomb, des Ammonites. M. Gonzalo y Tarin ne parle que de fossiles mal conservés et indéterminables.

cependant les séparer complètement. On voit, en effet, par l'examen de la carte, qu'au S. O. de la dépression, les dépôts sous-jacents apparaissent entre les deux chaînes principales.

Étudions d'abord la partie orientale de la sierra Elvira. En se dirigeant d'Atarfe vers le N.O., on longe sur sa gauche un abrupt de calcaires à silex noirs intercalé entre deux massifs de calcaire à Entroques. C'est, comme nous l'avons dit, la base du lias moyen. Un sentier en zigzag mène aux carrières du sommet. Au pied de l'escarpement, sur le point où sa direction s'infléchit vers l'ouest, on peut remarquer, au-dessus des éboulis, une petite plateforme de quelques mètres seulement, sur laquelle affleurent des calcaires marneux à *Ammonites algovianus*. Au-dessus d'eux se montre de nouveau le calcaire à Entroques, et il semble là au premier abord, comme pour beaucoup d'affleurements néocomiens, qu'il y ait une discordance, et que les marnes se soient déposées dans une anfractuosité préexistante des calcaires à Entroques. Un examen plus attentif montre qu'une faille a amené en contact le massif supérieur de calcaires à Entroques avec la masse inférieure à laquelle les marnes sont régulièrement superposées. La faille peut se suivre assez longtemps le long du massif, jusqu'à ce qu'elle disparaisse sous les éboulis; son parcours est marqué par une brèche de faille très nette; et on peut constater combien il est loin d'être rectiligne (voir la petite carte, pl. IV). Au haut de l'escarpement, on voit le calcaire à Entroques plonger sous des calcaires marneux et sous des marnes à *Am. algovianus*. Quoique les bancs soient assez peu inclinés, on peut se convaincre, en suivant le contact, que de nombreux glissements locaux ont fait disparaître par places une partie des assises marneuses. Si de là on se dirige vers le nord, on traverse la série complète des assises jurassiques qui, avec celles de l'escarpement, complètent la coupe suivante (voir pl. IV, fig. 1) :

1. Calc. à Entroques.
2. Calc. comp. à silex noirs, bien stratifié.
3. Calc. à Entroques.

Puis, au sommet du premier escarpement :

4. Calc. marneux bleuâtre (*Lytoceras*). Ce calcaire est exploité dans une carrière. Il se présente en gros bancs à taches bleues, alternant avec des délits de marnes schisteuses rougeâtres.
5. Marnes calcaires à *Am. algovianus*, *Am. Bertrandi*, etc.

La colline à pente assez douce qui s'élève au nord montre ensuite :

6. Marno-calcaire gris à *Am. bifrons*, *Am. Levisoni*.
7. Marno-calc. à *Am. subplanatus*, *Am. bicarinatus*, etc., et marnes à *Phylloceras* [*Am.* (*Phylloceras*) *Nilssoni*, etc.] pyriteux.
8. Calc. gris brun, marneux à *Am. Murchisonæ*.

Le versant sud de la colline est formé par des :

9. Dalles à silex et *Am.* cf. *Humphriesi*, Pentacrines. On y voit des commencements d'exploitations abandonnées.

Puis viennent :

10. Dolomies.
11. Calcaire blanc, jurassique supérieur, formant un nouvel escarpement, bréchoïde par places, et anciennement exploité.
12. Néocomien marno-calcaire (*Am. Astieri*, *Am. Tethys*, Ptérocères, etc.) dans un pli des calcaires blancs.
13. Cailloutis tertiaires formant le vallon qui sépare l'arête orientale du massif principal de la sierra Elvira.

A l'ouest d'Atarfe, du côté de la voie ferrée, s'élèvent de petites collines, où de nombreuses carrières ont été ouvertes dans les calcaires gris-bleus compacts (n° 4) déjà mentionnés; ces calcaires alternent avec des lits de marnes rouges et surmontent également les calcaires à Entroques; dans le talus d'un chemin, affleure le lias supérieur à *Ammonites radians*. Des marnes d'un rouge brun foncé, très fortement plissées, apparaissent dans la dépression qui sépare ces collines des précédentes; elles appartiennent probablement au trias, dont la présence inattendue ne peut guère s'expliquer que par une double faille, masquée sous les cailloutis miocènes.

Le flanc occidental du massif Est de la sierra Elvira est plus compliqué (voir pl. IV, fig. 2); il fait voir que la dépression déjà mentionnée correspond à une partie faillée. En effet, les calcaires à Entroques exploités dans les carrières au N. O. d'Atarfe, vont buter contre des marno-calcaires gris-rougeâtres à *Am. algovianus, Am. Bertrandi, Pygope erbaensis,* qui sont eux-mêmes recouverts par le lias supérieur à *Am. bifrons* et *Levisoni*. Puis une nouvelle faille également dirigée N.-S., fait affleurer le trias, où l'on peut observer, en descendant vers les baños, du gypse et un pointement ophitique. Dans un banc de calcaire marneux, à la partie supérieure des marnes triasiques, près d'une petite source et non loin d'une ferme isolée, nous avons recueilli *Terquemia complicata* Goldf. Ces couches sont recouvertes par des calcaires cristallins, des dolomies et des calcaires noirs à restes de Bivalves (près de la ferme).

Une troisième faille sépare ces affleurements du massif principal de la sierra Elvira, formé de calcaire à Entroques et de calcaires noirs à silex (lias).

Cette partie occidentale de la chaîne, beaucoup plus étendue, et présentant les sommets les plus élevés (1,094 mètres), est loin de présenter la même variété et le même intérêt. Elle est presque uniquement formée de lias inférieur et moyen, à peu près sans fossiles, et est surtout remarquable par le grand développement qu'y prennent les dolomies, comme dans la sierra de Villanueva del Cauche. Ce développement est d'autant plus frappant que les dolomies liasiques font à peu près défaut dans la partie orientale de la chaîne, où pourtant les affleurements du trias et du lias occupent une place relativement importante. Un changement si brusque de facies nous semble peu probable, et nous croyons plutôt que cette disparition est purement apparente et due au morcellement du massif par les failles.

Quoi qu'il en soit, si, partant de Pinos Puente, on gravit au N. E. les premières pentes de la sierra, on rencontre à partir du village :

1° Une argile rouge, gréseuse, durcie, représentant le trias. Les affleurements s'en continuent jusque sur le versant septentrional, où ils sont mêlés à de nombreux filets de gypse;

2° Des cargneules et des calcaires dolomitiques en bancs minces (avec un moule de Bivalve indéterminable);

3° Des calcaires compacts, noirâtres, bien lités en bancs presque verticaux, auxquels fait suite la masse des dolomies.

En suivant le versant sud des sommets principaux, on reste à peu près constamment sur ces dolomies, à peu près verticales, ce qui leur donnerait une épaisseur énorme, si l'on ne tenait compte de la remarque que la direction des couches s'infléchit vers l'ouest et arrive à être très peu inclinée sur le chemin suivi. La petite crête, beaucoup moins élevée, qui borde la chaîne au nord, est également formée de ces dolomies; il est possible qu'elles forment là plusieurs plis successifs, dont l'uniformité des assises empêcherait de constater l'existence. En effet, au-dessous du col étroit qui s'ouvre à l'est du sommet 1,094, on trouve les marnes rouges du lias à *Ammonites algovianus* pincées entre deux bandes de calcaire à Entroques, avec de nombreux froissements et des indices de renversements. Le calcaire à Entroques, au-dessus de cet affleurement, contient des Ammonites de très petite taille dont la mauvaise conservation empêche de reconnaître l'espèce.

Pour donner mieux l'idée de la structure de la chaîne, nous avons dirigé la coupe longitudinale suivant une ligne courbe. Il convient encore de remarquer que le pendage général étant dirigé vers le sud, les coteaux que suit la grande route de Pinos Puente sont en général formés par des assises supérieures aux dolomies (calcaires noirs, à silex moins abondants qu'à l'est, et calcaires à Entroques), et que de plus l'inclinaison des bancs y est beaucoup moins forte.

BANDE TRIASIQUE D'ANTEQUERA, HACHOS DE LOJA ET SIERRA PARAPANDA.

Nous réunissons ici en un seul chapitre, pour en bien indiquer la continuité stratigraphique, une longue région de coteaux ondulés, et deux sierras calcaires d'un aspect très différent.

Bande triasique. — Rien n'est plus monotone que la série des coteaux formés par les marnes du trias; quelques recouvrements de grès molassiques du côté d'Antequera, quelques pointements ophitiques, quelques masses de calcaires et de dolomies noirâtres, auxquelles on ne peut reconnaître aucune continuité, accidentent seuls la succession uniforme de marnes, de grès rougeâtres et de psammites, où s'intercalent par places les amas gypseux. Le seul point sur lequel nous voulions donc ici insister est la manière dont la bande se trouve bordée, des deux côtés, au nord comme au sud.

Nous avons déjà dit que la limitation de la bande nous semblait se faire par failles, mais que le recouvrement nummulitique ne permettait d'appuyer cette hypothèse que sur de simples indices, très espacés. Au sud, ce sont surtout la Villa Carretera, et ses environs immédiats, dont l'observation mène à cette conclusion. Au nord, trois lambeaux jurassiques ou crétacés montrent leur contact avec le trias; ce sont le peñon de los Enamorados, le rocher d'Archidona, et enfin l'affleurement jurassique (ou peut-être crétacé?) marqué sur la carte de M. Gonzalo y Tarin au S. O. de la route d'Iznajar, à la limite des provinces de Grenade et de Cordoue. Nous n'avons pu étudier que le peñon de los Enamorados [1], où l'existence de la faille limite (observable sur un bien faible espace il est vrai) nous a paru peu contestable.

Ce pic domine au nord une plaine nummulitique, à son pied des marnes rouges, un peu plus loin des grès remplis de Nummulites; il se dresse, en un escarpement presque vertical de calcaires blancs, d'abord bien lités, puis massifs au sommet. Nous n'y avons trouvé que des Brachiopodes indéterminables. Puis vient un massif de dolomies, et enfin, pendant au sud vers le Guadalhorce, et presque verticale, une série de calcaires grisâtres bien lités, à cassure esquilleuse, qui forment presque tout le versant méridional. A moins d'un renversement, qui semble peu vraisem-

[1] Le pic de los Enamorados est bien connu depuis les guerres des Arabes et la romance « De los infortunados amores de Mamete y Tartagone ».

IMPRIMERIE NATIONALE.

blable, d'autant moins que cette succession concorde assez bien lithologiquement avec celle d'autres points de la région, il est bien probable que les bancs inférieurs représentent le lias et les supérieurs le dogger, qui serait ainsi séparé par faille des marnes irisées de l'autre rive du Guadalhorce.

Fig. 48. — Plan géologique du peñon de los Enamorados.

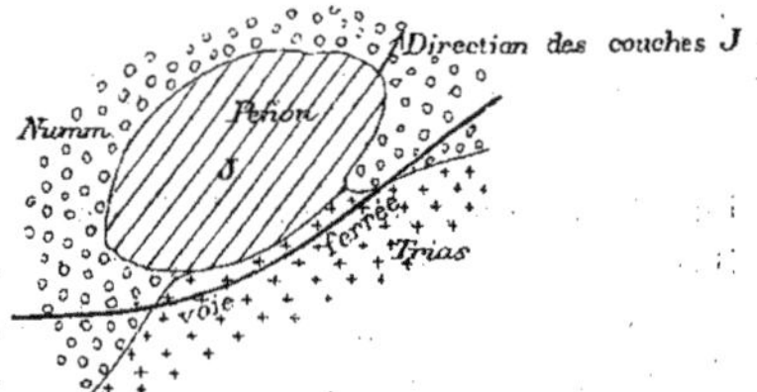

Numm. Nummulitique. — J. Jurassique.

Hachos de Loja. — Le massif de los hachos de Loja (1,025 mètres), au nord de la ville, montre au contraire, sur son versant nord, les calcaires jurassiques régulièrement superposés au trias. C'est d'ailleurs aussi le cas de la butte de las Salinas et du massif de las Hoyas, sauf, comme nous l'avons dit, quelques glissements ou mieux quelques enfoncements locaux.

Fig. 49. — Coupe des Hachos de Loja.

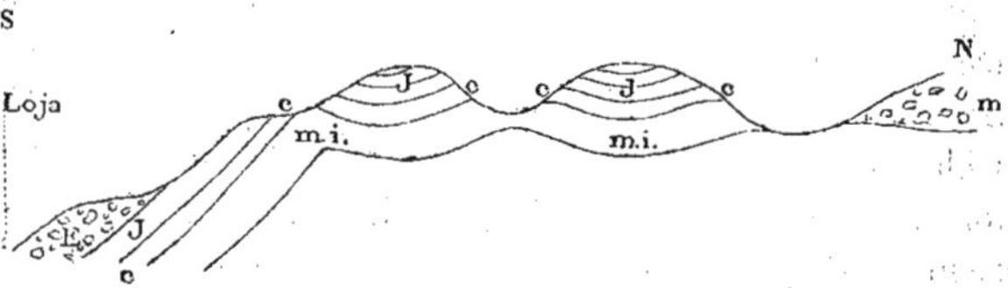

m.i. Marnes irisées (trias).
c. Cargneules et dolomies.
J. Calcaire blanc du lias.
m. Molasse à *Pecten scabriusculus*.
E. Éboulis.

Ce massif est formé de calcaires blancs liasiques, oolithiques par places, avec Encrines, et contenant aussi des silex. Leurs plis multiples laissent réapparaître plusieurs fois les marnes irisées, avec plaquettes dolomitiques (infralias) à leur partie supérieure. C'est ce que montre la coupe ci-jointe (fig. 48).

Les bancs calcaires, au bord de la vallée, plongent fortement vers le fond de la percée où coule le Genil. Il résulte de cette disposition, comparée à celle de la chaîne opposée (sierra de las Cabras), qu'il faut admettre la présence d'une faille sous les cailloutis tortoniens et les tufs récents qui couvrent le fond de la vallée.

Fig. 50. — Coupe prise près de Loja.

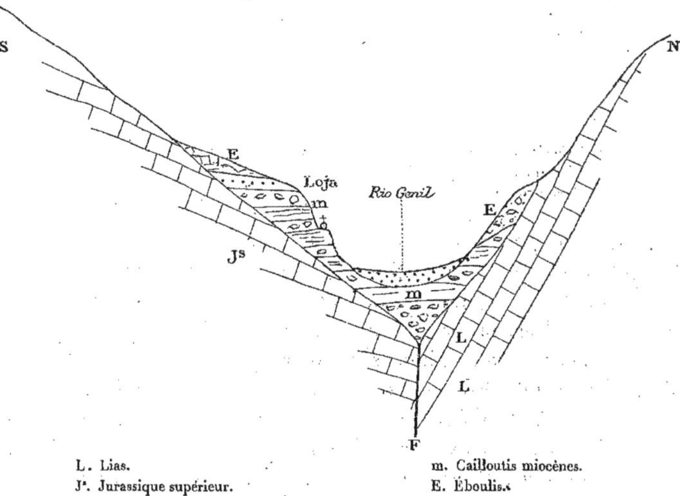

L. Lias.
J^s. Jurassique supérieur.
m. Cailloutis miocènes.
E. Éboulis.

Cette faille serait la continuation de celle de la route de Colmenar, et probablement aussi de celle qui limiterait au nord la bande triasique.

La ville de Loja est bâtie en partie sur le calcaire jurassique, en partie sur une terrasse de cailloutis tortoniens, qui se continue à l'ouest le long de la route de Colmenar. On y observe des conglomérats avec galets de molasse helvétienne, et des bancs de marnes sableuses, grises et blanches, avec fréquents exemples de stratification entrecroisée.

Au nord du massif liasique, sur le bord du Genil (rive droite), on voit un plissement remarquable des dolomies triasiques (noires, bien litées, avec petits cristaux de gypse). Elles forment un pli couché bien net sur lequel reposent, peu disloquées, les couches helvétiennes du Pradon.

Fig. 51. — Coupe relevée sur les bords du Genil, au N. O. de Loja.

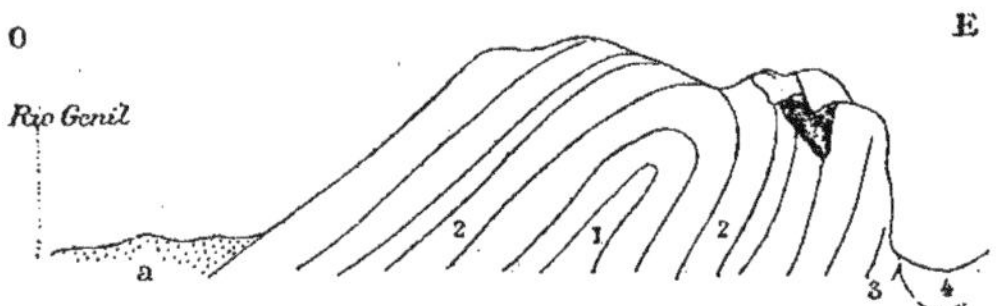

1. Dolomie noire gypsifère.
2. Calcaires bruns noirs spathiques.
3. Marnes durcies.
4. Marnes irisées.
a. Alluvions.

Sierra Parapanda. — A l'est de los Hachos, le chemin de Loja à Montefrio traverse une petite bande de marnes irisées avec pointements ophitiques, qui se relie incontestablement à celles du pied du Pradon. Il est probable, quoique nous ne l'ayons pas constaté, que cette bande se continue sans interruption jusqu'au pied de la sierra Parapanda. Elle est bordée au nord par les schistes rouges néocomiens à *Aptychus Mortilleti*, accompagnés, près du cortijo Antonejo, par des marnes à Ammonites pyriteuses (*Am. Grasi*, *Am. semisulcatus*, *Belemnites latus*) et surmontées par des calcaires à silex, qui montrent des coupes de Bélemnites.

La sierra Parapanda, qui fait suite à l'est, est bordée au nord par les mêmes couches néocomiennes, qui s'enfoncent profondément dans ses dépressions. Cette ligne de contact serait la continuation de la faille supposée qui borderait au nord la bande triasique; mais ici son contour sinueux prête mieux à l'hypothèse d'une discordance, qu'appuie, comme nous l'avons dit, la présence de pointements triasiques et liasiques au milieu du crétacé.

La sierra Parapanda elle-même montre une structure analogue à celle des hachos de Loja, c'est-à-dire un pendage général vers le sud, probablement avec plissements secondaires, difficiles à constater avec certitude. On y observe une alternance de calcaires blancs compacts et de dolomies. Les calcaires forment sur le versant nord de nombreux éboulis, qui nous ont fourni *Rhynchonella furcillata* et des *Phyllocrinus*.

Le bourg même d'Illora est construit sur le tithonique bréchoïde qui se continue au moins jusqu'à la route de Lopez, surmonté par des marnes blanches à Ammonites néocomiennes (défilé au-dessus duquel passe la route) et par des calcaires à silex crétacés. Sur ce parcours, l'autre versant de la chaîne montre des calcaires dolomitiques blancs, bien lités, ressemblant à ceux de l'infralias, mais beaucoup plus puissants que dans les autres affleurements; ces calcaires surmontent des marnes vertes, probablement triasiques, mais presque partout masquées par la culture, et le contact donne naissance à des sources nombreuses et importantes.

La continuation du même massif est traversée par la route de Grenade à Jaen, entre Zegri et Noalejo. On y observe d'abord, en allant du nord au sud, les marno-calcaires du lias supérieur, reposant sur des calcaires blancs, massifs à la base, bien lités à la partie supérieure, et formant une chaîne assez élevée, dirigée du S. O.

Fig. 52. — Coupe prise sur la route de Grenade à Jaen.

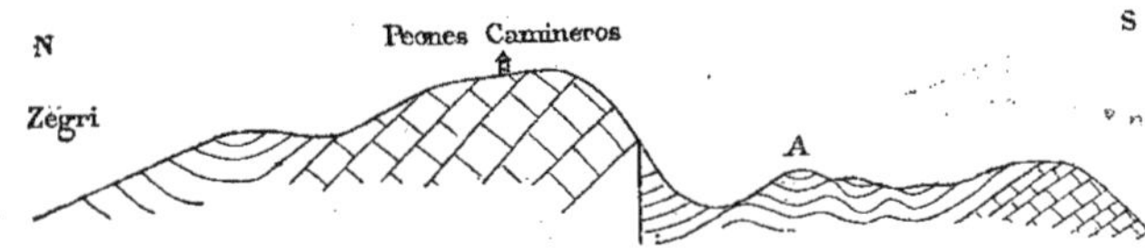

au N. E. Après avoir traversé cette chaîne par un col (Peones Camineros de fig. 52), on retombe, sans doute par suite d'une faille, dans les marnes fossilifères du lias (A de fig. 52); ces marnes reposent plus au sud sur les calcaires blancs; elles forment un large plateau ondulé, et sont traversées par des filons de roches ophitiques.

Au nord de Noalejo, une nouvelle arête calcaire plus élevée court parallèlement à la première.

Cette grande bande liasique, à l'est de laquelle l'épaisseur du lias et l'importance de ses couches fossilifères se développent considérablement, nous semble donc continuer la bande triasique d'Antequera. La portion située entre Illora et Tiena permet de constater qu'elle n'est plus là bordée au sud par une faille, et qu'elle forme seulement le flanc septentrional d'un grand synclinal, en majeure partie recouvert par les cailloutis tortoniens, mais dont les pointements, tithoniques et surtout crétacés, qui s'élèvent au nord de la voie ferrée entre les stations d'Illora et de Pinos Puente, suffisent à démontrer l'existence. Ce synclinal correspondrait dans son ensemble à ceux de la sierra de las Cabras.

CHAÎNONS SEPTENTRIONAUX (RÉGION DE MONTEFRIO).

Au nord de la région précédemment décrite, le crétacé couvre de larges espaces formant une série de collines plus accusées que celles du trias, mais moins abruptes que celles du jurassique, et couvertes d'une maigre végétation. Peut-être une étude plus détaillée est-elle appelée à modifier la physionomie de la carte, en augmentant surtout vers l'ouest le nombre des îlots jurassiques, ou même triasiques. Nous rappelons brièvement ceux que nous avons eu l'occasion d'étudier et dont il a déjà été question :

1° L'affleurement de marnes gypsifères du chemin de Loja à Montefrio. Il ne s'y montre que peu de temps, mais il est probablement plus étendu au fond du vallon dont le chemin longe la pente méridionale. Il y aurait même lieu de rechercher s'il ne se rattacherait pas de ce côté aux grands affleurements de la route d'Iznajar, c'est-à-dire à la bande triasique principale. La superposition du crétacé à ces marnes gypsifères ne nous a semblé présenter aucun phénomène de ravinement ni de faille.

2° La petite sierra de Hachuelo, au sud de Montefrio, qui fait saillie au milieu du crétacé comme les petites sierras du S. O. au milieu du nummulitique. Elle est constituée par des calcaires grisâtres à silex, bien stratifiés. Les Bélemnites y abondent, ainsi que les articles de Pentacrines et les Ammonites du groupe des *Arietites*, malheureusement en fort mauvais état (*Am.* cf. *Kridion*).

3° La sierra Pelada, à l'est de Montefrio, formant un pointement calcaire allongé de l'est à l'ouest. La collection de Verneuil contient des Ammonites liasiques et des Ammonites tithoniques, provenant de cette localité.

4° Le pointement ophitique de la route de Priego (voir plus haut, p. 532) peut être rapproché des précédents, si on suppose que les marnes néocomiennes qui l'entourent se sont déposées sur l'ophite et non pas qu'elles ont été traversées par cette roche. Il n'y a en tout cas aucune trace de métamorphisme au contact. Enfin le crétacé pénètre en anses plus ou moins profondes entre les chaînons de la sierra Tiñosa, comme nous l'avons vu pour la sierra Parapanda, et de l'autre côté de cette chaîne jurassique, dans la bande triasique de Priego, des lambeaux néocomiens reposent directement sur les marnes irisées.

C'est seulement avec une grande hésitation qu'après avoir repoussé l'hypothèse d'une discordance réelle dans le sud et le S. O., nous sommes amenés à l'accepter pour cette région septentrionale. Du moins, jusqu'à nouvel ordre et en attendant que de nouvelles observations viennent éclaircir le problème, nous devons avouer que nous ne voyons pas d'autre explication possible. Comme le jurassique, dont on trouve partout des lambeaux, s'est certainement déposé dans tout le bassin de Montefrio, il faudrait donc admettre une dénudation puissante, antérieure au crétacé. Tant que les études de détail n'auront pas précisé l'étendue et les limites de cette dénudation, qui ne semble guère concorder avec les autres traits de l'histoire géologique de la région, on doit se contenter de signaler les faits observés et les difficultés qu'ils soulèvent.

Il n'est peut-être pas sans intérêt de rappeler qu'une difficulté analogue se présente dans les Pyrénées françaises, et est bien loin encore d'y avoir reçu une solution définitive. On sait [1] que la présence du trias à facies septentrional y est depuis longtemps connue et hors de toute contestation, mais aussi qu'une partie des pointements de marnes bariolées gypsifères de la région subpyrénéenne ont souvent été considérés comme un simple résultat du métamorphisme produit par les éruptions ophitiques. Cette dernière opinion semble maintenant assez généralement abandonnée, et dès lors on se trouve en face du problème suivant :

A la limite des terrains paléozoïques, partout où la base des terrains secondaires n'a pas été supprimée par faille, on trouve le trias surmonté *en parfaite concordance* par le jurassique.

Au nord de cette zone s'étend une grande bande de terrains crétacés très plissés; ils sont eux-mêmes surmontés en concordance par l'éocène, qui forme une dernière bande bordant la chaîne au nord, et partiellement masquée par les recouvrements discordants du miocène.

Au milieu de ces bandes crétacée et nummulitique, les marnes irisées forment une série de pointements isolés, d'étendue très restreinte, presque toujours accompagnés d'ophite, et s'alignant assez régulièrement dans la direction de la chaîne. Que ces pointements soient dans le crétacé ou dans le nummulitique, on n'a jamais observé à leur contact aucun lambeau de terrains intermédiaires, de même qu'on ne connaît pas de pointements analogues formés par d'autres terrains que ces ophites et ces marnes bariolées. Il serait bien fantaisiste et bien arbitraire de supposer une série de petites failles circulaires entourant ces îlots, et encore n'expliquerait-on pas ainsi l'uniformité de leur composition. L'hypothèse de pénétration mécanique, comme pour les Klippen des Carpathes, est inadmissible pour des couches marneuses. On se trouve donc amené, si ces îlots sont bien formés de trias, à admettre, comme en An-

[1] Voir notamment la note de M. Jacquot (*Comptes rendus de l'Académie des sciences*, 1886).

dalousie, qu'il y a sur les bords de la chaîne une discordance qui n'existe pas dans ses parties plus centrales, et que ces pointements triasiques représentent les restes de saillies formées et conservées au fond des mers crétacée et nummulitique, grâce à la dureté des roches ophitiques.

Encore faut-il ajouter que cette explication serait relativement plus satisfaisante pour les Pyrénées que pour la chaîne bétique. Dans la première chaîne, en effet, le jurassique, le crétacé et le nummulitique forment des bandes échelonnées en retrait successif, qui peuvent faire penser à des bras de mer peu étendus progressivement rejetés vers le nord; en d'autres termes, le jurassique ne se retrouve pas au nord de la région où il faudrait supposer qu'il ne s'est pas déposé, et nous avons vu qu'il en est autrement en Andalousie, où le jurassique existe à Cabra et à Jaen et où il faut alors faire intervenir des phénomènes de dénudation.

LE BASSIN DE GRENADE.

Nous avons déjà, en décrivant les assises miocènes, donné une idée de la structure de cette vaste aire d'affaissement, ouverte à la limite des chaînes ancienne et subbétiques, et comblée en partie par les dépôts tertiaires. Nous n'avons donc plus à insister ici sur la discordance du miocène supérieur, qui forme la masse du remplissage, avec le miocène moyen, dont des lambeaux sont conservés sur les bords (Alhama, Escuzar, cortijo Repicao, haute vallée du Genil.)

Nous avons indiqué dans le miocène supérieur trois divisions principales, de composition bien distincte : la première, en grande partie au moins marine, se compose d'un entassement de cailloux roulés, correspondant aux époques tortonnienne et sarmatique; la seconde est formée d'assises gypseuses, à caractère saumâtre, et correspond aux couches à Congéries; la troisième enfin comprend des calcaires franchement lacustres.

La première forme ceinture au nord et à l'est; les bancs en sont

IMPRIMERIE NATIONALE.

presque toujours fortement ondulés; à l'est, ils se relèvent contre les flancs de la sierra Nevada; au nord, au contraire, ils plongent ordinairement vers la ligne qui limite les chaînes calcaires et semble ainsi une ligne de faille. Autour de la sierra Nevada, les blocs et cailloux sont empruntés aux terrains anciens; quand on s'en éloigne, ils sont en général plus roulés, de moindre dimension, et presque tous jurassiques ou crétacés; en même temps ils s'entremêlent d'un limon rouge très caractéristique. C'est d'après ces caractères que M. von Drasche a distingué la *blockformation* et la *Guadixformation*, mais au point de vue de l'âge elles sont absolument équivalentes. On a de bonnes coupes de la blockformation sur la route de Grenade à Motril, ou encore en remontant la vallée du Genil et des Aguas Blancas. La Guadixformation peut s'étudier sur la route d'Alcala, entre Pinos Puente et la sierra jurassique, ou encore sur le nouveau chemin de Guevejar. A Guevejar, où le limon rouge atteint de grandes épaisseurs, il est surmonté par des assises puissantes de tuf calcaire, dont les bancs s'éboulent sur les flancs de la colline, et dont les glissements en masse, lors du tremblement de terre, ont déterminé, comme à Guaro, des fentes et des crevasses importantes.

La formation gypseuse dessine au S. O de la masse des cailloutis une ligne d'affleurements en forme de demi-ellipse, très large à l'est et s'amincissant à l'ouest, où la puissance des couches décroît rapidement. Les couches sont très mouvementées à l'est; à l'ouest, au contraire, du côté de Loja et d'Alhama, la stratification en devient plus régulière. Nous avons déjà cité la coupe d'Alhama à Arenas del Rey; celle de Gabia la Grande à la Malá et à Escuzar, déjà donnée pour le voisinage de la Malá, par M. Gonzalo y Tarin, est également intéressante.

En quittant la vega de Grenade, on rencontre d'abord une série ondulée de bancs caillouteux avec tufs et marnes sableuses intercalés; on voit cet ensemble passer sous la formation gypseuse, formée de marnes bleues souvent sableuses et de gypse en plaquettes. Près de la Malá, ces plaquettes augmentent de nombre et d'épaisseur, et envahissent presque toute la masse. Ces couches, remarquablement plissées et faillées, arrivent même à la verticale. A la Malá existent des bains et une source chaude.

Derrière l'établissement des Baños s'élève une petite colline qui se distingue facilement par sa couleur des hauteurs environnantes. Elle est constituée par des schistes micacés et des calcaires cristallins. Entre les schistes et les calcaires existe une brèche formée de débris des deux roches, et dans le voisinage, nous avons constaté la présence de cargneules. C'est donc un îlot formé probablement de cambrien et de trias, et analogue à ceux que nous avons cités à l'entrée du petit bassin d'Albunuelas.

De la Malá à Escuzar, on chemine dans les couches messiniennes à gypse. Ce dernier devient de plus en plus abondant et, près d'Escuzar, il forme de gros bancs et ressemble à de l'albâtre. Au sud de ce village, les couches se relèvent et l'on voit distinctement, comme nous l'avons dit, apparaître *sous* le gypse la molasse assez développée, exploitée dans des carrières.

Par suite de la retombée des couches vers la limite nord du bassin, le gypse reparaît à Alfacar (voir plus haut), également superposé aux conglomérats caillouteux.

La série des couches gypseuses atténue ses ondulations à l'ouest et va passer sous un grand plateau couronné entre Salar et Alhama par les calcaires lacustres. On peut se faire une idée très nette de cette disposition en gravissant la sierra de las Cabras, au S. E. de Loja. On aperçoit en effet du côté de Salar une série de collines, couronnées par de grands entablements calcaires, qui s'abaissent uniformément vers la vallée du Genil. Au-dessous, sur les flancs des collines et dans les ravins, apparaissent des calcaires marneux et des marnes à gypse. Enfin, par suite d'un léger relèvement vers le bord du bassin, les cailloutis tortoniens s'y montrent en divers points, notamment près de Loja et à l'ouest d'Alhama.

En résumé, l'ensemble du système, assez notablement plissé à l'est, où les assises plus anciennes sont le plus développées, présente une légère inclinaison vers l'ouest; c'est de côté sans doute que s'est fait l'écoulement des eaux marines, et que se sont réunies celles du lac qui a précédé l'émersion définitive; c'est là au moins que les calcaires lacustres se sont conservés sous forme d'un grand plateau légèrement incliné. A l'ouest et à l'est, les couches se relèvent d'une manière plus ou moins accusée sur les bords du bassin; de même le long du promontoire d'Agron, partout où nous avons eu l'occasion d'observer le contact, les assises miocènes se relèvent contre les calcaires anciens. Elles plongent au contraire vers le bord septentrional, qui représente peut-être une ligne de faille, et au sud, près de Jatar, on remarque un fait analogue.

VI

HISTOIRE DE LA RÉGION

PENDANT LES PÉRIODES GÉOLOGIQUES.

Après avoir étudié les diverses assises qui se rencontrent dans la région explorée par nous, après avoir essayé de donner une idée sommaire de leur répartition et de leur agencement au milieu des principaux accidents orographiques, il nous reste à examiner les conclusions que l'on peut tirer de cette étude au point de vue de l'histoire de la cordilière bétique et de ses dépendances.

La région andalouse, à laquelle il faut lier celle du littoral africain, se trouve comprise entre deux grands plateaux, d'étendue fort inégale, mais tous deux de formation très ancienne, au nord, le plateau central (*meseta*) de l'Espagne, au sud, le continent africain. Il est possible que ces deux massifs aient communiqué l'un avec l'autre et aient fait partie d'une même chaîne, après le soulèvement houiller qui a imprimé à leurs couches leur allure définitive; mais c'est seulement à la fin de la période primaire que le grand affaissement, encore marqué par la faille du Guadalquivir semble avoir ouvert entre eux une libre communication aux eaux de la mer[1]. L'Andalousie a été, à partir de cette époque, la porte de la Méditerranée secondaire, son canal de jonction avec les mers de l'ouest, au même titre que l'est aujourd'hui le détroit de Gibraltar pour la Méditerranée actuelle.

Dans cette dépression, où n'ont cessé de s'accumuler les dépôts marins jusqu'à la fin de l'époque éocène, les efforts de compression latérale et de plissement faisaient en même temps sentir leur action, et accusaient progressivement les traits principaux de la chaîne bétique et de l'Atlas. Les plateaux anciens, au contraire, obéissaient tout d'une pièce à ces pressions et les transmettaient sans nouveaux ridements : les rares transgressions secondaires et tertiaires qui y aient en effet laissé des traces ne montrent que des couches horizontales. C'est de la même manière et par suite des mêmes actions que se formaient également les Pyrénées entre le plateau central de l'Espagne et celui de la France.

A l'époque triasique, la chaîne bétique actuelle était recouverte par les eaux, comme le montrent les nombreux lambeaux conservés, mais la direction de la future chaîne était déjà indiquée par la limite entre les dépôts à facies pélagique et à facies continental. A l'époque jurassique, ce sont encore des lignes à peu près parallèles qui marquent la zone de développement du lias fossilifère et celle d'amincissement des assises, dans la région du littoral actuel. On peut en conclure que des zones de profondeur et de nature différentes s'accusaient déjà sur l'emplacement futur de la chaîne, et la grande analogie avec les dépôts de même âge de la Sicile et de l'Italie montre que ces premiers traits de l'histoire de la chaîne bétique doivent s'appliquer aussi à celle des Apennins.

Ce n'est qu'à la fin de l'époque jurassique que l'on trouve des

[1] Ce plateau central de l'Espagne est resté émergé depuis les temps les plus reculés; ses bords semblent à M. Calderon dessinés par une série de failles. [D. S. Calderon y Arana. *Ensayo orogenico sobre la Meseta central de España.* (*An. Soc. Esp. de Hist. nat.*, t. XIV, 1885.)]

traces encore incertaines d'émersions locales. La brèche qui termine le tithonique, les fragments de calcaires blancs englobés dans les marnes néocomiennes, et surtout la transgressivité qui fait reposer au nord le crétacé directement sur des marnes irisées, sont des indices qu'il y a lieu de poursuivre et dont nous avons déjà essayé de discuter la valeur. Il est bon de remarquer en tout cas que le lambeau de schistes néocomiens de Calla del Morral, près de Malaga, présente des caractères identiques à ceux des affleurements du nord, et que par suite une émersion d'ensemble de l'axe de la chaîne est au moins très peu vraisemblable.

Il n'en est plus de même à l'époque éocène. La discordance complète qui sépare les couches nummulitiques des couches secondaires prouve à l'évidence qu'il y a eu entre les deux, comme dans les Alpes occidentales, accentuations des plis, formation de saillies émergées autour desquelles on peut encore actuellement suivre les lignes de rivages de la mer éocène, et ravinements profonds. On peut aller plus loin et conclure de la nature des couches éocènes sur les deux versants que l'axe de la chaîne actuelle formait déjà une arête de séparation entre les deux bassins marins. Il n'y a rien sur le versant sud qui rappelle les schistes gris et rouges, les marnes durcies à Fucoïdes, les poudingues littoraux du versant nord. Les calcaires à Nummulites et à Alvéolines de la côte, avec leur structure compacte et oolithique, sont aussi bien distincts des calcaires gréseux de la zone subbétique. Sans donc pouvoir préciser l'action des dénudations ultérieures, on peut affirmer que la mer éocène s'est avancée en golfes irréguliers et profondément découpés au milieu d'une région déjà accidentée, où les roches cristallines et même les calcaires jurassiques formaient des îles et promontoires nombreux et traçaient, de la sierra Nevada à la serrania de Ronda, une ligne continue de démarcation.

Les actions de refoulement se sont continuées pendant et après l'époque éocène. C'est un fait remarquable que la discordance mentionnée entre la stratification des couches secondaires et tertiaires existe aussi entre la direction de leurs plis. Les assises nummulitiques sont au moins aussi tourmentées que les assises jurassiques, mais il semble difficile de suivre dans leurs plis une direction générale et d'y découvrir une loi; cette irrégularité est due sans doute aux différences de résistance des couches déjà émergées et durcies. Les failles observées sont antérieures à ce second mouvement, et recouvertes sur une partie de leur parcours par les dépôts nummulitiques qu'elles n'affectent pas.

Cette discordance du nummulitique et du crétacé présente en Andalousie un caractère très différent de celles qui ont été signalées au même niveau dans les Alpes. On sait en effet qu'il y a en Savoie, d'après M. Lory, et dans la vallée de l'Inn, d'après M. Guembel, des couches nummulitiques qui reposent sur les tranches des terrains secondaires; mais les points où ces faits s'observent sont situés assez loin dans l'intérieur de la chaîne, tandis que les bandes extérieures montrent les mêmes terrains en concordance. Les choses peuvent alors bien s'expliquer [1] par une transgression de la mer nummulitique sur une zone progressivement relevée, sans qu'il soit nécessaire d'avoir recours à une activité particulière dans les mouvements du sol. Il en est autrement en Andalousie, où la discordance, d'après les cartes antérieures, semble se poursuivre jusqu'aux derniers confins des chaînes subbétiques; c'est donc bien une phase d'accentuation spéciale des reliefs qu'il faut placer à cette époque, et l'on a là un exemple remarquable d'une chaîne qui serait en quelque sorte le résultat de deux modelés successifs; la seconde de ces actions aurait respecté les traits principaux des reliefs préexistants, tout en imprimant à l'ensemble des couches postérieures une allure très différente.

En tout cas, on peut dire, pour la chaîne bétique comme pour celle des Pyrénées, qu'après l'éocène les phénomènes de *soulèvement* prennent fin, et que la période de démantellement ou de *tassement* prend naissance. Ces derniers phénomènes, sans parler

[1] *Bulletin de la Société géologique*, 3e série, t. XV.

naturellement des dénudations difficiles à apprécier, semblent avoir eu ici une très grande importance.

D'abord, pendant l'époque oligocène, la région est émergée; la position spéciale de l'Andalousie permet de rapprocher ce fait de la grande extension des dépôts lacustres à cette époque dans toute l'Europe. Puis, au début de la période helvétienne, une nouvelle oscillation ouvre dans la vallée du Guadalquivir un large accès aux eaux marines; l'absence de dépôts correspondants le long de l côte permet d'affirmer que, par contre, la *communication actuell n'existait pas encore*. La structure très symétrique des côtes espa gnole et africaine a été mise en lumière par M. Suess; les deu véritables versants de la chaîne seraient donc, d'une part, les col lines subbétiques, et, de l'autre, les pentes de l'Atlas. Entre le deux était le sommet du grand anticlinal formé par l'ensemble de la région plissée, et l'effondrement de cet axe médian, comme celui d'une clef de voûte insuffisamment soutenue, n'aurait eu lieu qu'au début de l'époque pliocène.

Les dépôts helvétiens de la vallée du Guadalquivir ont été en suite émergés; de grandes dénudations se sont produites; des val lées profondes s'y sont creusées; des bassins plus ou moins étendu se sont affaissés, et la mer tortonienne est venue occuper de nou veau le bassin de Grenade et une partie au moins de l'ancien li de mer helvétienne. De vastes amoncellements de cailloux on comblé ces dépressions; puis l'écoulement et l'évaporation des eau marines y ont amassé de grandes épaisseurs de marnes gypseuse et de gypse, et enfin les eaux franchement désalées se sont réunie au pied des chaînes de Loja, où elles ont déposé des calcaire lacustres, dernières assises miocènes de la région.

A partir de ce moment, la vallée du Guadalquivir est définitive ment émergée; la mer pliocène n'y a pas pénétré, et c'est un nouve affaissement, peut-être commencé et préparé depuis longtemps qui lui a livré passage par le détroit de Gibraltar et le long du lit toral actuel. Les actions de refoulement n'ont d'ailleurs pas cess de se faire sentir avant cette époque; il faut en effet y avoir re cours pour expliquer les ondulations multiples et souvent assez brusques des dépôts miocènes. Les pendages plus ou moins accusés des couches pliocènes sur la côte semblent au contraire pouvoir s'expliquer par de simples glissements ou par des affaissements locaux.

Nous avons déjà fait remarquer[1] combien la succession des mouvements du sol dans le bassin tertiaire de Grenade diffère de celle des régions voisines, et spécialement de celle du bassin du Rhône, où elle a été si bien mise en lumière par les beaux travaux de Fontannes. Nous reproduisons ici le tableau qui résume cette comparaison :

RETRAIT DE LA MER HELVÉTIENNE.

BASSIN DU RHÔNE.	BASSIN DE GRENADE.
1. Marnes à lignite et dépôts lacustres. Poudingue de Valensole à *Planorbis Mantelli*.	1. Émersion; creusement de vallées. Retour de la mer; conglomérats et dépôts marins tortoniens.
2. Dépôts continentaux (Cucuron). Creusement de la vallée.	2. Conglomérats et dépôts marins sarmatiques. Dépôts saumâtres, gypse messinien. Dépôts lacustres.
3. Retour de la mer. Couches à Congéries. Dépôts marins de Saint-Ariès.	3. Émersion définitive.

Il faut enfin observer que, d'après le faible développement des alluvions des vallées et l'absence de terrasses sur leurs pentes, l'exhaussement progressif au-dessus du niveau de la mer, depuis la dernière émersion, semble s'être fait sans oscillations importantes.

On voit que la connaissance plus complète du sud de l'Espagne présenterait un grand intérêt, même au point de vue de la géologie générale; les mouvements qui s'y sont produits ont dû avoir

[1] *Comptes rendus de l'Acad. des sc.*, juillet 1885.

IMPRIMERIE NATIONALE.

une influence spéciale sur l'histoire des mers méditerranéennes, dont ils fermaient plus ou moins la communication avec les mers occidentales, et au point de vue orogénique, les rapports intimes de la chaîne bétique avec les Apennins la rattachent, comme l'a montré M. Suess, à l'ensemble du grand système alpin.

Pour terminer, nous mettons en regard, dans un tableau d'ensemble, les traits principaux de l'histoire comparée des différentes zones : celle des chaînes subbétiques, celle de la chaîne bétique et celle du littoral actuel.

PÉRIODES.	ZONE SUBBÉTIQUE.	ZONE BÉTIQUE.	ZONE LITTORALE.	ÉRUPTIONS.	CONTRÉES DIVERSES.
QUATERNAIRE.	Formation de brèches, de tufs, de travertins (*Actions atmosphériques*). Alluvions anciennes des bassins de Zaffaraya et de Repicao.	Formation de brèches et de tufs aux dépens des calcaires. Désagrégation des schistes.	Formation de brèches, etc. Exhaussements progressifs et affaissements locaux.		Brèches des Alpes-Maritimes.
PLIOCÈNE.	Émersion.	Émersion.	Immersion. Formation des argiles de los Tejares et des sables du Palo.		Envahissement de la vallée du Rhône par la mer pliocène.
MIOCÈNE supérieure.	3. Émersion définitive. (Calcaires lacustres.) 2. Retrait progressif de la mer. (Gypses.) 1. Creusement de vallées (conglomérats) et retour de la mer.	Émersion.	Émersion.		Derniers soulèvements des Alpes.
MIOCÈNE moyenne.	Dépôt de molasse marine.				
MIOCÈNE inférieure.	Plissements et dislocations.				Derniers soulèvements des Pyrénées.
EOCÈNE.	II. Dépôt des assises nummulitiques (îlots jura-crétacés). Érosion des chaînes. I. Dislocations.	Émersion de l'axe de la chaîne.	II. Formation des assises nummulitiques. I. Dislocations.		Klippen des Alpes occid[les] (Lory). Ridements dans les Alpes occidentales.
CRÉTACÉE.	Dépôt de sédiments néocomiens. Érosion du tithonique [Brèches (Cabra, etc.)].	Dépôts nuls ou enlevés par l'érosion.	Dépôts très réduits.		Calcaires bréchoïdes d'Aizy, de Chomérac, des Basses-Alpes.
JURASSIQUE.	Dépôt de marnes et de calcaires.				Ophites des Pyrénées; euphotides des Alpes.
TRIASIQUE et PERMIENNE.	Dépôt de marnes, de calcaires et de grès. (Mer plus profonde au S.E.)	Dépôts de schistes, de calcaires et de dolomies.	Formation d'assises littorales. (Grès, etc.)	Ophites.	
ANTÉPERMIENNE.	(?)	Erosions. Plissement des terrains anciens.	Erosions. Plissement des terrains anciens.		Ridement du Hainaut, etc.

LE GISEMENT TITHONIQUE

DE

FUENTE DE LOS FRAILES

PRÈS

DE CABRA (PROVINCE DE CORDOUE),

PAR

W. KILIAN,

CHEF DES TRAVAUX PRATIQUES AU LABORATOIRE DE GÉOLOGIE DE LA SORBONNE.

Historique.

Les gisements fossilifères des environs de Cabra, dans la partie S.E. de la province de Cordoue, ont depuis fort longtemps attiré l'attention des géologues.

Indiqués dès le milieu du siècle par Ezquerra del Bayo et par Cook (1834), les dépôts jurassiques de Cabra ne tardèrent pas à être signalés par de Verneuil et par ses collaborateurs. En effet, de Verneuil et Collomb citent des Ammonites jurassiques dans les montagnes de Baëna et de Cabra. Les mêmes auteurs rangent dans l'oxfordien les calcaires de Cabra dont M. Fernando Amor leur a communiqué des fossiles. Ils mentionnent : *Am. plicatilis, Am. Hommairei, Am. tatricus, Am. fimbriatus, Aptychus lamellosus,* il est facile de reconnaître là des espèces tithoniques mal déterminées : *Am. transitorius, Am. Kochi, Am. silesiacus, Am. Liebigi, Aptychus punctatus.* Ces notions assez vagues ont été augmentées notablement et précisées lors de la publication de l'*Explication sommaire de la carte géologique de l'Espagne* (2e édition), par de Verneuil et Collomb en 1867.

A la suite d'un voyage entrepris en 1867 avec M. Favre, de Verneuil signale la présence du néocomien à *Belemnites latus,*

Aptychus Didayi en Andalousie, au sud d'Alcala la Real, et mentionne, dans les calcaires tithoniques de Cabra, le *Ter. diphya* (déterminé par Pictet), *Am. ptychoicus*, *Am. silesiacus*, *Am. Calisto* ainsi qu'une espèce très voisine de l'*Am. plicatilis*. Il désigne même, sur sa carte, le tithonique par une teinte spéciale.

La même année, M. Schlœnbach [1] publia une étude comparative du tithonique de Cabra et de celui du Tyrol méridional, d'après les matériaux de la collection de Verneuil.

Il constata la plus grande ressemblance entre les faunes de Trente, Roveredo, etc., et celle de Cabra; le mode même de conservation des fossiles du Tyrol et de l'Andalousie est identique, ainsi que la gangue qui les renferme (« rothe und weisse, knorrige Kalke »). M. Schlœnbach cite notamment les espèces suivantes: *Am. ptychoicus*, *Am. silesiacus*, *Am. volanensis*, *Am. hybonotus*, *Am. ptychostoma*, *Terebratula diphya*. L'auteur pressent également l'existence en Andalousie de la zone à *Am. acanthicus* que de Verneuil n'avait encore pu distinguer du tithonique et attire l'attention sur une ammonite intéressante voisine de l'*Am. Toucasi* d'Orb., qui se rencontre au lac de Garde, mais diffère sensiblement de l'*Am. transversarius* Quenst (c'est probablement notre *Peltoceras Fouquei*).

Depuis ce moment, nous trouvons des citations d'espèces de Cabra dans presque toutes les publications relatives à l'étage tithonique. C'est ainsi que MM. Hébert, Zittel, Favre, Cotteau et, plus récemment, MM. Nicolis et Parona, font mention de la localité qui nous occupe.

Enfin M. Mallada [2], dans ses *Descriptions des provinces de Jaen et de Cordoue*, consacre quelques pages au tithonique de cette même région. Le même auteur, enfin, a donné dans le *Synopsis de*

[1] Schlœnbach. *Tithonische Fauna in Spanien verglichen mit der Südtyrols.* (*Verh. der k. k. geol. Reichsanstalt*, 1867, p. 254 et 255.)

[2] M. Mallada (*Reconocimiento geologico de la provincia de Cordoba*) décrit les assises tithoniques qui affleurent entre les bornes kilométriques 15 et 19 de la route de Cabra et Priego.

las especies fosiles que se han encontrado en España; systema jurasico une liste assez complète des espèces de Cabra et en a figuré une bonne partie.

Description du gisement et stratigraphie.

Ayant eu l'occasion, lors de notre voyage en Espagne, de séjourner plusieurs jours à Cabra, de visiter le gisement célèbre de Fuente de los Frailes et de recueillir une série considérable de fossiles, dont quelques-uns appartiennent à des espèces inconnues jusqu'à ce jour, nous avons cru utile de consigner dans une note stratigraphique les résultats que nous a fournis l'étude, un peu trop rapide malheureusement, de cette intéressante localité.

La petite ville de Cabra est située dans une plaine occupée par des assises nummulitiques (marnes lie-de-vin, argiles grisâtres) et des dépôts récents tufacés sur lesquels n'ont pas porté nos recherches.

C'est à l'est de cette région basse que s'élèvent les chaînes calcaires qui ont de tous temps attiré par leur richesse en fossiles l'attention des géologues et dont nous avons, pendant un séjour de plusieurs jours, étudié quelques points intéressants.

Les routes qui relient Cabra à Priego et à Baëna permettent de se rendre compte de la structure de ces sierras, dont l'aspect aride et dénudé contraste singulièrement avec la verdure qui s'épanouit dans la partie basse de la contrée, couverte de plantations et d'oliviers.

Du côté du N. E., la route de Baëna franchit des saillies montagneuses qui se montrent formées par un calcaire blanc marmoréen à cassure esquilleuse, se délitant en gros bancs et en tous points semblable à celui qui, dans les tranchées de Gobantes et près de Loja (province de Grenade), supporte les premières assises du tithonique. Cette roche dans laquelle, malgré de minutieuses recherches, nous n'avons pu découvrir aucun fossile, prend par places une texture oolithique très nette. L'on peut suivre les affleurements de ces calcaires massifs vers le sud jusqu'au lieu dit

Martinetto sur la chaussée (carretera) de Carcabuey et de Priego. En plusieurs points, la roche a été altérée par les agents atmo-

Esquisse d'une carte géologique des environs de Fuente de los Frailes.

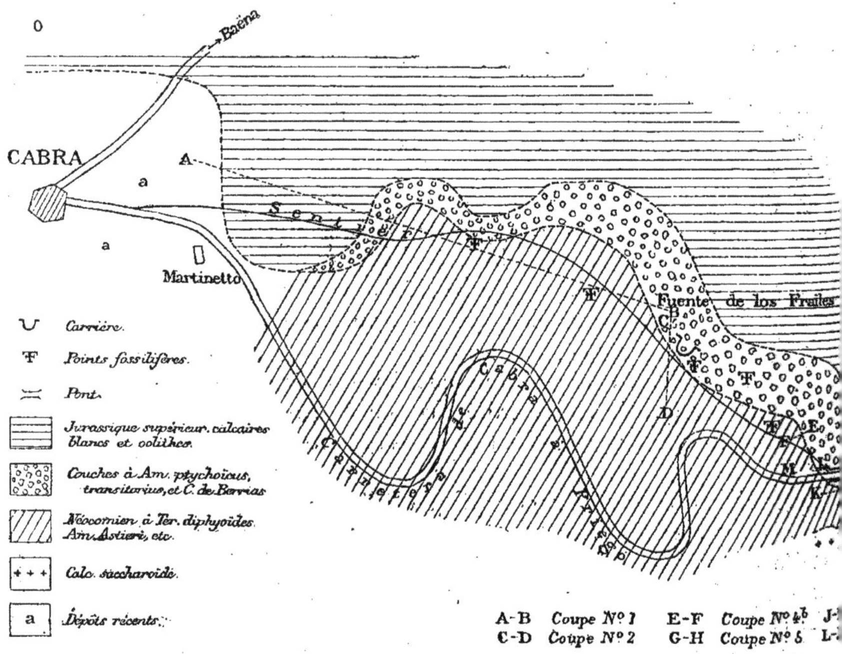

sphériques, et le ruissellement a donné naissance à des travertins et à des brèches.

La route de Priego nous offre une série de gisements fossilifères appartenant, soit au tithonique, soit au néocomien; le plus important est celui de Fuente de los Frailes déjà exploré par de Verneuil, MM. Ernest Favre et Mallada. Un sentier conduit directement de Cabra à ce point et présente l'avantage de montrer nettement les rapports des calcaires blancs avec le tithonique et le néocomien.

Nous ferons donc précéder la coupe que nous fournissent les tranchées de la nouvelle route par le profil que nous avons relevé en suivant le sentier de Fuente de los Frailes (fig. 1).

Après avoir quitté Cabra, l'on traverse l'extrémité S. E. de la plaine jusqu'à une source appelée Fuente del Rio. A partir de ce point, le chemin s'engage dans le massif de calcaires blancs que nous avons déjà décrit. (Voir plus haut.)

L'on rencontre d'abord de gros bancs de marbre à cassure esquilleuse et à structure parfois oolithique, puis, les recouvrant, se montrent des calcaires bien lités dont l'aspect bréchoïde indique l'âge tithonique. Ces bancs épais affleurent sur la berge d'un ruisseau; on les y exploite pour en faire des meules à droite du sentier. Puis viennent des marnes grises, blanches et rosées et des bancs de calcaire marneux fossilifères alternant avec des argiles à Ammonites pyriteuses; l'on y recueille :

Belemnites Baudouini d'Orb.
Hamulina. (Abondant en fragments.)
Ammonites Astieri d'Orb.
—— cf. *cryptoceras* d'Orb.
—— cf. *Ixion* d'Orb.
Aptychus Seranonis Coq.

Il est facile de constater que ces couches sont là supérieures au tithonique dont elles occupent une anfractuosité et dont les débris remaniés les recouvrent en plusieurs points.

En poursuivant notre route, nous ne tardons pas à voir apparaître sous les marnes et les marno-calcaires néocomiens les assises fossilifères du tithonique; l'on y voit de haut en bas :

1° Une assise très mince (50 centimètres) à éléments et fossiles d'apparence roulée, de couleur rouge : *Am. semisulcatus* (*ptychoicus*), *Aptychus punctatus*, *Pygope diphya*, *Collyrites Verneuili* (tous semblent *usés* et *roulés*).
2° Marnes calcaires rouges à *Ter. diphya.*
3° Calcaire marneux rose : *Am. Calypso* (*silesiacus*), *privasensis*, etc.
4° Banc rempli d'*Aptychus punctatus.*
5° Calcaire rouge marneux à *Am. Liebigi, Juilleti*, etc., *Am. semisulcatus.*
6° Bancs épais d'un calcaire dur et bréchoïde de couleur rose.

IMPRIMERIE NATIONALE.

Ces assises vont s'adosser au nord et au N. E. à des massifs de calcaire blanc.

Le sentier quitte alors les affleurements tithoniques pour rentrer dans les marnes et les marno-calcaires grisâtres du néocomien; nous avons recueilli là des restes d'Échinides indéterminables et l'*Am. Astieri*.

Fig. 1. — Coupe relevée le long du sentier de Cabra à Fuente de los Frailes.

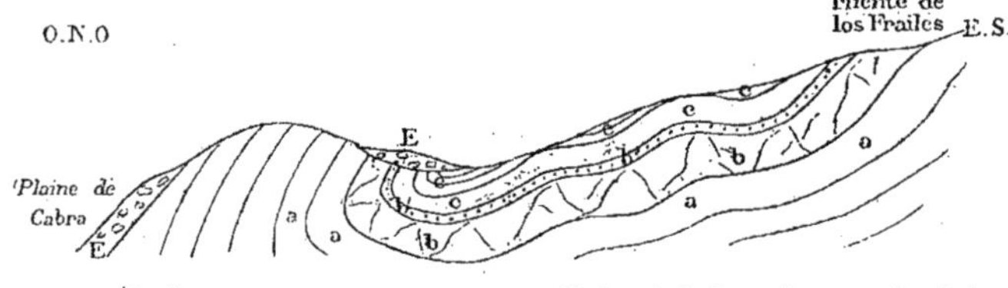

E. Éboulis.
a. Calcaires blancs du malm.
b. Tithonique.
b'. Banc à fossiles et fragments de calcaire d'apparence roulée.
c. Marnes et marno-calcaires néocomiens.

Nous arrivons alors à la Fuente de los Frailes, source qui est située à la limite des couches argileuses néocomiennes et des calcaires tithoniques, au pied d'un escarpement jurassique (fig. 2). Au N.E. et à l'est sont ouvertes de vastes carrières dans lesquelles

Fig. 2. — Coupe prise à Fuente de los Frailes.

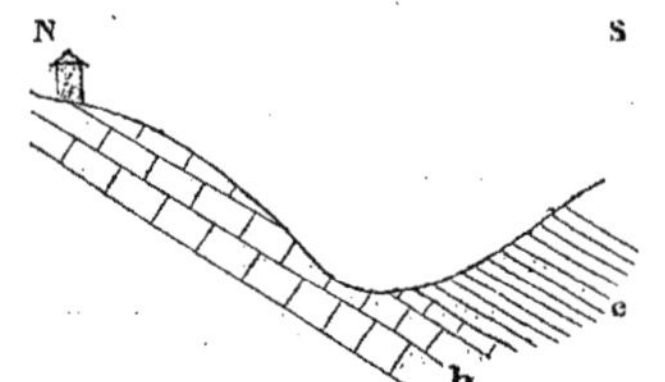

b. Calcaires tithoniques. — c. marno-calcaires néocomiens.

abondent les fossiles de la zone à *Am. transitorius* et à *Pygope diphya*. Le nombre et la variété des échantillons sont exceptionnels. On exploite des bancs de calcaire blancs ou rosés à structure bréchoïde traversés par des filets de marnes rouges.

Fig. 3. — Coupe relevée au N. E. de la route de Cabra à Priego.

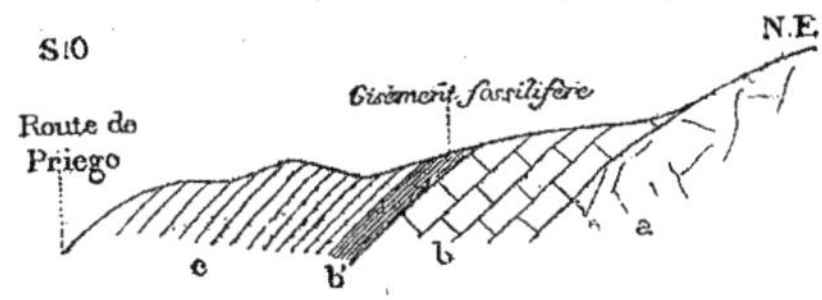

a. Calcaires blancs oolithiques.
b. Tithonique rouge.
b'. Marnes blanches.
c. Marno-calcaires néocomiens (*T. diphyoides*, *Am. Astieri*.

Ces assises sont inclinées vers le S. O. On y distingue de bas en haut :

1° Des bancs calcaires durs et bréchoïdes, rouges et blancs, avec : *Ter.* (*Pygope*) *janitor*, *Ter. diphya*, *Ter. Catulloi*, et :

Amm. semisulcatus (*ptychoicus*).
——— *Calypso* (*silesiacus*).
——— *quadrisulcatus.*
——— *symbolus.*
——— *Liebigi.*
——— *Honnorati* (*municipalis*).
——— *elimatus.*
——— *Fischeri.*
——— *colubrinus.*
Amm. transitorius.
——— *Koellikeri.*
——— *moravicus.*
——— *narbonensis.*
——— *rogoznicensis.*
——— *Falloti.*
Aptychus punctatus.
——— *Beyrichi.*

2° Une assise plus marneuse blanche et rose, où se rencontrent particulièrement :

Amm. privasensis.
——— *Calisto.*
——— *Chaperi.*
——— *Richteri.*
——— *carpathicus.*
——— *Castroi.*
Amm. Bergeroni.
——— *Tarini.*
——— *Macphersoni.*
——— aff. *occitanicus.*
——— *geron.*

3° Un lit de marnes rouges schisteuses, sans fossiles.

En se dirigeant plus à l'est et en gravissant les pentes au-dessus des carrières, l'on ne tarde pas à rencontrer dans les vignes, à la partie tout à fait supérieure des calcaires tithoniques, un lit (1 mètre) de marnes blanches et rouges excessivement riche en fossiles bien conservés. Nous citons comme particulièrement abondants :

Bel. Conradi.
Am. Kochi.
—— *privasensis.*
Aptychus latus.
Aptychus Beyrichi.
Pygope diphya.
Hemicidaris Zignoi.
Metaporhinus transversus.

Nous y avons recueilli en outre :

Bel. (*Duvalia*) *latus.*
—— (——) *Haugi.*
—— (——) *strangulatus.*
—— (——) *Deeckei.*
Am. semisulcatus (*ptychoicus*).
—— *Calypso* (*silesiacus*).
—— *Juilleti* (*sutilis*).
—— *elimatus.*
—— *Staszycii.*
—— cf. *serus.*
—— *tithonius.*
—— *Lorioli.*
—— *sublorioli.*
—— *transitorius.*
—— *Richteri.*
—— *Cortazari.*
Am. privasensis.
—— *delphinensis.*
—— *Chaperi.*
—— *Negreli.*
—— *Malbosi.*
—— *Bergeroni.*
—— *cyclotus.*
—— *carpathicus.*
Ancyloceras sp.
Anisocardia tyrolensis.
Corbula cf. *Pichleri.*
Pygope Bouei.
Collyrites friburgensis.
—— *Verneuili.*
—— nov. sp.

Ces couches si intéressantes sont recouvertes (fig. 3), dans les vignes, par un ensemble de marnes à fossiles pyriteux d'un gris jaunâtre, alternant avec des bancs de calcaire tendre et marneux de même couleur; on y récolte en abondance :

Bel. (*Duvalia*) *latus.*
Am. quadrisulcatus.
Am. Juilleti.
—— *diphyllus.*

Am. Tethys.	*Am. Grasi.*
—— *semisulcatus.*	—— *neocomiensis.*
—— *picturatus.*	—— *asperrimus*, etc.
—— *Astieri.*	

Dans les bancs calcaires, on trouve des Hamulines et *Aptychus angulicostatus.*

Il n'est pas difficile de reconnaître là le néocomien inférieur, tel qu'il se présente en Provence; nous avons pu nous assurer que, tant sous le rapport de la faune qu'au point de vue de la nature des assises, le néocomien de Cabra présente avec les assises infranéocomiennes à Ammonites pyriteuses de Saint-Julien-en-Beauchêne (Hautes-Alpes) et de Sisteron (Basses-Alpes) l'identité la plus complète.

En regagnant la grande route de Priego, on ne quitte pas la limite des marnes néocomiennes et du tithonique qui se recouvrent en concordance. En un point cependant, et probablement par suite d'une cassure locale, les couches semblent buter les unes contre les autres. (Voir la figure 4 ci-jointe.)

Fig. 4. (E-F de la Carte.)

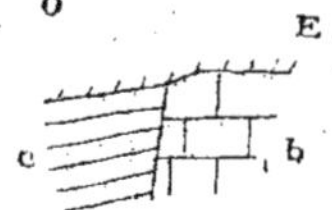

b. Tithonique. — c. Néocomien marneux.

Si l'on s'engage sur la route de Priego, non loin du pont indiqué sur l'esquisse qui accompagne cette note, l'on ne tarde pas à pénétrer dans une dépression dirigée à peu près E.-O., dont la route suit l'axe pendant plusieurs kilomètres. La grande route se maintient au contact du néocomien et du tithonique pendant quelques centaines de mètres jusqu'à un poste de cantonniers (Peones camineros). A gauche s'élève une sierra calcaire, à droite c'est un talus marneux qui est surmonté par une assise de calcaires formant une crête. Une coupe perpendiculaire à la route (fig. 5) montre les couches roses tithoniques allant s'appuyer au nord contre des calcaires oolithiques ruiniformes qui constituent une suite de rochers très élevés; le tithonique, plongeant vers le sud, s'étend jusqu'à la chaussée (*Am. Liebigi*, *Am. transitorius*, *Ter. diphya*); là, il est recouvert en stratification concordante par des marnes

Fig. 5.

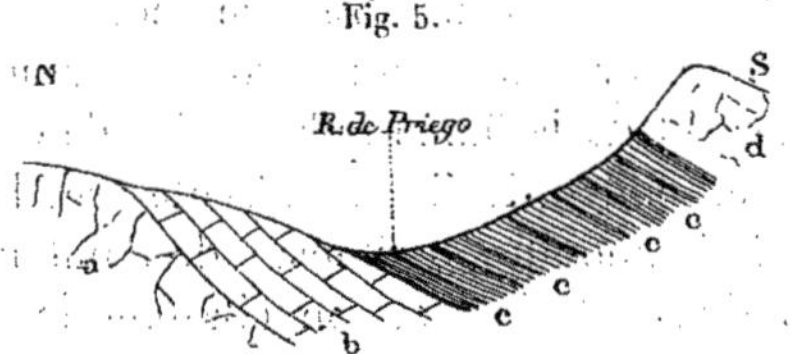

a. Calcaire blanc et oolithique. c. Néocomien.
b. Tithonique. d. Calcaire saccharoïde.

grises à Ammonites pyriteuses (*Am. Astieri*, etc.) alternant vers le haut avec des bancs marno-calcaires à faune plus récente :

Hamulina sp.	*Am. Astieri.*
Am. subfimbriatus.	—— cf. *incertus.*
—— *infundibulum.*	*Aptychus Seranonis* Coq.

Le néocomien, ainsi caractérisé, forme au sud de la route un talus au sommet duquel l'on voit une assise de calcaires blanc-jaunâtres, saccharoïdes et légèrement vacuolaires (fig. 5). L'absence

Fig. 6.

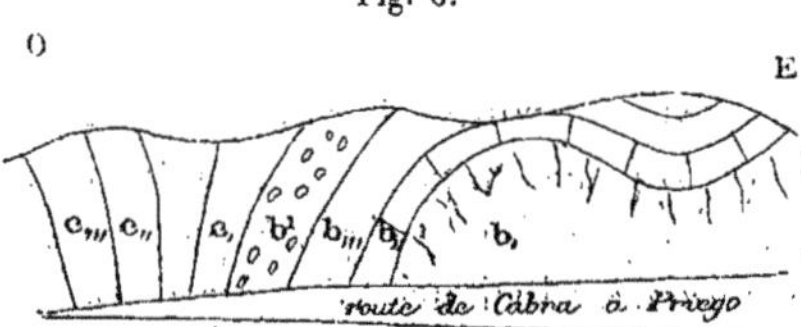

de fossiles ne nous permet pas de nous prononcer sur l'âge de ces couches qui, par leur position et leur nature lithologique, paraissent correspondre à l'urgonien.

Retournons dans la direction de Cabra : la route traverse un pont à gauche duquel affleurent encore les calcaires tithoniques

Fig. 7. — Contournements des calcaires tithoniques.

fortement ondulés (fig. 7); à droite, la tranchée du chemin nous donne la coupe suivante (fig. 6) :

1° Calcaire tithonique rosé, bréchoïde, en gros bancs : *Am. transitorius*, *Am. Honnorati* (*municipalis*), *Am. Lorioli* ($b_{,}$ de la figure 6).

2° Calcaire rouge, marneux et fissile ($b_{,,}$ de la figure 6).

3° Calcaire marneux jaunâtre ($b_{,,,}$ de la figure 6).

4° Marnes blanches à fragments de calcaire paraissant *usés* et fossiles d'apparence *roulée* : *Am. ptychoicus*, *Am.* (voisin du *Calisto*), *Aptychus Beyrichi*, *Aptychus punctatus*, *Pygope Bouei*, Encrines (b^{1} de la figure 6).

5° Marnes grises et marnocalcaires à Ammonites indéterminables ($c_{,}$ de la figure 6).

6° Marnes à rognons calcaires : *Aptychus punctatus* ($c_{,,}$ de la figure 6).

7° Marnes grises à Ammonites pyriteuses (*Bel. conicus*, *Am. quadrisulcatus*, *Am. Grasi*, *Am. Astieri*) avec banc de calcaire marneux grisâtre à *Pygope diphyoides* ($c_{,,,}$ de la figure 6).

La route descend ensuite en lacets vers Cabra, elle traverse la série renversée des marnes néocomiennes jusqu'au voisinage d'une fabrique connue sous le nom de Martinetto. Ici elle entre dans la plaine et côtoie le massif jurassique dont nous avons parlé au commencement de cette étude.

Notons, pour terminer, que la collection de Verneuil à l'École des Mines de Paris renferme quelques fossiles de Cabra qui indiqueraient l'existence, près de cette ville, d'horizons fossilifères appartenant au jurassique supérieur et inférieurs au tithonique. Ce sont : un exemplaire typique du *Pelt. bimammatum* Qu. sp.

que nous avons fait figurer dans notre *Mémoire paléontologique* (pl. XXVI, fig. 3) et un échantillon du *Simoceras* cf. *agrigentinum* Gemm. (*Mém. paléont.*, pl. XXVI, fig. 1) ainsi que *Oppelia Holbeini* Opp. sp. Ces fossiles sont rouges et la gangue ressemble à celles du tithonique.

Liste générale des fossiles recueillis aux environs de Cabra.

ABRÉVIATIONS.

K. Espèces trouvées par l'auteur.
C. V. Espèces déposées dans la collection de Verneuil, à l'École des Mines de Paris.
* Espèces citées par M. Mallada.

TITHONIQUE.

Belemnites (Hibolites) semisulcatus Münst.* K.
—— (——) **Conradi** Kilian. K.
—— **(Duvalia) latus** Blainv. K., C. V.
—— (——) **ensifer** Opp. C. V.
—— (——) **strangulatus** Opp. C. V.
—— (——) **Haugi** Kilian. K.
—— (——) **Deeckei** Kilian. K.
—— (——) **tithonius** Opp. K. C. V.
—— (——) **conophorus** Opp. K.
Lytoceras quadrisulcatum d'Orb. sp.* K., C. V.
—— **Juilleti** d'Orb. sp. (**sutile** Opp. sp.) K.
—— **Liebigi** Opp. sp. K.
—— **Honnorati** d'Orb. sp. (**municipale** Opp. sp.*) K., C. V.
Phylloceras cf. **serum** Opp. sp. (=**Tethys** d'Orb. sp.) K., C. V.
—— **Calypso** d'Orb. sp. (**silesiacum** Opp. sp.)* K., C. V.
—— **Kochi** Opp. sp.* K., C. V.
—— **semisulcatum** d'Orb. sp. (**ptychoicum** Qu. sp.)* K., C. V. Cité par Zittel. (Abondant.)
Haploceras elimatum Opp. sp.* K., C. V.
—— **Grasi** d'Orb. sp. (**tithonium** Opp. sp.) K.
—— **Staszycii** Zeuschn. sp. K.
Holcostephanus cf. **narbonensis** Pict. sp. K., C. V.
—— **pronus** Opp. sp.* K.
—— **Negreli** Math. sp. (**Barroisi** Kil.) K.
—— **Grotei** Opp. sp.* C. V.

Aptychus Beyrichi Opp.* K., C. V.
—— **punctatus** Voltz.* K., C. V.
Perisphinctes colubrinus Rein. sp. K., C. V.
—— **eudichotomus** Zitt.* sp. var. **cabrensis** de V. C. V.
—— **contiguus** Zitt. (non Cat. sp.) C. V.
—— **transitorius** Opp. sp.* K., C. V.
—— **senex** Opp. sp. K., C. V.
—— **geron** Zitt. (**ardescicus** Font.) K.
—— **Fischeri** Kil. K.
—— **Lorioli** Zitt.* K., C. V.
—— **sublorioli** Kil. K.
—— cf. **moravicus** Opp. sp. K.
—— **Falloti** Kilian K.
—— **Richteri** Opp. sp.* K., C. V.
—— —— sp. C. V.
—— **Albertinus** Zitt. C. V.
—— **Heimi** E. Favre, K.
Simoceras lytogyrum Zitt. K.
Hoplites microcanthus Opp. sp.* C. V.
—— **Kœllikeri** Opp. sp.* K.
—— **symbolus** Opp. sp. Citée par Zittel. K., C. V.
—— **privasensis** Pictet sp. K., C. V.
—— **progenitor** Opp. sp.* K., C. V.
—— aff. **occitanicus** Pictet sp. K.
—— **Bergeroni** Kilian. K.
—— **Andreæi** Kil. C. V.
—— **Tarini** Kilian. K.
—— **Chaperi** Pictet sp. K., C. V.
—— **Castroi** Kilian. K.
—— **Malbosi** Pictet sp. K., C. V.
—— **carpathicus** Zitt. sp.* K., C. V.
—— **Calisto** d'Orb. sp. K., C. V.
—— **delphinensis** Kil. K.
—— **Malladæ** Kil. C. V.
—— **sp.** C. V.
—— **Macphersoni** Kil. K.
Peltoceras Cortazari Kil. K.
—— **sp.** Kil. K., C. V.
Aspidoceras rogoznicense Zeuschn. sp. K., C. V.
—— **cyclotum** Opp. sp.* K., C. V.

IMPRIMERIE NATIONALE.

Aptychus latus Park.* K., C. V.
Ancyloceras sp. K.
Pleurotomaria cf. **macromphalus** Zitt. K. sp. C. V.
Corbula cf. **Pichleri** Zitt. K., C. V.
Anisocardia tyrolensis Zitt. K.
Aucella carinata Par. sp. C. V.
Panopæa C. V. (Donné à M. de Verneuil par M. Machado.)
Pygope diphya F. Col. sp.* K., C. V. (Abondant.) Citée par Zittel.
——— **Catulloi** Pictet sp.* (**dilatata.**) K.
——— **janitor** Pictet sp. K., C. V.
——— **triangulus** Lam. sp.* K., C. V.
——— **Bouei** Zeuschner sp. K.
Holectypus sp. C. V.
Hemicidaris Zignoi Cott.* K., C. V. Cité par Zittel.
Cidaris sp. C. V.
Collyrites nov. sp. K.
——— **Verneuili** Cott.* K., C. V. Cité par Zittel.
——— **friburgensis** Oost.* K., C. V. Cité par Zittel.
Metaporhinus convexus Cat. sp.* Cité par Zittel. K., C. V.
Encrine. (Abondant.)

NÉOCOMIEN.

Belemnites (Duvalia) dilatatus d'Orb.* C. V.
——— **sp.** K.
——— **latus** Blainv. C. V., K.
——— **conicus** Blainv. K.
Hibolites sp. K.
Phylloceras Tethys d'Orb. sp. K. (Pyriteux.)
——— **picturatum** d'Orb. sp. K., C. V. (Pyriteux.)
——— **diphyllum** d'Orb. sp. K. (Pyriteux.)
——— **semisulcatum** d'Orb. sp. (**ptychoicum** Qu. sp.) K., C. V. (Pyriteux.)
——— **infundibulum** d'Orb. sp. K., C. V. (Pyriteux.)
Lytoceras quadrisulcatum d'Orb. sp. K., C. V. (Pyriteux.)
——— **Juilleti** d'Orb. sp. (**sutile** Opp. sp.) K., C. V. (Pyriteux.)
——— **subfimbriatum** d'Orb. sp. (Calcaire.)
——— cf. **lepidum** d'Orb. sp. (Pyriteux.)
Hamulina sp. K. (Calcaire.)
Haploceras Grasi d'Orb. sp. K., C. V. (Pyriteux.)

Haploceras sp. (Calcaire.)
Holcostephanus Astieri d'Orb. sp. K., C. V. (Pyriteux et calcaire.)
——— ——— **var.** Pictet sp. (Calcaire.)
Hoplites neocomiensis d'Orb. sp. K., C. V. (Pyriteux.)
——— cf. **cryptoceras** d'Orb. sp. K. (Calcaire.)
——— **macilentus** d'Orb. sp. C. V. (Calcaire.)
——— **asperrimus** d'Orb. sp. K. (Pyriteux.)
Aptychus Seranonis Coq. K.
——— **Didayi** Coq. C. V.
——— **angulicostatus** Pict. et de L. C. V.
Schloenbachia cf. **Ixion** d'Orb. sp. K. (Calcaire.)
Ptychoceras (Baculites) neocomiense d'Orb. sp. C. V. (Pyriteux.)
Ancyloceras sp. C. V. (Calcaire.)
Gastropodes indéterminables. C. V. (Pyriteux.)
Pholadomya cf. **Trigeri** Cott. C. V. (Calcaire.)
——— du groupe de **Ph. Malbosi** Pict. C. V. (Calcaire.)
Terebratula Moutoni Pict. C. V. (Calcaire.)
——— **hippopus** Rœmer. C. V. (Calcaire.)
Pygope diphyoides d'Orb. sp. K. (Calcaire.)
Échinides indéterminables. K. (Calcaire.)

Il convient d'ajouter à ces listes des fossiles de Cabra les espèces suivantes qui ne nous sont connues que par des citations qu'en a faites M. de Mallada dans ses divers ouvrages :

Aptychus sparsilamellosus Guemb.
——— **lamellosus** Munst.
Am. arduennensis d'Orb.
——— **Hommairei** (?) d'Orb.
——— **tatricus** (?) Pusch.
——— **eucyphus** Opp.
——— **liparus** Opp.
——— **tortisulcatus** d'Orb.
——— **mediterraneus** Neum.
——— **isotypus** Benecke.
——— **macrotelus** Opp.
——— **arolicus** Opp.
——— **flexuosus** Münst.
——— **pseudoflexuosus** Favre.

Am. Loryi Mun.-Ch.
—— **Manfredi** Opp.
—— **trimerus** Opp.
—— **hybonotus** Benecke.
—— **strictus** Cat.
Neæra Lorioli Neum.
Rhynchonella lacunosa Qu.
Collyrites arolica.
—— **Voltzii** Desor.
Chenandropus Herbichi Neum.

La collection de Verneuil renferme en outre les espèces suivantes, dénommées mais non décrites par de Verneuil :

Am. cabrensis de Vern. = **Perisphinctes eudichotomus** Zitt. sp. var. **cabrensis** de Vern.
Am. Botellæ de Vern. } = **Perisphinctes colubrinus** Rein. sp.
—— **subbotellæ** de Vern. }
—— **carcabuensis** de Vern. = **Hoplites privasensis** Pictet sp.
—— **Colombi** de Vern. = **Perisphinctes Heimi** Favre.

En résumé, il résulte de nos observations aux environs de Cabra :

1° Que les assises tithoniques reposent sur des calcaires massifs de couleur blanche, compactes ou oolithiques, dans lesquels nous n'avons pas rencontré de fossiles.

D'après certains échantillons de la collection de Verneuil, les zones de l'*Am. bimammatus* et de l'*Am. acanthicus* existeraient aux environs de Cabra.

2° Le tithonique, quoique très homogène (*Aptychus punctatus, Am. semisulcatus* [*ptychoicus*], *Calypso* [*silesiacus*], *Juilleti* [*sutilis*], *Richteri, transitorius, Ter. diphya, Ter. janitor,* etc., se rencontrent du haut en bas de l'étage), présente une PARTIE INFÉRIEURE à *affininités jurassiques* (1) (*Am.* [*Asp.*] *rogoznicensis, Am. lon-*

(1) Notre confrère M. Haug, de Strasbourg, nous écrit avoir constaté, dans les Alpes du Tyrol, l'existence d'une transgression entre les couches du niveau de Stramberg et le Diphyakalk (tithonique inférieur). Cela tendrait à

gispinus[1], *Am.* [*Perisphinctes*] *colubrinus*, *Am. contiguus*, *Am. geron*, *Am. Fischeri*, *Aptychus latus*, *Am.* [*Perisphinctes*] *albertinus*, *Am. Heimi*) et une DIVISION SUPÉRIEURE À *affinités crétacées* et à faune voisine de celle de Berrias, qui contient un nombre plus grand de formes spéciales (*Bel. Conradi*, *B. Haugi*, *B. Deeckei*, *Am. Kochi*, *Am. pronus*, *Am. privasensis*, *Am. Calisto*, *Am. Bergeroni*, *microcanthus*, *Kœllikeri*, *Andreæi*, *Chaperi*, *delphinensis*, *Tarini*, *Castroi*, *carpathicus*, *Malladæ*, *Macphersoni*, *Cortazari*, *cyclotus*, etc.). Cette division supérieure nous a également fourni la plupart des espèces du calcaire de Berrias (*Bel. latus*, *Am. Grasi*, *Am. narbonensis*, *Am. Grotei*, *Am. Negreli*, *Am. privasensis*, *occitanicus*, *Malbosi*, etc.), de sorte qu'il est probable qu'elle représente cet horizon qui, sans cela, ferait ici défaut. Il faut, par conséquent, considérer les couches de Berrias comme intimement liées au tithonique supérieur, qui renferme déjà de nombreux *Hoplites* du groupe de *Hopl. Malbosi* et des *Holcostephanus*, précurseurs de *Holc. Astieri*.

Cependant il demeure non moins démontré qu'ici comme dans le Véronais, dans les Alpes françaises et dans plusieurs autres régions, les deux assises, exceptionnellement bien développées et distinctes à Cabra, contiennent un nombre trop grand d'espèces communes pour être considérées comme autre chose que comme

prouver, d'après M. Haug, que l'étage tithonique d'Oppel n'est autre chose qu'un système de couches, dont une grande partie (le Diphyakalk) devrait être rapportée au terrain jurassique, tandis que l'autre (l'horizon de Stramberg, auquel se rattacheraient les couches de Berrias) ferait partie du crétacé, ainsi que le montrerait le grand nombre de formes nouvelles qui apparaissent à ce niveau. Tel n'est pas notre avis; quoique reconnaissant parfaitement les affinités crétacées du tithonique supérieur, nous nous refusons, à cause des nombreuses espèces communes aux deux divisions du tithonique d'une part, et de l'autre pour des raisons de parallélisme, à accepter la scission proposée par notre savant confrère.

[1] M. Favre (Z. à *A. acanthicus*, p. 108) dit avoir rencontré à Cabra, avec le *Ter. diphya*, un échantillon d'*Am. longispinus* typique. Pictet, de son côté (*Arch. d. sc. Bibl. univ.*, nov. 1869), émet l'opinion que les couches de Cabra appartiennent au tithonique inférieur (Klippenkalk).

des subdivisions secondaires d'un ensemble assez homogène. Nous croyons donc devoir, avec M. Hébert, avec MM. Nicolis et Parona, les réunir en un groupe qui nous paraît très naturel et qu'il serait pratiquement fort difficile de scinder en deux zones indépendantes, dans la plupart des régions que nous avons visitées.

Le trait caractéristique de ces faunes est le développement des *Perisphinctes* du groupe de l'*Am. transitorius* (*Per. geron*, *senex*, *contiguus*, *transitorius*, *eudichotomus*, *Richteri*) et l'apparition, dans la plus récente, de la série importante des *Hoplites* (*H. Chaperi*, *H. privasensis*, *H. delphinensis*, *H. Calisto*, *H. microcanthus*), précurseurs des formes (*Hoplites Roubaudi*, *neocomiensis*, *radiatus*, etc.) qui vont peupler les mers néocomiennes, ainsi que des *Holcostephanus*[1] (*H. pronus*), si répandus dans le néocomien inférieur.

Nous avons choisi comme espèces caractéristiques l'*Am.* (*Perisphinctes*) *geron* pour la zone inférieure, l'*Am.* (*Hoplites*) *Calisto* pour la zone supérieure, à cause de la constance avec laquelle ces deux formes se montrent, occupant toujours le même niveau, non seulement en Andalousie, mais dans les Alpes françaises, dans les Alpes orientales, le Véronais, etc.

L'*Am. privasensis* que l'on aurait pu également, vu son abondance, prendre comme fossile typique de l'assise supérieure, se continue dans les calcaires de Berrias, ce qui n'a pas lieu pour *Am. Calisto*.

3° Le tithonique se termine par un lit à fossiles d'apparence roulée et rognons de calcaire formant une sorte de brèche à rapprocher de celles qui ont été observées par nous au niveau de l'*Am. Loryi*, dans le tithonique, et dans le calcaire de Berrias, près de Sisteron (Basses-Alpes) et de celles qu'on a citées souvent, à Aizy (Isère) et dans d'autres localités. Il est fort remarquable que les traces d'un trouble dans la sédimentation se retrouvent

[1] Nous croyons qu'il faut écrire *Holcostephanus* comme *Holcodiscus* et non *Olcostephanus*, le mot grec ὁλκός portant un esprit rude.

à un niveau à peu près identique dans les régions les plus diverses [1].

4° Le néocomien à *Ter.* (*Pygope*) *diphyoides* est bien développé dans la contrée et rappelle beaucoup, ainsi que l'a déjà fait remarquer M. Hébert (*Bull. Soc. géol. de France*, 2e série, t. XXIV, p. 369), les couches équivalentes de la Drôme et des Basses-Alpes. (Marnes à *Bel. Emerici* et *Ammonites neocomiensis.*) La présence de certaines espèces paraît indiquer aussi l'existence de l'hauterivien près de Cabra et du barrêmien plus à l'est, près de Carcabuey.

[1] Voir à ce sujet (*Ann. des sciences géolog.*, t. XIX, p. 134 et 192) un article où nous avons traité en détail la question des pseudobrèches du tithonique de nos Alpes françaises.

ÉTUDES PALÉONTOLOGIQUES

SUR

LES TERRAINS SECONDAIRES ET TERTIAIRES

DE

L'ANDALOUSIE,

PAR

M. KILIAN,

CHEF DES TRAVAUX PRATIQUES AU LABORATOIRE DE GÉOLOGIE DE LA SORBONNE,
ANCIEN SECRÉTAIRE DE LA SOCIÉTÉ GÉOLOGIQUE DE FRANCE.

INTRODUCTION.

Les fossiles cités et décrits dans ce Mémoire ont été recueillis, pour la plupart, par M. Marcel Bertrand et par moi dans les terrains secondaires et tertiaires des provinces de Grenade et de Malaga. Un certain nombre d'espèces proviennent de la collection de Verneuil, que M. Douvillé a gracieusement mise à ma disposition pour ce travail. Enfin un grand nombre des échantillons étudiés et figurés a été récolté dans une excursion que je fis pendant mon séjour en Andalousie, à Cabra (province de Cordoue).

J'ai suivi dans cette étude l'ordre stratigraphique; les espèces de chaque étage y sont énumérées et accompagnées des observations auxquelles elles peuvent donner lieu. J'ai eu soin, afin de donner plus de précision à mes indications, de renvoyer autant que possible, pour chaque espèce, à la figure que j'ai prise pour type. Quelques formes nouvelles ont été figurées; d'autres déjà connues ont été représentées de nouveau pour en justifier la détermination ou pour fournir une base à la discussion. Je n'ai pas donné la synonymie complète des espèces; un grand nombre d'entre elles sont déjà très connues et les synonymies détaillées en sont indiquées

IMPRIMERIE NATIONALE.

dans d'autres ouvrages. Je me suis donc borné à citer les travaux dans lesquels les descriptions et les figures m'ont fourni des éléments spéciaux de comparaison. On trouvera enfin des considérations générales sur la faune de chaque étage et les rapprochements qui peuvent être établis entre ces faunes et celles des contrées classiques.

Les études qu'a nécessitées la préparation de ce Mémoire ont été faites au laboratoire de recherches géologiques de la Sorbonne. Je suis heureux de pouvoir présenter l'expression de ma reconnaissance à son directeur, mon savant maître M. Hébert, ainsi qu'à M. Munier-Chalmas, sous-directeur, qui n'a cessé de m'assister de ses conseils et de sa compétence. Je remercierai également MM. Bassani, Douvillé, P. Fischer, de Lapparent, Fontannes, E. Haug, Uhlig et Ph. Dautzenberg, auxquels je dois de précieux renseignements.

Les planches qui accompagnent le texte ont été dessinées d'après nature par M. Bideault, qui s'est aidé pour cela de nombreuses photographies exécutées par l'auteur au laboratoire de recherches de la Faculté des sciences.

TRIAS.

Le trias, peu fossilifère dans la région, ne nous a fourni de restes organisés que près d'El Chorro (sierra de Abdalajis) et à la sierra Elvira. Ces deux gisements appartiennent à la partie tout à fait supérieure du système.

1. **Natica gregaria** Schl. sp.

1822. *Helicites turbilinus* v. Schl., *Nachtræge*, pl. XXXII, fig. 5, p. 108.
1822. *Buccinites gregarius* v. Schl., *Nachtræge*, pl. XXXII, fig. 6, p. 108.
1841. *Turbo gregarius* Schl.[1] Goldfuss, *Petr. Germ.*, pl. CXCIII, p. 93.
1864. *Natica gregaria* Schl. v. Alberti, *Trias*, p. 168.

Couches à *Myophoria vestita*. Tranchées du chemin de fer entre Gobantes et El Chorro. Abondant.

Cette espèce se rencontre ailleurs dans le muschelkalk et dans le keuper (Wurtemberg), ainsi que dans le trias supérieur des Alpes.

2. **Gastropode** indéterminable.

L'ornementation rappelle *Pleurotomaria sulcata* Alberti.

3. **Myophoria vestita** v. Alberti.

Pl. XXIV, fig. 1.

1864. V. Alberti, *Die Trias*, pl. II, fig. 6.

Nous rapportons à cette espèce deux échantillons assez mal conservés dont la disposition des côtes, surtout la proéminence de la première, rappelle le type d'Alberti. Avant de nettoyer l'échantillon, les sillons de la lunule caractéristiques de l'espèce étaient

(1) Les titres *in extenso* des ouvrages cités en abbréviations se trouvent à la fin de ce travail.

encore visibles. M. Munier-Chalmas en a constaté l'existence av nous.

Tranchées du chemin de fer entre les stations de Gobantes d'El Chorro.

Le type est du keuper de Gansingen (Argovie).

4. **Lucina** (?) sp.

Échantillons mal conservés, visibles sur la plaque de calcair représentée pl. XXIV, fig. 1.

Même gisement.

5. **Gervillia præcursor** v. Quenstedt.

1858. Quenstedt, *Jura*, pl. I, fig. 8-11.
1861. Alberti, *Die Trias*, pl. I, fig. 6.

Cette espèce, identique aux figures données par M. Quenstedt forme lumachelle dans une assise de calcaire marneux brunâtre où elle est associée à *Myophoria vestita* et à *Natica gregaria*.

Tranchées du chemin de fer entre les stations de Gobantes e d'El Chorro.

Dans le reste de l'Europe, elle caractérise le keuper supérieu et l'infralias.

6. **Terquemia (Carpenteria) spondyloides** v. Schl. sp.

1822. *Ostracites spondyloides* V. Schlotheim., *Nachtræge*, pl. XXXVI, fig. 1
1841. Goldfuss, *Petr. Germ.*, pl. LXXII, fig. 5, p. 3 (*Ostrea*).
1861. V. Alberti, *Die Trias*, p. 63.

Dans l'Europe septentrionale, *Terq. spondyloides* se rencontr dans le muschelkalk. Une forme voisine, *Ostrea Montis caprili* v. Klipst, se trouve dans le trias alpin de Saint-Cassian.

Assise supérieure du trias. Sierra Elvira près Grenade. Rare.

7. **Terebratula** sp.

Couches à *Myophoria vestita*. Tranchées de Gobantes. 1 exemplaire.

Cette faune, qui se réduit à quatre espèces déterminables, montre que le trias supérieur de la zone subbétique (voir le Mémoire de MM. Bertrand et Kilian) a un caractère plutôt septentrional qu'alpin. Il se relie donc plus au trias de la province de Jaen, décrit par M. Mallada, qu'aux couches de même âge des Alpujarras, où M. Barrois a trouvé des *Megalodon*.

INFRALIAS.

Cet étage ne nous a pas fourni de restes organisés.

LIAS INFÉRIEUR ET MOYEN.

Nous réunissons dans un même chapitre la faune de ces deux étages, le facies uniforme des couches nous ayant empêché de les distinguer d'une façon bien nette.

8. **Belemnites** sp.

Fragments indéterminables.
Zone à *Am. algovianus*. Sierra Elvira (versant d'Atarfe). 1 exemplaire.

Belemnites sp.

Lias moyen à *Ter. Aspasia*. Salinas. Rare.

Belemnites sp.

Probablement le *Bel. acutus*.
Couches à *Arietites*. Sierra de Hachuelo près Montefrio, où les fragments en sont abondants.

9. **Lytoceras** sp. indét.

Couches à *Am. algovianus*. Sierra Elvira. 1 exemplaire.

10. **Phylloceras cylindricum** Sow. sp.

Pl. XXV, fig. 3 *a*, *b*.

1864. V. Hauer, *Heterophyllen d. Oesterr. Alpen*, pl. III, fig. 5 et 6, p.

Nous avons recueilli quatre exemplaires de cette Ammonite da le lias des Bains d'Alhama. Ils correspondent bien aux figures von Hauer et leur détermination peut être considérée comm certaine.

Le *Phyll. cylindricum* se rencontre dans les couches de Koesse d'Hierlatz et d'Adneth (Alpes orientales) et à la Spezzia.

11. **Phylloceras** sp.

Sierra Elvira.

12. **Rhacophyllites lariensis** Menegh. sp.

Pl. XXIV, fig. 8 *a*, *b*.

1867. Meneghini, *Mon. Calc. am.*, pl. XVII, fig. 1 et 2, p. 80.

Cette curieuse espèce est voisine de l'*Am. eximius* Hauer qui a é rangée par MM. Zittel et Sutner dans le sous-genre *Rhacophyllit* où elle se trouve réunie à l'*Ammonites tortisulcatus*. Ses lobes (Men *loc. cit.*, fig. 2 *d*) sont en effet très analogues à ceux du type d genre (Zittel, *Pal.*, p. 439, fig. 614). Nous l'avons recueillie ave l'*Am. algovianus* à la sierra Elvira.

On cite cette ammonite du toarcien de Piano d'Erba et de l'A pennin.

Des formes voisines (*Am. eximius, Am. mimatensis*) se trouvent Adneth, Koessen, Hierlatz, à Erba et la Spezzia, à Mende (Lo zère).

13. **Arietites ceras** Giebel sp.

1856. V. Hauer, *Ceph. a d. Lias d. Nord. Alp.*, pl. VI, fig. 4-6o, p. 25. (Sinémurien et liasien.)

Nous avons comparé nos échantillons à un exemplaire d'Adneth que possède l'École des Mines; cette comparaison a confirmé notre première détermination.

Cette espèce est très voisine d'*Arietites Douvillei*, Bayle (Expl. carte géol., pl. LXXVI).

Avec *Phyll. cylindricum*. Baños de Alhama. Fragments. Un fragment provenant des couches à *Am. algovianus* de la sierra Elvira peut être également rapporté à cette espèce, qui caractérise le facies alpin du lias (Adneth, Toscane, etc.) et le sinémurien.

14. **Arietites** cf. **multicostatus** Hauer sp. (*non* Sow.).

Pl. XXIV, fig. 2 *a*, *b*.

1856. V. Hauer, *Ceph. Lias*, pl. VII, fig. 7-10.

Espèce du sinémurien et des couches d'Hierlatz.

Nos échantillons ont les côtes plus infléchies en avant et plus irrégulières que l'exemplaire figuré par von Hauer et provenant des couches d'Hierlatz. Ils sont tous de petite taille.

Lias à *Ter. Aspasia*. Salinas. Plusieurs exemplaires incomplets.

15. **Arietites** sp.

Fragment d'un *Arietites* voisin d'*Ar. Kridion* Hehl. sp.

Sierra de Hachuelo, près Montefrio.

16. **Arietites** cf. **spiratissimus** Quenst. sp.

1856. V. Hauer, *Ceph. Lias*, pl. III, fig. 1-3.
1867. Quenstedt, *Handb.*, pl. XXVII, fig. 9, p. 18.

Cette forme a été trouvée également en Autriche dans les couches de Koessen à Enzesfeld.

Fragments. Avec *Am. cylindricus*. Baños d'Alhama.

17. **Hildoceras algovianum** Oppel sp.

Pl. XXIV, fig. 7.

1853. *Am. radians amalthei* Oppel, *Mittl. Lias*, p. 51, pl. III, fig. 1 *a*, *b*.
1858. *Am. algovianus* Oppel, *Pal. Mitth.*, I, p. 137.
1868. *Am. algovianus* Reynès, *Pal. aveyr.*, pl. II, fig. 1.
1868. *Am. ruthenensis* Reynès, *Pal. aveyr.*, pl. II, fig. 4.
1867. non *Am. algovianus* Men., *Mon. calc. am.*, pl. X, fig. 1 et 2.
1867. non *Am. algovianus* Men., *Medolo*, pl. II, fig. 1.
1867. *Am. ruthenensis* Men., *Medolo*, pl. II, fig. 6, 7 et 8.
1885. *Harpoceras algovianum* Haug., *Beitraege Mon. Harp.*, p. 629 (partim

Cette forme a la carène très accentuée; les sillons qui l'accom pagnent sont peu prononcés et la section des tours est plus haut que dans l'espèce suivante.

Nous croyons devoir attribuer cette espèce au sous-genre *Hildo ceras* à cause de la flexuosité des côtes qui sont plus droites che les *Arietites* où elles ne s'infléchissent guère alors qu'au voisinag immédiat de la face ventrale.

Se rencontre en exemplaires identiques aux figures de Reynès dans des couches inférieures aux bancs à *Am. bifrons*. Nous avon fait figurer un échantillon provenant de la sierra Elvira et remar quable par ses côtes légèrement dirigées en arrière, tendance qu s'accentue, on le sait, dans *Hildoceras retrorsicosta* Opp. sp.

Très abondant à la sierra Elvira avec le *Ter. erbaensis*.

Cette espèce caractérise d'ordinaire la partie supérieure du lias moyen (δ de Quenstedt) dans les régions alpines (Tyrol, environs de Gap [Hautes-Alpes]) et l'Aveyron. Elle se trouve aussi dans le Medolo de la Lombardie. On l'a citée en Sicile dans le toarcien, mais c'est là un fait isolé.

18. **Hildoceras Bertrandi** n. sp.

Pl. XXV, fig. 1 *a*, *b*.

1857. *Am. obliquecostatus* Quenst., *Jura*, pl. XXII, fig. 29 (non 30).
1867-1881. *Am. algovianus* Men., *Mon. calc. am.*, pl. X, fig. 1 et 2.
1867-1881. *Am. algovianus* Men., *Medolo*, pl. II, fig. 1.
1885. *Am. algovianus* Haug., *Beitræge Mon. Harp.*, p. 629 (partim).

Cette forme se distingue de la précédente par une face ventrale plus large, à sillons plus profonds et moins flexueux.

L'échantillon figuré a les tours un peu plus bas que ceux de la Lombardie, ils correspondent bien à la figure donnée par Quenstedt. En outre, les côtes sont moins flexueuses que dans *H. algovianus*. On l'a signalée dans le medolo et le toarcien de Lombardie, dans le lias moyen de la Souabe.

Sierra Elvira. Salinas.

Petites **Ammonites** indéterminables.

Calcaire à Entroques inférieurs aux couches à *Am. algovianus*. Sierra Elvira.

19. **Natica** sp.

On peut faire une ample récolte de grosses Natices dans les tranchées du chemin de fer entre Gobantes et El Chorro où elles forment un banc entier; mais ces coquilles se présentent dans un état de conservation trop déplorable pour être déterminées.

20. **Nerinea** sp.

Même gisement. Abondant.

21. **Pecten (Amulsium) Stoliczkai** Gemm.

1872-1878. Gemmellaro, *Sopra alcune faune*, etc., pl. XXX, fig. 19 et 20.

Espèce des couches à *Pyg. Aspasia* de la Sicile. Calcaire à *Ter. Aspasia*. Salinas.

IMPRIMERIE NATIONALE.

22. **Semipecten (Hinnites) velatus** d'Orb. sp.

1841. Goldf., *Petr. Germ.*, pl. CV, fig. 4.

Cette espèce liasique, à laquelle il faudra peut-être réunir comme variété *Semip.* (*Hinnites*) *aracnoides* Gemm. sp., a été recueillie par nous dans le lias moyen de Villanueva del Rosario.

Empreinte de coquille bivalve.

Lias moyen. Est de Pinos Puente (sierra Elvira).

23. **Spiriferina rostrata** Schl. sp.

1822. *Terebratulites rostratus* Schl., pl. XVI, fig. 4 (partim).
1853. *Spirifer rostratus* Opp., *Mittl. Lias Schw.*, pl. IV, fig. 7.
1851-1855. *Sp. rostratus* Dav., *Brit. lias. Brach.*, pl. II, fig. 1 et 2.

Se rencontre assez abondamment avec *Terebratula Aspasia*, à l'est de la station de Salinas.

24. **Pygope Aspasia** Men. sp., var. **major** Zitt.

Pl. XXIV, fig. 3 *a*, *c*.

1853. Meneghini, *Nuovi fossili toscani*, p. 13.
1869. Zittel, *Appenn.*, pl. XIV, fig. 1-4.
1872-1878. Gemmellaro, *Sopra alc. faune giur.*, etc., pl. XI, fig. 1-3, p. 63.
1880. Capellini, *Brach. d. strati à* T. Aspasia, pl. I, fig. 1 et 2.

Lias à *Spiriferina rostrata*. Salinas.

Cette espèce caractérise le lias moyen en Sicile, en Italie et dans les Alpes orientales. Il est très intéressant de l'avoir retrouvée en Andalousie; nous avons cru devoir figurer le seul échantillon recueilli par nous en Andalousie et appartenant à la variété *major* distinguée par Zittel.

25. **Pygope erbaensis** Suess. sp.

Pl. XXIV, fig. 9 *a*, *b*.

1857. *Terebratula incisiva* Stoppani, *Stud. geol. e paleont. sulla Lombardia*, p. 229, 402 et 403.
1857. *Terebratula Villae*, *Ter. longicollis*, *Ter. circumvallata* Stoppani, *Stud. geol. e paleont. sulla Lombardia*, p. 229, 402 et 403.
1863. *Terebratula erbaensis* Suess in Pictet, *Mél. pal. III*, pl. XXXIII, fig. 8.
1867. Meneghini, *Mon. calc. Am.*, pl. XXIX, fig. 6-8, p. 165.
1886. *Terebratula incisiva* Stoppani. De Stefani, *Lias inf. ad arieti, Ap. sett.*, pl. I, fig. 1-5 (*Mem. Soc. tosc. d. sc. nat.*, t. VIII, fasc. 7).

Couches à *Am. algovianus*. Atarfe.

Cette espèce se rencontre dans le toarcien de l'Apennin et de la Lombardie ainsi que près de Salzburg (*Ter. longicollis* Stopp.). On la rencontre surtout dans les calcaires inférieurs au toarcien (lias moyen). L'échantillon d'Andalousie se rapporte tout à fait aux figures données par M. Meneghini.

26. **Terebratula punctata** Sow.

1851-1855. Davidson, *A Monogr. of brit. foss. Brach. 3*, pl. VI, fig. 1-6.
1862-1885. Desl., *Pal. fr. Brach. jur.*, pl. XLIII, fig. 4.

Échantillons incomplets pouvant également se rapporter au *Ter. Andleri* Opp. (*loc. cit.*, pl. X, fig. 4).

Salinas.

27. **Terebratula** cf. **Andleri** Opp.

Cette forme appartient au groupe du *Ter. subpunctata*.

Lias à *Pyg. Aspasia*. Salinas.

28. **Zeilleria Partschi** Opp. sp.

Pl. XXIV, fig. 4 *a*, *b*.

1861. Oppel, *Ueber die Brachiopoden des unteren Lias.* (*Zeitschrift der deutschen geol. Gesellschaft*, pl. X, fig. 6.)

Cette espèce, qui se rencontre aussi à Hierlatz (Autriche), a été trouvée par nous à Salinas avec la précédente; elle se rapproche du *Waldh. Catharinae* Gemm. de Sicile.

29. **Rhynchonella Dalmasi** Dum.

Pl. XXIV, fig. 6 *a*, *d*.

1869. Dumortier, III, pl. XLII, fig. 3, 4 et 5.

Cette Rhynchonelle appartient au groupe du *Rh retusifrons* Opp. (*loc. cit.*, pl. XII, fig. 5); le type est du lias moyen de Privas; elle se rencontre en beaux échantillons dans les calcaires à *Pyg. Aspasia* de Salinas.

MM. Nicolis et Parona (*Bull. Soc. geol. ital.*, vol. IV, pl. IV, fig. 2) viennent de publier une forme (*Rh. Nicolisi* Par.) des couches à *Am. acanthicus*, qui fait partie du même groupe. (*Retusifrons* Sippe de M. Rothpletz.)

30. **Rhynchonella furcillata** Theod. sp..

1871. Quenstedt, *Petrefaktenkunde. Brachiop.*, pl. XXXVII, fig. 132 et 137
1878. Davidson, *Mon. Brit. foss. brach.* suppl. pl. XVIII, fig. 1-4 et suppl. pl. XXVI, fig. 1-6.

Nous avons trouvé, dans les éboulis qui entourent les monticules de calcaires blancs des environs d'Illora, un joli exemplaire de cette espèce si bien caractérisée par ses côtes dichotomes.

31. **Rhynchonella** cf. **Bouchardii** Dev.

1871. Quenstedt, *Petrefaktenk. Brach.*, pl. XXXVII, fig. 148. (Lias δ.)
1878. Davidson, *Foss. Brach.*, Suppl. II, pl. XXIX, fig. 19.

Nous rapportons à cette espèce une jeune Rhynchonelle de très petite taille, recueillie dans les calcaires blancs du lias moyen, Villanueva del Rosario.

32. **Rhynchonella serrata** Sow.

1812-1823. Sow., *Min. conch.*, t. V, pl. 503, fig. 2.
1851-1855. Davidson, *Mon. Brit. Brach.*, p. 85, pl. XV, fig. 1 et 2.
1872-1882. Gemmellaro, *Sopra alc. faune*, etc., pl. XI, fig. 24.

Couches à *T. Aspasia*. Salinas.

Cette espèce se rencontre dans les couches à *Pyg. Aspasia* de la Sicile.

33. **Rhynchonella triplicata** Quenst. sp.

1858. *Rh. variabilis* Oppel, *Juraformation*, § XXV, n° 121.
1871. Quenstedt, *Petrefaktenk. Brach.*, pl. XXXVIII, fig. 176-183. (Lias δ.)

Couches à *Ter. Aspasia*. Salinas.

34. **Rhynchonella bidens** Phil.

Pl. XXIV, fig. 5 *a*, *c*.

1829. Phillipps, *Yorkshire*, pl. XIII, fig. 24. (*Terebratula bidens*.)
1871. *Rh. triplicata bidens* Qu., *Petr. Brach.*, pl. XXXVIII, fig. 19. (Lias δ Ohmenhausen.)

Forme du lias moyen de Souabe et d'Angleterre.

Cette espèce pourrait être confondue avec certaines variétés du *Rh. Hoheneggeri* Suess qui ne présentent qu'un pli frontal. Cependant, dans notre forme, les plis sont plus effacés vers le crochet que dans la Rhychonelle du tithonique.

Calcaire blanc du lias moyen. Villanueva del Rosario.

35. **Pentacrinus** sp.

Lias moyen. Villanueva del Rosario. Sierra Elvira. Éboulis de la sierra Parapanda.

36. **Phyllocrinus aff. alpinus** d'Orb.

Pl. XXV, fig. 2 *a*, *b*.

1882-1884. De Loriol, *Pal. fr. Terr. jur. Crinoïdes*, pl. XVIII, fig. 2; pl. XIX p. 31, 32.

Nous possédons plusieurs calices de cette forme provenant d lias à *Rh. furcillata* de la sierra Parapanda où elle ne paraît pa rare. Elle diffère légèrement du *Ph. alpinus* d'Orb. de l'oxfordie de Chaudon (Basses-Alpes) par des renflements plus aigus de pièces radiales et des dépressions suturales plus anguleuses.

Cette espèce n'est pas éloignée non plus du *Ph. sabaudianus* Pict. du néocomien; mais la forme du calice est plus pyramidale dar ce dernier.

En résumé, notre *Phyllocrinus* présente les pièces anguleuses d *Ph. Sabaudi* et la forme générale du *Ph. alpinus*. Nous n'osor pas en faire une espèce nouvelle, ces différences nous paraissa trop secondaires.

L'énumération des espèces du sinémurien et du liasien mont que ces faunes ont un caractère essentiellement méditerranée Elles rappellent beaucoup les faunes du lias de la Sicile, de l' pennin et des Alpes orientales. Nous remarquerons d'abord u groupe d'espèces des couches inférieures du lias alpin (Hierlat Adneth, Koessen). Ce sont : *Phyll. cylindricum*, *Arietites ceras* *spiratissimus* des baños d'Alhama. Les Brachiopodes (*Pygope Asp sia*, *Spiriferina rostrata*, *Rhynchonella furcillata*, *bidens*, *serrat Dalmasi*), abondants dans certains bancs, notamment à Salina caractérisent un facies analogue à celui des couches à *Pyg. Aspas* de la Sicile, des Apennins et des Alpes orientales. Enfin le nivea supérieur du liasien nous a fourni, à la sierra Elvira, une suite d formes (*Am. algovianus*, *Am. Bertrandi*, *Am. retrorsicosta*, *Pygop erbaensis*) qui toutes caractérisent la partie supérieure du lias moye (Medolo de la Lombardie) et constituent un horizon très consta dans la région méditerranéo-alpine.

LIAS SUPÉRIEUR.

Le toarcien se montre très fossilifère, surtout au nord de la province de Grenade et à la sierra Elvira.

37. **Belemnites** sp. (Fragment).

Du groupe du *B. subclavatus* Voltz.
Lias supérieur. Noalejo.

38. **Phylloceras** indét.

Pyriteux. Même gisement.

39. **Phylloceras Nilsoni** Hébert.

1866. Hébert, *B. S. g. de Fr.*, 2e série, t. XXIII, p. 526, fig. 3.

Conforme aux types de la collection de la Sorbonne et provenant de la sierra Elvira (versant oriental).
Échantillons pyriteux recueillis dans un banc supérieur aux couches à *Am. subplanatus* et *bifrons*.

40. **Phylloceras subnilsoni** n. sp.
Pl. XXV, fig. 4 *a*, *b*.

1861-1867. *Ph. Nilsoni* Meneghini, *Mon. cal. Am.*, pl. XVIII, fig. 8.

Nous proposons de séparer du *Ph. Nilsoni* Hébert[1] une forme du toarcien de Montefrio provenant de la collection de Verneuil. Celle nouvelle espèce diffère de l'espèce de M. Hébert, dont nous avons le type sous les yeux, par un ombilic plus étroit (on ne distingue pas les tours internes); ce fait est remarquable sur-

[1] *Bull. Soc. géol.*, 2e série, t. XXIII, p. 526, fig. 3.

tout lorsqu'on compare la forme de Montefrio à la figure de *Ph.* *Nilsoni* donnée par M. Vacek. (*Ool. de San Vigilio*, pl. IV, fig. 2.)

M. Vacek (p. 67) fait, du reste, lui-même la remarque que les échantillons de Meneghini et un des individus du cap San Vigilio possèdent un ombilic plus étroit que la forme type, ainsi que des sillons plus nombreux et une ouverture moins comprimée latéralement.

Les sillons sont en outre, chez le *Ph. subnilsoni*, beaucoup plus infléchis en avant dans la partie voisine de l'ombilic; enfin les lobes (pl. XXV, fig. 4 *b*), quoique très analogues à ceux de la forme lombarde, ne sont pas identiques. (Neumayr, *Phylloceraten*, pl. XII, fig. 4.)

Dans notre forme les sillons, plus arqués en avant que dans *Ph. Nilsoni*, sont au nombre de cinq par tour de spire; vers le tiers externe des flancs, ils semblent s'effacer un moment pour reprendre ensuite. Cette apparence, indiquée dans notre figure 4 *a*, est due à un élargissement local du sillon qui décrit là une légère inflexion.

Ph. connectens Zittel a des bourrelets sur la région siphonale et un nombre plus grand de sillons.

Ph. Capitanei Catullo possède un plus grand nombre de sillons disposés d'une façon moins régulière.

Ph. ausonium Meneghini est moins embrassant; l'ombilic est plus grand et les sillons ont une forme différente.

Gisement : lias supérieur de Montefrio.

1 exemplaire (coll. de Verneuil).

41. **Hildoceras Mercati** v. Hauer sp.

1856. V. Hauer, *Ceph. Lias N. O. Alpen*, pl. XXIII, fig. 4-10.
1874. Dumortier, *Lias supérieur*, pl. XV, fig. 3 et 4.
1885. Haug., *Beitræge*, p. 637.

Montillana, sierra Elvira.

Forme du toarcien de l'Italie et des régions alpines.

42. **Hildoceras Bayani** Dum. sp.

1874. Dumortier, t. IV, pl. XII, fig. 7 et 8.
1867-1887. Meneghini, *Monogr. calc. Am.*, pl. VII, fig. 1 et 2. (*Harp. comense.*)
1885. Haug., *Beitræge*, p. 635.

Montillana.

43. **Hildoceras bifrons** Brug. sp.

1842-1849. d'Orbigny, *Ceph. jur.*, pl. LVI.
1867-1881. Meneghini, *Mon. calc. Am.*, pl. I, pl. II, fig. 5.
1885. Haug., *Beitræge*, p. 640.

Cette espèce est très abondante dans les calcaires marneux de la sierra Elvira, de Montillana et de las Hoyas. Elle présente toutes ses variétés; parmi les nombreux échantillons que nous avons recueillis, la forme la plus fréquente est celle qu'a figurée M. Meneghini (*loc. cit.*, pl. I et pl. II, fig. 5) et qui, par ses côtes fines, s'écarte notablement du type français. Nous remarquerons également que, dans nos exemplaires, la région ventrale est moins large que dans le type et le canal plus rapproché de l'ombilic.

Toscane, Piano d'Erba, Apennins centrales, Spezzia; couches d'Adneth.

44. **Hildoceras Levisoni** Simpson sp.

1874. Dumortier, *Lias supérieur*, pl. IX, fig. 3 et 4.
1867-1881. *Harp. bifrons*, Menegh., *loc. cit.*, pl. II, fig. 1-4.
1885. Haug., *Beitræge*, p. 641.

Nous l'avons trouvé associé à l'*Am. bifrons*, au pied oriental de la montagne de las Hoyas, au S. O. de Loja. Sierra Elvira. (Avec *Am. bifrons*).

45. **Hildoceras** sp., du groupe de **H. Bayani** Dum.

Lias supérieur. Ouest de los Buques, Sierra Elvira.

IMPRIMERIE NATIONALE.

46. **Harpoceras bicarinatum** Ziet. sp.

1867. Reynès, *Mon. Am.*, pl. V, fig. 18-30.
1885. Haug., *Beitræge Mon. Harp.*, p. 627.

Lias supérieur. Sierra Elvira.

47. **Harpoceras subplanatum** Opp. sp.

1846. (*Am. complanatus* d'Orb.), *Pal. fr. Céph. jur.*, pl. CXIV, fig. 1, 2 et 4.
1874. Dumortier, *Lias supérieur*, pl. X.
1885. Haug., *Beitræge*, p. 619.

Assez commune à la sierra Elvira, où cette espèce semble occuper un niveau supérieur à celui du *Hild. bifrons*.

On la connaît d'Adneth, des couches rouges de la Toscane, de la Lombardie et du toarcien extra-alpin. (Bassin du Rhône et Aveyron.)

48. **Harpoceras radians** Rein. sp.

1818. Reinecke, *Mar. protog.*, etc., fig. 39 et 40.
1885. Haug., *Beitræge*, p. 613.

On connaît l'âge de cette espèce dans les pays du nord de l'Europe; on l'a rencontrée en outre dans les couches d'Adneth et dans les Fleckenmergel (Alpes orientales), dans les couches rouges de la Toscane, l'Apennin central, la Suisse, les Carpathes, etc.

Avec *Am. bifrons*. Sierra Elvira.

48 *bis*. **Harpoceras** sp.

Lias supérieur. Sierra Elvira.

49. **Hammatoceras insigne** Schübl. sp., var. 2 et 4.

1867-1881. Meneghini, *Monogr.*, pl. XIII, fig. 2; pl. XIV, fig. 1 et 2.
1874. *Hammatoceras insigne* Schübl. sp. var. 4 (Haug.); *vide* Dum., pl. XVII, fig. 4 et 5.
1885. Haug., *Beitræge*, p. 647.

Forme à ornements grossiers. Zegri.

Nous avons recueilli deux échantillons de cette espèce (var. 2 et 4 de M. Haug.) dans les calcaires marneux rouges à *Am. bifrons* qui affleurent le long de la route de Grenade à Jaen, entre la venta de las Navas et Zegri.

50. **Lillia Lilli** Hauer sp.

1856. *Ammonites Lilli* v. Hauer, *Ceph. Lias N. O. Alpen*, p. 40, pl. VIII, fig. 1-3.
1885. (?) *Hildoceras Lilli* Haug., *Beitræge*, p. 632.

Un exemplaire. Zegri, au N. E. de Grenade.

51. **Coeloceras crassum** Phil. sp.

1867-1881. Meneghini, *loc. cit.*, pl. XVI, fig. 2.

Lias supérieur de Montillana. Zegri.

52. **Coeloceras commune** Sow. sp.

1874. Dumortier, t. IV, pl. XXVI, fig. 1 et 2.

Lias supérieur. Zegri.

53. **Coeloceras mucronatum** d'Orb. sp.

1846. D'Orbigny, *Pal. Fr. Céph. Jur.*, pl. CIV, fig. 4-8.
1874. Dumortier, t. IV, pl. XXVIII, fig. 3 et 4.

Lias supérieur. Zegri. Deux exemplaires.

Il résulte de l'étude des espèces contenues dans le toarcien de l'Andalousie que la faune du lias supérieur des environs de Grenade est en tous points identique à celle des couches équivalentes bien connues (*Ammonitico rosso*, p. parte) de la Lombardie (Piano d'Erba, etc.) dont M. Meneghini a fait une si intéressante monographie. Les mêmes espèces se retrouvent dans la péninsule italienne, aux environs de Rome (Monticelli) et de Tivoli, ainsi qu'en Sicile.

On a vu dans la partie stratigraphique de ce mémoire qu'à la sierra Elvira, près de Grenade, il était possible de discerner plusieurs niveaux dans le toarcien.

Il serait intéressant de voir si dans le reste de la zone subbétique les Ammonites suivent le même ordre d'apparition.

DOGGER.

Le dogger se confond presque partout avec le reste des couches jurassiques. Cependant nous avons récolté quelques espèces dont la présence rend désormais indiscutable l'existence du jurassique moyen en Andalousie.

54. **Belemnites** sp.

Couches à *Heligmus polytypus*. El Chorro.

54 *bis*. **Harpoceras Murchisonae** Sow. sp.

1874. Dumortier, *Lias supérieur*, pl. LI, fig. 3 et 4.
1881. Haug., *Beitræge*, p. 686. (*Hildoceras.*)

Cette Ammonite se trouve dans des calcaires marneux de couleur grise à la sierra Elvira et à Montillana.

Elle s'y présente sous sa forme typique. (Figure citée de Dumortier.)

Nous en avons recueilli plusieurs exemplaires.

54 *ter*. **Harpoceras (Ludwigia)** sp.

Avec *Posidonia alpina*. Las Hoyas.

55. **Stephanoceras Humphriesi** Sow. sp.

1812-1823. Sow., *Min. Conch.*, pl. D, fig. 6.

Nous possédons un exemplaire de *Stephanoceras* en mauvais état que M. Munier-Chalmas rapporte à cette espèce. Il provient des dalles grisâtres qui surmontent, à la sierra Elvira, les couches à *Am. Murchisonae.*

55 *bis.* **Stephanoceras** (?).

Fragment mal conservé et indéterminable. Bajocien. Sierra Elvira.

56. **Posidonomya alpina** Gras.

1836. Non *Pos. Buchi* Roemer, *Oolithengeb.*, pl. IV, fig. 18.
1852. A. Gras., *Catal. corps organisés, fossiles de l'Isère*, pl. I, fig. 1.
1858. *Pos. opalina* Quenst., *Jura*, pl. XLV, fig. 11.
1852-1858. *Pos. ornati* Quenst., *Handb.*, 2e édition, pl. LIII, fig. 16. Quenst, *Jura*, pl. LXXII, fig. 29.
1858. *Pos. Parkinsoni* Quenst., *Jura*, pl. LXVII, fig. 27.
1861-1863. *Pos. calloviensis* Oppel, *Ueber der Vork. von Posid.*, etc. *Zeitschr. der deutschen geol. Ges.*, t. XV, p. 200, *Bronn's Iahrb.*, 1861, p. 675.
1876. *Posidonomya alpina* de Tribolet[(1)], *Journal de Conchyliologie*, p. 249.
1881. *Pos. Buchi* Steinmann (*pro parte*)[(2)], *Jura, v. Caracoles*, p. 256, pl. X, fig. 2.
1872-1882. *Posidonomya alpina* Gemmellaro, *Stud. sopra alc. faune*, etc., pl. XIX, fig. 10 et 11; pl. XX, fig. 4.
1881. Non *Pos.* cf. *ornati* Steinmann, *Caracoles*, pl. X, fig. 4.

M. de Tribolet a donné une diagnose qui nous dispensera de revenir sur les caractères de cette espèce. Nous ajouterons seule-

(1) De Tribolet, Note sur le genre *Posidonomya* et en particulier sur les *P. alpina* Gras et *P. ornati* Quenst., suivie d'une liste des Posidonomyes jurassiques. (*Journal de Conchyliologie*, 3e série, XXVI, n° 3, p. 247, 1876.)

(2) G. Steinmann, *Zur Kenntniss der Jura- und Kreideformation von Caracoles* (*Bolivia*). *Neues Jahrbuch*, I, Beilage-Band, 1881.

ment à sa synonymie *Posidonomya opalina* Quenstedt qui doit lu être évidemment réunie.

Le nombre et la grosseur des côtes varient considérablement ainsi que l'ont du reste indiqué presque tous les auteurs; cependant nous ne pouvons adopter l'avis de M. Steinmann qui met en synonymie de *Pos. alpina* le *Pos. Buchi* Roemer qui a des stries fines au lieu de côtes concentriques. Par rapport à la disposition de la ligne cardinale, ces deux espèces doivent également être séparées; cette ligne est beaucoup plus droite et plus allongée dans le type de M. Roemer. M. Steinmann a, du reste, représenté (*loc cit.*, pl. X, fig. 2) sous le nom de *P. Buchi* un exemplaire à grosses côtes du véritable *P. alpina* de Brentonico (Tyrol). *Pos.* cf. *ornati* Steinmann, fig. 4, a le côté postérieur moins arrondi que le type la ligne cardinale est plus droite et la forme générale *plus rectangulaire* que dans *P. alpina;* les crochets sont plus proéminents et les côtes plus fortes; nous proposerons pour cette espèce (*Pos.* cf. *ornati* Steinmann, pl. X, fig. 3 et 4) le nom de **Posidonomya Schimperi**, n. sp.; elle provient du callovien de Caracoles (Bolivie). Quant aux figures 5 et 5′ de M. Steinmann, quoique plus finement striées, elles paraissent par leur forme générale et par leur ligne cardinale droite, se rapprocher davantage du *Pos. Schimperi*, n. sp. que du *Pos. alpina*.

M. Gemmellaro a figuré des exemplaires du *Pos. alpina* (pl. XX fig. 5) dont les côtes sont plus fines que celles de notre forme MM. Nicolis et Parona la signalent dans les couches à *Am. transversarius* du Véronais. La forme répandue dans les schistes des Alpes dauphinoises et provençales a également les côtes un peu plus fines que les échantillons d'Espagne et du Tyrol.

Le *P. alpina* possède une grande extension verticale; c'est une espèce répandue. On la trouve dans les schistes à Lucines de Gueymard (callovien), à Mens et à la Fontaine ardente (Isère) avec *Am. coronatus* Brug., *Am. lunula* Ziet., *Am. tripartitus* Rasp. *Am. Bakeriae* Sow., *Am. plicatilis* Sow. (d'après M. Lory). M. Vélain a rapporté des plaquettes couvertes de *Pos. alpina* de l'oolithe inférieure des environs de Digne. En Sicile, on la rencontre abondamment dans les couches à *Am. macrocephalus* (Légende de la carte géologique de Sicile). On la connaît aussi en échantillons typiques du callovien de la Voulte (coll. de la Sorbonne), ainsi que de l'Angleterre, de Christian-Malford (Wiltshire), de la Westphalie et du Wurtemberg (Gammelshausen).

A Bayeux, cette espèce se trouve dans les couches à *Am. Humphriesi* (coll. de la Sorbonne et de l'École des Mines).

De plus, le *Posidonomya alpina* doit être considéré, ainsi que l'a montré Oppel, comme une des coquilles les plus caractéristiques du dogger alpin; on trouve ce fossile répandu dans les couches de Klaus depuis les Alpes françaises (Digne, Saint-Geniez, etc.) jusqu'aux Portes de Fer (Swinitza); dans les Alpes bernoises (Alpe d'Iselteu), elle se rencontre dans les couches à *Am. Murchisonae*, d'après M. de Tribolet. On la cite encore de la Klaus Alpe près Halstadt, de Brentonico (Tyrol) de Füessen, etc.

En résumé, c'est une espèce qui paraît avoir vécu depuis l'époque de l'*Am. opalinus* (*P. opalina* Qu.) jusqu'au callovien. Elle ne dépasse pas l'étendue de ce que les Allemands appellent dogger ou Jura brun et se rencontre particulièrement dans les régions alpine et méditerranéenne.

Occupe un banc supérieur de quelques mètres au toarcien à *Am. bifrons*. Las Hoyas.

Notre forme est identique aux échantillons de Brentonico que possède l'École des Mines. Les côtes sont assez grosses dans nos échantillons; la forme est bien celle du *P. alpina* Gras., malgré la différence de grosseur des côtes qui, dans les types de Gras que nous avons examinés à Grenoble, sont un peu plus fines.

57. **Heligmus polytypus** Desl.

1857. Deslongchamps, *Nouvelles Observations sur le genre* Eligmus, fig. 4.

Avec *Rh. varians*. Tranchées du chemin de fer près d'El Chorro.

L'*Heligmus polytypus* caractérise le bathonien de la Provenc (Gazaille, près Bandol [Var]), de la Normandie et de la Galici

58. **Rhynchonella** cf. **varians** Schl. sp. (var. **oolithica** Haas).

1882. Haas, *Brach. Juraf. Els. Loth.*, pl. XVIII, fig. 5-9; pl. VI, fig. 11-1

Ce joli Brachiopode remplit un banc de calcaire, non loin de station d'El Chorro où il est associé à *Heligmus polytypus* Desl.

Nos échantillons reproduisent bien les formes figurées pa M. Haas; mais l'état insuffisant de leur conservation nous empêch de considérer cette assimilation comme absolue. En tous cas, c'e l'espèce dont se rapproche le plus la forme d'Andalousie.

58 *bis*. **Rhynchonella** sp.

Couches à *Heligmus polytypus*. El Chorro.

59. **Terebratula** cf. **circumdata** E. Desl.

Pl. XXV, fig. 5 *a*, *b*.

1863-1877. E. Deslongchamps, *Pal. fr. Brach. jur.*, pl. 131, fig. 4-7.

C'est de cette forme qu'il faut rapprocher une Térébratul (pl. XXV, fig. 5 *a*, *b*) dont nous ne possédons qu'un exemplair incomplet. Cet échantillon est néanmoins assez bien caractéris par la forme globuleuse de sa petite valve, la grosseur de so crochet et le sinus frontal médian de la grande valve. On re marque l'indice d'une dépression du lobe médian de la petit valve correspondant à ce sinus. La forme figurée se rapproch également du *Ter. Etheridgei* Dav. (Davidson, *Mon. brit. fos brach.*, I, Appendix, pl. A, fig. 7 et 8; Deslongchamps, *Pal. fr.* pl. LXVI, fig. 7 et 8), espèce moins allongée et plus globu leuse. On pourrait aussi la rapporter à certaines variétés du *Ter intermedia* Quenst. (*Der Jura*, pl. LVII, fig. 28, par exemple). D reste, l'espèce est sujette à beaucoup varier, à en juger par le diverses figures qu'en a données M. Deslongchamps (pl. CXXXI

L'absence d'un pli médian nous empêche de rattacher notre forme au *T. globata.*

M. Rothpletz a représenté sous le nom de *Ter. adunca* (*Vilser Alpen*, pl. I, fig. 15-18) une forme assez voisine de la nôtre.

Ter. circumdata est une espèce bathonienne.

Outre l'*Am. Murchisonae* et l'*Am. Humphriesi*, espèces franchement bajociennes, la présence de *Posidonomyia alpina* et de *Heligmus polytypus* est significative. La première de ces espèces caractérise les couches de Klaus, si bien développées dans les Alpes orientales, la Sicile et l'Apennin; la seconde forme un banc dans le bathonien du département du Var.

Le dogger de l'Andalousie méridionale offre donc les mêmes caractères que le lias et le jurassique supérieur; il se relie intimement aux dépôts de même âge des Alpes et de la dépression tyrrhénienne.

JURASSIQUE SUPÉRIEUR.

De même que le jurassique moyen, le jurassique supérieur ne présente pas de gisements bien fossilifères dans la région étudiée par nous. Aussi la liste des espèces sera-t-elle assez courte.

60. **Belemnites (Hibolites)** sp.

Torcal alto.

61. **Phylloceras** aff. **saxonicum** Neum.

1871. Neumayr, *Jurastudien*, pl. XIV, fig. 1 et 2.

C'est au *Phylloceras saxonicum* que paraissent se rapporter deux exemplaires mal conservés que nous avons recueillis au Torcal alto. Les lobes se rapprochent beaucoup de ceux de l'espèce de M. Neumayr; la forme comprimée de la coquille et les traces de sillons que l'on découvre près de l'ombilic viennent à l'appui de notre détermination.

IMPRIMERIE NATIONALE.

62. **Phylloceras** sp.

Un exemplaire appartenant au groupe des *Phill. Kunthi* Neum. et *isotypum* Ben. Torcal alto.

63. **Rhacophyllites Loryi** Munier-Chalmas sp. *in litt.*

Pl. XXVII, fig. 3 *a*, *b*.

1871. Gemmellaro, *Faun. C. à T. janitor*, pl. X, fig. 1, p. 49. (*Am. tortisulcatus.*)
1875. *Am. Loryi* Hébert, *Bull. soc. géol. de France*, 1875, 3e série, t. III, p. 388.
1875. (?) Pillet et de Fromentel, *Lémenc.*, pl. V, fig. 3-5.
1876. *Am. Silenus* Fontannes et Dumortier, *Crussol*, pl. XV, fig. 2.
1877. *Am. Silenus* Gemmellaro, *Sopra alc. f. giur.*, pl. XVI, fig. 1-3.
1877. *Am. Loryi* Favre, *Z. à A. acanthicus*, pl. I, fig. 14 et 15, p. 19.
1879. *Phylloceras Silenus* Fontannes, *Calc. du château*, pl. I, fig. 6.

En 1875, M. Hébert désigna sous le nom d'*Am. Loryi*, Mun.-Ch. une ammonite publiée par M. Gemmellaro sous le nom d'*Am. tortisulcatus*, en 1871. M. Gemmellaro dit dans sa diagnose, donnée en 1877, que la présence des sillons dans les jeunes échantillons de cette espèce *n'est pas constante.* Il en résulte donc que la forme de Sicile est réellement distincte de *Rh. tortisulcatus*, que M. Hébert a eu raison de lui appliquer le nom d'*Am. Loryi*, et que cette dénomination doit être conservée et remplacer celle de *Rh. Silenus*, de Fontannes et Dumortier.

L'échantillon tithonique que nous représentons offre une très grande analogie avec la forme de Crussol figurée en 1879 par Fontannes sous le nom d'*Am. Silenus*; c'est sûrement là même espèce.

On voit que les lobes (pl. XXVII, fig. 3 *a*) sont bien ceux d'un *Rhacophyllites* (Zittel, *Handbuch*, t. I, 2, fig. 614, p. 439).

Nous répétons ici que cette espèce, facile à distinguer de *Rh. tortisulcatus* (voir les nombreuses diagnoses qui en ont été données) a été souvent confondue avec elle; nous doutons même fort que le vrai *Rh. tortisulcatus* se trouve plus haut que la zone à *Am. tenuilobatus.*

Cette forme se rencontre dans les couches *Am. acanthicus* et *tenuilobatus* de Lémenc et des Alpes suisses. On la retrouve dans le tithonique. En France, *Rhac. Loryi* caractérise les couches à *Waagenia Beckeri*[1] (calcaires massifs) et le tithonique inférieur du S.-E.

Gisement : Malm. Torcal alto. Assez abondant.

64. **Haploceras** cf. **Fialar** Oppel sp.

1862. Oppel, *Pal. Mitth.*, pl. LIII, fig. 6 *a-e.*
1878. De Loriol, *Baden*, pl. II, fig. 3-5.

Couches à *Asp. hominale.* Torcal alto.

65. **Haploceras** sp.

Torcal alto.

66. **Oppelia Holbeini** Opp.

1879. Fontannes, *Calc. du château*, pl. V, fig. 3.

La collection de Verneuil renferme un échantillon de cette espèce qui paraît provenir des mêmes assises que l'*Am. bimammatus.* Il porte l'indication Cabra. Cette ammonite existe dans la zone à *Am. acanthicus* et dans le tithonique inférieur du Tyrol, des Karpathes, de la Sicile. On la rencontre aussi dans les couches à *Am. tenuilobatus* et à *Am. Eudoxus* des régions extra-alpines.

67. **Aptychus** lamelleux.

Dans un calcaire blanc grisâtre. Descente d'Illora.

Aptychus du groupe de l'*A. punctatus* Voltz.

Calcaire blanc. Col de Zaffaraya.

(1) Voir *Ann. des sc. géol.* t. XIX, p. 131.

68. **Perisphinctes regalmiciensis** Gemm.

1872-1882. Gemmellaro, *Sopra alc. faune*, etc., pl. XX, fig. 14.

Cette espèce, voisine de *Per. Navillei* Fabre, auquel elle devra probablement être réunie, a été rencontrée dans la zone à *Am. transversarius*, de Monte Erice (Sicile); elle se retrouve dans le Véronais au même niveau.

Am. Navillei se rencontre dans les couches à *Am. bimammatus* des Alpes fribourgeoises et des environs de Sisteron (Basses-Alpes).

Torcal alto.

69. **Perisphinctes Airoldii** Gemm.

1872-1882. Gemmellaro, *Sopra alcune faune*, etc., pl. XIII, fig. 3.

Cette forme, dont nous n'avons trouvé qu'un exemplaire, est également voisine du *Per. Lucingae* (Favre, *Voirons*, pl. III, fig. 4). On la cite de la zone à *Am. transversarius* des environs de Palerme.

Torcal alto.

70. **Perisphinctes** sp.

Casita de los Picapadreros. Descente à l'Est du Torcal.

Genre **SIMOCERAS.**

Le groupe des *Perisphinctes*, si éminement caractéristique du jurassique supérieur, commence à donner naissance dans la zone à *Asp. acanthicum* (et *Waagenia Beckeri*) à des séries de formes aberrantes dont la plus remarquable est celle des *Simoceras*. On ne connaît avant cette époque que de très rares représentants de ce sous-genre. Notre ami M. Haug nous a montré une ammonite callovienne provenant de la zone à *Reineckeia anceps* de Liffol-le-Petit, qui pourrait se rattacher aux *Simoceras*.

Mais c'est dans les couches à *Am. acanthicus* qu'a lieu le maximum de développement du groupe, avec les *Simoceras Doublieri*, *Herbichi*, *Sartoriusi*, *teres*, *heteroplocum*, *favaraense*, et d'autres dont M. Gemmellaro a si bien étudié les rapports.

Les *Simoceras* comptent encore des représentants d'un type un peu différent des précédents, il est vrai, dans le tithonique inférieur (*S. volanense*, *S. lytogyrum*, *S. biruncinatum*, etc.) et le tithonique supérieur n'en a fourni jusqu'à présent que de très rares échantillons.

La présence au Torcal de *Simoceras* du premier groupe nous semble décisive pour classer ces couches dans la zone à *Am. acanthicus.*

71. **Simoceras** sp.

Jeune exemplaire appartenant peut-être au *Sim. contortum* Neum. Torcal alto.

72. **Simoceras torcalense** nov. sp.

Pl. XXV, fig. 6 *a*, *b*.

C'est incontestablement notre espèce que M. de Orueta a représentée (*Quart. Journ. geol. soc.*, vol. XXVII, pl. V, fig. 1) sous le nom d'*Am. Achilles*, provenant du Torcal.

On pourrait la confondre avec *Sim. planicyclum* Gemm. si les côtes de notre forme n'étaient plus fines. Elle se rapproche aussi du *Sim. contortum*, mais les tours sont plus aplatis, les côtes plus espacées et non bifurquées; le *Sim. contortum* est en outre plus enroulé. Le *Sim. Herbichi* (v. Hauer) a les côtes plus épaisses et moins nombreuses que notre espèce, qui se distingue du *Sim. teres* Neumayr par une moindre épaisseur des tours. *Simoceras heteroplocum* Gemm. a des côtes bifurquées, ainsi que *Sim. favaraense* Gemm. *Sim. torcalense* se rapproche également du *Sim. Sartoriusi* Gemm., mais s'en distingue par l'absence de constrictions.

M. Favre (2 à *Am. ac.*, pl. VI, fig. 1) a figuré sous le nom de *Sim. teres* Neum. une espèce qui a de grandes analogies avec la nôtre.

Enfin cette forme a des rapports très intimes avec le *Sim. agrigentinum* tel que l'a représenté M. Favre (*loc. cit.*, pl. V, fig. 6, 7), mais notre échantillon ne présente que de *très rares* côtes bifurquées. Dans l'adulte, les côtes deviennent plus fortes et tendent à se renfler vers la face ventrale où elles s'effacent (fig. 6 *b*). La figure de M. Favre a de plus les tours plus arrondis que notre échantillon.

Fontannes (*Crussol*, pl. XI, fig. 10) a donné sous le nom de *Sim. Herbichi* une forme également voisine de la nôtre.

Les lobes paraissent identiques à ceux de *Sim. agrigentinum* Gemm.

Couches à *Asp. hominale*. Torcal alto.

73. **Simoceras cf. agrigentinum** Gemm.

Pl. XXVI, fig. 1 *a*, *b*.

1872-1882. Gemmellaro, *Sopra alcune faune*, etc., pl. VI, fig. 7-8.

Malgré le petit nombre des constrictions, nous croyons pouvoir rapporter à cette espèce l'échantillon figuré pl. XXVI, fig. 1.

On connaît le *Simoceras agrigentinum* de l'horizon de l'*Am. acanthicus* de Sicile et de Châtel-Saint-Denis (Alpes vaudoises).

Cabra (coll. de Verneuil).

74. **Peltoceras bimammatum** Qu. sp.

Pl. XXVI, fig. 3 *a*, *b*.

1858. Quenstedt, *Der Jura*, pl. LXXVI, fig. 9.
1876. Favre, *Oxfordien des Alpes fribourgeoises*, pl. III, fig. 10.

La collection de Verneuil nous a fourni un exemplaire de cette espèce portant comme indication de provenance : Cabra.

La gangue, un peu plus rouge que celle des fossiles tithoniques, est la même que le calcaire qui englobe les échantillons de *Peltoceras Fouquei*. Nous verrons que ces derniers se rapportaient à une Ammonite plus ancienne que l'*Am. transitorius*, et nous pensons que de Verneuil a recueilli ces deux espèces dans des couches inférieures au Tithonique.

Il nous a paru utile de faire figurer l'*Am. bimammatus;* c'est le seul exemplaire d'Andalousie que nous connaissions.

Cabra (coll. de Verneuil).

75. **Peltoceras Fouquei** n. sp.

Pl. XXVI, fig. 2 *a*, *b*.

1872-1882. Gemmellaro, *Sopra alcune faune*, etc., pl. XIII, fig. 1, 2; pl. XXI, fig. 16. (*Peltoceras transversarium.*)
1871. *Ammonites* sp. De Orueta, *Quart. Journ.*, t. XXVII, pl. V, fig. 2.

Sous le nom de *Peltoceras Fouquei*, nous croyons devoir séparer du *Peltoceras transversarium* Qu. sp. (*Toucasi* d'Orb.), une espèce de Cabra de laquelle nous rapprocherons une forme figurée sous ce nom par M. Gemmellaro et fort distincte de l'espèce oxfordienne classique.

Le *Pelt. Fouquei* (d'Andalousie) a les côtes moins nombreuses, plus droites, tuberculeuses. Ces côtes sont aussi beaucoup moins fortement dirigées en arrière que celles de *Pelt. transversarium.* Elles partent deux à deux de tubercules placés autour de l'ombilic (21 sur le dernier tour), et vont chacune former, avant de passer sur la région ventrale, un second renflement (41 sur le dernier tour), moins accentué que ne le sont les tubercules ombilicaux. Les côtes tendent à s'atténuer vers le milieu des flancs; elles passent sans s'infléchir (fig. 2 *b*), ni s'interrompre sur la région ventrale qui est un peu aplatie, ce qui donne à l'ouverture une forme de trapèze. Les flancs s'abaissent brusquement vers l'ombilic en donnant lieu à une surface lisse.

Le dernier tour occupe à peu près le tiers du diamètre entier.

DIMENSIONS D'UN ÉCHANTILLON DE CABRA (COLL. DE VERNEUIL).

Diamètre de l'ombilic		39 millim.
Diamètre total		90
Hauteur de l'ouverture		34
Largeur	(environ)	30

La forme décrite par M. Gemmellaro sous le nom de *Peltoceras transversarium* et que nous rapportons au *Pelt. Fouquei* provient des couches à *Am. transversarius* de Sicile.

Nous avons vu dans la collection de l'université de Strasbourg un échantillon de cette espèce trouvé dans les couches à *Am. transitorius* de Torri, près du lac de Garde. Nous l'avons également rencontrée à l'état de fragments à Séderon (Drôme), dans le tithonique inférieur. M. Welsch l'a récoltée également en Algérie, à Tiaret.

D'autre part, l'un des échantillons que nous a fournis la collection de Verneuil provient du Torcal près d'Antequera, où le tithonique proprement dit n'est pas très fossilifère. Il y a donc des chances pour que ces fossiles aient été recueillis dans des assises inférieures au tithonique. L'autre exemplaire porte la mention *Cabra*, et sa gangue indique qu'il a été extrait des mêmes couches que le *Pelt. bimammatum* dont nous avons parlé plus haut.

On peut conclure de ces faits que le *Pelt. Fouquei* se rencontre, en Andalousie, à un niveau inférieur à celui du tithonique. Nous y voyons une forme dérivée de l'*Am. transversarius;* ce dernier représenterait le type ancestral plus ancien de notre espèce.

Malm. 2 ex. (coll. de Verneuil, moulage à la Sorbonne). Torcal, Cabra.

76. **Aspidoceras hominale** E. Favre.

1877. E. Favre, *Voirons*, pl. IV, fig. 4-5.

Ce n'est pas sans réserves que nous attribuons à cette espèce une Ammonite, très voisine de l'*Asp. acanthicum*, que nous avons recueillie au Torcal alto. Les tubercules de notre échantillon sont plus marginaux que ceux de l'*Asp. acanthicum.*

L'*Asp. hominale* caractérise les couches à *Am. acanthicus.*

77. **Aspidoceras** sp.

Échantillon mal conservé ressemblant beaucoup à l'*Asp. Hay-*

naldi Neum. (C. à *Acanth.* pl. XLII, fig. 3), mais dont l'état défectueux ne permet pas de préciser la détermination.

Malm. Torcal alto.

78. **Aspidoceras.**

1871. De Orueta, *Quart. Journ. geol. soc.*, vol. XXVII, pl. V, fig. 3 (*Am. perarmatus* Sow., var. *catena* d'Orb.).

L'échantillon qui a servi de type à cette figure et qui vient du Malm du Torcal paraît avoir été en très mauvais état. On ne peut, d'après le seul examen de la figure, que rapprocher cette forme de l'*Asp. nobile* Neumayr et de l'*Asp. eucyphum* Opp. sp.

79. **Rhynchonella** cf. **subvariabilis** Dav.

1858. Suess, *Brach. Stramb.*, pl. V, fig. 20.

Nous croyons pouvoir rattacher à cette espèce une Rhynchonelle recueillie dans les calcaires blancs à *Hemicidaris crenularis* au-dessus du Cortijo de Guaro.

80. **Nerinea.**

Très fréquentes en sections indéterminables dans les calcaires blancs coralligènes. Col de Zaffaraya, Torcal, sierra de Abdalajis, etc.

81. **Hemicidaris crenularis** Lam.

M. Cotteau a eu l'obligeance de déterminer les fragments de radioles de cet oursin, qui proviennent des calcaires blancs du col de Zaffaraya.

82. **Calamophyllia flabellum** Blainv.

1880-1885. Koby, p. 182, pl. LIII, fig. 1-5; LIV, fig. 1.

Nous avons recueilli au pied de la montagne du Torcal un gros

IMPRIMERIE NATIONALE.

polypier que M. Koby a bien voulu déterminer. Il appartien comme on voit, à l'une des espèces les plus fréquentes du Jura sique supérieur (corallien-ptérocérien).

Pied du Torcal (route d'Antequera à Malaga).

La faune du Malm de l'Andalousie mérite d'être étudiée; no sommes persuadé que l'on ne tardera pas à y découvrir les pri cipaux horizons connus dans les régions voisines. Pour le momen nous pouvons affirmer qu'il existe dans les chaînes subbétiques:

1° La zone à *Am. transversarius*, d'après les échantillons q contient la collection de M. Orueta à Malaga (*Am.* cf. *perarmat* et ceux de la collection de Verneuil;

2° La zone à *Am. bimammatus*, d'après un échantillon de fossile rapporté de Cabra par M. de Verneuil;

3° La zone à *Am. acanthicus*, découverte par M. Bertrand et p nous au Torcal alto avec ses *Simoceras* caractéristiques, *Asp. ho nale* (forme très voisine de *Asp. acanthicum*), *Rhac. Loryi*, *Ph saxonicum*, etc.

C'est là une composition analogue à celle du Malm de Sicile, bien étudié par M. Gemmellaro.

Le Jurassique supérieur de l'Andalousie rappelle aussi celui Alpes fribourgeoises tel que nous l'ont fait connaître les excellen monographies de MM. E. Favre et Gilliéron; enfin, il se rattac également à celui de certaines parties des Alpes françaises (en rons de Sisteron[1], etc.).

TITHONIQUE.

83. **Sphenodus Virgai** Gemm.

Tithonique. Loja.

[1] Voir à ce sujet Kilian, *Description géologique de la montagne de Lure*. P G. Masson, 1888.

84. **Belemnites (Hibolites) Conradi** n. sp.

Pl. XXVI, fig. *a*, *b*.

1868. *Bel.* cfr. *semisulcatus* Zittel, *Stramberg*, pl. I, fig. 8. (Non Münster.)

Nous séparons cette espèce du *Bel. semisulcatus* Münster, cité à Cabra par M. Mallada, dont la forme n'est pas aussi lancéolée et qui ne s'élargit pas autant vers le milieu de la longueur et dont le sillon est plus court. Nos échantillons sont encore plus lancéolés que celui qu'a figuré M. Zittel (*loc. cit.*).

Le *Bel. Conradi* se distingue en outre de certaines variétés du *Bel. hastatus*, par exemple de celle d'Oxford (Phillips, *Pal. Soc.* 1870, pl. XXVIII, fig. 67) par son sillon assez court, s'effaçant vers le milieu de la longueur.

M. Schlosser a figuré un *Bel. semisulcatus* Münster, de Kelheim, qui est également moins acuminé que le nôtre.

Commun dans les marnes blanches à *Pyg. diphya* de Fuente de los Frailes. On en voit aussi quelques échantillons dans la collection de Verneuil.

85. **Belemnites (Duvalia) latus** Blainv.

1842. D'Orbigny, *Pal. fr. Terr. crét.*, t. I, pl. IV, fig. 1 à 8.

On connaît cette espèce dans le Tithonique de la Porte de France, de Taulanne, de Châtillon-en-Diois et dans le Néocomien.

Marnes blanches. à *Pyg. diphya.*

Fuente de los Frailes.

86. **Belemnites strangulatus** Opp.

1868. Zittel, *Stramberg*, pl. I, fig. 6 et 7.

Fuente de los Frailes.

87. **Bélemnites (Duvalia) Haugi** nov. sp.

Pl. XXVII, fig. 1 *a*, *b*.

Cette forme se rapproche du *Belemnites ensifer* Oppel (Zittel, *Stramberg*, pl. I, fig. 9); on peut cependant distinguer la forme de Cabra :

1° Par son sillon ventral et ses arêtes latérales plus prononcées;

2° Par sa forme plus régulièrement pointue et non mucronée;

3° Par son sillon ventral plus long.

Elle diffère du *Bel. latus* par sa forme générale plus régulièrement amincie vers la pointe qui n'est pas mucronée.

Zone à *Am. transitorius* et *Pyg. diphya*. Fuente de los Frailes.

Assez rare.

88. **Belemnites (Duvalia) tithonius** Oppel.

1868. Zittel, *Stramberg*, pl. I, fig. 12 et 13.

Tithonique supérieur de la province de Vérone, de Stramberg. Tithonique inférieur du Tyrol.

Fuente de los Frailes. Assez commune.

89. **Belemnites (Duvalia) Deeckei** nov. sp.

Pl. XXVI, fig. 5 *a*, *c*.

Cette espèce ressemble beaucoup à la précédente (Zittel, *Stramberg*, pl. I, fig. 12 *a*, *c*); elle est néanmoins caractérisée par :

1° Une section caractéristique en forme d'hexagone (fig. 5 *c*);

2° Un sillon ventral peu profond, mais bordé par deux arêtes saillantes;

3° De chaque côté existe un sillon latéral limité par deux arêtes, ce qui donne à la section sa forme polygonale;

4° Une forme lancéolée.

Couches à *Am. transitorius* et *Pyg. diphya*. Fuente de los Frailes.

90. **Belemnites conophorus** Oppel.

1868. Zittel, *Stramberg*, pl. I, fig. 1 à 5.

Tithonique supérieur : province de Vérone, Stramberg.
Tithonique inférieur : Tyrol méridional, Alpes suisses, Apennin central, Sicile, etc.
Fragments. Fuente de los Frailes.

91. **Lytoceras quadrisulcatum** d'Orb. sp.

1842. D'Orbigny, *Pal. fr. T. crét. céph.*, pl. XLIX, fig. 1-3 (*Ammonites*).
1869. Zittel, *Stramberg*, pl. IX, fig. 1-5, p. 70.

Nous possédons une série d'échantillons qui sont entièrement conformes aux figures données par M. Zittel.

Tithonique inférieur et supérieur du Véronais, de Stramberg, du Tyrol, des Apennins, des Karpathes, de Sicile, etc.

Zone à *Am. transitorius* et *Pyg. diphya*. Loja, Cabra (couches inférieures). Commun.

92. **Lytoceras Juilleti** d'Orb. sp. (**L. sutile** Opp. sp.)

1842. *Ammonites Juilleti* d'Orb., *Pal. fr. Ter. crét.*, t. I, pl. L, fig. 1-3; *non* pl. CXI, fig. 3.
1868. *Lytoceras sutile*, Oppel sp. Zittel, *Stramberg*, pl. XII, fig. 1 et 2, p. 76.

Les petites Ammonites pyriteuses du Néocomien que d'Orbigny a appelées *Am. Juilleti* (pl. L, fig. 1-3, non pl. CXI, fig. 3) paraissent bien n'être autre chose que des jeunes du *Lyt. sutile* Opp. sp., quoique ayant une section un peu plus circulaire.

Il faut néanmoins soigneusement en séparer l'Ammonite que d'Orbigny a représentée sous le même nom sur la planche CXI (fig. 3) et qui constitue une espèce distincte (*Lytoceras obliquestrangulatum* Kilian, *Descr. géol. de la montagne de Lure*, p. 421).

Tithonique supérieur de Stramberg.

Tithonique inférieur du Véronais, du Tyrol, de l'Apennin, de Cabra, las Chosas, Loja. Commun.

93. **Lytoceras Liebigi** Opp. sp.

1868. Zittel, *Stramberg*, pl. IX, fig. 6-7, p. 74.

Espèce bien distincte par la forme de ses tours de *Lyt. subfimbriatum*, d'Orb. sp.

Tithonique supérieur du Véronais, de Stramberg. Tithonique de la Suisse, de la Porte de France, du Pouzin, de l'Algérie, de Loja, de Cabra (calcaires rouges). Assez commun.

Le *Lyt. Liebigi* se continue dans le Néocomien. On a constaté sa présence dans le calcaire à Spatangues d'Allauch (Bouches-du-Rhône) et dans le Barrémien de Morteiron (Basses-Alpes).

94. **Lytoceras Honnorati** d'Orb. sp.

1842. *Ammonites Honnoratianus* d'Orb., *Pal. fr. Terr. crét. ceph.*, pl. XXXVII, fig. 1-4.
1868. *Lytoceras municipale* Zittel, *Stramberg*, pl. VIII, fig. 5.

L'*Am. Honnorati* d'Orb. ne représente qu'un échantillon aplati de *Lyt. municipale* Oppel. sp., si bien figuré par Zittel. L'examen d'une série d'exemplaires de cette espèce, provenant soit du Tithonique de Stramberg, soit du Néocomien, nous a enlevé toute espèce de doutes à ce sujet. On sait que cette espèce est très répandue dans le Berriasien de la haute Provence. La dénomination de d'Orbigny devra donc, comme étant la plus ancienne, être étendue aux formes des couches de Stramberg désignées jusqu'à présent sous le nom de *Lyt. municipale*. Cette assimilation avait, du reste, été prévue par M. Zittel, ainsi que, récemment encore, par M. Léenhardt.

Nous avons recueilli près de las Chozas, à la limite du Néocomien et du Tithonique, un échantillon de cette espèce muni de son test.

Loja (commun), Cabra (rare), Cortijo Azafranero.

95. **Lytoceras**, sp. indet.

Avec l'*Am. transitorius*. Cortijo Azafranero.

Entrée du tunnel n° 9, entre les stations de Gobantes et d'El Chorro.

96. **Phylloceras** cf. **serum** Oppel sp.

1868. Zittel, *Stramberg*, pl. VII, fig. 5, p. 66.

Tithonique supérieur du Véronais, de Stramberg, *Diphyakalk* des Alpes. Marnes blanches. Fuente de los Frailes, de Rogoznik, etc.

Cette espèce devra probablement être réunie au *Ph. Tethys* d'Orb. (*semistriatum*).

97. **Phylloceras Calypso** d'Orb. sp. (**silesiacum** Opp. sp.)

1842. *Ammonites Calypso* d'Orb., *Pal. fr. Terr. crét.*, t. I, pl. LII, fig. 7-9.
1868. *Phyll. silesiacum* Zittel, *Stramberg*, pl. V, p. 62.

Les lobes de l'*Am. Calypso* d'Orb., du Néocomien que nous avons eu l'occasion d'étudier sur des échantillons de la collection de la Sorbonne sont, ainsi que les selles, identiques à ceux du *Ph. silesiacum*.

L'*Am. berriasensis* Pictet, des calcaires de Berrias, appartient à cette espèce.

Tithonique inférieur et supérieur du Véronais. Tithonique supérieur de Stramberg.

Tithonique du Tyrol, de l'Apennin, des Alpes suisses, des Basses-Alpes, de l'Ardèche, du Dauphiné, des Karpathes et de l'Algérie.

Berriasien de Berrias, de la Faurie, etc.

Cette espèce, citée déjà à Cabra par MM. Zittel et Fabre, est abondante dans les couches rouges et blanches de cette localité. Nous l'avons rencontrée également à Loja, où elle est commune, et dans les tranchées du chemin de fer, près de Gobantes.

98. **Phylloceras Kochi** Opp. sp.

1868. Zittel, *Stramberg*, pl. VI, fig. 1; pl. VII, fig. 1 et 2.

Se rencontre dans les couches de Stramberg et, d'après M. Haug, dans le néocomien inférieur du Tyrol.

Abondant dans les marnes blanches supérieures de Fuente de los Frailes.

Calcaire à *Pyg. diphya*. Loja (rare).

99. **Phylloceras semisulcatum** d'Orb. sp. (**ptychoicum** Quenst. sp.).

1842. *Ammonites semisulcatus* D'Orbigny, *T. Crét.*, Pal. franç., *Céph.*, t. I, pl. LIII, fig. 4-6.
1849. *Ammonites ptychoicus* Quenstedt, *Céph.*, pl. XVII, fig. 12.
1868. *Phylloceras ptychoicum* Zittel, *Stramberg*, pl. IV, fig. 3-9, p. 59.

Nous ne reviendrons pas sur ce qui a été dit au sujet de cette espèce et de son assimilation avec le *Phyll. semisulcatum* que nous croyons absolument fondée. Notre savant maître M. Hébert a soutenu depuis longtemps l'identité méconnue des *Phyll. semisulcatum* et *Phyll. ptychoicum* Quenst. (Oppel, Zittel, etc.). Les formes jurassiques et tithoniques de cette espèce ont paru à certains auteurs avoir des sillons moins fortement infléchis en avant et des bourrelets plus nombreux sur la face siphonale. (Certains échantillons de Naux (Basses-Alpes) appartiennent à cette variété, ainsi que ceux qu'a figurés M. Favre.)

Néanmoins, l'examen attentif des séries de la Sorbonne et de l'École des mines nous a montré qu'il existait dans le néocomien proprement dit (couches à *Bel. latus*) des individus à bourrelets rapprochés dès le jeune âge (notamment un échantillon calcaire du Néocomien de la Motte-Chalancon [Drôme] exposé à l'École des mines), et que d'autre part certaines formes des couches à *Pyg. diphya* et *janitor* en étaient dépourvues dans les premiers stades et possédaient des sillons ombilicaux tout aussi arqués que les exemplaires des marnes à *Am. neocomiensis.* Nous avons recueilli des moules pyriteux de ces derniers, munis de bourrelets ventraux, à Sisteron et à Valbelle (Basses-Alpes).

Plusieurs individus, un peu plus grands que les autres, commencent à montrer sur la face siphonale les bourrelets si apparents dans les grands échantillons (*Am. ptychoicus* auctorum) des calcaires de Stramberg et de Berrias. Ce fait a du reste été observé par M. Léenhardt (Ventoux, p. 45) et par Coquand (*Bull. soc. géol.*, 2e série, t. XXVI, p. 849).

Si l'on sépare ces deux formes (*semisulcatus* et *ptychoicus*), on est par conséquent obligé d'admettre qu'elles ont apparu simultanément dans le jurassique pour se continuer toutes deux dans le néocomien.

L'*Am. semisulcatus* d'Orb. (*ptychoicus*, Quenst.) a donc une grande extension verticale; elle se montre dans les couches à *Am. acanthicus* (Sette communi, Saltzkammergut), et persiste jusque dans le néocomien inférieur à *Am. Astieri* et *neocomiensis.*

Tithonique inférieur et supérieur du Véronais, du Tyrol, des Alpes et de la haute Provence, des Karpathes, de l'Apennin, de la Sicile, de l'Algérie, etc.

Berriasien et Néocomien inférieur (à *Am. neocomiensis*) de la Provence, du Dauphiné, de l'Andalousie, etc.

M. Zittel cite cette espèce de Cabra.

Zone à *Am. transitorius* et *Pyg. diphya.* Très commun partout. Loja, N. de las Chozas, cortijo Azafranero, Fuente de los Frailes (Cabra), du haut en bas de l'étage. Marnes à rognons de Cabra.

IMPRIMERIE NATIONALE.

100. **Phylloceras** sp.

Cortijo Guaro (éboulis avec *Perisph. colubrinus*).

101. **Rhacophyllites Levyi**, n. sp.

Pl. XXVII, fig. 4 *a*, *b*.

Coquille discoïdale lisse, ornée par tour de six sillons très nets naissant au bord de l'ombilic : d'abord profonds et fortement dirigés en avant, puis élargis et dessinant une courbe qui forme, vers la moitié externe des flancs, où les sillons se rétrécissent et présentent des bords accentués, un très léger sinus concave en avant, convexe en arrière, après lequel ils sont de nouveau fortement infléchis vers l'ouverture et passant sur la région siphonale, où ils s'élargissent un peu en formant un sinus arrondi en avant. Flancs peu convexes s'abaissant brusquement vers l'ombilic, qui se trouve ainsi entouré d'une arête très nette qu'entament les sillons à leur naissance. Spire formée de tours médiocrement épais se recouvrant sur la moitié environ de leur largeur. Ouverture subquadrangulaire, un peu plus haute que large. Région ventrale arrondie.

Cloisons inconnues.

Diamètre de l'échantillon figuré	34 millim.
Diamètre de l'ombilic	9
Largeur du dernier tour	14
Épaisseur du dernier tour	12
Hauteur du dernier tour	11

Rapports et différences. — Cette espèce appartient au groupe de l'*Ammonite tortisulcatus;* elle s'en distingue cependant nettement par ses sillons simplement infléchis en avant, flexueux sans rebroussements brusques et non en zigzags, décrivant sur la moitié externe des flancs un sinus beaucoup moins accentué. En outre, dans notre espèce, le sinus siphonal du sillon est simple et ne porte pas en son milieu un sinus secondaire, comme c'est le cas pour l'*Ammonites tortisulcatus*. De plus, le nombre des sillons est plus grand dans l'*Am. Levyi*.

La résorption des sillons dans le jeune âge qui caractérise l'*Am. Loryi* n'existe pas dans notre espèce, ce qui suffit avec la forme même de ces sillons pour séparer ces deux espèces. En outre, le bord de l'ombilic est caréné dans notre espèce et les tours sont moins épais.

Gisement. — Tithonique à *Pyg. janitor* et *Am. transitorius*. Calcaire rouge.

Localité : Loja. Un seul exemplaire.

102. **Rhacophyllites Loryi** Munier-Chalmas.

Pl. XXVII, fig. 3 *a*, *b*.

Voir *ante*, p. 626.

Nous nous sommes assuré, d'après les nombreux échantillons de la collection de la Sorbonne, que le *Rhac. Loryi* Mun. Ch. type correspond bien au *Phyll. Silenus* Font.

Espèce des couches à *Am. acanthicus* et *tenuilobatus* de Suisse, de Crussol, du tithonique de Sicile et des Basses-Alpes.

Couches à *Pyg. diphya*. Loja (échantillon figuré). Entrée du tunnel n° 39 entre Gobantes et El Chorro.

103. **Haploceras elimatum** Opp. sp.

1868. Zittel, *Stramberg*, pl. XIII, fig. 1-7, p. 79.

Tithonique supérieur de Stramberg.

Tithonique inférieur du Véronais, de Rogoznik, du Tyrol.

Tithonique de l'Ardèche, des Basses-Alpes et de l'Algérie.

Couches à *Am. transitorius* et *Pyg. diphya*. Cabra, Loja. Commun.

103 *bis*. **Haploceras Grasi** d'Orb. sp. (**tithonium** Opp. sp.).

1868. Zittel, *Stramberg*, pl. XIV, fig. 1-3, p. 82.

Espèce du tithonique supérieur.
Marnes blanches de Fuente de los Frailes. Rare.

104. **Haploceras Stazycsii** Zeuschner sp.

1846. Zeuschner, pl. IV, fig. 3 *a*, *c*.
1868. Zittel, *Aelt. Tithon.*, pl. XXVII, fig. 2-6.

Tithonique inférieur du Véronais, des Karpathes, du Tyrol, de Crussol, de l'Apennin, de la Sicile; couches à *Am. acanthicus*.
Cabra, Loja. Assez rare.

105. **Haploceras carachteis** Zeuschner sp.

1846. Zeuschner, pl. IV, fig. 3.
1868. Zittel, *Stramberg*, pl. XV, fig. 1-3, p. 84.

Espèce du Tithonique supérieur du Véronais, de Stramberg.
Tithonique de l'Apennin, des Karpathes, du Tyrol, de Crussol, des Alpes suisses, d'Oued Soubella (Algérie).
Couches à *Am. transitorius* Sortie du tunnel n° 9, entre les stations de Gobantes et d'El Chorro. (Recueilli par M. Bergeron.)

106. **Haploceras** sp.

Calcaires à *Am. transitorius*. Éboulis au Nord du cortijo Guaro.

107. **Oppelia** sp.

Calcaire à *Pyg. diphya*. Loja.

108. **Aptychus punctatus** Voltz.

1861. *Apt. imbricatus* H. de Meyer, Pictet, *Mél. pal.*, pl. XLIII, fig. 5-10.
1868. Zittel, *Stramberg*, pl. I, fig. 15, p. 52.

Tithonique supérieur de Stramberg, Karpathes.

Tithonique inférieur du Véronais, des Alpes suisses, de la Drôme, du Tyrol, de l'Apennin central, de la Sicile, Sette Communi, Luc-en-Diois, Vogué, Porte de France, Le Pouzin, Chambéry, Les Pilles, Oued Soubella (Algérie). Se montre dès la *Zone à Am. acanthicus.*

Très abondant : Fuente de los Frailes, cortijo Azafranero, tranchées du chemin de fer, près de Gobantes. Marnes à rognons de Cabra, Loja.

109. **Aptychus Beyrichi** Opp.

1868. Zittel, *Stramberg*, pl. I, fig. 16-19, p. 54.

Tithonique supérieur du Véronais, de Stramberg, de Luc-en-Diois, etc.

Tithonique inférieur du Tyrol, des Karpathes, etc.

Le Pouzin, Châtillon, Les Pilles, Lémenc, Porte de France.

Abondant. Éboulis des calcaires blancs d'Illora, Loja. Fuente de los Frailes. Marnes à rognons de Cabra.

110. **Aptychus Beyrichi** Opp. **var.**

1868. Zittel, *Stramberg*, pl. I, fig. 18 (non 16).

Fuente de los Frailes. Marnes blanches supérieures.

Genre HOLCOSTEPHANUS.

Dérivant probablement de certains *Perisphinctes* dont ils ont les constrictions et les côtes, les *Holcostephanus* apparaissent (*Holc. stephanoides*) rares et isolés dans les couches à *Am. acanthicus,* mais ce n'est que dans le tithonique supérieur (*Holc. pronus, Holc. Grotei*) que se montrent des formes typiques du genre. Les couches de Berrias sont caractérisées par l'abondance de formes spéciales appartenant à ce groupe (*Holc. Negreli*, Math., *H. ducalis*, Math.) enfin, dans le néocomien règnent *Holcostephanus Astieri*, *Holc. bidichotomus*, etc. qui disparaissent au sommet de l'hauterivien.

111. **Holcostephanus**[1] **cf. narbonensis** Pict.

1861. Pictet, *Mél. pal.*, pl. XVII, fig. 1 et 2.
1871. *Holc. stenonis*, Gemm. pl. XXI, fig. 11.

La collection de Verneuil contient un échantillon de cette espèce, en très mauvais état. Cabra.

111 *bis*. **Holcostephanus pronus** Opp. sp.

1868. Zittel, *Stramberg*, pl. XV, fig. 8-11, p. 91.

Forme citée dans le Tithonique supérieur du Véronais, de Stramberg, des Alpes de Fribourg.

Assez rare. Marnes blanches de Fuente de los Frailes; Couches inférieures de la même localité; Loja.

Un des exemplaires que nous avons sous les yeux montre bien que dans le jeune, les côtes de cette espèce sont interrompues dans la région ventrale.

112. **Holcostephanus Negreli** Math. sp.

Pl. XXVII, fig. 5 *a*, *b*.

1880. *Ammonites Negreli* Math, *Recherches pal.*, pl. *B* XXVII, fig. 1.
1887. *Holcostephanus Barroisi* Kil., in Haug, *Alpe Puez*, p. 278.

Nous avions d'abord distingué cette forme sous le nom de *Hol*

[1] Le nom d'*Holcostephanus* tire son origine du mot grec ὁλκός, *sillon*, qui a un esprit rude; nous l'écrivons *Holcostephanus*, comme l'on écrit *Holcodiscus* et non *Olcostephanus*, ainsi que le font certains auteurs.

costephanus Barroisi Kilian, mais l'étude de nombreux *Am. Negreli* du berriasien de Provence déposés à la Sorbonne nous a amené à considérer notre ammonite comme une forme jeune de l'espèce de Matheron.

Coquille discoïdale, ornée de côtes fines, fasciculées et ayant pour point d'origine des tubercules au nombre de vingt-deux par tour, placés au bord de la paroi ombilicale lisse et peu élevée. Ces tubercules sont allongés dans le sens radial. Les côtes, qui ne sont pas très saillantes sur l'échantillon, se multiplient par division et intercalation; elles passent sur la face siphonale sans s'interrompre et en décrivant un très léger sin us convexe en avant. Spire formée de tours nombreux, se recouvrant sur un quart environ de leur largeur. Ouverture un peu plus haute que large, arrondie du côté siphonal; plus large vers l'ombilic. On remarque trois *constrictions* par tour; elles sont dirigées en avant et coupent obliquement les côtes.

Région ventrale convexe, flancs assez plats, formant une arête mousse autour de l'ombilic, qui est assez ouvert.

Cloisons inconnues.

Diamètre de l'échantillon figuré	49 millim.
Diamètre de l'ombilic	21
Largeur du dernier tour	16
Épaisseur	11

Rapports et différences. — *Holc. pronus* Oppel a une ornementation moins fine, des tours plus épais, moins aplatis et des tubercules moins rapprochés de l'ombilic. De plus, les côtes forment un angle, une sorte de *chevron* sur la face siphonale.

Holc. Grotei Oppel se distingue par une ornementation plus fine, des tours beaucoup moins épais et moins embrassants, un ombilic moins profond.

L'*Holc. Cautleyi* a un ombilic plus profond, est moins aplatie, à ornementation plus grossière et les côtes ont sur la face siphonale un angle plus prononcé.

H. ducalis Matheron, B. pl. XXVII, fig. 2, ressemble énormément à *Holc. Negreli.* Nous avons consulté dans la collection de la Sorbonne un des types de l'espèce provenant du berriasien de La Faurie (collection Jaubert). Les tours sont plus embrassants, plus larges que dans notre espèce et les tubercules plus rares et plus éloignés de l'ombilic.

Holc. Astieri a également certains rapports avec notre forme, surtout la variété figurée par Pictet (*Mél. Pal.*, pl. XXXVIII, fig. 8), qui en diffère principalement par l'épaisseur plus grande des tours et leur plus grande largeur, ainsi que par ses tubercules, qui sont plus rapprochés de l'ombilic et par ses côtes moins grosses.

Holc. Theodosiae Desh. est aussi très voisine, seulement les côtes font, dans la forme de Crimée, un angle plus aigu sur la face ventrale et les constrictions sont plus rares que dans *Holc. Barroisi,* qui est en outre plus aplatie.

Berriasien de La Faurie (Hautes-Alpes), Saint-Julien-en-Beauchêne, la Cisterne (collection de la Sorbonne), Séderon (Drôme), La Ribière, près Saint-Vincent (Basses-Alpes).

Tithonique supérieur de Cabra (Andalousie).

113. **Holcostephanus Grotei** Opp. sp.

1868. Zittel, *Stramberg*, pl. XVI, fig. 1-4, p. 90.

Tithonique supérieur, Véronais, Stramberg; néocomien inférieur de Berrias (Ardèche), jurassique supérieur de l'Inde (Thibet).

Tithonique à *Am. transitorius.* Loja.

Genre PERISPHINCTES.

Les vrais *Perisphinctes* (*P. colubrinus*), encore abondants dans le tithonique inférieur, ne tardent pas à être remplacés dans le tithonique supérieur par un groupe un peu aberrant, servant de transition aux *Hoplites,* celui des *Perisph. transitorius, senex, etc.*, où le sillon ventral, d'abord peu constant, finit par devenir un caractère persistant.

114. **Perisphinctes colubrinus** Rein. sp.

Pl. XXIX, fig. 1 *a*, *b*, 2 *a*, *b*.

1818. Reinecke, fig. 72, p. 88.
1849. Quenst., *Ceph.*, pl. XII, fig. 10.
1870. Zittel, *Aelt. Tithon.*, pl. XXXIII, fig. 6, et pl. XXXIV, fig. 4, 5 et 6.
1876. Fontannes, *Crussol*, pl. IX, fig. 4.
1878. Non *Per. colubrinus* Herbich Czeklerland, pl. VIII, fig. 1.
Am. Botellae et Subbotellae, de Vern. (in coll.).

Nous rattachons à cette espèce, ainsi que le fait M. Zittel, un groupe de formes assez variables à tours arrondis et à côtes très prononcées. Certaines variétés ont les flancs plus aplatis que d'autres.

De Verneuil a séparé sous le nom d'*Ammonites Subbotellae* de Vern. in coll. une variété à tours ronds; il avait donné le nom de *Botellae* à la forme adulte de la même espèce.

Les constrictions sont rares; certains échantillons présentent dans le jeune âge, ainsi que l'a déjà fait remarquer M. Zittel, un affaiblissement des côtes sur la région ventrale. Les formes tithoniques que nous rapportons au *Perisphinctes colubrinus* paraissent établir un passage entre les perisphinctes vrais du jurassique extraalpin (*Per. Tiziani*, Oppel) et le groupe du *Per. transitorius*, ainsi que le montre l'ébauche du sillon ventral qu'il n'est pas rare de rencontrer dans le *Per. colubrinus* et qui s'accentue sans devenir pourtant bien persistant chez le *Per. transitorius*. Les côtes sont plus régulièrement bifurquées dans notre espèce que dans le *Per. fraudator*.

On cite cette forme dans les couches à *Am. acanthicus* et le Tithonique inférieur du Véronais; elle se trouve aussi dans les couches de Stramberg et dans le Diphyakalk (Sette Communi, etc.). Jonchères (Drôme).

Couches à *Am. transitorius*. Baños de Vilo (près du col menant à Zaffaraya).

Cortijo Azafranero. Loja. Fuente de los Frailes.

IMPRIMERIE NATIONALE.

115. **Perisphinctes Richteri** Opp. sp.

1868. Zittel, *Stramberg*, pl. XX, fig. 9-12, p. 108.

Cette espèce se distingue par ses côtes fortement infléchies en avant et par le sinus qu'elles forment sur la partie ventrale.

On la cite dans le Véronais (tithonique supérieur), l'Apennin (tithonique inférieur), les Alpes de Fribourg, le Tyrol méridional, et à Stramberg (tithonique supérieur).

Fuente de los Frailes, Loja. Assez commun.

116. **Perisphinctes** sp.

Tithonique, nord de las Chozas.

117. **Perisphinctes Heimi** E. Favre.

1877. E. Favre *Z. à A. acanthicus*, pl. V, fig. 3.
(*Am. Colombi* de Verneuil in coll.).

Cabra (couches inférieures).

118. **Perisphinctes albertinus** Cat. sp.

1870. Zittel, *Aelt. Tithon.*, pl. XXXIV, fig. 1.

Tithonique inférieur du Véronais, du Tyrol, de l'Apennin. Cabra. (Coll. de Verneuil.)

119. **Perisphinctes geron** Zittel.

1870. *Perisphinctes geron* Zittel, *Aelt. Tithon.*, pl. XXXV, fig. 3.
1866. *Perisphinctes ardescicus* Fontannes, *Crussol*, pl. VIII, fig. 3 et 4.

Ainsi que nous avons pu nous en assurer en étudiant avec notre ami M. Haug les séries de la collection de la Sorbonne, c'est à cette espèce que doivent être rapportés presque tous les échantillons cités sous le nom d'*Am. transitorius* dans les Basses-Alpes, le Diois et les Cévennes.

Ammonites (*Perisphinctes*) *geron* Zittel (*Aelteres Tithon.*, pl. XXXV, fig. 3), à laquelle doit probablement être réuni *Am. ardescicus* Fontannes, caractérise le Diphyakalk (tithonique inférieur des auteurs) d'une foule de localités : Volano, Toldi, Maruszina, Rogoczonik, Lubiara (Véronais). D'après M. Neumayr, elle se montrerait déjà dans les couches à *Waagenia Beckeri*. En France, on la rencontre à Chasteuil, Lémenc, à la Porte de France, aux environs de Sauve, au Pouzin, à Crussol, etc. Dans les régions que nous avons explorées, c'est également dans des dépôts probablement synchroniques du Diphyakalk qu'elle s'est rencontrée : Naux (Basses-Alpes).

Tithonique inférieur. Puerto del Sol, près Zaffaraya, Loja. Gobantes (entrée du tunnel n° 9), Cabra.

120. **Perisphinctes contiguus** Zitt., non Cat.

1870. Zittel, *Aelt. Tith.*, pl. XXXV, fig. 2, p. 228.
Am. cabrensis de Verneuil in coll.

Cette espèce à côtes trifurquées rappelle beaucoup la figure de M. Zittel. Dans l'adulte, les côtes deviennent irrégulières et épaisses, surtout dans la région ventrale. Des tubercules se montrent aux points de bifurcation.

Notre forme rappelle le *Per. microcanthus* Opp. sp. (Zitt., *Stramberg*, pl. XVII, fig. 11); elle est également voisine du *Per. transitorius*.

Tithonique inférieur et couches à *Am. acanthicus* du Véronais. Tithonique inférieur de l'Apennin central et tithonique supérieur de Stramberg.

Tithonique inférieur. Cabra. Rare.

120 *bis*. **Perisphinctes rectefurcatus**.

1870. *Per. Venetianus*, Zittel *Aelt. Tith.*, Pl. XXXIV, fig. 7. (*Perisphinctes rectefurcatus*, id. p. 227).

Espèce des Sette Communi (Tithonique inférieur).

Tithonique à *Pyg. diphya*. Cabra.

121. **Perisphinctes Lorioli** Zitt.

Pl. XXVIII, fig. 3 *a*, *b*.

1868. Zittel, *Stramberg*, pl. XX, fig. 6-8.

Nous ne possédons que des fragments de cette espèce. Les côtes sont plus flexueuses que sur les figures de Zittel.

Am. balnearius de Lor., var. *retrofurcata* Fontannes (*Crussol*, pl. XI, fig. 1) possède des côtes à sinus dirigé en avant comme *Per. Lorioli*, mais en diffère par la présence d'étranglements.

Marnes blanches à *Pyg. diphya*. Fuente de los Frailes (type figuré). Loja. La Claps de Luc (Drôme).

121 *bis*. **Perisphinctes sublorioli** n. sp.

Pl. XXXIII, fig. 4 *a*, *b*.

Cette forme se distingue de la précédente, dont elle n'est peut-être qu'une variété, par ses côtes légèrement plus flexueuses et formant sur la face siphonale un sinus plus régulièrement convexe en avant. En outre, les tours sont plus épais ici et l'ouverture plus carrée.

Diamètre de l'échantillon	48 millim.
Largeur de l'ombilic	21
Largeur de l'ouverture	18
Hauteur	16

Marnes blanches de Fuente de los Frailes.

122. **Perisphinctes Chalmasi**, n. sp.

Pl. XXVIII, fig. 1.

Coquille discoïdale, ornée de côtes très nombreuses, droites, se divisant en deux, trois ou plusieurs branches vers la moitié des flancs, non interrompues sur la face siphonale. Dans le jeune âge, les côtes aiguës et accentuées (75 environ par tour) sur la moitié interne des flancs se divisent sur la moitié externe en deux ou trois branches droites fines et moins aiguës.

Dans l'âge adulte (vers le diamètre de 140 millim.), les côtes ombilicales s'espacent légèrement, deviennent plus larges, moins accentuées et donnent naissance à un nombre plus considérable de branches. En même temps, les ornements s'atténuent et tendent à s'effacer sur la partie médiane des flancs.

A 145 millim., les côtes ombilicales se réduisent à de gros tubercules mousses, situés sur le bord de l'ombilic et servant de point de départ d'un faisceau de côtes fines et peu distinctes sur la partie médiane des flancs.

Spire formée de tours se recouvrant sur deux cinquièmes environ de leur largeur. Ouverture plus haute que large; la plus grande largeur étant dans la région ombilicale.

Région siphonale bombée. Flancs peu convexes. Paroi ombilicale lisse, bordée dans l'adulte par une arête émoussée ornée de tubercules et dominant une paroi verticale lisse.

Cloisons inconnues.

Rapports et différences. — Cette espèce se rattache au groupe des *Perisphinctes ulmensis* Oppel sp., *Achilles* d'Orb. sp., *geron* Zittel, *unicomptus* Font., *capillaceus* Font.

Elle diffère de *Perisph. ulmensis* par ses côtes qui restent plus longtemps serrées et ne se transforment en tubercules qu'à un diamètre beaucoup plus grand.

Elle peut être séparée de l'*Ammonites Achilles* grâce à ses côtes beaucoup plus nombreuses et par le même caractère qui la distingue du *Per. ulmensis.*

Perisphinctes unicomptus Fontannes a un ombilic plus étroit et des côtes plus larges que *Per. Chalmasi.*

L'ombilic plus ouvert de notre espèce ne permet pas non plus de la confondre avec le *Per. capillaceus* Font., dont la distinguent également ses côtes demeurant plus longtemps fines et serrées.

Per. geron Zittel a les tours moins nombreux et les côtes un peu moins fines dans l'adulte.

Notre forme a les tubercules plus prononcées que le *Per. seorsus.*

Per. lictor Font. a les côtes moins fines ainsi que *Per. frequens* Oppel qui n'a pas de tubercules.

Gisement. — Tithonique inférieur à *Per. transitorius*. Las Chozas, près Zaffaraya.

122 *bis*. **Perisphinctes fraudator** Zitt. sp.

1868. Zittel, *Stramberg*, pl. XXI, fig. 1-3, p. 110.

Calcaire à *Per. transitorius*. Loja.

123. **Perisphinctes eudichotomus** Opp. sp., var. **cabrensis**, nobis.

1868. Zittel, *Stramberg*, pl. XXI, fig. 6 et 7.
Am. Cabrensis de Verneuil in coll.

Variété présentant un nombre un peu moins grand de côtes que le type, à ombilic un peu moins profond et à ouverture un peu rétrécie vers la face siphonale.

On l'a rencontrée dans le Tithonique de Stramberg, du Pouzin (Ardèche), de Lémenc (Savoie), de Chasteuil (Basses-Alpes), de Crussol, etc.

Tithonique inférieur. Cabra. (Coll. de Verneuil.)

124. **Perisphinctes transitorius** Opp. sp.

1868. Zittel, *Sramberg*, pl. XXII, fig. 1-6, p. 103.
1861. Pictet, *Mél. pal.*, pl. XXXVIII, fig. 5 et 6.

Cette espèce, assez variable, est une des plus caractéristiques des couches tithoniques d'Andalousie.

Nous en avons recueilli de nombreuses variétés dont quelques-unes, à côtes plus nombreuses, se rapprochent du *Per. senex* et du *Per. geron* (*ardescicus*).

Zone à *Pyg. diphya* : Loja. Fuente de los Frailes. Tranchée de Gobantes (Entrée du tunnel n° 9). Cortijo Azafranero. Abondant.

125. **Perisphinctes senex** Oppel sp.

1868. Zittel, *Stramberg*, pl. XXIII, fig. 1-3, p. 113.

Cette espèce se distingue du *Per. ardescicus* (*geron*) par la présence d'une interruption ventrale des côtes.

Couches à *Pyg. diphya*. Fuente de los Frailes.

Tithonique supérieur du Véronais; de Stramberg.

126. **Perisphinctes** sp.

Fragment de tour de grande taille, orné de côtes très grosses. Calcaire rouge de Cabra. (Coll. de Verneuil.)

126 *bis*. **Perisphinctes.**

Jeunes individus à sillon ventral, appartenant au groupe des *Per. transitorius* et *senex*. Abondant.

Fuente de los Frailes.

127. **Perisphinctes Fischeri** n. sp.

Pl. XXVIII, fig. 2.

Coquille discoïdale, ornée par tour de 48 côtes presque droites, bifurquées sur le tiers externe des flancs et atténuées fortement sur la ligne siphonale. Les côtes, légèrement recourbées en arrière sur la paroi ombilicale, forment sur le milieu des flancs un sinus très peu accentué, convexe en avant, puis elles se bifurquent très régulièrement; la branche postérieure est dirigée faiblement en arrière. Il est à noter que les côtes primaires sont *plus accentuées* que les côtes secondaires.

Spire formée de tours, se recouvrant sur un cinquième à peine de leur largeur. (On aperçoit quelquefois la bifurcation des côtes sur les tours intérieurs.) Ouverture un peu plus haute que large, la plus grande largeur étant du côté de l'ombilic; faiblement échancrée par le retour de la spire.

Région siphonale légèrement aplatie; flancs médiocrement convexes, formant une arête mousse autour de l'ombilic.

Cloisons inconnues.

Diamètre de l'échantillon figuré	45 millim.
Diamètre de l'ombilic	19
Largeur du dernier tour	16
Épaisseur	11

Rapports et différences. — Cette espèce fait partie du groupe de *Perisphinctes transitorius* dont elle diffère par l'aplatissement de ses tours, ses côtes moins droites et plus fines.

Le *Perisphinctes balnearius* de Loriol, var. *retrofurcata* Fontannes (*Crussol,* pl. XI, fig. 1, p. 71) est très voisin de cette espèce; il s'en distingue cependant par ses côtes non atténuées sur la ligne siphonale. L'*Am. praetransitorius* Font. a les tours moins aplatis et possède un sillon ventral au lieu d'une simple bande lisse. Notre espèce se rapproche également des *Perisph. Sautieri* et *Mulleti* Fontannes.

128. **Per. prætransitorius** Fontannes.

1879. Fontannes, *Crussol,* pl. XI, fig. 6, 7.

Côtes offrant les mêmes sinuosités que *Per. Fischeri;* mais tours plus larges et sillon ventral plus accentué. Se rapproche d'*Am. Sautieri* Font., mais a des tours moins nombreux. Cette forme a les côtes plus nombreuses et les tours plus plats que *Per. eudichotomus.*

Gisement. — Couches à *Am. transitorius.* Cabra. (Coll. de Verneuil.)

129. **Perisphinctes Falloti** n. sp.

Pl. XXIX, fig. 4 *a*, *b*.

Coquille discoïdale, ornée par tours de 48 côtes formant sur le pourtour de l'ombilic des indices de tubercules. Quelques-unes se bifurquent et se trifurquent avant d'avoir atteint la moitié des flancs; mais la plupart se divisent en deux, rarement en trois branches, vers le tiers externe de la coquille. Quelques-unes restent simples.

Sur la dernière partie du dernier tour, les divisions des côtes sont plus irrégulières, elles se font plus près de l'ombilic et chacune d'elles donne naissance à deux, trois ou quatre côtes secondaires; en même temps les tubercules ombilicaux s'accentuent. Les côtes passent sans s'interrompre sur la région ventrale qui est un peu aplatie. Cependant on observe à certains stades un indice d'atténuation sur la ligne siphonale (fig. 4 *b*), ce qui rapproche notre espèce du groupe de l'*Am. transitorius*. Il importe de noter la présence de constrictions très peu profondes et parallèles aux côtes.

Spire formée de tours se recouvrant sur un cinquième de leur largeur.

Ouverture plus haute que large, un peu plus étroite du côté siphonal que près de l'ombilic.

Région ventrale légèrement aplatie; flancs peu convexes, formant une paroi ombilicale droite et lisse.

Cloisons inconnues.

Diamètre de l'échantillon figuré..............	83 millim.
Diamètre de l'ombilic....................	35
Largeur de l'ouverture....................	21
Hauteur de l'ouverture....................	26

Rapports et différences. — Cette espèce fait partie du groupe de l'*Am.* (*Perisphinctes*) *transitorius* comme semble l'indiquer l'atténuation passagère des côtes sur la ligne siphonale. Elle diffère de cette espèce par les épaissements ombilicaux de ses côtes et par la façon irrégulière dont elles se divisent. Voisine aussi de l'*Am. eudichotomus* Oppel elle s'en distingue par les mêmes caractères.

Per. rarefurcatus a les côtes plus serrées et plus flexueuses, les

IMPRIMERIE NATIONALE.

tours plus amincis sur la ligne siphonale. (*Stramberg*, pl. XIX, fig. 4.)

Per. abscissus Zittel a des tubercules ombilicaux plus prononcés, et des côtes moins serrées et interrompues nettement du côté ventral. En outre, les côtes du *Per. abscissus* sont plus régulièrement bifurquées et plus flexueuses dans le jeune âge.

Am. Boissieri Pictet, très voisin, sinon synonyme du précédent, a des côtes moins droites, des tubercules moins nombreux alternant avec des côtes non épaissies et des tours un peu moins épais.

Gisement. — Cabra.

130. Perisphinctes moravicus.

Pl. XXIX, fig. 3 *a*, *b*.

1868. Zittel, *Stramberg*, pl. XXI, fig. 5, p. 109.

L'exemplaire figuré ne présente pas l'interruption ventrale des côtes de la figure de M. Zittel. Cependant nous maintenons notre détermination comme exacte, car il est expressément dit par Zittel (p. 110) que, dans les tours internes, cette interruption devient très peu nette.

Couches à *Pyg. diphya*. Loja. Rare.

131. Simoceras lytogyrum Zittel.

1870. Zittel, *Aelt. tith.*, pl. XXXIII, fig. 1, p. 209.

Tithonique supérieur : Fuente de los Frailes.

132. Simoceras volanense Opp. sp.

1862. Oppel, *Pal. Mitth.*, pl. LVIII, fig. 2, p. 231.
1870. Zittel, *Aelt. Tith.*, pl. XXXII, fig. 7-9, p. 213.
1868-1876. Gemmellaro, *Studii paleont. sulla Fauna del calcare à* P. janitor, pl. IX, fig. 5, p. 40.

Zone à *Waagenia Beckeri* (rare) et Tithonique inférieur : Apennin central, Sicile septentrionale, Tyrol méridional, Véronais, Carpathes. Tithonique supérieur : Stramberg.

Tithonique. Loja. Un bel exemplaire.

132 *bis*. **Simoceras biruncinatum** Quenst. sp.

1849. Quenstedt, *Ceph.*, pl. XIX, fig. 14.
1870. Zittel, *Aelt. Tithon.*, pl. XXXII, fig. 5 et 6, p. 210.

Tithonique inférieur du Véronais, du Tyrol et de la Vénétie.

Zone à *Am. transitorius*. Nord de las Chozas.

133. **Simoceras** cf. **venetianum** Zittel sp.

1870. Zittel, *Aelt. Tith.*, pl. XXXIII, fig. 8, p. 221.

Tithonique. Loja. Tithonique inférieur du Véronais, du Tyrol et de l'Apennin.

134. **Simoceras rachystrophum** Gemm.

1868-1876. Gemmellaro, pl. VII, fig. 5.

Un fragment.

Espèce de la Zone à *Am. acanthicus* du Véronais et du lac de Garde.

Tithonique. Las Chozas.

135. **Simoceras** sp.

Jeune exemplaire appartenant au groupe du *Sim. Doublieri* d'Orb.

Entrée du tunnel n° 9 entre Gobantes et El Chorro.

Genre HOPLITES.

Dans les dépôts tithoniques, les *Perisphinctes* à sillon ventral du groupe de *Per. transitorius* donnent naissance à une série de formes (*Hoplites privasensis, H. carpathicus, H. Calisto, H. Chaperi*, etc.), surtout répandues dans le niveau supérieur de cet étage et qui, par leur méplat siphonal, par la disposition de leurs côtes et la tendance qu'ont ces ornements à prendre des tubercules, se rapprochent de plus en plus des *Hoplites* typiques (*H. Malbosi, H. Euthymi* et *Hoplites radiatus* du néocomien), auxquels ils sont rattachés par des formes de passage et dont ils représentent vraisemblablement la souche. Ces espèces et leurs variétés atteignent, dans les couches à *Pyg. diphya* d'Andalousie, un remarquable développement.

136. **Hoplites privasensis** Pictet sp.

Pl. XXX, fig. 3 *a*, *b*.

1861. Pictet, *Mél. pal.*, pl. XVIII, fig. 1 et 2, p. 84.
1868. *Am. Calisto*, Zittel, *Stramberg*, pl. XX, fig. 5.

Cette forme, répandue dans le tithonique supérieur du S. E. de la France est peu connue à l'état adulte. Zittel a représenté (*Stramberg*, pl. XX, fig. 5) un échantillon qui porte le nom d'*Am. Calisto* et que nous sommes porté à considérer comme une variété de l'*Am. privasensis* Pictet.

Tithonique : Aizy (Isère), Claps de Luc (Drôme); lac de Garde et Oued Soubella (Algérie).

Abondant. Tithonique supérieur. Fuente de los Frailes.

136 *bis*. **Hoplites** sp.

Voisine de l'*Am. eudichotomus* Zitt.

Loja. Fuente de los Frailes.

137. **Hoplites carpathicus** Zitt. sp.

Pl. XXX, fig. 1 *a*, *b*.

1868. Zittel, *Stramberg*, pl. XVIII, fig. 4-5, p. 107.

Cette forme pouvant aisément être confondue avec *Hoplites Calisto* d'Orb., nous avons jugé convenable d'en faire figurer un bel échantillon des marnes blanches de Fuente de los Frailes.

Notre exemplaire est un peu plus déroulé que le type de Stramberg, en même temps le sillon dorsal est très atténué dans notre forme et la division des côtes est plus extérieure; celles-ci sont également un peu plus serrées dans la figure 5 de Zittel.

En ce qui concerne les analogies et les différences avec *A. Calisto* d'Orb., voir à cette espèce.

Tithonique de Crussol, de Luc-en-Diois, d'Aizy.

Tithonique supérieur de la Claps de Luc (Drôme).

Zone à *Am. transitorius* et *Ter. dyphia*. Fuente de los Frailes. Assez commun.

138. **Hoplites Calisto**[1] d'Orb. sp.

Pl. XXXI, fig. 3 *a*, *b*.

1849. *Ammonites Calisto* d'Orbigny, *Pal. fr. Ter. jur.*, Céph. pl. CCXIII, fig. 1 et 2.
1861. *Ammonites Calisto* Pictet, *Mél. pal.*, pl. XXXVIII, fig. 3 et 4 (non fig. 6).
1868. Non *Ammonites Calisto* Zittel, *Stramberg*, pl. XX, fig. 4 et 5, p. 107.
1880. (?) *Am. Calisto*, Favre, *Tith.*, Alpes frib., pl. III, fig. 5 *a*, *b*.

Nous avons fait figurer cette espèce (pl. XXXI, fig. 3 *a*, *b*) afin de faire ressortir les caractères qui la distinguent de *H. carpathicus* (pl. XXX, fig. 1 *a*, *b*).

Les côtes ayant la même forme que dans la figure de d'Orbigny, sont dans notre échantillon faiblement atténuées, dans le jeune âge seulement, sur la région ventrale, tandis que le type possède un sillon ventral continu. En même temps, notre individu est un peu plus renflé. Parmi les types de la collection d'Orbigny, il se trouve du reste des échantillons dans lesquels les côtes passent sur la face ventrale sans s'interrompre tout à fait.

Il en est de même de notre *H. carpathicus* qui a également un sillon moins net que la figure de Zittel.

[1] Nous conservons provisoirement l'orthographe donnée par d'Orbigny, quoiqu'il serait plus correct d'écrire *Callisto*.

Ses côtes flexueuses distinguent *Hopl. Calisto* de *Hopl. carpathicus* où elles sont dirigées simplement en avant et se divisent vers le tiers externe des flancs. Ici la bifurcation se fait plutôt vers le milieu des flancs et correspond à un sinus des côtes convexe en avant. En même temps les côtes sont un peu plus nombreuses dans *Hopl. carpathicus*.

La forme des tours est sensiblement la même; peut-être sont-ils un peu moins hauts dans l'*Am. Calisto*.

En France, on rencontre l'*Am. Calisto* dans le Tithonique supérieur : Cheiron, la Cisterne, la Claps de Luc, où elle est très abondante.

Am. Calisto Zittel, (*Stramberg,* pl. XX, fig. 1-4), nous paraît devoir constituer une troisième espèce à côtes plus espacées, que nous proposons d'appeler **Perisphinctes Oppeli**, n. sp. L'échantillon représenté par M. Favre (*loc. cit.*) est aussi plus grossièrement costulé que le type, et l'inflexion des côtes y est sensiblement plus forte.

Gisement. — Fuente de los Frailes.

139. **Hoplites delphinensis** n. sp.

Fig. 1.

Cette espèce se distingue des *Hopl. Calisto* et *carpathicus* par une dépression très caractéristique qui règne sur le tiers externe des flancs. Ce méplat, parallèle à la suture, se trouve à la hauteur du point de bifurcation des côtes; dans certains échantillons, il est assez prononcé pour occasionner une forte atténuation de l'ornementation et alors la coquille porte une bande lisse circulaire qui n'est pas sans analogie avec celle que l'on observe dans le groupe de *Hildoceras bifrons* du lias. Néanmoins cette bande, qui semble du reste s'effacer avec l'âge, ne produit aucune déviation dans le trajet des côtes qui sont toutes fortement dirigées en avant et régulièrement bifurquées. Sur la ligne siphonale se remarque une interruption brusque et nette des côtes, sorte de scissure, assez profonde. Côtes légèrement flexueuses au voisinage de leur point de division, mais un peu moins que cela ne se voit dans l'*Am. Calisto* type.

Fig. 1.

Hoplites delphinensis, n. sp. du tithonique supérieur de Luc-en-Diois (Drôme).

Possédant des tours un peu plus embrassants que *Hopl. privasensis*, cette coquille appartient au groupe des *Hopl. Calisto* et *carpathicus*.

Gisement. — Très abondant dans les calcaires bréchoïdes (poudingues de Luc), qui forment, dans la Drôme, une partie du tithonique supérieur.

Localités : Claps-de-Luc (Drôme) [échantillon figuré ci-contre et recueilli par M. Garnier, coll. de la Sorbonne]; bassin de Valdrome (Drôme) [M. Kilian], etc.

Assez rare dans les marnes blanches (tithonique supérieur) de Fuente de los Frailes.

140. **Hoplites Vasseuri** n. sp.

Pl. XXX, fig. 2 *a*, *b*.

Coquille discoïdale très plate, ornée, autour de l'ombilic, de 20 à 25 tubercules émoussés, mais assez saillants, qui servent de point de départ à un faisceau de côtes peu marquées, souvent même effacées sur les flancs. Ces côtes deviennent plus saillantes sur le bord de la région ventrale où on en compte de 85 à 90 dirigées en avant. Elles sont interrompues brusquement sur la ligne siphonale par un sillon assez accentué, de chaque côté duquel elles forment de petits renflements.

Spire formée de tours très aplatis, se recouvrant sur un tiers de leur largeur.

Ouverture beaucoup plus haute que large.

Flancs plats; région ventrale étroite, creusée d'un sillon. Ombilic peu profond.

Cloisons inconnues.

Diamètre de l'échantillon figuré	67 millim.
Diamètre de l'ombilic	27
Largeur du dernier tour	24
Épaisseur	11

Rapports et différences. — Forme du groupe de *Hoplites Chaperi*, dont elle se distingue par l'absence de la seconde rangée de tubercules et par la grande atténuation des ornements sur les flancs, ainsi que par l'aplatissement de la coquille.

Gisement. — Loja.

141. **Hoplites Botellae** n. sp.

Fig. 2 (ci-contre) et pl. XXXI, fig. 5 *a*, *b*.

Coquille discoïdale, ornée de côtes *flexueuses* dont une partie seulement part de l'ombilic. Ces côtes forment des groupes ou faisceaux faisant saillie au bord de l'ombilic sous la forme de tubercules très émoussés dans lesquels s'intercalent, du côté externe, un nombre variable de côtes courtes, naissant des précédentes par bifurcation. Les côtes sont brusquement interrompues sur la face siphonale, où elles se renflent légèrement de chaque côté d'une bande médiane.

Fig. 2.

Hoplites Botellae, n. sp. de Loja.

Dans le jeune, les côtes sont plus régulièrement disposées, elles ne forment pas de faisceaux et ne présentent qu'un léger renflement ombilical.

Vers le milieu des flancs, on remarque (fig. 2) parfois des tubercules isolés distribués d'une façon très irrégulière et placés au point de bifurcation des côtes; ça et là s'observent des sillons peu profonds et flexueux comme les côtes elles-mêmes.

Spire formée de tours se recouvrant sur un cinquième à peine de leur largeur, aplatis sur les flancs. Ouverture plus haute que large, la plus grande largeur étant vers le milieu des flancs. Région ventrale déprimée sur la ligne siphonale.

Flancs peu convexes. Ombilic assez ouvert.

Cloisons inconnues.

Diamètre de l'échantillon figuré	51 millim.
Diamètre de l'ombilic, à peu près	17

Rapports et différences. — Cette espèce appartient au groupe du *Hoplites Chaperi;* elle se distingue des espèces voisines par ses côtes fasciculées, plus flexueuses, par sa forme plate et surtout par son ornementation irrégulière.

Gisement. — Tithonique. Loja. Rare.

Le dessin pl. XXXI, fig. 5 n'étant pas suffisant, nous avons intercalé dans le texte (fig. 2 ci-contre) une figure représentant le même échantillon.

142. Hoplites Castroi n. sp.

Pl. XXXII, fig. 2.

Coquille discoïdale, aplatie, ornée par tour de 18 côtes principales, espacées, légèrement flexueuses, formant à leur naissance, près de l'ombilic, un léger tubercule. Un peu au delà de la moitié des flancs, ces côtes se divisent et se multiplient par intercalation, de sorte que le nombre des côtes est trois ou quatre fois plus grand sur le pourtour externe des flancs. Ces petites côtes, d'abord légèrement infléchies en arrière, sont dirigées en avant. Les côtes sont toutes interrompues sur la région siphonale assez étroite.

Spire formée de tours aplatis, se recouvrant sur un quart environ de leur largeur.

Ouverture plus haute que large; flancs plats, ombilic ouvert.

Cloisons inconnues.

IMPRIMERIE NATIONALE.

Diamètre de l'échantillon figuré.	46 millim.
Diamètre de l'ombilic	16
Largeur du dernier tour	17

Rapports et différences. — Groupe de *Hoplites Chaperi.* Elle en diffère par l'absence des deux rangées de tubercules sur les côtes primaires, la forme *flexueuse* des côtes et le plus grand nombre de côtes intercalées.

Voisine de l'*Am. Vasseuri*, elle s'en distingue par ses côtes primaires plus longues et par la place des points de bifurcation, qui est plus rapprochée de la région ventrale dans notre espèce.

Hoplites Botellae qui est du même groupe, n'a pas de côtes primaires et les côtes fasciculées partent directement des tubercules ombilicaux.

Hoplites Malladae a les tours plus étroits et les côtes plus droites.

Gisement. — Tithonique à *Pyg. diphya.* Cabra.

143. **Hoplites** cf. **occitanicus** Pictet.

Pl. XXXI, fig. 4.

1868. Pictet, *Mél. pal.*, pl. XXXIX, fig. 1.

C'est à cette détermination que nous nous sommes arrêté pour l'individu représenté pl. XXXI, fig. 4, quoique le type de Pictet possède des côtes plus nombreuses et des tubercules plus serrés que le nôtre.

Espèce caractéristique des couches de Berrias,

Calcaires rouges de Fuente de los Frailes (échantillon figuré).

144. **Hoplites Chaperi** Pictet.

Pl. XXX, fig. 5 et pl. XXXI, fig. 1.

1861. Pictet, *Mél. pal.*, pl. XXXVII, fig. 1-3.

Nous avons fait figurer ici, d'après de très bons moulages de la collection de la Sorbonne, des types de l'espèce dont les originaux, étiquetés par Pictet lui-même, sont à l'École des Mines.

Ces échantillons appartiennent bien à l'espèce représentée aux figures 1, 2 et 3 (pl. XXXVII) de Pictet.

Hopl. privasensis adulte a beaucoup d'analogie avec *Hopl. Chaperi*. D'un autre côté, les deux espèces sont très voisines dans le jeune âge; cependant l'*Am. privasensis* a des côtes un peu plus nombreuses et un peu plus infléchies en avant, et ces côtes n'ont *aucune tendance* à former des tubercules.

Espèce spéciale au tithonique supérieur du Dauphiné et de la Haute-Provence.

Gisement des échantillons figurés. — Aizy (Isère) [moulage de la coll. Lory, déposé à la Sorbonne].

Marnes blanches à *Pyg. diphya.*

Fuente de los Frailes.

145. **Hoplites Tarini** n. sp.

Pl. XXX, fig. 4 *a*, *b*.

Nous séparons de l'*Am. Chaperi* Pictet une forme très voisine, mais dont certains caractères permettent de faire une espèce à part :

1° Les côtes ombilicales, tuberculeuses sont moins nombreuses que dans *Hopl. Chaperi.* (Sur un fragment de même taille, il y en a 7 dans *Hopl. Tarini* et 13 dans *Hopl. Chaperi.*)

2° Les côtes externes sont un peu plus nombreuses; elles paraissent plus serrées que dans *Hopl. Chaperi* à cause du moins grand nombre des côtes ombilicales.

3° Dans notre espèce, les flancs sont plus aplatis, la face siphonale plus large et l'ouverture plus rectangulaire.

Nous dédions cette forme à M. Gonzalo y Tarin, qui a si bien étudié au point de vue géologique les provinces de Grenade et de Malaga.

Gisement. — Marnes blanches à *Pyg. diphya.* Fuente de los Frailes.

146. Hoplites Macphersoni n. sp.

Pl. XXXI, fig. 2 *a*, *b*.

Coquille discoïdale, ornée par tours de 25 côtes formant autour de l'ombilic des tubercules émoussés, allongés dans le sens du rayon. Ces côtes s'atténuent vers le milieu des flancs où elles tendent à s'effacer, puis se divisent en trois ou quatre rameaux qui vont aboutir à la région ventrale, où chacun d'eux se renfle sur les bords d'une bande lisse occupant la partie siphonale de la coquille. Il en résulte qu'au lieu des 25 côtes du bord ombilical, on en compte, sur le bord externe du tour, environ 80. On remarque que certaines côtes se terminent du côté ventral par un tubercule plus fort. La bifurcation des côtes ombilicales a lieu vers le milieu des flancs, elle est peu nette dans l'adulte; dans le jeune, on remarque vers le point de division les représentants d'une seconde rangée de tubercules, ce qui rappelle l'*Am. Chaperi.* Les tubercules ombilicaux sont fort atténués dans les tours internes.

Spire formée de tours se recouvrant sur un quart de leur largeur.

Ouverture plus haute que large, la plus grande largeur étant dans la région ombilicale.

Région ventrale légèrement aplatie sur la ligne siphonale. Flancs peu convexes, formant une arête mousse autour de l'ombilic.

Cloisons inconnues.

Diamètre de l'échantillon figuré	82 millim.
Diamètre de l'ombilic	32
Largeur du dernier tour	31
Épaisseur du dernier tour	21

Rapports et différences. — Cette espèce appartient au groupe des *Hoplites* dérivés du *Perisphinctes transitorius*; le sillon ventral est encore peu accusé. Elle se rapproche des *Hoplites Chaperi* dont elle diffère par l'existence d'une seule rangée *constante* (autour de l'ombilic) de tubercules au lieu de deux. Nous avons vu que, dans les tours externes de notre espèce, il existait des vestiges de la deuxième rangée de tubercules, vers le milieu des flancs.

Gisement. — Couches à *Am. transitorius*. Fuente de los Frailes.

147. Hoplites Malladae n. sp.

Pl. XXXI, fig. 6 *a, b*.

(*Am. submalbosi* de Verneuil in coll.)

Coquille discoïdale, ornée par tour de 20 à 25 côtes principales naissant du bord de l'ombilic; elles sont très aiguës, droites, accentuées, s'étendant jusque vers le milieu des flancs où elles portent l'indication d'un tubercule. A partir de cette région, elles s'atténuent et se divisent en trois branches moins fortes qui vont aboutir chacune à un tubercule externe sur le bord de la ligne siphonale lisse.

Les côtes principales se continuent directement par l'une des trois branches susmentionnées; les deux autres semblent parfois simplement intercalées entre les côtes primaires. Région ventrale lisse au milieu, portant de chaque côté des tubercules ronds et pointus, ce qui donne à la ligne siphonale l'apparence d'un sillon. Dans le jeune, les côtes sont plus accentuées que dans l'adulte.

Spire formée de tours étroits et aplatis se recouvrant sur un cinquième environ de leur largeur. Ouverture subquadrangulaire, la plus grande largeur étant vers la partie interne des flancs.

Flancs peu convexes, s'abaissant vers la région externe.

Cloisons inconnues.

Diamètre de l'échantillon figuré.............	47 millim.
Diamètre de l'ombilic......................	21
Largeur du dernier tour....................	13
Épaisseur du dernier tour, environ..........	10

Rapports et différences. — Cette espèce se rattache au groupe de *Hoplites Chaperi;* elle s'en distingue par l'étroitesse de ses tours, par ses tubercules externes plus accentués et par ses côtes droites et non infléchies en avant.

Gisement. — Tithonique supérieur de Fuente de los Frailes près Cabra.

Un seul exemplaire (coll. de Verneuil). Un moulage est déposé dans la collection de la Sorbonne.

148. **Hoplites Malbosi** Pictet sp.

Pl. XXXII, fig. 4 *a*, *b*.

1867. Pictet, *Mél. pal.*, pl. XIV, fig. 2.

Nous représentons un fragment de petite taille qui semble se rapporter à certaines variétés de cette espèce du niveau de Berrias figurées par Pictet.

Zone à *Pyg. diphya.* Loja. Fuente de los Frailes.

149. **Hoplites Andreaei** n. sp.

Pl. XXXII, fig. 1.

Coquille discoïdale, ornée par tours d'une trentaine de fortes côtes partant de l'ombilic.

Les unes restent simples, d'autres se bifurquent et se trifurquent alternativement ou même se divisent en quatre branches vers le milieu des flancs où elles se renflent parfois en un tubercule pointu (surtout en avançant en âge).

Il résulte de cette division que l'on compte environ 60 côtes sur le pourtour externe qu'elles ne traversent pas, laissant sur la ligne siphonale une bande lisse. De chaque côté de cette bande, les côtes se terminent par des tubercules comprimés plutôt tangentiellement que radialement et correspondant, dans un grand nombre de cas, à deux côtes (issues souvent de deux côtes primaires différentes) qui se réunissent sur le pourtour ventral. Ces tubercules sont de grosseur très variable et disposés de chaque côté d'une bande siphonale lisse assez large. Quelques côtes ne forment pas de tubercule.

Spire formée de tours assez épais se recouvrant sur un tiers environ de leur largeur.

Ouverture hexagonale, un peu plus large vers le milieu des flancs que près de l'ombilic.

Région ventrale aplatie sur la ligne siphonale, large et rendue plus large encore par la présence des tubercules qui la bordent.

Cloisons inconnues.

Diamètre de l'échantillon figuré	74 millim.
Diamètre de l'ombilic	30
Largeur du dernier tour	27
Hauteur	27
Épaisseur (au niveau des tubercules, c'est-à-dire au milieu)	24

Rapports et différences. — Cette forme, faisant partie du groupe de *Hoplites Malbosi* et *Euthymi*, se fait remarquer par le peu de régularité de son ornementation.

Hoplites Malbosi Pictet a un sillon ventral moins accentué et l'ornementation plus régulière. Les côtes primaires montrent deux rangées de tubercules et sont moins serrées.

Hoplites Euthymi Pictet a des côtes plus fortes et beaucoup plus espacées, les tubercules du côté siphonal sont également moins nombreux dans l'espèce de Berrias et de grosseur plus égale.

Gisement. — Cabra (coll. de Verneuil, moulage à la Sorbonne).

150. **Hoplites Bergeroni** n. sp.

Pl. XXXII, fig. 3 *a*, *b*.

Coquille discoïdale, ornée dans le jeune âge de côtes flexueuses; au diamètre de 45 millim., ces côtes s'atténuent fortement et disparaissent presque. Elles sont indiquées alors par trois rangées de gros tubercules disposés de la manière suivante :

1° Une rangée située non loin de l'ombilic;

2° Une autre un peu au delà du milieu des flancs.

Ces tubercules, assez saillants, comprimés plutôt radialement, marquent la place de côtes primaires qui sont indiquées par un renflement reliant à ces tubercules :

3° Une troisième rangée située sur le bord du contour siphonal et composée d'un nombre plus considérable de tubercules *allongés dans le sens tangentiel.*

Des côtes peu prononcées, partant de la deuxième série de tubercules et d'autres intermédiaires et naissant sur les flancs, entre les tubercules, vont aboutir à ces tubercules de troisième ordre et souvent de telle façon qu'un tubercule correspond alors à la réunion de deux ou trois côtes.

Toutes les côtes ne forment pas des tubercules; il y en a de simples.

Le côté ventral, entre les deux rangées de tubercules, est aplati et à peu près lisse.

Spire formée de tours se recouvrant très peu, assez larges; ombilic assez étroit. Ouverture plus haute que large.

Région ventrale assez large, aplatie sur la ligne siphonale.

Flancs convexes, s'abaissant graduellement vers l'ombilic.

Cloisons inconnues.

Diamètre de l'échantillon figuré	70 millim.
Diamètre de l'ombilic	26
Largeur du dernier tour	28
Épaisseur, à peu près	22

Nous possédons un échantillon moins bien conservé, du diamètre de 105 millim., et qui montre que, dans l'adulte, les deux rangées de tubercules latéraux se confondent en une côte unique et très forte.

Rapports et différences. — Exagération des caractères indiqués dans *Hoplites Andreæi*. Notre forme rappelle aussi *Hoplites radiatus* qui, cependant, est facile à distinguer par ses côtes.

Gisement. — Marnes blanches à *Pyg. diphya*. Fuente de los Frailes.

151. **Hoplites Koellikeri** Oppel sp.

1868. Zittel, *Stramberg*, pl. XVIII, fig. 1 et 2, p. 95.

Tithonique supérieur de Vérone, de Stramberg.
Fuente de los Frailes, Loja.

152. **Hoplites microcanthus** Oppel sp.

1868. Zittel, *Stramberg*, pl. XVII, fig. 1-5, p. 93.

La dépression siphonale, nulle à un diamètre de 25 millim., apparaît bientôt pour disparaître de nouveau dans l'adulte.

Nous attribuons à cette espèce ou à la précédente une série de petits échantillons de Cabra à côtes interrompues du côté ventral et légèrement tuberculeuses.

Tithonique supérieur du Véronais, de Stramberg, Sisteron (Basses-Alpes), vigne Droguet, Algérie.

Tithonique inférieur du Tyrol.

Tithonique. Loja. Illora (calcaires blancs). Cabra (coll. de Verneuil).

153. **Hoplites symbolus** Oppel sp.

1868. Zittel, *Stramberg*, pl. XVI, fig. 6-7, p. 96.

Un exemplaire. Tithonique à *Pyg. diphya*. Loja.
M. Zittel cite cette espèce de Cabra.

IMPRIMERIE NATIONALE.

154. **Hoplites progenitor** Opp. sp.

1868. Zittel, *Stramberg*, pl. XVIII, fig. 3, p. 99.

Tithonique supérieur. Véronais, Stramberg.
Couches à *Pyg. diphya*. Cabra. Loja.

155. **Peltoceras Cortazari** n. sp.

Pl. XXXIII, fig. 1 *a*, *b*, 2 et 3.

1868. *Pelt. athleta* Sow. in Zittel, *Stramberg*, pl. XVI, fig. 5 *a-c*, p. 94.

Nous figurons, sous le nom de *Peltoceras Cortazari*, une espèce qui se trouve aussi à Stramberg et que M. Zittel a rapportée avec doute à l'*Am. athleta* de Sowerby.

Coquille discoïdale, arrondie à son pourtour, ornée par tour de 26 à 30 côtes droites de plusieurs sortes. Les unes sont simples, d'autres bifurquées, d'autres encore trifurquées ou divisées en quatre. Toutes ces côtes sont saillantes et épaisses sur la moitié interne des flancs. Celles qui se divisent portent un fort tubercule mousse à la naissance de la bifurcation, vers le milieu des flancs. Toutes les côtes, simples ou divisées, passent sur la région ventrale sans s'interrompre.

Ouverture plus large que haute, quadrilatérale, sa plus grande largeur est vers la moitié externe des flancs.

Spire formée de tours qui se recouvrent sur un tiers de leur largeur.

Flancs régulièrement convexes.

Cloisons inconnues.

Diamètre d'un échantillon de Fuente de los Frailes (fig. 1 *a*)	43 millim.
Diamètre de l'ombilic du même échantillon	18
Épaisseur du dernier tour, environ	18
Largeur du dernier tour	15

Nous avons fait représenter (fig. 2 et 3) des fragments qui paraissent appartenir à des exemplaires plus grands de la même espèce. Dans ces échantillons, la région externe des tours tend à s'arrondir et la largeur de l'ouverture diminue par rapport à la hauteur. Les côtes, disposées comme dans l'échantillon type, deviennent moins nombreuses et plus fortes.

Peltoceras Cortazari se distingue de *Pelt. athleta* par l'irrégularité des divisions de ses côtes, par l'existence d'une seule rangée médiane de tubercules sur les flancs au lieu de deux, enfin par la persistance, sur la région ventrale, des côtes nettement divisées dans l'adulte.

Assez rare. Tithonique supérieur de Fuente de los Frailes.

156. **Peltoceras Edmundi** n. sp.

Pl. XXXII, fig. 5 *a*, *b* et *c*.

Coquille discoïdale, à tours arrondis, ornés en travers de très grosses côtes qui passent sans s'interrompre sur la face ventrale. Ces côtes sont au nombre de 13 sur le dernier tour, assez espacées, droites; elles portent l'indice d'un tubercule sur la région externe des flancs. Dans le jeune (fig. 5 *c*), le nombre des côtes est notablement plus grand (24 par tour) les tubercules sont de véritables épines et donnent chacun naissance à trois côtes, qui passent sans s'interrompre sur la région ventrale.

A un âge plus jeune encore, il n'y a pas de tubercules, et la coquille est ornée de côtes simples qui, plus tard, se réunissent deux à deux pour former des épines.

Ouverture un peu plus large que haute, la présence des tubercules dans le jeune lui donne une forme de quadrilatère. La plus grande largeur est du côté externe.

Flancs régulièrement arrondis. Tours se recouvrant à peine.

Cloisons inconnues.

Diamètre de l'échantillon figuré	82 millim.
Diamètre de l'ombilic	36
Largeur du dernier tour	27
Épaisseur du dernier tour..................	36

Cette espèce appartient par son ornementation au genre *Peltoceras*, comme le montrent les épines externes des côtes et la bifurcation de ces côtes sur la face ventrale dans le jeune. Elle a beaucoup de rapports avec *Pelt. athleta*, mais s'en distingue par ses tours plus renflés (ses côtes passant sur la région ventrale dans l'adulte) et par l'absence de tubercules ombilicaux.

Tithonique à *Pygope diphya* de Loja.

Un seul exemplaire.

157. **Aspidoceras longispinum** Sow. sp.

1863. Oppel, *Pal. Mitth.*, pl. LX, fig. 2, p. 218 (*Am. iphicerus*).
1868. Pictet, *Mél. pal.*, pl. XXXVII *bis*, fig. 4, 5 (*Am. iphicerus*).
1870. Zittel, *Aelt. Tithon.*, pl. XXX, fig. 1, p. 193 (*Asp. iphicerum*).

Nos échantillons ont les tubercules un peu plus rapprochés que l'exemplaire figuré par M. Zittel; ils rappellent beaucoup l'*Am.* (*Aspidoceras*) *catalaunicus*, de Loriol (Haute-Marne, pl. IV, fig. 1).

Débute dans la zone à *Am. tenuilobatus* et se continue dans le portlandien des environs d'Ulm et dans le tithonique. M. Zittel figure l'*Asp. iphicerum* de Monte Catria (tithonique inférieur).

Tithonique inférieur du Diois, des Basses-Alpes, de Lémenc, du Véronais, de l'Apennin, de la Sicile, des Karpathes.

Zone à *Am. transitorius* et *Pyg. diphya*. Loja, Fuente de los Frailes.

M. Favre cite l'*Asp. longispinum* typique comme se rencontrant à Cabra.

158. **Aspidoceras avellanum** Zitt.

1868. Zittel, *Aelt. Tithon.*, pl. XXXI, fig. 2 et 3, p. 204.

Forme du Diphyakalk, de Rogoznik et de Monte Catria; se trouve au Pouzin (Ardèche).

Zone à *Am. transitorius*, Loja. Assez commun.

159. **Aspidoceras Schilleri** Opp. sp.

1862. Oppel, *Pal. Mitth.*, pl. LXI, fig. 1, p. 221.

Cette espèce, à ombilic profond, est connue dans le jurassique extraalpin.

Tithonique. Loja.

160. **Aspidoceras Rogoznicense** Zeuschner, sp.

1846. Zeuschner, pl. IV, fig. 4 *a-d*.
1868. Zittel, *Stramberg*, pl. XXIV, fig. 4, p. 117.
1870. Zittel, *Aelt. Tithon.*, pl. XXXI, fig. 1, p. 197.

Tithonique inférieur et supérieur du Véronais.

Tithonique inférieur de Sicile, de l'Apennin, du Tyrol, des Karpathes. Tithonique supérieur de Stramberg.

Cabra. Loja. Assez commun.

161. **Aspidoceras cyclotum** Opp. sp.

1870. Zittel, *Aelt. Tithon.*, pl. XXX, fig. 2-5, p. 201.

Espèce débutant dans les couches à *Am. acanthicus* et abondante dans le Klippenkalk. En France, elle existe à Lémenc et à Crussol.

Assez rare. Marnes blanches de Fuente de los Frailes.

162. **Aptychus latus** Park.

Pl. XXVII, fig. 2 *a*, *b*.

1868. Pictet, *Mél. pal.*, pl. XLIII, fig. 1-4.
1875. Pillet et de Fromentel, *Lémenc.*, pl. III, fig. 7-9.
1875. Favre, *Voirons*, pl. VII, fig. 13, p. 47.
1880. Favre, *Alpes fribourgeoises*, pl. III, fig. 11 et 12.

Espèce du tithonique inférieur du Véronais, des Alpes, de la

Vénétie et des Alpes fribourgeoises; en France, elle existe à Montclus, Chasteuil, et à la Porte-de-France.

Se rencontre aussi dans le malm extraalpin et dans la zone à *Am. acanthicus.*

Très abondant dans les marnes blanches de Fuente de los Frailes calcaire rouge à *Am. transitorius* de la même localité.

163. **Ancyloceras** sp.

Distinct de l'*Ancyloceras Guembeli* Opp. (Zitt., *Aelt. Tith.* pl. XXXVI, fig. 1 et 2), mais trop mal conservé pour servir de type à une nouvelle espèce.

Marnes blanches à *Pyg. diphya.* Fuente de los Frailes.

Un exemplaire.

164. **Pleurotomaria** sp.

Nous possédons un exemplaire mal conservé d'un Pleurotomaire qui pourrait être rapproché du *P. macromphalus* Zitt. (*Stramberg,* pl. L, fig. 4), si l'état de l'échantillon permettait une détermination spécifique.

Couches à *Pygope diphya.* Fuente de los Frailes.

165. **Corbula** cf. **Pichleri** Zittel.

1870. Zittel, *Aelt. Tithon.*, pl. XXXVI, fig. 8, p. 237.

Tithonique inférieur du Véronais, du Tyrol, Klippenkalk.

Marnes blanches, Fuente de los Frailes. Rare.

166. **Anisocardia tyrolensis** Zitt.

1870. Zitt., *Aelt. Tithon.*, pl. XXVI, fig. 9, p. 238.

Forme du Diphyakalk de Roveredo (Tyrol méridional).

Un échantillon. Marnes blanches de Fuente de los Frailes. Rare.

167. **Aucella carinata** Parona sp.

Pl. XXXIII, fig. 5 *a*, *b*.

1885. Nicolis e Parona, pl. IV, fig. 8 *a*, *b* et *c*. (*Tith. sup.*)

C'est à cette espèce que nous attribuons la coquille figurée (pl. XXXIII, fig. 5 *a*, *b*) qui provient des marnes blanches de Fuente de los Frailes (coll. de Verneuil). Elle ressemble aussi à *Aucella Zitteli* Neumayr. Nos échantillons, dont la conservation insuffisante ne permet pas de préciser la détermination générique (probablement doivent-ils se rattacher au genre *Aucella*), présentent tous les caractères de l'espèce de Parona. L'ornementation est la même, l'oreillette antérieure est identique et la lunule également creusée d'une dépression. Seule la carène qui divise la coquille est moins accentuée sur nos exemplaires.

Cette espèce se rapproche aussi de *Modiola Lorioli* Zitt. (*Aelt. Tith.*, pl. XXXVI, fig. 10 et 11, p. 238).

168. **Panopaea** sp.

Exemplaire mal conservé. Cabra.

169. **Pygope diphya** F. Col. sp.

1867. Pictet, *Mél. pal.*, pl. XXXI, p. 166 (spécialement fig. 3).
1870. Zittel, *Aelteres Tithon.*, p. 244, pl. XXXVII, fig. 1-10.

Cette forme, d'ordinaire spéciale au tithonique inférieur, se rencontre en Andalousie, jusqu'au sommet de l'étage où elle est associée à *Pyg. janitor* et à des *Hoplites* berriasiens.

Très abondant, en exemplaires d'une rare conservation. Marnes blanches de Fuente de los Frailes. Loja. (Calcaires rouges inférieurs.)

170. **Pygope janitor** Pictet sp.

1867. Pictet, *Mél. pal.*, pl. XXIX, fig. 5, p. 161.

On le cite dans la zone à *Am. acanthicus* (Alpes de Fribourg), à Lémenc, aux Voirons, dans la Drôme, ainsi que dans le tithonique, à Stramberg, à Koniakau. Elle persiste jusque dans le néocomien. Le *Pygope janitor* se montre en effet, comme on sait d'après certains auteurs, dès la zone à *Waagenia Beckeri* (à Gyilkos Kö [Karpathes] et à Crussol [d'après Fontannes]). Son gisement principal est dans les couches à *Am. transitorius* : Diois, Chaudon, Chasteuil, Montclus, Porte-de-France; elle accompagne le *Pyg. diphya* à Cabra (Andalousie) où nous avons recueilli les deux espèces dans un même banc. Enfin nous l'avons rencontrée dans les couches à *Am. difficilis* (barrêmien), de Vergons (Basses-Alpes). Dans le Tyrol, MM. Uhlig et Haug l'ont signalée dans le néocomien inférieur et moyen. Il y a déjà longtemps, du reste, que M. Vélain avait rencontré cette espèce dans le néocomien moyen des Basses-Alpes.

Calcaire rouge de Fuente de los Frailes. Assez rare.

Nous en avons recueilli deux échantillons; la collection de Verneuil en contient deux aussi.

171. **Pygope Catulloi** Pictet sp.

1867. Pictet, *Mél. pal.*, p. 202 = *Ter. dilatata* Cat., Pictet, *Mél. pal.* pl. XXXII, p. 171.

1870. *T. diphya*, var. *Catulloi*, Zitt., *Aelt. Tith.*, p. 244 et suiv.

La forme que nous avons rencontrée à Cabra reproduit exactement celle du Klippenkalk.

Cette espèce est répandue dans le tithonique des Alpes, au nord de la Vénétie, aux Sette Communi, à Volano, à Rogoznik, dans le Véronais (tithonique inférieur et supérieur).

Calcaire rouge et marnes blanches de Fuente de los Frailes.

171 *bis*. **Pygope triangulus** Lam. sp.

1867. Pictet, *Mél. pal.*, pl. XXXIV, fig. 1-3, p. 180.
1870. Zittel, *Aelt. Tith.*, p. 249.

Cette espèce se rencontre dans le tithonique inférieur, aux Sette Communi, à Volano, à Roveredo, aux environs de Vérone (tithonique inférieur et supérieur). M. Haug la cite du néocomien du Tyrol.

Nous mentionnerons spécialement ici certaines variétés très allongées, rapportées par de Verneuil, et que le manque de place nous empêche de figurer.

Calcaires rouges à *Pyg. diphya*. Loja, Fuente de los Frailes. Assez rare.

172. **Pygope Bouei** Zeuschner sp.

1846. Zeuschner, *Nowe lub niedokladnie opisane*, etc., p. 27, pl. III, fig. 1 *d-f*.
1870. Zittel, *Aelt. Tith.*, pl. XXXVII, fig. 15-24, p. 249.

Débute dans la zone à *Am. acanthicus*.

Tithonique inférieur des environs de Vérone, des Carpathes, de l'Apennin, de la Sicile, etc.

Couches à *Pyg. diphya*. Fuente de los Frailes. Marne à rognons de Cabra. Rare.

173. **Terebratulina substriata** Schloth. sp.

1871. Quenstedt, *Brachiopoden*, pl. XLIV, fig. 12-22.

Tithonique. Cabra. (Coll. de Verneuil.)

174. **Holectypus** n. sp.

Cette espèce se distingue de *Holectypus corallinus* par la position du périprocte qui est plus éloigné du bord marginal. Sa forme

IMPRIMERIE NATIONALE.

subpentagonale le rapproche de cette dernière espèce. Malheureusement l'échantillon unique que nous avons eu sous les yeux est trop mal conservé pour pouvoir être figuré.

Tithonique. Cabra. (Coll. de Verneuil.)

175. **Metaporhinus convexus** (Cat. sp.) Cott.

1867. *Met. transversus* Cotteau, *Pal. fr. Ter. jur. Échin. irrég.*, pl. IV.
1870. Cotteau in Zittel, *Aelt. Tith.*, p. 269, pl. XXXIX, fig. 1-4.
1885. Cotteau in Zittel, *Échin. de Stramberg*, pl. I, fig. 1-5.

Le *Met. convexus* débute dans la zone à *Am. acanthicus*.

Cette espèce est abondante dans les Alpes de Fribourg, les Carpathes, le Tyrol méridional, le Véronais (tithonique inférieur et supérieur). Elle existe à Stramberg. On la rencontre également à la Porte-de-France et à Oued Soubella (Algérie).

Marnes blanches à *Pyg. diphya* de Fuente de los Frailes. Très abondant.

Cité en 1870 de Cabra par M. Cotteau.

176. **Collyrites Verneuili** Cott.

1870. Cotteau in Zittel, *Aelt. Tith.*, p. 272, pl. XXXIX, fig. 7 et 8.

On connaît le *Coll. Verneuili* du tithonique inférieur des Carpathes, du Tyrol méridional, du Véronais (tithonique inférieur et supérieur).

M. Cotteau le cite de Cabra.

Fuente de los Frailes (marnes blanches). Commun.

177. **Collyrites friburgensis** Oost.

1869. Cotteau, *Pal. fr. Ter. jur. Échin. irrég.*, t. I, p. 86, pl. XIX.
1870. Cotteau in Zittel, *Aelt. Tith.*, p. 270, pl. XXXIX, fig. 5 et 6.

Cette espèce débute dans la zone à *Am. acanthicus*.

Le *Coll. friburgensis* se rencontre dans le tithonique des Alpes de Fribourg, d'Algérie, des Carpathes, du Tyrol méridional, du Véronais (tithonique inférieur).

M. Cotteau (in Zittel) la citait déjà en 1870 de Cabra.

Tithonique supérieur. Fuente de los Frailes. Assez commun.

178. **Hemicidaris Zignoi** Cott.

Pl. XXXIII, fig. 6.

1858. Cotteau, *Échinides nouv. ou peu connus*, p. 181, n° 98, pl. XXV, fig. 5 et 6; p. 181, n° 98.
1870. Cotteau in Zittel, *Aelt. Tith.*, p. 272, pl. XXXIX, fig. 9 *a-c*.

De Verneuil avait rapporté quelques radioles de cette espèce très abondante à Cabra. M. Mallada vient d'en faire figurer également dans son *Synopsis*. On a constaté sa présence dans le Tyrol méridional et dans le Véronais (tithonique inférieur).

Marnes blanches. Fuente de los Frailes. Très abondant. M. Zittel la cite de Cabra.

179. **Cidaris** sp.

Marnes blanches à *Pyg. diphya*. Fuente de los Frailes. (Coll. de Verneuil.)

180. **Encrine**.

On trouve dans la couche à éléments remaniés qui, près de Cabra, couronne le tithonique, une Encrine qui paraît être la même que celle que l'on a rencontrée dans la brèche d'Aizy, ainsi que nous avons pu le vérifier sur des échantillons de la collection de la Sorbonne.

Le tableau ci-joint permet de se rendre compte de la distribution, dans les diverses assises de l'étage tithonique, des éléments que comprend la remarquable faune que nous venons d'étudier.

La faune tithonique de l'Andalousie se compose de 93 espèces dont 19 formes nouvelles, 20 espèces crétacées qui persistent dans des couches plus élevées (9 ne dépassant pas l'horizon de Berrias et 11 connues en outre dans le néocomien), 23 espèces à cachet plus ancien. Parmi ces dernières, la plupart se sont rencontrées dans les assises typiques du jurassique supérieur des régions alpines et méditerranéennes (*Phyll. ptychoicum* [*semisulcatum*], *Haploceras Stazycsii*, *Hapl. carachteis*, *Aptychus latus*, *Apt. punctatus*, *Racophyllites Loryi*, *Perisphinctes colubrinus*, *Perisph. contiguus* Zitt., *Perisph. prætransitorius*, *Per. Lorioli*, *Per. Heimi*, *Simoceras rachystrophum*, *S. volanense*, *Aspidoceras longispinum*, *Asp. avellanum*, *Asp. cyclotum*, *Pygope Bouei*, *Pyg. janitor*, *Metaporhinus convexus*, *etc.*) et 8 formes sont communes au tithonique et au jurassique extraalpin (*Aptychus latus*, *Perisphinctes colubrinus*, *Per. Lorioli*, *Aspidoceras longispinum*, *Asp. cyclotum*, *Asp. Schilleri*, *Asp. avellanum*, *Terebratulina substriata*).

Il est très important de noter que les 20 formes crétacées ou berriasiennes citées plus haut se rencontrent presque exclusivement (sauf *Lyt. quadrisulcatum*, *L. Juilleti* [*sutile*], *Liebigi*, *Honnorati* [*municipale*], *Phyll. Calypso*, *semisulcatum*, *Holc. Grotei*, *Hoplites Malbosi*) dans la division supérieure de l'étage, tandis que les formes franchement jurassiques (*Rhacophyllites Loryi*, *Perisphinctes colubrinus*, *Per. Heimi*, *Aspidoceras longispinum*, *Asp. Schilleri*, *Asp. avellanum*) appartiennent toutes à l'assise inférieure qui correspondrait au Klippenkalk des Alpes orientales.

En outre un grand nombre d'espèces (15) sont ici communes aux deux sous-étages et plus spécialement caractéristiques du tithonique dans son ensemble. Ce sont notamment : *Aptychus punctatus*, *A. Beyrichi*, *L. Juilleti* (*sutile*), *Phyll. Calypso* (*silesiacum*), *semisulcatum* (*ptychoicum*), *Perisphinctes transitorius*, *Per. senex*, *Per. Lorioli*,

Per. Richteri, Asp. rogoznicense, Pygope diphya, P. janitor, P. Catulloi, P. triangulus et d'autres encore.

Il y a donc lieu de distinguer dans le tithonique, au point de vue de la faune :

1° Un sous-étage inférieur **(couches à Perisphinctes geron)**, à affinités jurassiques, qui contient encore quelques espèces du jurassique classique (*Rhacophyllites Loryi, Perisphinctes colubrinus, Oppelia* sp., *Aspidoceras longispinum, Schilleri*, etc.) ne se montrant jamais plus haut. Cette couche nous présente 33 espèces qui se retrouvent dans le Diphyakalk (tithonique inférieur) et 31 formes seulement existant dans les couches de Stramberg (tithonique supérieur);

2° Un sous-étage supérieur **(couches à Hoplites Calisto et Hopl. delphinensis)** à affinités crétacées dans lequel apparaissent une grande partie des formes de Berrias et quelques espèces du néocomien proprement dit (*Bel.* [*Duvalia*] *latus, Hapl. Grasi, Holc. narbonensis, Holc. pronus, Holc. Negreli, Hopl. privasensis, Hopl. occitanicus*). Cette zone supérieure est caractérisée par l'abondance de formes nouvelles du groupe des *Hoplites Chaperi, Malbosi* et *privasensis*. En Andalousie, nous avons vu (voir le Mémoire sur Cabra) que cette dernière assise semblait remplacer en partie les couches de Berrias; mais il n'en est pas de même partout et la faune de Stramberg en Moravie paraît appartenir à notre deuxième niveau qui, sur un total de 54 formes, a donné 31 espèces de cet horizon à côté de 31 formes communes au Diphyakalk.

Dans les Basses-Alpes, on voit également, à la partie supérieure du tithonique, une assise à *Hoplites privasensis* et *Calisto*, distincte de la base de l'étage (qui contient *Perisph. geron*) et recouverte par le calcaire de Berrias.

Enfin notre zone supérieure de Cabra rappelle aussi beaucoup, par la composition de sa faune, le Tithonique blanc de Roverè-di-Velo en Vénétie, recemment étudié par M. Haug.

	ESPÈCES.	TITHONIQUE des environs de Loja.	TITHONIQUE inférieur de Cabra.	TITHONIQUE supérieur de Cabra.	ESPÈCES du niveau de Stramberg	DIPHYAKALK.	DU NÉOCOMIEN * et de Berrias (B) seul[t].	ESPÈCES nouvelles.	OBSERVATIONS.
1	*Sphenodus Virgai* Gemm.....	*				*			
2	*Belemniles Conradi* n. sp......		*	*	*	*			
3	—— *conophorus* Opp.......			*	*	*			Très voisin de *Bel. conicus* Bl du néocomien.
4	—— *latus* Blainv..........			*	*		*		
5	—— *strangulatus* Opp......			*	*	*			
6	—— *Haugi* n. sp..........			*				*	
7	—— *Deeckei* n. sp.........			*				*	
8	—— *tithonius* Opp.........			*	*	*			
9	*Lytoceras quadrisulcatum* d'Orb. sp..................	*	*		*	*	*		
10	*Lytoceras Juilleti* d'Orb......	*	*	*	*	*	*		= *Lyt. sutile* Opp. sp.
11	—— *Liebigi* Opp. sp.......	*	*		*		*		
12	—— *municipale* Opp. sp.....	*	*		*	*	B		Doit être réuni à *Lyt. Hon* d'Orb. sp. des couches Berrias.
13	*Phylloceras* cf. *serum* Opp. sp..			*	*	*	*		Doit probablement être r ou *Ph. Tethys* d'Orb. du comien.
14	—— *Calypso* d'Orb. sp......	*	*	*	*	*	*		= *silesiacum* Opp. sp.
15	—— *Kochi* Opp. sp........			*	*	*	*		Cité par M. Haug dans le comien de l'Alpe Puez.
16	—— *semisulcatum* d'Orb. sp..	*	*	*	*	*	*		= *ptychoicum* Quenst. sp. couches à *Waagenia Becker* néocomien inférieur.
17	*Rhacophyllites Levyi* n. sp....	*						*	
18	—— *Loryi* M.-Ch. sp.......	*				*			Se rencontre déjà dans le à *Am. acanthicus* (Alpes su et françaises).
19	*Haploceras elimatum* Opp. sp..	*	*		*	*			
20	—— *Grasi* d'Orb. sp.......			*	*		*		= *tithonium* Opp. sp. Néoco inférieur.
21	—— *Stazycsii* Zeuschn. sp...	*	*		*	*			Zone à *Am. acanthicus*.
22	—— *carachteis* Zeuschn. sp. .	*			*	*			Zone à *Am. acanthicus*.
23	*Oppelia* sp................	*							
24	*Aptychus Beyrichi* Opp......	*	*	*	*	*			
25	—— *punctatus* Voltz........	*	*	*	*	*			Zone à *Am. acanthicus* et genia *Beckeri*.
26	*Holcostephanus* cf. *narbonensis* Pict. sp................			*			B		
27	—— *pronus* Opp. sp........			*	*		B		
	A reporter......	15	11	17	20	18	12	3	

	ESPÈCES.	TITHONIQUE des environs de Loja.	TITHONIQUE inférieur de Cabra.	TITHONIQUE supérieur de Cabra.	ESPÈCES du niveau de Stramberg.	DIPHYAKALK.	DU NÉOCOMIEN * et de Berrias (B) seult.	ESPÈCES nouvelles.	OBSERVATIONS.
	Reports........	15	11	17	20	18	12	3	
28	*Holcostephanus Negreli* Math. sp.			*			B		
29	—— *Grotei* Opp. sp........	*			*		B		
30	*Perisphinctes colubrinus* Rein. sp.	*	*			*			Se trouve déjà dans le jurassique supérieur (Souabe, Alpes).
31	—— *Fischeri* Kil..........		*					*	
32	—— *albertinus* Zitt.........			*		*			
33	—— *contiguus* Zitt.........		*			*			Couches à *Am. acanthicus*.
34	—— *rectefurcatus* Zitt.......		*			*			
35	—— *transitorius* Opp. sp.....	*	*	*	*	*			
36	—— *eudichotomus* Opp. sp...		*		*				
37	—— *fraudator* Zitt.........	*			*				
38	—— *senex* Opp. sp.........	*	*	*	*	*			
39	—— *geron* Zitt............	*	*			*			Crussol. Zone à *W. Beckeri* (?)
40	—— *Lorioli* Zitt. sp........	*		*	*				Purbeckien du Jura (Maillard).
41	—— *sublorioli* Kil. n. sp.....	*		*				*	Voisin de formes extraalpines du jurassique supérieur.
42	—— cf. *moravicus* Opp......	*			*				
43	—— *Falloti* n. sp..........		*					*	
44	—— *prætransitorius* Font....		*						Crussol.
45	—— *Richteri* Opp. sp.......	*		*	*	*			
46	—— *Heimi* Favre..........		*						Alpes fribourgeoises. Z. à *Am. acanthicus*.
47	—— *Chalmasi* n. sp........	*	*					*	
48	*Simoceras volanense* Opp. sp..	*			*	*			Déjà dans la zone à *Waag. Beckeri*.
49	—— *lytogyrum* Opp. sp.....			*		*			
50	—— *biruncinatum* Qu. sp....	*				*			
51	—— cf. *venetianum* Zitt.....	*				*			
52	—— *rachystrophum* Gem....	*				*			Dès la zone à *Am. acanthicus*.
53	*Hoplites Kœllikeri* Opp. sp....	*	*		*				
54	—— *microcanthus* Opp. sp...	*	*		*	*			
55	—— *symbolus* Opp. sp......	*	*		*	*			
56	—— *privasensis* Pict. sp.....			*	*		B		
57	—— *progenitor* Opp. sp.....	*	*		*				
58	—— cf. *occitanicus* Pict. sp...			*			B		
	A reporter.......	34	27	27	34	33	16	7	

	ESPÈCES.	TITHONIQUE des environs de Loja.	TITHONIQUE inférieur de Cabra.	TITHONIQUE supérieur de Cabra.	ESPÈCES du niveau de Stramberg.	DIPHYAKALK.	DU NÉOCOMIEN * et de Berrias (B) seul[t].	ESPÈCES nouvelles.	OBSERVATIONS.
	Reports........	34	27	27	34	33	16	7	
59	*Hoplites Malbosi* Pict. sp.....	*		*			B		
60	—— *Malladæ* n. sp.......			*				*	
61	—— *Chaperi* Pict. sp.......			*	*				
62	—— *carpathicus* Opp. sp....			*	*				
63	—— *Calisto* d'Orb.........			*	*				
64	—— *delphinensis* n. sp....	*		*	*			*	
65	—— *Macphersoni* n. sp......			*				*	
66	—— *Andreæi* n. sp.........			*				*	
67	—— *Castroi* n. sp..........		*					*	
68	—— *Bergeroni* n. sp........			*				*	
69	—— *Vasseuri* n. sp.........							*	
70	—— *Tarini* n. sp..........			*				*	
71	—— *Botellæ* n. sp.........	*						*	
72	*Peltoceras Cartazari* n. sp....			*	*			*	
73	—— *Edmundi* n. sp........	*						*	
74	*Aspidoceras longispinum* Sow. sp.	*	*			*			= *A. iphicerum* Opp. sp. Jur[…] supérieur alpin et extra-alpi[…] Zone à *Am. ac.*; Solenhofe[…]
75	—— *avellanum* Zitt. sp......	*							Jurassique supérieur extraalp[…]
76	—— *Schilleri* Opp. sp......	*				*			
77	—— *rogoznicense* Opp. sp....	*	*	*	*	*			Jur. supérieur alpin et extraalp[…]
78	—— *cyclotum* Opp. sp......			*		*			
79	*Aptychus latus* Park.........		*	*		*			Zone à *Waagenia Beckeri*. Jura[…] sique supérieur extraalpin.
80	*Aucella carinata* Par. sp......			*	*				Tithonique supérieur de Vé[…] nois.
81	*Corbula* cf. *Pichleri* Zitt......			*		*			
82	*Anisocardia tyrolensis* Zitt.....			*		*			
83	*Pygope diphya* F. Col. sp....	*	*	*	*	*			
84	—— *Catulloi* Pict. sp.......		*	*	*	*			
85	—— *janitor* Pict. sp........		*	*	*	*	*		Déjà dans le jurassique su[…] rieur alpin.
86	—— *triangulus* Lam. sp.....	*		*	*	*	*		Néoc. du Tyrol (*fide* Haug).
87	—— *Bouei* Zeusch. sp......			*		*			Existe dans la zone à *Am. ac*[…] *thicus*.
88	*Terebratulina substriata* Schl. sp.		*						Jurassique supérieur extraalp[…]
89	*Collyrites Verneuili* Cott......			*	*	*			
90	—— *friburgensis* Cott. sp....			*		*			
91	*Metaporhinus convexus* Cat. sp.			*	*	*	B		Débute dans la zone à *Am. ac*[…] *thicus*.
92	*Hemicidaris Zignoi* Cott......			*		*			
93	*Holectypus* sp.............			*				*	
	TOTAUX........	44	35	54	47	49	20	19	

NÉOCOMIEN.

Le néocomien étant encore peu connu en Andalousie et ayant été cité pour la première fois dans les provinces de Grenade et de Malaga par M. M. Bertrand et par nous, a fait l'objet d'une attention spéciale de notre part; nous y avons trouvé :

181. **Belemnites (Duvalia) latus** Blainv.

1842. D'Orbigny, *Pal. fr. T. crét., Céph.*, pl. IV, fig. 1-8.

Néocomien de la sierra Parapanda. Un exemplaire.

182. **Belemnites (Duvalia) Emerici** Raspail.

1845. D'Orbigny, *Pal. univers.*, pl. LXXIII (*T. crét. suppl.*, pl. VIII), fig. 1-7.

Sud de Fuente de los Frailes. (Collection de Verneuil).

183. **Belemnites (Duvalia) conicus** Blainv.

1845. D'Orbigny, *Pal. fr. T. crét., Suppl.*, pl. VI (*Pal. univ.*, pl. LXXI), fig. 9, 10.

Cabra (route de Priego).

184. **Belemnites (Duvalia) dilatatus** d'Orb.

1842. D'Orbigny, *Pal. fr. T. crét.*, t. I, pl. II.

Marnes néocomiennes, Fuente de los Frailes (collection de Verneuil).

185. **Belemnites (Duvalia) Orbignyi** Duval.

1858. Pictet et de Loriol, *Voirons*, pl. I, fig. 6 et 7.

Conforme au type de Pictet de Loriol.

IMPRIMERIE NATIONALE.

Marnes néocomiennes, Antonejo.

Fragment paraissant appartenir à la même espèce. Néocomien marno-calcaire du chemin de Carcabuey à Cabra.

186. **Belemnites Baudouini** d'Orb.

1842. D'Orbigny, *Pal. fr. T. crét.*, t. I, pl. V, fig. 1 et 2.

Néocomien inférieur. Route de Cabra à Priego.

187. **Belemnites** sp. **(Hibolites).**

Fragments qui peuvent avoir appartenu au *Bel. pistilliformis.* Néocomien marno-calcaire. Route de Carcabuey à Cabra.

188. **Belemnites** sp.

Néocomien marno-calcaire. Zaffaraya.

189. **Belemnites** sp. **(Hibolites).**

Fragment semblant provenir du *Bel. subfusiformis* Rasp. (d'Orb.) *Pal. fr. T. crét.*, I, pl. IV, fig. 16.

Néocomien marno-calcaire de Loja et de Cabra.

190. **Belemnites (Hibolites)** cf. **Conradi** Kilian.

(Voir *ante*, p. 635.)

Néocomien. Fuente de los Frailes.

191. **Lytoceras quadrisulcatum** d'Orbigny sp.

1842. D'Orbigny, *Pal. fr.*, pl. XLIX, fig. 1-3 (*Ammonites*).

Nos échantillons sont peut-être un peu plus enroulés que le type.

Néocomien marno-calcaire : Fuente de los Frailes, route de Priego à Cabra. Commun : cortijo Antonejo (à l'état pyriteux), près de Loja.

192. **Lytoceras Juilleti** d'Orbigny sp.

1842. *Ammonites Juilleti*, d'Orbigny, pl. L, fig. 1-3, *non* pl. CXI, fig. 3.
1868. *Lyt. sutile* Opp. sp. (Zitt., *Stramberg*, pl. XXVII, fig. 1, p. 165).
1888. Kilian, *Montagne de Lure*, p. 202 et 421.

Nous avons rencontré cette espèce pyritisée dans le néocomien marno-calcaire de Fuente de los Frailes.

193. **Lytoceras subfimbriatum** d'Orbigny sp.

1842. *Ammonites subfimbriatus*, d'Orbigny, *Pal. fr. T. crét., Céph.*, pl. XXXV, fig. 1-4.

Néocomien marno-calcaire. Carcabuey, Cabra (route de Priego). Assez rare.

194. **Lytoceras** sp.

Échantillon mal conservé; peut-être encore le *L. subfimbriatum*. Base du néocomien. Ouest du col de Zaffaraya.

195. **Lytoceras** sp.

Probablement aussi le *L. subfimbriatum* d'Orb. sp. mal conservé. Néocomien marno-calcaire. Cabra.

196. **Lytoceras** cf. **lepidum** d'Orb. sp.

1842. *Ammonites lepidus*, d'Orbigny, *Ter. crét., Céph.*, pl. XLVIII, fig. 3 et 4.

Exemplaire pyriteux du néocomien de Fuente de los Frailes.

197. **Hamulina** cf. **Astieri** d'Orbigny.

1852. D'Orbigny, *Not. sur le g. Ham.* (*J. de Conchyl.*), pl. III, fig. 4-6.

Nous rapportons à cette espèce des fragments d'hamulines à

nodosités irrégulières qui répondent à la description qu'a donnée d'Orbigny de cette espèce et qui sont conformes également aux échantillons de l'*Hamulina Astieri* d'Angles (Basses-Alpes), que possède le laboratoire de géologie de la Sorbonne.

Néocomien marno-calcaire. Loja. Assez commun.

198. **Hamulina** sp.

Fragments indéterminables se rapportant peut-être à l'espèce précédente. Ils ressemblent également aux tronçons figurés par Pictet et de Loriol (pl. VII, fig. 5 et 7) du néocomien des Voirons.

Abondants dans le néocomien marneux. Cabra (route de Priego). Loja.

199. **Phylloceras Tethys** d'Orb. sp.

1842. *Ammonites semistriatus*, d'Orbigny, *Pal. fr., céph.* pl. LIII, fig. 7-9.
Phylloceras Tethys, d'Orb. sp. (= *Am. semistriatus*, d'Orb. = *Am. Moreli*, d'Orb. = (?) *Am. Velledæ*. = (?) *Ph. serum*, Opp. sp.; non *Ph. Moussoni*, Oost. sp., etc.)

Nous conservons, pour cette espèce, le nom de *Phyll. Tethys*. Pictet a exposé les raisons qui le font préférer à la dénomination plus significative de *Phyll. semistriatum*. Il est cependant nécessaire de formuler quelques réserves au sujet de cette assimilation; d'Orbigny a figuré sous le nom de *Am. Tethys* un échantillon pyriteux de très petite taille et possédant des caractères insuffisants pour justifier entièrement sa réunion à l'*Am. semistriatus* du même auteur. Les lobes de l'*Am. Tethys*, quoique disposés d'après le même plan, diffèrent légèrement de ceux des grands *Am. semistriatus* du barrêmien. Il en est de même de l'*Am. Moreli* d'Orb. de l'Aptien, qui cependant se rapproche beaucoup plus de nos échantillons. En revanche, *Am. picturatus* d'Orb. paraît tant par sa forme que par ses cloisons plus découpées, devoir former une espèce spéciale. En général, les Ammonites pyriteuses (*Am. Tethys*, *Am. Moreli*, *Am. Rouyanus*, etc.) figurées dans la *Paléontologie française* étant de très petite taille et dans un état de conservation spécial, il est très difficile, même si l'on tient compte des modifications que subissent les lignes de suture avec l'âge, de les assimiler d'une manière absolument certaine à des formes calcaires d'ordinaire beaucoup plus grandes, telles que l'*Am. semistriatus* pour les deux premières et l'*Am. infundibulum* pour la dernière. Dans les *Phyll. Tethys* du barrêmien, les côtes ont parfois une tendance à former de petits faisceaux; de plus, elles sont généralement assez infléchies en arrière et non droites, à partir de leur point d'apparition; ce caractère rapproche notre forme du *Phyll. Velledæ*, sp. du Gault. Un grand échantillon (150^{mm} de diamètre) de la collection Tardieu, fait voir cependant que, dans l'adulte, ces stries deviennent rectilignes et radiales.

A l'état pyriteux, à Fuente de los Frailes, sur la route de Priego à Cabra. Très commun.

Les marno-calcaires néocomiens de Carcabuey et les couches de contact du néocomien et du tithonique nous ont fourni de grands exemplaires de cette espèce tout à fait comparables aux figures qu'ont données de l'*Am. Tethys* (= *semistriatus* d'Orb.), MM. Pictet et de Loriol (*Néocomien des Voirons*, pl. III, fig. 1).

200. **Phylloceras picturatum** d'Orb. sp.

1842. D'Orbigny, *Pal. fr. Terr. crét., Céph.*, pl. LIV, fig. 4 à 6.

Échantillons pyriteux. Marnes néocomiennes. Fuente de los Frailes. Assez commun.

201. **Phylloceras diphyllum** d'Orb. sp.

1842. D'Orbigny, *Pal. fr., Céph.*, pl. LV, fig. 1-3.

Même localité et même conservation. On trouve aussi le *Ph. diphyllum* au cortijo Antonejo, près de Loja.

202. **Phylloceras** sp.

Néocomien. Col menant du cortijo Guaro à Zaffaraya.

203. **Phylloceras** sp.

Néocomien. Carcabuey.

204. **Phylloceras semisulcatum** d'Orb. sp.

(1849. *Am. ptychoicus* Quenst., Zittel, etc. [Voir plus haut, p. 640.])

Pyriteux. Fuente de los Frailes. Assez commun.

205. **Phylloceras Calypso** d'Orb. sp.

1842. D'Orbigny, *loc. cit.*, pl. LII, fig. 7-9.
(= *Ph. silesiacum*, Opp. sp., = *Ph. berriasense*, Pict. sp. [Voir p[lus] haut, p. 639.])

Un échantillon pyriteux. Marnes néocomiennes. Cortijo A[n]tonejo.

206. **Phylloceras infundibulum** d'Orb. sp.

1842. D'Orb., *Pal. fr. Terr. crét., Céph.*, t. I, pl. XXXIX, fig. 45.
1842. Non = *Am. Rouyanus*, d'Orb. *id.*, pl. CX, fig. 3, 4 et 5.

L'*Am. infundibulum* est fréquente dans le néocomien et dans [le] barrêmien du midi de la France, dans le *biancone* de l'Italie [et] dans les couches de Rossfeld.

Cette forme, qui se retrouve à Alcoy (coll. Verneuil) et a[ux] Baléares (coll. Hermite) est caractéristique du néocomien marn[o-]calcaire de l'Andalousie. Elle se rencontre en variétés à côtes pl[us] ou moins prononcées.

Illora, Pinos Puente, Cabra (route de Priego), Loja. Ass[ez] fréquent.

207. **Haploceras Grasi**, d'Orb. sp.

1842. D'Orbigny, *Pal. fr.*, *Terr. crét.*, *Céph.*, pl. XLIV.

Espèce de l'horizon de Berrias et du néocomien inférieur (à *Bel. latus*).

Cette espèce, bien caractérisée par sa forme et par ses lobes, est abondante à l'état pyriteux dans le néocomien de Fuente de los Frailes, sur la route de Priego à Cabra et au cortijo Antonejo, près de Loja.

208. **Haploceras** sp.

Néocomien marneux. Fuente de los Frailes.

209. **Desmoceras difficile** d'Orb. sp.

1842. D'Orbigny, *Pal. fr.* *Terr. crét.*, t. I, pl. XLI, fig. 1 et 2.

Néocomien marno-calcaire. Carcabuey.

Notons que cette espèce appartient à un niveau assez élevé du néocomien provençal; elle est caractéristique de l'étage barrémien en Provence, dans le Tyrol, les Karpathes, la Roumanie, etc.

210. **Desmoceras cassidoides** Uhlig sp.

1883. *Haploceras cassidoides*, Uhlig Wernsd. Schichten, pl. XVI, fig. 4.

Exemplaire très reconnaissable, identique à des échantillons des Basses-Alpes et du Tyrol.

La présence de cette forme à Carcabuey, jointe à la précédente, nous donne à supposer que l'étage barrémien pourra un jour, grâce à des études détaillées, être, dans cette région comme dans la province d'Alicante[1], distingué des autres assises néocomiennes.

Néocomien marno-calcaire. Carcabuey.

[1] Le néocomien est bien développé aux îles Baléares, où l'a fait connaître Henri Hermite et où M. H. Nolan vient de découvrir au-dessus des couches à *Belemnites dilatatus*, un banc contenant une petite faunule d'ammonites pyri-

211. **Desmoceras quinquesulcatum** Math. sp.

1878. Matheron, *Ét. pal.*, pl. C-XIX, fig. 3.

Nous avons trouvé dans le néocomien marno-calcaire d'I (avec *Holc.* cf. *Jeannoti*) un échantillon légèrement écrasé qui partient à cette espèce du barrémien.

212. **Desmoceras** sp.

Du groupe des *Am. cassida* et *difficilis*.
Néocomien marno-calcaire. Carcabuey.

213. **Holcodiscus intermedius** d'Orb. sp.

1842. D'Orbigny, *Pal. fr. Terr. crét. Céph.*, pl. XXXVIII, fig. 5, 6.

Néocomien marno-calcaire. Une demi-lieue à l'ouest de P Puente (coll. de Verneuil).

teuses semblable à celle qu'a décrit Coquand en Algérie et qui correspond au barrémien (*Desmoceras strettostoma* Uhlig, *Holcodiscus*, *Pulchellia*, etc.).

D'autre part, M. René Nicklès a constaté la présence, dans le S. E. de l'Espagne, d'assises à Céphalopodes dont la constitution rappelle beaucoup celle de notre néocomien de Provence.

A Busot (province d'Alicante) M. Nicklès a recueilli : *Phyll. semistriatum*, *Desmoceras difficile*, *Heteroceras bifurcatum*, etc., toutes espèces du barrémien typique.

Dans la même région, à Concentaina, il a pu relever la coupe suivante, de bas en haut :

VALANGINIEN. — 1. Couches à *Hoplites neocomiensis* (pyriteuse). *Holcostephanus Astieri Echinospatagus* sp. *trea Couloni*.

HAUTERIVIEN. — 2. Niveau à B *nites dilatatus*.

BARRÉMIEN. — 3. Couches à a nites pyriteuses (niveau du barré *Pulchellia*, *Phyll. Rouyanum*, *Desm* cf. *strettostoma*, *Holcodiscus met phicus*, Coq , *Macroscaphites*, et 4. Assise contenant *Ostrea* cf. a des *Hoplites*, voisins de *Hopl.* c *roides* Torcapel; des *Criocères*, D *ceras cassida*, *Phyll. Tethys*, *densifimbriatum*. — 5. Niveau à p ammonites pyriteuses : *Desmoceras cile*, *Pulchellia*, etc.

APTIEN (??) — 6. Calcaires à g *Ancyloceras*.

(Communication inédite de M. R. N

214. **Holcodiscus** cf. **incertus** d'Orb. sp.

1842. D'Orbigny, *Pal. fr. Terr. crét. Céph.*, pl. XXX, fig. 3, 4.

Échantillon mal conservé. Néocomien marno-calcaire. Route de Cabra à Carcabuey.

215. **Holcostephanus Astieri** d'Orb. sp. (forme type).

1842. D'Orbigny, *Pal. fr. Terr. crét.*, t. 1, pl. XXVIII.

Pyriteux dans les marnes néocomiennes de Fuente de los Frailes, où cette espèce n'est pas rare.

En moules calcaires dans le néocomien marno-calcaire de Loja, Montillana (?)

216. **Holcostephanus Grotei** Opp. sp.

1861. *Am. Astierianus*, Pictet, *Mél. pal.*, pl. XXXVIII, fig. 8.

La collection de Verneuil renferme un exemplaire bien conservé de la variété de l'*Holc. Astieri* figurée par Pictet (de Berrias). Cette forme doit être réunie à l'*Holc. Grotei* (voir *ante*, p. 648); elle présente plus de constrictions que le type de l'*Am. Astieri*, des tours plus nombreux et plus étroits ainsi qu'un aspect plus coronatiforme.

Néocomien marno-calcaire. Fuente de los Frailes (collection de Verneuil).

217. **Holcostephanus** cf. **Jeannoti**, d'Orb. sp.

1842. D'Orbigny, *Pal. fr. Terr. crét. Céph.*, pl. LVI, fig. 3-5.

Espèce propre aux assises qui séparent en Provence les marnes à *Bel. latus* et *Emerici* de l'hauterivien à *Bel. dilatatus* et *Crioceras Duvali*.

Néocomien marno-calcaire, sierra Elvira, Illora.

IMPRIMERIE NATIONALE.

218. **Holcostephanus** sp. indet.

Exemplaire écrasé.
Néocomien marno-calcaire. Loja.

219. **Hoplites neocomiensis** d'Orbigny, sp.

1842. D'Orbigny, *Pal. fr. Terr. Crét. céph.*, pl. LIX.

Cette espèce est abondante à l'état pyriteux, dans le néocomien marno-calcaire à Fuente de los Frailes et sur la route de Priego à Cabra. Nous l'avons recueillie également au cortijo Antonejo, près de Loja.

On la trouve aussi à l'état calcaire dans les calcaires marneux de Cabra avec le *Phyll. infundibulum.*

220. **Hoplites asperrimus** d'Orb. sp.

1842. D'Orbigny, *Pal. fr. Terr. crét.*, t. I, pl. LX, fig. 4-6.

Un fragment pyriteux du néocomien marneux de Fuente de los Frailes.

221. **Hoplites** cf. **cryptoceras** d'Orb. sp.

1842. D'Orbigny, *Pal. fr. Terr. crét.*, t. I, pl. XXIV.

Néocomien. Fuente de los Frailes.

221 *bis*. **Hoplites** cf. **amblygonius** Neum. et Uhl.

1858. Pictet et de Loriol, *Voirons*, pl. IV, fig. 4. (*Am. cryptoceras.*)
1888. Kilian, *Montagne de Lure*, p. 207.

Nos échantillons se rapportent très bien aux figures de Pictet et de Loriol.

Cette espèce est l'une des plus répandues dans le valangien supérieur (Zone à *Holcost. Jeannoti*) des Basses-Alpes.

Néocomien. Fuente de los Frailes.

222. **Hoplites Mortilleti** Pictet et de Loriol sp.

1858. Pictet et de Loriol, pl. IV, fig. 2.

Illora.

223. **Hoplites macilentus** d'Orb. sp.

1842. D'Orbigny, *Pal. fr.*, *Terr. crét. Céph.*, pl. XLII, fig. 3 et 4.

Cette espèce s'est rencontrée dans le néocomien marno-calcaire de Carcabuey. Elle se trouve en France dans le berriasien.

Un des fragments recueillis contient dans la dernière loge un exemplaire de l'*Aptychus angulicostatus*. Pict. et de Lor. Aux Voirons, les ammonites de ce groupe se rencontrent également associées à l'*Apt. angulicostatus*. Nous croyons être dans le vrai en considérant ce dernier comme un *Aptychus d'Hoplites*.

224. **Hoplites** sp.

Forme qui se rapproche de *Hopl. Thurmanni* Pictet et Campiche sp. (*Sainte-Croix*, pl. XXXIV *bis*).

Néocomien marno-calcaire. Carcabuey.

225. **Hoplites** sp. indét.

Néocomien marno-calcaire. Loja.

226. **Aptychus Didayi**, Pictet.

1858. Pictet et de Loriol, *Voirons*, pl. X, fig. 1 et 2. *Coq.*
1867. Pictet, *Mél. Pal.*, pl. XXVIII, fig. 6 et 7.

Cette forme raccourcie, à bord sutural canaliculé, a été trouvée par nous avec *Hapl. Grasi* au cortijo Antonejo.

En France, elle se rencontre en Provence dans le néocomien inférieur à *Belemnites latus* et *Am. neocomiensis* et surtout dans des marno-calcaires qui, par leur position, correspondraient au valangien.

226 *bis*. **Aptychus Seranonis** Coq.

1858. Pictet et de Loriol, *Voirons*, pl. XI, fig. 1-8.
1867. Pictet, *Mél. pal.*, pl. XXVIII.

Cette espèce, qui accompagne la précédente dans le midi de la France, se rencontre en abondance en Andalousie dans le néocomien marno-calcaire et schisteux.

L'*Apt. Seranonis* semble caractériser le facies vaseux du néocomien inférieur (valangien); on la connaît de la montagne des Voirons, des départements des Basses-Alpes (montagne de Lure) et de la Drôme.

Nous l'avons recueillie à Fuente de los Frailes sur la route de Priego à Cabra, à l'est de Cabra, au S. E. de Loja.

227. **Aptychus angulicostatus** Pict. et de Loriol.

1858. Pictet et de Loriol, *Néoc. des Voirons*, pl. X, fig. 3-12.

Cette espèce n'est pas rare aux Voirons et en Provence; elle caractérise un niveau supérieur à celui des marnes à *Belemnites latus*.

Très abondant dans le néocomien vaseux de Carcabuey, et à Illora (est de la gare).

228. **Aptychus Mortilleti** Pictet et de Lor.

1858. Pictet et de Loriol, *Néoc. des Voirons*, pl. XI, fig. 9-12.

Nos exemplaires répondent entièrement à la description et aux figures-types. Cet *Aptychus* forme lumachelle (avec des dents de poissons, etc.) à la sierra Parapanda, et à Antonejo.

On connaît cette espèce du département des Basses-Alpes et de Vérone (Biancone), où elle se trouve avec *Apt. Didayi* et *Seranonis*. Certaines variétés du néocomien schisteux présentent des côtes un peu plus nombreuses que le type, néocomien marno-calcaire. Loja, Illora. Néocomien schisteux, Carcabuey, sierra de las Cabras, nord de las Chozas.

228 *bis*. **Aptychus** sp. (coll. de Verneuil).

Sierra Elvira, Iznalloz.

229. **Crioceras angulicostatum** Pictet et de Loriol sp.

1858. *Am. angulicostatus*, Pict. et de Lor., *Voirons*, pl. IV, fig. 3, *non* d'Orb.
1888. Kilian, *Montagne de Lure*, p. 212, note 3.

Illora.

230. **Ptychoceras neocomiense** d'Orb. sp.

1842. D'Orbigny, *Pal. fr. Terr. crét.*, pl. CXXXVIII, fig. 1-5. (*Baculites neocomiensis.*)

Nous avons fait voir ailleurs (*Ann. des sc. géol.*, t. XIX, art. n° 2, p. 203, n° 27) que les fragments décrits sous ce nom n'étaient probablement que des *Ptychoceras* incomplets dont ils possèdent la ligne de suture.

Pyriteux. Marnes néocomiennes. Cabra (coll. de Verneuil). Paraît être rare.

231. **Ancyloceras** sp.

Néocomien. Cabra, ouest du col de Zaffaraya. Carcabuey.

232. **Rostellaria** sp.

Néocomien marno-calcaire. Sierra Elvira.

233. **Pholadomya** cf. **Trigeri** Cotteau.

1867. Pictet, *Mél. Pal.*, pl. XIX.

Néocomien marno-calcaire. Cabra (coll. de Verneuil).

234. **Pholadomya** sp.

Forme du groupe du *Phol. Malbosi* Pictet, de Berrias. Le mauvais état de l'échantillon ne permet pas une détermination plus rigoureuse.

Marnes néocomiennes. Cabra (coll. de Verneuil).

235. **Terebratula Moutoni** d'Orb.

1847-1850. D'Orbigny, *Pal. fr. Terr. crét. Brach.*, pl. DX, fig. 1-5.

Marnes néocomiennes. Cabra (coll. de Verneuil).

236. **Terebratula hippopus** Roemer.

1847-1850. D'Orbigny, *Pal. fr. Terr. crét.*, t. IV, pl. DVIII, fig. 12-18.

Marnes néocomiennes. Fuente de los Frailes (coll. de Verneuil).

237. **Pygope diphyoides** Pictet.

1867. Pictet, *Mél. pal.*, pl. XXIX, fig. 2 et 3.
1847-1850. D'Orbigny, *Pal. fr. Terr. crét.*, t. IV, pl. DIX.

Espèce caractérisant en France le néocomien inférieur à *Belemnites latus*.

Nous avons rencontré un exemplaire muni de son test et bien conservé dans le néocomien marno-calcaire à fossiles pyriteux sur la route de Priego à Cabra, non loin de la maison des cantonniers qui est située près de Fuente de los Frailes.

238. **Echinides (Echinospatagus ou Holaster)** indéterminables.

Assez communs. Néocomien marno-calcaire.
Fuente de los Frailes, Loja.

L'analyse de cette faune néocomienne fournit des résultats très intéressants. Quoique notre exploration rapide de la contrée ne nous ait pas permis de subdiviser le crétacé inférieur en zones paléontologiques distinctes, la présence, à côté d'espèces telles que *Phyll. Tethys*, *Phyll. infundibulum*, *Terebratula Moutoni* communes à la plus grande partie des assises néocomiennes, de formes qui ailleurs sont plus spécialement cantonnées ou abondantes dans certaines zones de notre crétacé provençal, nous autorise à présumer que des recherches ultérieures permettront de constater l'existence des horizons correspondants en Andalousie.

C'est ainsi que *Bel. Conradi*, *Holcost. Grotei*, *Hopl. macilentus*, *Pholadomya Trigeri*, *Pygope diphyoïdes* indiqueraient le niveau de Berrias; *Bel. latus*, *Bel. Emerici*, *Bel. conicus*, *Lyt. quadrisulcatum*, *L. Juilleti*, *Holc. Astieri*, *Phyll. picturatum*, *Phyll. diphyllum*, *Phyll. Calypso*, *Hapl. Grasi*, *Hoplites neocomiensis*, *Hopl. asperrimus*, *Ptychoc. neocomiense*, *Aptychus Seranonis* se trouvent associés de la même façon dans nos marnes à *Am. neocomiensis* des Basses-Alpes. D'autre part, *Holc. Jeannoti* et *Hopl. amblygonius* tendraient à démontrer l'existence du valangien; *Bel. dilatatus*, *Bel. Orbignyi*, *Lyt. subfimbriatum*, *Holcod. incertus*, *Holc. intermedius*, *Hoplites cryptoceras*, *H. Mortilleti*, *Aptychus angulicostatus*, *Crioceras angulicostatum* celle de l'hauterivien, tandis que le barrêmien à *Desmoceras difficile* et *cassidoides* serait particulièrement bien développé à Carcabuey.

TERRAINS TERTIAIRES.

Les espèces nouvelles ou particulièrement importantes feron l'objet de descriptions spéciales. Quant aux autres, ne nous sentar pas la compétence nécessaire pour entrer dans les discussions d synonymie que nécessiterait, pour beaucoup d'entre elles, l'étud approfondie des citations antérieures, nous nous sommes content d'accompagner leur nom de l'indication des figures qui nous or servi de type pour la détermination.

Les lecteurs pourront ainsi être fixés sur l'interprétation qu'i conviendra de donner à nos citations.

TERRAIN ÉOCÈNE.

NUMMULITIQUE.

(ÉOCÈNE MOYEN.)

Lamna sp.

Une dent. Nord du cortijo de Magdalena.

Serpula spirulæa Lam.

Assez rare. Montefrio (N. E. de la ville).

Gastropodes divers indéterminables.

Nord du cortijo de Magdalena et Est du cortijo de Cantal, su le littoral.

Des circonstances indépendantes de notre volonté nous ont em pêché d'étudier de près les **Foraminifères** que nous avons rapporté et qui appartiennent aux genres *Alveolina*, *Orbitoides*, *Nummulites*, *Assilina*.

Les nummulites appartiennent aux groupes de *Numm. perforata* *Numm.* (*Assilina*) *granulosa* (Montefrio, Alfarnate), *Numm. Murchi sonæ* (échantillons d'El Palo).

TERRAIN MIOCÈNE.

HELVÉTIEN.

La molasse helvétienne nous a fourni de nombreux fossiles dont voici la liste :

1. **Halitherium** (?).

Fragment d'os.
Talara.

2. **Oxyrhina hastalis** Ag.

Dents déterminées obligeamment par M. le professeur Bassani, de Naples.
Ravin de Talara.

3. Dents de poissons diverses.

Beznar, le Pradon.

4. **Balanus** sp.

Restabal. Avec *Ostrea Virleti.*

4. **Turritella bicarinata** Eichw. var. **subarchimedis** d'Orb.

Hoernes, *Foss. Moll. Tert. Wien.*, t. I, pl. XLIII, fig. 8.

Albunuelas, un exemplaire. Moule en creux.

5. **Gastropodes** indét. (*Scalaria, Turbo,* etc.)

Abondants. Saleres.

6. **Panopaea** cf. **Menardi** Desh.

Hoernes, *loc. cit.*, t. II, pl. II, p. 29.

Moule calcaire. Est de Montefrio.

IMPRIMERIE NATIONALE.

7. **Cardium hians** Brocch.

Hoernes, *loc. cit.*, t. II, pl. XXVI, fig. 1-5, p. 181.

Albunuelas. 1 exemplaire.

8. **Nucula Mayeri** Hoernes.

Hoernes, *loc. cit.*, t. II, pl. XXXVIII, fig. 1, p. 296.

Abondant dans un lit sableux avec *Amussium* (*Pleuronectia*) *cristata* et *Ostrea Virleti*. Saleres.

9. **Corbula carinata** Duj.

Hoernes, *loc. cit.*, t. II, pl. III, fig. VIII, p. XXXVI.

Albunuelas. Fréquent dans un lit de marnes grises de l'helvétien.

10. **Bivalves** indéterminables.

Escuzar, Saleres, Albunuelas.

11. **Perna** sp.

De grands échantillons mal conservés se rencontrent à Albunuelas, dans une assise à *Ostrea Velaini* et *Clypéastres*.

12. **Spondylus crassicosta** Lam.

Hoernes, *loc. cit.*, t. II, pl. LXVII, fig. 7, p. 429.

Un exemplaire.
Ravin d'Alhama. (Couche inférieure.)

13. **Pecten (Janira) subbenedictus** Font.

Fontannes, *Bassin de Visan*, pl. II, fig. 1.

C'est bien à cette espèce et non au *P. aduncus* Eichw., dont les côtes sont un peu plus étroites, la grande valve moins bombée et plus aplatie, qu'il faut rapporter un *Pecten* que nous avons rencontré dans la molasse de notre région.

Vallée du Genil, au delà de Piños (M. Bergeron), Montefrio.

14. **Pecten (Janira)** cf. **Besseri** Andrz.

Hoernes, *loc. cit.*, t. II, pl. LXII et LXIII, p. 404.

Gerena (M. Calderon).

15. **Pecten (Janira) Beudanti** Bast.

Hoernes, t. II, pl. LIX, fig. 12, p. 399.

Gerena (M. Calderon).

16. **Pecten (Janira) gigas** Schl.

Pecten solarium, Lam. Hoernes, t. II, pl. LX, fig. 1-3, p. 403.

Gerena, près Séville (M. Calderon).

17. **Pecten (Janira) Tournali** de Serres.

Hoernes, t. II, pl. LVIII, fig. 1-6.

Montefrio.

18. **Pecten (Janira) Holgeri** Gein.

Hoernes, t. II, pl. LV, fig. 1 et 2, p. 394.

Montefrio.

19. **Pecten (Chlamys) opercularis** L.

1850, *Wood crag.*, pl. VI, fig. 2.

Alfacar.

20. **Pecten (Chlamys) præscabriusculus** Font.

1878. Fontannes, *Bassin de Visan*, pl. III, fig. 1, p. 81.

Cette espèce, caractéristique de la molasse helvétienne inférieure du bassin du Rhône (Saint-Paul-Trois-Châteaux) est assez rare en Andalousie. Cependant, nous en possédons des exemplaires bien caractérisés.

Beznar, Montefrio, Talara.

21. **Pecten (Chlamys) scabriusculus** Math.

1842. Matheron, *Cat. méth. et descr. des corps org. fossiles, etc.*, pl. XXX, fig. 8 et 9.
1873. Fischer et Tournouër (in Gaudry, *Luberon*), pl. XX, fig. 6, 7 et 8.

Beaucoup plus abondante que la précédente, cette forme, spéciale, en Provence, à l'helvétien supérieur, n'est pas rare dans la molasse d'Albunuelas.

Outre les deux espèces typiques que nous venons de citer (n°s 20 et 21), nous avons recueilli un grand nombre de formes intermédiaires.

Fontannes, auquel nous communiquâmes quelques-unes de ces formes, nous transmit les observations suivantes :

« Les deux spécimens d'Andalousie appartiennent bien au groupe du *Pecten scabriusculus*. Le plus grand, le moins oblique[1] se rapproche beaucoup du type de Cucuron. Par sa forme générale, il se place un peu plus près du *P. præscabriusculus*, forme un peu plus ancienne, mais toujours helvétienne. Quant à l'autre[2], il semblerait, par son contour, se rattacher au *P. præscabriusculus* Font.; mais les costules qui couvrent les côtes et leurs intervalles sont plus saillantes, moins égales entre elles. Il serait intéressant de savoir si cette dernière forme a précédé ou suivi la première en Andalousie. »

Nous avons fait figurer ces deux types sous les noms de :

[1] Échantillon d'Albunuelas, pl. XXXIII, fig. 8 *a*, *b*.
[2] Échantillon de Talara, pl. XXXIII, fig. 7 *a*, *b*.

22. **Pecten (Chlamys) scabriusculus** Math., var. **iberica**, nob.

Pl. XXXIII, fig. 8 *a*, *b*.

Diffère du type de l'espèce par sa forme légèrement plus oblique et par son ornementation un peu plus accentuée. Cette forme rappelle le *Pecten Malvinæ* Hoernes; mais elle a les côtes plus larges et elle est plus oblique.

Talara, Beznar, Escuzar, le Pradon, Albunuelas, Montefrio, las Perdrices.

23. **Pecten præscabriusculus** Font., var. **talaraensis**, nob.

Pl. XXXIII, fig. 7 *a*, *b*.

Diffère du type par ses costules saillantes (fig. 7 *b*) inégales, celles des côtes étant plus accentuées que celles qui ornent les intervalles.

Montefrio, Talara, Saleres, Beznar, Albunuelas. Le Pradon, Escuzar.

24. **Pecten (Chlamys) Celestini** Mayer.

1878. Fontannes, *B. de Visan*, pl. III, fig. 4, p. 93.

Alfacar.

25. **Pecten (Chlamys) Zitteli** Fuchs.

Pl. XXXIII, fig. 9.

1883. Fuchs, *Lyb. Wüste*, pl. VII (II), fig. 1-12.

Cette espèce a été signalée par M. v. Drasche en Andalousie; nous l'avons rencontrée à Alfacar et surtout à Escuzar, où elle n'est pas rare.

26. **Pecten (Chlamys)** cf. **nimius** Font.

Fontannes, *Visan*, pl. V, fig. 2, p. 98.

Albunuelas, Alfacar.

27. **Pecten (Chlamys) substriatus** d'Orb.

Hoernes, t. II, pl. LXIV, fig. 2, p. 408.

Albunelas, Alfacar.

28. **Pecten (Chlamys)** sp.

Ravin d'Alhama.

29. **Pecten (Chlamys)** sp.

Nord de Loja.

30. **Pecten (Chlamys) Fuchsi** Font.

Fontannes, *B. de Visan*, pl. III, fig. 3, p. 98.

Alfacar.

31. **Pecten (Chlamys)** sp.

Montefrio, Beznar.

32. **Pecten (Amussium, Pleuronectia) cristatus** Brocchi.

Hoernes, t. II, pl. LXVI, fig. 1, p. 419.

Abondant, avec *Nucula Mayeri*, à Saleres.

33. **Ostrea gingensis.**

Hoernes, t. II, pl. LXXVI-LXXX.

C'est probablement à cette espèce qu'il faut attribuer les jeunes huîtres qui constituent à Restabal un banc le long du cours d'eau. Elles y sont accompagnées de jeunes *O. Velaini* et *O. Maresi*.

Antequera, Restabal, Albunuelas.

34. **Ostrea crassissima** Lam.

Hoernes, t. II, pl. LXXXI-LXXXIV.

Grande variété. Antequera. Très abondant à une certaine distance au sud de la ville.

35. **Ostrea chicaensis** Mun.-Ch. in coll.

Pl. XXXIV, fig. 1.

Cette espèce n'est connue que par sa valve droite; elle est prosogyre.

Valve gauche inconnue.

Valve droite libre, plate, épaisse, peu profonde, étroite et allongée, légèrement contournée en S. Le bord postérieur, le plus rapproché de l'impression musculaire subcentrale, est calleux et fortement épaissi. La surface externe est lamelleuse et ne porte ni plis, ni côtes.

Crochet large, fosse ligamentaire peu profonde, à lamelles ondulées formant un sinus médian à concavité regardant le sommet. Le contour qui limite le crochet vers l'intérieur de la coquille est sinueux; il forme une courbe convexe au milieu, concave sur les bords, très caractéristique.

La surface ligamentaire est creusée de deux sillons peu profonds qui limitent une aire médiane triangulaire et contournée en avant vers le sommet.

Cette espèce a été nommée par M. Munier-Chalmas sur des échantillons provenant de l'helvétien de Ben Chicao. Elle se distingue des autres formes de ce groupe par son contournement en S et par son crochet très large.

Localité. — Ben Chicao (Algérie).

Quoique cette forme ne se trouve pas en Espagne, nous la décrivons ici à cause de sa connexité avec les deux espèces suivantes, également créées par M. Munier-Chalmas et très répandues en Andalousie.

36. **Ostrea Maresi** Mun-Ch. in coll.

Pl. XXXIV, fig. 2, et pl. XXXVI, fig. 2.

Huître allongée du groupe de l'*Ostrea gingensis* à valve inférieure plissée et valve supérieure lamelleuse, mais remarquable par la callosité de son bord antérieur.

Valve gauche (pl. XXXIV, fig. 2), portant sur la surface externe quelques plis longitudinaux irréguliers, larges et peu distincts, fortement épaissie sur son bord antérieur, surtout au voisinage du crochet en avant duquel existe une volumineuse callosité (talon).

Fig. 3. — Ostrea Maresi, de Restabal.

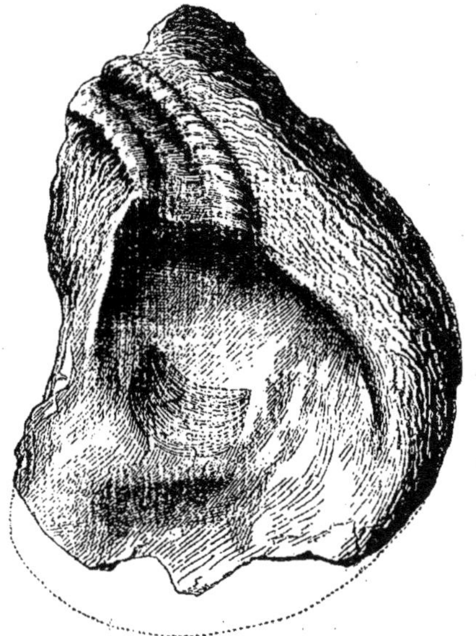

De profondeur moyenne à l'intérieur (impression musculaire subcentrale), elle possède une rigole ligamentaire étroite, profonde et limitée par deux bourrelets saillants; cette fosse est recourbée en arrière et formée de lamelles ondulées. La valve gauche se fixe.

Valve droite (pl. XXXVI, fig. 2) libre, peu profonde, lisse et lamelleuse à l'extérieur; la callosité antérieure existe toujours, mais moins forte que sur la valve gauche. L'impressson ligamentaire est dirigée en arrière.

Crochet opisthogyre.

Forme générale. — Étroite et allongée, arquée et non en S comme l'espèce précédente. Atteint de fortes dimensions, ainsi que le montrent les figures pl. XXXIV et XXXVI dessinées en grandeur naturelle.

Rapports et différences. — Cette espèce n'atteint pas la longueur des *Ostrea crassissima* et *gingensis*, elle diffère de la première par sa forme, de la seconde, dont elle possède les plis peu distincts sur la valve fixée, par sa callosité antérieure et la forte courbure du crochet.

Localités. — Ben Chicao (Algérie).

Helvétien de Montefrio, d'Alfacar; à Restabal existe un banc de jeunes huîtres que nous attribuons (fig. 3) également à cette espèce.

On la trouve en Algérie et en Tunisie, où M. Rolland l'a recueillie à Biserk; elle existe aussi à Majorque (Baléares), où l'a trouvée M. Hermite.

37. **Ostrea Velaini** Mun.-Ch. in coll.

Pl. XXXV, fig. 1 et 2, et pl. XXXVI, fig. 1.

Espèce large, arrondie, presque aussi large que longue, épaisse, valve droite lisse, lamelleuse, valve gauche rarement plissée.

Valve gauche ou fixée, épaisse, montrant à l'extérieur de vagues indices de plis longitudinaux, peu profonde, large, à crochet petit, infléchi en arrière, à impression ligamentaire courte, triangulaire, limitée par deux bourrelets et formée par des lamelles ondulées; impression musculaire large, subcentrale, un peu plus rapprochée du bord postérieur.

IMPRIMERIE NATIONALE.

Valve droite (libre) lisse, légèrement convexe, pourvue de nombreuses lamelles d'accroissement, impression musculaire comme dans la valve gauche.

Crochet contourné en arrière (opisthogyre, rarement prosogyre), assez court, formant un triangle à base assez large. Celui de la valve gauche porte un sillon médian d'une certaine largeur, limité de chaque côté par un bourrelet. Sur la valve libre, le sillon et les bourrelets sont à peine indiqués et visibles surtout grâce aux inflexions des lamelles, la surface ligamentaire est alors très plane.

Localité. — Très abondante dans l'helvétien d'Agron, de la vallée du Genil (M. Bergeron), d'Albunuelas, de Restabal, d'Alfacar, de Montefrio, d'Escuzar, etc. (Andalousie). Nous avons vu des huîtres de ce groupe qui ont été rapportées par M. Steinmann de l'Amérique du Sud. M. A. Lacroix nous a communiqué un échantillon de cette espèce provenant du miocène des environs de Larderello (Toscane) (trouvé sur la route de Pomerania à Larderello); elle se rencontre également dans l'helvétien de la Corse.

Le type de l'espèce est de Ben Chicao (Algérie) et a été rapporté par M. Marès au Laboratoire de géologie de la Sorbonne.

Rapports et différences. — Cette huître se distingue des précédentes par sa forme à peu près circulaire, son crochet très court et peu développé. Elle se rapproche de la section de l'*Ostrea edulis*, la charnière ressemble à celle d'*Ostrea Boblayei* Desh., mais cette dernière forme est facile à distinguer grâce à sa vigoureuse costulation.

38. **Ostrea Boblayei** Desh.

1832. Deshayes, *Morée*, pl. XXIII, fig. 5 et 6, p. 22.
1870. Hoernes, t. II, pl. LXX, fig. 1-4.

Cette huître n'est pas rare dans l'helvétien des régions méditerranéennes. M. Rolland l'a rapportée de Tunisie.

Albunuelas, Restabal, Saleres, Alfacar, Escuzar. Assez commune.

39. **Ostrea digitalina** Dubois.

Hoernes, t. II, pl. LXXIII.
Dubois de Monpéreux, *Plateau Wolhyni-Podolien*, pl. VIII.

Montefrio, sud d'Escuzar, Alfacar, Saleres, Restabal.

39 *bis*. **Ostrea Virleti** Desh.

1832. Deshayes, *Morée*, pl. XXI, fig. 1 et 2, p. 123.

Helvétien. Saleres.

40. **Ostrea Offreti** Kilian.

Pl. XXXVII, fig. 1 et 2.

Huîtres dont la valve fixée (valve gauche) est ornée de plis très nets; de forme large, légèrement allongée, à crochet opisthogyre, rarement prosogyre, généralement épaissi par des callosités.

Valve gauche ornée à l'extérieur de fortes lamelles d'accroissement et de plis rayonnants (15 sur l'un des échantillons figurés), larges et séparés par des intervalles à peu près aussi larges que les plis. Ces plis ne se traduisent sur le bord par aucune ondulation marquée du contour marginal; ce sont de simples épaississements. A l'intérieur, la valve est assez profonde; l'impression musculaire est située près du bord postérieur. Le crochet qui surplombe une partie excavée de la valve présente un sillon ligamentaire médian assez accusé et limité par deux bourrelets. Ce crochet, plus ou moins long, est dirigé et recourbé en arrière. Il est accompagné en avant d'une forte callosité (talon) du bord de la valve.

Valve droite inconnue; n'ayant pas eu d'exemplaire complet, il est possible que nous ayons eu de ces valves entre les mains, sans savoir à quelle espèce les attribuer.

Rapports et différences. — Voisine au premier abord d'*Ostrea Boblayei*, Deshayes, elle s'en distingue par sa fosse ligamentaire plus recourbée, par son bord interne non ondulé, par des côtes moins serrées, moins nombreuses et plus irrégulièrement disposées.

Très voisine aussi de l'*Ostrea Maresi*, elle en diffère par sa callosité antérieure moins développée et par les côtes plus régulières, plus accentuées et plus constantes de sa valve fixée. Elle se rapproche aussi d'*O. exasperata* Cocconi.

L'*Ostrea squarrosa* de Serres possède des côtes moins serrées, mais plus saillantes, plus tranchantes, subépineuses et une coquille plus profondement excavée.

Gisement. — Helvétien de Montefrio et de Saleres.

41. **Ostrea Virleti** Desh.

Deshayes, *Morée*, pl. XXI, fig. 1, 2, p. 123.

Saleres.

42. **Ostrea** sp.

Ravin d'Alhama.

43. **Lacazella**[1] **(Thecidea) mediterranea** Risso sp.

Philippi, *Enumer. Moll. Sic.*, t. I, p. 99, pl. VI, fig. 17.
Davidson, *It. tert. Brachiop.*, pl. XXI, fig. 17-19, p. 21.

Assez commun à Escuzar.

44. **Rhynchonella bipartita** Brocch. sp.

Brocchi, *Conch. foss. subapp.*, pl. X, fig. 7, p. 469.
Philippi, *Enum. Moll. nov. Sic.*, t. I, pl. VI, fig. 11; t. II, pl. XVIII, fig. 5.
Davidson, *It. tert. Brach.*, pl. XX, fig. 2, p. 22.

M. Seguenza cite cette espèce de miocène.

[1] Voir Munier-Chalmas, *Thecididæ et Koninckidæ*, *Bull. soc. géol.*, 3e série, t. VIII, p. 279. 1880.

On la rencontre également, d'après Davidson, dans le miocène de Malte.

Ravin de Talara, Montefrio, Cerro de San Anton, près Malago (probablement pliocène dans cette dernière localité).

45. **Terebratula sinuosa** Brocchi, var. **pedemontana** Lam.

Ter. pedemontana Lam.; Seguenza, *Pal. mal. destr. di Messina*, pl. IV, fig. 5.
Davidson, *It. tert. brach.*, pl. XVIII, fig. 3, 4 et 15.

Cette espèce, à plis aigus, accompagne en abondance le *Pecten præscabriusculus* dans l'helvétien du ravin de Talara et sur la route de Beznar.

On la connaît du miocène moyen de Malte, de Toscane, du Piémont, etc.

46. **Terebratula ampulla** Br.

Ter. Soverbyana, Nyst.
Ter. grandis Blum et *ampulla* Brocch.; Seguenza, *Stud. pal. brach. It. mer.*, pl. III, fig. 1-2, 5.
Davidson, *It. ter. brachiop.*, pl. XX, fig. 1.

Assez commun à Montefrio, Beznar.

46 *bis*. **Terebratula** sp.

Échantillons mal conservés.
Ravins d'Alhama.

47. **Bryozoaires.**

Beznar. Ravin de Talara.

48. **Clypeaster insignis** Seg.

1880. Seguenza, *Prov. di Regio*, pl. IX, fig. 2.

L'abondance des Clypéastres caractérise le miocène moyen des régions circumméditerranéennes; on en connaît du reste au même niveau dans le haut Comtat, à Saint-Paul-Trois-Châteaux, par exemple, où se rencontre le *Clyp. marginatus*.

Espèce de l'helvétien de Monteleone (Italie).

Assez commun à Albunuelas. Fragments des couches à *Pectens* d'Alfacar.

49. **Clypeaster altus** Lam.

Michelin, *Mon. Clyp. foss.*, pl. XXV.

Villanueva, près Séville.

49 *bis*. **Clypeaster pyramidalis** Mich.

Michelin, *loc. cit.*, pl. XXVII.

Même gisement.

50. **Cidaris avenionensis** Desm.

Pl. XXXIII, fig. 10.

1877. *Cotteau in Locard.*, Corse, p. 229, pl. VIII, fig. 3-7.
1883. Fuchs, *Lyb. Wüste*, pl. XXI (XVI), fig. 12.

Très fréquent dans la molasse helvétienne, surtout à Alhama. Nous en faisons figurer un échantillon de cette localité. Le bouton est entouré d'un sillon comme l'indiquent les figures de M. Fuchs.

Route de Beznar à Talara, Alhama, Beznar, Repicao, Escuzar.

51. **Echinolampas cf. scutiformis** Leske.

C'est la dénomination que nous a donnée M. Cotteau pour une série d'échantillons mal conservés provenant de la haute vallée du Genil, où M. Bergeron les a récoltés dans l'helvétien en amont de Peños.

52. **Lithothamnium.**

Ces algues forment une grande partie de la roche dans certains bancs de l'helvétien, ce qui a valu à ces assises, de la part de M. v. Drasche, le nom de *calcaires à lithothamniums* (1).

Escuzar, Alhama. Très abondant.

TORTONIEN.

(BLOCKFORMATION.)

Les marnes bleues dépendant des cailloutis de la Blockformation contiennent :

53. **Odontaspis contortidens** Ag.

Agassiz, *Poissons fossiles*, pl. XXXVII *a*, fig. 17-23.

Quentar.

54. **Chenopus pes graculi** Bronn.

Chen. pes graculi Bronn. Zeitschrift, 1827, n° 63.
Ch. Brongniartiatus Risso, t. IV, p. 226, fig. 94.

55. **Natica millepunctata** Lam.

Hoernes, *loc. cit.*, t. I, pl. XLVII, fig. 1 et 2. (*Natica tigrina* Defrance.)

Quentar.

56. **Natica millepunctata** var. **subfuniculus** Font.

Fontannes, *Invert.*, pl. VII, fig. 7-8.

Quentar.

57. **Terebra fuscata** Brocchi.

Fontannes, *Invert.*, t. I, pl. VII, fig. 18.

Notre échantillon a l'angle spiral un peu moins aigu que la

(1) Lithothamnienkalk.

forme figurée par Fontannes; il est identique à des exemplai du tortonien de Stazzano appartenant à la collection de la Sc bonne.

Près Quentar, argiles intercalées dans les cailloutis. (Un éch tillon.)

58. **Dentalium sexangulare** Lam., **var. b.** Deshayes.

1825. Deshayes, *Dentale*, pl. III, fig. 4-6.

Forme voisine du *D. delphinense* Font., qui a les côtes p fines. Le *D. sexangulare* L. (type) possède un nombre de côtes mo grand. Notre exemplaire correspond exactement à la variété to tonienne de Baden, décrite sous le nom de variété *b* par D hayes.

59. **Dentalium Bouei** Desh.

Hoernes, *loc cit.*, t. I, pl. L, fig. 30.
Deshayes, *Dentale*, pl. IV, fig. 8.

Espèce du tortonien de Baden (Autriche).

Très abondant. Marnes intercalées dans le Blockformati Quentar.

60. **Ancillaria obsoleta** Br. sp.

Brocchi, *Conch. sub.*, pl. V, fig. 6.
Ancillaria glandiformis, var. *E*, Grateloup; Hoernes, t. I, pl. VI, fig.

Notre forme est à rapprocher des exemplaires de Saubrig que possède la collection de la Sorbonne.

Cette espèce est fréquente dans le tortonien; elle se rencon aussi dans l'astien d'Italie.

Trois échantillons. Canal de la mine-d'or, près Quentar.

61. **Conus** cf. **demissus** Ph.

Philippi, *Enum. Moll. Sic.*, t. XXVIII, fig. 22.

Un exemplaire. Quentar.

62. **Arca diluvii** Lam.

Hoernes, t. II, pl. XLIV, fig. 3-4, p. 333.

Assez commun à Quentar.

63. **Nucula placentina** Lam.

Philippi, *Moll. Sic.*, t. I, p. 65, pl. V, fig. 7.

Un échantillon. Quentar.

64. **Pecten (Chlamys)** sp. indet.

Même gisement.

65. **Pecten (Chlamys) bollenensis** Mayer.

Espèce trouvée dans les conglomérats de la vallée des Aquas Blanquillas.

66. **Amussium (Pleuronectia) cristatum** Brocchi sp.

Hoernes, t. II, pl. CXVI, fig. 1.
Fontannes, *Invert. plioc.*, t. II, pl. XIII, fig. 1 et 2.

Commun à Quentar.

67. **Bivalves** indét.

Quentar.

68. **Ostrea lamellosa** Brocchi.

Cocconi, *loc. cit.*, pl. X, fig. 14.

Quentar, Dudar, Talara, Beznar.

69. **Polypiers** divers.

Même gisement, Agron. (M. Bergeron.)

IMPRIMERIE NATIONALE.

70. **Ceratotrochus multispinosus** Mich.

Milne Edwards, *Suites à Buffon*, t. II, p. 73.
Michelin, *Icon. zooph.*, pl. IX, fig. 5.

Forme identique à celles du tortonien de Tortone, dont nous avons examiné les types dans la collection de la Sorbonne.

Un échantillon. Même gisement.

SARMATIQUE (?).

A Jayena, des calcaires appartenant au même système que le gypse sont remplis d'empreintes de cerithes appartenant aux espèces suivantes :

71. **Cerithium vulgatum** Brug.

Pl. XXXIII, fig. 11 *a*, *b*.

Hoernes, t. I, pl. XLI, fig. 2 et 3.

Nous avons fait figurer un fragment de cette espèce, obtenu par le moulage d'une des empreintes qui remplissent le calcaire de Jayena. Autant que l'on peut en juger, notre forme représente un type voisin de la variété miocène de Salles.

Jayena (route entre Jayena et Padul) avec l'espèce suivante.

72. **Cerithium mitrale** Eichw.

Pl. XXXIII, fig. 11 *a*.

Eichwald, *loc cit.*, pl. VII, fig. 10.

C'est sans aucun doute au *Cer. mitrale* Eichw. qu'il faut rapporter les nombreux moulages que nous ont fournis les calcaires de Jayena. Le *Cer. mitrale* est voisin du *Cer. pictum*.

D'après M. Bittner (*Jhb. d. k. k. g. R.*, 1883), il est caractéristique des couches sarmatiques de la Galicie. L'espèce type est de Podolie.

Très commun. Jayena.

72 *bis*, **Polypiers.**

Forment des couches entières au milieu des cailloutis. Jayena, Illora. Vallée des Aquas Blanquillas, Agron, etc.

SYSTÈME DU GYPSE.

(MESSINIEN.)

73. **Planorbis Mantelli** Dunker.

Pl. XXXIII, fig. 14 *a*, *c*.

1848. Dunker, *Palæontographica*, t. I, pl. XXXI, fig. 27-29.
1845. Thomae, *Fossile Conchylien aus den Tertiaerschichten bei Hochheim und Wiesbaden*, *Nass. Jahrb.*, II, p. 153 (*Planorbis solidus*).
Pl. cornu, Brongn., var. *solidus*, Thomae, auctorum.
1870-1875. *Planorbis cornu*, Brongn., var. *Pl. solidus* et var. *Mantelli*, Sandberger, *Land und Suesswasser-conchylien*, p. 577, et pl. XXVIII, fig. 18 *a* et 18 *b*., *id.* Pl. XXVI, fig. 16.
1862-1867. Pl. *solidus*, Gaudry et Fischer, *Attique*, pl. LXI, fig. 10.

Espèce répandue dans le miocène supérieur de l'Allemagne (Steinheim, etc.), de l'Attique; commune dans les couches à hipparion de Concud et de Teruel (Espagne) (coll. de Verneuil), dans le miocène supérieur de Moustiers-Sainte-Marie (Basses-Alpes), d'Ulm, de Vermes et d'Œningen (Suisse), d'Eichkogel (Autriche), etc.

Elle a été très bien figurée par Sandberger, qui, sous le nom de *Pl. solidus*, var. *Mantelli*, a représenté le type le plus répandu de cette forme. Nous avons comparé nos échantillons à des exemplaires de Wiesbaden déposés dans la collection de l'université de Strasbourg et à des formes du miocène supérieur de Zwiefalten (Allemagne), que nous a envoyées M. le professeur Andreæ de

Heidelberg; les formes de l'Andalousie nous ont paru se rattacher à l'espèce allemande. Cette dernière, accompagnant l'*Helix moguntina,* occupe un horizon assez élevé dans le miocène.

Elle ressemble au *Planorbis corneus* (In *Sandberger,* pl. XXXIII, fig. 24), mais s'en distingue par sa face inférieure plus profonde et par son ombilic un peu plus large.

Elle diffère du *Pl. praecorneus* Tournouer par l'absence de stries longitudinales et par la présence de stries d'accroissement plus fortes.

Elle a de l'analogie avec *Pl. subteres* de Thalfingen, mais possède un ombilic plus étroit.

Enfin *Pl. heriacensis* Fontannes, var. *occitanica* du pliocène de Saint-Genest (Gard) [1], n'est, d'après Fontannes lui-même, qu'une variété du *Pl. Mantelli,* variété dont se rapprochent énormément certains de nos échantillons. On la cite habituellement sous le nom de *Pl. solidus;* toutefois le type aquitanien auquel on applique généralement en France cette dénomination est un peu différent (moins épais et à ombilic plus large).

Abondant. Dans les ravins entre Alhama et Arenas del Rey.

74. **Planorbis** sp. (Gyrorbis).

Arenas del Rey.

75. **Limnaea Forbesi** G. et F.

1873. Gaudry et Fischer, *Attique,* pl. LXI, fig. 20-23.

Les différences qui séparent notre forme du type de l'Attique sont trop minimes pour que l'on puisse songer à les distinguer.

Nos échantillons sont peut-être un peu moins renflés que ceux de la Grèce que nous avons eu l'occasion d'examiner au Muséum d'histoire naturelle.

(1) Diagnoses d'espèces et de variétés nouvelles des terrains tertiaires du bassin du Rhône; Lyon, 1883, fig. 18.

M. Gaudry a recueilli cette espèce dans les calcaires de Marcopoulo et de Calamo.

Assez rare. N. E. d'Arenas del Rey.

76. **Melanopsis impressa** Krauss.

Pl. XXXIII, fig. 12 *a*, *b*.

1852. Krauss, *Würt. Jahresh.*, t. VIII, pl. III, fig. 3, p. 143.
1856. Hoernes, t. I, pl. XLIX, fig. 10.
1870-1875. Sandberger, *Land und Suessw.-Conch.*, pl. XXXI, fig. 8.
1879-1880. Capellini, *Gli strati a congerie*, etc., pl. V, fig. 1-6.

Nos exemplaires correspondent bien aux figures données par M. Capellini de *Melanopsis impressa* Krauss. (Capellini, *Gli strati a congerie o la formazione Gessoso-solfifera nella provincia di Pisa e nei dintorni di Livorno*. R. Ac. del Lincei, 1879-1880, pl. V, fig. 1-6).

La figure du *Mel. buccinoidea* Fer., donnée par le même auteur (pl. IX, fig. 7-13), quoique très voisine, ne paraît pas avoir de callosité sur le dernier tour (2 figures : 12 et 13 se rapprochent de notre type).

D'un autre côté, Férussac (*Mon. d. esp. viv. et foss. du genre Melanopside*, fig. 3) a représenté une forme très voisine de la nôtre, mais à callosité plus prononcée et à spire moins aiguë. Elle vient d'Italie, entre Saint-Germussacni et Caviâsoli. Férussac y voit un passage à *Mel. Dufouri*.

Ce n'est pas non plus le *Mel. Dufouri* Fér., figuré par Capellini (pl. I, fig. 13-15), dont les tours sont plus étagés. Notre espèce est du reste plus grande que le *Mel. Dufouri* Fér., qui vit encore en Espagne d'après Férussac.

Le *Melanopsis Bonelli* Sism. a la carène du premier tour plus saillante et les tours sont plus scalariformes.

Le *Melan. impressa*, figuré par Sandberger, est un peu plus renflé que le nôtre.

En résumé, la variété andalouse que nous figurons paraît être très voisine de celle qu'a représentée M. Capellini; notre forme est seulement un peu moins large vers l'ouverture. En tout cas, e fait partie du groupe de mélanopsides (*Mel. impressa*, *Mel. Bonel* Sism. in Capellini, *Mel. buccinoides* Fér.) citées et figurées p M. Capellini des couches sulfogypseuses d'Italie.

Le type de Krauss est de Kirchberg an der Iller (miocène s périeur).

Très abondante dans la formation gypseuse à Arenas del Re Baños d'Alhama, Alfacar.

77. **Bithinella (Hydrobia) etrusca** Cap. sp.

Pl. XXXIII, fig. 13 *a*, *b*.

1880. Capellini, *loc. cit.*, pl. II, fig. 5-8, 13-20 (= *Paludina avia*, Eichw

C'est bien l'espèce des couches à Congéries d'Italie figurée p M. Capellini. Nous en possédons une série d'échantillons repi duisant les variations représentées par l'auteur italien.

Très abondant. Arenas del Rey, Venta Dona.

CALCAIRE LACUSTRE DU MIOCÈNE SUPÉRIEUR.

Le calcaire lacustre qui, dans le bassin de Grenade, couron le système de gypse, s'est montré pauvre en restes organisés. C à peine si aux environs de Salar et de Santa-Cruz, nous avons pu trouver quelques mollusques isolés et d'une conservation médioc

78. **Planorbis** cf. **Mantelli** Dunker.

Pl. cornu, Gaudry et Fischer, *Attique*, pl. LXI, fig. 10.
(Voir *ante*, le n° 73).

Exemplaires mal conservés à tours plus épais que ceux du me sinien à gypse et se rapprochant davantage de *Pl. corneus*, presq identiques à la forme d'Attique figurée par M. Gaudry et qui a tours un peu moins déroulés que les échantillons de Sandberg

Calcaire lacustre, sud de Salara (Venta Dona), route de Loj Alhama, route de Santa Cruz à Loja.

79. **Limnæa girondica** Noulet.

L. subpalustris d'Orb.
Sandberger, *Land und Süessw.-Conch.*, pl. XXV, fig. 15, 15 *a*, p. 478.

Sud de Salar (route de Salar à Alhama). Calcaire lacustre.

79 *bis*. **Hydrobia** sp.

Route d'Alhama à Loja.

PLIOCÈNE.

La partie inférieure du pliocène est représentée sur la côte de la Méditerranée par les dépôts riches en fossiles de Malaga (los Tejares), dont le mémoire de M. Bergeron, contenu dans ce volume, a fait connaître la faune.

Ayant visité à l'est de Malaga une série de gisements du pliocène moyen, également assez fossilifère, nous donnons ici l'énumération des espèces recueillies. Les couches qui nous les ont fournies appartiennent à l'horizon du Monte Mario et du Roussillon. (4e étage méditerranéen.)

PLIOCÈNE MOYEN.

80. **Oxyrhina xiphodon** Ag. [1].

1843. Agassiz, *Poissons fossiles*, t. III, pl. XXXIII, fig. 11-17.

Assez commun. Espèce plutôt miocène, quoique M. Lawley l'ait citée dans le pliocène de Toscane.

Los Tejares.

[1] Déterminé par M. le professeur Bassani, de Naples.

81. **Scalaria semicostata** Mich.

Michaud, *Descr. de quelques esp. coq. viv.* (*Bull. soc. Linn. Bordeaux* t. III), p. 260.
Fontannes, *Invert.*, t. I, pl. VII, fig. 15 et 16.

Le Palo. Un exemplaire.

82. **Dentalium** sp.

Fragment. Le Palo.

83. **Venus umbonaria** Lam.

Hoernes, t. II, pl. XII, fig. 1-6.

Un exemplaire. Le Palo.

84. **Spondylus** sp.

Le Palo. Un échantillon.

85. **Pecten (Janira, Vola) benedictus** Lam.

Fontannes, *Invert.*, t. II, pl. XXII, fig. 1-2, p. 106.

Le Palo, Calla del Morral. Abondant.

86. **Pecten (Janira) jacobaeus** L.

Le Palo. Trois exemplaires.

87. **Pecten (Janira) cf. grandis** Sow?

Nyst., pl. XXII, fig. I, p. 193.

Une valve gauche paraissant se rapporter à cette espèce. Le Palo.

88. **Pecten (Chlamys) latissimus** Brocch.

Font., *Invert.*, t. II, p. 185.
Font., *Bull. Soc. géol.*, 3e série, t. XII, pl. XVI, fig. 2.

Le Palo.

89. **Pecten (Chlamys) venustus** Goldf.

Goldf., pl. CVII, fig. 1 et 2.

Le Palo. Rare.

90. **Pecten (Chlamys) sarmenticus** Goldf.

Goldf., *Petr. Germ.*, pl. XCV, fig. 7.

Le Palo. Assez rare.

91. **Pecten (Chlamys) scabrellus** Lam.

Fontannes, *Invert.*, t. II, pl. XII, fig. 2 et 3, p. 187.

Très abondant. Le Palo.

92. **Pecten (Chlamys) bollenensis** Mayer.

Mayer, *Journ. de Conch.*, t. XXIV, p. 169, pl. VI, fig. 2.
Fontannes, *Invert.*, t. II, pl. XII, fig. 4-8, p. 189.

Se rencontre en échantillons bien conformes aux types figurés par M. Fontannes.

Très abondant. El Palo, Los Tejares.

93. **Pecten (Chlamys) radians** Nyst.

Nyst., pl. XXIV, fig. 3.

94. **Pecten (Chlamys) ventilabrum** Goldf.

Goldfuss., *Petr. Germ.*, XCVII, fig. 1-2.

El Palo. Assez commun.

95. **Pecten (Chlamys) pusio** L.

Fontannes, *Invert.*, pl. XII, fig. 10 et 11.

Rare. Le Palo.

96. **Pecten (Chlamys) striatus** Brocchi sp.

Brocchi, pl. XVI, fig. 16-17.

Assez commun. Le Palo.

97. **Pecten (Chlamys) Sowerbyi** Nyst.

Nyst., pl. XXII *bis*, fig. 3, p. 293.

Assez rare. Le Palo.

98. **Amussium (Pleuronectia) cristatum** Brocchi sp.

Pleuronectia cristata Bronn., Fontannes, *Invert.*, t. II, pl. XIII, fig. 1 et 2, p. 198.

Abondant. Le Palo, Los Tejares.

99. **Ostrea lamellosa** Brocchi.

Font., *Invert.*, t. II, pl. XVI, fig. 1 et 2, p. 223.
Cocconi, pl. IX, fig. 10, 12, 13 et 14; pl. X, fig. 8-11, et pl. XI, fig. 3-8.

Commun. Le Palo; on nous l'a également communiquée de castillo de San Lucar, près Séville. (M. Calderon.)

100. **Ostrea barriensis** Font.

Fontannes, *Invert.*, t. II, pl. XV, fig. 1-7, p. 219.

Le Palo.

101. **Ostrea perpiniana** Font.

Fontannes, *Invert.*, t. II, pl. XVI, fig. 3-5, p. 221.

Assez rare. Le Palo.

102. **Ostrea Companyoi** Font.

Fontannes, *Invert.*, t. II, pl. XVII, fig. 1-6, p. 226.

Assez rare. Le Palo.

103. **Ostrea cucullata** Born.

Fontannes, *Invert.*, t. II, pl. XVII, fig. 7-12, et pl. XVIII, fig. 1-6.

Le Palo. Assez commun.

104. **Ostrea cucullata** Born. var. **comitatensis** Font.

Fontannes, *Invert.*, t. II, pl. XVII, fig. 12.

Le Palo.

105. **Ostrea cochlear** Poli.

Fontannes, *Invert.*, t. II, pl. XVIII, fig. 8, et pl. XIX, fig. 1-3.

Le Palo. Assez commun.

106. **Muhlfeldtia (Megerlea truncata)** L. sp., var. **rotundata** Requien.

Chenu, *Manuel*, t. II, p. 206, fig. 1053-1055.
Davidson, *It. ter. Brach.*, pl. XXI, fig. 1.

Rare. Le Palo.

107. **Terebratula ampulla** Brocchi.

Brocchi, *loc. cit.*, pl. X, fig. 5.

Le Palo. Rare.

108. **Rhynchonella complanata** Brocchi sp.

Brocchi, *loc. cit.*, pl. V, fig. 6 *a*, *b*.

Los Tejares. Un exemplaire.

109. **Balanus concavus** Bronn.

Darwin, *Fossil Balanidæ and Verrucidæ of Great Britain* (*Palæontol. Society*, vol. VIII, 1855), pl. I, fig. 4.
(= *B. tintinnabulum*, Brocchi. = *B. cylindraceus*, Lam.)

Commun. Le Palo.

Liste des ouvrages cités dans le cours de ce travail ou consultés pour la détermination des espèces qui y sont mentionnées[1].

L. Agassiz. *Recherches sur les poissons fossiles.* Neufchatel, 1833-1843.
F.-v. Alberti. *Ueberblick über die Trias.* Stuttgart, 1864.
Bayle. *Explication de la carte géologique de France,* t. IV, 1re partie. 1868. (Atlas.)
Bittner. *Ueber den Charakter der sarmatischen Fauna des Wiener Beckens.* (Jhb. der kais.-kœn. geol. Reichsanst., t. XXXIII.) Vienne 1883.
De Blainville. *Mémoire sur les Bélemnites.* Paris-Strasbourg, 1827.
Brocchi. *Conchiologia fossile subapennina.* Milan, 1814.
Bronn. *Zeitschrift für Mineralogie von Leonhardt,* n° 63, p. 532, 1827.
Capellini. *Gli strati a Congerie o la formazione gessosa solfifera nella provincia di Pisa e nei dintorni di Livorno.* (R. Ac. dei Lincei mem.) Rome, 1880.
Capellini I. *Brachiopodi degli strati a Terebratula Aspasia Mgh. nell'Appennino centrale.* (R. Ac. dei Lincei.) Rome, 1880.
Catullo. *Memoria geognostico-paleozoica sulle Alpi Venete.* Modena, 1847.
Chenu. *Manuel de conchyliologie et de paléontologie conchyliologique.* Paris, 1859.
Cocconi. *Enumerazione sistematica dei molluschi miocenici e pliocenici delle provincie di Parma et di Piacenza.* Bologna, 1873.
Cotteau. *Échinides nouveaux ou peu connus.* Paris, J.-B. Baillière, 1858-1880.
Coquand. *Mémoire sur les* Aptychus. (Bull. Soc. géol. de France, 1re série, XII, p. 376.) 1841.
Cotteau. *Paléontologie française. Terrain jurassique. Échinides irréguliers.* Paris, 1867-1874.
Cotteau et Locard. *Description de la faune des terrains tertiaires moyens de la Corse.* Paris-Genève, 1877.
Cotteau. *Échinides de Stramberg.* (V. Zittel.)
Darwin. *Fossil Balanidæ and Verrucidæ of Great. Britain.* (Palæont. Soc., vol. VIII, 1855.)
Davidson. *A monograph of the british fossil Brachiopoda.* (Palæontographical Society, 1851-1855.)
Davidson. *On italian tertiary brachiopoda.* (Geol. mag. sept.-oct. 1870.)
Deshayes. *Mollusques de Morée* in *Expédition scientifique de Morée.* (Section des sciences physiques, t. III.) Paris, 1832.

[1] La plupart de ces Mémoires sont cités dans le texte en abréviation. Il sera facile, grâce à cette table, de trouver le titre complet de chacun d'eux.

Deshayes. *Anatomie et monographie du genre Dentale.* 1825.

Deslongchamps. *Paléontologie française. Terrains jurassiques. Brachiopode* Paris, 1862-1885.

Deslongchamps. *Nouvelles observations sur le genre Eligmus.* (Bull. Soc. li néenne de Normandie.) Caen, 1857.

Dubois de Montpéreux. *Conchyliologie fossile et aperçu géognostique des form tions du plateau wolhyni-podolien.* Berlin, 1831.

F. Dujardin. *Mémoire sur les couches du sol en Touraine et description des c quilles de la craie et des faluns.* (Mém. Soc. géol. 1re série, t. II, n° 1835.)

Dumortier. *Études paléontologiques sur les dépôts jurassiques du bassin d Rhône,* t. I-IV. Paris, 1864-1874.

Dumortier et Fontannes. *Description des Ammonites de la zone à* Am. tenuil batus *de Crussol (Ardèche).* Paris-Lyon, 1876.

Dunker. *Ueber die in der Molasse bei Günzburg unfern Ulm vorkommend Conchylien und Pflanzenreste.* (Paleontogr., t. I, p. 155.) Cassel, 184

Eichwald. *Lethæa rossica* ou *Paléontologie de la Russie.* Stuttgart, 1859.

Ern. Favre. *Description des fossiles du terrain oxfordien des Alpes fribourgeois* (Mém. Soc. paléont. suisse, t. III.) Genève-Paris, 1876.

Ern. Favre. *Description des fossiles du terrain jurassique de la montagne d Voirons* (Savoie). [Mém. Soc. paléont. suisse. 1875.]

Ern. Favre. *La zone à* Ammonites acanthicus *dans les Alpes de la Suisse et la Savoie.* (Mém. Soc. paléont. suisse, t. IV.) Genève, 1877.

Ern. Favre. *Description des fossiles des couches tithoniques des Alpes fribou geoises.* (Mém. Soc. paléont. suisse, t. VI.) Genève, 1880.

Férussac. *Monographie des espèces vivantes et fossiles du genre Melanops* (Mém. Soc. hist. nat. de Paris, t. I, 1822.)

Fischer. *Manuel de conchyliologie et de paléontologie conchyliologique.* Pari Savy, 1887.

F. Fontannes. *Les invertébrés du bassin tertiaire du S. E. de la France. Les mo lusques pliocènes de la vallée du Rhône et du Roussillon* (2 vol.). Lyon-Pari 1879-1882.

F. Fontannes. *Études stratigraphiques et paléontologiques pour servir à l'histoi de la période tertiaire dans le bassin du Rhône.* Lyon-Paris.

II. Les terrains supérieurs du Haut Comtat Venaissin, 1876.

III. Le bassin de Visan, 1878.

VI. Le bassin de Crest (Drôme), 1880.

VII. Les terrains tertiaires de la région delphino-provençale, 1881.

F. Fontannes. *Description des Ammonites des calcaires du château de Cru (Ardèche).* Lyon-Paris, 1879.

F. Fontannes. *Sur une des causes de la variation dans le temps des faunes malacogiques à propos de la filiation des* Pecten restitutensis *et* latissimus. (Bull. Soc. géol., 3e série, t. XII, p. 357.) 1882.

Th. Fuchs. *Die jüngeren Tertiaerbildungen Griechenlands.* (Denkschr. der math. naturw. Klasse der k. Ak. der Wiss.) Wien, 1877.

Th. Fuchs. *Beitraege zur Kenntniss der Miocaenfauna Ægyptens und der libyschen Wüste.* (Palæontographica, t. XXX.) Cassel, 1883.

A. Gaudry. *Animaux fossiles de l'Attique.* Paris, 1862-1867.

A. Gaudry, Fischer et Tournouër. *Animaux fossiles du mont Léberon (Vaucluse).* Paris, 1873.

G.-G. Gemmellaro. *Studii paleontologici sulla fauna del calcare a Terebratula janitor del nord di Sicilia.* Palerme, 1868-1876.

G.-G. Gemmellaro. *Sopra alcune faune giurese e liasiche della Sicilia. Studi paleontologici.* Palerme, 1872-1882.

A. Goldfuss. *Petrefacta Germaniae.* Düsseldorf, 1841-1844.

Albin Gras. *Catalogue des corps organisés qui se rencontrent dans le département de l'Isère.* Grenoble, 1852.

Grateloup. *Conchyliologie des terrains fossiles du bassin de l'Adour.* Bordeaux, 1840.

Guembel. *Geognostische Beschreibung des bayerischen Alpengebirges und seines Vorlandes.* Gotha, 1861.

F. von Hauer. *Beitraege zur Kenntniss der Heterophyllen der œsterreichischen Alpen.* (Sitzungsber. d. Math. naturw. Klasse d. kais. Akad. d. Wiss., t. XII, p. 861.) Vienne, 1864.

F. von Hauer. *Ueber die Cephalopoden aus dem Lias der nordœstlichen Alpen.* (Denkschriften d. math.-naturw. Klasse der k. Ak.) Vienne, 1856.

Herbich. *Das Skéklerland.* (Mittheilungen aus dem Jahrb. d. k. ung. geol. Anstalt, t. V, n° 2.) 1878.

E. Haug. *Beitræge zu einer Monographie der Ammonitengattung Harpoceras.* (Neues Jahrb. für Min. etc. Beil. B., t. III, p. 585.)

E. Haug. *Die geologischen Verhæltnisse der Neocomablagerungen der Puezalpe bei Corvara in Südtirol.* (Jahrbuch der k. k. geol. Reichsanstalt, t. XXXVII, n° 2.) 1887.

H. Haas. *Die Brachiopoden der Juraformation von Elsass-Lothringen.* (Abhand. zur geol. Spezialkarte von Els-Lothr., t. II, 1882.) Strasbourg.

Ed. Hébert. *Observations sur les calcaires à* Terebratula diphya *du Dauphiné et en particulier sur les fossiles des calcaires de la Porte-de-France (Descriptions d'*Am. Nilsoni). [Bull. Soc. géol. de France, 2e série, t. XXIII, p. 521.] 1866.

Hoernes. *Die fossilen Mollusken des Tertiaerbeckens von Wien.* (Abh. d. k. k geol. Reichsanstalt.) Vienne, 1856-1876.

Kilian (W.). *Description géologique de la montagne de Lure* (Basses-Alpes) [Ann. Soc. géol., t. XIX-XX, et thèse pour le doctorat.] Paris G. Masson, 1888-1889.

Koby. *Monographie des polypiers jurassiques de la Suisse.* (Mém. Soc. pal suisse.) 1880-1885.

Krauss. *Mollusken aus der Tertiaerformation von Kirchberg an der Iller.* (Würt Jahresh. vaterl. Naturk., VIII, 136.) 1852.

Locard. *Description de la faune de la molasse marine et d'eau douce du Lyonnais et du Dauphiné.* (Arch. Muséum d'hist. nat. de Lyon.) 1878.

De Loriol. *Monographie de la zone à* Ammonites tenuilobatus *de Baden.* (Mém Société paléont. suisse.) 1876-1878.

P. de Loriol. *Monographie des Crinoïdes fossiles de la Suisse.* (Mém. Soc. pal Suisse, t. VI [fin].) 1879.

P. de Loriol. *Paléontologie française. Terrain jurassique. Crinoïdes.* 1882-188

Matheron. *Catalogue méthodique et descriptif des corps organisés fossiles du département des Bouches-du-Rhône et lieux circonvoisins.* Marseille 1842.

Matheron. *Recherches paléontologiques dans le midi de la France.* Marseille 1878-1880.

Meneghini. *Monographie des fossiles appartenant au calcaire rouge ammonitique de Lombardie et de l'Apennin de l'Italie centrale.* (In Stoppani, *Paléontologie lombarde.*) Milan, 1867.

Meneghini. *Nuovi fossili illustrati dal prof. G. Meneghini.* Pise, 1853.

Michaud. *Description de plusieurs espèces nouvelles de coquilles vivantes.* (Soc linn. de Bordeaux.) Bordeaux, 1829.

H. Michelin. *Monographie des Clypéastres fossiles.* (Mém. Soc. géol., 2e série t. VII, n° 2.)

H. Michelin. *Iconographie zoophytologique.* Paris, 1840-1847.

H. Milne-Edwards. *Histoire naturelle des coralliaires.* (Collection des Suites Buffon.) Paris, 1857.

Munier-Chalmas. *Thecididæ* et *Koninckidæ.* (Bull. Soc. géol., 3e série t. VIII, p. 279.) 1880.

G. Gr. zu Münster. *Bemerkungen zur næheren Kenntniss der Belemniten.* Bayreuth, 1830.

Neumayr. *Jurastudien* (*Phylloceraten des Dogger und Malm.*) [Jahrbuch. d. k. k geol. Reichsanstalt, t. XXI, 1871.]

Neumayr. *Die fauna der Schichten mit Asp. acanthicum.* (Abh. d. k. k. geol Reichsanstalt.) 1873.

Nicolis e Parona. *Note stratigraphiche e paleontologiche sul Giura superiore della provincia di Verona.* Rome, 1885.

Nyst. *Description des coquilles et des polypiers fossiles des terrains tertiaires de la Belgique.* Bruxelles, 1843.

W. A. Ooster. *Catalogue des céphalopodes fossiles des Alpes suisses.* (Mém. soc. helv. des sc. nat.) Zurich, 1861.

Oppel. *Die Juraformation Englands, Frankreichs und des südwestlichen Deutschlands.* (Württemb. naturw. Jahreshefte.) Stuttgart, 1856-1858.

Oppel. *Der mittlere Lias Schwabens.* (*Ibid.*) Stuttgart, 1853.

A. Oppel. *Paleontologische Mittheilungen aus dem Museum des kön. bayer. Staates.* Stuttgart, 1862.

Oppel. *Ueber die Brachiopoden des untern Lias.* (Zeitschr. d. deutsch. geol. Ges., t. XIII, 1861.)

D'Orbigny. *Prodrome de paléontologie stratigraphique universelle des animaux mollusques et rayonnés.* Paris, Masson, 1850-1852.

D'Orbigny. *Paléontologie française :* T. jurassiques, I, Céphalopodes, 1842-1849; T. crétacés, t. I, Céphalopodes, 1840-1842, et Supplément, 1847; t. II, Gastéropodes, 1842; t. III, Lamellibranches, 1343-1846; t. IV, Brachiopodes, 1847-1850.

D'Orbigny. *Paléontologie universelle des coquilles et des mollusques.* Paris, 1845. — *Mollusques vivants et fossiles.* Paris, 1855.

D'Orbigny. *Cours élémentaire de paléontologie et de géologie stratigraphiques.* Paris, Masson, 1849-1852.

D'Orbigny. *Notice sur le genre* Hamulina. (Journal de Conchyliologie, t. III, 1852, p. 207.)

De Orueta. *On some Points in the Geology of the neighbourhood of Malaga.* (Quart. Journ. Geol. Soc., t. XXVII, p. 109, pl. V.) 1871.

Philippi. *Enumeratio molluscorum Siciliæ tum viventium, tum in tellure tertiaria fossilium,* etc. Halii Saxonum, 1844.

Phillips. *Illustrations of the Geology of Yorkshire.* York, 1829.

Pictet. *Mélanges paléontologiques.* (Mém. soc. de phys. et d'hist. nat. de Genève.) Genève, 1863-1868.

Pictet et Campiche. *Description des fossiles du terrain crétacé des environs de Sainte-Croix.* Genève, 1858-1871.

Pictet et de Loriol. *Description des fossiles contenus dans le néocomien des Voirons.* (Mat. pour la Pal. suisse, 2e série, I.) Genève, 1858.

Pillet et Fromentel. *Description géologique et paléontologique de la colline de Lémenc.* Chambéry, 1875.

Pillet. *Nouvelle description géologique et paléontologique de Lémenc sur Chambéry.* Chambéry, 1887.

IMPRIMERIE NATIONALE

Quenstedt. *Petrafaktenkunde Deutschlands. Cephalopoden*, 1849.

Quenstedt. *Brachiopoden*. Leipzig, 1871.

Quenstedt. *Der Jura*. Tübingen, 1858.

Quenstedt. *Handbuch der Petrafaktenkunde*, 2e éd. Tübingen, 1867.

Reinecke. *Maris protogæi Nautilos et Argonautas vulgo Cornua Ammonis*, etc., *descripsit*, etc. Coburg, 1818.

Reynès. *Monographie des Ammonites. I. Lias*. Paris, 1867.

Roemer. *Die Versteinerungen des norddeutschen Oolithengebirges*. Hannover, 1836.

Rothpletz. *Geologisch-palæontologische Monographie der Vilser Alpen, mit besonderer Berücksichtigung der Brachiopoden-Systematik*. (Palæontographica, t. XXXIII.)

Reynès. *Essai de géologie et de paléontologie aveyronnaises*. Paris, 1868.

Raspail. *Histoire naturelle des Ammonites et des Térébratules*. Paris-Bruxelles, 1866.

F. Sandberger. *Die Land- und Suesswasser- Conchylien der Vorwelt*. Wiesbaden, 1870-1875.

V. Schlotheim. *Versteinerungen aus V. Schlotheim's Sammlung und Nachtræge zur Petrafaktenkunde*. Gotha, 1822.

Seguenza. *Le Formazioni terziarie nella provincia di Reggio Calabria*. (R. Ac. dei Lincei.) Rome, 1880.

Seguenza. *Paleontologia malacologica dei terreni terziarii del distretto di Messina*. (Mem. Soc. it. di sc. nat. vol. I.) Milan, 1865.

Seguenza. *Studii paleontologici sui brachiopodi terziarii dell' Italia meridionale n° 1*. Pise, 1871.

Sowerby. *The mineral Conchology of Great Britain*. Londres, 1812-1823.

De Stefani. *Lias inferiore ad arieti dell' Apennino settentrionale*. (Atti Soc. tosc. di Scienze nat. *Memorie*, t. VIII, p. 15.) Pise, 1887.

G. Steinmann. *Zur Kenntniss der Jura und Kreideformation von Caracoles [Bolivia]*. (Neues Jahrb. für Min. geol. und Pal. I Beilage Band, 239.) 1881.

Stoppani. *Studii geologici e paleontologici sulla Lombardia*. 1857.

Stoppani. *Paléontologie lombarde ou description des fossiles de Lombardie*. (Commencée en 1858.)

Suess. *Die Brachiopoden der Stramberger Schichten*. (Von Hauer, *Beitræge zur Paleontographie*, I, n° 1.) Vienne, 1859.

Thomae. *Fossile Conchylien aus den Tertiaerschichten bei Hochheim und Wiesbaden*. (Nass. Jahrb., II, p. 153.) 1845.

De Tribolet. *Note sur le genre* Posidonomya *et en particulier sur les* Pos. alpina Gras. *et* P. ornati Quenst., suivie d'une liste des Posidonomyes jurassiques. (Journal de Conchyliologie, 3e série, XXVI, n° 3, p. 247.) 1876.

Uhlig. *Die Cephalopodenfauna der Wernsdorfer, Schichten.* (Denckschr. der mathem. naturwiss. Klasse der kais. Akad. der Wiss., t. XLVII.) Vienne, 1883.

M. Vacek. *Ueber die Fauna der Oolithe von Cap S. Virgilio.* (Abh. der k. k. geol. Reichsanstalt, t. XII, n° 3, 1886,)

Wood. *A monograph of the Crag mollusca.* (Palæontographical Society.) 1848-1850.

Zeuschner. *Nowe lub niedokladnie opisane gatunki skamienialosci Tatrowych.* Warsawa, 1846.

H. de Zieten. *Les pétrifications du Wurtemberg.* Stuttgart, 1830.

Zittel. *Paleontologische Mittheilungen aus dem Museum des königl. bayer. Staates*, t. III, n° 5 ; G. Cotteau, *Die Echiniden der Stramberger Schichten.* Cassel, 1884.

K. Zittel. *Die Cephalopoden der Stramberger Schichten.* (Pal. Mitth. aus d. Mus. des k. bayer. Staates.) Stuttgart, 1868.

K. Zittel. *Die Fauna der æltern Cephalopodenführenden Tithonbildungen.* (Pal. Mitth., etc., t. II, 2.) Cassel, 1870.

Zittel. *Handbuch der Palæontologie München*, 1876-1889.

Zittel. *Geologische Beobachtungen aus den Central Apenninen.* Munich, 1869. (In *Benecke, Geogn.- pal. Beitræge.*)

FIN.

TABLE DES MATIÈRES.

EXPOSÉ ET DISCUSSION

DES PHÉNOMÈNES QUI ONT SIGNALÉ LE TREMBLEMENT DE TERRE DU 25 DÉCEMBRE 1884.

EXPÉRIENCES

SUR LA VITESSE DE PROPAGATION DES SECOUSSES

DANS DES SOLS DIVERS,

PAR MM. F. FOUQUÉ ET MICHEL LÉVY.

MÉMOIRE

SUR LA CONSTITUTION GÉOLOGIQUE DU SUD DE L'ANDALOUSIE,

DE LA SIERRA TEJEDA À LA SIERRA NEVADA,

PAR MM. CHARLES BARROIS ET ALBERT OFFRET.

PREMIÈRE PARTIE. — STRATIGRAPHIE.

CHAPITRE PREMIER.

CHAPITRE II.

DEUXIÈME PARTIE. — PÉTROGRAPHIE.

CHAPITRE PREMIER.

ROCHES FILONIENNES.

CHAPITRE II.

ROCHES SÉDIMENTAIRES ET CRISTALLOPHYLLIENNES.

ÉTUDE GÉOLOGIQUE

DE LA SERRANIA DE RONDA,

PAR MM. MICHEL LÉVY ET BERGERON.

PREMIÈRE PARTIE. — ROCHES CRISTALLOPHYLLIENNES, ARCHÉENNES ET CAMBRIENNES.

CHAPITRE PREMIER.

GNEISS ET MICASCHISTES.

CHAPITRE II.

MICASCHISTES À MINÉRAUX.

CHAPITRE III.

SCHISTES ARCHÉENS ET CAMBRIENS.

DEUXIÈME PARTIE. — ROCHES ÉRUPTIVES.

CHAPITRE PREMIER.

NORITES, LHERZOLITES ET SERPENTINES.

CHAPITRE II.

DIORITES.

CHAPITRE III.

GRANULITE.

CHAPITRE IV.

MELAPHYRES (SPILITES), PORPHYRITES ET DIABASES À STRUCTURE OPHITIQUE.

CHAPITRE V.

VENUE OPHITIQUE DE MONTILLANA.

IMPRIMERIE NATIONALE.

TROISIÈME PARTIE. — TERRAINS SÉDIMENTAIRES POSTÉRIEURS AU TERRAIN CAMBRIEN.

CHAPITRE PREMIER.

CHAPITRE II.

CHAPITRE III.

CHAPITRE IV.

CHAPITRE V.

CHAPITRE VI.

CHAPITRE VII.

QUATRIÈME PARTIE. — PALÉONTOLOGIE.

FOSSILES PLIOCÈNES DE LOS TEJARES, PRÈS MALAGA.

VERTÉBRÉS.

INVERTÉBRÉS.

Gastéropodes :

CINQUIÈME PARTIE. — NOTICE BIBLIOGRAPHIQUE RELATIVE À LA SERRANIA DE RONDA.

ÉTUDES

SUR LES TERRAINS SECONDAIRES ET TERTIAIRES

DANS LES PROVINCES DE GRENADE ET DE MALAGA,

PAR MM. BERTRAND ET KILIAN.

CHAPITRE PREMIER.

CONSTITUTION PHYSIQUE.

CHAPITRE II.

CONSTITUTION GÉOLOGIQUE.

CHAPITRE III.

STRATIGRAPHIE.

CHAPITRE IV.

ROCHES ÉRUPTIVES.

CHAPITRE V.

DESCRIPTION GÉOLOGIQUE DE LA RÉGION PARCOURUE.

CHAPITRE VI.

HISTOIRE DE LA RÉGION PENDANT LES PÉRIODES GÉOLOGIQUES.

LE GISEMENT TITHONIQUE

DE FUENTE DE LOS FRAILES,

PRÈS DE CABRA (PROVINCE DE CORDOUE),

Par M. W. KILIAN.

ÉTUDES PALÉONTOLOGIQUES

SUR LES TERRAINS SECONDAIRES ET TERTIAIRES

DE L'ANDALOUSIE,

PAR M. W. KILIAN.

IMPRIMERIE NATIONALE.

JURASSIQUE SUPÉRIEUR.

TITHONIQUE.

NÉOCOMIEN.

TORTONIEN. — (BLOCKFORMATION.)

SARMATIQUE (?).

SYSTÈME DU GYPSE. — (MESSINIEN.)

CALCAIRE LACUSTRE DU MIOCÈNE SUPÉRIEUR.

PLIOCÈNE.

PLIOCÈNE MOYEN.

IMPRIMERIE NATIONALE.

BIBLIOGRAPHIE.

NOTA.

Les dénominations *Ostrea Marcsi* et *Ostrea Barroisi* ayant été employées par Coquand par Choffat, nous proposons, pour notre espèce, le nom d'*Ostrea Welschi* n. sp.

(Note ajoutée pendant l'impression.)

ERRATUM.

Page 220. *Au lieu de :* Chapitre VI, *lire :* Chapitre IV.

TABLE DES PLANCHES.

CARTES.

PHOTOGRAPHIES.

FOSSILES.

Planche XXI.

Planche XXII.

Fig. 2.......... **Loxoporus Divæ** Ch. Vélain. — Loc. San Pedro de Alcantara, p. 299.

3.......... **Pecten fenestratus** Forbes. — Loc. San Pedro de Alcantara, p. 302.

a, *b*...... Valve gauche.

c, *d*, *e*.... Valve droite.

4. *a*, *b*, *c*.... **Pecten Macphersoni** nov. sp. — Loc. San Pedro de Alcantara, p. 304.

5. *a*, *b*, *c*.... **Pectunculus Oruetæ** nov. sp. — Loc. San Pedro de Alcantara, p. 312.

6. *a*, *b*...... **Arca Fouquei** nov. sp. — Loc. San Pedro de Alcantara, p. 310.

7. *a*, *b*...... **Plesiarca Pectunculoides** Scacchi. — Loc. San Pedro de Alcantara, p. 311.

8. *a*, *b*...... **Leda consanguinea** Bellardi. — Loc. San Pedro de Alcantara, p. 314.

Planche XXIII.

Fig. 1. *a*, *b*...... **Leda Bellardii** nov. sp. — Loc. San Pedro de Alcantara, p. 315.

2. *a*, *b*...... **Leda Heberti** nov. sp. — Loc. San Pedro de Alcantara, p. 316.

3. *a*, *b*...... **Yoldia Genei** Bellardi. — Loc. San Pedro de Alcantara, p. 316.

4. *a*, *b*...... **Cardium Munieri** nov. sp. — Loc. San Pedro de Alcantara, p. 318.

5. *a*, *b*...... **Gonilia bipartita** Philippi. — Loc. San Pedro de Alcantara, p. 320.

6. *a*, *b*...... **Montacuta bidentata** Montagu. — Loc. San Pedro de Alcantara, p. 321.

7. *a*, *b*...... **Kellyella abyssicola** Sars. — Loc. San Pedro de Alcantara, p. 323.

8. *a*, *b*...... **Turquetia fragilis** Ch. Vélain. — Loc. San Pedro de Alcantara, p. 325.

Fig. 9.......... **Corbula? hispanica** nov. sp. — Loc. San Pedro de Alcantara, p. 337.

a, *b*...... Valve droite.

c, *d*...... Valve gauche.

10. *a*, *b*,..... **Digitaria digitaria** Linné. — Loc. San Pedro de Alcantara, p. 340.

Planche XXIV.

Fig. 1.......... Plaquette avec Bivalves divers (**Lucina**, etc.) et **Myophoria vestita** v. Alb. — Trias supérieur. El Chorro (tranchées du chemin de fer, vers Gobantes), p. 603 (coll. de la Sorbonne).

2. *a*, *b*...... **Arietites** cf. **multicostatus** Hauer sp. — Lias à *P. Aspasia* Salinas, p. 607 (coll. de la Sorbonne).

3.......... **Pygope Aspasia** Men. sp. var. **major** Zitt.

a........ Vue de la partie frontale, la petite valve en dessous.

b........ Vue de la grande valve.

c........ Vue de profil.

Lias à *Spiriferina rostrata*. Salinas, p. 610 (coll. de la Sorbonne.

4. *a*, *b*...... **Zeilleria Partschi** Opp. sp. — Même provenance, p. 611 (coll. de la Sorbonne).

5. *a*, *b*, *c*.... **Rhynchonella bidens** Phil. — Lias moyen. Villanueva del Rosario, p. 613 (coll. de la Sorbonne).

6. *a*, *b*, *c*, *d*.. **Rhynchonella Dalmasi** Dum. — Lias moyen. Salinas, p. 612.

7. *a*, *b*...... **Harpoceras algovianum** Opp. sp. — Lias moyen. Sierra Elvira, p. 608.

8. *a*, *b*...... **Rhacophyllites lariensis** Men. sp. — Lias moyen. Sierra Elvira, p. 606.

9. *a*, *b*...... **Pygope erbaensis** Suess. sp. — Même provenance, p. 611.

Planche XXV.

Fig. 1. *a*, *b*...... **Harpoceras Bertrandi** n. sp. — Lias moyen. Sierra Elvira, p. 609.

2. *a*, *b*...... **Phyllocrinus** aff. **alpinus** d'Orb. — Lias moyen. Sierra Parapanda, p. 614.

c........ Grandeur naturelle de l'échantillon.

Fig. 3. *a*, *b*...... **Phylloceras cylindricum** Sow. sp. — Lias. Baños de Alhama, p. 606.

4. *a*........ **Phylloceras subnilsoni** n. sp. — Lias supérieur. Montefrio, p. 615 (coll. de Verneuil).

b........ Ligne cloisonnaire de l'échantillon précédent.

S[1] Selles ventrale et latérale.

S[a] Selles accessoires.

5. *a*, *b*...... **Terebratula circumdata** Desl. — Dogger. El Chorro (tranchées), p. 624.

6. *a*, *b*...... **Simoceras torcalense** n. sp. — Malm. Torcal alto, p. 629.

Planche XXVI.

Fig. 1. *a*, *b*...... **Simoceras** cf. **agrigentinum** Gemm. sp. — Malm. Cabra, p. 630 (coll. de Verneuil).

2. *a*, *b*...... **Peltoceras Fouquei** n. sp. — Malm. Cabra, p. 631 (coll. de Verneuil).

3. *a*, *b*...... **Peltoceras bimammatum** Qu. sp. — Malm. Cabra, p. 630 (coll. de Verneuil).

4. *a*, *b*...... **Belemnites (Hibolites) Conradi** n. sp. — Tithonique supérieur. Fuente de los Frailes, p. 635.

5. *a*, *b*, *c*.... **Belemnites (Duvalia) Decckei** n. sp. — Même provenance, p. 635.

Planche XXVII.

Fig. 1. *a*, *b*...... **Belemnites (Duvalia) Haugi** n. sp. — Tithoniqne supérieur. Fuente de los Frailes, p. 636.

2. *a*, *b*...... **Aptychus latus** Park. — Même provenance, p. 677.

3. *a*........ **Rhacophyllites Loryi** Mun. Ch. sp. — Tithonique inférieur. Loja, p. 626 et 643.

b........ Ligne cloisonnaire du même individu.

4. *a*, *b*...... **Rhacophyllites Levyi** n. sp. — Tithonique inférieur. Loja, p. 642.

5. *a*, *b*...... **Holcostephanus Negreli** Math. — Tithonique supérieur. Fuente de los Frailes, p. 646.

Planche XXVIII.

Fig. 1.......... **Perisphinctes Chalmasi** n. sp. — Tithonique. N. de las Chozas, p. 652.

2. *a*, *b*...... **Perisphinctes Fischeri** n. sp. — Tithonique. Cabra, p. 655 (coll. de Verneuil).

3. *a*, *b*...... **Perisphinctes Lorioli** Zitt. — Tithonique supérieur. Fuente de los Frailes, p. 652.

Planche XXIX.

Fig. 1. *a*, *b*...... **Perisphinctes colubrinus** Rein. sp. (grand échantillon). — Tithonique. Cabra, p. 649 (coll. de Verneuil).

2. *a*, *b*...... **Perisphinctes colubrinus** Rein. sp. — Tithonique inférieur. Loja, p. 649.

3. *a*, *b*...... **Perisphinctes moravicus** Opp. sp. — Tithonique inférieur. p. 658.

4. *a*, *b*...... **Perisphinctes Falloti** n. sp. — Tithonique. Cabra, p. 656.

Planche XXX.

Fig. 1. *a*, *b*...... **Hoplites carpathicus** Zitt. — Tithonique supérieur. Fuente de los Frailes, p. 660.

2. *a*, *b*...... **Hoplites Vasseuri** n. sp. — Tithonique. Loja, p. 663.

3. *a*, *b*...... **Hoplites privasensis** Pict. sp. — Tithonique supérieur. Fuente de los Frailes, p. 660.

4. *a*, *b*...... **Hoplites Tarini** n. sp. — Tithonique supérieur. Fuente de los Frailes, p. 667.

5.......... **Hoplites Chaperi** Pict. — Forme type. Moulage d'après un échantillon d'Aizy (Isère), p. 666 (coll. Lory, à la Sorbonne).

Planche XXXI.

Fig. 1.......... **Hoplites Chaperi** Pict. sp. — Aizy (coll. Lory). Moulage (coll. de la Sorbonne), p. 666.

Fig. 2. *a*, *b*...... **Hoplites Macphersoni** n. sp. — Tithonique supérieur. Fuente de los Frailes, p. 668.

3. *a*, *b*...... **Hoplites Calisto** d'Orb. sp. — Tithonique. Cabra, p. 661.

4.......... **Hoplites** aff. **occitanicus** Pict. sp. — Tithonique supérieur. Fuente de los Frailes, p. 666.

5. *a*, *b*...... **Hoplites Botellæ** n. sp. — Tithonique. Loja, p. 664.

6. *a*, *b*...... **Hoplites Malladæ** n. sp. — Tithonique. Cabra, p. 669 (coll. de Verneuil).

Planche XXXII.

Fig. 1. *a*, *b*...... **Hoplites Andreæi** n. sp. — Tithonique supérieur. Cabra (coll. de Verneuil), p. 670.

2.......... **Hoplites Castroi** n. sp. — Tithonique. Cabra, p. 665.

3. *a*, *b*...... **Hoplites Bergeroni** n. sp. — Tithonique supérieur. Cabra, p. 672.

4. *a*, *b*...... **Hoplites Malbosi** Pict. sp. — Tithonique supérieur. Cabra, p. 670.

5. *a*, *b*, *c*.... **Peltoceras Edmundi** n. sp. — Tithonique inférieur. Loja, p. 675.

Planche XXXIII.

Fig. 1. *a*, *b*...... **Peltoceras Cortazari** n. sp. — Tithonique supérieur. Cabra, p. 674.

2.......... **Peltoceras Cortazari** n. sp. — Même provenance, p. 674.

3.......... **Peltoceras Cortazari** n. sp. adulte. — Même provenance, p. 674.

4. *a*, *b*...... **Perisphinctes sublorioli** n. sp. — Tithonique supérieur. Fuente de los Frailes, p. 652.

5. *a*, *b*...... **Aucella carinata** Par. sp. — Tithonique supérieur. Fuente de los Frailes, p. 679 (coll. de Verneuil).

6.......... **Hemicidaris Zignoi** Cott. — Tithonique supérieur. Fuente de los Frailes, p. 683.

7. *a*, *b*...... **Pecten præscabriusculus** Font. var. **talaraensis** nobis. — Helvétien inférieur. Talara, p. 709.

IMPRIMERIE NATIONALE.

Fig. 8. *a*, *b*...... **Pecten scabriusculus** Math. var. **iberica** nobis. — Helvétien supérieur. Albunuelas, p. 708, 709.

9.......... **Pecten Zitteli** Fuchs. — Helvétien. Escuzar, p. 709.

10. *a*, *b*...... **Cidaris avenionensis** Cott. — Helvétien. Alhama, p. 718.

11. *a*........ **Cerithium mitrale** Eichw. — D'après un moulage. Miocène supérieur. Est de Jayena, p. 722.

b......... **Cerithium vulgatum** Brug. — D'après un moulage. Miocène supérieur. Est de Jayena, p. 722.

12. *a*, *b*...... **Melanopsis impressa** Krauss. — Gypse messinien. Arenas del Rey, p. 725.

13. *a*, *b*...... **Bithinella etrusca** Cap. sp. — Messinien. Arenas del Rey, p. 726.

14. *a*, *b*, *c*.... **Planorbis Mantelli** Dunker (**solidus** Thom. var.). — Messinien. Arenas del Rey, p. 723.

Planche XXXIV.

Fig. 1.......... **Ostrea chicaensis** Mun. Ch. — Valve libre (valve droite) d'un exemplaire prosogyre. Helvétien. Ben Chicao (Algérie), p. 711 (coll. de la Sorbonne).

2.......... **Ostrea Maresi** Mun. Ch. (**Ostrea Barroisi** Kil.). — Valve gauche (valve fixée) d'un exemplaire opisthogyre. Même provenance, p. 712.

Planche XXXV.

Fig. 1.......... **Ostrea Velaini** Mun. Ch. — Valve gauche fixée (exemplaire opisthogyre). Helvétien (Algérie), p. 713 (coll. de la Sorbonne).

2.......... **Ostrea Velaini** Mun. Ch. — Valve droite libre du même individu helvétien (Algérie), p. 713 (coll. de la Sorbonne).

Planche XXXVI.

Fig. 1.......... **Ostrea Velaini** Mun. Ch. — Valve gauche fixée. Helvétien, Montefrio, p. 713.

2.......... **Ostrea Maresi** Mun. Ch. (**O. Barroisi** Kil.). — Valve droite libre (exemplaire opisthogyre). Helvétien. Montefrio, p. 712.

Planche XXXVII.

Fig. 1. *a*........ **Ostrea Offreti** n. sp. — Valve gauche (exemplaire opisthogyre). Helvétien. Montefrio, p. 715.

b........ Même exemplaire et même valve, vue en dedans.

2.......... Crochet d'un autre individu également opisthogyre. Valve gauche. Helvétien. Montefrio, p. 715.

COUPES DE ROCHES.

Planche XXXVIII.

Fig. 1.......... **Schiste à chloritoide.** — Motril, p. 138.

2.......... **Micaschiste à andalousite et à staurotide.** — Rambla de la Mamola, p. 129 et 131.

Planche XXXIX.

Fig. 1........... **Amphibolite à amphibole sodifère.** — Rio de Lanjaron, p. 149.

2........... **Calcaire à diallage.** — Jatar, p. 164.

Planche XL.

Fig. 1.......... **Norite anorthique à péridot de passage à la Serpentine.** — Col de la Mujer, entre la Sepultura et Tolox, p. 207 et 215.

2.......... **Gneiss à cordiérite.** — Jonction des chemins d'Istan à Monda et Tolox, p. 178.

Planche XLI.

Fig. 1.......... **Norite anorthique à péridot de los Peñones.** — Rive droite de l'Alfraguara, près Tolox, p. 207.

2.......... **Amphibolite.** — Entre Almuñecar et Nerja, p. 197.

Planche XLII.

FIN DES TABLES.

CARTE DE LA PA

ÉPROUVÉE PAR LE TREMBL

D'APRÈS LES TRAVAU

Mémoire d'ensemble. Pl. I

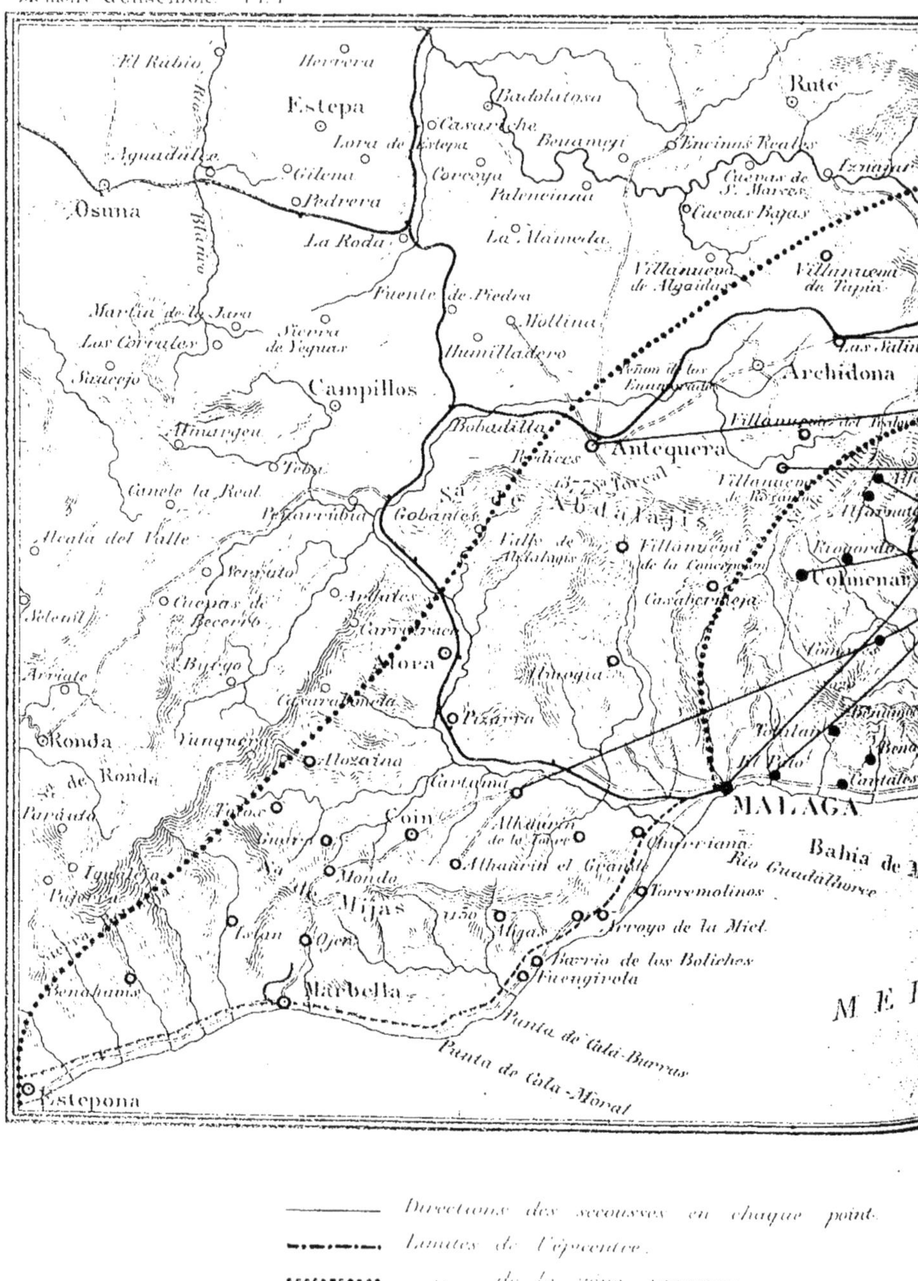

Directions des secousses en chaque point.

Limites de l'épicentre.

" de la zone moyenne

" " " " externe

Kil. 10 5 0

DE L'ANDALOUSIE

TERRE DU 25 DÉCEMBRE 1884

A COMMISSION FRANÇAISE

Mission d'Andalousie

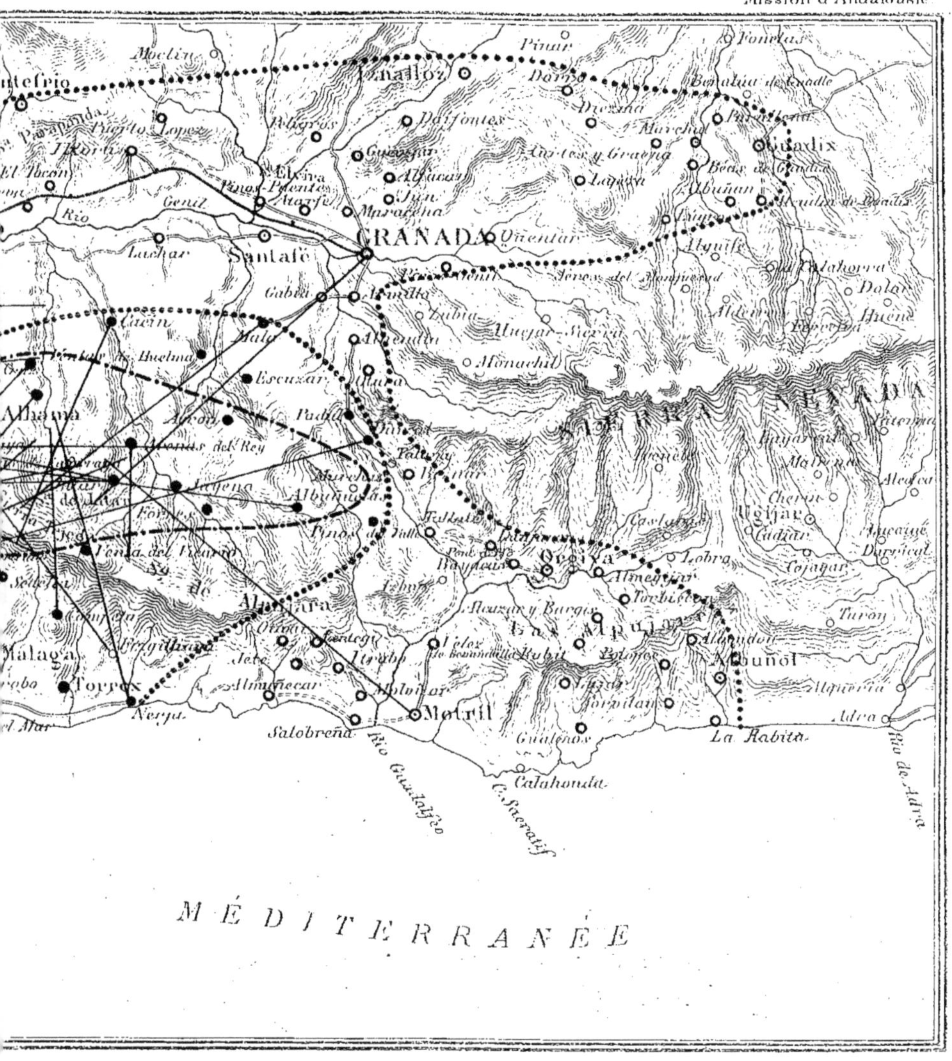

NDE

- ● Localités ruinées par le tremblement de terre.
- ● » fortement endommagées.
- ○ » ayant vivement senti les secousses, mais n'ayant subi que peu de dommages.

00 000e

30 40 50 Kil.

CARTE GÉOLOGIQUE DE L

ÉPROUVÉE PAR LE TREMBLEME

par Mrs MICHEL-LÉVY, BERTRAND,

Mission d'Andalousie. Pl. II

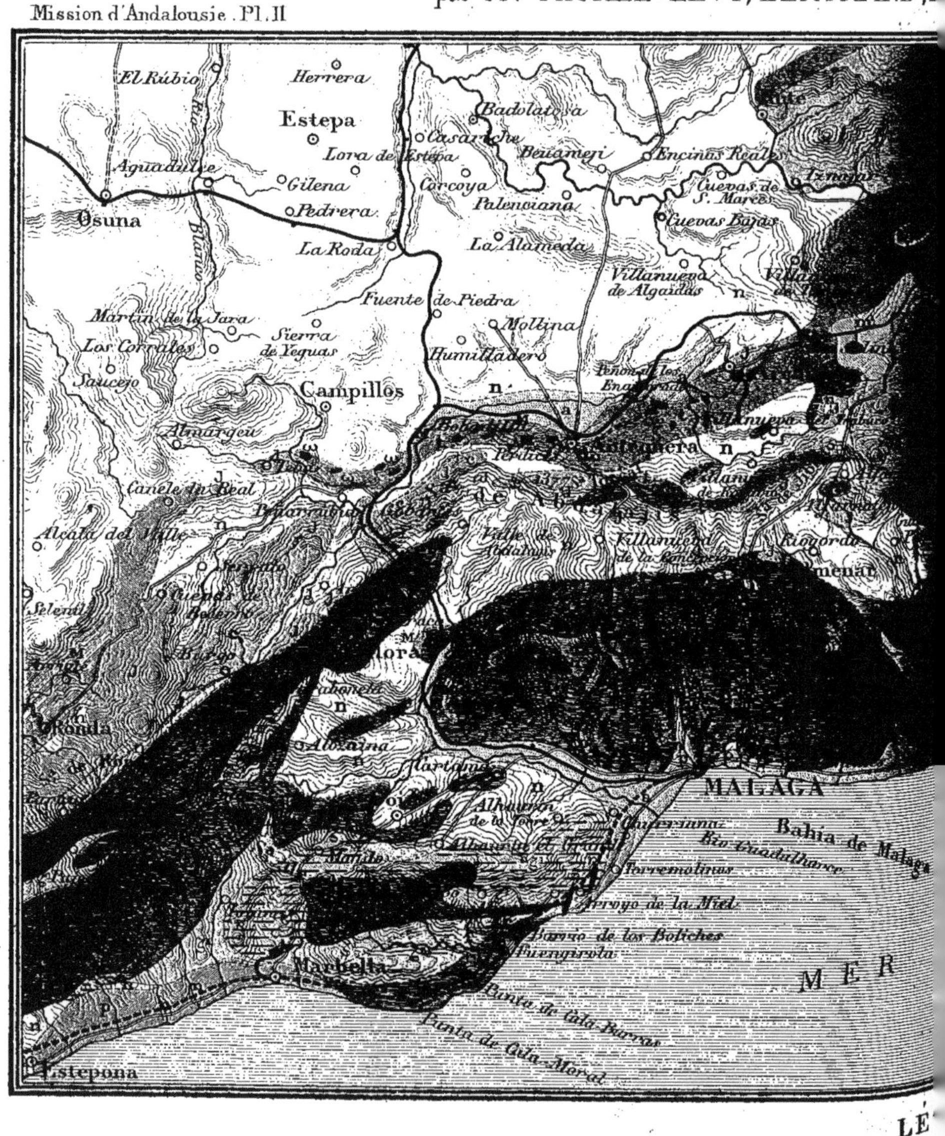

LÉ

a *Alluvions.*	m² *Marnes et Gypse.*	n *Nummulitique.*
p *Pliocène.*	m¹ *Cailloutis tortoniens.*	c *Crétacé.*
m *Calcaire d'eau douce.*	M *Miocène. (Helvétien).*	J *Jurassique.*

Echel

Kil. 10 5 0 10

Gravé chez L. Wuhrer, rue de l'Abbé de l'Epée, 4.

ARTIE DE L'ANDALOUSIE

TERRE DU 25 DÉCEMBRE 1884

S, OFFRET, KILIAN et BERGERON.

Mission d'Andalousie.

MÉDITERRANÉE

DE

Lias.	x Cambrien.	δ Amphibolites.
Trias.	ζ² Micaschistes.	Diabase ophitique.
Permien.	ζ¹ Gneiss. ζ¹ Cipolins et Dolomies.	λ Lherzolite et Norite. — Diorite.

00.000e

30 — 40 — 50 Kil.

Imp. Monrocq, Paris.

MM. Bertrand et Kilian.

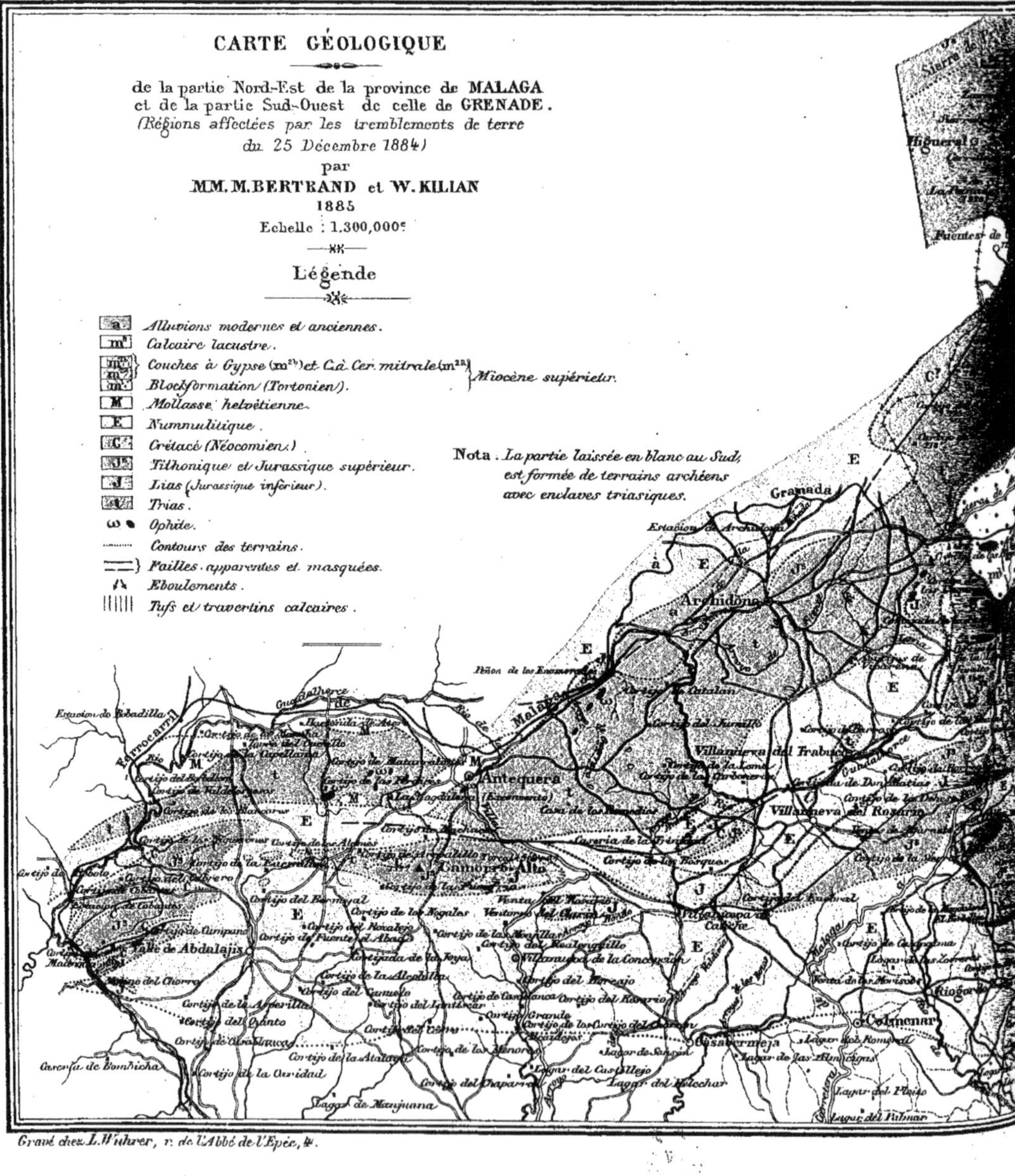

Mission d'Andalousie.

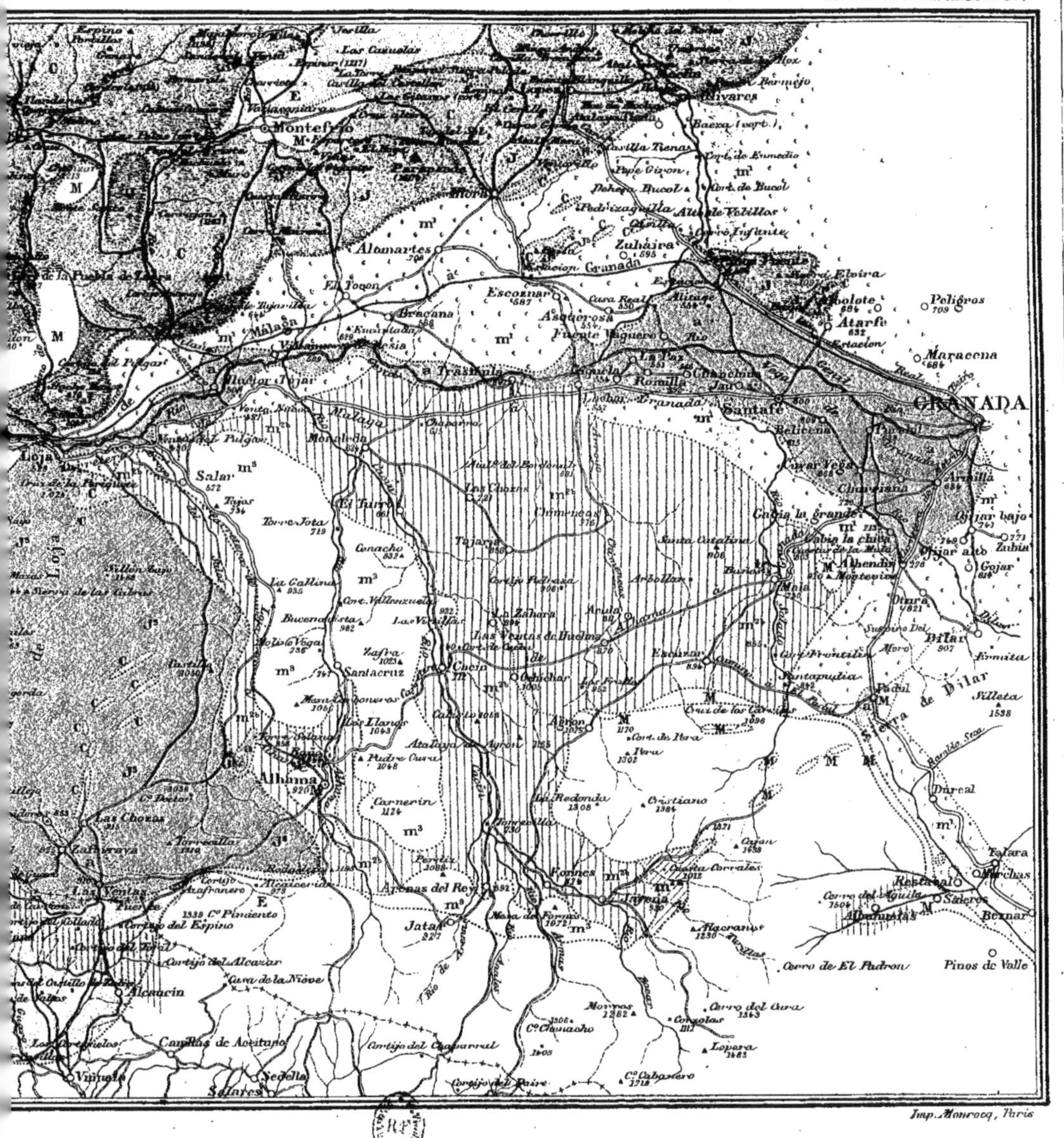

Imp. Monrocq, Paris

Esquisse d'une
CARTE GÉOLOGIQUE
DE LA SIERRA ELVIRA
près de Grenade
1/50.000

Pinos Puente 546
Baños 571
Atarfe 632

t Trias.
Infralias et Lias inférieur.
Calc. à Entroques et à silex.
Calc. à taches bleues et sch. rouges.
Couches à A. algovianus.
Lias supérieur.
Dogger.
Jurassique supérieur.
Néocomien.
m''' Cailloutis miocènes.
ω Ophite.
Direction des coupes (Fig. 1 et 2).
Failles.
Contours hypothétiques des terrains.

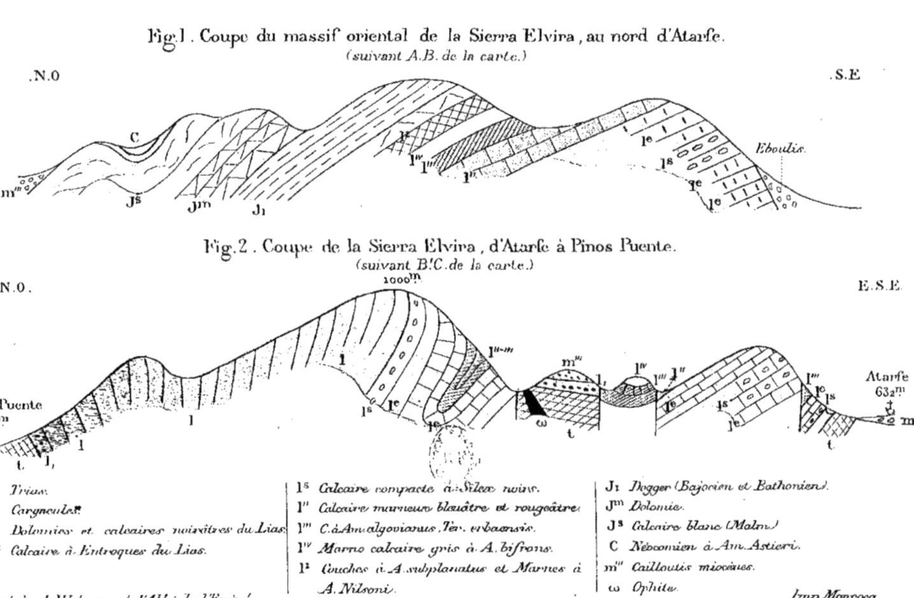

Fig. 1. Coupe du massif oriental de la Sierra Elvira, au nord d'Atarfe.
(suivant A.B. de la carte.)

Fig. 2. Coupe de la Sierra Elvira, d'Atarfe à Pinos Puente.
(suivant B.C. de la carte.)

Gravé chez L. Wuhrer, r. de l'Abbé de l'Epée, 4
Imp. Monrocq

Phot de MM Offret et Bréon

Héliog. Dujardin Paris

RUINES DE PERIANA

Phot. de MM. Offret et Bréon. Heliog. Dujardin Paris

RUINES D'ARENAS DEL REY

Phot de M.M. Offret et Bréon — Héliog. Dujardin. Paris

ÉGLISE PROVISOIRE DE JATAR

Phot de MM. Offret et Bréon Héliog. Dujardin. Paris

DEMEURE PROVISOIRE DE L'ALCADE DE JATAR

Phot. de MM. Offret et Bréon. Héliog. Dujardin. Paris.

RUINES D'ALBUNUELAS

Phot. de M.M. Offret et Bréon

Héliog. Dujardin Paris

CAMPEMENT D'ALBUNUELAS

Phot. de M.M. Offret et Breon. Hélioğ. Dujardin. Paris

CUEVEJAR.

Crevasses produites par le tremblement de terre

Phot. de M.M. Offret et Bréon. Héliog. Dujardin. Paris

SIERRA ALMIJARA
Région de la Ermita

Phot. de M.M. Offret et Bréon. Héliog. Dujardin Paris.

RAVIN CREUSÉ DANS LES CAILLOUTIS MIOCÈNES PRÈS DE TALARA

(Prov. de Grenade) Dans le fond, la Sierra Nevada

Phot. de M.M. Offret et Bréon Héliog. Dujardin. Paris

TUNNEL PERCÉ DANS LES CALCAIRES TITHONIQUES
entre Gobantes et El Chorro (Prov. de Malaga)

PL. XV

Héliog. Dujardin

APPAREIL ENREGISTREUR DES SECOUSSES TRANSMISES PAR LE SOL

Héliog. Dujardin.

CREUSOT. MAISON PITTAVY

Vibrations dues à un seul coup du marteau pilon de 100 tonnes

(Un tour en 10 secondes)

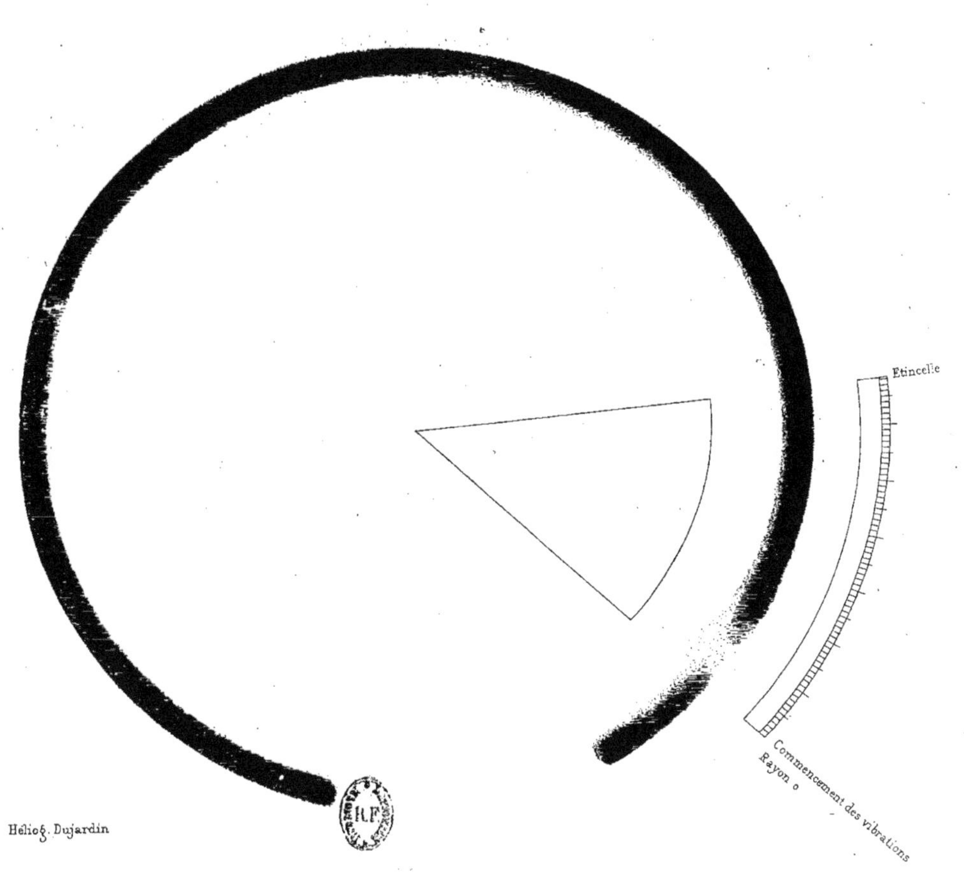

Héliog. Dujardin

MONTVICQ. GRANITE

Petit coup de dynamite à proximité immédiate de l'appareil

Rotation : un tour en 5 secondes

(Graduation en 0,01 seconde)

PL. XVIII.

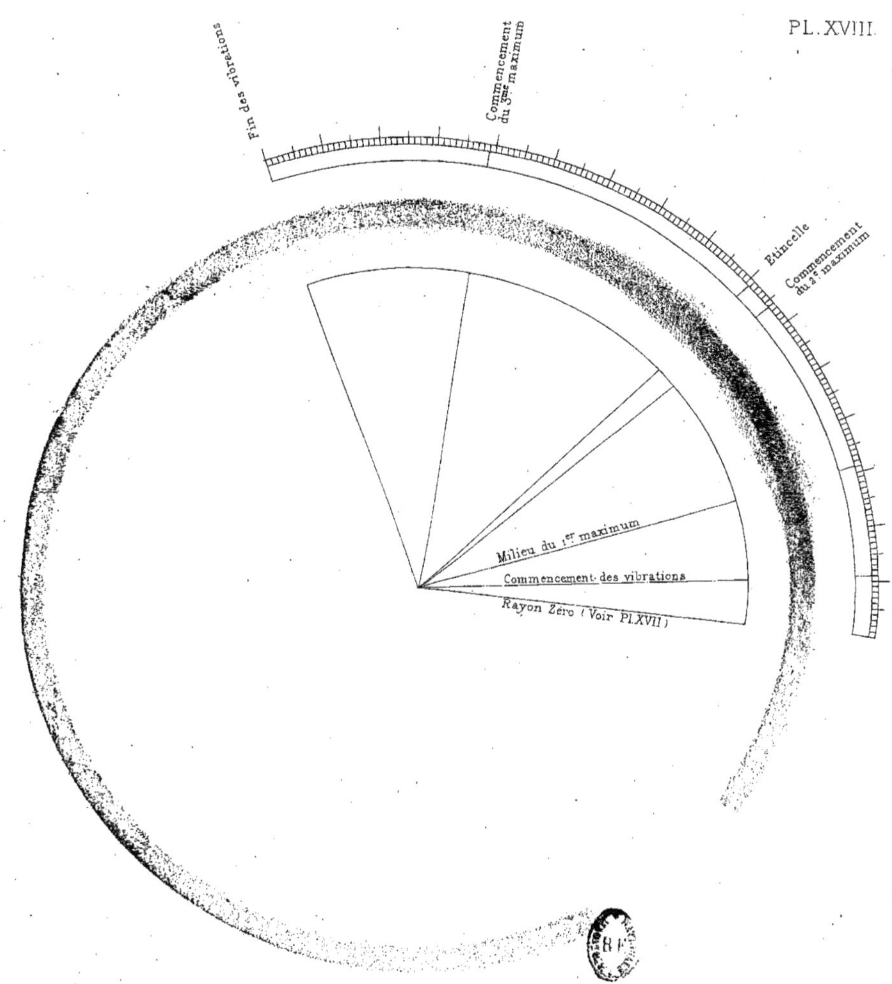

Hélio§. Dujardin

MONTVICQ (GRANITE)

Coup de 10 Kg. de dynamite à 350 mètres

Rotation : un tour en 5 secondes

(Graduation en 0.01 seconde)

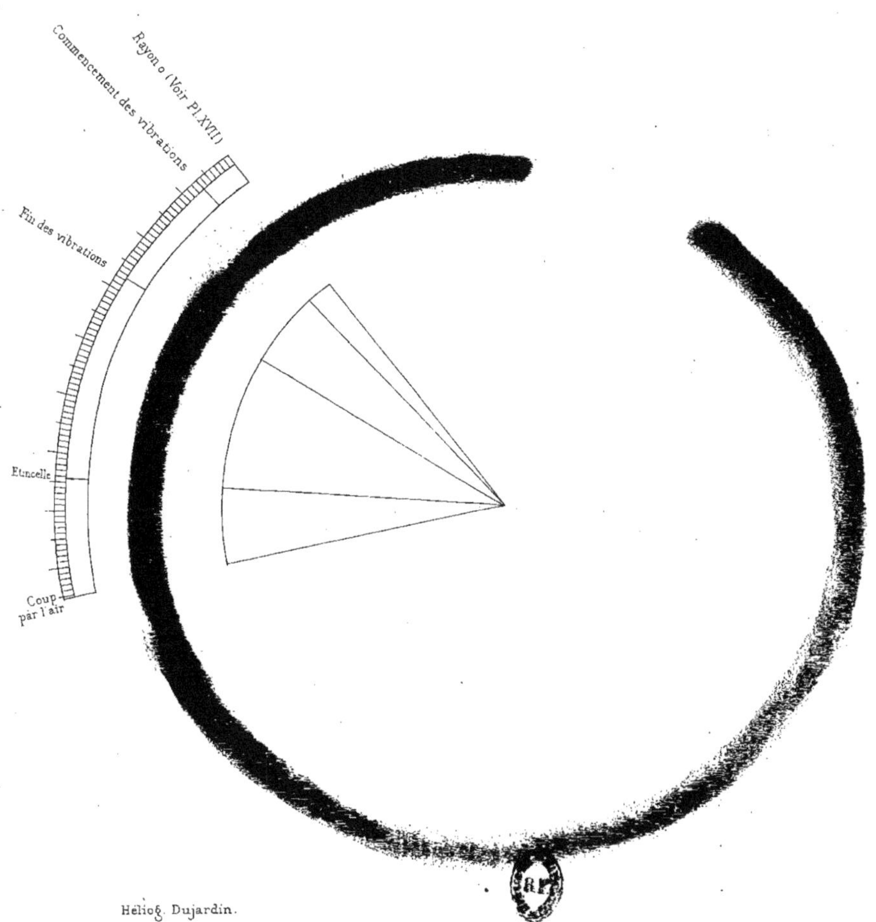

Héliog. Dujardin.

COMMENTRY DANS LA MINE ; GRÈS HOUILLERS.

Distance du coup de poudre à l'appareil : 145 mètres.

Rotation : un tour en 5 secondes.

(Graduation en 0,01 seconde)

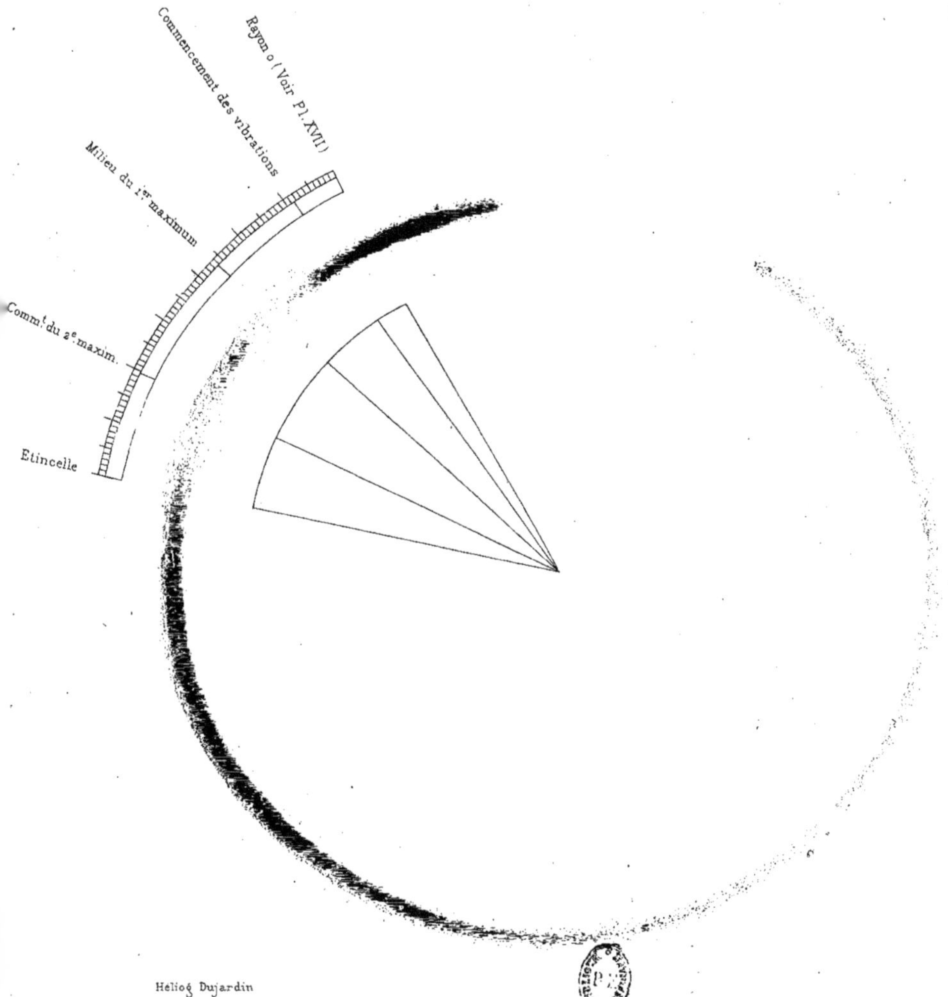

PL. XX

Rayon o (Voir Pl. XVII)

Commencement des vibrations

Milieu du 1er maximum

Commt du 2e maxim.

Etincelle

Héliog Dujardin

SALIGNY, MARBRE CAMBRIEN

Distance du coup de dynamite à l'appareil : 55 metres

Rotation : un tour en 5 secondes

(Graduation en 0.01 seconde)

PLANCHE XXI.

PLANCHE XXI.

Fig. 1. *a*, *b*...... **Conus Brocchii** Bronn. — Loc. los Tejares, p. 252.

2. *a*, *b*...... **Fusus longiroster** Brocchi. — Loc. los Tejares, p. 262.

3. *a*, *b*, *c*.... **Turbo fimbriatus** Borson. — Loc. los Tejares, p. 273.

4. *a*, *b*...... **Marginella auris leporis** Brocchi. — Loc. San Pedro de Alc tara, p. 284.

5. *a*, *b*, *c*.... **Eumargarita Cuadræ** nov. sp. — Loc. San Pedro de Alcantara, p. 2

6. *a*, *b*, *c*.... **Eumargarita Fischeri** nov. sp. — Loc. San Pedro de Alcanta p. 292.

7. *a*, *b*, *c*.... **Rimula capuliformis** Pecchioli. — Loc. San Pedro de Alcanta p. 293.

MM. Michel Lévy et Bergeron. PL. XXI. Mission en Andalousie.

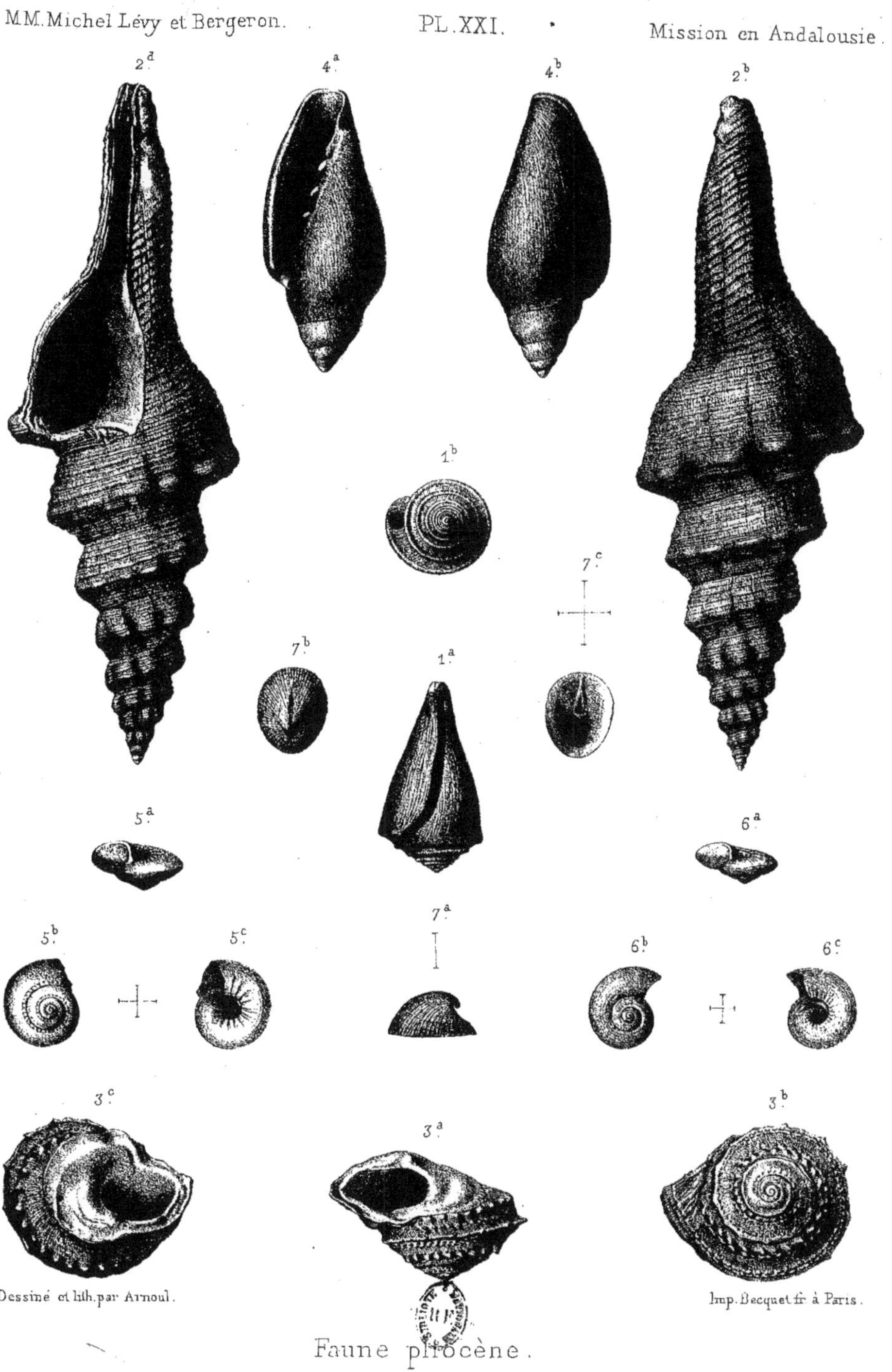

Dessiné et lith. par Arnoul. Imp. Becquet fr. à Paris.

Faune pliocène.

PLANCHE XXII.

PLANCHE XXII.

Fig. 1. *a, b, c*..... **Acroreia dubia** nov. sp. — Loc. San Pedro de Alcantara, p. 29

2........... **Loxoporus Divæ** Ch. Vélain. — Loc. San Pedro de Alcantara, p. 29

3........... **Pecten fenestratus** Forbes. — Loc. San Pedro de Alcantara, p. 30

a, b....... Valve gauche.

c, d, e..... Valve droite.

4. *a, b, c*..... **Pecten Macphersoni** nov. sp. — Loc. San Pedro de Alcanta[illegible] p. 304.

5. *a, b, c*..... **Pectunculus Oruetæ** nov. sp. — Loc. San Pedro de Alcantara, p. 31

6. *a, b*....... **Arca Fouquei** nov. sp. — Loc. San Pedro de Alcantara, p. 31

7. *a, b*....... **Plesiarca pectunculoides** Scacchi. — Loc. San Pedro de Alcanta[illegible] p. 311.

8. *a, b*....... **Leda consanguinea** Bellardi. — Loc. San Pedro de Alcantara, p. 31

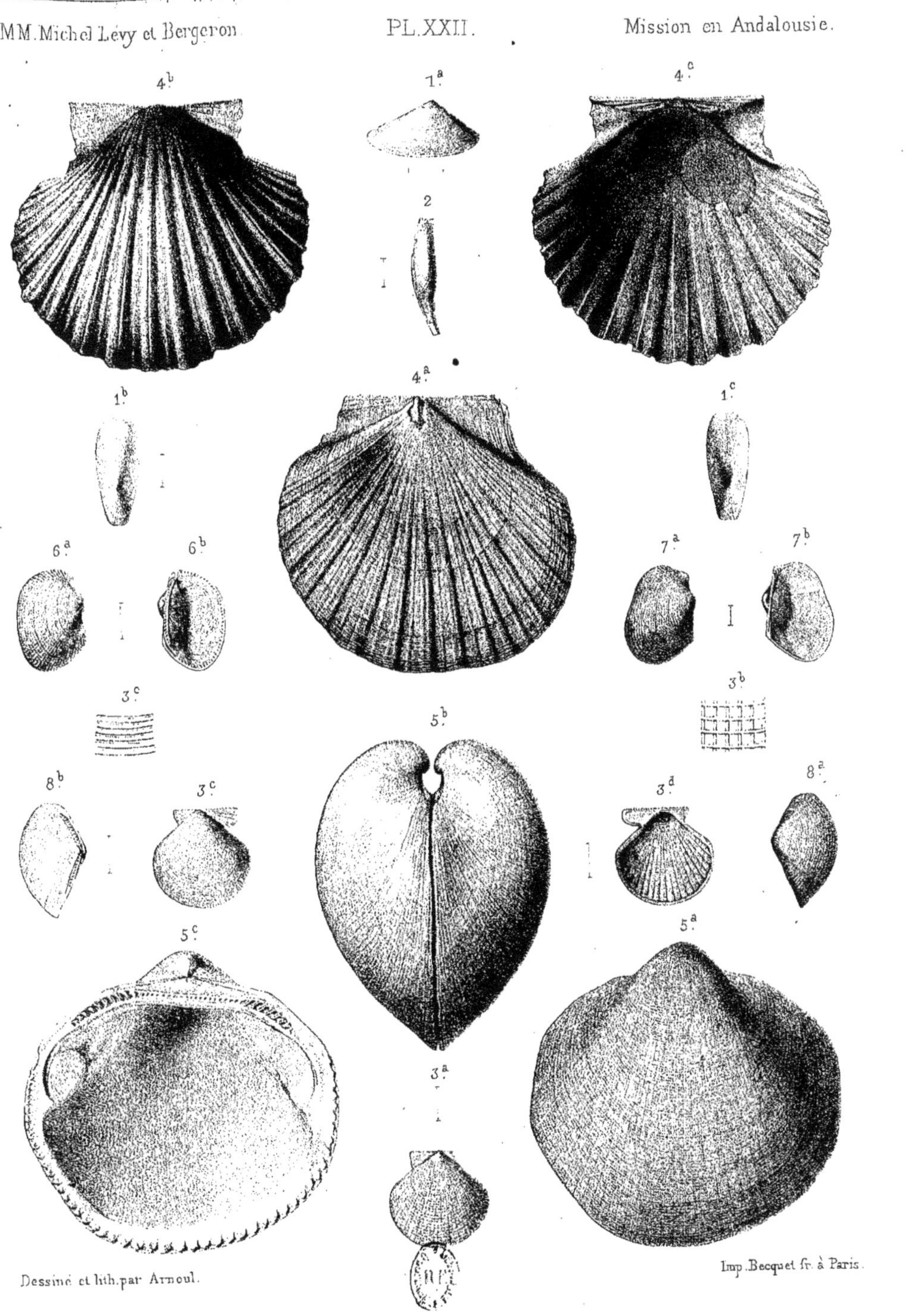

Dessiné et lith. par Arnoul. Imp. Becquet fr. à Paris.

Faune pliocène.

PLANCHE XXIII.

PLANCHE XXIII.

Fig. 1. *a*, *b*....... **Leda Bellardii** nov. sp. — Loc. San Pedro de Alcantara, p. 31

2. *a*, *b*....... **Leda Heberti** nov. sp. — Loc. San Pedro de Alcantara, p. 316.

3. *a*, *b*....... **Yoldia Genei** Bellardi. — Loc. San Pedro de Alcantara, p. 316.

4. *a*, *b*....... **Cardium Munieri** nov. sp. — Loc. San Pedro de Alcantara, p. 31

5. *a*, *b*....... **Gonilia bipartita** Philippi. — Loc. San Pedro de Alcantara, p. 32

6. *a*, *b*....... **Montacuta bidentata** Montagu. — Loc. San Pedro de Alcantara, p. 321.

7. *a*, *b*....... **Kellyella abyssicola** Sars. — Loc. San Pedro de Alcantara, p. 32

8. *a*, *b*....... **Turquetia fragilis** Ch. Vélain. — Loc. San Pedro de Alcantara, p. 325.

9........... **Corbula? hispanica** nov. sp. — Loc. San Pedro de Alcantara, p. 33

a, *b*....... Valve droite.

c, *d*....... Valve gauche.

10. *a*, *b*....... **Digitaria digitaria** Linné. — Loc. San Pedro de Alcantara, p. 34

MM. Michel Lévy et Bergeron. PL. XXIII. Mission en Andalousie.

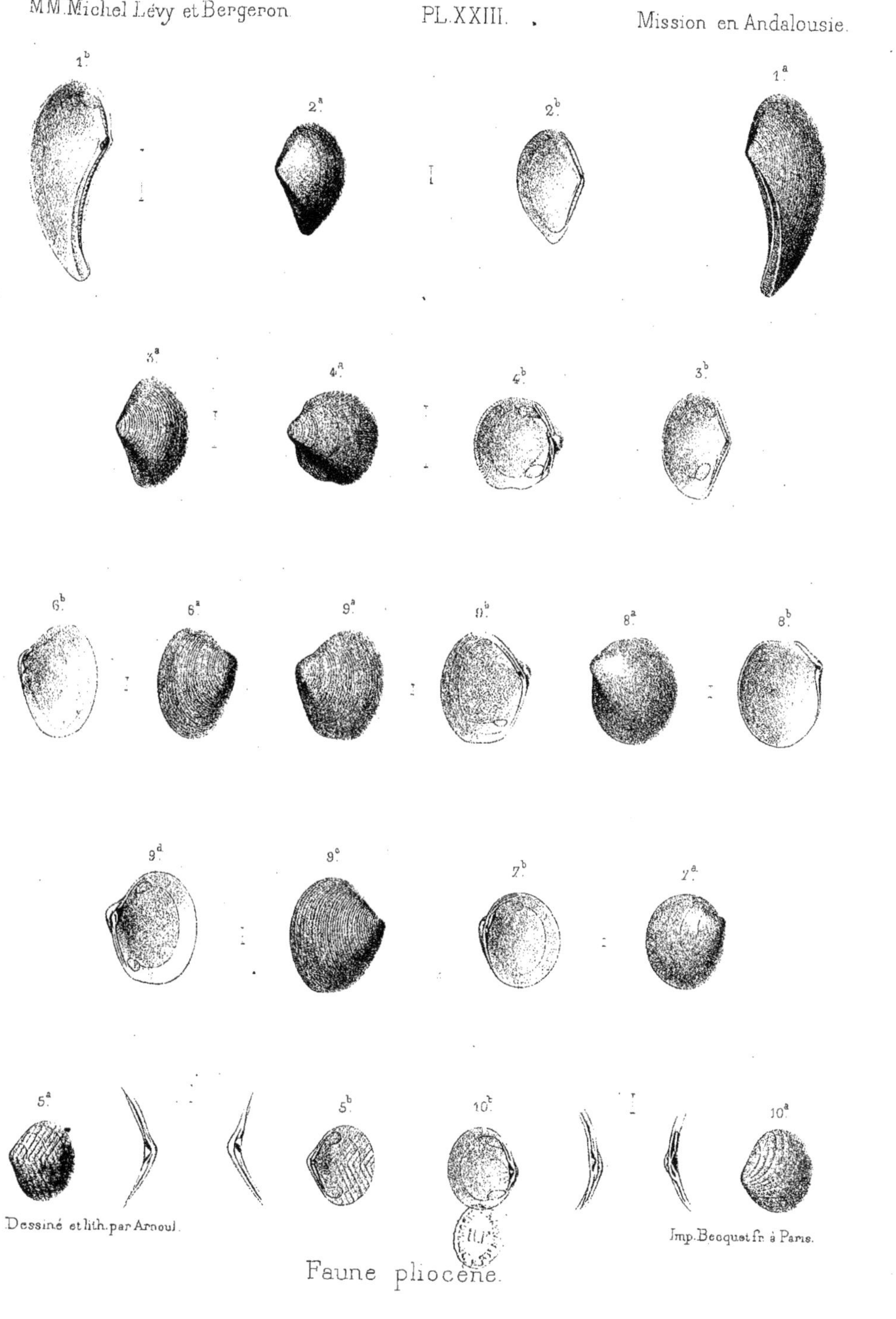

Dessiné et lith. par Arnoul.

Imp. Becquet fr. à Paris.

Faune pliocène.

PLANCHE XXIV.

PLANCHE XXIV.

Fig. 1........... Plaquette avec Bivalves divers (**Lucina**, etc.) et **Myophoria vesti[...]** v. Alb. — Trias supérieur. El Chorro (tranchées du chemin d[e] fer, vers Gobantes), p. 603 (coll. de la Sorbonne [1]).

2. *a*, *b*....... **Arietites** cf. **multicostatus** Hauer sp. — Lias à *P. Aspasia* Salina[s,] p. 607 (coll. de la Sorbonne).

3........... **Pygope Aspasia** Men. sp. var. **major** Zitt.

a......... Vue de la partie frontale; la petite valve en dessous.

b......... Vue de la grande valve.

c......... Vue de profil.

Lias à *Spiriferina rostrata*. Salinas, p. 610 (coll. de la Sorbonn[e]).

4. *a*, *b*....... **Zeilleria Partschi** Opp. sp. — Même provenance, p. 611 (co[ll.] de la Sorbonne).

5. *a*, *b*, *c*..... **Rhynchonella bidens** Phil. — Lias moyen. Villanueva del Rosari[o,] p. 613 (coll. de la Sorbonne).

6. *a*, *b*, *c*, *d*... **Rhynchonella Dalmasi** Dum. — Lias moyen. Salinas, p. 612.

7. *a*, *b*....... **Harpoceras algovianum** Opp. sp. — Lias moyen. Sierra Elvir[a,] p. 608.

8. *a*, *b*....... **Rhacophyllites lariensis** Men. sp. — Lias moyen. Sierra Elvi[ra,] p. 606.

9. *a*, *b*....... **Pygope erbaensis** Suess. sp. — Même provenance, p. 611.

[1] Tous les échantillons figurés dans ce mémoire sont, à moins d'indication contraire (c[oll.] de Verneuil par exemple), déposés dans les collections du laboratoire de géologie de la Sorbon[ne].

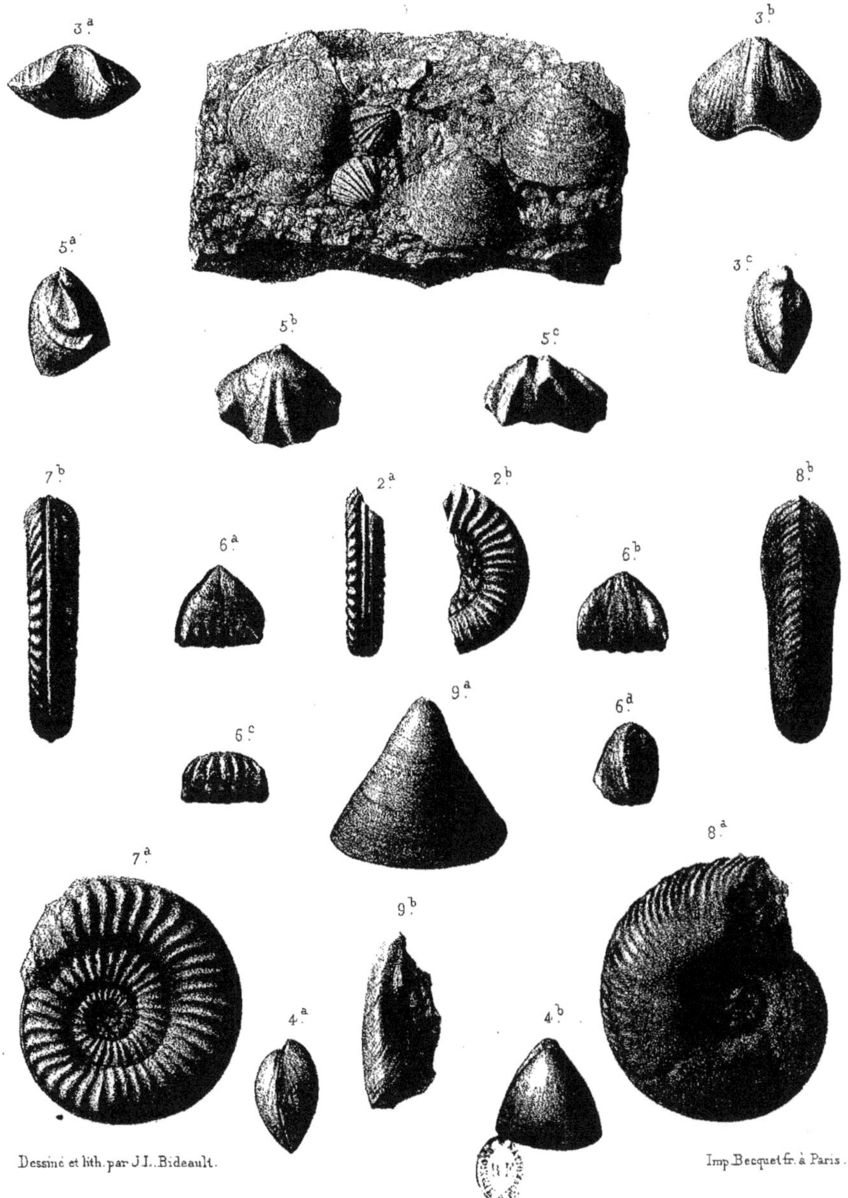

3.a 3.b 5.a 3.c 5.b 5.c 7.b 2.a 2.b 8.b 6.a 6.b 9.a 6.d 6.c 8.a 7.a 9.b 4.a 4.b

Dessiné et lith. par J. L. Bideault. Imp. Becquet fr. à Paris.

Faunes triasique et liasique.

PLANCHE XXV.

PLANCHE XXV.

Fig. 1. *a*, *b*....... **Harpoceras Bertrandi** n. sp. — Lias moyen. Sierra Elvira, p. 609.

2. *a*, *b*....... **Phyllocrinus** aff. **alpinus** d'Orb. — Lias moyen. Sierra Parapanda, p. 614.

c......... Grandeur naturelle de l'échantillon.

3. *a*, *b*....... **Phylloceras cylindricum** Sow. sp. — Lias. Baños de Alhama, p. 606.

4. *a*......... **Phylloceras subnilsoni** n. sp. — Lias supérieur. Montefrio, p. 615 (coll. de Verneuil).

b......... Ligne cloisonnaire de l'échantillon précédent.

S[1] Selles ventrale et latérale.

S[a] Selles accessoires.

5. *a*, *b*....... **Terebratula circumdata** Desl. — Dogger. El Chorro (tranchées), p. 624.

6. *a*, *b*....... **Simoceras torcalense** n. sp. — Malm. Torcal alto, p. 629.

MM. Bertrand et Kilian. PL. XXV. Mission en Andalousie.

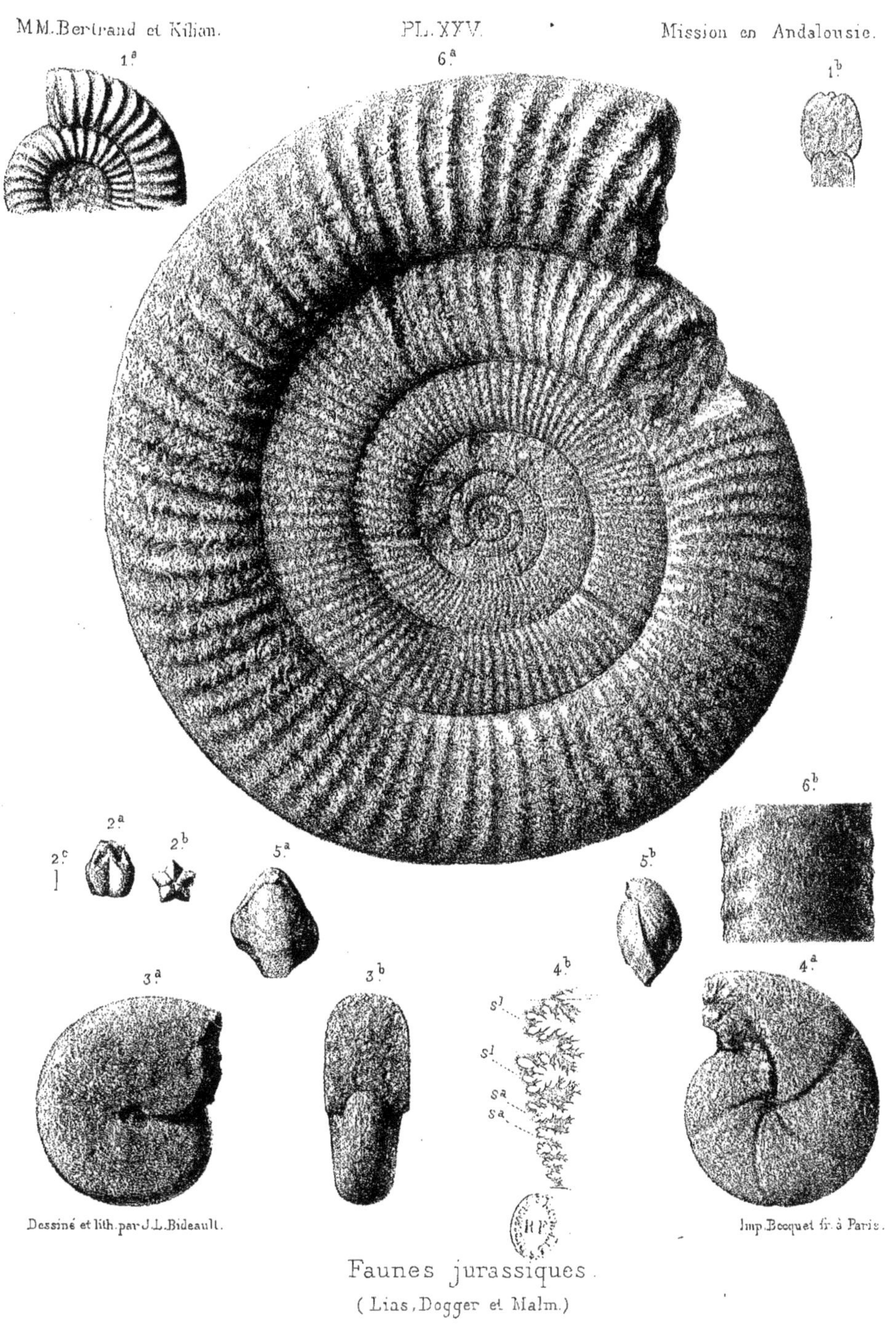

Dessiné et lith. par J. L. Bideault. Imp. Becquet fr. à Paris.

Faunes jurassiques.

(Lias, Dogger et Malm.)

PLANCHE XXVI.

PLANCHE XXVI.

Fig. 1. *a*, *b*....... **Simoceras cf. agrigentinum** Gemm. sp. — Malm. Cabra, p. 63 (coll. de Verneuil).

2. *a*, *b*....... **Peltoceras Fouquei** n. sp. — Malm. Cabra, p. 631 (coll. de Verneuil).

3. *a*, *b*....... **Peltoceras bimammatum** Qu. sp. — Malm. Cabra, p. 630 (coll. de Verneuil).

4. *a*, *b*....... **Belemnites (Hibolites) Conradi** n. sp. — Tithonique supérieur Fuente de los Frailes, p. 635.

5. *a*, *b*, *c*..... **Belemnites (Duvalia) Deckei** n. sp. — Même provenance, p. 635

MM. Bertrand et Kilian. PL. XXVI. Mission en Andalousie.

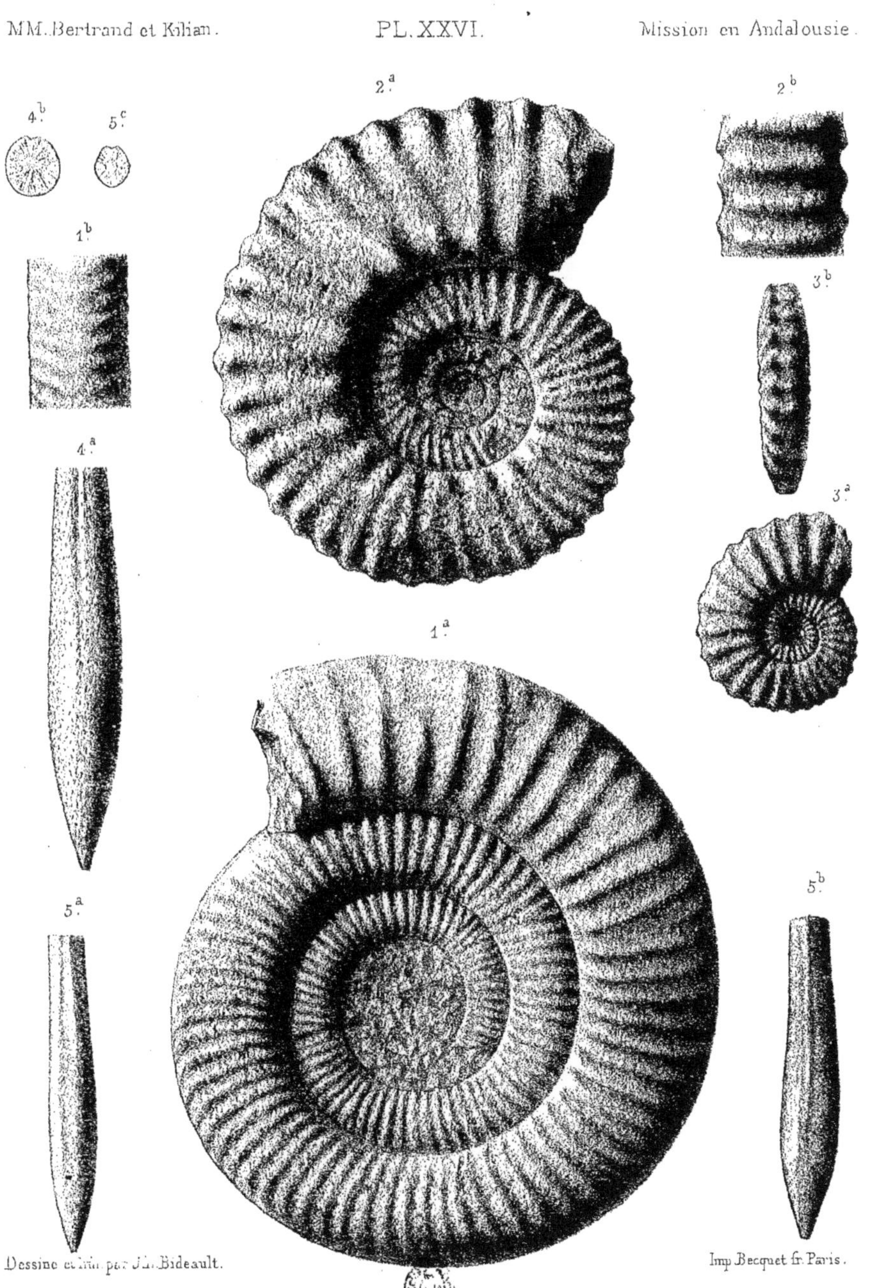

Dessiné et lith. par J. L. Bideault. Imp. Becquet fr. Paris.

Faunes du Malm. et du Tithonique.

PLANCHE XXVII.

PLANCHE XXVII.

Fig. 1. *a*, *b*....... **Belemnites (Duvalia) Haugi** n. sp. — Tithonique supérie[ur]. Fuente de los Frailes, p. 636.

2. *a*, *b*....... **Aptychus latus** Park. — Même provenance, p. 677.

3. *a*......... **Rhacophyllites Loryi** Mun. Ch. sp. — Tithonique inférieur. Lo[ja], p. 626 et 643.

b......... Ligne cloisonnaire du même individu.

4. *a*, *b*....... **Rhacophyllites Levyi** n. sp. — Tithonique inférieur. Loja, p. 6[..]

5. *a*, *b*....... **Holcostephanus Negreli** Math. — Tithonique supérieur. Fue[nte] de los Frailes, p. 646

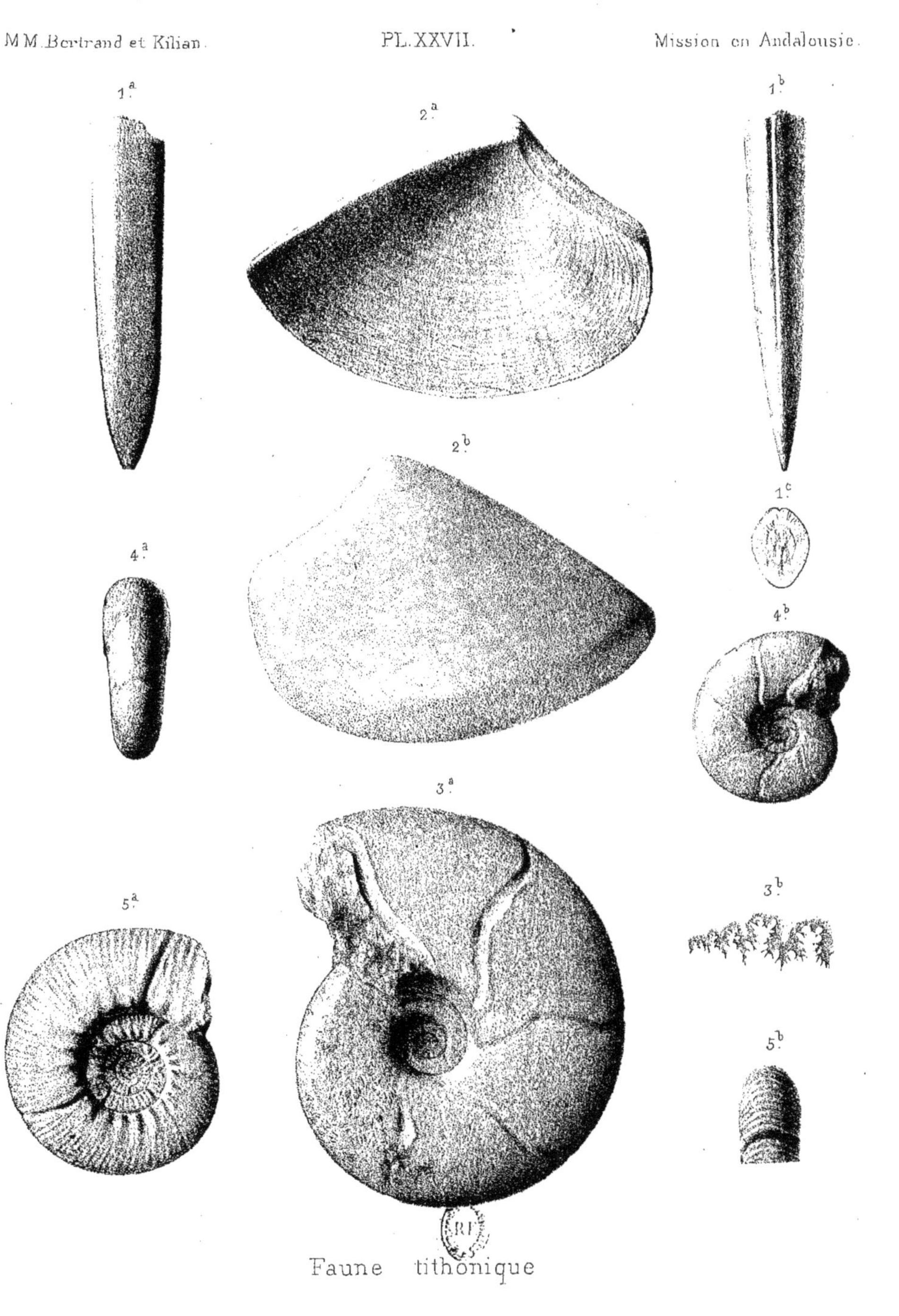

Faune tithonique

PLANCHE XXVIII.

PLANCHE XXVIII.

Fig. 1........... **Perisphinctes Chalmasi** n. sp. — Tithonique. N. de las Chozas, p. 652.

2. *a*, *b*....... **Perisphinctes Fischeri** n. sp. — Tithonique. Cabra, p. 655 (coll. de Verneuil).

3. *a*, *b*... ... **Perisphinctes Lorioli** Zitt. — Tithonique supérieur. Fuente de los Frailes, p. 652

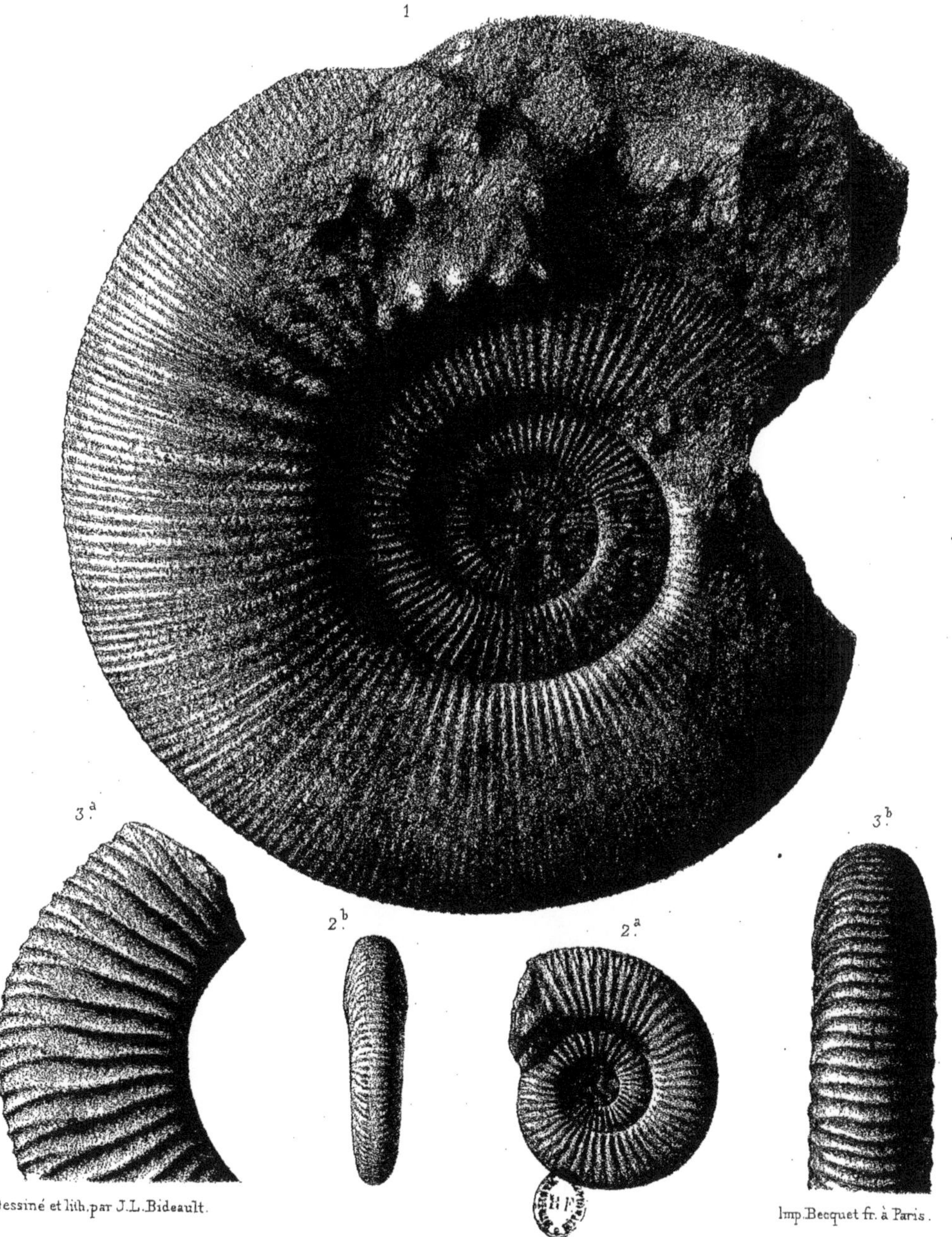

Dessiné et lith. par J.L. Bideault.

Imp. Becquet fr. à Paris.

Faune tithonique

PLANCHE XXIX.

PLANCHE XXIX.

Fig. 1. *a*, *b*....... **Perisphinctes colubrinus** Rein. sp. (grand échantillon). — Tithonique. Cabra, p. 649 (coll. de Verneuil).

2. *a*, *b*....... **Perisphinctes colubrinus** Rein. sp. — Tithonique inférieur. Loja, p. 649.

3. *a*, *b*....... **Perisphinctes moravicus** Opp. sp. — Tithonique inférieur, p. 658.

4. *a*, *b*....... **Perisphinctes Falloti** n. sp. — Tithonique. Cabra, p. 656.

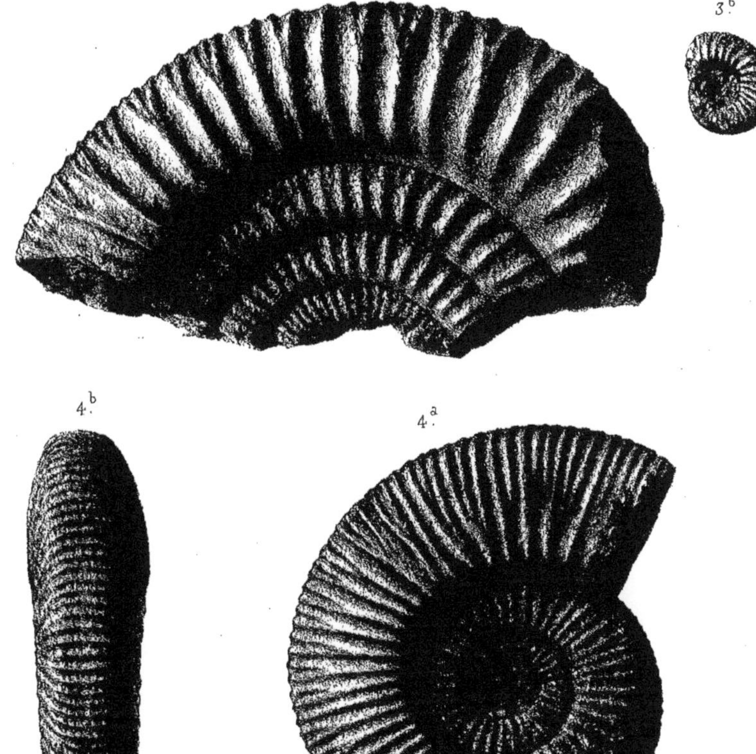

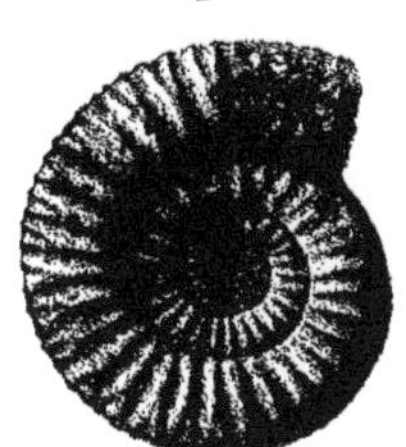

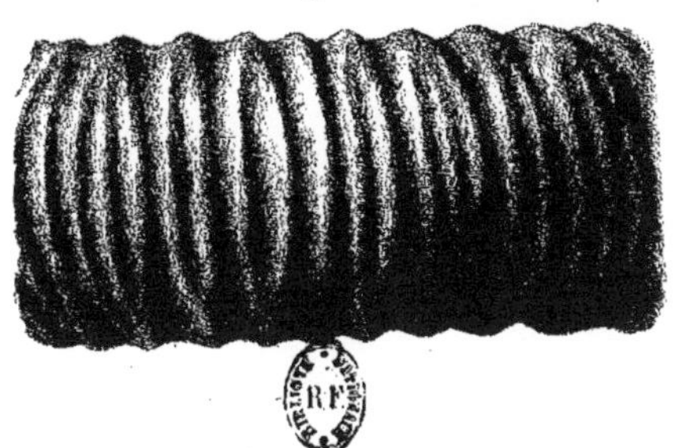

2.b

Dessiné et lith. par J. L. Bideault.

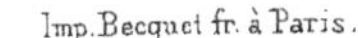

Imp. Becquet fr. à Paris.

Faune tithonique

PLANCHE XXX.

PLANCHE XXX.

Fig. 1. *a*, *b*....... **Hoplites carpathicus** Zitt. — Tithonique supérieur. Fuente de los Frailes, p. 660.

2. *a*, *b*....... **Hoplites Vasseuri** n. sp. — Tithonique. Loja, p. 663.

3. *a*, *b*....... **Hoplites privasensis** Pict. sp. — Tithonique supérieur. Fuente de los Frailes, p. 660.

4. *a*, *b*....... **Hoplites Tarini** n. sp. — Tithonique supérieur. Fuente de los Frailes, p. 667.

5.......... **Hoplites Chaperi** Pict. — Forme type. Moulage d'après un échantillon d'Aizy (Isère), p. 666 (coll. Lory, à la Sorbonne).

1.a

1.b

2.a

3.b

2.b

3.a

4.a

4.b

5

Dessiné et lith. par J. L. Bideault.

Imp. Becquet fr. Paris.

Faune tithonique

PLANCHE XXXI.

PLANCHE XXXI.

Fig. 1........... **Hoplites Chaperi** Pict. sp.— Aizy (coll. Lory). Moulage (coll. la Sorbonne), p. 666.

2. *a*, *b*....... **Hoplites Macphersoni** n. sp. — Tithonique supérieur. Fuente los Frailes, p. 668.

3. *a*, *b*....... **Hoplites Calisto** d'Orb. sp. — Tithonique. Cabra, p. 661.

4........... **Hoplites** aff. **occitanicus** Pict. sp. — Tithonique supérieur. Fuente de los Frailes, p. 666.

5. *a*, *b*,...... **Hoplites Botellæ** n. sp. — Tithonique. Loja, p. 664.

6. *a*, *b*....... **Hoplites Malladæ** n. sp. — Tithonique. Cabra, p. 669 (coll. Verneuil).

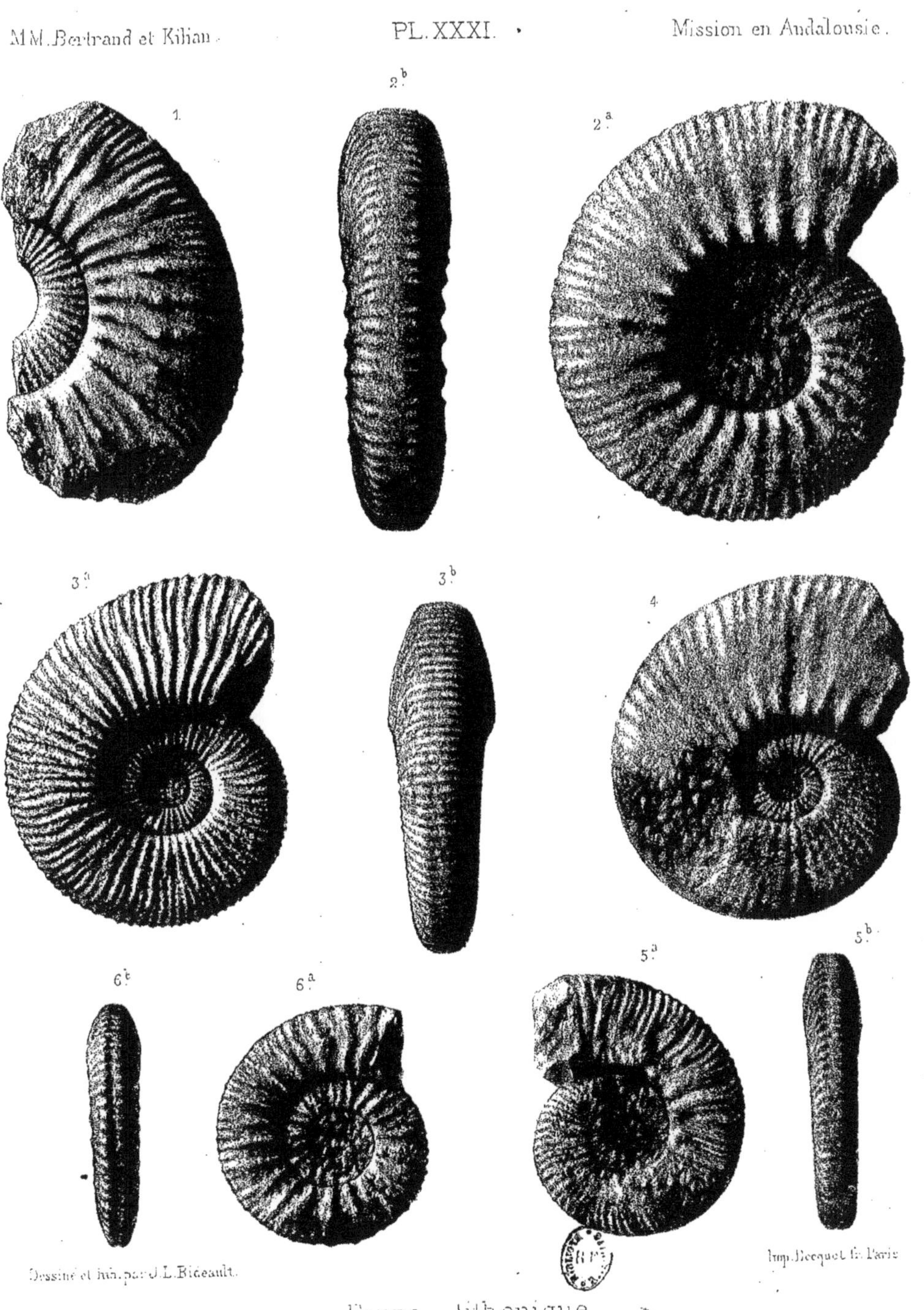

Dessiné et lith. par J. L. Bideault. Imp. Becquet fr. Paris

Faune tithonique

PLANCHE XXXII.

PLANCHE XXXII.

Fig. 1. *a*, *b*....... **Hoplites Andreæi** n. sp. — Tithonique supérieur. Cabra (coll. Verneuil), p. 670.

2........... **Hoplites Castroi** n. sp. — Tithonique. Cabra, p. 665.

3. *a*, *b*....... **Hoplites Bergeroni** n. sp. — Tithonique supérieur. Cabra, p. 6

4. *a*, *b*....... **Hoplites Malbosi** Pict. sp. — Tithonique supérieur. Cabra, p. 6

a, *b*, *c*..... **Peltoceras Edmundi** n. sp. — Tithonique inférieur. Loja, p. 6

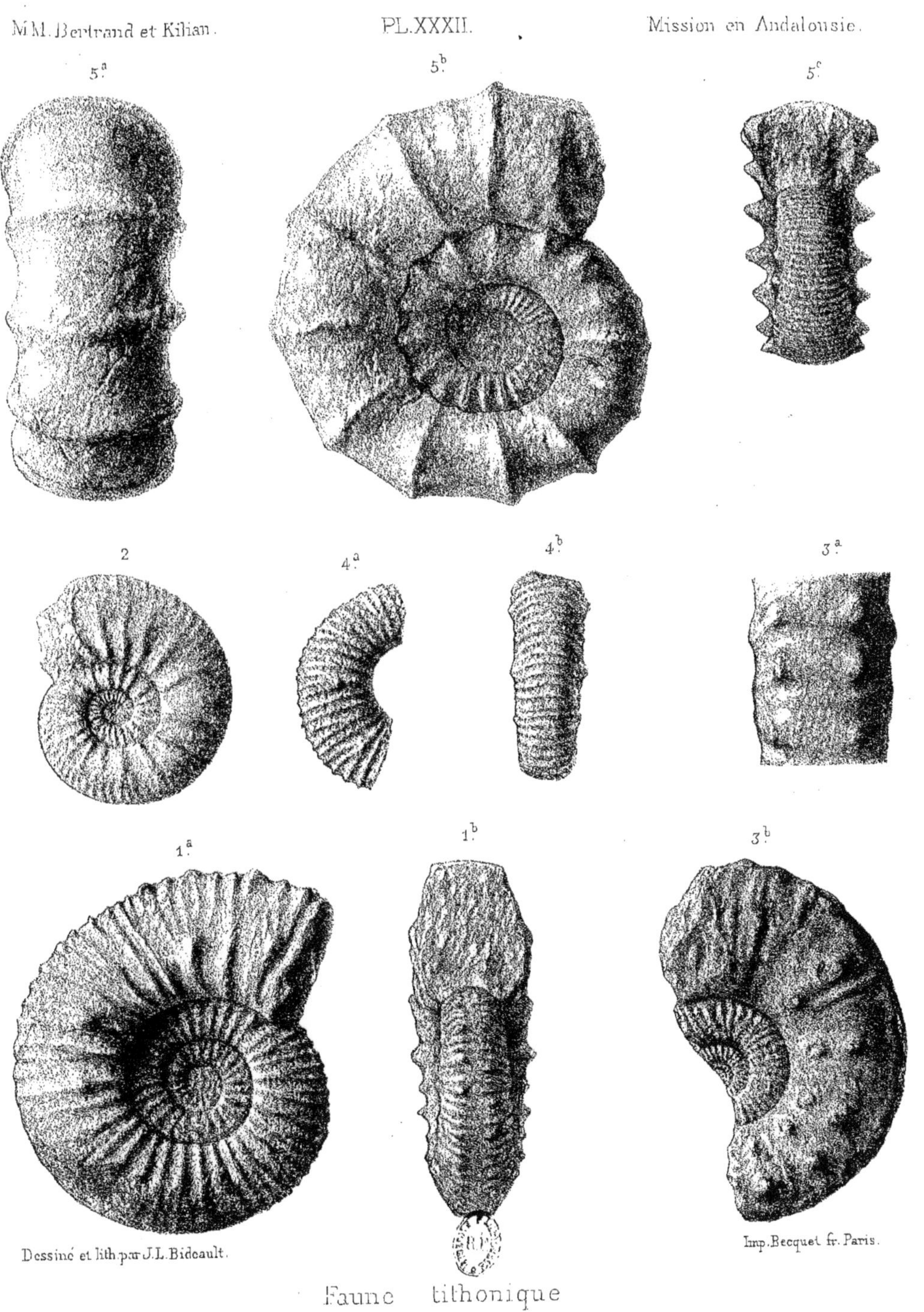

Dessiné et lith. par J. L. Bideault. Imp. Becquet fr. Paris.

Faune tithonique

PLANCHE XXXIII.

PLANCHE XXXIII.

Fig. 1. *a*, *b*....... **Peltoceras Cortazari** n. sp. — Tithonique supérieur. Cabra, p. 674.

2........... **Peltoceras Cortazari** n. sp. — Même provenance, p. 674.

3........... **Peltoceras Cortazari** n. sp. adulte. — Même provenance, p. 674.

4. *a*, *b*....... **Perisphinctes sublorioli** n. sp. — Tithonique supérieur. Fuente de los Frailes, p. 652.

5. *a*, *b*....... **Aucella carinata** Par. sp. — Tithonique supérieur. Fuente de los Frailes, p. 679 (coll. de Verneuil).

6........... **Hemicidaris Zignoi** Cott. — Tithonique supérieur. Fuente de los Frailes, p. 683.

7. *a*, *b*....... **Pecten praescabriusculus** Font. var. **talaraensis** nobis. — Helvétien inférieur. Talara, p. 709.

8. *a*, *b*....... **Pecten scabriusculus** Math. var. **iberica** nobis. — Helvétien supérieur. Albunuelas, p. 708, 709.

9........... **Pecten Zitteli** Fuchs. — Helvétien. Escuzar, p. 709.

10. *a*, *b*....... **Cidaris avenionensis** Cott. — Helvétien. Alhama, p. 718.

11. *a*......... **Cerithium mitrale** Eichw. — D'après un moulage. Miocène supérieur. Est de Jayena, p. 722.

b......... **Cerithium vulgatum** Brug. — D'après un moulage. Miocène supérieur. Est de Jayena, p. 722.

12. *a*, *b*....... **Melanopsis impressa** Krauss. — Gypse messinien. Arenas del Rey, p. 725.

13. *a*, *b*....... **Bithinella etrusca** Cap. sp. — Messinien. Arenas del Rey, p. 72[illegible]

14. *a*, *b*, *c*..... **Planorbis Mantelli** Dunker (**solidus** Thom. var.). — Messinien. Arenas del Rey, p. 723.

MM. Bertrand et Kilian. PL. XXXIII. Mission en Andalousie.

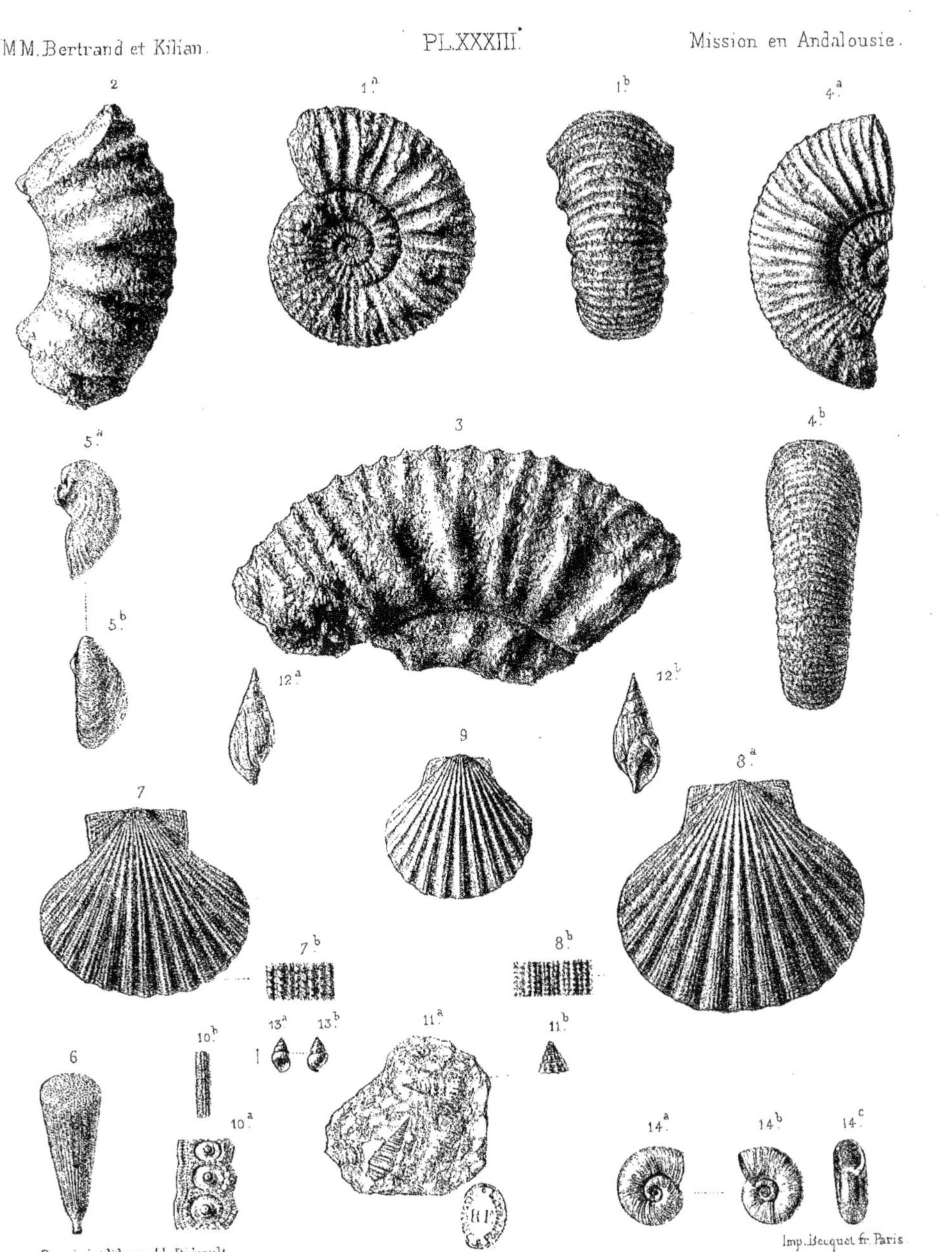

Dessiné et lith. par J.J. Bideault. Imp. Becquet fr. Paris.

Faunes tithonique et miocène.

PLANCHE XXXIV.

PLANCHE XXXIV.

Fig. 1........... **Ostrea chicaensis** Mun. Ch. — Valve libre (valve droite) d'un exemplaire prosogyre. Helvétien. Ben Chicao (Algérie), p. 711 (coll. de la Sorbonne).

2........... **Ostrea Maresi**[1] Mun. Ch. (**Ostrea Barroisi** Kil.). — Valve gauche (valve fixée) d'un exemplaire opisthogyre. Même provenance, p. 712.

[1] Au moment de publier ce Mémoire, on nous fait remarquer que la dénomination d'**Ostrea Maresi** a déjà été employée par Coquand. Nous proposons donc pour l'espèce dont il s'agit ici le nom d'**Ostrea Barroisi** n. sp. (Note ajoutée pendant l'impression. — Clermont-Ferrand, décembre 1888.)

1

2

Dessiné et lith. par J. L. Bideault.

Imp. Becquet fr. Paris.

Faune helvétienne.

PLANCHE XXXV.

PLANCHE XXXV.

Fig. 1........... **Ostrea Velaini** Mun. Ch. — Valve gauche fixée (exemplaire opisthogyre). Helvétien (Algérie), p. 713 (coll. de la Sorbonne).

2........... **Ostrea Velaini** Mun. Ch. — Valve droite libre du même individu helvétien (Algérie), p. 713 (coll. de la Sorbonne).

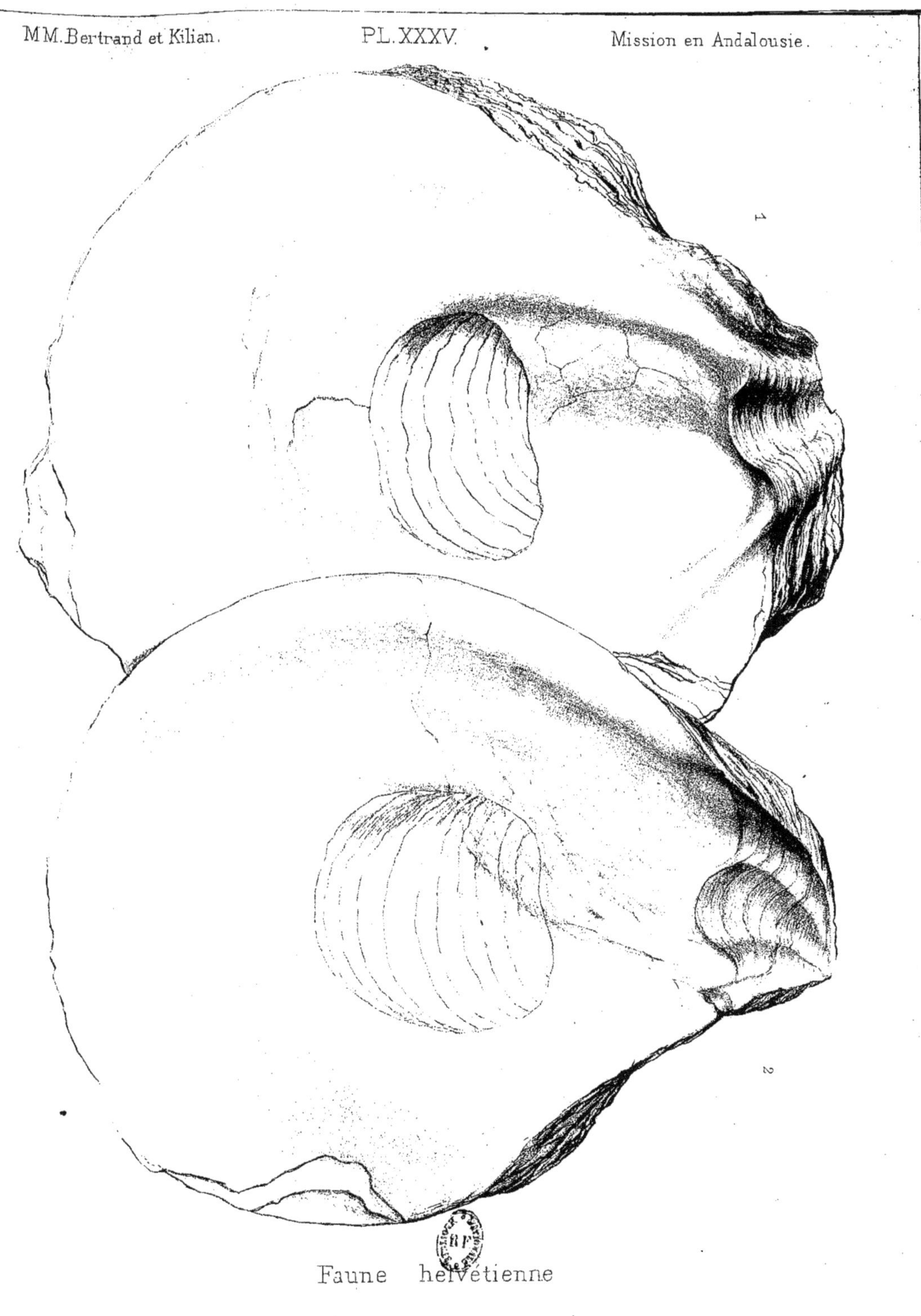

Faune helvétienne

PLANCHE XXXVI.

PLANCHE XXXVI.

Fig. 1........... **Ostrea Velaini** Mun. Ch. — Valve gauche fixée. Helvétien. Mo[n]tefrio, p. 713.

2........... **Ostrea Maresi** Mun. Ch. (**O. Barroisi** Kil.). — Valve droite lib[re] (exemplaire opisthogyre). Helvétien. Montefrio, p. 712.

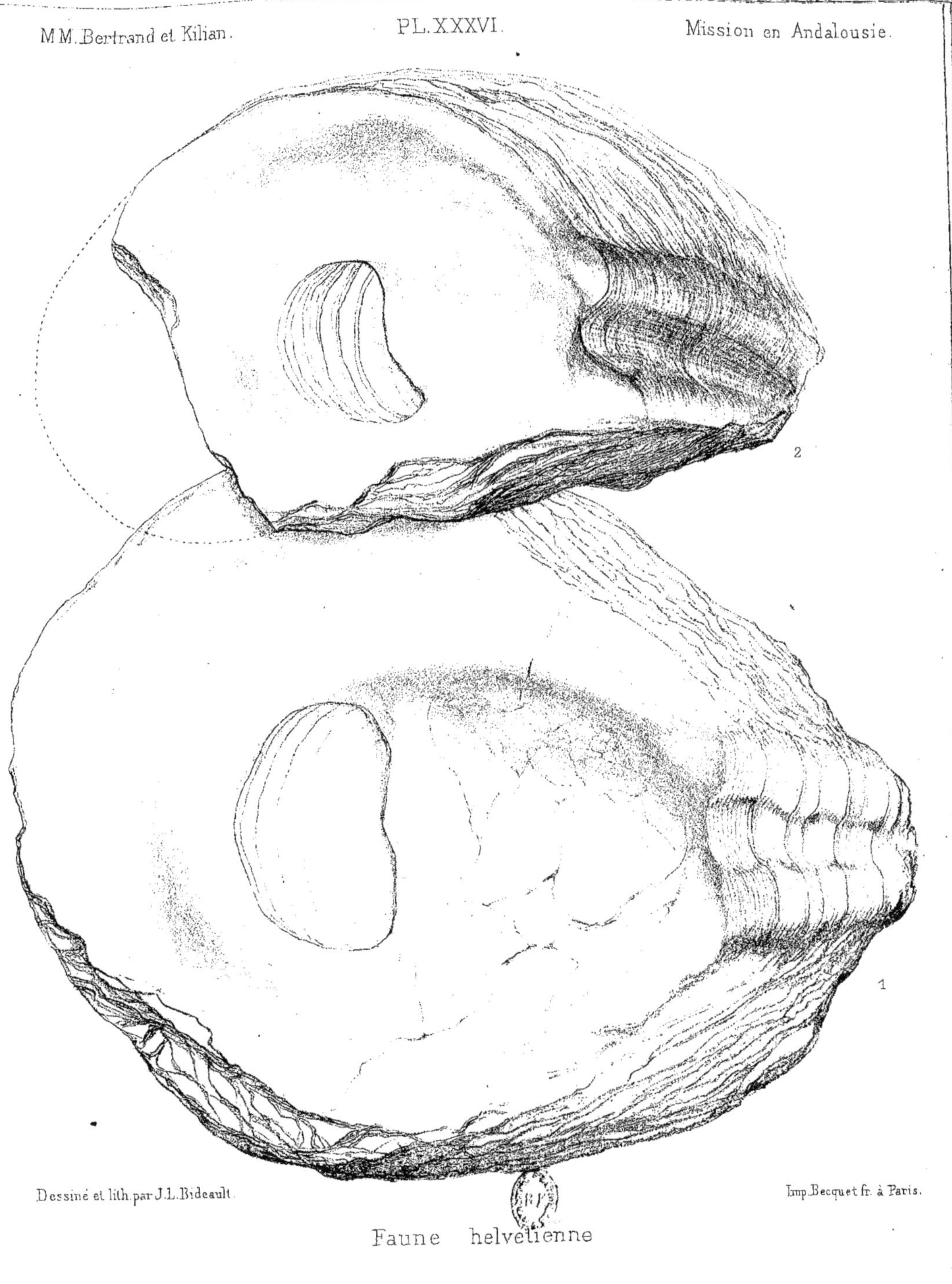

Dessiné et lith. par J. L. Bideault. Imp. Becquet fr. à Paris.

Faune helvétienne

PLANCHE XXXVII.

PLANCHE XXXVII.

Fig. 1. *a*.......... **Ostrea Offreti** n. sp. — Valve gauche (exemplaire opisthogyre). Helvétien. Montefrio, p. 715.

b.......... Même exemplaire et même valve, vue en dedans.

2............ Crochet d'un autre individu également opisthogyre. Valve gauche. Helvétien. Montefrio, p. 715.

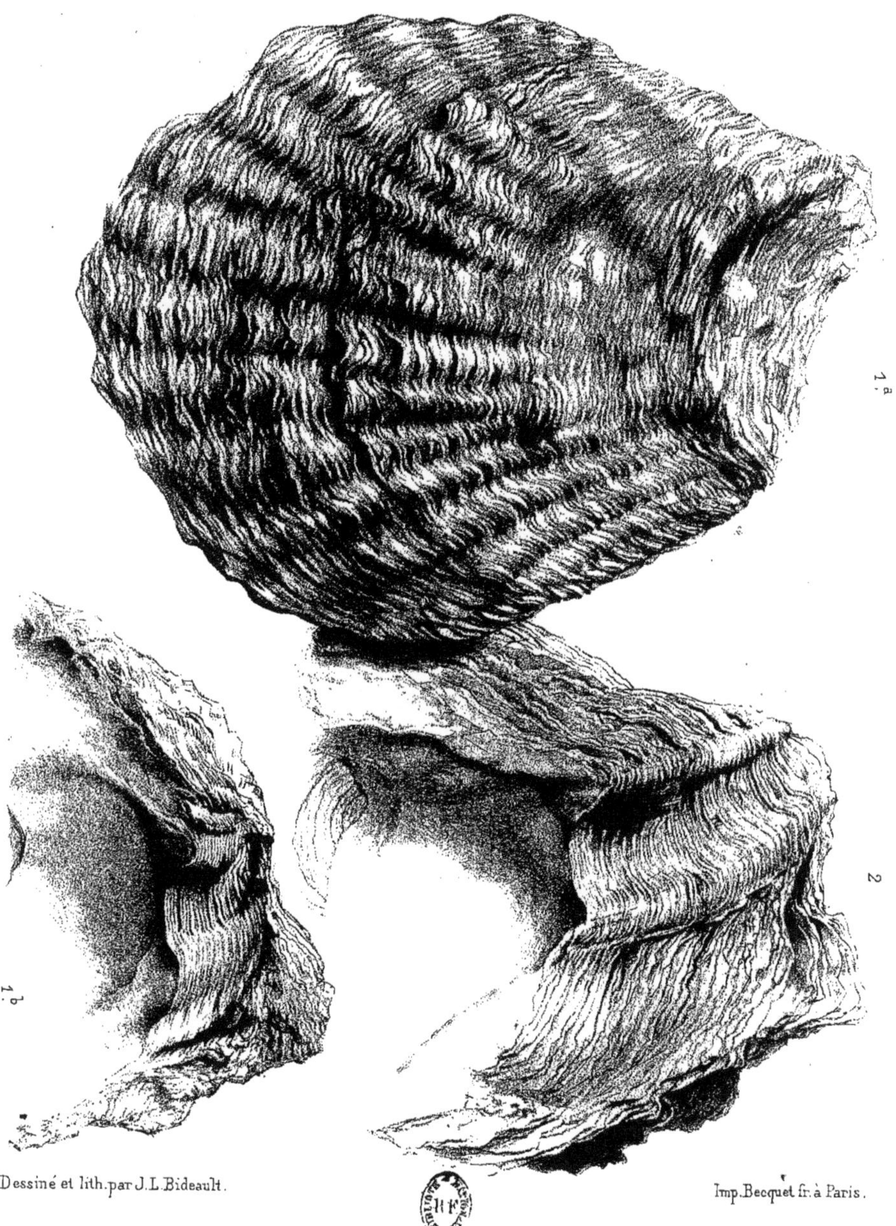

Dessiné et lith. par J. L. Bideault. Imp. Becquet fr. à Paris.

Faune helvétienne.

PLANCHE XXXVIII.

PLANCHE XXXVIII.

Fig. 1. **SCHISTE À CHLORITOÏDE.**

Motril. (Voir p. 138.)

Grossissement = 80 diamètres. Lumière polarisée. Un seul nicol à section principale verticale.

Cette roche se trouve interstratifiée dans les Schistes à Séricite des Alpujarras.

Quartz (1). Tourmaline (24). Fer oxydulé (29). Fer oligiste (30). Rutile (50). Chloritoïde (51).

Fig. 2. **MICASCHISTE À ANDALOUSITE ET À STAUROTIDE.**

Rambla de la Mamola. (Voir p. 129 et 131.)

Grossissement = 30 diamètres. Lumière polarisée. Un seul nicol à section principale verticale.

Cette roche cristallophyllienne, d'origine métamorphique, constitue la plus grande partie de la sierra Nevada.

Quartz (1). Séricite (2). Mica noir (19). Grenat (25). Fer titané (31). Andalousite (41). Staurotide (43).

PL. XXXVIII.

MM. Barrois et Offret. Mission en Andalousie.

Fig. 1.

Fig. 2.

E. Jacquemin, ad. nat. Pinx et Lith. Imp. Edouard Bry, Paris.

MM. Barrois et Offret

Mission en Andalousie

PL. XXXVIII.

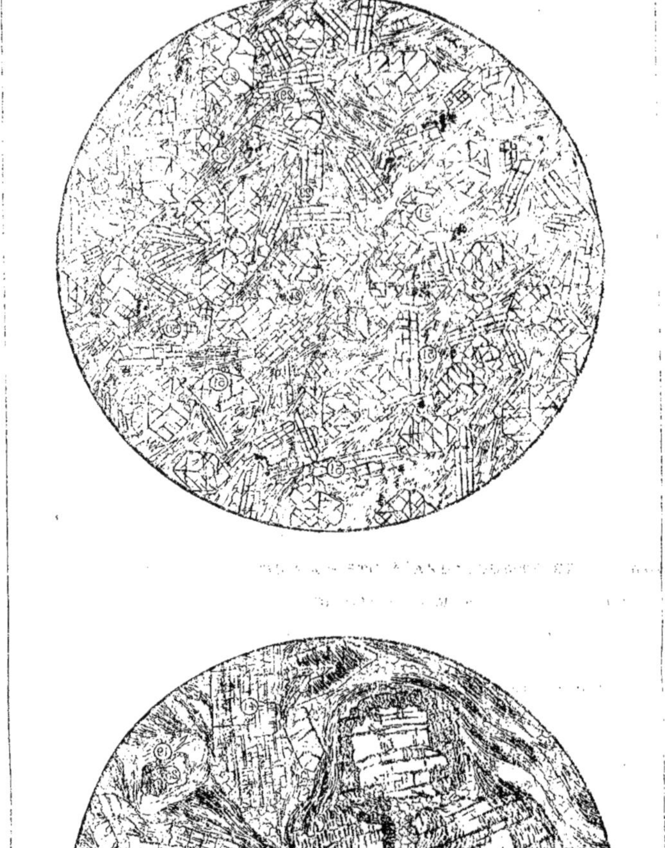

Fig. 1.

Fig. 2.

L. Jacquemin ad nat. Pinx et Lith

Imp. Edouard Bry, Paris

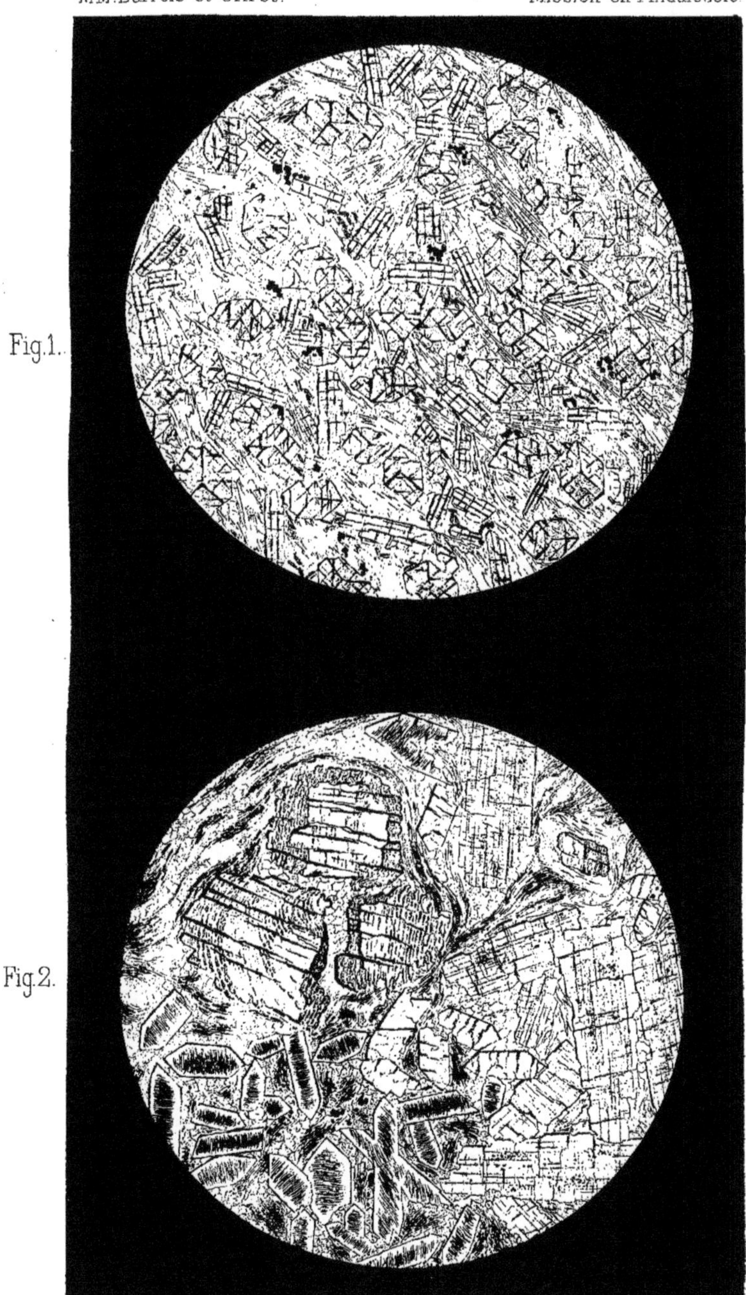

Fig. 1.

Fig. 2.

E. Jacquemin, ad. nat Pinx et Lith. Imp. Edouard Bry Paris.

PLANCHE XXXIX.

PLANCHE XXXIX.

Fig. 1.

AMPHIBOLITE À AMPHIBOLE SODIFÈRE.

Rio de Lanjaron. (Voir p. 149.)

Grossissement = 30 diamètres. Lumière polarisée. Nicols croisés.

Cette roche stratiforme est intercalée dans les Micaschistes primitifs.

Mica blanc (2). Sphène (14). Amphibole sodifère (21). Hématite (30). Épidote (35). Rutile (50).

Fig. 2.

CALCAIRE À DIALLAGE.

Jatar. (Voir p. 164.)

Grossissement = 30 diamètres. Lumière polarisée. Nicols croisés.

Cette roche forme un banc mince dans les dolomies intercalées dans le Gneiss des environs de Jatar.

Calcite et dolomie (49).

Diallage (20). Actinote (21). Fer oligiste (30). Épidote (35).

PL. XXXIX.

MM. Barrois et Offret. Mission en Andalousie.

Fig. 1

Fig. 2

E. Jacquemin, ad nat. Pinx et Lith. Imp. Edouard Bry, Paris.

PL. XXXIX.

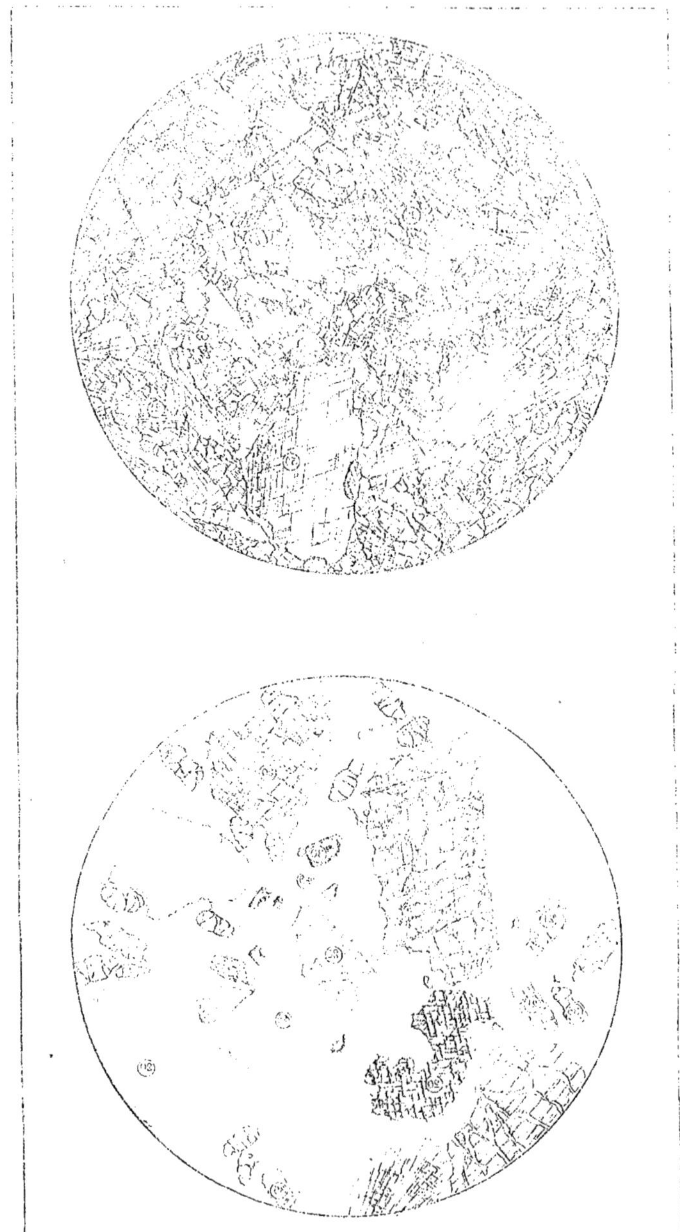

Fig. 2.

E. Jacquemin ad nat. et lith.

Imp. Edouard Bry, Paris.

PL. XXXIX.

MM. Barrois et Offret. Mission en Andalousie.

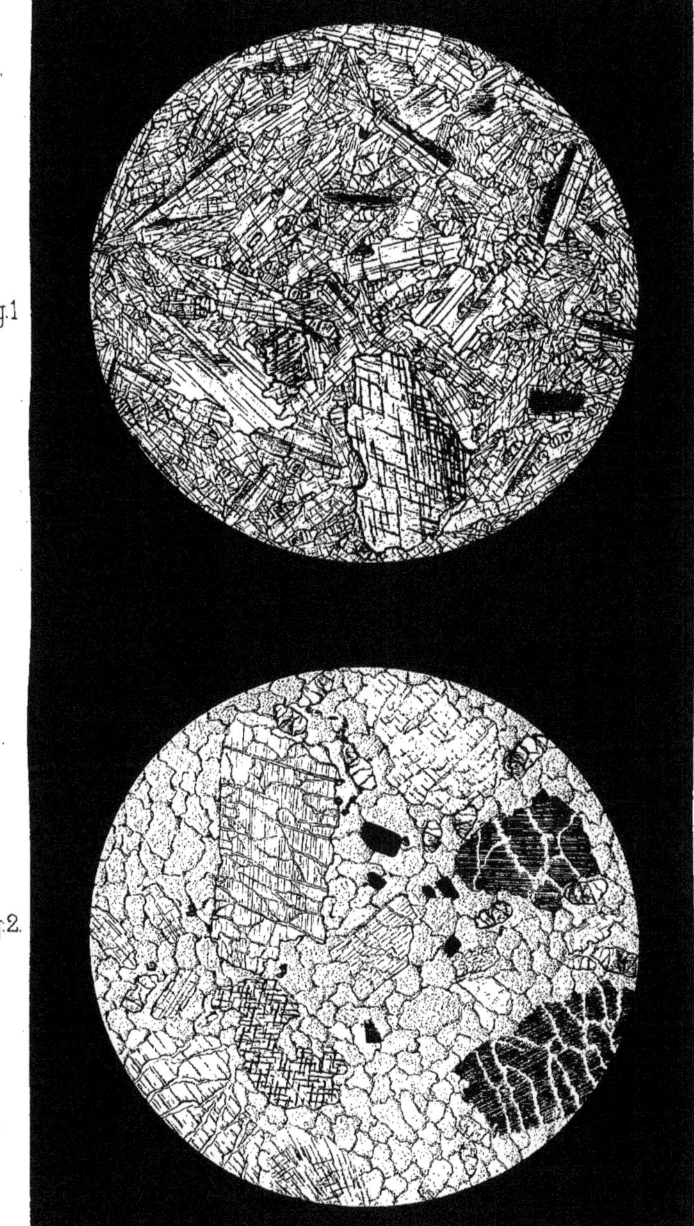

E. Jacquemin, ad. nat. Pinx et Lith. Imp. Edouard Bry, Paris.

PLANCHE XL.

PLANCHE XL.

Fig. 1. **NORITE ANORTHIQUE À PÉRIDOT DE PASSAGE À LA SERPENTINE.**

Col de la Mujer entre la Sepultura et Tolox. (Voir p. 207 et 215.)

Grossissement = 30 diamètres. Lumière polarisée. Nicols croisés.

Cette roche fait partie d'un dyke puissant de Norites, Lherzolites et Serpentines associées.

I. Spinelle-picotite (27).

II. Péridot (23) partiellement transformé en alvéoles serpentineuses. Anorthite (8) entourée et pénétrée par des veinules de Chlorite. Pyroxène (20) partiellement transformé en Serpentine. Bronzite (32) partiellement transformée en Talc et en Bastite.

Fig. 2. **GNEISS À CORDIÉRITE.**

Jonction des chemins d'Istan à Monda et à Tolox. (Voir p. 178.)

Grossissement = 30 diamètres. Lumière polarisée. Nicols croisés.

Cette roche constitue une très vaste traînée entre Benalmadena, Marbella et Istan.

Mica noir (19). Cordiérite (15) avec Sillimanite. Oligoclase (6). Orthose (3). Quartz (1).

PL. XL.

MM. Michel Lévy et Bergeron. Mission en Andalousie.

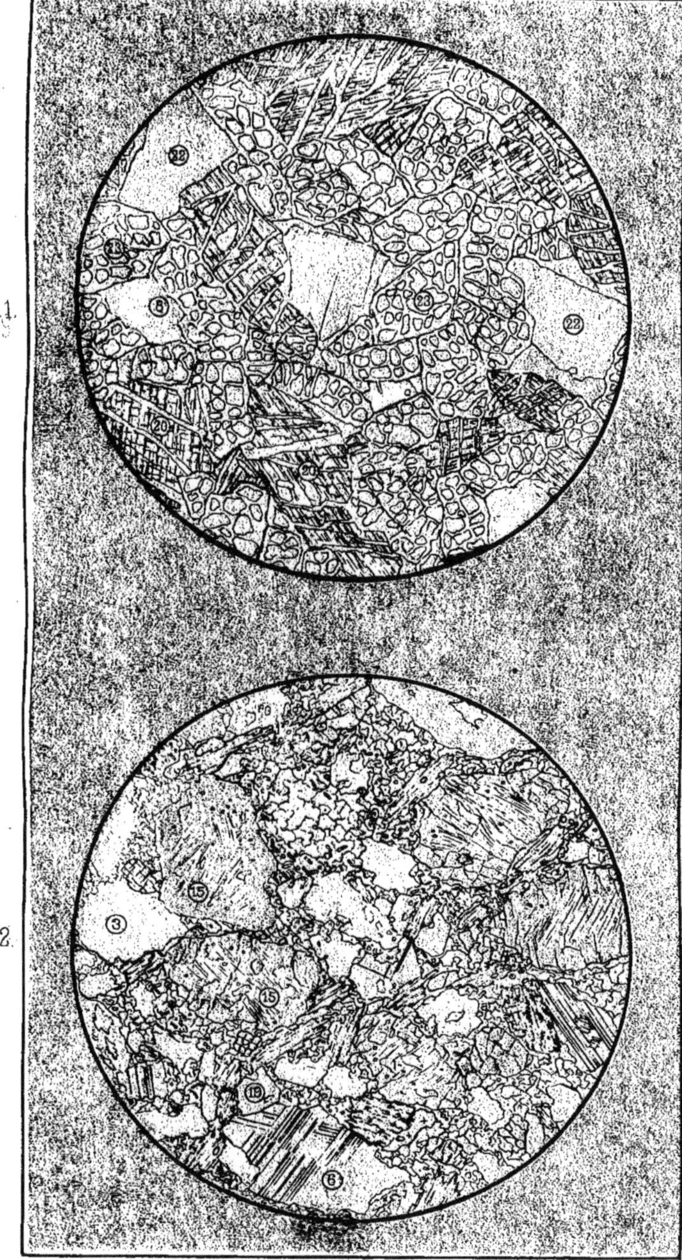

Fig. 1.

Fig. 2.

E. Jacquemin, ad nat. Pinx et lith. Imp. Edouard Bry, Paris.

PL. XL.

MM. Michel Lévy et Bergeron. Mission en Andalousie.

Fig. 1.

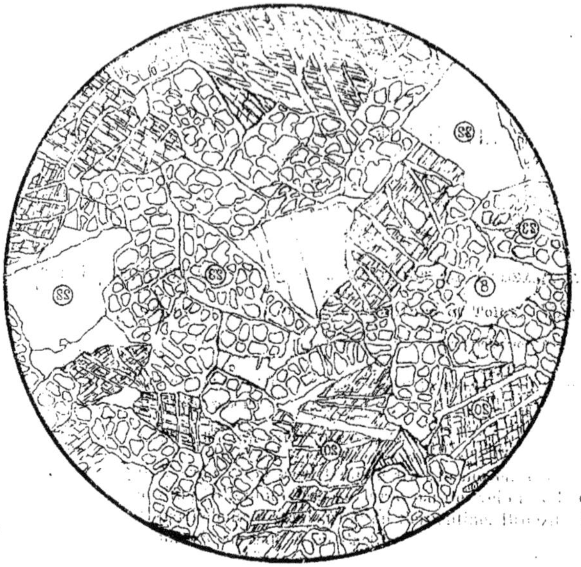

Fig. 2.

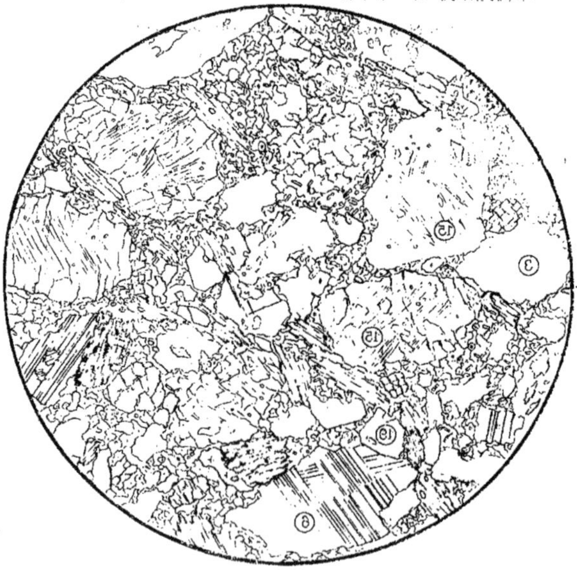

E. Jacquemin ad nat Pinx et lith Imp. Edouard Bry, Paris

PL. XL.

MM. Michel Lévy et Bergeron. Mission en Andalousie.

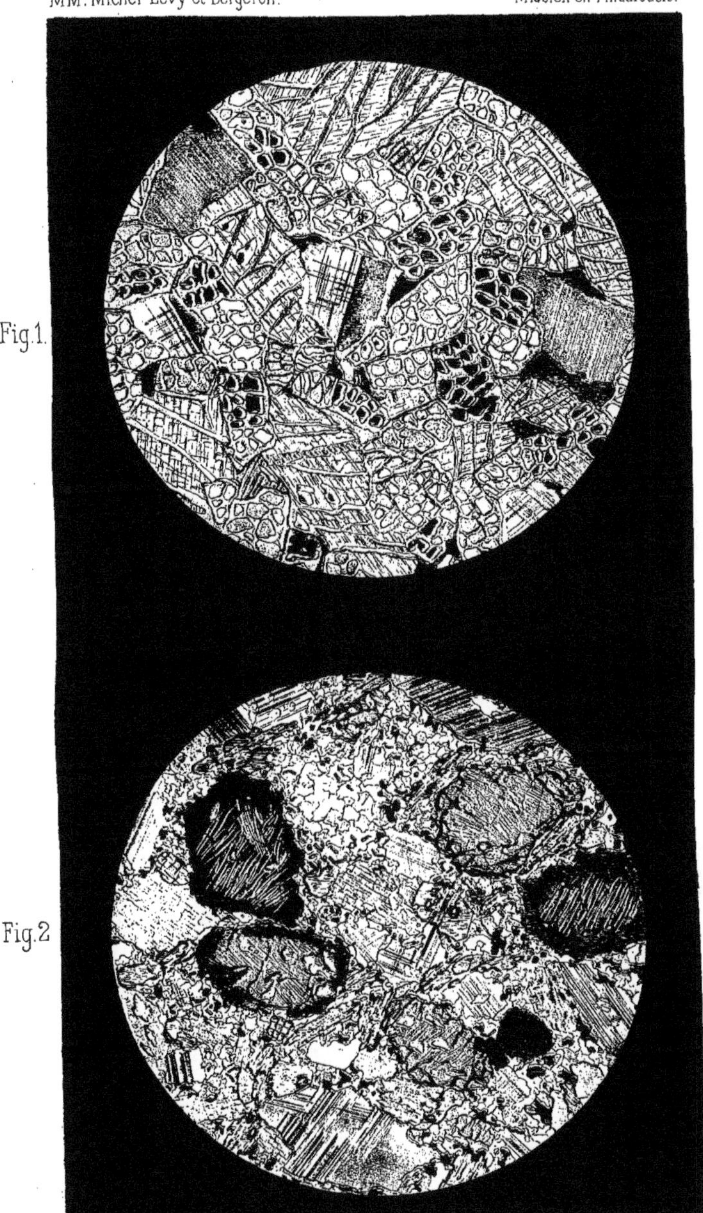

Fig. 1.

Fig. 2

E. Jacquemin, ad. nat. Pinx et lith. Imp. Edouard Bry, Paris.

PLANCHE XLI.

PLANCHE XLI.

Fig. 1.

NORITE ANORTHIQUE À PÉRIDOT.

Los Peñones, rive droite de l'Alfraguara, près Tolox. (Voir p. 207.)

Grossissement = 30 diamètres. Lumière polarisée. Nicols croisés.

Cette roche est en dykes éruptifs puissants perçant tous les terrains au moins jusqu'au cambrien inclusivement.

I. Spinelle-pléonaste (27).

II. Péridot (23). Anorthite (8). Diallage (20) maclé avec Enstatite (22^a). Bronzite (22^b).

Fig. 2.

AMPHIBOLITE.

Entre Almuñecar et Nerja. (Voir p. 197.)

Grossissement = 30 diamètres. Lumière polarisée. Nicols croisés dans la moitié supérieure de la figure. Un seul nicol à section principale horizontale dans la moitié inférieure de la figure.

Cette roche stratiforme est intercalée dans les Micaschistes à minéraux.

Épidote (35). Tourmaline (24). Amphibole (21). Petits cristaux de Mica noir (19) mêlés à du Fer oxydulé (29) et en couronne autour de l'Amphibole. Quartz (1). Muscovite (2).

PL. XLI.

MM. Michel Lévy et Bergeron. Mission en Andalousie.

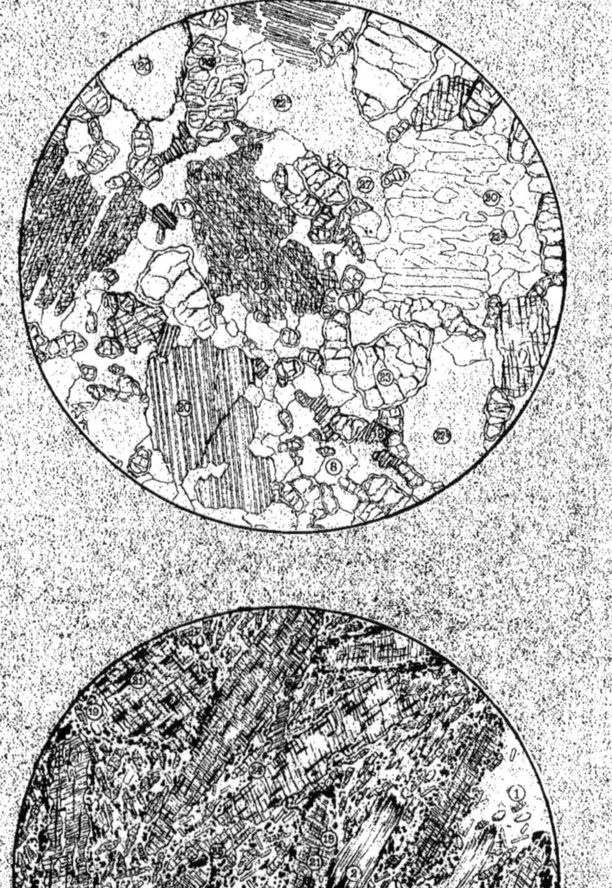

Fig. 1.

Fig. 2.

E. Jacquemin, ad. nat. Pinx et Lith Imp. Edouard Bry. Paris.

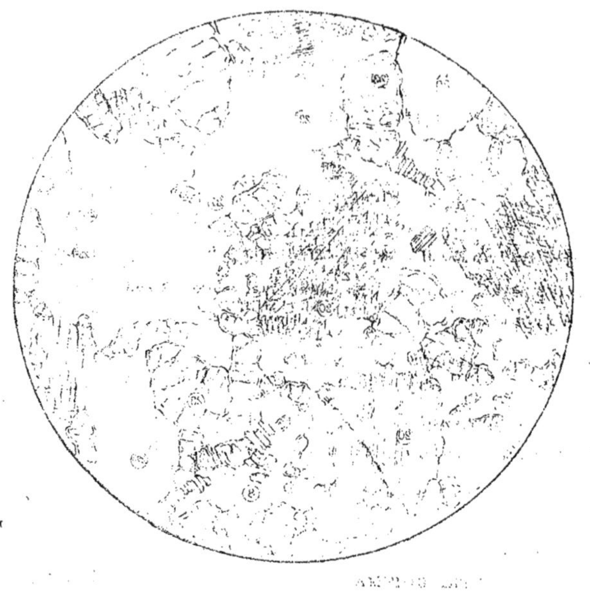

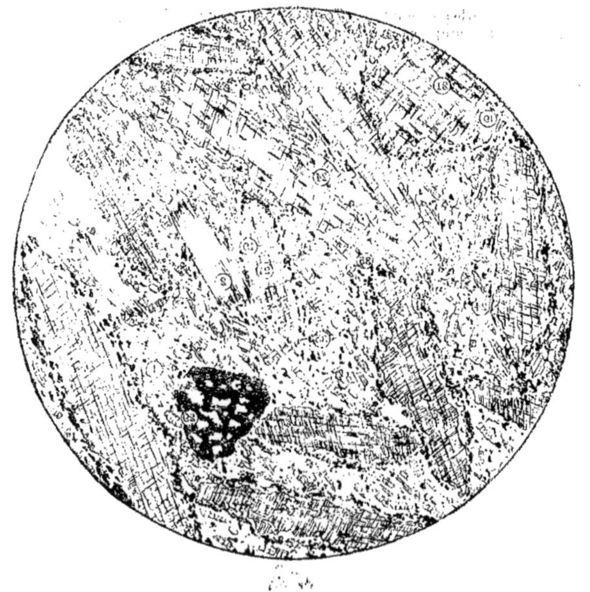

PL. XLI.

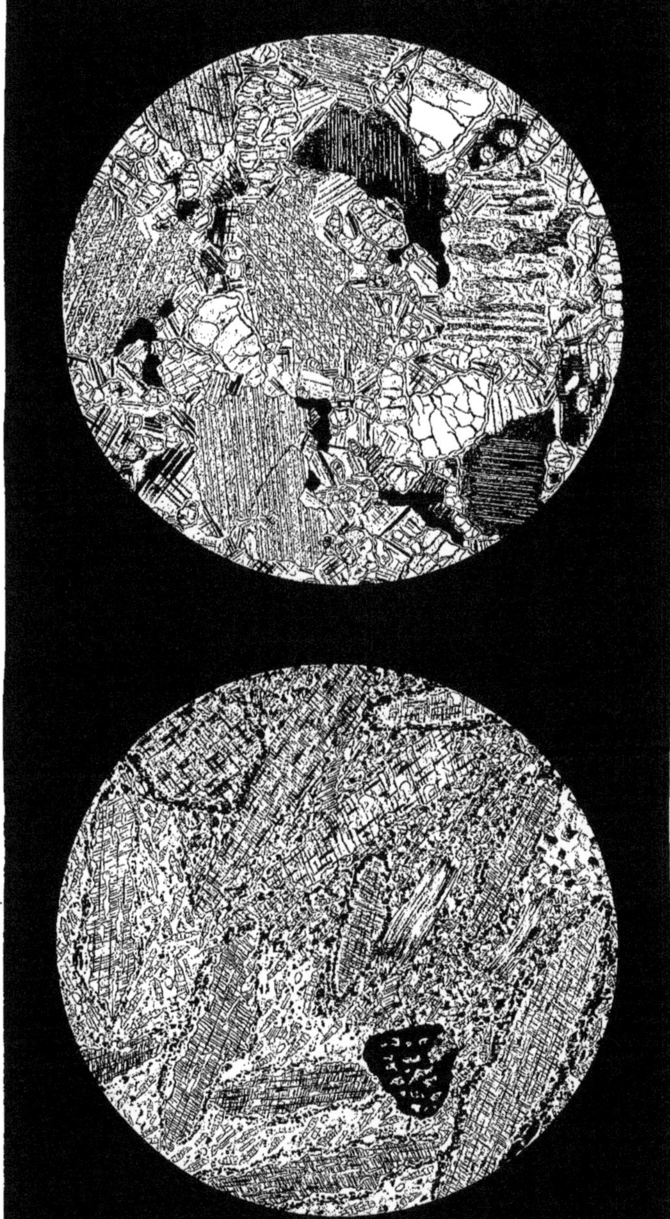

Fig. 1.

Fig. 2.

E. Jacquemin, ad nat Pinx et Lith
Imp. Édouard Bry. Paris.

PLANCHE XLII.

PLANCHE XLII.

Fig. 1.

DOLOMIE MÉTAMORPHIQUE.

Los Llanos de Juanar, entre Ojen et Istan. (Voir p. 184.)

Grossissement = 30 diamètres. Lumière polarisée. Nicols croisés.

Cette roche apparaît en banc mince au milieu des masses de dolomie intercalée dans les Gneiss de la Ronda.

Sphène (14). Pargasite (21) avec petits cristaux de Rutile. Humite (53). Pléonaste (27).

Fig. 2.

DOLOMIE MÉTAMORPHIQUE.

Los Llanos de Juanar, entre Ojen et Istan. (Voir p. 184.)

Grossissement = 30 diamètres. Lumière polarisée. Nicols croisés dans la moitié supérieure de la figure. Un seul nicol à section principale verticale dans la partie inférieure de la figure.

Dolomie (49). Rutile (50). Pargasite (21). Humite (53) et Clinohumite (53) par place jaunes et polychroïques. Pléonaste (27).

PL. XLII.

MM. Michel Lévy et Bergeron. Mission en Andalousie.

Fig. 1

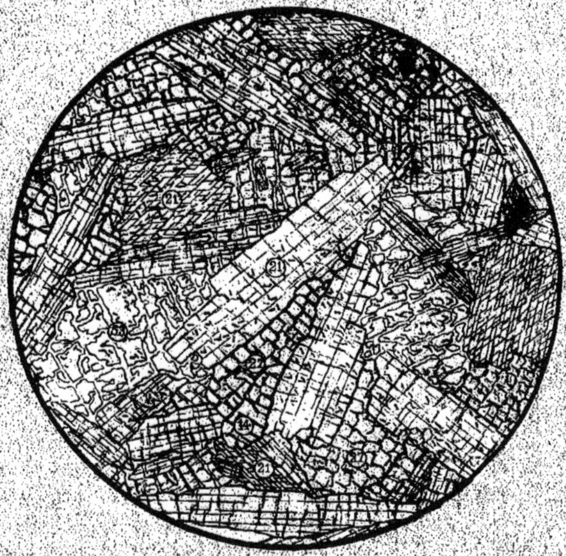

Fig. 2.

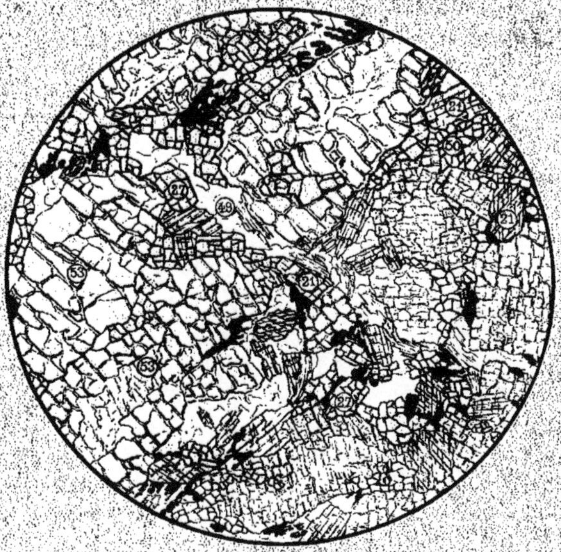

E. Jacquemin. ad. nat. Pinx et lith. Imp. Edouard Bry, Paris.

PL. XLII.

MM. Michel Lévy et Bergeron. Mission en Andalousie

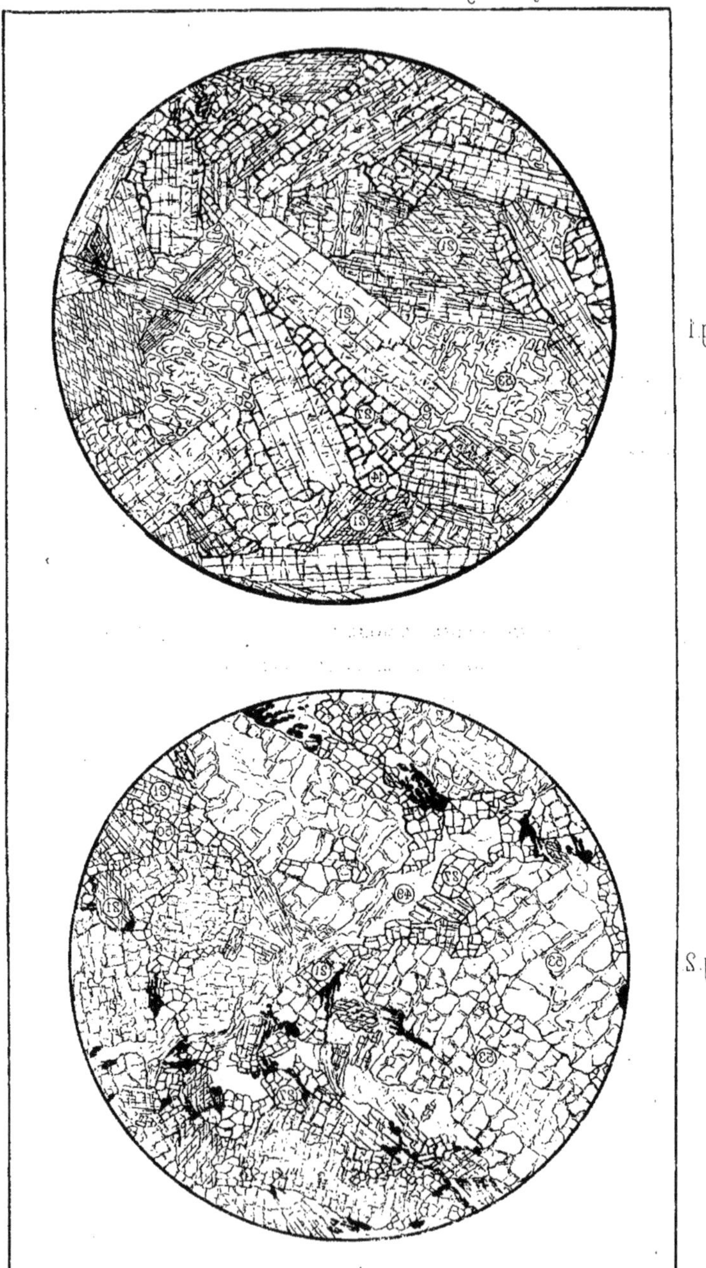

Fig. 1

Fig. 2

E. Jacquemin ad nat. Pinx et lith. Imp. Edouard Bry, Paris.

PL. XLII.

MM. Michel Lévy et Bergeron. Mission en Andalousie.

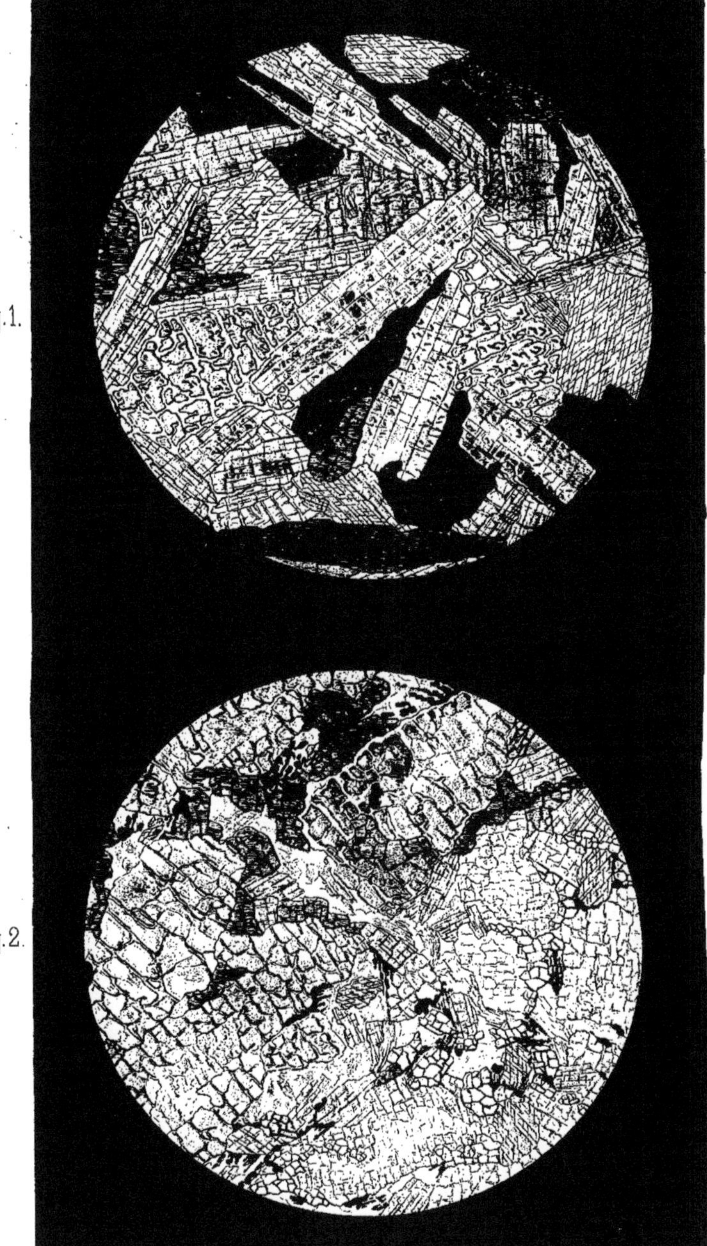

Fig. 1.

Fig. 2.

E. Jacquemin, ad. nat. Pinx et lith. Imp. Edouard Bry, Paris.